Kämper / Hottinger / von Gonzenbach

Die Heiz- und Lüftungsanlagen in den verschiedenen Gebäudearten

einschließlich Warmwasserversorgungs-, Befeuchtungs-, Entnebelungs- und Klimaanlagen

Dritte Auflage

bearbeitet von

Dr.-Ing. A. Kollmar
Regierungsdirektor beim Senator fur
Bau- und Wohnungswesen Berlin

und

Prof. Dr. W. Liese
Erster Direktor beim Bundesgesundheitsamt,
Max von Pettenkofer-Institut Berlin

Mit 113 Abbildungen
im Text und auf 1 Tafel

Springer-Verlag

Berlin / Göttingen / Heidelberg

1954

ISBN 978-3-642-49010-1   ISBN 978-3-642-92623-5 (eBook)
DOI 10.1007/978-3-642-92623-5

Vorwort zur dritten Auflage.

Bei der im Jahre 1940 erschienenen und in kurzer Zeit vergriffenen 2. Auflage übernahm H. KÄMPER einen wesentlichen Teil der Ausarbeitungen. Er bereitete noch vor Kriegsende die 3. Auflage vor, jedoch war es dem verdienstvollen Fachmann durch seinen frühen tragischen Tod im Jahre 1945 nicht mehr beschieden, sie zu Ende zu führen. Auch M. HOTTINGER, dessen Verdienste um das Heiz- und Lüftungsfach wohl kaum eines Hinweises bedürfen, ist drei Jahre später im 69. Lebensjahr verstorben. W. von GONZENBACH hat auf die Bearbeitung der hygienischen Grundlagen verzichtet.

In der nunmehr vorliegenden Neubearbeitung wurde die Inhaltsgliederung geändert, indem die heizungs- und lüftungstechnischen Anlagen in die drei durch ihre Benutzung sich kennzeichnenden Gebäudegruppen, wie die bei Tag und Nacht benützten Gebäude, die tagsüber benützten und die täglich oder zeitweilig nur mehrstündig benützten Gebäude, unterteilt wurden. Die hygienischen und betriebstechnischen Grundlagen dieser drei Benutzungsweisen der Gebäude bestimmen wesentlich die auszuführenden Heizungs- und Lüftungssysteme, so daß sich hierauf beziehende gleichlautende Erklärungen bei den einzelnen Gebäudearten vermeiden ließen. Neu aufgenommen wurden allgemeine Hinweise über wirtschaftliche und technische Grundlagen und die Bauelemente sowie Systeme der verschiedenen Heizungs- und Lüftungsanlagen, da sich inzwischen jüngere Erkenntnisse durchsetzten und neuartige Gestaltungen aufkamen. Diese vorweg gebrachten Abschnitte ermöglichen zudem ein besseres Verständnis der nachfolgenden allgemein gehaltenen Beschreibungen und erübrigen Wiederholungen.

Stoffplan und Zielsetzung des Buches sind unangetastet geblieben; inwieweit hier später anders zu verfahren sein wird, was jetzt schon aus äußeren Gründen indiskutabel wäre, möge nicht zuletzt von der Aufnahme abhängig sein, die das Buch nun wieder in den interessierten Kreisen der Architekten, Bauherren und Heizungs- und Lüftungsingenieuren der Praxis und Verwaltung sowie bei den Fachleuten der Gesundheit und anderer einschlägiger Behörden findet.

Berlin, im September 1954.

A. Kollmar.　W. Liese.

Vermerk zu den Abbildungen.

Soweit die Abbildungen geschützte, konstruktive oder anlagegestaltende Einzelheiten darstellen, sind sie Ausführungen, die nicht ohne Zustimmung der Urheber (Patentinhaber) nachgebaut werden dürfen.

Aus dem Vorwort zur ersten Auflage.

Das Buch enthält die zur Erstellung von Heizungs- und Lüftungsanlagen grundlegenden hygienischen Forderungen, mit denen nicht nur der Arzt und Hygieniker, sondern auch der Architekt sowie der Heizungs- und Lüftungsingenieur vertraut sein muß, wenn er seinen Beruf nicht bloß handwerksmäßig, sondern wissenschaftlich ausüben will.

Es umfaßt sodann in kurzen, nach Gebäudearten geordneten Abschnitten allgemeine technische Wegleitungen. Wer sich über die betreffenden Installationen in Krankenhäusern, Unterrichtsgebäuden, Kirchen, Theatern, Kinos, Badeanstalten, Fabriken, Großgaragen oder einem anderen Gebäudetypus unterrichten will, hat daher das Gewünschte rasch zur Hand, ohne gezwungen zu sein, es aus der Literatur mühsam zusammenzusuchen.

Auf das Wesen und die konstruktive Ausführung oder gar die Berechnung der verschiedenen Systeme wird nicht eingegangen, weil darüber zahlreiche andere heiz- und lüftungstechnische Werke alles Nötige enthalten. In diesen Publikationen sind auch ausführliche Literaturverzeichnisse zu finden, so daß wir uns in dem vorliegenden Buche mit Hinweisen auf neuere Veröffentlichungen begnügen konnten.

Bekanntlich liegen die Bedingungen für die Ausführung von heiz- und lüftungstechnischen Anlagen in den verschiedenen Ländern teilweise verschieden. Die folgenden Ausführungen beziehen sich in erster Linie auf zentraleuropäische Verhältnisse. An einzelnen Stellen ist auf anderweitig Gebräuchliches verwiesen. Aber selbst für Zentraleuropa waren lokal begründete Unterschiede zu berücksichtigen.

Wir hoffen aber, daß es als Nachschlagewerk bei Programmaufstellungen für Wettbewerbe, bei der Ausarbeitung gesetzlicher Bestimmungen, bei Streitigkeiten, Prozessen und in anderen Fällen gute Dienste leisten, aber auch den Architekten, Bauherren, Fabrikbesitzern und anderen Unternehmern sowie den entwerfenden Heizungsingenieuren Anhaltspunkte und Anregung bieten wird.

Zürich, im September 1928.

M. Hottinger. W. v. Gonzenbach.

Inhaltsverzeichnis.

1 Hygienische Grundlagen.

Ob ein Gebäude für die Menschen, die sich in ihm aufhalten und denen es Lebens- und Arbeitsstätte bietet, gesund ist oder ob es statt dessen Veranlassung zu körperlichen Unzuträglichkeiten und Störungen der Behaglichkeit als sogar möglicher Initialphase für Kranksein gibt, wird von verschiedenen Faktoren bestimmt. Dazu gehören:

1. Die örtlichen Bedingungen in Gestalt der meteorologischen Einflüsse (Hitze, Kälte, Niederschläge, Besonnung, Windanfall) im Zusammenwirken mit den lokalen Beeinflussungen der Atmosphäre, die als zwangsläufige Folge menschlicher Gemeinwesen entstehen (Luftverunreinigung durch Feuerstätten, Fabrikabgase, Lärm).

2. Die Bauweise (Wärmeschutz, Wärmedämmung, Schallschutz), bei der neben dem herkömmlichen Ziegelmauerwerk und den vielen modernen Leichtbauweisen nahezu ganz in Glas aufgelöste Mauern zur Ausführung kommen und die heutige Baugestaltung den fensterlosen Fabrikbau ebenso wie die offene Freiluftschule berücksichtigt.

3. Die aus der Gebäudezweckbestimmung herrührenden Eigentümlichkeiten (innerräumliche Wärme-, Feuchtigkeits- und Schallquellen).

4. Die tatsächliche Benutzungsart, weil daraus je nach der menschlichen Einsichtigkeit pfleglich erhaltende oder allmählich zerstörende Wirkungen entstehen.

Die Klimatechnik als Oberbegriff für die Heizung, Lüftung, Kühlung und Trocknung und die Beleuchtungstechnik sind die modernen Zivilisationsinstrumente, mit deren Hilfe eine in den Gebäuden verlangte Atmosphäre weitgehend unabhängig von der Außenwelt gestaltet werden kann. Die dazu notwendigen Anlagen und ihr laufender Betrieb verlangen unter Umständen erheblichen technischen und finanziellen Aufwand. Wenn er in Kauf genommen werden kann, sind die heutigen Möglichkeiten theoretisch unbegrenzt. Praktisch sind sie es freilich der Kosten wegen nicht, und sie sind besonders problematisch, wenn damit primäre Mängel beim Bau oder sekundäre Fehler bei der Benutzung hinterher kompensiert werden sollen. Der menschliche Behaglichkeitsanspruch als Ausdruck der Harmonie zwischen dem Menschen und seiner räumlichen Umgebung ist das entscheidende Kriterium für die im umbauten Raum zu schaffende Gesamtatmosphäre. Die gesundheitstechnische Gestaltung orientiert sich dabei am hygienischen Normativ, das seinerseits aus der physiologischen Notwendigkeit abgeleitet ist. Dieser Grundsatz wird nur insoweit illusorisch, wie unabdingbare betriebliche oder fabrikationstechnische Besonderheiten respektiert werden müssen. An Stelle Gewährung von Behaglichkeit treten dann die auf Gesundheitssicherung abzielenden lufttechnischen Schutzmaßnahmen in den Vordergrund.

1,1 Die Raumluft als Atmungsluft.

1,11 Luftbedarf.

Der erwachsene Mensch verbraucht zur Sicherung der körperlichen Betriebsleistung durch Oxydation der aufgenommenen Nahrung je Stunde etwa $0,025\ m^3$ Sauerstoff; er gewinnt ihn über die stündliche Veratmung von durchschnittlich $0,5\ m^3$ Luft. Bei körperlicher Arbeit steigert sich der Luftbedarf auf 50 bis 60 l/min und kann in kurzfristigen Extremfällen sogar bis auf 150 l/min ansteigen. Die gewöhnliche Umgebungsluft im Freien und im Raum entspricht nicht der Zusammensetzung reiner trockener Luft, da in ihr sich stets feste und flüssige Stoffe verschiedenster Durchmesser im Zustand kolloidaler Verteilung befinden. Die menschliche Atmung soll reine Nasenatmung sein (Mundatmung nur infolge körperlicher Anstrengung), damit die Nase funktionsgemäß die Atmungsluft vorwärmen, mit Wasserdampf sättigen und Staub und Mikroorganismen abfiltern kann. Luftmangel und damit unzureichender Sauerstoffgehalt kann nur in Räumen vorkommen, die von der äußeren Atmosphäre völlig dicht abgeschlossen sind.

1,12 Kohlensäuregehalt.

Während der Kohlensäuregehalt reiner Außenluft bei 0,03 Vol.-% CO_2 liegt, finden sich in der Raumluft meistens höhere Werte, weil die Ausatmungsluft des erwachsenen Menschen 4% Kohlensäure enthält; jede Stunde werden rd. $0,02\ m^3$ Kohlensäure abgegeben. Dieser Wert ist bei Kindern etwas kleiner und allgemein kleiner im Schlaf (Kohlensäurebildung im Schlaf zu Wachsein wie 100 zu 145).

Bei ausreichendem Sauerstoff entfaltet die Kohlensäure zentrale Wirkungen als Narkotikum, außerdem Gewebswirkungen. Ein Kohlensäuregehalt der Einatmungsluft bis zu 2,5% kann stundenlang ohne Schaden vertragen werden (Kohlensäuregehalt in stark belegten Gemeinschaftsschlafräumen morgens bis 1,4%). Im geschlossenen Raum treten gesundheitliche Gefahren durch Kohlensäureanreicherung stets zeitlich früher als durch Sauerstoffmangel auf. Bei 3% wird die Atmung verstärkt und bei längerer Einwirkung lassen Bewußtsein und Empfindung charakteristische Veränderungen erkennen; ab 4% machen sich in individuell unterschiedlichen Graden Kopfschmerzen, Ohrensausen, Herzklopfen, Erregung usw. bemerkbar. Ab 8 bis 10% tritt rasch Bewußtlosigkeit ein. Unbeschadet der Tatsache, daß höhere Konzentrationen vertragen werden, müssen 2,5 bis höchstens 3% Kohlensäure als noch gerade zulässige Grenzwerte z. B. für Sonderfälle gelten, in denen Kohlensäureanreicherung in der Raumluft durch Menschen unvermeidbar ist (z. B. in Luftschutzräumen). Bei Mangel an Sauerstoff, der in gewöhnlichen Räumen nicht eintreten kann, wirkt Kohlensäure als Stickgas. Bei einer stündlichen Kohlensäurebildung des Menschen von rd. $0,025\ m^3$ würde in einem *luftdichten* Raum bei einer Luftzufuhr von $0,84\ m^3$/h der Kohlensäuregehalt der Raumluft bis auf 3% ansteigen. Beträgt die Luftzufuhr $1,8\ m^3$/h, würde der sich einstellende Endwert 1,5% CO_2 sein, bei $2,6\ m^3$/h würde er 0,9%, bei $18\ m^3$/h noch 0,15% und bei $32\ m^3$/h nur 0,1% sein.

Mit der Ausatmungsluft tritt zugleich Wasserdampf in die Raumluft über. Rückwirkungen auf die hygienische Beurteilung des Wasserdampfgehaltes der Raumluft hat das nur unter extremen Bedingungen (starke Raumbesetzung, luftdichte Raumumschließungen, die zur Aufnahme von Wasserdampf unfähig sind).

1,13 Duftbukett.

Neben der Kohlensäure liefert der Mensch gasige Beimengungen zur Raumluft, die in Abhängigkeit vom Gesundheits- und Reinlichkeitszustand teils als natürliche Folge bestimmter Körperprozesse, teils im Zusammenhang mit der Befriedigung der alltäglichen Lebensbedürfnisse (Zubereitung der Nahrung, Heizung, Beleuchtung usw.) sowie mit der beruflichen Tätigkeit entstehen und das Geruchbukett der Raumluft (Krankenzimmer-, Schulzimmer-, Küchen-, Werkstattgeruch usw.) bilden. Das sind an sich keine gesundheitsschädlichen Stoffe; sie rufen aber bei vielen Menschen Widerwillen und Ekelgefühl hervor, können auf die Dauer zu ungesunder, flacher Atmung, zu Appetitlosigkeit usw. führen und sind so letzten Endes doch von Einfluß auf die Gesundheit. Ihrer Entstehung muß daher entgegengearbeitet werden, ungeachtet der bekannten Tatsachen, daß bei längerem Einwirken häufig Gewöhnung eintritt. Beim Betreten eines Raumes soll einer gut begründeten hygienischen Regel zufolge kein Gefühl nach verbrauchter Luft aufkommen.

1,14 Staubgehalt.

Staub ist ein Sammelbegriff für die in der Luft dispergierten festen Stoffe anorganischer und organischer Herkunft (Straßenstaub, Blütenstaub, Asche, Textilabrieb usw.). Kleinste Teilchen mit einem Radius von 10^{-7} bis 10^{-6} cm lassen sich am besten durch ihre elektrischen Ladungen nachweisen. Ob damit zugleich luftelektrische Einflüsse (potentielles Gefälle, elektrische Leitfähigkeit der Luft), denen zufolge negative Ionen u. a. erfrischend und blutdrucksenkend, positiv geladene dagegen ermüdend wirken sollen, von reeller gesundheitlicher Bedeutung erfaßt werden, mag hier dahingestellt bleiben, zumal die medizinische Beurteilung dieser Luftionen bisher von Überschätzungen nicht freigeblieben ist. Teilchen von 10^{-6} bis 10^{-4} cm Radius wirken als Kondensationskerne beim Niederschlag des atmosphärischen Wasserdampfes zu Tröpfchen. Je 1 cm³ Raumluft können viele Tausende von solchen Kernen ge-

	Durchmesser cm (angenähert)	Inhalt cm³
Kehlkopf	1,0	–
Luftröhre	1,4 bis 2,0	14,3
Luftröhrenzweig	0,4	4,5
Kleiner Luftröhren- zweig	0,1 bis 0,2	4,5
Atmungszweig	0,05 bis 0,1	33
Lungenbläschensack	0,03	4320

Abb. 1. Aufteilungsschema eines Luftröhrenzweiges.

funden werden. In dieser Größenordnung liegen auch die Luftbeimengungen, die sich z. B. durch Thermodiffusion als Raumanschwärzung hinter Heizkörpern verraten. Die großen Schwebeteilchen, Nebeltröpfchen usw. haben bereits Durchmesser von einigen Mikrometern.

Der menschliche Körper verfügt über Einrichtungen, die ihm eine Selbstreinigung von eingedrungenem Staub erlauben. Auf dem auskleidenden Zellbelag im Kehlkopf, in der Luftröhre und in ihren großen Verästelungen (Abb. 1) befinden sich kleine Flimmerhärchen (Flimmerepithel), die in der Lage sind, eingedrungene Fremdkörper durch ihren Schlag wieder nach außen zu befördern. Die Form der Staubteilchen (Härte, Schärfe, Konturen) hat nach neueren Auffassungen kaum

gesundheitliche Bedeutung, wohl aber etwaiges Lösungsvermögen und die Korngröße
(s. Abschn. 1,17). Bis in die Lungenbläschen können nur Staubteilchen unter einer
Höchstgrenze von 10^{-3} cm $\varnothing$ vordringen. Gesundheitlich bedeutungsvoll ist weniger
der große, sichtbare, als der unseren Augen verborgen bleibende, feinste Staub.

Stadtluft enthält im Durchschnitt 0,3 bis 3 mg/m³ Staub. Er kann auf dem
Lande nach Auswaschen durch Regen auf 0,05 bis 0,1 absinken. In Wohnräumen,
Schlafzimmern, Schulzimmern usw. werden Staubmengen von 1 bis 10 mg/m³
gefunden; in Betriebsräumen und Werkstätten können die Werte um ein Vielfaches größer sein. Nach aus der Erfahrung stammenden Eindrücken werden
Staubmengen bis zu 10 mg/m³ als erträglich, bis zu 20 mg/m³ als unerfreulich
und solche von 30 mg/m³ als bedenklich bezeichnet. Staubentwicklung und
Verbreitung wird durch trockene und bewegte Luft sehr gefördert. Daher kann
bei Personen, die durch ihren Beruf viel sprechen müssen, besonders in überheizten Räumen belästigendes Trockenheitsgefühl in den Mund- und Nasen-
schleimhäuten eintreten. Eine extreme Erscheinung ist die bekannte plötzliche
Verstaubung der Luftwege bei kurzfristiger Einatmung großer und dichter Staubmengen, die durch ihren mechanischen Reiz Entzündungen (Kehlkopf- und
Luftröhrenkatarrhe) auslösen können. Zweckmäßigere Möblierung, verbreitete
Elektrifizierung der Gebäude und Betätigungsmöglichkeit moderner Staub-
saugerkonstruktionen haben gegenüber früher die hygienische Problematik der
gewöhnlichen Raumverstaubung ganz wesentlich gemildert.

Der Wasserdampfgehalt sauberer Einatmungsluft spielt eine sekundäre Rolle;
man braucht daher in nicht zwangsgelüfteten Räumen die Luft nicht lokal durch
Aufstellen von Wasserverdunstungsgefäßen auf den Öfen oder den Heizkörpern
zu befeuchten. Den Wasserdampfgehalt der Raumluft auf diese Weise nennenswert zu erhöhen, gelingt auch mit aufwendigen lokalen Luftbefeuchtern im allgemeinen nur bis zu einer praktisch meist irrelevanten Größenordnung um 10%.
Selbstverständlich müssen solche Verdunster stets mit sauberem Wasser versorgt werden und dürfen sich nicht zu Unterschlüpfen für Staub und Schmutz
entwickeln, was sie erfahrungsgemäß oft tun. In unserem Klima ist der Prozentsatz der Tage, an denen die Feuchtigkeit der Zimmerluft infolge anhaltender
größerer Winterkälte und entsprechend stärkerer Heizung so weit heruntergeht,
daß sie unangenehm (trocken) empfunden wird, sehr klein und kann ohne gesundheitliche Bedenken in Kauf genommen werden. Der Mensch deckt sein
Flüssigkeitsbedürfnis über das Trinken, und die Feuchtigkeit in der Mund- und
Rachenhöhle wird konstant auf einer Höhe gehalten, die keine schädlichen Aus-
trocknungsprozesse auf den Schleimhäuten möglich werden läßt. Wen es aber
beruhigt, während der Heizperiode eine Wasserverdunstungsschale in Betrieb zu
sehen, möge das tun. Von größter hygienischer Bedeutung ist die Freihaltung der
Raumluft von Staub und daher einsichtsvolle und beharrliche Staubbekämpfung.

1,15 Gehalt an Mikroorganismen.

Mit den beim Sprechen, Husten und Niesen verschleuderten Mundtröpfchen
treten Mikroorganismen in die Raumluft über. Bakteriologische Luftuntersu-
chungen in Räumen haben bis zu 7000 Keime/m³ und noch mehr ergeben. Diese
Zahl könnte aber noch so hoch sein und die Luft als noch so schlecht empfunden
werden, Infektionskrankheiten entstehen erst, wenn die betreffenden Erreger
vorhanden sind. Die wichtigste und gefährlichste Ansteckungsart ist bei ihnen
die direkte Übertragung von Mensch zu Mensch. Ihre Verbreitung über die Raumluft darf aber, wie die Erfahrungen in öffentlichen Verkehrsmitteln, Versamm-
lungs- und Unterhaltungsräumlichkeiten zu Epidemiezeiten besonders eindrucks-
voll beweisen, nicht außer acht gelassen werden.

Das gehäufte Auftreten von banalen Erkältungskrankheiten und Infektionskrankheiten des Kindesalters bei den Schulanfängern und in den untersten Klassen bereitet vielen Eltern ernste Sorgen. Mit dem Schulbeginn kommen nämlich die Kinder aus den verschiedensten sozialen Schichten häufig zum ersten Male in engeren Kontakt miteinander. Das bedeutet neue Infektionsmöglichkeit und erleichterter Übertragungsmodus, weil die Autorität des Lehrpersonals in den untersten Klassen nicht ausreicht, um die Kinder an einer unbekümmerten Verstreuung ihrer Mund- und Rachentröpfchen in die Umgebung zu hindern. Zur Beurteilung der Infektionsfähigkeit einer Raumluft sind besondere Testverfahren notwendig (z. B. Nachweis hämolytischer Streptokokken).

1,16 Luftverschlechterungsmaßstäbe.

Quantitative Verfahren zur geruchlichen Gütebeurteilung der Raumluft stehen bisher nicht zur Verfügung. In gewissem Umfang ist es mit Hilfe des von PETTENKOFER auf dem Kohlensäuregehalt der Luft aufgebauten Verschlechterungsmaßstabes möglich. Er ist aber zuverlässig nur anwendbar, solange es sich um Luftbeimengungen handelt, die von den Menschen und von der Raumheizung und -beleuchtung verursacht werden. Wo hier mit gewisser Regelmäßigkeit ein bestimmter Kohlensäuregehalt einer entsprechend empfundenen Luftverschlechterung zugeordnet werden kann, zeigen Kohlensäuregehalte zwischen 1 und $2^0/_{00}$ (mit einem Mittelwert bei $1{,}5^0/_{00}$) an, daß sich die Raumluft von den Eigenschaften reiner Außenluft deutlich entfernt hat. Tab. 1 gibt eine Skala

Tabelle 1. *Geruchsskala* (nach YAGLOU).

Geruchsindex	Intensität	Bewertung
0	Null	kein feststellbarer Geruch
½	untere Empfindungsgrenze	ganz leichter Geruch, nur durch speziell empfindliche Personen wahrnehmbar
1	eben bemerkbar	schwacher Geruch, feststellbar durch jede normale Person, jedoch nicht von Bedeutung
2	mäßig	weder angenehme noch unangenehme Geruchsstärke, zulässige Grenze im Raume
3	stark	Geruch gut bemerkbar, Luftzustand ungünstig
4	sehr stark	Geruch sehr unangenehm
5	übermäßig	Geruchsstärke unausstehlich

für Raumluftgerüche wieder, die Atmung und Körperausdünstungen verursachen. Da Einflüsse wie Intensität des Stoffwechsels, Art der Kleidung, individuelle Reinlichkeit usw. im konkreten Fall schwer einschätzbar sind, dürfte die praktische Verwendbarkeit solcher Geruchsskalen mehr oder weniger illusorisch sein. Zulässiger Grenzwert wäre der Index 2 (mäßig). Je nach dem Luftraum wären zu seiner Einhaltung verschieden große Luftmengen je Person und Stunde notwendig (bei Lufträumen von 13 m³ etwa 20 m³, bei solchen zwischen 3 und 6 m³ etwa 30 bis 50 m³).

Andere Maßstäbe zur lufthygienischen Raumbeurteilung könnten beispielsweise mit Hilfe von Messungen des Gehaltes der Raumluft an Ionen oder Kondensationskernen gewonnen werden (vgl. Tab. 2).

Tabelle 2. *Kondensationskerne; Vergleichswerte bezogen auf Luft im Freien = 1* (nach MACK).

Zimmer mit Warmwasserheizung:

Gut gelüftet	1,53
Leicht gelüftet	1,85
Ungelüftet	2,53
Rauchzimmer	9,4
Heizkeller, Küche	20 bis 22

1,17 Giftige Bestandteile.

Die Luft in Räumen soll giftige Bestandteile jedweder Art nicht enthalten. In gewerblichen Betrieben läßt sich das als unabdingbare Forderung nicht verwirklichen. Sowohl Arbeitsstoffe als auch Fabrikationsprozesse können zur Entstehung von giftigen Gasen, Dämpfen oder Staub Anlaß geben. Die Verarbeitung von Arsen, Beryllium, Blei, Kadmium, Chrom, Mangan, Phosphor und deren Verbindungen, von Quecksilber und Selen, ferner Auftreten von Asbeststaub, anorganischem Staub, der freie Kieselsäure enthält, Thomasschlackenmehl usw. und schließlich von Dämpfen von Lösungsmitteln aller Art und neuerdings auch von radioaktiven Strahlungen geben Anlässe zu sogar lebensbedrohlichen Schädigungen. Hier reicht erfahrungsgemäß bloße Lüftung der Räume nicht aus, um eine Konzentrationsentstehung zu verhüten, die über die Schädigungsgrenze hinausgeht. Spezielle Vorkehrungen werden notwendig, damit diese Stoffe, bevor sie in die Raumluft übertreten, an der Entstehungsstelle erfaßt und so aus dem Raum entfernt werden, daß Schädigungen in- und außerhalb der Gebäude nicht möglich sind.

Tabelle 3. *Schädliche Gase und Lösungsmitteldämpfe.*

Stoff	Höchstzulässige Grenzkonzentration in Arbeitsräumen cm³/m³	Bei längerer Einwirkung nicht indifferent cm³/m³
Ammoniak	50*	100
Kohlenoxyd	100	160
Schwefeldioxyd	10*	20**
Äthylalkohol	1000	2500
Äthylchlorid (Monochloräthan)	200	400
Benzol.	50	500
Chloroform	280	600
Methylalkohol	200	400
Methylchlorid (Monochlormethan).	100	500
Methylenchlorid (Dichlormethan)	500	800
Trichloräthylen	150	200

* Durch Geruch wahrnehmbar.   ** Hustenreiz.

Lufttechnische Maßnahmen (Absaugungsanlagen, s. Abschn. 4,432) allein führen nicht immer zum Ziel, so daß Gas- und Staubmasken, auch geeignete Schutzkleidung u. dgl., notwendig werden. Mit den zuständigen Stellen des technischen und ärztlichen Arbeitsschutzes muß rechtzeitig zusammengearbeitet werden. Eine ausführliche Übersicht über die wichtigsten der in Betracht kommenden Stoffe findet sich in Blatt 19 der „Arbeitsblätter für den Gesundheitsingenieur"[1] u. a. mit der Angabe der Grenzwerte für die höchstzulässigen bzw. die bei längerer Einwirkung nicht mehr als indifferent zu bezeichnenden Konzentrationen. In gewöhnlichen Wohn-, Aufenthalts- und Arbeitsräumen ist aber der Forderung nach Freiheit von giftigen Bestandteilen uneingeschränkt nachzukommen. Dabei ist auch hier Gelegenheit zur Entstehung giftiger Raumluftbestandteile durchaus gegeben, z. B. durch die Gasinstallation, die Heizung, durch den Betrieb von Kühlschränken usw., allerdings weniger zwangsläufig, als vielmehr durch Unglücksfälle oder menschliche Unzulänglichkeit beim Betrieb der Einrichtungen. Tab. 3 enthält eine Übersicht der hauptsächlich in Betracht kommenden Stoffe.

---

[1] Gesundh.-Ing. Bd. 73 (1952) Heft 19/20.

Von den bekannt werdenden Vergiftungsfällen gehen erfahrungsgemäß mehr als 60% auf Selbstmordfolgen, 25% auf Unglücksfälle und nur 10% auf gewerbliche Ursachen zurück. In ungefähr 32% der Fälle ist das Kohlenoxyd (CO) am Zustandekommen von Vergiftungen beteiligt.

Das CO ist ein geruch-, geschmack-, reiz- und farbloses Gas, das durch Ausströmen von Leuchtgas (mit 6 bis 10% CO), mangelhafte Heizungen, fehlerhaft oder falsch bediente Gasherde und als Auspuffgas von Verbrennungsmotoren (mit 3 bis 10% CO) entsteht. Die CO-Vergiftung ist besonders heimtückisch, weil die Warnwirkung riechender oder die Atmungsorgane reizender Stoffe, wie z. B.

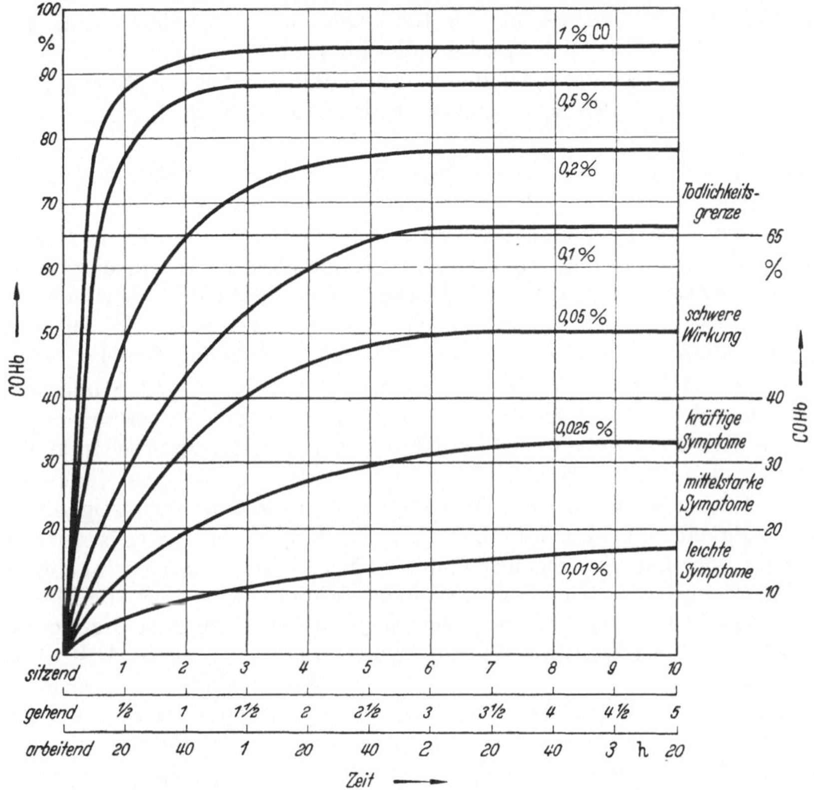

Abb. 2. Abhängigkeit der COHb-Bildung im Menschenblut von der geatmeten CO-Konzentration, der Zeit und der Tätigkeit (nach MAY).

beim Ammoniak oder Schwefeldioxyd, fehlt. Die Wirkung des CO im Körper beruht darauf, daß es die im Blutfarbstoff (Hämoglobin) locker bestehende Verbindung mit dem Sauerstoff sprengt und sich an seine Stelle setzt. Das Vermögen, sich mit dem Blutfarbstoff (Hb) zu verbinden, ist beim CO ungefähr 250 mal stärker als beim Sauerstoff. Mit CO beladenes Blut wird unfähig, seine lebenswichtigen Aufgaben zu erfüllen. Nimmt nur ein verhältnismäßig geringer Teil des im Körper treibenden Blutfarbstoffes CO auf, so braucht es nicht zu einer Vergiftung zu kommen, die aber unausbleiblich ist, wenn etwa $^1/_3$ des mit Blutfarbstoff gebundenen Sauerstoffs von CO verdrängt ist. Die CO-Blutfarbstoff-Verbindung (COHb) beim Menschen ist abhängig von der geatmeten Konzentration, der Einwirkungszeit und der körperlichen Tätigkeit, worüber Abb. 2 Einzelheiten vermittelt. Zur Wiedervertreibung des CO aus dem Blutfarbstoff bedarf es entweder langdauernder Atmung reiner Luft oder, mit rascherer Wirkung, der Zuführung reinen Sauerstoffs.

1,2 Die Raumluft als Umgebungsfaktor.

1,21 Wärmephysiologische Grundtatsachen.

Der Mensch muß seine Körpertemperatur in den engen Grenzen von 36,7 bis 37,2° C konstant halten. Das entspricht — volle thermische Harmonie des normal bekleideten, gesunden Menschen bei nur leichter körperlicher Tätigkeit vorausgesetzt — einer mittleren Hauttemperatur bei 33° C, wobei die Temperatur der Stirn am höchsten und konstantesten, die der Zehen am tiefsten und zugleich individuell unterschiedlichsten ist, sowie einer mittleren Oberflächentemperatur (Mittelwert unter Berücksichtigung der für gewöhnlich bekleideten und unbekleideten Hautstellen) bei 24° C. Es herrscht im Raum normalerweise ein vom Menschen zur Umgebungsluft gehendes Wärmegefälle, wobei die Wärmeabgabe im wesentlichen über die Haut, zu einem kleinen Teil über die Lungen vor sich geht.

Zur Aufrechterhaltung der Konstanz seiner Körpertemperatur verfügt der Organismus über ein sinnvolles Regelsystem. Die individuelle Nullage ist sozusagen die in der Behaglichkeitsempfindung sich manifestierende Harmonie mit dem einwirkenden Raumklima. Sie kommt zustande über die Wärmeempfindung mit Hilfe des Temperatursinnes, der seinerseits über die in den oberflächlichen Hautschichten liegenden Kalt- und Wärmerezeptoren wirksam sind. Diese Regulierfähigkeit allerdings und damit auch das Behaglichkeitsgefühl ist bei den einzelnen Menschen je nach Alter und Geschlecht sehr verschieden und hängt auch noch von anderen Einflüssen ab (Körperbeschaffenheit, Anpassungsmängel, Abhärtung, individuelle Lebensgewohnheiten usw.). Durch entsprechende Wahl seiner Kleidung hat der Mensch die bequemste und zuverlässigste Möglichkeit, das Wärmegefühl gemäß den individuellen Ansprüchen zu begünstigen.

In Abhängigkeit vom Raumklima wird die Wärme entweder vorwiegend auf trockenem oder auf vorwiegend feuchtem Wege (Schwitzen) abgegeben. Bei trockener Entwärmung, wozu die unmerkliche Wasserabgabe über die Haut zu rechnen ist, geht fast die Hälfte der gesamten Wärmeabgabe über die Abstrahlung vor sich. Daraus folgt, daß Wärmeverluste durch vermehrte Abstrahlung oder umgekehrt Wärmegewinne durch stärkere Zustrahlung die menschliche Wärmebilanz, damit seine Wärmeregulation und so letzten Endes seine Behaglichkeit stark berühren können. Die Wellenlänge der vom Menschen vorwiegend ausgesandten Strahlung ist in dem für seine Oberfläche wichtigen Temperaturbereich zu $9,5\,\mu$ ($= 9,5 \cdot 10^{-4}$ cm) berechnet worden. Etwa die Hälfte des Abstrahlungswertes, also 25% vom Ganzen, macht die über die Strömung und Leitung abfließende Wärme aus, wobei auf die Strömungsvorgänge der bei weitem größere Anteil entfällt (Abb. 3).

Die bei körperlicher Arbeit vom Menschen gebildete Wärme ist nicht Zwischenform, wie bei den Wärmekraftmaschinen, sondern Abfallwärme, die er unter Benutzung der ihm zur Verfügung stehenden Regeleinrichtungen und der ihm arteigenen Wärmeabgabemöglichkeiten loswerden muß. Demzufolge reagiert der Mensch auch nicht einfach wie ein physikalischer Körper, sondern reguliert, und zwar in Abhängigkeit sowohl von der Größe seiner Wärmeproduktion als auch von den jeweiligen raumklimatischen Bedingungen, die entweder, wenn es zu kalt ist, dem Menschen zu viel Wärme entziehen (Gänsehaut, Zittern, Kälteschmerzen) oder, wenn es zu warm ist, ihm die Wärmeabgabe erschweren oder ganz unmöglich machen können. Letzteres führt zu den bekannten Erscheinungen der leichten Wärmestauung (Unlustgefühl, lästig empfundenes Schwitzen, Kopfdruck, Müdigkeit usw.) bis im extremen Fall zu den ausgesprochenen Hitzeschäden, wie sie aus Hitzebetrieben her bekannt sind (Hitzeerschöpfung durch Kreislaufzusammenbruch, Hitzschlag durch Versagen der Wärmeregulation und Hitzekrampf durch Kochsalzverarmung infolge übermäßigen Schwitzens). Wenn hohe Umgebungstemperaturen herrschen oder dem Menschen zu große Wärmemengen von den umgebenden Flächen zugestrahlt werden oder die Luft schwül und keine, die Wärmeabgabe begünstigende Luftbewegung vorhanden ist, muß er zur Wärmevernichtung auf feuchtem Wege, d. h. durch Schwitzen, übergehen; mit der Verdunstung von 1 kg Schweiß werden 580 kcal vernichtet. Abtropfender Schweiß bringt keine Wärmeentlastung.

Will man noch nähere quantitative Einblicke in die Wärmeabgabe gewinnen und dabei im Bilde physikalischer Vorstellungen bleiben, so sind einige vereinfachende Bezugsannahmen zu machen. So muß der gesunde Normalmensch von 60 kg, wenn er sich nüchtern bei völliger körperlicher Ruhe in behaglicher Übereinstimmung mit dem Umgebungsklima befindet, was bei normaler Bekleidung in ruhender Luft bei 50% relativer Feuchtigkeit von etwa 18,5° C und nackt bei 27 bis 28° C der Fall ist, am Tage rund 1700 kcal Abfallwärme loswerden. Die menschliche Oberfläche, die für die nach den physikalischen Gesetzen erfolgende Wärmeabgabe an die Umgebung bestimmend ist, beträgt für diesen Normalmenschen rund 1,7 m². Die Wärmeabgabe beträgt also 0,0042 kcal/cm² h (Wärmeabgabe bei strengen Grundumsatzbedingungen). Unter den Verhältnissen des gewöhnlichen, täglichen Lebens beträgt die zu beseitigende Abfallwärme etwa 2400 kcal/Tag ($\approx$ 100 kcal/h, d. i. der in der Lüftungs- und Heizungstechnik mit gewissem Recht gebrauchte Wert), was einer Wärmeabgabe von 0,006 kcal/cm² h entspricht. Die Wärmebildung und damit die Abfallwärme erhöht sich bei körperlicher Arbeit um 75 bis 300 kcal/h (Abb. 3) und noch darüber, je nach der Schwere der Arbeit.

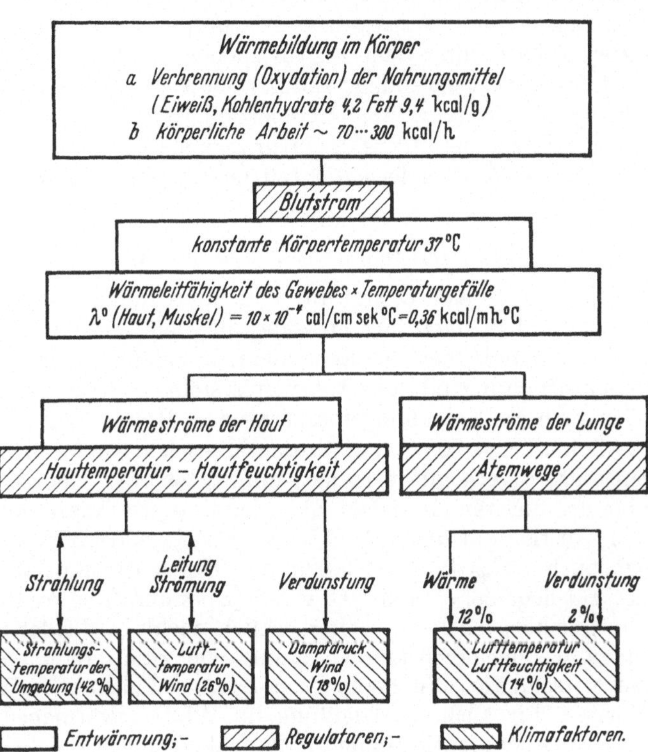

Abb. 3. Der menschliche Wärmehaushalt.

1,22 Raumklimatische Einflußgrößen.

Die maßgebenden raumklimatischen Einflußgrößen sind die Lufttemperatur, die Temperatur der den Menschen umgebenden Flächen, der Wasserdampfgehalt der Luft (relative Feuchtigkeit) und die Stärke der Bewegung der Luft. Im Wohn-, Aufenthalts-, Versammlungs- und Arbeitsraum, der neben den Menschen und den Anlagen zur Heizung und Beleuchtung keine weiteren innerräumlichen Wärme- und Feuchtigkeitsquellen enthält, wird normalerweise eine die subjektive Empfindung nicht irritierende Wärmeabgabe, d. h. Entwärmung auf trockenem Wege, erwartet; Schwitzenmüssen ist unbehaglich. Der gesunde, bekleidete Mensch wünscht sich für seine übliche Tagesarbeit als Korrektur des jeweiligen Außenklimas im Raum eine Luft, deren Temperatur innerhalb der Grenzen von 15 und 25° C liegt, deren relative Luftfeuchtigkeit nicht über 80% hinausgeht und die nicht stagniert. Wie im Freien, so ist auch im Raum eine geringe nicht zum Bewußtsein kommende Luftunruhe willkommene Voraussetzung für eine angenehm begünstigte Entwärmung. In der deutschen Literatur wird diese Eigenschaft unter dem Begriff „lebendige Luft", in der angelsächsischen unter „freshness" verstanden. Industriebetriebe können ausgesprochene Hitze- bzw. Kältebetriebe sein. Als Hitzebetrieb ist charakterisiert worden, wenn an den Arbeitsplätzen die Lufttemperatur regelmäßig höher als 28° C ist; sie rechnen dazu schon ab 25° C, sofern die Luftfeuchtigkeit regelmäßig über 80 bis 90% beträgt.

1,221 Lufttemperatur und Strahlungstemperatur.

Die Lufttemperatur besitzt für den menschlichen Wärmehaushalt so große Bedeutung, daß vielfach ihre Messung mit dem gewöhnlichen Thermometer ein begründetes Urteil über die Behaglichkeit zuläßt. Nach den Erfahrungen und in Übereinstimmung mit der Wärmephysiologie liegt für den gesunden Mitteleuropäer die beste Umgebungstemperatur im Raum bei Außentemperaturen über 0° zwischen 18 und 20° C (bei älteren Menschen auch höher); bei Außentemperaturen unter 0° erniedrigt sie sich auf 18 bis 16° C. Temperaturen unter 15° C lösen bei den meisten Menschen Kältegefühl (kalte Nasen, kalte Hände, Frösteln) aus. Ein Anstieg auf über 25° C wird überwiegend als zu warm empfunden und bedingt auch objektiv Nachlassen der Konzentrationsfähigkeit. Die kritische Temperatur liegt bei etwa 31° C, wo die Spannkraft sowohl bei geistiger als auch bei schwerer körperlicher Arbeit merklich nachläßt. Leider wird das gesundheitliche Ideal des behaglich kühlen Raumes viel zu oft zugunsten des überbeheizten Raumes verschmäht. Wie manches andere, wird eben auch Wärme verschwendet. Die Vorliebe für leichtere Kleidung im Winter, wärmebedürftigere Bauweisen und andere Lebensgepflogenheiten als früher mögen objektiv begünstigende Ursachen sein. In Betriebsräumen, Kranken- und Badezimmern usw. muß die Raumtemperatur den speziellen Bedürfnissen angepaßt sein; je nach Zweckbestimmung sind Lufttemperaturen zwischen 10 und 22° C richtig. Für leichtere Tätigkeit werden 18 bis 20° C, für schwerere Arbeit 10 bis 15° C als einzuhaltende Werte angesehen. Diese individuell unterschiedlich zu bewertenden Richtzahlen sind durch die Art der Kleidung weitgehend beeinflußbar und haben, weil die im Raum *empfundene* Temperatur die Resultante aus der Lufttemperatur und der Temperatur sämtlicher umgebenden Oberflächen ist, zur stillen Voraussetzung, daß die Umgebungsflächen davon nicht wesentlich abweichen. Der Mittelwert der Oberflächentemperaturen von Mauern, Fenstern, Decke, Fußboden, Heizflächen, Möbeln usw., heißt *mittlere Strahlungstemperatur*.

Man weiß, wie unbehaglich der Aufenthalt im rasch hochgeheizten Raum mit noch kalten Wänden ist und wie unterschiedlich schnell es sich in verschiedenen Gebäuden trotz gleichem Brennstoffaufwand bessern kann. Analoge Empfindungserfahrungen gibt es hinsichtlich der Auskühlungsgeschwindigkeit von Räumen nach Heizungsschluß. Praktisch übereinstimmende Luft- und mittlere Strahlungstemperatur gibt es im ungeheizten, an die Außenluft adaptierten Raum, sofern die Fensterflächen nicht durch Sonnenaufstrahlung übermäßig erwärmt werden. Im geheizten Raum kann die mittlere Strahlungstemperatur nicht nur erheblich von der Lufttemperatur abweichen, sondern außerdem auch in ihrem Wert erhebliche Unterschiede der verschiedenen darin eingehenden Oberflächen-temperaturen repräsentieren (heiße Heiz-, kalte Fensterflächen). Im physiolo-gisch richtigen Ausgleich liegt das hygienische Grundproblem der Raumheizung.

1,222 Luftfeuchtigkeit.

Da dem Menschen ein eigentlicher Feuchtigkeitssinn fehlt, kann er keine Unterschiede im Dampfdruckgefälle zwischen Haut und anliegender Luftschicht empfinden, das für das Verdunstungsausmaß von der menschlichen Körperober-fläche bestimmend ist. Änderungen im Wasserdampfgehalt der Umgebungsluft werden über den Temperatursinn erfaßt, wie es die gebräuchlichen Empfindungs-ausdrücke „schwül" für feuchtwarme Luft und „klamm" für feuchtkalte Luft richtig ausdrücken. Wie verwickelt die Rückwirkungen des Wasserdampfgehaltes der Luft auf den menschlichen Wärmehaushalt und damit auf die Behaglichkeit auch sind, so ist zweifelsfrei klar, daß hohe Luftfeuchtigkeit sich stets erschwerend auswirkt. Das gilt schon für mittlere Temperaturen und wenn größere Steigerung der Wärmebildung durch Arbeitsleistungen erfolgt. Die relative Luftfeuchtig-keit der Raumluft spielt für die Komfortbehaglichkeit praktisch keine Rolle, solange sie sich zwischen Werten von 30 und 70% bewegt. Zeitweiliges Absinken auf Werte unter 20% und Steigen bis auf 80% sind annehmbare Toleranzen.

1,223 Luftbewegung.

Selten ist die Luft eines Raumes im Zustand völliger Ruhe (s. Abschn. 1,22). Meist ist sie in Bewegung, verursacht entweder durch natürlichen Luftaustausch zwischen innen und außen oder durch Konvektionsströme von den Heizflächen her oder schließlich durch Lüftungsmaßnahmen, die der Raumluft ein bestimmtes Strömungsfeld aufzwingen. Bewegte Luft steigert die Wärmeabgabe des Menschen, wenn sie seine Oberfläche oder Teile von ihr kühlt oder die wasserdampfgesättigte Atmosphäre zwischen Haut und Kleidung entfernt oder beides zugleich bewerkstelligt. Lufttemperatur und -bewegung müssen als physiologische Klima-Summengrößen wie Schlüssel und Schloß zueinander passen, wenn biologisch gleichwertige Effekte er-wartet werden (Abb. 4). In bewegter Luft

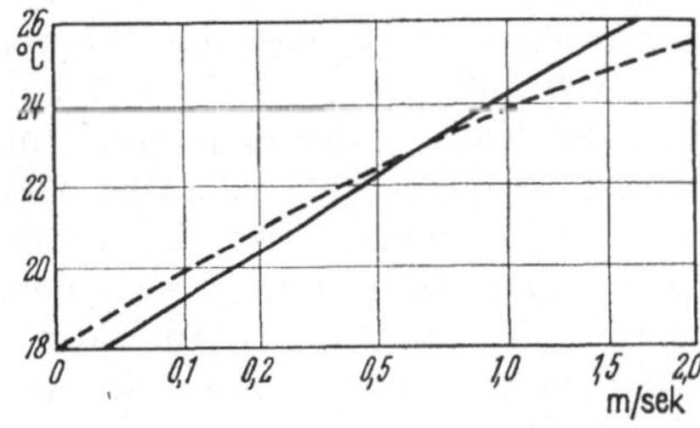

Abb. 4. Bewegte Luft von gleicher Kühlwirkung.

ist Behaglichkeit gewährleistet, wenn ihre beiden Komponenten gesetzmäßig dem Verlauf der eingezeichneten Linien folgen, von denen Linie *a* die mit dem Frigorimeter gemessene Abkühlungstemperatur von 30° und Linie *b* die mit dem Katathermometer ermittelte Behaglichkeitsziffer 3,4 ist. Sofern physikalische Meßgeräte verschiedenen Konstruktionsprinzips sinnvoll benutzt werden, führen sie sehr wohl zu übereinstimmenden wärmephysiologischen Aussagen.

Im allgemeinen bewegt sich die zumutbare Geschwindigkeit der Raumluft bei 0,2 bis allerhöchstens 0,5 m/sek, die schon eine Umgebungstemperatur von 22° C verlangt. Über 0,5 m/sek liegende Luftgeschwindigkeiten haben in bestimm-ten Betrieben als individuelle Kühlmaßnahmen praktische Bedeutung bekommen.

1,224 Zugluft.

Es ist altbekannt, wie unterschiedlich angenehm die Kühlung schon bei einem der üblichen Wand- oder Tischventilatoren in Abhängigkeit von der Entfernung vom Gerät, zur Richtung des Luftstromes und von der Umgebungstemperatur empfunden wird. Zu kühle, auch rein mechanisch als lästig empfundene Luftbewegung heißt Zugluft. Es sind laminare, seltener turbulente schwache Luftbewegungen, die durch die seitlich abgebogene Kerzenflamme oder durch Rauchbewegung sichtbar werden. Zugluft entsteht hauptsächlich als Bodenzug und ferner durch Undichtigkeiten an Fenstern und Türen, weiter durch Herabsinken kalter Luftmassen nach Abkühlung an kalten Flächen (Fenster, Außenmauern) und schließlich als Folge schlechter oder unzweckmäßig betriebener Lüftungsanlagen. (Als geradezu vorsätzliche Körperverletzung ist aufzufassen, wenn aus Ersparnisgründen eine notwendige Vorwärmung der Zuluft bei Lüftungsanlagen unterlassen wird.) Ihre gesundheitliche Problematik wird vom Temperaturunterschied zwischen Luftstrahl und Umgebungstemperatur, von der Einwirkungsdauer, auch von der Auftreffstelle am Körper und ferner sehr wesentlich davon bestimmt, ob der Körper erhitzt (man erkältet sich am häufigsten, wenn man erhitzt ist!), die Hautoberfläche oder die Kleidung feucht, Gegenwirkung durch körperliche Bewegung vorhanden oder möglich ist. Abhärtung gegen Zugluft kann im allgemeinen ebensowenig erreicht werden, wie andererseits feststeht, daß unangebrachte und angewöhnte Furcht vor Zugluft mitunter die eigentliche (psychisch bedingte) Krankheitsursache ist. Furcht vor Zugluft ist wie Furcht vor Bazillen zu bekämpfen! Älteren oder Menschen im prämorbiden Zustand kann Zugluft offenbar aber recht gefährlich werden.

Luftgeschwindigkeiten am Fußboden über 0,2 m/sek pflegen erfahrungsgemäß bei Raumtemperaturen um 18° C als störend empfunden zu werden; unter 16° C sind Klagen über kalte Füße fast die Regel. Hier ist eine Feststellung interessant, wonach die Art des Fußbodens (Beton, Holz, Kork) für die Wärmeempfindung an Einfluß gegenüber Zug am Fußboden deutlich zurücktreten soll.

1,225 Wärmeschutz.

Der große Einfluß, den die Temperatur der Raumumschließungen zu allen Jahreszeiten auf das Raumklima ausübt, führt auf die Bedeutung des Wärmeschutzes der Mauern, der nicht mit Unrecht als Grundlage für die Behaglichkeit bezeichnet wird. In gut gebauten Gebäuden, deren Masse im Verhältnis zur Wärmetransmission groß ist, dauert die Aufheizung im Winter zwar länger und ist auch kostspieliger, bringt aber den Vorteil größerer Unempfindlichkeit bei wechselnder Kälte mit sich. Auch die während der heißen Jahreszeit in solchen Gebäuden herrschende Kühle weiß man zu würdigen; weniger geschätzt ist freilich das Nachklappen in den Übergangsjahreszeiten.

Wärmeschutz heißt Wärmedämmungs- und Wärmespeicherungsvermögen. Die volle Wirksamkeit ist an Trockenhaltung der Mauern gebunden. Neubauten bedingen bekanntlich im ersten Jahr größeren Brennstoffaufwand als später, wenn der Bau ausgetrocknet ist. Eine Sperre gegenüber aufsteigender Grundfeuchtigkeit ist für das Entstehen von trockenen Wänden von grundsätzlicher Bedeutung. Ebenso müssen Maßnahmen gegen unzulässige Durchfeuchtung durch Schlagregen getroffen sein. Unzureichender Wärmeschutz begünstigt unerwünschte Kondenswasserbildung. Jede Überschreitung der zulässigen Baustofffeuchtigkeit führt zu Nachteilen, die für das Raumklima ungünstig sind (Pilz-, Schimmel-, Geruchsbildung, Feuchtigkeitsanreicherung, Zerstörungen an Einrichtung und Bau).

Die Mauerkonstruktion bekommt wegen der Notwendigkeit des Heizens im Winter und den dadurch verursachten Brennstoffverbrauch große wirtschaftliche Bedeutung. Das gesundheitliche Interesse zielt darauf ab, daß beim Heizen die mittlere Strahlungstemperatur sich bald recht nahe der verlangten Raumtemperatur einstellt und der Wärmeabfluß nach außen möglichst verzögert wird. Letzteres weist auf Baustoffe mit kleiner Wärmeleitzahl hin. Für das Wärmedämmungsvermögen ist es gleichgültig, ob bei einer Mehrschichtkonstruktion die Dämmschicht in der Mitte oder an der Außen- bzw. Innenseite der Wand liegt. Eine Wärmeisolation an der Innenseite der Außenwände, wodurch die Wärmespeicherung in den Wänden herabgesetzt wird, begünstigt den Anheizvorgang, weil das schnell zu höheren Oberflächentemperaturen der Wände führt und die Wärmeabstrahlung des menschlichen Körpers vermindert. Die Auskühlung nach Schluß der Heizung geht jedoch schneller vor sich und um dem entgegenzuarbeiten, bedürfen die Mauern eines ausreichenden Wärmespeicherungsvermögens (Abb. 5).

Der früher vorherrschende Ziegelbau gewährte günstige Voraussetzungen für genügendes Wärmedämmungs- und ausreichendes Wärmespeicherungsvermögen (Abb. 6). Die beiden Ansprüchen gerecht werdende, sichernde Fülle wird erfahrungsgemäß bei Mauerkonstruktionen verlassen, deren Raumgewicht 500 kg/cm² unterschreitet. Bis zu Wandgewichten von etwa 100 kg/cm² herab kann die nächtliche Auskühlung durch

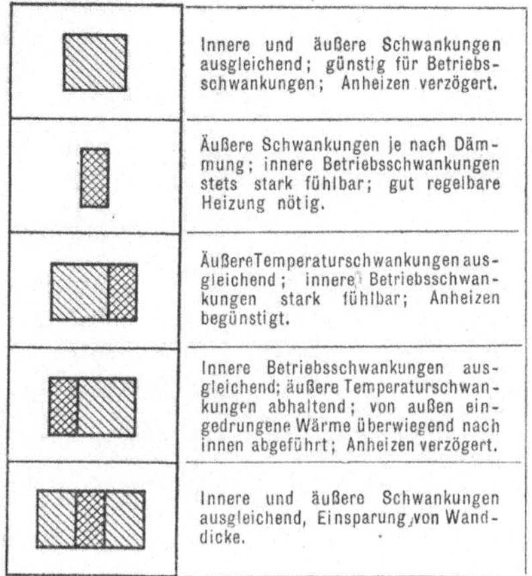

Abb. 5. Wandbauart und Heizungsbetrieb (nach KOESSLER).

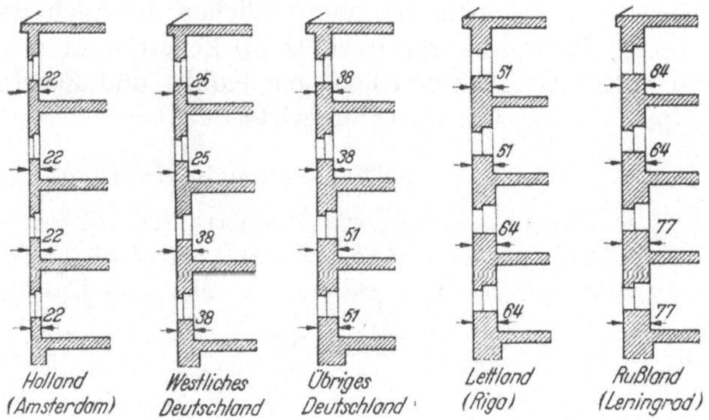

Abb. 6. Dicke der Außenmauern (cm) in einigen europäischen Ländern (nach SAUTTER).

Tabelle 4. *Mindestwerte des Wärmeschutzes bei Aufenthaltsräumen.*

	Wärmedämmzahl $D = 1/\Lambda$ (m² h °C/kcal) in den Wärmedämmgebieten		
	I	II	III
Außenwände	0,45	0,55	0,65
Wohnungstrennwände und Treppenhauswände	0,30	0,30	0,40
Wohnungstrenndecken und Decken unter nicht ausgebauten Dachgeschossen	0,55	0,55	0,55
Kellerdecken, Decken über abgeschlossenen unbeheizten Hausfluren	0,75	0,75	0,75
Decken über offenen Durchfahrten, Decken auf freistehenden Stützen u. dgl.	1,50	1,75	2,00
Steil- und Flachdächer, Decken und Terrassen[1]	0,65	0,65	0,65

---

[1] Für leichte Außenwände und Dächer vgl. auch Tab. 5.

Tabelle 5. *Mindestwerte des Wärmeschutzes in Abhängigkeit vom spezifischen Baustoffgewicht.*

Gewicht der Baustoffe[1]	Wärmedämmzahl $D = 1/\Lambda$ (m² h °C/kcal) in den Wärmedämmgebieten		
kg/m²	I	II	III
20	1,3	1,85	2,6
50	1,0	1,40	2,0
100	0,7	0,95	1,3
150	0,55*	0,65	0,9
200	0,50*	0,6*	0,75
300	0,45*	0,55*	0,65

[1] Zwischenwerte sind geradlinig einzuschalten.

* Für Dächer darf der Wert $D = 0,65$ m² h °C/kcal nicht unterschritten werden.

Erhöhung der Wärmedämmung der Umschließungswände so verzögert werden, daß keine unhygienischen Verhältnisse auftreten. In DIN 4108 (Tab. 4 u. 5) wird dem Rechnung getragen, da bei entsprechenden Leichtbauarten gewisse Zuschläge zu den Normalwerten verlangt werden. Die Verhältnisse werden sonst auch in der heißen Jahreszeit nicht mehr einwandfrei beherrscht (Überwärmungsgefahr, Barackenklima). Das an sich verständliche Bestreben nach Hochzüchtung der Dämmzahl von Bauplatten sollte aus gesundheitlichen Gründen die Bedeutung der Wärmespeicherfähigkeit der Wände nicht aus den Augen verlieren. Eine wärmeökonomisch gut überlegte Mauerkonstruktion wird zwar meist höhere Kosten verursachen. Es dürfte aber auf die Länge der Zeit richtiger sein, etwas teurer zu bauen, als Jahr für Jahr teurer heizen zu müssen.

Sowohl aus Gründen des sommerlichen als auch des winterlichen Wärmeschutzes ist die Forderung nach Doppelfenstern in unserem Klima hygienisch generell berechtigt. Bei den heutigen Kohle- und Fensterpreisen sind Verbund- und Doppelfenster auch durchaus wirtschaftlich.

1,226 Sonneneinstrahlung.

Über die Wärmewirkung der Sonnenstrahlen auf Bauten, die aus hygienischen Gründen im Sommer möglichst klein und im Winter möglichst ergiebig sein soll, liegen zuverlässige Zahlenangaben vor. Mit der Einfallsrichtung der Strahlen ändert sich der Wärmeanfall auf die Außenflächen. Wieviel Wärme in die Räume eindringt und mit welcher zeitlichen Phasenverschiebung gegenüber der Einstrahlung an der Außenfläche, hängt in weiten Grenzen u. a. vom Baustoff und der Bauausführung ab, wobei für die exakte Wärmebilanz nicht die Undichtigkeit der Fen-

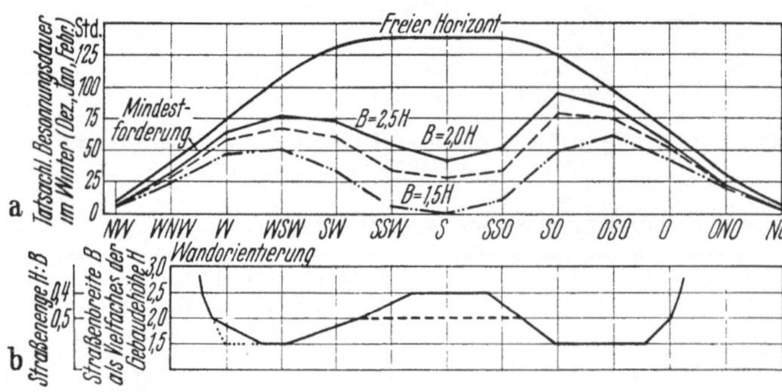

Abb. 7. Straßenbreite und tatsächliche Besonnungsdauer (nach Roedler).
a: Tatsächliche Besonnungsdauer von Wänden beliebiger Orientierung im Laufe des Winters bei einer Straßenbreite $B = 1,5$-, 2,0- und 2,5fache Haushöhe und bei freiem Horizont (Berlin-Dahlem); — b: Breite von Straßen beliebiger Orientierung bei einer geforderten tatsächlichen Wandbesonnungsdauer von 50 Stunden im Laufe der Monate Dezember, Januar und Februar (Berlin-Dahlem).

ster (Windanfall) übersehen werden darf. Um den Sonneneinstrahlungsgenuß über Wochen und Monate hinweg zu erfassen, muß die meteorologische Wahrscheinlichkeit des Scheinens der Sonne auf verschieden orientierte Wände einbezogen werden. Ein vernünftiger hygienischer Anspruch geht dahin, daß in den Wintermonaten Dezember, Januar und Februar mindestens 50 Stunden Besonnungsdauer gewährleistet sein sollen, was voraussetzt, daß die Höhe H und die Straßenbreite B je nach der Straßenrichtung in einem optimalen Verhältnis zueinander stehen. In Abb. 7 zeigt der obere Kurvenverlauf die tatsächliche Summe der Sonnenscheinstunden auf Wände beliebiger Orientierung im Laufe der drei Wintermonate bei einer Straßenbreite von $B = 1{,}5\text{-},\ 2{,}0\text{-}$ und $2{,}5$facher Haushöhe H. Für die Mindestforderung von 50 Stunden ergeben sich daraus die als Vielfaches der Haushöhe H im unteren Kurvenverlauf der Abb. 7 dargestellten Straßenbreiten B.

Unabdingbar ist die Erfüllung des Tageslichtanspruchs (DIN 5034)[1]. In schiefer Analogie zum wertvollen Durchlichtungsbegriff hat sich die Idee der Durchsonnungsnotwendigkeit von Räumen festgesetzt. Das hat aber keinen realen gesundheitlichen Effekt (s. Abschn. 1,33). Immerhin wird dadurch aber das Augenmerk auf die Bedeutung wirksamen Sonnenschutzes gegen hochsommerliche Überwärmung und lästige Blendung in erwünschter Weise gelenkt (s. Abschn. 1,45).

1,3 Lüftung und Lüftungsanlagen.

1,31 Aufgabenstellung.

Die im Einzelfall notwendigen Maßnahmen und die technische Gestaltung geplanter Anlagen orientieren sich generell am Sinn und Zweck der Lüftung; Architekten, Ingenieure und Hygieniker haben das im Rahmen des VDI-Fachnormenausschusses für Lüftungstechnik gemäß DIN 1946 folgendermaßen formuliert:

Die Hauptaufgabe der Lüftung ist stets die Lufterneuerung. Daneben tritt in vielen Fällen noch die zweite Aufgabe, den Raum unter Überdruck oder Unterdruck im Vergleich zu Nachbarräumen oder dem Freien zu setzen, um unerwünschte Luftströmungen innerhalb des Gebäudes zu verhindern (z. B. Vermeidung von Geruchübertragung).

Die Lufterneuerung ist aus zwei Gründen notwendig. Zum ersten sollen alle ekelerregenden Verunreinigungen der Raumluft, d. h. die gasfomigen Riechstoffe, beseitigt werden. Nach den derzeitigen Auffassungen der Hygiene sind diese Stoffe in der Regel zwar nicht als unmittelbar gesundheitsschädlich oder gar giftig anzusehen. Sie sind aber, zumal bei längerer Einwirkung, für das menschliche Wohlbefinden durchaus unzuträglich und müssen — schon aus Gründen der Reinlichkeit — durch Ersatz der verunreinigten Luft durch reine Luft aus dem Saal entfernt werden.

Zum zweiten soll — und das ist vom hygienischen Standpunkt aus besonders wesentlich — einer unzulässig hohen Erwärmung und Befeuchtung der Raumluft durch die Wärme- und Wasserdampfabgabe der anwesenden Menschen entgegengearbeitet werden. Allerdings läßt sich dies allein durch Luftwechsel nicht immer erreichen. Während der heißen Jahreszeit ist dazu eine Aufbereitung der Zuluft durch Kühlung und Trocknung notwendig.

Die Aufgabe des Luftwechsels ist stets an die Forderung gebunden, daß die Zuluft zugfrei eingeführt wird, da sonst erfahrungsgemäß der Luftwechsel unterbunden und die Lüftungsanlage ausgeschaltet wird.

Die Erfüllung der wärmephysiologischen Ansprüche sichert regelmäßig einwandfreie Atmungsluft. Dieser Satz ist nicht umkehrbar.

In Fabrikbetrieben können die Besonderheiten der Fertigung die Einhaltung ganz bestimmter Temperatur- und Feuchtigkeitsgrenzen verlangen, so daß die Lüftungstechnik geradezu als Teil der Verfahrenstechnik in Erscheinung treten kann (Tab. 6).

Zur Ermittlung des Betriebsaufwandes für Lüftungs- und Klimaanlagen, der sich hauptsächlich aus Wärme- und Stromkosten zusammensetzt, dienen bei der Projektierung die Lüftungsgradtage. Darunter wird das Produkt aus Zahl der Lüftungstage und dem Unterschied zwischen der Zulufttemperatur von 19° C und der mittleren Außenluft verstanden.

---

[1] *Verbindlich* für die Angaben der DIN sind die jeweils *neuesten* Ausgaben.

Tabelle 6. *Fertigungsklimatische Grenzwerte im Sommer und Winter.*

Betriebsart	Temperatur in °C		Relative Luftfeuchtigkeit in %
	Sommer	Winter	
Elektrotechnik:			
Radiogeräte	22	20	60
Spulen und Transformatorenbau	22	20	65
Färbereien und Großwäschereien	22 bis 24	20 bis 22	65 bis 75
Feinmechanische und Meßgeräte	20	20	50
Filme und photographische Erzeugnisse:			
Entwicklung und Fixierung	23	22	60 bis 65
Kopierräume.	22	20	50 bis 55
Trockenräume	25	24	50
Gummifabriken	22 bis 24	22	50 bis 70
Keramische Betriebe	23 bis 24	22	65 bis 70
Konservenfabriken:			
Fabriksäle.	24	22	65 bis 75
Lager- und Versandräume	18 bis 20	20	50
Papierfabriken, Druckereien:			
Schneiden, Binden, Leimen und Trocknen von Papier.	15 bis 23	15 bis 20	60
Druckerei	15 bis 23	15 bis 20	60 bis 70
Lagerräume	15 bis 20	15 bis 20	35 bis 40
Pharmazeutische und kosmetische Betriebe:			
Fabriksäle.	22	20	65
Lagerräume	18	16	50
Schokoladenfabriken:			
Für Sondererzeugnisse	23 bis 25	22 bis 24	35 bis 40
Seifenfabriken:			
Fabriksäle.	22 bis 23	21 bis 22	65 bis 70
Lager- bzw. Kellerräume	16 bis 19	15 bis 18	60
Süßwaren, Keks usw.:			
Mehllager	23 bis 27	21 bis 24	60
Hefelager	−2 bis +5	−1 bis +3	60 bis 75
Knet- und Teigherstellungsraum	25 bis 27	23 bis 25	55 bis 70
Gärraum	25 bis 27	24 bis 26	76 bis 80
Lager für Butter, Eier und Obst	0 bis 2	0 bis 3	75 bis 80
Tabakwarenfabriken:			
Anfeuchteräume	24	22	92 bis 93
Lagerräume	20	18	60 bis 65
Lösereiräume.	24	22	80
Textilbetriebe:			
Spinnereien	24	22	80 bis 90
Webereien	23	21	75 bis 85
Sulfidierräume (Toleranz ± 0,35°)	22	20	70

1,32 Verfahren und Anlagen.

Luftwechsel entsteht als Folge von Luftströmungen aus Druckunterschieden durch Temperaturdifferenzen, durch Windanfall oder infolge Verwendung von Ventilatoren (Lüfter). Die Lüftungstechnik benützt heute die Begriffe „natürliche Lüftung" für die sogenannte Selbstlüftung und „freie Lüftung" und „Zwanglüftung" für die künstliche Lüftung. Zur Zwanglüftung gehören alle mit Ventilatoren betriebenen Lüftungen.

Die Wahl des Lüftungsverfahrens und das Maß der Aufbereitung der Zuluft hängt vom Gebäude- bzw. Raumzweck ab, der ferner die Größe des Luftwechsels und schließlich auch die Art und Weise des Strömungsfeldes der Luft bestimmt, d. h. ob die Zuluft von oben, unten, von der Seite oder als Kombination dieser Möglichkeiten eingeführt und dementsprechend als Abluft aus dem Raum wieder entfernt wird und weiter, ob sogenannte Quell- oder Strahllüftung zur Anwendung kommt. Entscheidend ist, daß in der eigentlichen Aufenthaltszone im Raum dauernd die besten Luftverhältnisse zugfrei gewährleistet sind.

Luftrate ist die je Kopf und Stunde benötigte Luftmenge in m³ (Tab. 7).

Tabelle 7.

Empfehlenswerte Luftraten (Luftraum/Person ~ 5 m³; Raumgrundfläche/Person ~ 1,5 m²).

	Luftmenge in m³/Kopf,h
Hallen, wie Bahnschalterräume, Hörsäle, Kirchen, Warenhäuser, Theater, u. ä., Räume mit Rauchverbot	10 bis 20
Verwaltungsbüros, Friseur- und Kosmetikläden, Hotelräume u. dgl., Räume, in denen gelegentlich geraucht wird	20 bis 30
Caféräume, Erfrischungsräume, Konferenzsäle, Krankenhausräume, Restaurationsräume u. a. m., Räume, in denen mäßig geraucht wird .	30 bis 40
Börsensäle, Privatbüros, Schankräume u. ä., Räume, in denen viel geraucht wird.	30 bis 50
Barräume, Klubzimmer, Sitzungszimmer u. ä., Räume, in denen dauernd geraucht wird.	50

Ob mit der Luftrate allein die wärmephysiologischen Ansprüche befriedigt werden können, hängt von der je Person zur Verfügung stehenden Raumgrundfläche bzw. ihrem Luftraum ab und ebenso von der Wärme bzw. Kälte der Außenluft. Je kleiner Raumgrundfläche und Luftraum sind, um so schwieriger wird die Beherrschung allein mit der Luftrate. Selbst wenn sie auf 40 m³ gesteigert wird, wird im Sommer bei Lufträumen bis etwa 5 m³/Kopf in normalen Bauten Schwüle (Lufttemperatur über 25° C Luftfeuchtigkeit von 80%) nur vermieden, solange die von außen kommende Zuluft nicht wärmer als 22° C ist und ihre relative Feuchtigkeit unter 75% bleibt. Andernfalls sind Vorrichtungen zur Kühlung und Trocknung der Zuluft notwendig.

1,321 Natürliche Lüftung.

Hierunter wird die Luft verstanden, die bei geschlossenen Fenstern, Türen, Schornsteinöffnungen usw. nur durch Ritzen, Spalten und Poren des Mauerwerks usw. infolge Windanfalls oder, mit geringerem Effekt, durch Temperaturunterschiede zwischen Innen- und Außenluft ausgetauscht wird. Die stündliche Lufterneuerung auf diesem Wege wird von der baulichen Güte bestimmt und beträgt für gewöhnlich nicht mehr als das 0,3- bis 0,7-fache des Rauminhaltes, um höchstens bis auf das 1- bis 2,5-fache zu steigen. Schlechte Bauten können noch größeren Luftwechsel aufweisen. Mit größerem Luftwechsel bis etwa zum 5- bis 6-fachen kann auch gerechnet werden, wo infolge der Zweckbestimmung der Räume mit gewisser Regelmäßigkeit die Türen häufiger geöffnet werden (Gaststätten, Kaufhäuser usw.). In größeren Wohn- und Aufenthaltsräumen sichert die natürliche Lüftung im allgemeinen vor Schwitzwasserbildung, Wandfeuchtigkeit und Pilzbefall.

1,322 Fensterlüftung.

Zugfreies Lüften durch Fenster ist nur in der warmen Jahreszeit möglich. Eine Ausnahme machen Bauarten, die den Heizkörper zur Luftvorwärmung benutzen. Hohe, schmale Fenster entlüften wirksamer als niedrige, breite. Räume mit Fenstern an zwei gegenüberliegenden Seiten ermöglichen meist sehr ergiebige Querlüftung. Es sollen die Fenster auf kleine Öffnungen einstellbar sein (z. B. Flügelfenster auf Spalten von 3 bis 5 cm).

1,323 Lüftungsschächte.

Luftschächte haben zwar keinen sicheren und gleichmäßigen Lüftungseffekt, können aber bei richtiger Anlage ohne Betriebskosten eine in der Endwirkung nicht unerhebliche Lufterneuerung mit geringer Zuggefahr bringen. Die Wirkung der über Dach geführten Abluftschächte beruht auf der Ausnützung der Temperaturunterschiede zwischen innen und außen. Die Triebkräfte sind selbst bei tiefen Außentemperaturen nur klein, im Sommer können sie negativ werden. Windanfall kann die Wirkung der Abluftschächte wesentlich steigern, mitunter auch aufheben (Saugköpfe). Auf eine möglichst große Abflußöffnung, gute Klappen, sorgfältige Ausführung der Schachtwände und ausreichend große Öffnung für die Zuluft muß sorgfältig Bedacht genommen werden.

1,324 Abluftventilatoren.

Mit Hilfe von kraftbetriebenen Ablüftern in der Wand oder in Fenstern wird die Raumluft angesaugt und ins Freie geblasen. Die Lüfter können auch so gebaut werden, daß sie Luft in den Raum hineindrücken. Aus Furcht vor Zugbelästigung wird häufig keine ausreichende Zuluftöffnung vorgesehen. Die Luft strömt dann auf allen möglichen Wegen nach, so daß für ihre Reinheit keine Gewähr besteht.

1,325 Lüftungsanlagen.

Diese Anlagen ermöglichen die Einhaltung eines bestimmten Luftwechsels. Da sie eine regelbare Vorwärmung der Zuluft gewährleisten, ist zugfreies Lüften auch während der kalten Jahreszeit möglich. Sie verlangen einen ausreichenden Motor, ein sachgemäß ausgeführtes Kanalnetz und ein Luftfilter. Die Außenluft soll nach der Entstaubung nicht mehr als 0,5 mg/m³ Staub enthalten. Zur Reinigung des Kanalnetzes müssen Reinigungsöffnungen vorhanden sein. Die Zu- und Abluftgitter dürfen nicht waagerecht an begehbaren Stellen des Bodens liegen. Wird im Umluftverfahren gelüftet, so müssen nötigenfalls entsprechend leistungsfähige Filter vorgesehen werden. Die Anlagen müssen ruhig arbeiten. In leeren Räumen dürfen höchstens folgende Lautstärken auftreten:

```
Konzertsäle, Theater  . . . . . . . . . . . . . . . . . . 20 phon
Hörsäle, Lichtspielhäuser bei geringen Anforderungen  . . 25  „
Öffentliche Versammlungsräume . . . . . . . . . . . . . . 30  „
Gaststätten  . . . . . . . . . . . . . . . . . . . . . . 35  „
Gaststätten bei geringen Anforderungen  . . . . . . . . . 40  „
```

Muß auf ein Kanalnetz verzichtet werden, so kommen Wand-Luftheizgeräte zur Anwendung, die meist eine Einstellung auf Außen- oder Umluft erlauben. Sie werden auch als Überdruck-Frischluft-Heizungen geliefert, die mit Heizluft von 50 bis 70° C arbeiten (nur verwendbar, wo besondere lufthygienische Ansprüche nicht gestellt werden.)

1,326 Klimaanlagen.

Klimaanlagen sind Lüftungsanlagen, die eine selbstregelnde Einhaltung jeder gewünschten Temperatur und Feuchtigkeit der Raumluft gewährleisten, und zwar unabhängig vom Wetter und den durch die betreffende Raumgattung gegebenen Veränderungen (z. B. wechselnde Stärke der Raumbesetzung). Sie lassen ein größeres Ausmaß der Luftbehandlung als gewöhnliche Lüftungsanlagen zu und haben Einrichtungen zum Reinigen, Erwärmen, Kühlen, Befeuchten und Entfeuchten der Zuluft sowie die notwendigen Regelvorrichtungen. Sie sollen für den Sommer- und Winterbetrieb unter unseren klimatischen Verhältnissen die Werte gewährleisten, die in Tab. 8 zusammengestellt sind.

Tabelle 8.

Temperatur und Feuchtigkeit der Raumluft bei verschiedener Außentemperatur (DIN 1946).

Bei einer Außentemperatur von	Winter	Sommer			
	—	20° C	25° C	30° C	32° C
Eine Innentemperatur von	20° C	22° C	23° C	25° C	26° C
Eine untere Grenze der relativen Luftfeuchtigkeit von	35%	—	—	—	—
Eine obere Grenze der relativen Luftfeuchtigkeit von	70%	66%	66%	60%	56%

1,327 Absaugungsanlagen für Staub und giftige Gase.

Die Einheitlichkeit bei den Absaugungsanlagen ist begrifflicher Art; ihre Gestaltung (unter Berücksichtigung der aerodynamischen Gesichtspunkte) und Leistungsbemessung ist so variabel wie bei Lüftungsanlagen. Die Absaugung muß erreichen, daß ein Übertritt der Gase und Staubarten von der Entstehungsstelle in die Raumluft unmöglich wird. Dabei ist entstehender Staub in der eingeschlagenen Flugrichtung, z. B. bei Schleifscheiben, aufzufangen. Spezifisch leichtere Gase als Luft sind oben, spezifisch schwerere unten abzusaugen. Das führt zu der bekannten Typisierung als Anlagen mit oberer, seitlicher oder unterer Absaugung. Die Führung der Abluft darf keine neuen Gefahrenquellen für andere Raum- oder Gebäudeteile bzw. für die Straßenluft mit sich bringen. Die nachströmende Frischluft soll das Arbeitsklima durch Kältewirkung nicht verschlechtern; eher ist mit der in den Betrieben häufiger anzutreffenden Abneigung gegen frische Luft zu rechnen. Die Frischluft ist so zu leiten, daß sie am Arbeitsplatz voll den Atmungsorganen des Menschen zugute kommt. Die technische Ausführung muß ausreichende Auftriebskraft schaffen, wozu mitunter natürlich vorhandener Wärmeauftrieb ausreichen kann, überwiegend aber Ventilatoren notwendig sind. Welche Luftgeschwindigkeiten im Einzelfall notwendig sind, hängt von der physikalischen Beschaffenheit des Staubes und der Entstehungsart ab, z. B. infolge mehr oder weniger feiner Mahlprozesse oder sonstiger mechanischer Rohstoffbearbeitung, als Abfall oder Abrieb beim Schleifen, Polieren, Bohren, durch Transportvorgänge oder bei Verwendung von Sandstrahlgebläsen (s. Abschn. 4,432).

1,328 Bewindungsanlagen.

Ihr Grundgedanke ist, Arbeitern an heißen Betriebspunkten eine unmittelbare mehr oder weniger starke Luftbewegung zwecks Kühlung und erleichterter Schweißverdunstung zu verschaffen. Die Zufuhr der Luft erfolgt über ein Kanalsystem mit Ausblaseöffnungen an den einzelnen Arbeitsplätzen. Die Temperatur der Luftdusche soll nur so viel unter der Umgebungstemperatur liegen, wie es für einen gerade merklichen Einfluß erforderlich ist. Im allgemeinen genügen Temperaturunterschiede von 2 bis 3° C, die unter besonderen Bedingungen bis auf etwa 5° C gesteigert werden können. Die zuzulassende Geschwindigkeit der ausgeblasenen Luft ist in ziemlich weiten Grenzen bis zu einer Höchstgeschwindigkeit von 2 m/sek variabel. Bei der Konstruktion der Ausblaseöffnungen am Arbeitsplatz ist nicht der scharfe und weitreichende Luftstrahl das Ideal, sondern die zerteilende, milde Luftbrause. Eine Drosselungsmöglichkeit der Ausblaseöffnung muß vorgesehen werden, weil das individuelle Wärmegefühl keine konstante Größe ist und der Mensch zeitlich unterschiedlich wärmebedürftig oder kälteempfindlich sein kann. Luftduschen sind auch wirkungsvolle Bestandteile der Komfortklimatisierung in Verkehrsmitteln (z. B. Flugzeugen).

1,33 Desodorisierung und Desinfektion.

Zur Desodorisierung, d. h. Überdeckung eines auffälligen Geruchs, werden der Luft meist aromatisch riechende Flüssigkeiten oder Dämpfe zugeführt. Ein hygienischer Nutzen wird damit nicht erzielt, obwohl nicht zu bestreiten ist, daß vorübergehend angenehme Sinneseindrücke zustande kommen. Reeller ist die Verwendung von Ozon, mit dem auch leichter Zigarren- und Zigarettengeruch beseitigt werden kann. Die aufzuwendenden Ozonmengen betragen etwa 0,05 bis 0,5 mg/m³ Luft. Enthält die Raumluft mehr als etwa 0,1 mg/m³ Ozon, so ist sie auf die Dauer gesundheitlich nicht mehr indifferent; für den Gesunden liegt die gefährliche Dosis bei 0,6 bis 1,5 mg/m³ (Reizung der Augenschleimhäute und des Kehlkopfes; Steigerung der Empfindlichkeit). Diese Mengen entfallen, wenn die Luftfeuchtigkeit höher als 60% ist, auch gewisse luftdesinfektorische Wirkungen. Zur Luftdesinfektion mit Hilfe geeigneter Vernebelungsverfahren wird neben Präparaten wie Aerosept, Euphagol, Coniferol usw. neuerdings Triäthylenglykol (TAG) empfohlen und weiter Monomethyldiäthylenglykol; auch Hypochloritlösungen (0,4 cm³ einer 1%igen Lösung auf je 1 m³ Raumluft bei halbstündiger Wiederholung) sowie Chinosollösungen 1 : 1000 werden benutzt. Bei der Verwendung von Aerosolen, die in die Lungenbläschen eindringen, ist vorerst noch eine gewisse Vorsicht am Platz. Ein anderes Verfahren ist die Ultraviolettbestrahlung. Ihre Wirksamkeit hängt stark von der Installationsart ab, weil erreicht werden muß, daß die Keime mit den Strahlen in Berührung kommen. Bewährt hat sich der Einbau von UV-Strahlern in Lüftungskanälen zur Erzeugung sogenannter UV-Lichtsperren.

Alle Verfahren gewähren keinen vollen Erfolg, zumal an Staub angetrocknete Keime damit nicht vernichtet werden können. Aber schon eine erreichbare Minderung der Keimzahl um 40 bis 70% kann zur Verringerung von Infektionsmöglichkeiten in öffentlichen Verkehrsmitteln, Versammlungs- und Unterhaltungsräumen, besonders zu Epidemiezeiten, und weiter zur Verhinderung von Hausinfektionen in Krankenhäusern, auch in Schulen, von praktischem Nutzen sein. Die Wirkungsaussichten werden wesentlich zuverlässiger, wenn die Räume staubfrei gehalten werden bzw. zu Boden gesunkener Staub durch geeignete Maßnahmen fixiert und die daran haftenden Keime vernichtet werden (staubbindende Fußbodenpflegemittel).

Die im Ultraviolettanteil des Sonnenlichtes vorhandenen Strahlen mit desinfektorischer Kraft sind auf Wellenlängen beschränkt, die in unseren Breiten praktisch nicht wirksam werden. Daher können ultraviolettdurchlässige Fensterscheiben nur in ganz besonderen Fällen die davon erwarteten biologischen Vorteile bringen (Kostenfrage, Alterungserscheinungen).

1,4 Heizung und Heizungsanlagen.

1,41 Allgemeine Anforderungen.

Bei einer mittleren Jahrestemperatur in München von 7,2° C, in Berlin von 8,6° C und in Köln von 10° C zwingen die klimatischen Verhältnisse an annähernd 220 Tagen des Jahres zur Heizung der Gebäude. Die Heizung muß den Wärmebedarf decken (DIN 4701) und eine entsprechende Wärmelieferung gewährleisten. Das Wärmetransportmittel (Luft, Wasser, Dampf) muß der Raumgattung (Wohn-, Büro-, Schul-, Fabrikgebäude usw.) angepaßt sein. Die Wärmeabgabe der Heizquelle soll so sein, daß sie den wärmephysiologischen Ansprüchen möglichst gut nachkommt. Der Betrieb muß gefahrlos sein; in städtehygienischer

Hinsicht sollen die Feuerungen keine ungebührliche Belastung der Atmosphäre durch Rauch und Ruß verursachen.

Vielfach herrscht gedankenlose Wärmeverschwendung; überheizte Räume sind zudem ungesund. Eine Beheizung der Räume auf 21 statt auf 20° C verlangt einen durchschnittlichen Mehrverbrauch von Brennstoff um etwa 2 bis 3%. Angewöhnte hohe Raumtemperaturen (auch in öffentlichen Gebäuden nicht selten Temperaturen von 25° C) werden dann ängstlich eingehalten (s. Abschn. 1,221).

Die Heizung ist im allgemeinen in Betrieb zu nehmen, wenn an mindestens drei aufeinanderfolgenden Tagen die Außentemperatur um 21 Uhr $+ 12°$ C oder weniger beträgt, oder wenn die Außentemperatur plötzlich unter $+ 5°$ C sinkt. Der Betrieb ist einzustellen, wenn die Außentemperatur an fünf aufeinanderfolgenden Tagen um 21 Uhr 12° C beträgt oder überschreitet.

Für das Produkt aus Zahl der Heiztage und der Differenz zwischen innen und mittlerer Außentemperatur hat sich die Bezeichnung „Heizgradtage" oder „Gradtagzahlen" eingeführt. Ihre Ermittlung für einen bestimmten Ort setzt die Kenntnis der Jahreskurve seiner Lufttemperatur voraus. Die Gradtagzahlen sind ein Maß für die klimatischen Anforderungen der verschiedenen Orte an die Raumheizung.

In Fuß- und Kopfebene soll möglichst gleiche Temperatur herrschen. Wenn es im Volksmund heißt „warme Füße, kalter Kopf", so ist das nur als Negierung des Umgekehrten richtig. Auf die vertikale und horizontale Temperaturverteilung im Raum ist seine örtliche Lage, die Fensterfläche, die Größe der Heizfläche und ihr Aufstellungsplatz sowie die Luftführung durch etwaige Lüftungseinrichtungen von Einfluß.

1,42 Einteilung der Heizungsarten.

Unsere gebräuchlichen Heizungen (und zwar sowohl die Einzel- als auch die Sammelheizungen) können eine Einteilung nach verschiedenen Gesichtspunkten erfahren. Nach der Art der Wärmeabgabe sind Kamine, Heizsonnen, Decken- und Fußbodenheizungen Repräsentanten der sogenannten Strahlungsheizungen, während die Luftheizung demgegenüber die fast 100%ige Konvektionsheizung darstellt. In der Mitte mit jeweils etwa halber anteilsmäßiger Lieferung von Strahlungs- und Konvektionswärme stehen die Radiatoren und die Zimmeröfen (Abb. 8).

Ein anderer Einteilungsgesichtspunkt ist die gewährleistete Wärmespeicherung und damit ihr Nachwärmvermögen nach Erlöschen der Feuerung. Sie ist praktisch nicht vorhanden beim Kamin, den eisernen Öfen, den Strahlern, der Niederdruckdampfheizung und der Luftheizung, wohl aber beim Kachelofen und den Warmwasserheizungen aller Formen.

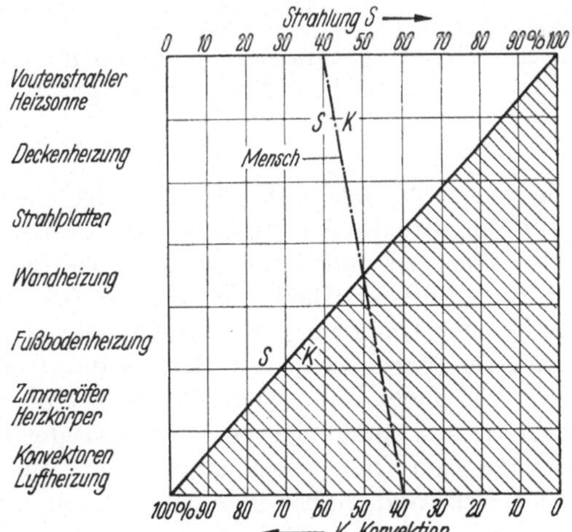

Abb. 8. Heizungsarten, geordnet nach den Anteilen ihrer Wärmeabgabe durch Strahlung und Konvektion.

Schließlich ist noch eine Einteilung von der Art der Betriebsweise her möglich, wobei die Übergänge nach Lage der Dinge recht fließend sein können. Aber schon aus rein betriebstechnischen Gründen pflegt man die Sammelheizungen

als Dauerheizungen zu betreiben, wenigstens wohl so lange, wie bei uns die
Ölfeuerungen und der gasbeheizte Zentralheizungskessel zu den Ausnahme-
installationen gehören.

Dauerbrandöfen werden ebenfalls überwiegend für den Zweck des Dauerheizbetriebes beschafft. Gewöhnliche Zimmeröfen, Kamine, Strahlheizungen usw.
sind dagegen die für den unterbrochenen Heizbetrieb gedachten Einrichtungen.
Dazu gehören auch grundsätzlich die Kachelöfen, obwohl sie in ihren schweren
Ausführungsformen infolge ihrer dann erheblichen Nachwärmkraft den Effekt
des Dauerheizbetriebes erreichen können. Auskühlungsverzögernd wirken alle
Heizungen mit einer mehr oder weniger großen Eigenwärmespeicherung.

1,43 Konvektions- und Strahlungswärme.

Ob die Erzeugung von Konvektions- oder Strahlungswärme (s. a. Abschn. 2,26)
für die Raumerwärmung günstiger ist, löst immer wieder Überlegungen technischer und hygienischer Art aus. Zweifellos führen beide Formen der Wärmelieferung zu unterschiedlichen Effekten (Tab. 9), die aber für die Praxis häufig
uninteressant sind.

Tabelle 9. *Vergleich von Konvektions- und Strahlungsheizung.*

Heizungsart	Vorteile	Nachteile
Konvektionsheizung	gleichmäßige Raumtemperatur	Ganzraumerwärmung, längere Anheizzeit, unwirtschaftliche Abschaltung,
(Extrem: Luftheizung)	leichte Raumabschaltung	Geruch- und Staubverschleppung
Strahlungsheizung	variable Behaglichkeit, rasche Empfindungsbeeinflussung (Strahlungsbilanz), regionale Raumerwärmung nach Bedürfnis,	enges Behaglichkeitsgebiet gegenüber Raumganzen, regionale Behaglichkeit von mittlerer Lufttemperatur (Zahl und Anordnung der Strahler) abhängig,
(Extrem: Strahlheizkörper)	rascher Wärmegenuß (unabhängig von Brennstoff und Heizquelle), verringerte Wärmetransmission	leicht unzureichend bei stärkerer Kälte

Die wärmephysiologische Wirkung ist ebenfalls unterschiedlich, deren eines
Extrem die direkte Anstrahlung von partiell wirkenden offenen Feuern oder
Strahlheizkörpern und deren anderes, wie bei der Luftheizung, die Umspülung
mit warmer Luft ist. Beides kann durchaus behaglich sein. Da aber der Mensch
gegenüber der Umgebung Wärmegewinne oder Wärmeverluste empfindet, wird
ein stärkerer Wärmeverlust, z. B. über den Rücken durch Abstrahlung zu kalten
Flächen hin, nicht ohne weiteres durch eine entsprechend intensivere Wärmezustrahlung auf andere Körperpartien ausgeglichen. Man verändert bekanntlich
seine Lage zum Ofen bzw. hängt beim Genuß des Kaminfeuers vom Polster-
sessel ab. Mißstände haben in einem Fall zur Erfindung der winterlichen Fenster-
decken und im anderen Falle der Ofenschirme Anlaß gegeben. Die Strahlen
dunkler Wärmequellen sind physiologisch anders zu beurteilen als diejenigen
leuchtender Strahler. Die ultrarote Strahlung (Wellenlängen von $0,8\,\mu$ bis 1 mm)
wirkt hauptsächlich durch Wärmeerzeugung. Selbst starke und Schmerz aus-
lösende Erhitzung der Haut durch Ultrarotstrahlung klingt ohne Nachwirkung
wieder rasch ab. Die Strahlung von 0,7 bis $1,4\,\mu$ dringt am tiefsten in die Haut
und soll am besten erträglich sein. Langwelligeres Ultrarot (2,5 bis $3,0\,\mu$) erzeugt
unangenehmere Wärmeempfindung und wirkt stechender als kurzwellige ultra-

rote Strahlen. Auf sie soll die Behinderung der Nasenatmung zurückgehen, die sich meist gleichzeitig mit dem Auftreten der bekannten Schwüle- und Muffigkeitsempfindungen in überheizten Räumen einstellt (HILLscher Nasenreflex).

Diese Wellenlängen können von Strahlern verschiedener Temperaturen ausgesandt werden und schon bei dunkler Grauglut beginnen, um nach dem WIENschen Verschiebungsgesetz das Maximum der ausgesandten Energie bei Temperaturen zwischen 600 und 900° C zu erreichen. Nach den bisherigen Feststellungen sind die verschiedenen Spektralbezirke im Ultrarot für das subjektive Wärmegefühl ohne wesentliche praktische Bedeutung. Bei gleicher Wärmemenge wird Zustrahlung von Sonnen- oder Ofenwärme nicht unterschiedlich empfunden, was nicht erstaunlich ist, weil die Haut keinen z. B. dem Auge analog differenzierten Nervenendapparat besitzt. Auf die Wärmemenge kommt es an, die nicht Anlaß zur Überwärmung geben darf. Zu starke Erwärmung der Fußsohlen kann z. B. einen nachhaltigen Einfluß auf den peripheren Blutkreislauf und damit auf die Wärmeregulation, das Wärmegefühl und die Behaglichkeit ausüben. Dem Frösteln bei kalten Füßen infolge zu großen Wärmeentzugs steht das marode Gefühl bei überwärmten Füßen gegenüber. Es erklärt sich aus dem Versacken größerer Blutmengen in den unteren Extremitäten, das durch die Erweiterung ihrer Gefäße infolge der Wärmereizung zustande kommt. Daß gerade die Kopf- und Gesichtspartien empfindliche Körperbezirke sind, ist angesichts ihres Reichtums an Schleimhäuten (Augen, Nase, Mund) selbstverständlich.

Soll im geheizten Raum die gleiche Behaglichkeit entstehen, wie sie an schönen Frühjahrs-, Sommer- oder Herbsttagen der ungeheizte Raum den meisten Menschen bietet, so dürfte seine Lufttemperatur nicht wesentlich von der mittleren, in sich selbst nicht stark differenzierten Oberflächentemperatur der Umgebungsflächen abweichen und die Oberflächentemperatur der wärmeliefernden Flächen nicht über der menschlichen Hauttemperatur ilegen. Das führt auf das Problem der Flächenheizung. Es ist seit langem aktuell, denn die Beliebtheit des Kachelofens und seine Bedeutung, wo er volkstümlich ist, hat letzten Endes darin seinen Grund. Es hat weiter zu den Bestrebungen Anlaß gegeben, die Temperaturen der Heizflächen durch entsprechende technische Verbesserungen möglichst tief zu halten. Diesem Zweck dient beispielsweise die Emaillierung der verschiedenen Konstruktionen von eisernen Öfen. Auch die Verbreitung der zentralen Warmwasserheizungen hat hierin eine wesentliche Ursache. Es ist daher berechtigt, Warmwasserheizungen, die in unserem Klima ein häufiges Überschreiten der Heiztemperaturen von 60° C bedingen, bezüglich ihrer technischen Qualität zu beargwöhnen, weil sie dadurch ihres spezifischen Gütemerkmals beraubt werden. Selbstverständlich darf man die Frage der Radiatorentemperaturen nicht überspitzen, da schließlich auch Oberflächentemperaturen um 100° und noch darüber, wie bei Dampfheizungen, und zwar mehr oder weniger merkliche Behaglichkeitsminderung, aber keine speziellen gesundheitlichen Gefahren bedingen. Einige Begleitumstände sind zweifellos geeignet, Unbehaglichkeitsgefühle auszulösen. In der Richtung dieser Entwicklung lag es schließlich, in Decken, Fußböden und Wänden geeignet erscheinende Flächen oder Flächenelemente zu Wärmespendern zu machen. Das hat zu den modernen Strahlungsheizungen geführt, wie sie heute meist als Pumpenwarmwasserheizungen ausgeführt werden. Die Bezeichnung als Strahlungsheizung ist berechtigt, weil die Wärme zumindest bei der Deckenheizung dem Raum als Strahlungswärme zugeführt wird; bei den Wand- und Fußbodenheizungen kommen schon erhebliche Konvektionswärmeanteile hinzu. Fußbodenheizungen sollen in Übereinstimmung mit der Erfahrung in Daueraufenthaltsräumen 25° C am Fußboden nicht überschreiten; die behaglichste Temperatur scheint bei 22 bis 23° C zu liegen.

Höhere Temperaturen sind in Bädern, Wandelhallen, überhaupt in Räumen vertretbar, die nur kürzerem, zeitweiligem Aufenthalt dienen.

Bei der Deckenheizung hängt die einzuhaltende Oberflächentemperatur von der Raumhöhe ab, weiter davon, ob die ganze Decke oder nur Teile von ihr beheizt werden, wie diese Deckenflächenteile angeordnet sind und ob noch andere Flächen, z. B. unter den Fenstern, Wärme spenden. Auch hier ist zu unterscheiden zwischen Räumen, die nur durchwandert werden, und solchen, die zum ausgedehnten oder ständigen Aufenthalt für Menschen dienen. Aus Versuchen und Berechnungen kann heute mit ziemlicher Sicherheit als physiologische Grenze festgelegt werden, daß auf Kopf- und Gesichtspartien keine größere Wärmezustrahlung als $0{,}018$ cal/cm^2 min (≈ 11 kcal/m^2 h) wirksam werden soll. Wird dieser Wert respektiert, so werden bei der Mehrzahl der Menschen keine Klagen über unbehagliche Erwärmung von Kopf und Gesicht auftreten. Die Sicherung dieses Wertes ist Aufgabe der technischen Gestaltung, die damit zu einem raumindividuellen und nicht ganz leichten Problem wird. In zum dauernden Aufenthalt bestimmten Räumen, wo z. B. die Hälfte der Deckenfläche in geschlossener rechteckiger Fläche zur Heizung verwendet wird, dürften dann die Temperaturen bei einer Raumhöhe von 2,50 m bis 28° C, bei 2,75 m bis zu 30° C, bei 3 m bis zu 33° C und bei 3,75 m bis 38° C betragen. Diese Werte mögen hier nur genannt sein, um eine Vorstellung über die Größenordnung zu vermitteln. Einzelheiten der Berechnung und Anlagegestaltung sind den einschlägigen Spezialveröffentlichungen zu entnehmen.

1,44 Vergleichende Betrachtungen der Heizungsarten.

Richtige Berechnung des Wärmebedarfs eines Raumes und dementsprechende Bemessung der Heizleistung, einwandfreie technische Ausführung der Öfen und Anlagen sowie gut überlegter Betrieb vermögen die meisten Heizungseinrichtungen gesundheitlich einwandfrei zu gestalten. Die Heizungsfrage kann niemals allein nach gesundheitlichen Wünschen beurteilt werden, weil den hineinspielenden energetischen und wirtschaftlichen Gesichtspunkten Rechnung getragen werden muß. Daß große Heizzentralen (Städteheizung) wegen der Verwendung von Abwärme die Wärmelieferung wesentlich verbilligen können, ist erwiesen. Neben wirtschaftlichen Gesichtspunkten darf nicht ganz das in ihnen liegende hygienische Risiko übersehen werden, das jeder Ausfall dieser Zentralen für den großen Kreis der Anschlußbesitzer bedeutet.

Bei der Ofenheizung ist für die Wahl (eiserner Ofen oder Kachelofen) in erster Linie das örtliche Klima maßgebend. Von den Zentralheizungen hat die Warmwasserheizung so gut wie keine hygienischen Nachteile. Sie eignet sich daher ganz besonders für alle Fälle, wo größere hygienische Ansprüche gestellt werden, mithin für alle Arten von Wohn- und Bürogebäuden, Miethäusern, staatlichen und städtischen Dienstgebäuden, für Schulen und Krankenhäuser. Sie ist der Niederdruckdampfheizung überlegen, obwohl diese geringeren Aufwand an Baustoffen und Herstellungskosten hat. Deren Hauptvorteil ist die Möglichkeit eines raschen Anheizens und Abstellens der ganzen Anlage und einzelner Heizkörper, woraus sich ihre Eignung für kurzzeitig benutzte Gebäude ergibt. Die Kombination beider Verfahren (für die Raumheizung benötigtes Warmwasser in Wärmeaustauschern erwärmt, die mit Dampf beheizt sind) gibt die Möglichkeit, Räume, bei denen höhere Ansprüche zu stellen sind, mit Warmwasser zu beheizen und sich so zugleich die Vorteile des Niederdruckdampfes zu verschaffen, die ihm für die Beheizung von Lufterhitzern bei Luftheizungen, Nebenräumen, angeschlossenen Wirtschaftsbetrieben usw. zukommen. Inwieweit für die besonderen Zwecke der

Heizung von Betriebsräumen und Fabrikgebäuden andere Heizungsarten zweckmäßig und gesundheitlich tragbar erscheinen, ist von den örtlichen Voraussetzungen abhängig.

1,45 Kühlung und Entfeuchtung.

Eine Wärmeeinheit zu erzeugen, ist billiger und technisch einfacher, als sie zu beseitigen. Bei uns sind Kühlanlagen für normale Räume kaum notwendig, weil wir durchschnittlich nicht mehr als dreißig Tage im Jahr mit einer Höchsttemperatur von mindestens 25° C haben. Kühlanlagen kommen daher nur für besondere Komfortansprüche als Klimaanlagen und insbesondere für Betriebsräume (Kühlräume, Kaltlagerhäuser usw.) in Betracht. Demgegenüber ist die zunehmende Verbreitung der Haushaltskühlschränke eine in hygienischer Hinsicht erfreuliche Entwicklung.

Die erforderliche Trocknung der Luft kann entweder durch wasseraufnehmende Stoffe (Silikagel, Aktivkohle, hygroskopische Salzlösungen wie Kalziumchlorid, Zinkchlorid, Lithiumchlorid, Aluminiumverbindungen) erfolgen oder durch Unterkühlung. Hierbei wird die Luft durch Abkühlung unter den Taupunkt zur Wasserausscheidung veranlaßt. Als Kühlflüssigkeit für die benötigten Kühlkörper kommt Leitungswasser, Grundwasser oder durch Kältemaschinen gekühlte Sole in Betracht, wovon wiederum die Größe der Kühlfläche abhängt, die bei Anwendung von Sole wesentlich kleiner ist als in den anderen beiden Fällen mit durchschnittlichen Wassertemperaturen von nur etwa 8 bis 10° C.

Bei den Kältemaschinen unterscheidet man Kompressions-, Absorptions- (die mit binären Gemischen, meist mit Ammoniak und Wasser arbeiten) und Adsorptionsmaschinen (bei denen poröse Stoffe, z. B. Silikagel-SO_2 verwendet werden). Als bevorzugte Kältemittel bei den Kompressionsmaschinen haben zur Zeit Ammoniak (NH_3), Schwefeldioxyd (SO_2), Methylchlorid (CH_3Cl), Äthylchlorid (C_2HCl) und Isobutan (C_4H_{10}) praktische Bedeutung, wozu neuerdings noch das Dichloridfluormethan (CCl_2F_2) tritt, das unter dem Namen Freon bekannt geworden ist, sowie ferner das Difluormonochlormethan.

Für einfache Verhältnisse kommt bei uns in erster Linie Kühlung durch nächtliche Lüftung der Gebäude in Betracht, die aber meistens nur begrenzte Wirkung haben kann. Aufstellung von Kühlkörpern im Raum analog den Heizkörpern ist unhygienisch, weil sie keine ausreichende Entfeuchtung der Raumluft bewirken, sondern durch sich selbst Anlaß zur Schwitzwasserbildung geben.

Sehr wesentlich sind in jedem Fall Vorbeugungsmaßnahmen, die eine sommerliche Überwärmung der Gebäude verhindern. Das verlangt ausreichenden Wärmeschutz der Mauern und Vermeidung übergroßer Fenster, weil bekanntlich die Fenster im Sommer als regelrechte Wärmefallen wirken. Ein Sonnenschutz an den Fenstern hat nur Zweck, wenn er vor dem Fenster angebracht ist und so die Außenseite der Glasfläche abzuschirmen vermag. Die bei Fabrikhallen häufig zu findenden Dachanstriche mit hellen Farben, Aluminiumfarbe u. dgl. sind alljährlich zu erneuern. Streichen der Fenster und Oberlichte mit blauer Farbe ist keine wirkungsvolle Maßnahme gegen sommerliche Überwärmung.

Schrifttum.

BRADTKE, F.: Temperatur und Feuchtigkeit in dicht besetzten Räumen. Gesundh.-Ing. Bd. 58 (1935) S. 411/16.

CAMMERER, J. S.: Die konstruktiven Grundlagen des Wärme- und Kälteschutzes. Berlin: Springer 1936.

BRADTKE, F., u. W. LIESE: Hilfsbuch für raum- und außenklimatische Messungen. Berlin: Springer 1937. (2. Aufl. 1952.)

GONZENBACH, W. v.: Physiologische und hygienische Betrachtungen zur Strahlungsheizung. Gesundh.-Ing. Bd. 61 (1938) S. 557/60.

Hottinger, M.: Lüftungs- und Klimaanlagen einschließlich Luftheizung. Berlin: Springer 1940.

Kollmar, A.: Praktische Berechnung der Flächenheizung. Gesundh.-Ing. Bd. 69 (1948) S. 281/93.

Roedler, F.: Die wahre Sonneneinstrahlung auf Gebäude — ihre Ermittlung, Ausnutzung und Abwehr. Gesundh.-Ing. Bd. 69 (1948) S. 217/24 u. Bd. 74 (1953) S. 337/50.

Kollmar, A.: Theorie und Technik der Flächenheizung. Gesundh.-Ing. Bd. 70 (1949) S. 22/28 u. S. 113/19.

Esmarch, E. v.: Hygienisches Taschenbuch, 6. Aufl. Berlin/Göttingen/Heidelberg: Springer 1950.

Gröber, H.: H. Rietschels Lehrbuch der Heiz- und Lüftungstechnik, 12. Aufl. Berlin/Göttingen/Heidelberg: Springer 1950.

Koessler, P.: Grundzüge des baulichen Wärmeschutzes, der Heizung und Lüftung. Hannover 1950.

Cammerer, J. S.: Der Wärme- und Kälteschutz in der Industrie, 3. Aufl. Berlin/Göttingen/Heidelberg: Springer 1951.

Häusler, W.: Die Geruchsstärke als Maßstab für den Luftwechsel. Schweiz. Bl. Heizg. u. Lüftg. Bd. 18 (1951) S. 48/49.

Kollmar, A.: Die Heizsysteme für Industrie- und Verwaltungsgebäude unter neueren heiztechnischen Erkenntnissen. Heizg., Lüftg., Haustechn. Bd. 4 (1953) S. 109/19.

— Welche Deckentemperatur ist bei der Strahlungsheizung zulässig? Gesundh.-Ing. Bd. 75 (1954) S. 22/29.

Caemmerer, W.: Bauart und Heizungsökonomie vom hygienischen und wirtschaftlichem Standpunkt. Gesundh.-Ing. Bd. 75 (1954) S. 216/220.

2 Technische Grundlagen der Heizungs-, Lüftungs- und Warmwasserversorgungsanlagen.

Das Aufkommen und der Aufschwung der Technik brachten es mit sich, daß ein großer Teil der Bevölkerung tagaus, tagein seine Arbeit in geschlossenen Räumen zu verrichten hat. Damit sind diese Menschen wohl vor Wind und Regen geschützt, aber die lebenserhaltende Umgebungswärme muß in den winterkalten gemäßigten Klimaten über die Hälfte des Jahres und in den Schneeklimaten das ganze Jahr über zugeführt werden. Zur Erhaltung der Gesundheit ist ferner dem Gebäude eine angemessene Frischluftmenge zuzuführen, wobei diese Menge weitgehendst von dem Gebäudezweck abhängt. Für Wohnräume genügt ein zeitweiliges Öffnen der Fenster und die stetige Lufterneuerung durch die Undichtigkeiten des Gebäudes. Ansammlungen von Menschen in Räumen oder luftverschlechternde technische Arbeitsverfahren bedingen die Zwanglüftung.

2,1 Allgemeines.

Um obigen Anforderungen gerecht werden zu können, sind Heizungs- und Lüftungseinrichtungen der verschiedensten Art[1] geschaffen worden, die sich je nachdem für die eine oder andere Gebäudeart besser eignen.

Bisweilen können für eine Gebäudeart allerdings auch verschiedene Heizarten in Frage kommen, so z. B. für Werkstätten: Ofenheizung, Dampf-, Heißwasser- oder Luftheizung und für Kirchen: Ofen-, Dampf-, Luft-, Gas- oder elektrische Heizung. Und diesbezüglich der Lüftung kommen z. B. in Fabriken in Frage: die *freie* Lüftung als Fensterlüftung, bei Hallenbauten, gegebenenfalls

---

[1] Gröber, H.: H. Rietschels Lehrbuch der Heiz- und Lüftungstechnik, 12. Aufl. Berlin/Göttingen/Heidelberg: Springer 1950. — E. Sprenger: Taschenbuch für Heizung und Lüftung. 47. Jahrg. München 1953.

unterstützt durch Dachaufsatzlüftung, die *zwangsweise* Lüftung mit Fliehkraftlüftern, und zwar als Entlüftung (Sauglüftung), als Belüftung (Drucklüftung) und als Be- und Entlüftung (Verbundlüftung) unter Aufstellung sowohl eines Zu- als auch Ablüfters. Weiter kommt es vor, daß in einem Gebäude *gleichzeitig* mehrere Heizarten angewendet werden, in Wohnhäusern z. B. Warmwasser- und in den Übergangszeiten Ofenheizung, in Werkstätten und Großgaragen die Dampfheizung und daneben die Dampf-Luftheizung mittels Einzelheizapparaten.

Die Technik ist heute so weit, daß sie sämtliche Heizungs- und Lüftungsarten einwandfrei zu erstellen in der Lage ist. Auch ihre Vorzüge und Nachteile sind auf Grund der Erfahrungen mit bestehenden Anlagen genügend bekannt, so daß es in der Regel als Fehler des entwerfenden Ingenieurs bzw. der ausführenden Firma bezeichnet werden muß, wenn neu erstellte Anlagen nicht befriedigen.

Allerdings kommt es auch vor, daß die Verantwortung für technisch oder wirtschaftlich verfehlte Ausführungen dem Bauherrn bzw. Architekten zufällt, dann nämlich, wenn sie es unterlassen, die Fachleute rechtzeitig hinzuzuziehen, ihren Vorschlägen nicht das nötige Interesse und Verständnis entgegenbringen oder die erforderlichen Mittel zur einwandfreien Ausführung der Anlagen nicht bewilligen.

Schließlich wird leider bisweilen insofern gefehlt, als das Geld für die äußere Fassade und das innere Verschönern ausgegeben wird und dann für die Installationen die erforderlichen Mittel nicht mehr zur Verfügung stehen. Dabei wird an die Behaglichkeit und Wirtschaftlichkeit des Wohnens nicht gedacht.

Es kommt sogar vor, daß die Preise für die Heizung gedrückt, die Heizkörper aber verkleidet werden, was bekanntlich recht teuer ist, weil die Verkleidung Geld kostet, verkleidete Heizkörper größer gemacht werden müssen als unverkleidete und hinter denselben ein Wärmeschutz, z. B. in Form von Korkplatten, erforderlich ist, wenn man vermeiden will, daß zuviel Wärme durch die Außenmauern verlorengeht. Zudem sind Verkleidungen vom hygienischen Standpunkt aus zu beanstanden, weil Staub und Schmutz oft lange Zeit ein ungestörtes Dasein hinter ihnen führen. Das gilt auch für Verkleidungen, die leicht aufschließbar oder wegnehmbar sind, und selbst für Häuser, in denen die Reinlichkeit sonst nichts zu wünschen übrigläßt. Dazu kommt, daß es viele Verkleidungen gibt, die vom ästhetischen Standpunkt aus weniger befriedigen als sachgemäß gewählte, am richtigen Platz aufgestellte und in Anlehnung an die Umgebung gestrichene Heizkörper.

Werden die Heizkörper in Außenwandnischen angeordnet, so ist der Wärmedämmung der Heizkörpernischen besondere Aufmerksamkeit zu schenken. Gerade in dieser Hinsicht wird viel versäumt. Es genügt nicht, die hinter dem Heizkörper gelegene, meist sehr geschwächte Wand mit einer dünnen Dämmstoffplatte zu versehen. Vielmehr ist die ganze Nische, also auch seitlich abzudämmen, wobei die verbliebene Wanddicke einschließlich der Dämmplatte keinen größeren Wärmedurchgang haben darf als die Vollwand, z. B. die beiderseits verputzte 38 cm dicke Backsteinwand.

In allen Neubauten, die Anspruch auf sorgfältige Innenausstattung machen, sollte man die verhältnismäßig geringen Mehrkosten für die Verlegung der Heizleitungen in Mauerschlitze nicht scheuen, weil dadurch das unschöne Schwärzen der Wände[1] und Decken wegfällt und die verdeckte Anordnung der Leitungen auch in hygienischer Beziehung Vorteile aufweist. Das bedingt natürlich, daß die Rohrleitungsnetze besonders sorgfältig ausgeführt und vor dem Anbringen der

---

[1] GRÖBER, H.: Über die Schwärzung der Wände durch die Heizung. Gesundh.-Ing. Bd. 65 (1942) S. 337. — K. CLUSIUS: Staubabscheidung durch Thermodiffusion. Z. VDI-Beiheft Verfahrenstechn. 1941 Nr. 2 S. 23/24.

Wärmedämmung und dem Zumauern der Schlitze durch Hochheizen und Abpressen der Anlagen auf Dichtigkeit genau untersucht werden.

An Stelle der Wärmedämmung um die Rohre, die in den Schlitzen doch nur unvollkommen gelingt, kann man gegebenenfalls die Schlitze selbst mit Dämmstoffen auskleiden[1]. Nach Möglichkeit ist ferner die Dämmschicht von Rohrschlitzen beim Deckendurchgang nicht zu unterbrechen. In diesem Zusammenhang muß auch auf den besonders wichtigen Wärmeschutz der Dachschrägen hingewiesen werden, in denen Heiz- und Warmwasserrohrleitungen verlegt sind. Die Wärmedämmung der Dachschräge ist bis auf den Dachfußboden herunterzuziehen. Wichtig ist ferner der Wärmeschutz des Ausdehnungsgefäßes der Warmwasserheizung. Kann dieses Gefäß nicht wie bei kleinen Anlagen in einem beheizten Raum aufgestellt werden, so muß der Heizwasserumlauf gesichert sein und eine Wärmedämmung vorgesehen werden. Hierfür sind Glas-, Stein- und Schlackenwolle besser geeignet als hygroskopische Dämmstoffe, wie z. B. Sägemehl und Torfmull.

Es liegt durchaus im Interesse der Bauherrn, ihre Anlagen ausschließlich von Firmen ausführen zu lassen, die über geschultes und erfahrenes, technisches Personal verfügen und bezüglich des Zusammenbauens der Anlagen ebenso Anspruch auf Vertrauen erheben können wie hinsichtlich Planung und Berechnung.

Wenn im vorstehenden die freie Aufstellung der Heizkörper befürwortet worden ist, so geschah das außer den angegebenen Gründen auch deshalb, weil die heutigen schlichten und sachlichen Formen der Heizkörper jedem Anspruch genügen dürften und für besondere Fälle zu dem Sonderausführungen von örtlichen Heizflächen zur Verfügung stehen, die, je nachdem, mehr auf ästhetische oder hygienische Anforderungen Rücksicht nehmen.

Die Heizung soll unauffällig für Behaglichkeit sorgen. Der Heizkörper einer Zentralheizung kann niemals dieselbe architektonische Wirkung erzielen wie die Kamine und Kachelöfen in den Burgen, Schlössern und Klöstern, die mit hohem Kunstempfinden und unter großem Aufwand als Hauptschmuck erstellt worden sind, und auch nicht wie der gemütliche Kachelofen in den Bauernstuben. In Wohnhäusern, Schulen, Bürogebäuden, Krankenhäusern, Gaststätten usw. sollten die Heizkörper unter den Fenstern angeordnet werden, wo sie keinen wertvollen Platz wegnehmen und dafür sorgen, daß die kalte Außenwandfläche dem Menschen nicht zuviel Wärme durch Abstrahlung entzieht und außerdem von den Fenstern her keine Zugerscheinungen auftreten.

In Fabriken, Museen, Kirchen, Theatern sind naturgemäß zum Teil wieder andere, soweit erforderlich in den nachfolgenden Abschnitten behandelte Gesichtspunkte maßgebend.

Bei den *Strahlungsheizungen*[2] werden nun keine Heizkörper mehr in den Räumen aufgestellt, sondern Heizrohre in die Decken, Fußböden oder Wände verlegt, bei Betonbauten zum Teil vom Beton direkt umgossen. Man spricht dann von einer Decken-, Fußboden- oder Wandheizung und wenn diese Flächen des zu beheizenden Raumes gemeinsam herangezogen werden, von einer *Flächenheizung*. Zweifellos besitzen diese Anlagen den Vorteil, daß sie vollständig unsichtbar sind und keinen Platz beanspruchen. Daneben bieten die *Deckenheizungen* den besonderen Vorzug, daß sie sich im Sommer mit Erfolg zur Raumkühlung benutzen lassen. Die Unzugänglichkeit der Heizrohre in der Decke erfordert allerdings eine sorgfältige Berechnung des Wärmebedarfes des Raumes und nicht zu knappe Bemessung der eingebetteten Heizfläche, da man nachträg-

---

[1] ZIMMERMANN, W.: Schutz der Kalt-, Warmwasser- und Heizungsrohrleitungen gegen Einfrieren in Schlitzen von Außenmauern. Gesundh.-Ing. Bd. 70 (1949) S. 333/335.
[2] HEID, H., u. A. KOLLMAR: Die Strahlungsheizung, 3. Aufl. Halle (Saale) 1948.

lich keine Änderung mehr vornehmen kann. Auch auf eine sorgfältige Verlegung und Schweißarbeit ist zu achten, um Zirkulationsstörungen des Heizwassers und Undichtigkeiten zu vermeiden. Die Gefahr des Undichtwerdens hat sich zwar bisher in den Tausenden von ausgeführten Deckenheizungen als gering erwiesen, und in den wenigen eingetretenen Schadensfällen war die Behebung des Schadens nicht allzu schwierig, da man ja sofort die undichte Stelle an der Decke erkennt und durch Freistemmen die Nachschweißung dann vornehmen kann. Da aber zu dieser Nacharbeit auch die bauliche Wiederinstandsetzung kommt, sind die aufzuwendenden Kosten doch höher, als wenn z. B. ein Heizkörperglied leckt, doch wiederum nicht höher, als wenn eine unter Putz verlegte Rohrleitung undicht wird. Bei der Deckenheizung mit einbetonierten Heizrohren muß durch entsprechende Bedienung der Anlage bzw. durch Regelung der Heizwasser- bzw. Deckentemperaturen vornehmlich in der Übergangszeit dafür gesorgt werden, daß nicht eine zu starke Wärmespeicherung in der Decke eintritt, da sonst ihre Anpassungsfähigkeit an wechselnde Witterung nicht ausreichend ist. Schließlich ist bei dieser Heizart insbesondere zur Nutzbarmachung ihrer hygienischen Vorteile auf einen besonders guten Wärmeschutz der Außenwände und den Einbau von Doppelfenstern Wert zu legen. Es ist ferner ratsam, unterhalb der Fensterbrüstung eine zusätzliche Wandheizung vorzusehen. Dies kann ebenfalls mit einbetonierten Heizrohren geschehen, wobei eine zusätzliche Wärmedämmplatte hinter den Rohren anzubringen ist.

Die Möglichkeit der Zulassung der Heizrohre in Betondecken gleichzeitig als Bewehrungsstahl[1] oder zusammen mit einer Zusatzbewehrung ist in Deutschland wie im Ausland untersucht worden. Die Haftwirkung zwischen Beton und den geheizten Sonderstahlrohren ließ nach den Versuchen dies wohl zu, doch aus mancherlei Gründen, die u. a. auch die preislichen Vorteile der einzusparenden Bewehrung wieder aufhoben, hat diese Lösung an Bedeutung verloren.

Die Einbettung der Stahlrohre kann auch in einem Kalkzementmörtel erfolgen. Im Gegensatz zu der Betondeckenheizung ist man hier unabhängig von dem Baufortschritt, denn bei der Betoneinbettung müssen vor der Deckenherstellung die Heizrohrregister bereits auf der Holzverschalung, und zwar über der Stahlbewehrung, verlegt sein. Dies hat den Vorteil, daß mit der Fertigstellung des Rohbaues auch bereits die Heizung installiert ist. Wenn aber keine Betondecke ausgeführt wird oder die Unterhängung einer Betonplatte von etwa 7 cm Dicke für die Heizrohre aus preislichen Gründen nicht in Frage kommt, dann wird in einem besonderen Herstellungsverfahren ein Deckenputz angebracht, in dem die Heizrohre zu liegen kommen. Aber auch diese nachträgliche Heizrohrinstallation ist durch die erforderliche Dicke von etwa 5 bis 6 cm und Zusammensetzung des Mörtels nicht billig. Hier bietet die *Kupferrohrstrahlungsheizung* wesentliche Vorteile, da sie in gewöhnlichem Gipsverputz mit etwa 3,5 cm Dicke die Kupferrohre einbetten läßt. Die Kupferrohre lassen sich in bequemer Weise an jeder Decke, ja sogar an den Decken von Altbauten anbringen. Daß diese Decken-, auch Fußboden- oder Wandheizung sich in Europa jetzt erst einbürgert, während sie in den Vereinigten Staaten von Amerika eine weitverbreitete Heizungsart ist, lag bisher an den hohen Kupferpreisen. Durch die Verbilligung des Kupfers steht diese Heizungsart nun mit den übrigen Strahlungsheizsystemen im aussichtsreichen Wettbewerb.

Die neuere Entwicklung der Strahlungsheizung brachte ferner neben den zuvor beschriebenen Rohrdeckenheizungen auch verschiedenartige *Lamellen-*

---

[1] GINI, A.: Die auftretenden Spannungen bei Betondecken mit Heizrohren. Gesundh.-Ing. Bd. 74 (1953) S. 249/253.

rohrdeckenheizungen. Hier werden um die Stahlrohre noch flügelartige Lamellen geschlungen, die unter der Decke an einem Lattenrost befestigt werden. Unterhalb der Rohre und Lamellen wird ein Drahtmaschengewebe oder ein Putzträger angebracht und die Decke dann verputzt. Diese Decke liegt in etwa 10 cm Abstand unterhalb der eigentlichen Konstruktionsdecke. Es sind zahlreiche Lamellenkonstruktionen entwickelt worden, und zwar auch solche, bei denen die Aluminiumlamelle blank bleibt. Bei einer weiteren Konstruktion liegt die Lamelle in einer werkstattgefertigten Gipsplatte, so daß diese am Bau nur noch an der Rohrleitung befestigt zu werden braucht. Für Fabriken und Garagen hat sich die sogenannte Strahlplatten- oder Sunstripheizung eingebürgert. Weitere Angaben hierüber sind unter Abschn. 2,32 zu finden.

Fußbodenheizungen mit im Boden verlegten Heizrohren hat man schon vor vielen Jahrzehnten ausgeführt. Die ersten Versuche sind wohl in Krankenhäusern gemacht worden, doch mit ungenügendem Erfolg. Nach kurzer Zeit mußte man feststellen, daß die Krankenschwestern über Fußbeschwerden, und zwar über geschwollene Füße, klagten. Diese Fußbeschwerden sind auf Übererwärmung zurückzuführen, denn zumeist wurden diese älteren Fußbodenheizungen mit Dampfheizrohren in Fußbodenkanälen ausgeführt. Die damaligen Oberflächentemperaturen waren sicherlich höher, als man diese heute zuläßt. Nach den heutigen Erfahrungen darf die Fußbodentemperatur in dauerbenutzten Räumen nicht höher als 24 bis 25° C liegen, und zwar gilt diese Temperatur, sofern der Fußboden als Heizfläche ausgebildet wurde, für die tiefste Außentemperatur von $-15°$ C. Damit werden sich aber in unserem Klima kaum Fußbodenheizungen, die den Raumwärmebedarf decken können, ausführen lassen oder man muß eine besonders wärmedichte Bauweise vorsehen. Die Fußbodenheizung kann daher in Wohn- und Geschäftsräumen nur die Aufgabe haben, als zusätzliche Heizfläche, z. B. zu der Deckenheizfläche, zu dienen. Dies ist auch bei einer Deckenheizung zu erreichen, wenn man den Wärmedurchgang von den Deckenheizrohren nach dem darüberliegenden Fußboden in einer Größe vorsieht, daß sich die zuvorgenannte Fußbodentemperatur ergibt. Bei der Fußbodenheizung muß man natürlich beachten, daß der Fußboden als Speicher wirkt und daher eine leichte Regelmöglichkeit der Wärmeabgabe nicht mehr vorliegt. Besser geeignet ist die Fußbodenheizung für kurzzeitig benutzte Räume und für Räume, die Durchgangsverkehr haben, wie z. B. Badezimmer, Eingangs- und Wandelhallen, Tresorräume von Banken, Schalterräume, Umgänge am Schwimmbecken bei Schwimmbädern u. ä. Räume. In diesen Fällen kann man die Fußbodentemperatur ohne weiteres mit etwa 30° C zulassen; man hat nur darauf zu achten, daß diese mittlere Temperatur sich nicht in ihrem Verlauf durch sehr starke Spitzen kennzeichnet, d. h. also, die mittlere Temperatur ist möglichst gleichmäßig zu erreichen. Deshalb geht man auch bei neueren Fußbodenheizungen auf einen kleinen Rohrabstand und geringere Heizwassertemperaturen über.

Es sind weiterhin noch vor dem Kriege einige Anlagen entstanden, bei denen die inneren Gebäudemauern und die Decken mit Hohlräumen versehen waren, durch die im Winter heiße Luft im geschlossenen Kreislauf strömte, doch ist hierzu zu bemerken, daß derartige *Warmluftstrahlungsheizungen* bei Wohnhäusern aus verschiedenen Gründen zu hohen Betriebskosten führen und auch bezüglich der Regelbarkeit der Heizwirkung nicht befriedigen können. Derartige Anlagen konnten sich daher auch nicht durchsetzen. Der Nachteil ist, daß entweder größere Luftmengen mit hohen Luftgeschwindigkeiten bei mäßigen Heizlufttemperaturen notwendig sind — damit ergibt sich aber ein hoher Kraftstromverbrauch für den erforderlichen Fliehkraftlüfter — oder es müssen, wenn die Luftmengen nicht zu groß sein sollen, hohe Heiztemperaturen angewandt werden, die gegebenenfalls zu Spannungen und damit zu Rissen innerhalb des Bauwerks führen können. In Sonderfällen kann die geschlossene Wandluftheizung Anwendung finden, z. B. in Dampfbädern, wenn an den Wänden keine Kondensationserscheinungen auftreten sollten.

Will man in einem Raum keine Heizkörper aufstellen, so besteht immer noch die Möglichkeit, sie verdeckt anzuordnen oder Luftheizungen mit oder ohne Lüfterbetrieb vorzusehen. Eine neuere Entwicklung in dieser Richtung ist die *Domotherm-Luftheizung*, bei der das Heizluftaggregat im Flur, durch eine Zwischendecke abgeschlossen, angebracht und die Warmluft in die einzelnen Zimmer geblasen wird. Die Rückluft geht durch die unteren Jalousien in den Zwischenwänden oder Türen nach dem Flur zurück. Auf nähere Einzelheiten zu dieser Luftheizung wird später noch eingegangen. Es ist besonders darauf zu achten, daß die Heizkörper und Luftwege leicht gereinigt werden können und daß die Warmluftaustrittsöffnungen so angeordnet werden, daß ein Schwärzen der Wände und Decken über denselben nicht oder wenigstens nicht in störender Weise eintritt.

Eine ebenfalls neuere Entwicklung in der Heizungstechnik sind *Konvektoren* als Rippenrohrheizung in neuzeitlicher Form. Während die alten gußeisernen Rippenrohre von 100 bis 200 mm $\varnothing$ für Heizzwecke in Wohnräumen völlig verschwunden sind, kommen nun diese neuen Rippenrohre in der Art der Elemente des Automobilkühlers zur Anwendung. Weitere Einzelheiten hierzu enthält Abschn. 2,32.

Durch diese wenigen Beispiele sollte nur angedeutet werden, daß auch in der Heiztechnik eine sachliche Bewertung aller Vor- und Nachteile der verschiedenen technischen Möglichkeiten notwendig ist, was jedoch nicht ausschließt, daß für Ausnahmefälle Sonderausführungen am Platze sind. Keinesfalls sollte man aber die wertvollen Erfahrungen der letzten Jahrzehnte in dem Streben nach Neuem kurzerhand beiseite schieben. Die Wiederholung nachgewiesenermaßen unzweckmäßiger Anordnungen ist ebenso unklug und schädlich, wie die kritiklose Übertragung bewährter Ausführungen auf andere, ungeeignete Verhältnisse, z. B. andere Gebäudearten.

Besonderes Interesse im Hinblick auf Wirtschaftlichkeit und Annehmlichkeit verdienen in der neuzeitlichen Heiztechnik die *wärmesparenden Bauweisen*, die gestatten, bei gleichen Baukosten mit kleineren Heizanlagen und geringerem Brennstoffverbrauch auszukommen. In diesem Zusammenhang ist erwähnenswert, daß beim Vergleich des spezifischen Wärmebedarfes des beheizten Kubikmeters von Bauten um die Jahrhundertwende mit solchen der heute üblichen Bauweisen in wärmetechnischer Hinsicht eine wesentliche Verschlechterung festzustellen ist. Diese Tatsache erklärt sich einerseits aus der Verkleinerung des Wohnraumes insbesondere der Raumhöhe, andererseits aber auch durch die gleichzeitige Anwendung harter Baustoffe bei den Decken und geringerer Wanddicken, deren Wärmedurchgang bedeutend schlechter ist als der der früher üblichen Holzbalkendecken mit Füllungen und Massivwände. Auch die Errichtung von Häuserfronten mit großen Glasflächen und die Ausführung von stark auseinandergezogenen Grundrissen hat zu dieser wärmewirtschaftlichen Verschlechterung geführt. Wärmedichte Bauweisen sind aber im Interesse einer sparsamen Brennstoffbewirtschaftung mehr denn je geboten.

Beachtlich sind auch die Fortschritte in der Wärmeschutztechnik, die erlauben, die Wärme bei geringsten Verlusten zu speichern und auf große Entfernungen fortzuleiten; die immer weitere Verbreitung annehmende Verwertung von Abwärme, feinkörnigen und minderwertigen Brennstoffen, ferner von Gas, Öl und Elektrizität, die große Fortschritte aufweisende Zentralisierung der Heizanlagen, die Erstellung von Fernheizungen für große Miethäuser und Häusergruppen (wie Fabrikanlagen, Häuserblocks, Siedlungen und ganze Stadtviertel), andererseits die Fortschritte bei den Kleinheizungen, der Verbesserung der Öfen, der Erstellung von Kleinwohnungs-Zentralheizungen und bei den Ofen-Zentralheizungen usw.

Neue interessante Aufgaben ergeben sich auch für die Beheizung neuzeitlicher Gebäude, z. B. von Hochhäusern, Großgaragen, Flugzeughallen sowie anderen Großräumen, die zeitweise durch Tore mit dem Freien in Verbindung stehen und weiteren Sonderausführungen (hierzu wird auf die folgenden, entsprechenden Abschnitte verwiesen).

Auch in der baulichen Durchbildung der Einzelteile (wie Kessel, Lufterhitzer und Heizkörper) sind zahlreiche Verbesserungen in wirtschaftlicher Beziehung festzustellen.

Ebenso hat die *Lüftungstechnik* gegen früher nennenswerte Fortschritte aufzuweisen. So verfügt sie heute über alle Einrichtungen, die gestatten, z. B. in Theatern, Lichtspielhäusern, Gaststätten und Konzertsälen geräuschlos und zugfrei zu lüften, wenn nötig die Luft durch Filterung, Erwärmung, Kühlung und Ent- und Befeuchtung so zuzubereiten, daß sie einwandfrei in die Räume gelangt. Das dürfte in den Großstädten bei dem immer mehr zunehmenden Verkehr zu einem gesteigerten Bedürfnis werden. Auch in Fabriken, Bürogebäuden, Warenhäusern usw. können heute durch Lüftung bzw. Klimatisierung einwandfreie hygienische oder gewünschte fertigungstechnische Luftverhältnisse geschaffen werden.

Leider wird, obgleich fast überall elektrischer Strom zum Antrieb der Lüfter zur Verfügung steht, immer noch zu wenig auf mechanischem Wege gelüftet, wohl deshalb, weil ungenügende Güte der Luft bei weitem nicht so stark empfunden wird, wie z. B. zu niedrige Temperatur. Das hat denn auch zur Folge, daß selbst vorhandene, einwandfrei arbeitende Lüftungsanlagen oft nicht betrieben werden. Sogar in Krankenhäusern, wo doch sonst alle hygienischen Einrichtungen im Vordergrund des Interesses stehen, hat man Gelegenheit festzustellen, daß beispielsweise vorhandene Ablüfter für die Aborte nicht oder wenigstens nicht regelmäßig benutzt werden, obschon die Luft dadurch sogar in den Fluren merklich beeinträchtigt wird. Wäre keine Lüftungsanlage vorhanden, so würde das vom gleichen Personal, das sie heute nicht bedient, als Fehler bezeichnet werden.

Wo Lüftung mit Lüfterbetrieb keinem wirklichen Bedürfnis entspricht, sollte sie keinesfalls erstellt werden, weil sich beim Nichtbetrieb Staub und Schmutz in den Kanälen sammeln, wodurch die Anlagen zu einer ungesunden, statt zu einer hygienischen Einrichtung werden können, wie sie es sein sollten.

Wenn auch die *Warmwasserversorgungsanlagen* in den letzten Jahren nicht die stürmische technische Weiterentwicklung der Heizungs- und Lüftungsanlagen zeigten, so sind aber doch bessere Durchbildungen der gas- oder elektrisch beheizten Einzelwarmwasserbereiter zu verzeichnen. Die Warmwasserversorgung macht eher eine Breitenentwicklung durch. So erhalten heute viele Gebäude eine zentrale Warmwasserversorgung, an die man vor Jahren noch nicht dachte. Über die Notwendigkeit, im Haushalt rasch und preiswert warmes Wasser zur Verfügung zu haben, braucht man wohl kaum weitere Worte zu verlieren, doch ist diese Versorgung eng verknüpft mit dem Volkswohlstand und daneben auch mit der Energieart in der Küche. Der Kohlenherd gab in seinem Wasserschiff mit der Abwärme eine billige Warmwassererzeugung ab. Die Gasküche oder die vollelektrische Küche führt zwangsläufig zur Warmwasserversorgung in Einzelgeräten mit der gleichen Energieart. Hat das Haus eine Sammelheizung, so ist fast stets auch die zentrale Warmwasserversorgung damit verbunden. Außerhalb der Heizzeit kann für Badezwecke die Warmwasserbereitung mit einem Kleinkessel betrieben werden, wenn man nicht Einzelwarmwasserbereiter mit größeren Leistungen vorsehen will. Bei Wohnungen mit Ofenheizung ist der Kohlebadeofen mit Brikettfeuerung immer noch am stärksten verbreitet, doch auch hier setzt sich der gasbeheizte Warmwasserbereiter allmählich durch. Zweifellos ist der elektrisch beheizte Warmwasserbereiter durch den Wegfall der Gaszuleitungen und Abgasleitungen, wobei ferner die Zuführung der Verbrennungsluft in den meist kleinen Badezimmern nicht unbeachtet bleiben darf — Unglücksfälle mit tödlichem Ausgang durch die Vernachlässigung der diesbezüglichen Baupolizeivorschriften sind nicht gerade selten — eine komfortablere Lösung, doch durch den Stromtarif aber auch eine Ausführung, die derzeitig noch den wirtschaftlich besser Gestellten vorbehalten bleibt.

Auf die zweckmäßige Lösung der Warmwasserbereitung in Verbindung mit der Heizungsart wird in den folgenden Abschnitten noch näher eingegangen.

2,2 Heiztechnische und wirtschaftliche Grundlagen.

Dieser Abschnitt soll eine allgemeine Übersicht über die heiztechnischen und wirtschaftlichen Erfordernisse der Heizungs-, Lüftungs- und Warmwasserversorgungsanlagen als allgemeingültige Ausführungsgrundlagen geben.

Wenn der Architekt oder Bauherr sich eine Heizungsanlage anbieten läßt, so hat er hierzu der betreffenden Firma einen vollständigen Satz Grundrisse möglichst im Maßstab 1 : 100 zu übergeben, die durch Gebäudeschnitte und gegebenenfalls Ansichten zu ergänzen sind. Je vollständiger der Architekt oder Bauherr die Angaben über die beabsichtigte bauliche Ausführung der Decken, Außen- und Innenwände sowie der Fenster macht, desto zuverlässiger kann das Angebot ausgearbeitet werden. Da bei der von der Heizungsfirma aufzustellenden Wärmebedarfsberechnung für das Gebäude die Himmelsrichtung und die Ortslage mit eine Rolle spielen, sind diese Angaben ebenfalls erforderlich. Es ist nicht gleich, ob das Gebäude in einer eng bebauten Straße erstellt wird oder an einem größeren freien Platz. Ein frei stehendes Gebäude auf einer Anhöhe ist anderen Windverhältnissen ausgesetzt als das gleiche Gebäude in einem Talkessel. Es ist nicht gerade selten, daß einzelne Räume eines Gebäudes, die besonders dem Windanfall ausgesetzt sind, zu Klagen über ungenügende Erwärmung führen. Mit dem Aufkommen neuzeitlicher Wohnhochhäuser kommt übrigens dem Windangriff der höher liegenden Stockwerke eine vermehrte Bedeutung zu. Während in den Vereinigten Staaten von Nordamerika für die Wolkenkratzer zuverlässige Berechnungsangaben für den Windeinfluß vorliegen, ist dies bei den europäischen Berechnungsverfahren noch nicht gegeben, da hierfür die Notwendigkeit nicht vorlag. Eine Übertragung der dortigen Verhältnisse auf europäische ist aber nicht ohne weiteres möglich, da bereits in den jeweils üblichen Heizsystemen und deren Bemessung merkliche Unterschiede bestehen. Eine Warmwasserheizung, sei sie auch gegebenenfalls mit Temperaturen über 100° C ausgeführt, stellt an die Heizflächenbemessung genauere Anforderungen als die Vakuumdampfheizung, die auf dem amerikanischen Kontinent für Hochhäuser verbreitet ist. Die Aufstellung einer Klimakarte mit der der Wärmebedarfsberechnung zugrunde zu legenden tiefsten Außentemperatur des jeweiligen Landstriches war seinerzeit ein wesentlicher Fortschritt für die Heizungstechnik. Bei einer Entwicklung der Bautechnik in dem angezeigten Sinne dürfte auch die bereits gegebene Anregung einer ähnlichen Windklimogrammkarte[1] von Bedeu-

---

[1] LIESE, W.: Klimogramme als Hilfsmittel für Wärmebedarfsberechnungen. Gesundh.-Ing. Bd. 71 (1950) S. 114/116.

tung sein. Notwendig ist aber, die geltende Norm für die Wärmebedarfsberechnung
— DIN 4701 — bei Gebäuden mit 12 und mehr Stockwerken auf die Wind-
zuschläge für die oberen Geschosse zu erweitern. Derzeitig wird man für die über
die danebenstehenden Häuser hinausragenden Stockwerke den Windzuschlag
für freie Lage annehmen. Auf jeden Fall ist anzuraten, die Heizungsanlage nach
den Himmelsrichtungen zu unterteilen. Man ist dadurch in der Lage, die wind-
angegriffene Seite mit höherer Heizwassertemperatur zu betreiben bzw. die
anderen Gruppen zu drosseln oder ihre Heizwassertemperaturen durch Rücklaufwasserbeimischung zu ermäßigen.

In diesem Zusammenhang ist es vielleicht nicht unangebracht, auf eine andere
Anregung[1] hinzuweisen, die bei der Zugrundelegung der tiefsten Außentemperatur
für die Heizungsanlagenbemessung eine über der Klimakarte liegende Außentemperatur zulassen will, um bei beschränkten Geldmitteln doch den Einbau
einer Sammelheizung zu ermöglichen. Eine ähnliche Handhabung ist in Frankreich üblich. Wird bei einer Raumlufttemperatur von 20° C anstatt der Außentemperatur von — 15° C eine solche von — 10° C für die Heizungsanlage min-
derer Güte zugelassen, dann macht dies bereits 15% der Anlagekosten aus. Diese
Regelung dürfte für das Heizungsfach dienlicher sein, als die Heizungsanlage
mit den Heizwassertemperaturen von 100° C im Vorlauf und 80° C im Rücklauf bei —15° C Außentemperatur der Kostenersparnis halber, anstatt der üblichen Temperaturen von 90° C und 70° C, zu bemessen, was im Endeffekt auf
das gleiche hinausläuft, aber eine offenere Haltung gegenüber dem Bauherrn ist.

Der Heizungsfachmann hat schon stets auf die Erfahrungen und Erkenntnisse
über den Einfluß der Grundrißgestaltung und Bauweise auf den Wärmebedarf
des Gebäudes hingewiesen, doch leider fand dies in Baukreisen nicht immer die
notwendige Beachtung. So ist bei freier Wahl der Baustelle auf die richtige Lage
des Gebäudes zur Hauptwindrichtung des Ortes zu achten. Die Nord-Süd-
Richtung ist aus Gründen der Besonnung und auch aus heiztechnischen Rücksichten bei langgestreckten Gebäuden der Ost-West-Lage im allgemeinen vorzuziehen. Die Hauptfront eines frei stehenden Gebäudes der Hauptwindrichtung
auszusetzen, ist jedenfalls ein grundsätzlicher Fehler, wenn man bedenkt, daß
schon bei normaler Bauweise der Fensteranteil am Wärmebedarf eines Gebäudes
etwa 30 bis 50% ausmacht, ein Betrag, der schon bei mittlerer Windstärke auf
das Doppelte steigt, damit den Brennstoffbedarf also erheblich ansteigen läßt
und die gewünschte gleichmäßige Erwärmung des Gebäudes erschwert, u. U.
sogar unmöglich macht. Zur Verringerung des Brennstoffverbrauches trägt auch
wesentlich eine günstige Anordnung der beheizten und unbeheizten Räume zueinander bei. Ferner ist der Reihen- oder Blockbau wärmewirtschaftlich dem
Einzelhaus vorzuziehen (Abb. 9). Treppenhäuser, Flure, Kammern, also solche
Räume, die nicht oder nur schwächer beheizt werden, sind am besten nach außen
zu legen, während die ständig benutzten Räume im Mittelteil des Hauses anzu-
legen sind. So lassen sich z. B. bei einem Doppelhaus durch eine dementsprechend
richtige Anordnung der Räume fast 25% des Wärmeaufwandes einsparen.

Der Fensterausbildung ist nach dem oben gemachten Hinweis besondere
Beachtung zu schenken, ist doch der reine Wärmedurchgang etwa viermal so
groß wie der Wärmedurchgang durch eine Normalziegelwand von 38 cm Dicke.
Hinzu kommt der nicht unbeträchtliche Wärmeverlust infolge der Undichtheiten
der Fensterrahmen und -verschlüsse. Dieser Lüftungswärmeverlust nimmt zusammen mit dem Wärmedurchgangsverlust sehr schnell zu. Fenster mit doppelter

---

[1] RAISS, W., W. SPILLHAGEN, M. JUNGBLUTH u. F. SCHÜTZ: Zur Frage der Erhöhung
der Heizwassertemperatur und Vergrößerung des Temperaturgefälles bei der Warmwasserheizung. Gesundh.-Ing. Bd. 74 (1953) S. 33/36.

Verglasung bringen gegenüber dem Einfachfenster bei Windanfall keine nennenswerte Verbesserung des Wärmeschutzes. Dagegen haben Doppelfenster, Einfachfenster mit zweckmäßig ausgebildeten Dichtungsleisten und wetterbeständige Anstriche einen erheblichen Einfluß auf die Dichtheit der Fenster. Daß ein einwandfreies Fenster eine möglichst geringe Falzlänge, dabei einen breiten, gut passenden Falz, kräftige, auch nach langem Gebrauch gut schließende Beschläge besitzen und aus lufttrockenem Holz bestehen sollte, ist eine weitere Vorbedingung. Da aber auch bei bester Durchbildung des Fensters sein Wärmeverlust beträchtlich über dem der Außenwand liegt, dürfte die Einschränkung der nur der Fassade halber vorgesehenen Fensterfläche aus wärmetechnischen Gründen eine verständliche Forderung sein, ohne daß sie jedoch bisher die nötige Beachtung findet.

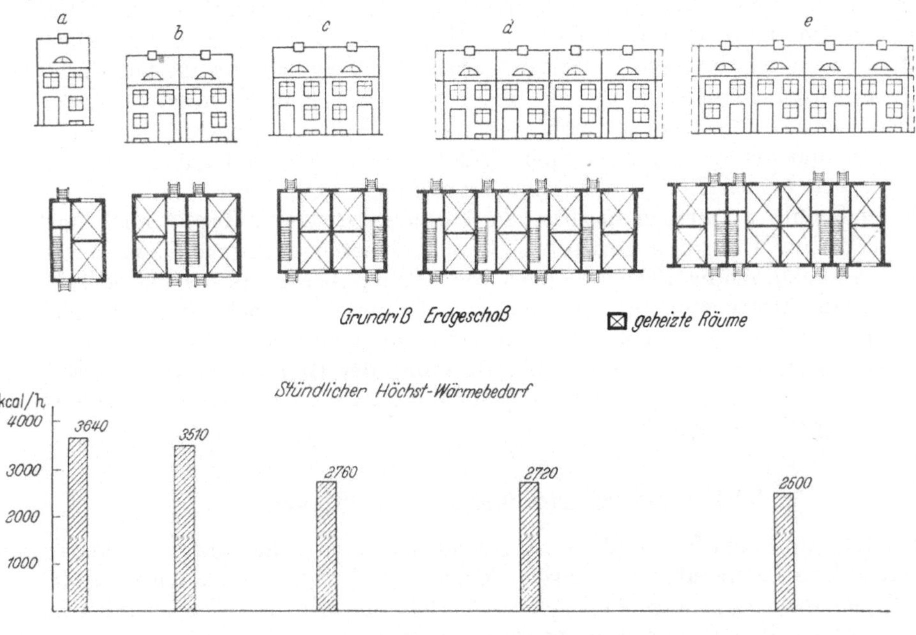

Abb. 9. Wärmebedarf eines Kleinhauses bei verschiedener Hausanordnung
(nach KNOBLAUCH, SCHACHNER, HENCKY).

Der Ausführung der Umfassungswände eines Gebäudes kommt in diesem Zusammenhang ebenfalls entscheidende Bedeutung zu[1]. Hier sei insbesondere auf die wärmesparenden Bauweisen verwiesen, die gestatten, bei gleichen Baukosten mit kleineren Heizungen und geringerem Brennstoffverbrauch auszukommen. Vorsicht ist am Platze bei der Verwendung von Wänden mit Luftschichten. Bei zu großem Temperatursprung zwischen den die Luftschicht begrenzenden Wandoberflächen (besonders bei breiten Luftspalten) besteht an kalten Tagen die Gefahr der Schwitzwasserbildung und damit einer Durchfeuchtung der Wand. Zu beachten sind auch die Wärmespeicherungsverhältnisse beim Normalmauerwerk und bei dünnen Wänden mit hochwertigen Isolierstoffen. Während beim Normalmauerwerk das Wärmespeichervermögen wächst mit der Wanddicke und dem Raumgewicht des Baustoffes und diese Wärmespeicherung bei Vollwänden im allgemeinen genügt, um eine übermäßige Aus-

---

[1] SAUTTER, L.: Wärmeschutz und Feuchtigkeitsschutz im Hochbau. Berlin 1948. — W. CAEMMERER: Über den Mindestwert des Wärmeschutzes — eine kritische Betrachtung. Gesundh.-Ing. Bd. 70 (1949) S. 271/77 mit 35 Schrifttumsangaben.

kühlung des Raumes während der Betriebsunterbrechung der Heizung in der
Nacht zu verhindern, ist bei gleichwertigen dünnen Wänden die Lage der hochwertigen Isolierung für die Wärmespeicherung von großer Wichtigkeit. Die
Anbringung der Isolierung an der Innenwand ist nur geeignet für kurzzeitig benutzte Räume, da sie ein schnelles Aufheizen des Raumes ermöglicht, aber
andererseits auch ein rasches Auskühlen zur Folge hat. Bei Dauerbenutzung
derartiger Räume muß an kalten Tagen auch nachts die Heizung weiter betrieben
werden, so daß hier nur eine Verlagerung der Wärmespeicherung von den Wänden
in die Heizeinrichtung erfolgt. In jedem Fall sind also die wärmetechnischen
Eigenschaften der zu verwendenden Baustoffe sorgsam zu prüfen, wenn man vor
Enttäuschungen bewahrt bleiben will.

Abschließend zu den baulichen Gestaltungen sei noch auf die neuzeitlichen
Schulbauten in Flachbauweise eingegangen. Kommen die Baupläne zum Heizungsfachmann, dann erkennt er, daß der Wärmebedarf für diese Planung außerordentlich hoch ist. Seine Bemühungen um ein wärmedichteres Bauen durch
zusätzliche Wärmedämmung an der Flachdachdecke und Verminderung der
Fensterflächen finden zumeist nicht besonderen Anklang, da die Geldmittel
knapp sind und aus architektonischen Gründen man nicht mal auf die großen
Fensterflächen in den Fluren der einhüftigen Schule verzichten will. Während
die älteren Schulbauten einen spezifischen Wärmebedarf von 20 bis 25, höchstens
bis zu 30 kcal/m³h auf den umbauten Raum aufwiesen, stellt man hier Werte
von über 40 kcal/m³h fest. Die äußerste Grenze sollte aber höchstens 35 kcal/m³h
sein, wenn die Heizkosten für eine derartige Schulanlage noch erträglich sein
sollen. Eine einsichtige Baubehörde wird daher die dazu erforderlichen Wärme-
dämm-Maßnahmen auch bei einer Überschreitung der Bausumme durchführen,
statt in wenigen Jahren bereits das Mehrfache dieses Geldbetrages durch erhöhte
Brennstoffkosten auszugeben.

2,21 Temperaturen und Luftfeuchtigkeit.

Architekten, Bauherren und selbst Heizungsfachleute sind oft im unklaren
darüber, welche Temperaturen, relative Feuchten und Luftmengen den verschiedenen Raumarten zugrunde zu legen sind. Geht man in den Forderungen zu
weit, so werden die Anlagen unnötig teuer, setzt man die Werte zu niedrig an,
so entstehen infolge ungenügender Wirkung Streitigkeiten und teure Nach-
arbeiten.

In der Literatur findet man da und dort diesbezügliche Angaben, die aber
zum Teil voneinander abweichen und meist auch nicht vollständig sind.

In den Abschn. 3 bis 6 sind daher jeweils diese Werte an Hand der erwähnten
Literaturangaben, zum größten Teil jedoch nach den Regeln DIN 4701 und auf
Grund von Erfahrungen eingehend zusammengestellt. Wo nichts Besonderes
hinzugefügt ist, beziehen sich die angegebenen Temperaturen auf den Winter.
Sie sollen auch bei größter Kälte und den an dem betreffenden Ort normalerweise herrschenden Windverhältnissen, ohne Anstrengung der Öfen oder Zentralheizungskessel, erreichbar sein.

Im Sommer und bei stark besetzten Räumen (Theatern, Versammlungsräumen) auch im Winter, ist durch entsprechende Lüftung dafür zu sorgen, daß
die Temperaturen nicht zu hoch steigen. Anzustreben ist ferner eine möglichst
gleichmäßige Temperaturverteilung im Raum, vornehmlich kein zu großer
Temperaturunterschied zwischen den Luftschichten am Fußboden und in Kopfhöhe sowie zwischen der Oberflächentemperatur der Raumumschließungswände
und der Raumluft. Als Regel gilt, daß die Lufttemperatur in Kopfhöhe nicht

höher als 2,8° C über der Lufttemperatur, gemessen unmittelbar über dem Fußboden, sein soll.

Die Wände sollten eher wärmer sein als die Raumluft. Dies ist jedoch nur bei einer Heizungsanlage mit größeren unmittelbar erwärmten[1] Wandflächen zu erreichen.

Die Feststellung der Raumtemperaturen hat normalerweise 1,5 m über Boden, mitten im Raum oder mindestens 1 m von einer Innenwand entfernt oder, wenn nebenan geheizt wird, an einer Scheidewand zu geschehen. Die Thermometer dürfen dabei weder von Türen noch Fenstern, Heizkörpern usw. unmittelbar beeinflußt werden. Es ist indessen zu beachten, daß die Temperaturen wenig über dem Boden oft bedeutend niedriger sind als in 1,5 m Höhe, was zu unbefriedigenden Verhältnissen führen kann, selbst wenn der Raum im übrigen gut durchwärmt ist. Solche Zustände können z. B. in Räumen auftreten, die nur selten gebraucht werden und in der Zwischenzeit starker Abkühlung unterworfen sind (Kirchen, Erdgeschoßläden), ferner im unteren Teil von Theatern, Kinos, Hörsälen usw. mit stark ansteigenden Böden.

Genauere Untersuchungen, die in Räumen mit verschiedenen Heizarten (Herdheizung, Ofenheizung, Sammelheizung, Deckenheizung) angestellt wurden, haben das Auftreten teilweise erheblicher Temperaturunterschiede zwischen Fußboden und Decke bestätigt. Nach den angeführten Ermittlungen wäre für die Beurteilung einer Heizanlage die Messung der Temperatur in den unteren Luftschichten nicht höher als etwa 50 cm über dem Fußboden der zweckmäßigste Beurteilungsmaßstab.

Andererseits ist zu beachten, daß in Kirchen mit Fußbankheizung, in Keller- oder Erdgeschoßräumen mit Fußbodenheizung (Tresors, Archiven, Schalterhallen) andere Verhältnisse herrschen, weil hier die Wärme unmittelbar an den Füßen frei wird, so daß sich die Besucher behaglich fühlen, auch wenn die mittlere Temperatur in

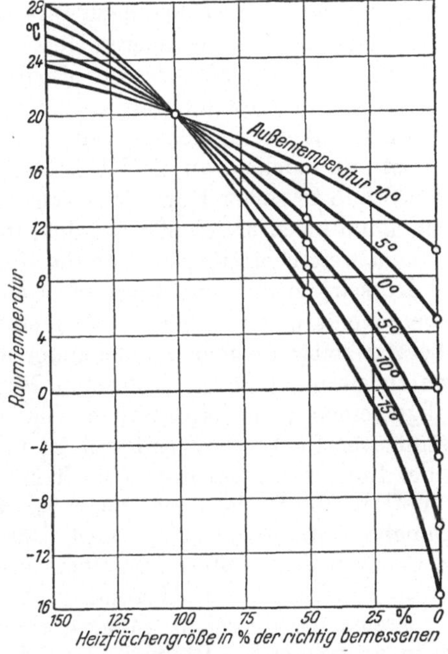

Abb. 10. Die in Räumen mit 20° C Normaltemperatur an Orten mit —15° C mittlerer Tiefsttemperatur bei verschiedenen Außentemperaturen und den üblichen Heizwassertemperaturen sich theoretisch einstellenden Raumtemperaturen (nach HOTTINGER).

1,5 m Höhe nicht so hoch ist, wie dies bei gewöhnlicher Heizung der Fall sein muß.

Desgleichen ermöglicht die Deckenstrahlungsheizung nach den bisher vorliegenden Meßergebnissen an Versuchs- und ausgeführten Anlagen bei richtiger Betriebsweise eine gleichmäßigere Temperaturverteilung im Raum als die Radiatorenheizung insbesondere dann, wenn die Fensterbrüstungen noch eine Zusatzheizfläche erhalten, die in der Bemessung etwa den Wärmebedarf der Fensterheizfläche zu decken vermag.

In welchem Maße in einem Raum mit einer Raumlufttemperatur von + 20° C sich diese Raumtemperatur bei unrichtiger Heizkörperbemessung oder absichtlichem teilweisen Abstellen der Heizkörper theoretisch ändert[1], zeigt die Abb. 10.

---

[1] HOTTINGER, M.: Die Raumtemperaturen bei verschiedenen Außentemperaturen und unrichtiger Bemessung der Heizkörper. Gesundh.-Ing. Bd. 63 (1940) S. 2/4.

Wenn auch diese Abbildung nur für die angegebenen Voraussetzungen gilt, so läßt sich für Orte mit anderen mittleren Tiefsttemperaturen und für Fälle mit anderen mittleren Heizwassertemperaturen usw. leicht eine ähnliche Darstellung aufzeichnen. Jedenfalls würde sich nach Abb. 10 bei einer etwa um 50% zu knapp bemessenen Heizfläche oder bei Abstellen der Hälfte der Heizfläche an einem Ort mit $-15°$ C Außentemperatur als Berechnungsgrundlage bei $+10°$ C Außentemperatur nicht etwa eine Raumtemperatur gegenüber außen einstellen, die der Hälfte der üblichen Raumübertemperatur von $35°$ entspricht, sondern im vorliegenden Fall ergäbe sich noch eine Raumtemperatur von $+16°$ C, bei $\pm0°$ außen dagegen würde sie schon auf etwa $+12{,}4°$ C, bei $-10°$ C außen auf $+8{,}8°$ C und bei $-15°$ C auf $+7°$ C sinken. Will man also ständig eine Raumtemperatur von etwa $+16°$ C aufrechterhalten, so kann man bei den üblichen Heizwassertemperaturen und $+10°$ C außen 50% der Raumheizfläche, bei $\pm0°$ C außen nur 28% und bei $-15°$ C nur noch 16% abstellen oder man muß bei ungedrosselten Raumheizkörpern mit tieferen Heizwassertemperaturen heizen, ein Verfahren, das im allgemeinen einfacher sein dürfte.

Trockene Luft ist im allgemeinen gesünder und angenehmer als feuchte, insbesondere als warmfeuchte. Wenn über trockene Luft geklagt wird, so ist daher zuerst zu untersuchen, ob die Übelstände nicht daher rühren, daß an den Heizflächen Staub versengt. Handelt es sich wirklich um ungewöhnlich große Trockenheit, so kann meist abgeholfen werden, indem man die Zentralheizung nicht Tag und Nacht weiterbetreibt, sondern die Heizkörper nachts abstellt oder wenigstens stark drosselt, so daß die Raumluft Gelegenheit hat, abzukühlen und dadurch vorübergehend einen höheren relativen Feuchtigkeitsgehalt anzunehmen, wie das bei nur zeitweise geheizten Öfen der Fall ist. Besondere Befeuchtungseinrichtungen für normal besetzte Wohn- und Büroräume sind bei Warmwasserheizungen im allgemeinen nicht erforderlich. Sie haben auch nur Wert, wenn die Verdunstungsoberfläche genügend groß ist und auch die Wassertemperatur merklich über der Lufttemperatur liegt. Eine Ton- oder Blechschale mit wenigen Quadratzentimetern Oberfläche reicht dazu bei weitem nicht aus.

Daneben gibt es allerdings auch Räume, in denen die Luftfeuchtigkeit gewisse Grenzen nicht unter- oder überschreiten darf. Das ist bei gewissen Krankheiten in Krankenhäusern, besonders aber aus fabrikationstechnischen Gründen in Webereien, Spinnereien, Tabakfabriken und anderen industriellen Betrieben sowie in dichtbesetzten Räumen der Fall. Hierüber enthalten die folgenden Abschnitte noch weitere Angaben.

2,22 Lufterneuerung.

Eine gewisse Lüftung vollzieht sich bei jedem Raum ohne besondere Lüftungsanlage, da die Fenster und Türen nicht völlig dicht schließen und auch die Mauern, Zwischenböden und Dächer der Gebäude mehr oder weniger luftdurchlässig sind. Die Wirksamkeit der natürlichen Lüftung ändert sich mit der Art und Sorgfalt der Bauausführung, dem Temperaturunterschied zwischen innen und außen, der Höhe des Raumes und in besonderem Maße mit den Windverhältnissen. Wind kann den Luftwechsel erheblich steigern, sogar derart, daß es bedeutend schwieriger ist, die Räume bei Wind zu erwärmen, als bei großer Kälte, aber ruhiger Luft. Der Wind drückt nicht nur auf die ihm zugekehrte Gebäudeseite, sondern erzeugt gleichseitig auf der entgegengesetzten Seite einen gewissen Unterdruck, der die Luftströmung durch das Haus noch erhöht. Selbstverständlich ist das nur der Fall bei Wohnungen mit Querlüftungsmöglichkeit, während tiefgelegene und andere Wohnungen ohne Querlüftung weniger gut gelüftet und daher weniger hygienisch sind.

Eine Faustregel besagt, daß sich der Luftinhalt von Räumen mit Backsteinmauern bei $-15°C$ Außen- und $+20°$ C Innentemperatur auf natürlichem Wege in der Stunde einmal erneuert. Aus dem vorstehend Gesagten ergibt sich aber, daß der Luftwechsel, je nach den in Frage kommenden Verhältnissen, kleiner (z. B. bei Stahlhäusern) oder größer sein kann. Das letztere ist namentlich der Fall bei leicht gebauten, hohen Räumen, z. B. bei Industriebauten, Ausstellungshallen usw., insbesondere wenn etwa noch undichte Oberlichter vorhanden sind oder, was bei derartigen Bauten vorkommt, gar Fensterscheiben fehlen. Auch in hohen, beheizten Kirchen tritt der natürliche Luftwechsel, besonders bei undichten Decken, deutlich in Erscheinung. Bei offenen Türen verspürt man einen starken Lufteintritt von außen, zu dessen Abhaltung oft Windfänge angebracht werden.

Vom hygienischen Standpunkt aus ist der natürliche Luftwechsel zu begrüßen, sofern er nicht zu Zugerscheinungen Veranlassung gibt, und es ist daher von Vorteil, wenn die Mauern wohl warmhaltend, aber nicht ganz luftundurchlässig sind.

Zur Steigerung der so zustande kommenden Lufterneuerung werden bekanntlich auch Glasjalousien oder Klappflügel in die Fenster, ferner Dachreiter bzw. Dachhüte und bei Shedbauten Dachfirstklappen, aufklappbare Giebelwände oder Giebelflügel eingesetzt. Weiter findet man in den Mauern hochsteigende, im unbenutzten Dachboden oder über Dach ausmündende Abluftkanäle (bisweilen unter Erwärmung der Abluft), die bereits einen Übergang zur künstlichen Lüftung mit Lüfterbetrieb darstellen.

Bei Fliehkraftlüfterbetrieb ist bei den noch folgenden Angaben über die erforderlichen Luftmengen der natürliche Luftwechsel nicht mit einbezogen, sondern angegeben, welche Frischluftmengen den zu erstellenden Lüftungsanlagen zugrunde zu legen sind. Wo gleichzeitig Angaben je Kopf und als Vielfaches des Rauminhaltes gemacht sind, ist die größere der sich auf Grund der beiden Rechnungsarten ergebenden Zahlen maßgebend.

Gewöhnlich werden (an Orten mit $-15°$ C niedrigster Temperatur) die angegebenen Frischluftmengen nur bis $-5°$ oder höchstens $-10°$ C zugeführt, bei tieferen Außentemperaturen dagegen derart eingeschränkt, daß der für die genannten Temperaturen berechnete Luftheizapparat zur genügenden Erwärmung noch ausreicht. Dieses Zugeständnis kann ohne weiteres gemacht werden, weil so tiefe Temperaturen äußerst selten vorkommen und dann ein erheblicher Luftwechsel auf natürlichem Wege stattfindet.

Im Sommer, wenn die Luft nicht gewärmt werden muß, kann ohne nennenswerte Kosten mit großen Luftmengen gearbeitet werden. Das ist notwendig, wenn die Anlagen (z. B. in Färbereien, Bleichereien, Milchsiedereien, Schweineschlachthallen, Kutteleien, Naßspinnereien und -zwirnereien, Wasch- und Kochküchen) hauptsächlich als Entnebelungsanlagen dienen, aber auch erwünscht in Theatern, Lichtspielhäusern usw., nötigenfalls unter Kühlung der Zuluft. Die Lüfter sind daher für den Sommerbetrieb, die Luftheizapparate für den Winterbetrieb zu berechnen.

Bei Räumen, in denen die Luft durch Herstellungsvorgänge oder auf andere Weise in besonderem Maße verdorben wird, ist reichliche Lüftung erforderlich, namentlich bei Gaststätten, in denen stark geraucht wird (Vereins- und Gesellschaftszimmer, gut besuchte Cafés, Theater, in denen Rauchen gestattet ist usw.). Der Tabakrauch enthält in besonderem Maße Nikotin und Kohlenoxyd. Bei längerer Einwirkung auf den Menschen verursacht er daher Augenbrennen und Kopfschmerzen. Als weiterer Nachteil ist der üble Geruch zu bezeichnen, den er nach dem Erkalten im Zimmer und in den Kleidern hinterläßt.

Wenn die Lüftungsanlagen auch als Luftheizungen oder zum Kühlen, Befeuchten oder Entnebeln der Räume dienen sollen, so ist bei der Bestimmung der Luftmengen hierauf Rücksicht zu nehmen. In vielen Fällen kommt man aber auch für diese Bedürfnisse mit den angegebenen Mengen aus.

Für Aborte und Toiletten ist ein Luftwechsel gleich dem 5- bis 10fachen des Rauminhaltes scheinbar groß. Der Rauminhalt dieser Räume ist aber so gering, daß die zu fördernden Luftmengen trotzdem klein ausfallen.

In den Bädern soll die Lufterneuerung wegen der Ausdünstung der Haut und Kleider sowie wegen des entstehenden Wasserdampfes nicht zu knapp angesetzt werden. Insbesondere Dusch- und Umkleideräume in Schulen, Kasernen, Fabriken müssen während der kurzen Zeit der Benutzung kräftig (jedoch durch richtige Erwärmung der Zuluft zugfrei) gelüftet werden. Bei Wannenbädern in Krankenanstalten kann man mit einer geringeren Lufterneuerung auskommen als bei denjenigen in öffentlichen Badeanstalten, weil sie seltener benutzt werden. Schwimmhallen sind ebenfalls zu lüften.

Weitere Bemerkungen, z. B. über die Lüftung von Krankenräumen, Schulen, Hörsälen, industriellen Betrieben, Großgaragen usw. siehe unter den betreffenden Unterabschnitten.

2,23 Warmwasserversorgung.

Wenn ein Gebäude eine Sammelheizung erhält, dann tritt sofort die Frage auf, ob in Verbindung mit dieser eine Warmwasserbereitung vorzusehen ist. Bei der koks- oder kohlenbeheizten Sammelheizung ist die daran angeschlossene Sammelwarmwasserbereitung jeder anderen Art der Warmwasserbereitung wärmewirtschaftlich überlegen, unter der Voraussetzung eines angemessenen Warmwasserverbrauches, wie dieser in Wohngebäuden, Hotels und Krankenanstalten gegeben ist. (Bei einer Sammelheizung wäre der Kohlenbadeofen in der Wohnung eine rückschrittliche Lösung.) Dies gilt auch für Geschäftshäuser und Schulgebäude, wenn neben dem Gebrauchswarmwasser für Hausreinigungszwecke noch weitere Warmwasserzapfstellen sich als notwendig oder erwünscht erweisen, z. B. in den Vorräumen der Toiletten, für das Brausebad der Heizer oder der Haushandwerker, für Schulwaschanlagen mit der Möglichkeit der Fußreinigung bei Turnhallen und für andere hygienische oder gewerbliche Zwecke. Das Stillegen der Heizung in den Sommermonaten erfordert in diesen Fällen die Aufrechterhaltung der Warmwasserversorgung durch einen besonderen Kleinkessel, der gegebenenfalls als Gasheizkessel vorgesehen werden kann, um die Bedienungskosten zu verringern. In Einzelwohnhäusern und kleineren Schulen kann im Sommer der zusätzliche Einzelgaswarmwasserbereiter im Bad, in der Küche oder in der Schulwaschanlage zweckmäßig sein. Auf diese Einzelheiten wird in den betreffenden Abschn. 3 bis 6 noch näher eingegangen.

Die Wärmepreise zur Erzeugung einer gleichen Warmwassermenge bei gleichbleibender Kalt- und Warmwassertemperatur verhalten sich bei den derzeitigen Energiepreisen für die verschiedenen Anlagen annähernd wie folgt:

Kohlenbadeofen (Briketts) 1, Einzelgaswarmwasserbereiter 1,35, Elektrowarmwasserspeicher 2,5 (bei Nachtstrom 1,7), Sammelwarmwasserbereitung bei Koksfeuerung 1,2 und bei Kohlenfeuerung 0,8.

Ein Bad mit 200 l Warmwasser von 40° C kostet beim Kohlenbadeofen etwa 0,35 DM, wobei aber gleichzeitig die Erwärmung des Baderaumes mit gegeben ist. Der Gasverbrauch für die gleiche Wassermengenerwärmung beträgt etwa 2,2 bis 2,5 m³. Selbstverständlich sind neben den reinen Wärmepreisen noch die Anlagekosten, der Kapitaldienst, die Unterhaltungskosten sowie gegebenenfalls die Bedienungskosten der verschiedenen Warmwasserbereitungsanlagen zu berücksichtigen.

Nachdem seit dem letzten Erscheinen des bekannten Buches von HEEPKE[1] fast 25 Jahre verstrichen sind, liegen zwei neuere Bücher[2] über Warmwasserbereitungsanlagen vor. Das erstere geht auf wirtschaftliche Fragen und Berechnungseinzelheiten ein.

2,24 Abrechnung des Wärme- und Warmwasserverbrauches bei Miethäusern.

Bei Miethäusern und Geschäftshäusern mit mehreren Mietparteien, deren Mieträume durch eine gemeinsame Sammelheizung beheizt werden, tritt die Frage auf, wie die entstehenden Heizkosten gerecht verteilt werden. Bei dieser Verteilung hat man bisher unterschieden:

a) Die Einrechnung der Heizkosten in den Mietpreis. Dieses Verfahren war früher fast allgemein üblich und kaum angefochten. Es kann empfohlen werden, wenn man damit rechnen kann, daß die Brennstoffpreise und Löhne einigermaßen stabil bleiben. Gegebenenfalls kann vertraglich eine Gleitpreisklausel vereinbart werden, die natürlich nur Sinn hat, wenn die Änderungen der Preise und Löhne sich in einem noch zu übersehenden Rahmen bewegen. Bei gebundenen Mieten, aber freien Kohlenpreisen, die in ihrer Relation zu den Mietpreisen um mehr als das Doppelte gestiegen sind, kann dem Vermieter aus Billigkeitsgründen nicht mehr zugemutet werden, zu dem ehemals vereinbarten Mietzins einschließlich Heizung auch unter diesen Umständen die Heizung zu betreiben. Dieser derzeitig gegebenen Situation mußte daher auf gesetzlicher Grundlage begegnet werden, wobei sich aber in den einzelnen Ländern keine einheitliche Regelung durchzusetzen vermochte und auch die Mieter nicht immer befriedigt wurden. So wurden die Brennstoffkosten auf die einzelnen Mieter umgelegt und von der Miete ein Teilbetrag (20%) für die ehemals vereinbarte Heizung abgesetzt. Der Mieter macht geltend, daß der Vermieter nun nicht mehr an einem wirtschaftlichen Heizbetrieb interessiert ist. Hinzu kommt noch, daß viele Häuser durch die Kriegszeit sowohl in ihrem baulichen Zustand wie auch an der Heizungsanlage selbst Schaden erlitten haben, deren teilweise teure Reparaturkosten aus den Mieteinnahmen nicht gedeckt werden konnten. Die Folge war ein unnatürlich hoher Brennstoffverbrauch, deren Kosten zu Lasten des Mieters gingen. Der Gesetzgeber sah sich daher genötigt, eine obere Grenze für den Brennstoffverbrauch festzulegen, wobei auf eine der folgenden Heizkostenverteilungen zurückgegriffen werden mußte.

b) Heizkostenverteilung nach beheizter Raumfläche. Die Berechnung nach der beheizten Raumfläche berücksichtigt nicht den durch verschiedene Geschoßhöhen sich ergebenden, oft recht verschiedenen Wärmebedarf. Durch Zugrundelegung des beheizten Rauminhaltes kann dieser Mangel jedoch zum Teil wieder beseitigt werden.

c) Heizkostenverteilung nach der eingebauten Heizfläche. Wenn bei ihrer Anwendung noch die zu der betreffenden Raumtemperatur gehörige Wärmeabgabe je m² Heizkörperoberfläche in Betracht gezogen wird, so erscheint diese Berechnung für den Heizungsfachmann als die befriedigendste. Aber auch sie ist nicht ganz einwandfrei, denn zweifellos liegt bei ihrer Anwendung insofern eine ungerechte Verteilung vor, als die Erdgeschoßwohnungen infolge der kalten

---

[1] HEEPKE, W.: Warmwasser. Erzeugung und Verteilung, 3. Aufl. München 1929.

[2] SANDER, H.: Warmwasserbereitungsanlagen für Wohn- und Zweckbauten, Gewerbe und Industrie. Berlin-Charlottenburg 1953. — W. ZIMMERMANN: Warmwasseranlagen. Braunschweig 1952.

Fußböden und die Ober- und Dachgeschoßwohnungen wegen der kalten Decken
oft weit größere Heizkörperheizflächen erfordern als die wärmetechnisch günstig
gelegenen Wohnungen der dazwischenliegenden Geschosse. Die Erdgeschoß- und
Ober- bzw. Dachgeschoßwohnungen sind aber in der Regel die billigsten und daher auch von wirtschaftlich schlechter Gestellten als die übrigen Mieter bewohnt.
Es müßte also zugunsten dieser Mieter eine zusätzliche Belastung der übrigen
Wohnungsinhaber etwa entsprechend der unterschiedlichen Mietpreisbewertung
eintreten.

d) Heizkostenverteilung nach beheizter Wohnfläche. Diese Verteilung der
Heizkosten hat insofern einen gewissen Vorzug, als nach diesem Maßstab auch
die Mietberechnung erfolgt und sich so eine einfache und einheitliche Berechnungsgrundlage ergibt. Andererseits bleibt hierbei aber die heiztechnisch günstige
oder ungünstige Lage der Wohnung unberücksichtigt.

**e) Heizkostenverteilung nach den durch Wärmezähler ermittelten Wärme-
mengen.** Die nach dem thermoelektrischen oder dem Verdunstungsverfahren
(Abb. 11) arbeitenden Wärmezähler kamen infolge der großen
sammelbeheizten Wohnblocks auf. Der Verdampfungswärme-
messer wird zwischen zwei Heizkörpergliedern angebracht.
Der Vorteil der Wärmezähler besteht zweifellos in der verhältnismäßig zuverlässigen Wärmemengenmessung und damit gerechten Heizkostenverteilung, wobei sich gleichzeitig
für den Mieter die Möglichkeit zur Sparsamkeit ergibt. Doch
hatte dies erfahrungsgemäß vielfach eine übertriebene Sparsamkeit zur Folge und führte hierdurch zu einer nicht mehr
zu vertretenden Benachteiligung der Nachbarmieter.

Um diesen Nachteil auszuschalten, bleibt nichts anderes
übrig, als zu der technisch brauchbaren Wärmezählermessung
eine Grundgebühr einzuführen. Wird z. B. eine Fernheizung
durch übertriebene Sparsamkeit der Mieter nur zu 60% ihrer
berechneten Wärmeleistung ausgenutzt, so dürfte auch die
Rentabilität nicht mehr gegeben sein. Aus diesen Erwägungen müßte die Grundgebühr etwa $^2/_3$ der Normalleistung
betragen unter der Voraussetzung, daß nur ein Teil der
Mieter die Ersparnismöglichkeit bis zur Grundgebühr tat-
sächlich ausnutzen. Der Tarifbildung und einwandfreien
Wärmezählung kommt für die Weiterentwicklung der Sied-
lungs- und auch der Städteheizung erhebliche Bedeutung
zu. Der zu zahlende Wärmepreis darf nicht höher sein als die
Wärmeerzeugungskosten der Abnehmer bei eigener Heizungs-

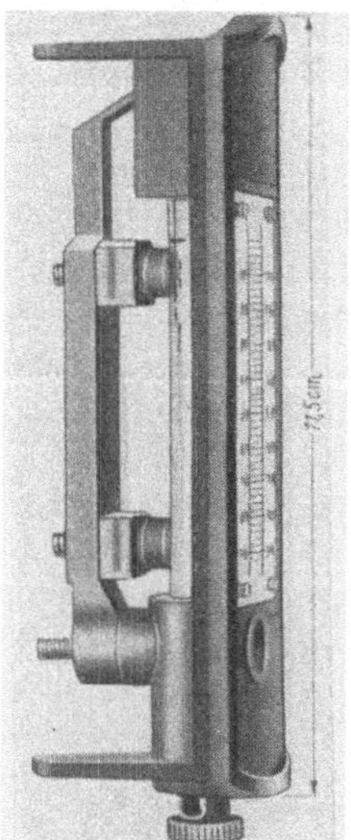

Abb. 11. Heizkostenver-
teiler für Heizkörper nach
dem   Verdunstungsver-
fahren.

anlage. Die finanzielle Leistungsfähigkeit, vornehmlich der Bewohner mit kleinerem und mittlerem Einkommen, muß deshalb vorbedacht werden, wenn Rückschläge vermieden werden sollen.

Aus dem Vorhandensein der Sammelheizung, insbesondere der Warmwasserheizung, ergeben sich zwischen Mieter und Vermieter unter Umständen auch
noch gewisse rechtliche Schwierigkeiten, auf die hier nur andeutungsweise hingewiesen werden soll, und zwar handelt es sich bei Mieten mit eingeschlossenem
Pauschalbetrag für Heizung um die Frage der Mietminderung bei ungenügender
Beheizung infolge unsachgemäßer Bedienung oder öffentlich-rechtlicher Einschränkungen. Mietverträge enthalten meist eine Bestimmung, nach welcher
kein Anspruch auf eine bestimmte Temperatur besteht, wenn eine allgemeine
Einschränkung der Brennstoffversorgung eintritt, so z. B. durch Streik-, Un-
wetter- oder Kriegsauswirkungen und damit auch eine Einschränkung der Hei-

zung. Unter diesen Umständen steht dem Mieter kein Minderungsrecht nach dem § 537 des Bürgerlichen Gesetzbuches (BGB) zu, wenn in der Übergangszeit die üblichen Temperaturen nicht erreicht werden. Während der eigentlichen Winterzeit dagegen wird der Mieter im allgemeinen ein solches Minderungsrecht haben.

Eine weitere Frage ist die nach der Heizpflicht des verreisten Mieters. Schäden durch starken Frost hat nach dem § 536 des BGB normalerweise der Vermieter, also der Eigentümer des Grundstückes, zu beseitigen. Andererseits hat der Mieter nach reichsgerichtlicher Rechtsprechung eine aus den §§ 545, 548 hergeleitete „Obhutspflicht", deren schuldhafte Verletzung ihn schadensersatzpflichtig macht. Hierbei ist die Frage von Bedeutung, ob die Heizpflicht des Mieters im Mietvertrag geregelt ist oder nicht. Ist sie im Mietvertrag festgelegt, so haftet der Mieter für schuldhafte Unterlassung ohne weiteres, falls nicht etwa infolge Fehlens von Brennstoff während der Frostperiode eine Beheizung unterblieb. Nicht eindeutig geklärt ist nach der vorliegenden Rechtsprechung die Frage, ob der Mieter, insbesondere der verreiste Mieter, die Pflicht zur Beheizung besitzt, wenn in seinem Mietvertrag keine derartige Bestimmung enthalten ist.

Die Abrechnung des *Warmwasserverbrauchs* kann in ähnlicher Weise wie zuvor bei der Heizung unter a), d) und e) erfolgen. Die Abb. 12 zeigt einen Warmwasser-Kostenverteiler, der wie beim Heizkörper nach dem Verdunstungsverfahren arbeitet. Bei der Messung genügt gegebenenfalls auch die Feststellung des Wasserverbrauchs durch einfache Wasserzähler. Sind mehrere Warmwasserzapfstellen in einer Wohnung, so muß die Verteilung hinter dem Zähler angeordnet werden. Zu beachten ist dabei, daß das warme Wasser überall eine annähernd

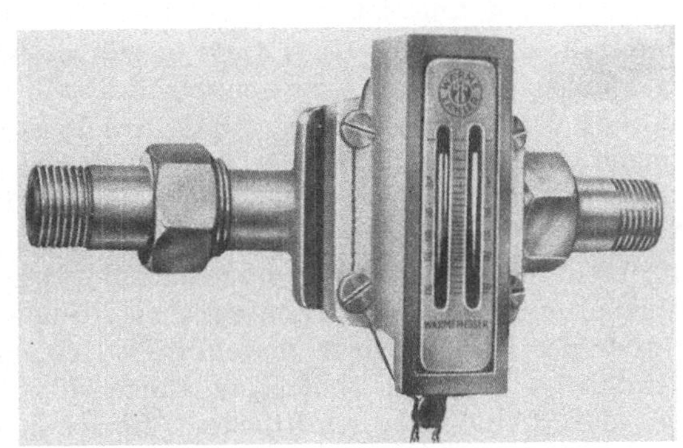

Abb. 12. Warmwasserkostenverteiler für Warmwasserversorgungsanlagen nach dem Verdunstungsverfahren.

gleichmäßige Temperatur aufweist, da größere Temperaturunterschiede in den einzelnen Wohnungen eine Benachteiligung der Mieter wäre, die kühleres Wasser empfangen. Dies kann der Fall sein, wenn ein ausgedehntes Warmwasserverteilnetz und keine Umwälzung des Warmwassers vorliegt bzw. diese z. B. während der Nacht nicht in Betrieb ist. Öffnet der entfernt vom Warmwasserspeicher wohnende Mieter morgens als erster seinen Hahn, dann erhält er eine größere Menge ausgekühltes Wasser aus dem Rohrnetz. Der in unmittelbarer Nähe der Warmwassererzeugungsstelle wohnende Mieter kann unter diesen Umständen günstiger dran sein. Diesen Verhältnissen, die sich zumeist erst im praktischen Betrieb zeigen, kann gegebenenfalls durch eine gewisse Freimenge begegnet werden. Auch zu knapp bemessene Warmwasserspeicher können sich an Tagen stärkeren Warmwasserverbrauchs, z. B. an Sonnabenden als allgemeiner Badetag, für die zu späteren Tagesstunden Badenden in gleichem Sinne auswirken. Hier ist dann die Regelung so zu treffen, daß die Badetage oder Badestunden der einzelnen Mieter festgelegt werden.

Schrifttum.

HOFFER, O. v.: Mietminderung bei ungenügender Beheizung. Grundeigentum. Bd. 59 (1940) S. 509/510.

SCHULTZE, K.: Die Umlegung von Warmwasserkosten auf Grund von Anzeigen von Verdunstungsmessern. Heizg. u. Lüftg. Bd. 15 (1941) S. 25/33.

Werneburg, H.: Zum Wärme- und Elektrizitätslieferungsvertrage. Heizg. u. Lüftg. Bd. 15 (1941) S. 8/9.
Zumbühl, R.: Die Rechte des Mieters bei verminderter Heizung infolge von öffentlich-rechtlichen Einschränkungen. Schweiz. Bl. Heizg. u. Lüftg. Bd. 8 (1941) S. 83/104.
Hoffer, O. v.: Heizpflicht des verreisten Mieters. Heizg. u. Lüftg. Bd. 17 (1943) S. 23/24.
Schultze, K.: Die Form der Heizkosten-Abgeltung und ihr Einfluß auf den Brennstoff-verbrauch der Wohnungsheizung. Heizg. u. Lüftg. Bd. 17 (1943) S. 67/69.
Ermel, R.: Haftung des Mieters für Frostschäden. Heizg. u. Lüftg. Bd. 17 (1943) S. 7/8.
Hoelscher, E. Th.: Die Verteilung der Heizungskosten. Gesundh.-Ing. Bd. 71 (1950) S. 318 bis 319.
Schultze, K.: Umlegung von Heizungs- und Warmwasserkosten. Heizg. u. Lüftg., Haustechn. Bd. 2 (1951) S. 131/133.
Fischer-Zernin, O.: Der Verdunstungsmesser als Heizkostenverteiler und seine Beein-flußbarkeit. Heizg., Lüftg., Haustechn. Bd. 4 (1953) S. 73/75.

2,25 Richtlinien und Vertragsgrundlagen.

Zu dem Abschn. XVI — Zentralheizungs-, Lüftungs- und zentrale Warm-wasserbereitungsanlagen — der Verdingungsordnungen für Bauleistungen (VOB) liegt eine Sammlung aller verbindlichen Vorschriften[1] vor. Diese umfassende Zusammenstellung erübrigt die Aufzählung der einzelnen Regeln, Richtlinien und Vorschriften. Da die letzte Auflage bereits im Jahre 1944 erschien, sind einige der Richtlinien durch die fortgeschrittene Technik doch ergänzungs- und hie und da auch änderungsbedürftig. (Diese Arbeit ist wohl im Gange, aber bisher noch nicht abgeschlossen.) In den folgenden Abschnitten wird dies besonders erwähnt, sofern auf die vorliegenden Richtlinien näher eingegangen wurde. Für den Architekten, Bauherrn und Heizungsfachmann bleibt diese Sammlung doch ein unentbehrlicher Ratgeber in baulichen Besonderheiten, fachlichen Belangen und Ausführungsgrundlagen schon aus dem Grunde, weil bei evtl. Streitigkeiten hinsichtlich des Erfolges einer ausgeführten Heizungs- oder Lüftungsanlage der Sachverständige diese Richtlinien und Vorschriften als zu erfüllende Leistungen ansehen muß, wenn keine schriftlichen Abmachungen anderer Natur vorliegen. Man muß sich aber doch darüber klar sein, daß Richtlinien nur allgemein rich-tungsweisend sein können. Auch wenn die Richtlinien oder Vorschriften an-scheinend für eine Heizungs- oder Lüftungsanlage erfüllt sind, der verlangte Erfolg sich aber nicht einstellt, ist die ausführende Firma damit nicht ihrer Vertragsleistung entbunden. Sie muß ihre Anlagen nach dem derzeitigen wissen-schaftlichen Stand und Erfahrungen der Technik entwerfen und ausführen, die unter Umständen für Sonderfälle eine andere Berechnung erfordern, als die Regeln besagen.

Für Sammelheizungen werden nachstehend zu empfehlende Richtlinien für die Ausführung wiedergegeben.

Die *Aufstellung der Kessel* soll möglichst allseits freistehend mit mindestens 0,60 m Abstand untereinander erfolgen und der Abstand von den Seitenwänden des Heizraumes möglichst 1,0 m betragen.

Bei Großkesselanlagen können je zwei Kesseleinheiten zusammengestellt werden, jedoch mit getrennten Kesselmänteln. Die Entfernung zwischen Kessel-rückwand und Fuchs sei möglichst 1,0 m.

Für die Einstellung der Rauchschieber ist neben der Stirnwand der Kessel eine Einstellvorrichtung vorzusehen, die eine Feststellvorrichtung auf einer mit Mar-kierungsstrichen versehenen Skala haben muß.

Als Rauchabzüge sind in der Regel Rauchsammelstutzen vorzusehen. Gerade Rauchrohre sind nur in Ausnahmefällen zu verwenden. Bei der geforderten Ent-

---

[1] Zentralheizung, Warmwasser, Lüftung. Bücher zur VOB DIN 1979. Berlin 1944.

fernung zwischen Kesselrückwand und Fuchs von 1,0 m sind Verlängerungs-
stücke zwischenzuschalten.

Der Heizerstand soll bei größeren Kesselanlagen als Mindestmaß „Kessellänge
+ 1,0 m" haben, bei kleineren Einheiten soll er möglichst nicht unter 2,0 m
sein.

Rück- und Seitenwand kleinerer Kessel mit Rauchabzugsrohren, sofern sie
im Kellergeschoß aufgestellt werden, sollen mindestens 1,0 m Abstand von den
Raumwänden haben. Als Etagenkessel können diese Maße geringer sein, jedoch
soll das Maß zwischen Kesselrückwand und Raumwand nicht geringer als 0,6 m
sein. Die Rauchrohre müssen eine Wandstärke von 3 mm haben und genügend
Reinigungsöffnungen besitzen. Die Einführung in den Schornstein soll mit einer
Schamottemuffe oder einem Eisenfutterrohr versehen sein.

Kesselpodeste und *Bedienungsbühnen* sind frei tragend mit 0,25 bis 0,30 m
Abstand über dem Kessel in Riffelblech mindestens 5 mm stark (ohne Riffeln
gemessen) auszuführen. Ist aus besonderen Gründen ein frei tragendes Podest
nicht möglich, so ist ein Anflanschen an den Kesselmantel zu vermeiden. Die
abnehmbaren Platten über den Reinigungsöffnungen sind in handlicher Größe
auszuführen. Füllschächte sind viereckig auszubilden und mit Schiebedeckeln
zu versehen. Die Podeststützen sollen an den Durchgängen zwischen den Kesseln
einseitig stehen (besserer Durchgang bei Reparaturen). Das Schutzgeländer soll
aus 1″ Rohr bestehen, eine Knieschiene und genügend Stützen haben, wobei
die Stützen aufgeflanscht sein müssen. Die Höhe des Geländers soll etwa 1,0 m
betragen. Die Art der Ausführung des Geländers kann durch Geländerfittings-
verbindung oder Schweißung erfolgen.

Gleise oder Radführungen braucht man im allgemeinen bei frei tragenden
Podesten und zweirädrigen Wagen nicht vorzusehen. Bei aufliegenden Podesten
(wo nicht zu umgehen) empfehlen sich der besseren Druckverteilung wegen Gleise
aus U- oder Winkeleisen. Die Gleise sind evtl. klappbar auszuführen.

Die vom Podest auf den Heizerstand führende Treppe ist in einer Breite von
etwa 800 mm auszuführen. Die Treppe ist ebenfalls aus Eisen (in besonderen
Fällen abnehmbar) herzustellen und erhält Riffelblechstufen mit Flacheisen-
holmen. Als Geländer ist Rohr mit Untergurt und Handlauf wie beim Kessel-
podest zu verwenden. Die Höhe der Auftritte soll nicht über 180 mm gehen.

Der *Kohlenwagen* empfiehlt sich als zweirädriges Fahrzeug mit Rädern von
etwa 800 mm Durchmesser mit Vollgummibelag, 2 Handgriffen, Bodenentleerung
mit Hebelbetätigung in erforderlicher Größe; Stärke der Bleche 2 bis 2,5 mm
und des Bodenbleches in 3 mm. Für Asche und Schlacke sind Normalschlacken-
kästen von etwa 600 mm Höhe vorzusehen. (Bei kleinen Anlagen mindestens
zwei, bei größeren Anlagen die jeweils erforderliche Anzahl.)

Der *Schlackenaufzug* ist bei größeren Anlagen nach außen zu legen. Zu empfehlen ist unter dem Aufzug ein herunterklappbares Schutzgeländer. Für größere
Anlagen sind sogenannte Schrägaufzüge am Platze. Die Vertiefung für den Schräg-
aufzug ist mit etwa 30 cm in der erforderlichen Fläche vorzusehen.

Als Verbrennungsregler sind für Warmwasser-, Mittel- und Normalkessel die
Zirkulationsregler vorteilhaft. Thermometer sind als Einhängethermometer in
stabiler Messinghülsenausführung mit gut ablesbarer Skala vorzusehen. An Füll-
und Entleerungshähnen sind je einer links und rechts vorn am Kessel, und zwar
$^3/_4$″ mit Stopfbuchse, Kappe und Kette anzuordnen. Zugmesser und Wasser-
höhenanzeiger sind in Manometerform mit Dreiweghahn und mit 150-mm-Skalen-
durchmesser einzubauen. Bei größeren Anlagen mit Einheiten über 25 m² baue
man Differentialzugmesser von 150 mm Skalendurchmesser ein. Pyrometer bis
350° C sind für derartige Anlagen ebenfalls erforderlich. (Hierbei dürfen die

Pyrometerstutzen am Fuchseintritt nicht vergessen werden.) In die Hauptrückläufe sind Temperaturmeßhülsen einzubauen.

Niederdruckdampfkessel haben Standrohre, Ausführung nach DIN 4750, in den gesetzlich vorgeschriebenen Größen, und zwar möglichst je Kessel ein besonderes Standrohr mit Auffangtopf, Voreilungsleitung, Belüftung und Fülltrichter, Verbrennungsregler mit Metallmembrane, Manometer als Röhrenfedermanometer mit Trompetenrohr und Kontrolldreiweghahn mit Skalendurchmesser zu erhalten. Als Wasserstände sind Reflexanzeiger oder Hahnwasserstände zu nehmen; letztere aber nur in kräftiger Ausführung mit Schutzstangen. Signalpfeifen gegen Drucküberschreitung und Wassermangel sind vorzusehen. Sie müssen entwässert werden.

Die zentrale Entlüftung einer Niederdruckdampfheizung kann in den Standrohrtopf eingeführt, darf mit diesem jedoch nicht fest verbunden werden. Eine Entwässerung ist erforderlichenfalls vorzusehen.

Die *Schürgeräte* müssen in kräftiger Ausführung sein, wobei das Stoßeisen aus Rundstahl sein soll. Die Länge von Stoßeisen, Kratze und Schlackengabel soll mindestens 0,50 m über Kessellänge sein.

Die *Schalttafeln* bei größeren Warmwasserpumpenheizungen sind gut zugänglich, gut sichtbar und in genügender Größe anzubringen. An der Schalttafel muß durch Lichtzeichen erkennbar sein, welche Pumpen in Betrieb sind. Geräuschsignale, die bei Aussetzen der Pumpen ertönen, sind anzubringen. Ihre Speisung erfolgt durch eine unabhängige Stromquelle.

Die *Boiler* sind als DIN-Boiler für 10 atü Betriebsdruck mit Anschluß des Heizregisters im abschraubbaren Boden vorzusehen. Für entsprechende Befestigung des Registers, sei es durch Rollen oder Schienen im Boiler, ist Sorge zu tragen. Kleinere Boiler können auf Konsolen stehen, größere Boiler erhalten zweckmäßig gemauerte Pfeiler, mindestens $1^1/_2$ Stein stark.

In die Dampfleitung zum Boiler ist ein Temperaturregler einzubauen, um die Nutzwassertemperatur zu begrenzen. In die Kaltwasserzuleitung sind Absperrventile, Probierhahn, Manometer, Rückschlagventil und Sicherheitsventil einzubauen.

Bei warmwasserbeheizten Boilern ist wegen der Auskochgefahr für den Kessel kein Temperaturregler einzubauen. Hier ist die Einstellung des Feuerungsreglers auf die Höchst-Warmwassertemperatur zu begrenzen.

Die Rohrleitungen im Kesselhaus und in Pumpen- und Apparateräumen sind übersichtlich und möglichst ohne Kreuzungen zu verlegen. Der Vorlaufsammler darf nur bei kleineren Anlagen direkt über den Kesseln angeordnet werden. Bei größeren Anlagen empfiehlt sich ein Versetzen des Vorlaufsammlers nach hinten und Anschließen der Vorläufe in Winkelform. Das Aufhängen der Verteiler soll mit Spannschlössern erfolgen. (Die Augen sind zu verschweißen.) Aufhängungen mit Federn sind möglichst zu vermeiden. Für Rücklaufsammler sind senkrechte Rohrunterstützungen als Füße (angeflanscht) geeignet. Alle Leitungen müssen an den Sammler angeflanscht sein. Für Hauptsteigestränge ist ein massiver Unterbau aus Trägern mit Fuß zur Aufnahme der Hauptlast vorzusehen.

Bei *Verteilern* sind die Stutzen so auszuführen, daß Handradmitten (bei Schrägsitzventilen Ventilmitten) in einer Ebene liegen. Die Bezeichnungsschilder sind auf einem besonderen Winkeleisen anzubringen. Liegen aus irgendwelchen Gründen zwei Ventile übereinander, so sind Paßstücke einzubauen. Der Verteiler darf nur aus Siederohr sein und muß mindestens zwei Dimensionen größer sein als der dickste Stutzen. Enddeckel sind nicht zu verwenden, sondern über 250 mm Durchmesser gepreßte Böden (DIN-Böden) und über 250 mm gewölbte (ausgepolterte) Böden. Die Füße sind so hoch auszuführen, daß die Isolierung bequem möglich ist. Die Abgangsstutzen an den Verteilern müssen so lang sein, daß die Flanschenschrauben bequem herausgenommen werden können. Jeder Verteiler hat einen Los- und Festfuß zu erhalten. Die Isolierung der Verteiler ist durch Glanzblechmantel zu schützen. Manometer- und Thermometerstutzen sind in gleicher Höhe anzuordnen. Mehrere Entwässerungs- und Entlüftungsleitungen sind nicht in die gleiche Sammelleitung zu führen, sondern die Entleerung ist frei über einem Sammeltrichter- oder Rinne ausmünden zu lassen. (Sonst keine Kontrolle über Dichtheit der Ventile.) Starre Verbindungen für Kesselfüllung sind nicht auszuführen; als Füllschläuche ist Hochdruckausführung mit mindestens drei Einlagen zu verwenden.

Die *Heizkörper* sollen stets auf Konsolen[1] gesetzt werden. Nur in Ausnahmefällen sollen Heizkörper auf Füßen stehen. Der Abstand von Unterkante Heizkörper bis Fußboden soll mindestens 15 cm und von Oberkante Heizkörper bis Oberkante Brüstung mindestens 10 cm betragen. Der Abstand der Heizkörper von der Wand soll mindestens 4 cm sein. Bei Anordnung von Heizkörpern in Wandnischen soll deren Höhenmaß mindestens 30 cm größer als die Höhe des Heizkörpers sein. Rückwand der Nische ist oben abzurunden. Die Mindest-Brüstungshöhe vom fertigen Fußboden bis Oberkante Brüstung (Unterkante Lateibrett) ist 85 cm bei Annahme von Radiatoren mit 500 mm Nabenabstand.

An Konsolen und Haltern sind vorzusehen:

bis 12 Glieder	2 Konsolen	1 Halter
bis 25 Glieder	3 Konsolen	2 Halter
über 25 Glieder	4 Konsolen	3 Halter

Die Heizkörper in Schulen, Jugendheimen usw. haben mindestens zwei Halter zu erhalten. Als Konsolen sind T-Eisenkonsolen zu verwenden, in der Ausführung mit dem Steg nach oben und als Halter nur Bügelhalter mit von vorn zu schraubendem Bügel. Heizkörperverkleidungen sind in Ausnahmefällen zuzulassen. Diese sind so auszuführen, daß eine möglichst ungehinderte Wärmeabgabe gewährleistet ist.

In Schulgebäuden sind nur doppelt einstellbare Heizkörper-Regulierventile mit verdeckter Stopfbuchse, das sogenannte Behördenmodell, mit Steckschlüsselbedienung zu verwenden. In den Räumen von Bürodienstgebäuden und Wohnhäusern sind doppelt einstellbare Regulierventile mit Handrad und verdeckter Stopfbuchse, in den Fluren und Toilettenräumen das Behördenmodell mit Steckschlüssel zu verwenden. Für Kondensanschluß bzw. Rücklauf an den Heizkörpern sind lösbare flach dichtende Verschraubungen aus Temperguß mit Klingeritdichtungen zu verwenden.

Die Glieder der Hochdruckdampf- und Heißwasserheizkörper müssen mit Klingerit-Scheiben gedichtet werden. Für Warmwasser- und Niederdruckdampf-Heizkörper sind Manilascheiben zulässig.

Als *Rohrleitungen* sind durchweg nahtlose Rohre zu verwenden, und zwar Gewinderohre bis $1^1/_2''$ nach DIN 2440 und darüber hinaus Siederohre nach DIN 2448.

Die Hauptleitungen in Keller- und Dachgeschoß sind autogen zu schweißen. Alle lösbaren Verbindungen bis $^5/_4''$ sind durch flachdichtende Verschraubungen und darüber hinaus durch Vorschweißflanschen nach DIN 2631 herzustellen. Langgewinde dürfen auf keinen Fall verwendet werden. Bei Hochdruckdampf- und Heißwasserleitungen sind Flanschen nach DIN 2632 zu verwenden.

In den Strängen können bis 1'' die Verbindungen durch Rechts- und Links- bzw. Rechtsmuffen und Fittings ausgeführt werden.

---

[1] POSEMANN, F.: Heizkörperkonsolen und Heizkörpermindestabstand. Heizg. u. Lüftg. Bd. 16 (1942) S. 115.

Bei sämtlichen Hauptleitungen ist darauf zu achten, daß darunter eine Mindestverkehrshöhe von 1,90 m eingehalten wird. Als Dichtung für Flanschen und Verschraubungen ist grundsätzlich It-Material zu verwenden.

Rohrbogen und Etagenbogen dürfen nicht in Wänden, Decken und Fußböden liegen, außer bei Rohrleitungen, die in Schlitzen verlegt sind. Wand- und Deckendurchführungen haben Überschiebrohre zu erhalten. Ist bei Wanddurchführungen die Verwendung von Überschiebrohren nicht möglich, so können an deren Stelle zweiteilige Wandhülsen eingesetzt werden. Überschiebrohre müssen an der Decke bündig abschließen und über Fußboden 5 cm überstehen. Die Befestigung dieser Rohre hat mit angeschweißten Drahtstäben zu erfolgen.

Bei Warmwasserheizungen sind die Stränge grundsätzlich so zu verlegen, daß für das Auge der Vorlauf rechts und der Rücklauf links liegt, bei Dampfheizungen entsprechend der Dampfstrang rechts und der Kondensstrang links. Bei der Verwendung von Kreuzstücken können diese im Vorlauf bzw. Dampfstrang geraden Abgang haben. Im Rücklauf sind Kreuzstücke mit gebogenen Abzweigen vorzusehen. Bei Stockwerkshöhen unter 3,50 m genügt als Strangbefestigung *eine* Rohrschelle, darüber hinaus sind *zwei* Rohrschellen anzubringen. Es sind möglichst Randrippenschellen zu verwenden. Der Abstand der Stränge von der Wand betrage 3 bis 4 cm, in Schlitzen größer. Der gegenseitige Rohrabstand (Rohraußenrand zu Rohraußenrand) soll bei dem größten Strangdurchmesser 3,5 cm betragen. Die Hauptleitungen in Keller oder Dachgeschoß sind nicht an Bandeisenschlaufen aufzuhängen, sondern mittels lösbarem Pendel zu befestigen. Rohrleitungen unter 20 cm Abstand von der Decke sind an aufgeschweißten Bügeln aufzuhängen.

Bei Rohren, die zu isolieren sind, ist der Abstand bei parallel laufenden Rohren und bei sich kreuzenden Rohren so groß zu wählen, daß die *einzelnen* Rohre getrennt ohne Behinderung in der vorgeschriebenen Stärke isoliert werden können.

Für die *Wärmeabdämmung* der Rohrleitungen dürfen nur werksneue Isolierstoffe verarbeitet werden. Für die Güte und Gewährleistung der Wärmeabdämmung sind die nachstehenden technischen Daten maßgebend:

		Wärmeleitzahl	*Raumgewicht*
Glasgespinst- oder Steinwollematten . .	bei 50° C	0,033 kcal/m h° C	125 kg/m³
Druckfestigkeit der Hartmantelmasse . .	21 bis 24 kg/cm²		
Raumgewicht	Fertig verarbeitet 850 kg/m³ elastisch, also rissefrei lose geschüttet 520 kg/m³.		

Eine Toleranz von ± 5 % ist zulässig.

Die Glasgespinstmatten dürfen nach der Anbringung nicht sperren und nicht zu fest angebunden sein.

Die Oberfläche der Hartmantelmasse muß gleichmäßig aufgetragen und sauber geglättet sein.

Die vorgeschriebene Hartmantelmasse darf nicht vom Isolierer auf der Baustelle durch Mischen verschiedener Isoliermassen hergestellt werden. Über die jeweilige Verarbeitungsvorschrift und bezüglich dem Anrühren der Masse muß der Monteur unterrichtet sein.

Der Auftraggeber hat das Recht, die auf der Baustelle verarbeitete Hartmantelmasse auf Kosten des Auftragnehmers prüfen zu lassen. In einem solchen Falle ist eine Probe der Masse gemeinsam auf der Arbeitsstelle zu entnehmen.

2,26 Wärmeübertragung durch Konvektion (Mitführung) und Strahlung.

Zum besseren Verständnis der folgenden Abschnitte über Heizflächen und Heizsysteme wird eine kurze, allgemeine Erklärung über die möglichen Arten der Wärmeübertragung vorangestellt. Die Begriffe warm und kalt können wir mit dem Temperaturempfinden unserer Haut unterscheiden, wobei man kalt empfindet, wenn Wärme entzogen und warm, wenn Wärme zugeführt wird. Dieses Empfinden hängt aber wesentlich von den berührten Stoffen ab, so fühlt sich ein Stahlkörper von 20° C kühler an als ein Holzkörper gleicher Temperatur. Je besser nämlich die Wärmeleitung und je größer die Wichte eines Körpers sind, desto mehr Wärme entzieht er der berührenden Hand. Wärmephysiologisch wäre also unsere Hauttemperatur die Grenze zwischen warm und kalt bei unmittelbarer Berührung. Thermometrisch ist diese Grenze mit 0° C als dem Gefrierpunkt des Wassers festgelegt, denn darüber rechnet man mit Plustemperaturen und darunter mit Minustemperaturen. Diese Grenze ist aber auch willkürlich. Die tiefste Temperatur ist nun $-273,16°$ C oder 0° K (Kelvin). Von diesem zwar nie zu erreichenden Standort aus ist jede beliebige Temperatur als warm zu bezeichnen. Es kommt also, wie gesagt, auf den Standpunkt an, den man einnehmen will. Doch zu erkennen war, daß zur Kennzeichnung der energetischen Wirksamkeit der Wärme die Temperaturangabe erforderlich ist. Die Wärme ist eine innere Energieform der uns umgebenden Stoffe. Sie steckt in jedem Körper, sei es das Erdreich, das Wasser oder die Luft, als die hierdurch gekennzeichneten Aggregatszustände: fest, flüssig oder gasförmig. Bei festen Körpern geht Wärme von einem wärmeren Körper auf einen kälteren über, wenn sich diese unmittelbar berühren. Dies gilt auch für einen monolithischen Körper, wenn er verschiedene Temperaturen aufweist. Es ist dies der Vorgang der *Wärmeleitung*. In diesem Falle bleibt also jedes kleinste Teilchen der Körper ortsgebunden. Wird nun Luft an einem festen Körper vorbeigeleitet, dann gibt z. B. die warme Stahlheizfläche einen Teil ihrer Wärme an die kühlere Raumluft ab, d. i. die *Konvektion* oder *Wärmemitführung*. Die erwärmte Raumluft gibt ihrerseits wieder Wärme an die kälteren Wandflächen ab. Die dritte Wärmeübertragungsart ist nun die *Wärmestrahlung*. Hier sendet der Heizkörper eine Energiestrahlung aus, die von den Wänden und auch vom menschlichen Körper aufgefangen und absorbiert wird und sich hierbei in Körperwärme umwandelt. Die dazwischen liegende Luft wird bei dieser Wärmeübertragung nicht erwärmt. Es ist dies der gleiche Vorgang, den wir von der Sonnenstrahlung her kennen, nur hat man es hier mit einer energiereicheren Strahlung zu tun, weil die Temperatur der Sonnenoberfläche bei etwa 6000° C liegt. Die Energie einer Strahlung hängt von deren Wellenlänge ab; je kürzer diese ist, desto energiereicher ist die Strahlung. Die höchste Temperatur für Raumheizkörper liegt bei etwa 900° C, die von Gasstrahlern und elektrischen Glühkörpern erreicht wird. Bei Temperaturen über 600° C liegt ein Teil der abgestrahlten Energie im Lichtspektrum, d. h. sie wird vom Auge wahrgenommen.

Ergänzend wäre noch zu bemerken, daß auch Flüssigkeiten und Gase eine Wärmeleitung aufweisen, wenn sie sich in völliger Ruhe befinden. Bei der Konvektionswärmeübertragung ist die Strömungsgeschwindigkeit und auch die Strömungsrichtung der Luft von Einfluß. Die Wärmeabgabe und der Empfang von Strahlungswärme wird wesentlich von dem Baustoff und dessen Oberflächenbeschaffenheit beeinflußt. Die Farbe des Körpers spielt erst bei Lichtstrahlen eine Rolle.

Der Anteil von Strahlungs- und Konvektionswärmeabgabe bei der Gesamtwärmeabgabe einer beliebigen Heizfläche hängt nun ganz von dessen Ausbildung ab. Großflächige und ebene Heizflächen geben mehr Strahlungs- als Konvektionswärme ab, wenn die Luft sich nur mit geringer Geschwindigkeit bewegt. Eine Erhöhung der Oberflächentemperatur der Heizfläche steigert die Gesamtwärmeabgabe. Man kann demnach mit kleineren Oberflächen die gleiche Wärmeleistung erzielen wie mit großen Heizflächen niedrigerer Temperatur. Den praktischen Vergleich gibt die Deckenheizung mit Oberflächentemperaturen bis zu 40°C und die Infrarotstrahlungsheizung mit solchen bis zu 900°C.

Bei gedrängter Heizflächenbauart wie beim Heizkörper und Konvektor stehen sich die einzelnen Heizkörperglieder und die Rippenelemente der Konvektoren gegenüber, dadurch bestrahlen sich diese gegenseitig, ohne daß die Strahlung dem zu heizenden Raum zugute kommt. Hier überwiegt also die konvektive Wärmeabgabe. Man spricht in diesem Sinne von Konvektions- und Strahlungsheizfläche, und zwar je nachdem welche Wärmeabgabe anteilmäßig überwiegt. Der an der Wand stehende Heizkörper gibt an Heizwärme z. B. 85% durch Konvektion und 15% durch Strahlung ab, die Deckenheizfläche dagegen 70 bis 75% durch Strahlung und 25 bis 30% durch Konvektion. Je nach der Ausbildung der Heizflächen im Raum hat man es mit Konvektions- oder Strahlungsheizungen zu tun. Der Mensch ist nun selbst ein Heizkörper, also gibt er auch Wärme durch Strahlung und Konvektion ab. In welcher Größenordnung dies nur sein darf, ging aus dem Abschn. 1 hervor. Die Abb. 8 zeigt die Wärmeabgabeverhältnisse der verschiedenen Heizungssysteme und gleichzeitig die des Menschen bei der jeweiligen Heizungsanlage. Die Beheizung eines Raumes kann also auf mancherlei Weise vorgenommen werden, doch zeitigen die verschiedenen Heizsysteme durch die Abhängigkeit von der Wärmeübertragung unterschiedliche Umgebungsverhältnisse, gekennzeichnet durch die Raumluft- und Wandtemperaturen und umgewälzte Raumluft. Eine reine Konvektionsheizung erfordert zur Erreichung der Behaglichkeit eine größere umzuwälzende Raumluftmenge, die das Mehrfache gegenüber der bei der Strahlungsheizung sein kann. Schon aus diesen wenigen Hinweisen ist zu erkennen, daß die verschiedenartigen Gebäude sowohl mit dem einen oder anderen Heizsystem beheizt werden können, wobei sich aber doch bestimmte Vor- und Nachteile herausstellen. Diese Beurteilung obliegt den noch kommenden Abschn. 3 bis 6.

Tabelle 10. *Gegenüberstellung von spezifischen Brennstoffverbrauchsmengen und -kosten bei Einzel- und Sammelheizungen und verschiedenen Brennstoffarten.*

Brennstoff		An-thrazit	Stein-kohle	Koks	Öl	Gas	Elektrizität
Heizwert	kcal/kg	7500	7200	6800	9300	3800 je m³	860 je kWh
Brennstoffpreis . . .	DM/t	94,–	90,–	97,–	240,–	0,13 je m³	0,06 je kWh
Ofeneinzelheizung							
Wirkungsgrade . . .	%	70	70	70	80	85	100
Brennstoffverbrauch kg	Einzelheizung	1	1,04	1,1	0,7	1,63 m³	6,1 kWh
(Verhältniszahlen) .	Sammelheizung	1,17	—	1,29	0,81	1,85 m³	7,2 kWh
Brennstoffkosten DM .	Einzelheizung	1	0,995	1,14	1,79	2,26	3,9
(Verhältniszahlen) .	Sammelheizung	1,17	—	1,33	2,06	2,55	4,6
Sammelheizung							
Wirkungsgrade . . .	%	60	—	60	70	75	85
Brennstoffverbrauch kg	Einzelheizung	0,78	—	0,86	0,55	1,26 m³	4,75
(Verhältniszahlen) .	Sammelheizung	0,9	—	1	0,63	1,43 m³	5,6
Brennstoffkosten DM .	Einzelheizung	0,75	—	0,86	1,36	1,69	2,94
(Verhältniszahlen) .	Sammelheizung	0,87	—	1	1,56	1,92	3,46

2,27 Energiearten.

Zu den folgenden Angaben sei vorher bemerkt, daß bei dem Vergleich der verschiedenen Brennstoffarten im Text und in der Tab. 10 lediglich die Gegenüberstellung der benötigten Brennstoffmengen bzw. deren Kosten vorgenommen wurde. Abgesehen davon, daß durch ungenügende Bemessung der Gesamtanlage bzw. einzelner ihrer Teile der Brennstoffverbrauch einer Anlage jedoch sehr erheblich höher als rechnerisch ermittelt sein kann, müßten an sich auch die Bedienungskosten, etwaiger Stromverbrauch, höhere Anlagekosten, das Maß der Behaglichkeit usw. gebührend berücksichtigt werden. Wegen der von Fall zu Fall verschiedenen Verhältnisse ist die Bewertung dieser Nebenausgaben bzw. Gesichtspunkte jedoch bis auf die angenäherte Betriebskostenangabe in Tab. 11 unterblieben.

2,271 Feste, flüssige und gasförmige Brennstoffe, Elektrizität.

Während früher für Raumheizzwecke fast ausschließlich Holz, Kohle, Briketts und Koks verwendet wurden, kamen mit der Zeit Öl, Gas und Elektrizität hinzu.

Öl fand zu Heizzwecken zuerst in ölreichen Ländern Verwendung, erlangte dann aber auch andernorts eine gewisse Bedeutung, weil der Betrieb von Zentralheizungen mit Ölfeuerung bequemer und sauberer ist als bei Verwendung von Kohle bzw. Koks. Im Durchschnitt hat

Tabelle 11. *Brennstoffkosten für verschiedene Gebäudearten bei Koks-, Gas- und Ölheizung.*

| Anlage | Q_h kcal/h | Brennstoff | | | | Be-dienungs-kosten | Strom-kosten | Kapital-dienst der Mehranlage-kosten | DM | Ver-hältnis-zahl |
		Art	Grundpreis für t Koks m³ Gas 1000 kg Öl DM	Ver-brauchte kg oder m³	Kosten DM	DM	ca. DM	ca. DM		
Etagenheizung	10 000	Koks	97,—	3 200	310	—	—	—	310	1
		Gas	0,135	4 570	616	—	—	15	631	2,04
Ein- und Mehrfamilienhäuser, Villen, etwa 800 m³ umbauter Raum	30 000	Koks	97,—	9 000	872	—	—	—	872	1
		Öl	240,—	5 800	1 395	—	65	280	1 740	2
		Gas	0,125	13 000	1 625	—	—	40	1 665	1,9
Mehrfamilienhäuser, 1200 m³ umbauter Raum	50 000	Koks	97,—	15 000	1 460	400	—	—	1 860	1
		Öl	240,—	9 670	2 320	100	90	305	2 815	1,53
		Gas	0,12	21 400	2 565	100	—	80	2 745	1,48
Größere Miethäuser, 2500 m³ umbauter Raum	100 000	Koks	97,—	28 000	2 720	800	—	—	3 520	1
		Öl	240,—	18 000	4 320	200	170	480	5 170	1,47
		Gas	0,12	40 000	4 800	200	—	160	5 160	1,47
Fernheizungen von Siedlungen, 20000 m³ umbauter Raum	500 000	Koks	97,—	145 000	14 100	8000	—	—	22 100	1
		Öl	240,—	93 500	22 400	1800	600	1200	26 000	1,18
		Gas	0,11	207 000	22 800	1800	—	320	24 920	1,13

sich ergeben, daß man bei der Beheizung von Geschäfts-, Schul-, Wohn- und ähnlichen Gebäuden mit 1 kg Gasöl an Stelle von 1,6 kg Koks auskommt, wenn die Koksfeuerung ebenfalls in Abhängigkeit von der Außentemperatur und dem Heizprogramm selbsttätig geregelt wird. In den Übergangszeiten wird verhältnismäßig wenig Öl verbraucht, weil das Abstellen und Wiederinbetriebnehmen der Ölfeuerung sehr einfach ist, so daß ohne wesentliche Mühe stoßweise geheizt werden kann, während man bei Koksfeuerung gewöhnlich durchheizt, um der Unannehmlichkeit des Ausräumens und Wiederanfeuerns der Kessel aus dem Wege zu gehen. Will man, wie schon gesagt, die gesamten Betriebskosten miteinander vergleichen, so sind bei der Ölfeuerung auch die Auslagen für den zur Erzeugung des Brennstoffgemisches nötigen Strom sowie die erheblichen Aufwendungen für Verzinsung, Unterhaltung und Tilgung, andererseits die Minderauslagen für Bedienung und Kaminfeger zu berücksichtigen.

Gas findet einerseits Anwendung beim Gas-Zentralheizkessel, andererseits bei den Einzelgasheizöfen in den zu heizenden Zimmern. Die zweite Lösung ist wirtschaftlicher, aber bei Gasheizöfen, die ihre Verbrennungsluft aus dem Raum entnehmen, bei unsachgemäßer Bedienung und widrigen Witterungsverhältnissen nicht ungefährlich und auch nicht hygienisch einwandfrei trotz gegenteiliger Behauptungen. Die Beeinflussung des Verbrennungsvorganges von den Windverhältnissen bleibt auch bei den Gasheizöfen bestehen, die ihre Verbrennungsluft aus dem Freien entnehmen und die Abgase unmittelbar ins Freie leiten. Auf Einzelheiten dieser Ausführungsform wird später nochmals eingegangen. Man kann in runden Zahlen annehmen, daß man an Stelle von 1 kg Koks bei gewöhnlicher Zentralheizung durchschnittlich braucht: bei gasbeheizten Zentralheizungskesseln etwa 1,2 m³, bei Einzelöfen etwa 1,0 m³ Leuchtgas, sofern als Koks gewöhnlicher Gaskoks mit einem Heizwert von 6500 kcal/kg und als Gas hochwertiges Leuchtgas mit einem unteren Heizwert des Gases von mindestens 4500 kcal/m³ verglichen werden. Dieses Verhältnis verschiebt sich natürlich sehr zuungunsten des Gases, wenn hochwertiger Zechenkoks und Leuchtgas mit wesentlich niedrigerem unteren Heizwert, wie es vielerorts erzeugt wird, in Vergleich gezogen werden. Für Zechenkoks mit 6800 kcal/kg und Leuchtgas von 3800 kcal/m³ ergibt sich etwa folgende Beziehung:

Koks in kg, Gas für Gaszentralheizung in m³, Gas bei Gaseinzelöfen in m³ = 1 : 1,4 : 1,2.

Bei *elektrischer Heizung* hat man zu unterscheiden zwischen in den zu heizenden Räumen aufgestellten elektrischen Einzel- (evtl. Speicheröfen) und elektrisch betriebenen Zentralheizungen, die normalerweise ebenfalls mit Wärmespeichern versehen werden, damit der billige Nacht- und Abfallstrom ausgenutzt werden kann. Wie die Erfahrung lehrt, braucht man an Stelle von 1 kg Koks mit 6800 kcal/kg bei in den Räumen aufgestellten, unmittelbar wirkenden Einzelöfen rund 4,75 kWh, bei Speicheröfen 5,3 kWh und bei Zentralheizungen mit Wärmespeichern rund 5,6 kWh.

Vergleicht man die vorstehend genannten Zahlen miteinander und bezieht dabei noch Ofenheizung mit Anthrazit- und Koksfeuerung ein, so ergeben sich bei der Annahme mittlerer Heizwerte und Wirkungsgrade, bezogen auf 1 kg Koks bei Zentralheizung, für gleiche Heizwirkung die Brennstoffmengen und -kosten der Tab. 10. Dabei ist vorausgesetzt, daß die Gas- und Ölfeuerungen in ihrer Heizwirkung sorgfältig durch selbsttätig wirkende Wärmefühler und Temperaturregler geregelt und abgestellt werden, wenn die Witterungsverhältnisse es gestatten. Geschieht dies nicht, so können die angegebenen Vergleichszahlen für diese Heizarten wesentlich höher ausfallen.

Weiter ist zu beachten, daß durchweg mit den unteren Heizwerten gerechnet worden ist. Nutzt man die Feuergase bezüglich ihres Wärmeinhalts so weit aus, daß die Kondensation des in den Gasen enthaltenen Wasserdampfes eintritt, so ist mit dem oberen Heizwert zu rechnen, was bei Gasheizung eine Wärmeausnutzung je Kubikmeter Gas von rund 4300 statt, wie angenommen, 3800 kcal ergibt, während die Unterschiede zwischen unterem und oberem Heizwert bei anderen Brennstoffen kleiner ausfallen. Bekanntlich entsteht aber bei der Verbrennung von 1 m³ Leuchtgas 1 kg Wasserdampf, so daß bei so weitgehender Abkühlung der Gase in den Heizeinrichtungen und Kaminen sehr starke Wasserbildung eintreten würde, deren Folge Verrostungen und Mauerdurchfeuchtungen wären, die bei der Gasfeuerung ohnehin eine Gefahr bilden und besondere Vorsichtsmaßnahmen (richtige Ableitung des Kondenswassers, wasserdichte Kamine usw.) erfordern.

Oft wird die Frage gestellt, ob Ofen- oder Zentralheizung billiger sei. Wie Tab. 10 erkennen läßt, besteht bezüglich der Brennstoffkosten Gleichgewicht, wenn in beiden Fällen gleichviel Zimmer auf gleiche Temperatur geheizt werden. Das ist aber sehr oft nicht der Fall, weil bei Ofenheizung der mühsamen Bedienung wegen häufig nur die unbedingt nötigen Räume erwärmt werden, während man bei Zentralheizung vielfach mehr Zimmer beheizt und auch die Schlafräume, Flure, Aborte usw. anwärmt. Außerdem kommt bei der Ofenheizung vielfach eine gewisse Ersparnis in den Übergangszeiten hinzu, weil dabei die Wohnräume an kühlen Abenden mit wenig Brennstoff angenehm erwärmt werden können, während die Inbetriebsetzung der Zentralheizung jedesmal eine größere Brennstoffmenge erfordert. Es ist daher von Vorteil, an einzelnen kalten Tagen der Übergangszeit den benutzten Wohnraum nur durch eine Zusatzheizung zu erwärmen, z. B. durch einen fahrbaren elektrisch beheizten Warmwasserradiator oder tragbaren elektrisch beheizten Konvektionsofen bzw. Strahlungswandschirm.

Beim Vergleich sämtlicher, die Betriebskosten einer Heizung beeinflussender Posten treten neben den Auslagen für den Brennstoff in besonderem Maße diejenigen für die Verzinsung und Abschreibung der Anlage in Erscheinung. Es ist nicht möglich, über ihre Höhe allgemeingültige Angaben zu machen, jedoch muß darauf hingewiesen werden, daß eine Ölfeuerung größere Aufwendungen für die Ölbehälter, Brenner, Drucklufterzeugung usw. erfordert, daß bei Gasbeheizung und bei elektrischer Heizung die Zuleitungen, Transformatoren und sonstigen Apparate so reichlich bemessen sein müssen, daß sie den selten auftretenden Höchstanforderungen zu genügen vermögen, daß bei Ofenheizung die Anlagekosten in hohem Maße durch die Wahl der Öfen bedingt sind usw.

Tab. 11 ermöglicht einen Vergleich der Wärmekosten bei verschiedenen Brennstoffen und Brennstoffpreisen in Abhängigkeit von dem Gesamtwirkungsgrad der Heizungsanlage bzw. Feuerungsart mit Berücksichtigung der Nebenausgaben für Bedienung, Stromverbrauch zum Betrieb der Ölfeuerung usw., die in jedem Fall besonders einzusetzen sind, jedoch ohne Berücksichtigung der in Geld nicht ausdrückbaren Werte, wie Annehmlichkeit und Hygiene.

Tab. 12 zeigt an einem Beispiel, wie sich der Brennstoffaufwand für die Heizung eines mit Zentralheizung versehenen Einfamilienhauses von 800 m³ Rauminhalt in normalen Wintern etwa verteilt. Dabei sind 220 Heiztage und eine niedrigste Außentemperatur von $-15°$C zugrunde gelegt. Es ist aber nicht außer acht zu lassen, daß die angegebenen Verbrauchszahlen je Monat bzw. Tag Mittelwerte sind, so daß an kalten Tagen mit einem Tagesbedarf, der etwa das Doppelte des mittleren Tagesbedarfes ausmacht, zu rechnen ist. An einem kalten Januartage wird das betreffende Gebäude also im Höchstfall etwa 52 kg Koks, 82,5 m³ Gas, 31 kg Öl oder 290 kWh erfordern.

Tab. 13 gibt einen Anhalt über mittlere spezifische Brennstoffverbrauchs-
zahlen von Sammelheizungen in verschiedenen Gebäudearten und in Abhängigkeit von der Gebäudeausführung.

Bei Gasheizung ist zu beachten, daß für größere Gebäude recht beträchtliche
Leitungsdurchmesser erforderlich sind. Die Gaswerke haben es zwar auch wie
die Elektrizitätswerke mit Spitzenbelastungen während der Hauptkochzeiten
zu tun, doch fallen die Spitzenleistungen bei Gasheizung außerordentlich viel
größer aus, so daß es nicht überflüssig ist, wenn Gasheizung eingeführt werden
soll, zu prüfen, ob die Leitungsdurchmesser reichen. Bei elektrischer Raumheizung werden die Elektrizitätswerke, Transformatoren, Leitungsnetze usw. im
Winter stark belastet, und zwar auch dann nur während kurzer Zeit, während
im Sommer überhaupt kein und in den Übergangszeiten nur wenig Heizstrom
abgesetzt werden kann. Den Gaswerken fällt es insofern leichter, sich dem Gebiet
der Raumheizung zuzuwenden, weil sie in den Gasbehältern über Speicher ver-

Tabelle 12. *Brennstoffmengen und -kosten auf die Heizmonate aufgeteilt für ein
Einfamilienhaus mit einem Wärmebedarf von 30000 kcal/h bei −15° C Außenlufttemperatur*

Monat	Ht.	Ver-brauch %	Koks kg mon.	Koks kg tägl.	Gas m³ mon.	Gas m³ tägl.	Öl kg mon.	Öl kg tägl.	Strom kW mon.	Strom kW tägl.
September . . .	8	2	180	22,5	260	32,5	105	13,2	1000	125
Oktober.	31	9,5	860	27,8	1235	39,8	505	16,3	4750	153
November. . . .	30	12	1100	36,8	1560	52,0	635	21,0	6000	200
Dezember	31	17	1520	49,0	2210	71,2	900	29,0	8500	275
Januar	31	18	1610	52,0	2340	75,5	955	31,0	9000	290
Februar.	28	15	1340	48,0	1950	69,5	795	28,5	7500	268
März	31	13,5	1210	39,0	1755	56,6	715	23,0	6750	218
April	30	9,5	860	27,7	1235	41,2	505	17,0	4750	158
Mai	10	3,5	320	32,0	455	45,5	185	18,5	1750	175
Insgesamt:	220	100	9000		13000		5800		50000	
			872,−		1625,−		1395,−		3000,−	
Kostenverhältnis bezogen auf reine Betriebskosten			1		1,87		1,53		3,45	

fügen, die große Belastungsschwankungen aufzunehmen vermögen, wogegen
bezüglich der Rohrleitungen die Verhältnisse ähnlich liegen wie bei den Elektrizitätswerken. Gasleitungen zur Speisung der Gasherde und elektrische Leitungen für die Beleuchtung sind nicht ohne weiteres dazu geeignet, auch die un-
vergleichlich viel höheren Anforderungen der Raumheizung zu übernehmen.

Außerdem ist bei der Einführung der Gasheizung zu berücksichtigen, daß bei
der Verbrennung von 1 m³ Leuchtgas, wie bereits erwähnt, 1 kg Verbrennungs-
wasser entsteht, das bei genügend hohen Temperaturen in Form von Wasserdampf mit den Verbrennungsgasen abzieht, sich bei der Abkühlung der Gase
auf Kondensationstemperatur jedoch ausscheidet und Mauerdurchfeuchtungen
mit ihren unliebsamen Erscheinungen zur Folge haben kann.

Bei Neubauten ist es möglich, diesen Übelständen ohne weiteres zu begegnen,
indem man die Anschlußleitungen groß genug bemißt und die Kamine wasser-
dicht erstellt. Bei bestehenden Bauten ist jedoch vor einer Einführung der Gasheizung sorgfältige Prüfung der betreffenden Verhältnisse am Platze.

In der neuzeitlichen Heiztechnik ist man, wie schon angedeutet, in großem
Umfange dazu übergegangen, Fernheizungen für ganze Häusergruppen, ja sogar
für ganze Stadtviertel (Städteheizungen) zu erstellen, um dadurch die Rauch-

Art und Lage des Gebäudes bzw. der Wohnung	Krankenhaus, Altersheim u. dgl.		Wohngebäude, Schule mit Abendunterricht		Geschäftshaus u. dgl.		Verwaltungsgebäude, Schulen mit Vormittags- und Nachmittagsunterricht		Schulen mit Vormittagsunterricht		Werkstätten, Montagehallen u. dgl.			Gärtnereien, Treibhäuser mit Frühgemüsebau		
	Koks	Steinkohle	Koks	Steinkohle	Koks	Steinkohle	Koks	Steinkohle	Koks	Steinkohle	Art und Lage	Koks	Steinkohle	Koks	Steinkohle	Brikett
Kleine und niedrige Gebäude, kleines Einfamilienhaus, Baracken und ähnliche Bauten	20,4	18,7	18,4	16,9	14,2	13,0	12,7	11,7	11,3	10,4	Frei stehend, Stahlbauweise mit einfachem Oberlicht u. einfachen Fenstern in den Seitenwänden	9,0	8,3			
Mittelgroße Gebäude besonders ungeschützt, Zweifamilien- und Doppelhaus, größeres Landhaus	18,3	16,8	16,5	15,2	12,8	11,7	11,4	10,5	10,2	9,4	Frei stehender Mauerwerksbau mit doppeltem Oberlicht, Doppelfenster in den Seitenwänden	8,0	7,4	30,4	28	42
Bauten mit 2 bis 3 Geschossen, besonders ungeschützt, kleineres Mehrfamilienhaus und ähnliche Gebäude	16,3	15,0	14,7	13,5	11,3	10,4	10,2	9,4	9,0	8,3	Geschützt liegend (ringsum eingebaut), Mauerwerksbau m. einf. Oberlicht oder frei stehend ohne Oberlicht mit einfachen Fenstern	7,2	6,6			
Bauten ganz oder teilweise frei stehend, 4 und mehr Geschosse, Bauten beiderseits eingebaut, 2 bis 3 Geschosse, Altbauten besonders ungeschützt, 2 bis 3 Geschosse	14,3	13,1	12,8	11,8	9,9	9,1	8,9	8,2	7,8	7,3	Geschützt liegend (ringsum eingebaut) mit doppeltem Oberlicht oder frei stehend ohne Oberlicht mit doppelten Fenstern	6,4	5,9	42	38	57
Bauten beiderseits eingebaut, 4 und mehr Geschosse, Altbauten beiderseits eingebaut, 2 bis 3 Geschosse, Altbauten ganz oder teilweise frei stehend, 4 und mehr Geschosse	12,2	11,2	11,0	10,1	8,5	7,8	7,6	7,0	6,8	6,2	Geschützt liegend mit einfachen Fenstern	5,3	4,9	52	48	72
Altbauten beiderseits eingebaut, 4 und mehr Geschosse, große Verwaltungsgebäude, besonders geschützt liegend	10,2	9,4	9,3	8,5	7,1	6,5	6,4	5,9	5,7	5,2	Geschützt liegend mit doppelten Fenstern	4,3	3,9			

Gärtnereien, Treibhäuser mit Frühgemüsebau: Untere Grenze je nach Lage, Bauweise und Große — Mittelwert — Obere Grenze.

Koks $Hu = 7000$ kcal/kg   Steinkohle $Hu = 7600$ kcal/kg   Tiefsttemperatur $-15°$ C.

und Rußgefahr zu bekämpfen und den Mietern und Hausbesitzern das Einkaufen,
Lagern und Verfeuern von Brennstoffen für Heizzwecke abzunehmen. In solchen
Fällen werden große Kesselzentralen, oft in Verbindung mit Kraftwerken, errichtet und geschultem Heizpersonal unterstellt. In diesen Zentralen wird je
nachdem Kohle, Koks, Öl, bisweilen auch Kohlenstaub verfeuert. Dieser Brennstoff eignet sich auch für Perretluftheizöfen, die man, da sie einen billigen Betrieb
ergeben, häufig in dauernd beheizten katholischen Kirchen antrifft, während
für die nur sonntags beheizten protestantischen Kirchen in wasserkraftreichen
Ländern die elektrische Heizung große Verbreitung gefunden hat.

Pumpen-Warmwasserheizungen mit Wasserspeichern, deren Inhalt über Nacht
mittels Elektrizität hochgeheizt wird, trifft man ebenfalls hier und da an, insbesondere in Industriebetrieben, die über eigene Wasserkraft verfügen.

2,272 Wärmepumpe.

Die Verwendung der *Wärmepumpe* zu Heizzwecken kann unter besonders
günstigen Verhältnissen angebracht sein. Das Wärmepumpenverfahren ist dadurch gekennzeichnet, daß Wärme aus einem in der Natur oder sonstwo zur
Verfügung stehenden Vorrat von nied-
riger Temperatur durch Hebung des
Temperaturniveaus für Räume, die zu
beheizen sind, nutzbar gemacht wird.
Dies geschieht in ähnlicher Weise wie
bei der Kältemaschine in einem Kreis-
prozeß (Abb. 13), nur daß bei der
Wärmepumpe die erzeugte Kälte beseitigt, die Wärme dagegen zu Heizzwecken nutzbar gemacht wird. Vorbedingung für die Wirtschaftlichkeit
der Wärmepumpe sind ein günstiger
Strompreis, das Vorhandensein eines
entsprechend großen Wärmevorrates
niedriger Temperatur, z. B. das Erd-

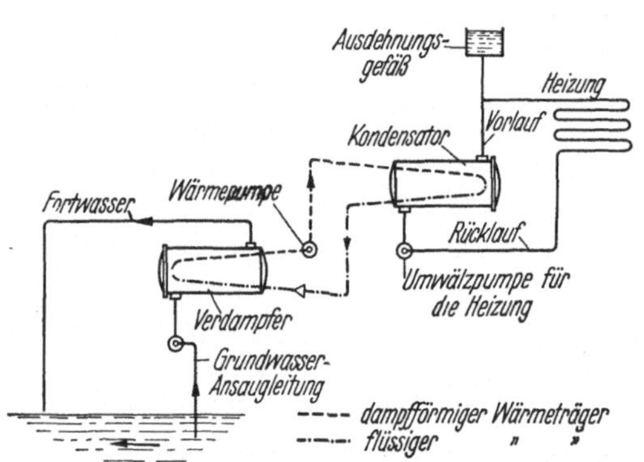

Abb. 13. Schaltbild einer Wärmepumpenheizung
mit Flußwasser als Wärmequelle.

reich, Fluß- oder Seewasser und die Außenluft, und ein möglichst geringes
Temperaturniveau, auf das die Wärme hinaufgepumpt werden muß, Verhältnisse, wie sie für Deutschland im allgemeinen nicht zutreffen. Die letztgenannte
Forderung läßt die Verbindung der Wärmepumpe mit Strahlungsheizungen besonders günstig erscheinen, da hier die obere Grenze der Wassertemperatur bei
40 bis 50°C liegt. Da die Anlagekosten einer Wärmepumpenanlage ziemlich erheblich sind, ist natürlich auch ihre Benutzungsdauer von großem Einfluß auf
einen wirtschaftlichen Betrieb. Im allgemeinen ist deshalb die Anwendung zur
Raumheizung, die einen kurzzeitigen ausgesprochenen Spitzenbetrieb darstellt,
weniger günstig als die Nutzung in durchgehenden industriellen Verfahren.

Schrifttum.

Eichelberg, G.: Physikalische Grundlagen der Wärmepumpe. Schweiz. Arch. Bd. 4 (1938)
S. 297/302.
Hottinger, M.: Die Wärmepumpe. Schweiz. Bl. Heizg. u. Lüftg. Bd. 6 (1939) S. 1/10.
Bauer, B.: Die elektrische Erzeugung von Wärme und Kälte in Klimaanlagen vermittels
der Wärmepumpe. Gesundh.-Ing. Bd. 63 (1940) S. 545/546.
Egli, M.: Die Wärmepumpenheizungen. Gesundh.-Ing. Bd. 63 (1940) S. 26/29.
Eucken, A.: Die Stellung der Wärmepumpe unter den modernen Energieproblemen. Ber.
Ges. Kohlentechnik. Bd. 5 (1940) S. 111/36.
Fischmeister, V.: Elektrische Raumheizung mit Wärmepumpe. Heizg. u. Lüftg. Bd. 14
(1940) S. 37/41.

MARK, G.: Heizung mittels Kältemaschinen. Gesundh.-Ing. Bd. 63 (1940) S. 121/24.

BÖHLER, TH.: Die Wärmepumpe. Theoretische Grundlagen und Anwendungsgebiete. Arch. Wärmew. Bd. 22 (1941) S. 95/98.

GINI, A.: Neuere Anwendungen der Wärmepumpe für Gebäudeheizungen. Heizg. u. Lüftg. Bd. 15 (1941) S. 74/78.

ZIMMERMANN, O.: Die Bedeutung des T—s-Schaubildes in Wärmepumpenanlagen. Heizg. u. Lüftg. Bd. 15 (1941) S. 73/74.

BURGST, A. P. S. Smits van: Die Wärmepumpe und ihre Anwendungsmöglichkeiten bei dem heutigen Entwicklungsstand der Luftbehandlungstechnik. Haustechn. Rdsch. Bd. 47 (1942) S. 282/85 u. 295/98.

KÄMPER, H.: Die Anwendung der Wärmepumpe im Heizungswesen. Haustechn. Rdsch. Bd. 47 (1942) S. 207/13 u. 221/24.

POHLMANN, W.: Die Wärmepumpe. Kälte-Ind. Bd. 40 (1943) S. 17/19.

Sonderheft über die Wärmepumpe in der Energiewirtschaft. Elektrizitätsverw. Bd. 18 (1943) Nr. 7—9 S. 115/85. Entwicklungs- und Wirtschaftlichkeitsfragen der Wärmepumpenbetriebe. Wirtschaftliche Grenzen verschiedener Arbeitsgebiete von Wärmepumpenanlagen. Die bestehenden Raumheiz-Wärmepumpenanlagen Zürichs. Die Wärmepumpe des Rathauses Zürich. Die Luftwärmepumpe des Kongreßhauses Zürich. Die Wärmepumpe des Hallenschwimmbades Zürich. Die Wärmepumpenanlage des Fernheizwerkes an der ETH. Die Wärmepumpenanlage der Amtshäuser Zürichs. Einige Großwärmepumpenanlagen.

LINGE, K.: Die Wärmepumpe im Rahmen der Energiewirtschaft. Z. VDI Bd. 88 (1944) S. 57/65.

SUMNER, J. A.: Kaltwasserheizungen. Neue Auslese. Bd. 2 (1947) S. 89/93.

Die Wärmepumpen des Stourport-Kraftwerks. Industr. Heating Engr. Bd. 2 (1949) S. 164/72.

SAMWER, W.: Die Kupplung von Elektrokühlung und Warmwassererzeugung mittels einer Wärmepumpe. Z. Elektrowärmetechnik Bd. 2 (1951) S. 305/08.

— Die Wärmepumpe im Haushalt. Heizg., Lüftg., Haustechn. Bd. 3 (1952) S. 56/58.

PILZ, E.: Untersuchungen über die Anwendung von Kleinkältemaschinen als Wärmepumpen zur Warmwassererzeugung. Kältetechnik Bd. 5 (1953) S. 306/11.

2,273 Windkraft.

Man hat auch die Ausnutzung der *Windkraft*[1] zur Heizung in Erwägung gezogen, ohne daß es allerdings bisher zu praktischen Ausführungen gekommen ist. Es ist einleuchtend, daß bei der Unregelmäßigkeit der anfallenden Windenergie zur Sicherung einer angemessenen Wirtschaftlichkeit ein entsprechender Speicher zum Ausgleich von Energieanfall und -bedarf vorhanden sein muß.

2,274 Erdluft.

Es sei noch kurz die Verwendung von *Erdluft*[2] als Frisch- und Warmluft für Lüftungsanlagen erwähnt, die vereinzelt auch praktisch durchgeführt wurde. Im Jahre 1934 wurde in der Schweiz ein Verfahren zur Beheizung von Luftschutz- und anderen geschlossenen Räumen mittels angesaugter, durch Erdfilter gereinigter Außenluft patentiert, das die Grundlage für die weitere Verfolgung dieser Luftgewinnungsart in anderen Ländern bildete. Die Verwendung der aus dem Erdboden entnommenen Luft zu Lüftungs-, Kühl- und Temperierzwecken liegt nahe, da die Temperatur der Luft aus schon mäßigen Bodentiefen dem Einfluß der Außentemperatur nur noch in geringem Maße unterworfen ist, da sie unter normalen Verhältnissen völlig staubfrei und infolge der Filterkraft des Erdreiches auch keimfrei ist. Sie ist aber doch an eine Reihe von Voraussetzungen

---

[1] LANGE, K.: Heizen mit Windkraft. Haustechn. Rdsch. Bd. 49 (1944) S. 71/72. — O. SCHMIDT: Ausnutzung der Windkraft zum Heizen. Heizg. u. Lüftg. Bd. 18 (1944) S. 73/77. — U. HÜLLER: Die Entwicklung von Windkraftanlagen zur Stromerzeugung in Deutschland. BWK. Bd. 6 (1954) S. 270/78 mit 19 Literaturangaben.

[2] GEILHOFER, F.: Ergebnisse und Erkenntnisse aus Bodentemperaturmessungen. Gas- u. Wasserfach Bd. 86 (1943) S. 236/43. — O. HETZEL: Erdluft, ihre Gewinnung und Verwertung. Heizg. u. Lüftg. Bd. 18 (1944) S. 41/43. — M. HOTTINGER: Erdluft zum Lüften, Temperieren und Kühlen von Räumen. Schweiz. techn. Z. Bd. 21 (1946) S. 334/36.

gebunden, die ihre Anwendbarkeit stark einschränken. So hängt z. B. der Kraftaufwand des Ansauglüfters stark von der Bodenbeschaffenheit ab, er beträgt
mindestens das 4- bis 6-fache einer normalen Lüftungsanlage. Auch die Baukosten steigen mit der Dichte des Bodens. Böden, deren Grundwasserstand höher
als 2 m unter der Erdoberfläche liegt, kommen für eine Entnahme von Erdluft
nicht in Frage, ebenso nicht Moor- und Sumpflandschaften.

2,275 Sonnenenergie.

Der Gedanke, die uns von der Sonne kostenlos zugestrahlte Energie technisch
zu verwerten, hat die Erfinder zu allen Zeiten fast ebensooft auf den Plan gerufen
wie der des Perpetuum mobile. Die Erfolge waren in der Gesamtwertung bisher
gering, doch im Gegensatz zu dem letzteren liegt hier keine Unmöglichkeit vor.
Bei der Ausnutzung der *Sonnenenergie* zu Kraftzwecken mit einer Leistung, wie
diese auch nur kleinere Wasser- oder Dampfkraftwerke aufweisen, steht der Erfolg in keinem Verhältnis zu den aufzuwendenden Anlage- und Unterhaltungskosten, und deshalb scheiterten bisher alle größeren Versuche. Die Ursache ist
im Grunde genommen die, daß die Sonne nicht ständig scheint. Gerade in den
stark industrialisierten Ländern mit dem höchsten Kraftbedarf ist es mit der
Sonnenscheindauer schlecht bestellt. Günstiger sehen die Verhältnisse aus, wenn
man sich auf die *Sonnenheizung* und das *Sonnenhaus*[1] beschränkt. Die Sonnenintensität mit 1160 kcal/m²h, von der zwar höchstens 60% durch die Absorption
der Atmosphäre auf der Erde angelangen, ergibt bei Windstille Oberflächentemperaturen bis zu 60°C. Wenn man bedenkt, daß ein einfaches Fenster rund
200 kcal/m²h und eine 38 cm dicke Backsteinwand bei −15°C nur 48 kcal/m²h
Wärmeverluste aufweisen, sieht die Heizwirkung nicht ungünstig aus. Bei dem
Sonnenhaus richtet man das Haus gegen Süden aus und versieht es mit großen
dreifach verglasten Fensterflächen, um die Wärmeverluste gering zu halten. Zum
Schutze gegen die im Sommer unerwünschte starke Einstrahlung werden große
Vordächer angeordnet. Das Hauptproblem liegt in der Wärmeverteilung auf das
ganze Haus und in der Wärmeregulierung über die Tag- und Nachtstunden, da
die Sonnenstrahlung ja nur während einiger Stunden an klaren Tagen ausgenutzt
werden kann. Durch bauliche Gestaltungen allein läßt sich ein Sonnenhaus, das
einigermaßen befriedigende Raumerwärmungsverhältnisse bringen soll, kaum
lösen und dies in mitteleuropäischen Breitengraden noch weniger. Es muß also
ein Akkumulator zwischen Sonnenenergieaufnahme und Heizwärmeabgabe nach
dem Raum eingeschaltet werden, um die Verteilung und Regulierung zu erreichen,
d. h. die Sonnenheizung zu verwirklichen. Die Sonnenwärmeaufnahme erfolgt
durch wasserdurchflossene Kupferrohrschlangen von 10 ¢m Durchmesser auf geschwärzten Kupferplatten hinter einer luftdichten Doppelverglasung, also der
umgekehrte Vorgang wie bei der Kupferrohrdeckenheizung. Die Raumheizung
wird entweder durch Warmluft oder durch eine Deckenheizung bewerkstelligt,
da beide nur mäßige Heizmitteltemperaturen erfordern. Das erwärmte Wasser
wird in einem Sammelbehälter gespeichert und der Heizungsanlage durch eine
Regelanlage mit Steuerung von einem Raumthermostat zugeführt. Die zur
Speicherung von 100000 kcal erforderlichen Anlageabmessungen waren in einer
in der Nähe von Boston ausgeführten Anlage: 37 m² Kupferplattenheizfläche und
5000 l Speicherinhalt. Es wird erwähnt, daß in der betreffenden Gegend im Januar
durchschnittlich nur zwei Tage sonnenlos sind. Dies kennzeichnet die Situation

---

[1] BRUYN, L. DE: Die Sonnenheizung und ihre Regulierung. Installation Bd. 25 (1951)
S. 62/68. — A. NEMETHY: Das erste mit Sonnenwärme geheizte Wohnhaus. Schweiz. Bauztg.
Bd. 69 (1951) S. 309/10. — H. F. MÜLLER u. W. VOGEL: Über die gegenwärtige und zukünftige
Ausnutzung der Sonnenenergie. BWK. Bd. 6 (1954) S. 278/82.

hinreichend. Eine andere Anlage arbeitet mit ventilatorbetriebener Warmluft, die über einem Speicherbehälter von 25 t in 20-l-Gefäßen eingeschlossenes, wasserfreies Natriumsulfat (Glaubersalz), mit einem Schmelzpunkt von 31°C und 57 kcal/kg Schmelzwärme, geführt wird und hier ihre Wärme zur Speicherung abgibt. Bei der Wärmeabgabe wird die Schmelzwärme wieder frei. Die Speicherung beträgt in diesem Falle rund 650000 kcal. Die Anlagekosten waren doppelt so teuer wie eine normale Heizungsanlage. Die Brennstofferparnisse betrugen jährlich etwa 3% der Anlagekosten. Zusammenfassend kann zu der Sonnenheizung gesagt werden, daß sie für bestimmte sonnenreiche Gegenden, die nur mäßige Wintertemperaturen aufweisen, nicht ungeeignet ist, aber doch noch zu umfangreiche Installationen, die auch bauliche Mehrkosten bedingen, erfordert.

2,276 Atomenergie.

Eine der interessantesten Energiearten ist die auf der Kernspaltung des Urans beruhende *Atomenergie,* die in den 15 Jahren seit ihrer Entdeckung durch O. HAHN eine bisher in der Technik noch nicht vorgekommene rasche Entwicklung nahm. Bitter ist zwar, daß sie diese Entwicklung nur dem vergangenen Krieg zu verdanken hat, doch versöhnlich stimmt, daß sie nun auch mit großen Schritten einer friedlichen Ausnutzung entgegengeht. Bevor die Atomenergie als industrielle Kraft mit der Kohle, dem Öl und der Wasserkraft gleichzieht, werden zwar noch viele Jahre vergehen. Die augenblickliche Bedeutung liegt mehr auf dem Gebiet der radioaktiven Isotopen für medizinische und technische Zwecke. Während auch der Laie die Energiearten wie Elektrizität, Gas

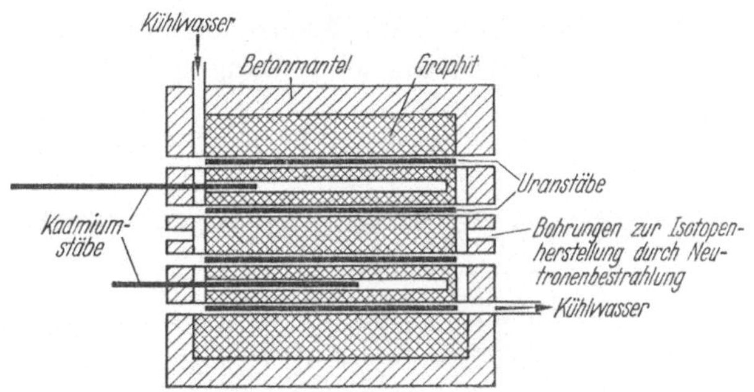

Abb. 14. Querschnitt durch einen Atommeiler.

und Kohle in ihrem Verhalten kennt, trifft dies bei der Atomenergie heute noch nicht zu. Sie ist noch den wissenschaftlichen Spezialisten vorbehalten. Doch lassen sich auch hier allgemeinverständliche Vergleiche ziehen. Die Atomenergie ist eine Strahlungsenergie höchster Intensität, und gerade hierdurch ist ihre unmittelbare Anwendung in der Art wie Gas oder Strom ausgeschlossen. Man kennt die Heilkraft der Röntgentherapie, aber man weiß auch, welche Zerstörungen Überdosierungen dieser Strahlungsenergie auf das biologische Leben verursachen. Viele Forscher mußten ihre Entwicklungsarbeit an der Röntgentechnik mit dem Leben bezahlen. Die bei der Atomenergie frei werdende radioaktive Strahlung kann nur durch meterdicke Betonmassen oder dezimeterdicke Bleiplatten abgeschirmt werden.

Der plötzliche Ablauf der Energiespaltung als Kettenreaktion ist in der Atombombe verwirklicht. Die Uranbatterie, auch Atommeiler, Uran- oder Atombrenner und Reaktor bzw. Kernreaktor genannt, läßt diese Energie jedoch gelenkt und langsam vonstatten gehen. Als Verlangsamer oder Moderator dient chemisch reines Graphit.

Den Aufbau einer Uranbatterie zeigt die Abb. 14. Zur Orientierung über die Größenverhältnisse von Kernreaktoren diene die Angabe, daß die Abmessungen zweier von insgesamt etwa 2 Dutzend ausgeführter Reaktoren in der Grundfläche 9 m × 14 m bei 10 m Höhe betragen. Der in Brookhaven (USA) erstellte Reaktor

mit einer Leistung von 28000 kW nimmt eine Grundfläche von 12 m × 17 m ein.
Das Gesamtgewicht beträgt 20000 t. Die Innentemperatur wird durch Luft-

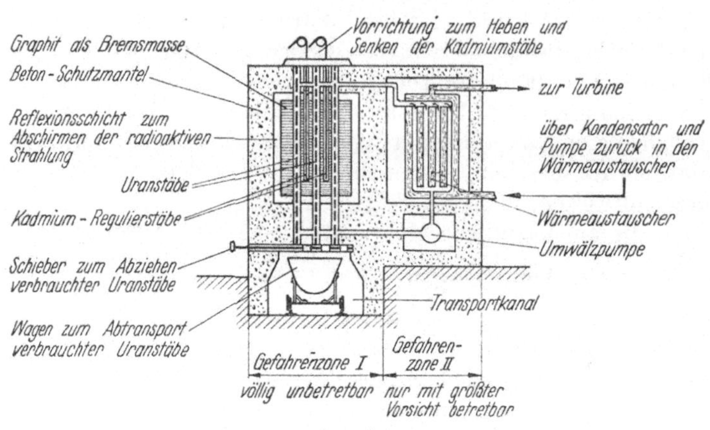

Abb. 15. Schema einer Atomkraftanlage.

kühlung auf 125 bis 175° C gehalten, wozu 600000 m³ Luft in der Stunde notwendig sind.

Die Batterie wird mit Uranstäben bestückt. Zuvor werden die Kontrollstäbe aus Kadmium eingeführt. Bei völliger Einführung der Kadmiumstäbe in die Stecklöcher läuft die Kettenreaktion nicht an,

da die Kadmiumstäbe die Neutronen aufnehmen. Erst bei einer bestimmten
Stellung kommt die Reaktion in Gang. Je mehr die Kadmiumstäbe herausgezogen

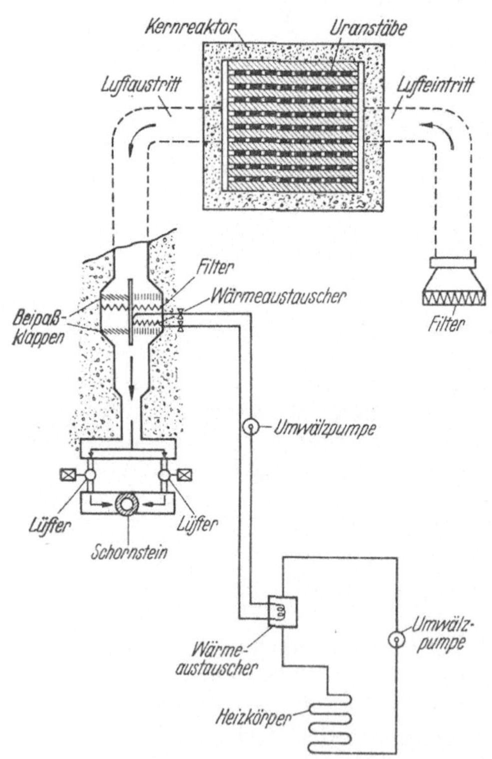

Abb. 16. Schema einer Zentralheizung mit Abwärme-
beheizung aus Atomenergie in Harwell, England.

werden, desto rascher steigt die Leistung der Uranbatterie, und zwar unter Wärmeerzeugung. Die verbrauchten Uranstäbe müssen von Zeit zu Zeit durch neue Stäbe ersetzt werden. Die Batterie ist also ein Ofen, der im Gleichgewicht bei einer bestimmten Temperatur gehalten werden muß. Dieses Gleichgewicht ist durch die Stellung der Kontrollstäbe und der Wärmeabfuhr durch ein Kühlmedium, das zwischen den Uranstäben und der Kanalwand strömt, herzustellen. Die Graphitmasse hat die Aufgabe, eine zu starke Neutronenstrahlung abzubremsen. Werden die Uranstäbe von Wasser umspült, so erhitzt sich dieses. Und eben mit diesem erhitzten Wasser geht dann die Energieerzeugung den gewohnten Gang über die Dampfkraft zur Dampfturbine als Antrieb des Stromerzeugers. Die Abb. 15 zeigt das Schema einer derartigen Atomkraftanlage. Neben der Wasserkühlung der Uranbatterie wird Luft- und Heliumkühlung und auch flüssiges Wismut verwendet. Das letztere wird bei einer Uranbatterie neuerer Bauart mit mittelschnellen und schnellen Neutronen angewandt. Bisher hat man zumeist bei

den Uranbatterien zur Herstellung radioaktiver Isotopen und zu kernphysikalischen Forschungen die Kühlgebläseluft und das Kühlwasser ungenutzt in die

Atmosphäre bzw. in einen Fluß abgeleitet. Die Abb. 16 zeigt die Verwertung der Luftabwärme aus einem Kernreaktor zum Betrieb einer Zentralheizungsanlage. Mehrere Ansichten von aufgeführten Reaktoren, darunter die aus Brookhaven und Harwell (zu Abb. 16), enthält das Büchlein von BRAUNBECK.

Der Ausgangsstoff des Urans ist das Uranpecherz (Pechblende). Das hieraus gewonnene chemisch reine Uran ist ein Gemisch verschiedener Isotopen, worin das brauchbare Aktinuran als Isotop 235 nur in einer Menge von 0,72% enthalten ist.

Es dürfte noch interessieren, daß 1 kg Uran im Idealfall etwa dem Heizwert von 3000 t Kohlen oder rund $20 \cdot 10^9$ kcal entspricht.

Dieser kurze Abschnitt über die Atomenergie sollte nur zeigen, daß bei der Atomenergieheizung zur Zeit nur die Abwärme einer Uranbatterie ausgenützt wird, wobei noch besondere Schutzmaßnahmen notwendig sind, um zu verhindern, daß das Heizwasser oder -luft Träger radioaktiver Strahlung werden. Es ist also eine derartige Heizung heute noch nichts anderes als eine gewöhnliche Warmwasser- oder Dampfheizung. Wenn man es vermag, die Atomenergie direkt in Elektrizität[1] umzuformen — in diese Richtung gehen die wissenschaftlichen Versuche ebenfalls — dann wäre das Zukunftsbild die elektrische Heizung und diese dann vermutlich als elektrische Flächenheizung für Wohn- und Büroräume und als elektrische Infrarotstrahlungsheizung für Werkhallen.

Schrifttum.

HAHN, O.: Die Kettenreaktion des Urans und ihre Bedeutung. Düsseldorf 1948.
FUCKS, W.: Energiegewinnung aus Atomkernen. Essen 1948.
KESSEL, H.: Die industrielle Anwendung der Atomenergie. Z. VDI Bd. 93 (1951) S. 324.
Zentralheizung aus Atomenergie in Harwell. Engineer, Lond. Bd. 192 (1951) S. 689 [s. Kurzbericht in Heizg., Lüftg., Haustechn. Bd. 4 (1953) S. 101].
BÜSCHER, G.: Menschen, Maschinen, Atome. München 1952.
HARDUNG, H., u. H. THIRRING: Die industrielle Anwendung radioaktiver Isotopen mit einer Einführung in die Atomphysik. Wien 1953.
BRAUNBECK, W.: Atomenergie in Gegenwart und Zukunft. Stuttgart 1953.
LENZ, W.: Die Gewinnung elektrischer Energie aus Atomenergie. BWK. Bd. 6 (1954) S. 58/00 mit 37 Literaturangaben.

2,3 Bautechnische Grundlagen.

Die Heizungs-, Lüftungs- und Warmwasserversorgungsanlagen bestehen aus den vielfältigsten Armaturen, Geräten, Heizkesseln, Heizkörpern u. dgl. Je nach der Zusammenschaltung dieser Teile ergeben sich bestimmte Anlagengattungen, wie Stockwerksheizungen, Wohnhausheizungen, Fernheizungen, Städteheizungen oder Radiatorenheizungen, Konvektorenheizungen, Strahlungsheizungen, Einzel- oder Sammelluftheizungen. Die Wahl eines geeigneten Heizsystems für irgendein Gebäude setzt die Kenntnisse über die Gestalt und Wirkungsweise seiner Bestandteile voraus. Erst danach kann man zu deren Größenbemessung und praktischen Ausführung übergehen. Die Weiterentwicklung der Heizungs- und Lüftungstechnik wird wesentlich beeinflußt von neuen Heizungs- und Lüftungselementen und deren wirtschaftlichen Herstellungsverfahren. In den letzten Jahren waren insbesondere bei den Heizkesseln und Heizflächen bemerkenswerte Neuschöpfungen entstanden. Hierüber soll vorwiegend in diesem Abschnitt berichtet werden.

---

[1] BAGGE, E.: Auf dem Wege zum Atomkraft-Generator in der Stromerzeugung. Energie u. Technik Bd. 1 (1949) S. 3/4.

2,31 Heizkessel für Koks- und Kohlenfeuerung.

Es ist wohl nicht übertrieben, wenn man behauptet, daß der gußeiserne
Gliederkessel und Heizkörper erst die Sammelheizung zu der heutigen Bedeutung
führten. Ähnlich gilt dies für die Lüftungstechnik mit dem Elektromotor und
Lamellenlufterhitzer. Die Vorteile des gußeisernen Gliederkessels sind hinlänglich bekannt. Seine maximale Größe lag vor nicht allzu langer Zeit noch zwischen
40 bis 50 m² Heizfläche bei gerade noch vertretbaren Längenabmessungen des
Kessels. Die Kesseleinheit neuerer Typen wurde inzwischen auf über 70 m² gesteigert, wobei jedoch die Kessellänge über 2 m wird, die man bei Gußkesseln
mit *Handentschlackung* aber nicht nehmen sollte. Das Verhältnis von Länge L
zur Breite B liegt am günstigsten zwischen $L/B = 1$ bis 1,3.

Abb. 17. Dampf- bzw. Heißwasserheizkessel mit Kleinwanderrostfeuerung im
Flammrohr, Leistung $2 \cdot 10^6$ kcal/h.

Die Beheizung von größeren Gebäudekomplexen mit einem stündlichen
Wärmebedarf von mehreren Millionen Kilokalorien machte bei den früheren
Kesselgrößen die Aufstellung einer größeren Anzahl Kesseleinheiten notwendig.
Bei Großanlagen stellte man noch vor dem Kriege bis zu 24 Kesseleinheiten auf,
deren Bedienung für das Heizpersonal alles andere als angenehm war, ganz ab-
gesehen von den heiztechnischen Unzulänglichkeiten derartiger Kesselbatterien.
Wenn auch die größeren, nach dem Kriege entstandenen gußeisernen Kessel-
typen die Zahl der Einheiten um etwa 30% verringern lassen, so verbleiben bei
größeren Wärmeleistungen immer noch mehrere Kesseleinheiten. Bis zu sechs
Kesselfeuerungen kann man, wenn es nicht anders geht, eben noch zulassen.
Eine Minderung der Feuerstellen ist jedoch vorzuziehen, und hierzu bieten Großkesseltypen[1] aus Stahl mit Isoliermänteln (Abb. 17) anstatt der verteuernden

---

[1] KLEBER, F.: Wärmeentwickler und Feuerungen für mittlere und große Heizzentralen.
Gesundh.-Ing. Bd. 74 (1953) S. 109/117.

Einmauerung die Handhabe. Die Richtlinie für die Aufteilung der Kesselheizfläche bei Großheizungen ist mindestens zwei und höchstens vier Kesseleinheiten.

Großkesseltypen verlangen jedoch wegen ihrer Höhe und Länge sowie der erforderlichen Hochbunkerbeschickung eigene Kesselhäuser, die zwar nicht die Größe wie bei eingemauerten Wasserrohrkesseln (Abb. 18) 'erfordern, aber doch die Baukosten erhöhen. Zu einem besonderen Kesselhaus wird man bei Wärmeleistungen über $6 \cdot 10^6$ kcal/h gelangen; darunter läßt sich auch der vertiefte Heizraum im Kellergeschoß mit einigen Neuentwicklungen von Dauerbrandkesseln mit Koksfüllfeuerung noch anlegen, da Einheiten bis zu $1,6 \cdot 10^6$ kcal/h hierfür vorliegen. Die zuvor genannte Wärmeleistung wäre damit

Abb. 18. Wasserrohrkessel als Dampf- bzw. Heißwasserheizkessel mit Zonenwanderrost, Leistung $12 \cdot 10^6$ kcal/h.

auch die ungefähre Grenze für die Koksfeuerung, darüber ist die Kohlenfeuerung angebracht. Ob man dann hier die Vor- oder Unterschubfeuerung oder den Wanderrost, der heute auch für kleinere Kesselleistungen (Abb. 17) gebaut wird, anwendet, wird wesentlich von den Anlagekosten bestimmt, aber nicht unter Außerachtlassung der Wirtschaftlichkeit und einfachen Bedienung, wozu auch die selbsttätige Entaschung gehört. Auch bei Koksfeuerung ist die mechanische Austragung der Asche und Schlacke im Aufkommen (Abb. 19). Daß bei den größeren Kesselleistungen nicht mehr mit dem natürlichen Schornsteinzug auszukommen ist und Unterwind- oder Saugzuggebläse erforderlich sind, dürfte verständlich sein. Bei der Kohlenfeuerung sollte man es auch nicht unterlassen, im Zusammenhang mit dem Saugzuggebläse eine Rauchgasreinigung durch geeignete Fliehkraftabscheider, z. B. als Doppelzyklone, vorzusehen.

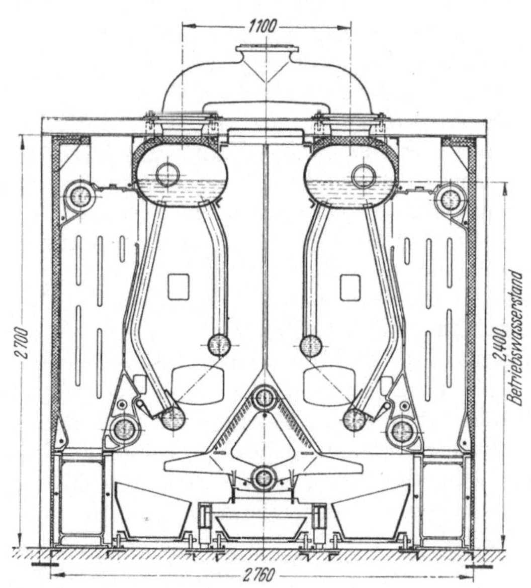

Abb. 19. Strebel-Automatic-Großkessel mit selbsttätiger Entschlackung. Leistung bis zu $1,6 \cdot 10^6$ kcal/h.

Zusammenfassend läßt sich also sagen, daß die Heizkesselanlage von Großheizungen nicht mehr wie früher nur durch Vermehrung der Normalkessel entstehen soll, sondern nach dem Vorbild ihres großen Bruders, der Hochdruckdampfkesselanlage für die Krafterzeugung, auszurichten ist, jedoch keineswegs durch Kopieren, sondern durch sinnvolle Anlehnung. Daß hierfür die Kessel- und Feuerungsspezialisten heranzuziehen sind, braucht wohl kaum gesagt zu werden.

2,32 Heizflächen für Sammelheizungen.

Gußeiserne oder stählerne Gliederheizkörper[1] (Radiatoren) sind durch ihren ständigen Anblick in sammelbeheizten Gebäuden allseits bekannt. Die gußeisernen Modelle der Hersteller unterscheiden sich äußerlich durch die Normung nicht mehr wesentlich, so daß nur der Fachmann die vier in Deutschland hergestellten Fabrikate zu erkennen vermag. Bei den Stahlheizkörpern sind die Unterscheidungsmerkmale etwas betonter. Betrachtet man den Herstellerkreis über die Landesgrenzen hinaus, so wird natürlich die Modellauswahl reichhaltiger, doch hinsichtlich des Zusammenbaues, der Wärmeabgabe auf die Flächeneinheit, des Gewichts auf 1 m² Heizfläche und des Wasserinhaltes je Glied sind bei den üblichen Heizkörpern keine solchen Unterschiede, daß sich ein Fabrikat besonders herausstellen läßt, sei es im Guten oder Schlechten. Zu erwähnen wäre, daß der Stahlradiator bei der Niederdruckdampfheizung wegen der Korrosionsgefahr auszuschließen ist. Die Korrosionsgefahr des Stahlradiators ist auch bei der Warmwasserheizung gegeben, wenn diese längere Zeit im entleerten Zustande verbleibt. Nebenbei ist das Stahlblech bei strömendem Dampf auch ein Resonanzboden für die Geräuschübertragung. Die Fortschritte bei den Gliederheizkörpern in den letzten Jahrzehnten kann man zusammenfassen in der ästhetischen und hygienischen äußeren Formgebung, in der Verringerung des Gewichtes auf 1 m² Heizfläche bezogen und im gleichen Sinne für den Wasserinhalt.

Bei den Hochdruckdampf- und Heißwasserradiatoren wurde das Gußeisen und das Zusammennippeln der einzelnen Glieder aus Festigkeitsgründen aufgegeben. Es sind hier zusammengeschweißte senkrecht stehende Stahlröhren, die durch untere und obere Sammelstücke verbunden sind. Um die senkrechten Stahlröhren sind dann zur Vergrößerung der Heizfläche Stahlblechlamellen in der Längsrichtung des einzelnen Heizrohres angeschweißt, die im Querschnitt etwa einer 8 ähneln, in deren Mitte das Heizrohr ist. Durch diese indirekte Heizfläche wird die Oberflächentemperatur herabgesetzt, so daß die unmittelbare Berührung mit der Hand nicht zu Verbrennungen bei höheren Heizmitteltemperaturen führt. Über dem Heizkörper wird aus dem gleichen Grund noch ein Abdeckblech mit Lochmuster, um den Luftauftrieb nicht zu verhindern, gestülpt.

Neben diesen bevorzugt angewendeten Nieder- und Hochdruckradiatoren sind noch einige andere Heizflächenarten auf dem Markt. Es sind dies die Plattenheizflächen aus Stahlblech und Plattenheizkörper aus Gußeisen, die Konvektoren, die Fußleistenheizfläche und die neuzeitlichen Strahlplatten aus Stahlblech oder Aluminium. Dazu gehört auch das glatte Stahlrohr in Register- oder Schlangenform (mäanderförmig gebogen). Es sind alles sichtbar angeordnete Heizflächen, die fast ausschließlich oder überwiegend ihre Wärme durch Konvektion abgeben; ausgenommen sind die gußeisernen Plattenheizflächen, der Flachheizkörper aus Stahl und die Strahlplatten, bei denen die Strahlungswärmeabgabe überwiegt. Der Konvektor[2], eine bei uns sich jetzt einzubürgern beginnende Heizfläche, die in den USA schon lange angewendet wird, ist ein Rippen-

---

[1] JUNGBLUTH, M.: Stahl und Gußeisen als Baustoffe für Gliederheizkörper und Zentralheizungskessel. Heizg., Lüftg., Haustechn. Bd. 1 (1950) S. 121/127. — F. E. ANGRICK: Entwicklung und derzeitiger Stand der Stahlradiatoren. Gesundh.-Ing. Bd. 71 (1950) S. 373/76.
[2] KIEFER, O.: Der Konvektor — ein neuzeitlicher Heizkörper. Gesundh.-Ing. Bd. 73 (1952) S. 339/41.

rohr, ähnlich dem Lamellenkühler beim Kraftwagen. Es kann jedoch mit den älteren Rippenrohren, die in der Heiztechnik wegen ihrer hygienischen Nachteile nur noch selten verwendet werden, nicht mehr verglichen werden. Der Konvektor wird in einem Zugschacht angeordnet, d. h. er sitzt hinter einer verschlossenen Verkleidung mit unterem Luftzutritt und oberem Luftaustritt, die man zwar aus Reinigungsgründen entweder aufklappbar oder abhebbar ausführen soll. Der Zugschacht, der eine gewisse Mindesthöhe, etwa 40 bis 50 cm, haben soll, verstärkt den Luftauftrieb und verhindert hierdurch die Ablagerung des Staubes, wobei dies jedoch nur für die Betriebszeit gilt. Der Konvektor ist für Hoch- und Niederdruckheizungen geeignet. Er zeichnet sich durch äußerst geringe Wärmeträgheit, geringen Wasserinhalt bei Warm- oder Heißwasserheizungen und geringes Gewicht aus. Durch seine fast reine konvektive Wärmeabgabe bewirkt er eine lebhaftere Luftumwälzung, die, auf den Rauminhalt eines normalen Wohnraumes bezogen, stündlich ein Mehrfaches gegenüber dem üblichen Heizkörper ist.

Die Plattenheizflächen aus Stahlblech (Abb. 20) sind bis zu 4 m lange Hohlplatten, die von 11 bis 72 cm hoch und 2,5 cm dick sind. Sie werden zumeist in zwei oder drei übereinanderliegenden Lagen horizontal unter den Fensterbrüstungen an der Außenwand entlang angeordnet. Auch in stehender Form sind sie für Aborte und Bäder gebräuchlich. Ihr Vorteil ist die geringe Bautiefe, so daß hierfür keine Fensternischen erforderlich werden. Sie werden wegen der Korrosionsgefahr und den Wärmespannungen nur für Warmwasserheizungen ange-

Abb. 20. Heizplatten aus Stahlblech (Bauart Winkels) für die Beheizung eines Schulraumes.

wendet. Beliebt sind sie für Schulräume und Restaurants. Diesen ähnlich sind die ausgesprochenen Fußleistenheizkörper, die gleichzeitig als Scheuerleistenabschluß dienen. Ihre Heizfläche ist gering, deshalb werden sie zumeist nur bei Fluren und untergeordneten Räumen angewendet. Die Reinigungsmöglichkeit läßt zu wünschen übrig, wenn die Fußleistenheizkörper, wie vielfach üblich, mit Wandabstand verlegt werden. Es ist besser, sie unmittelbar mit der Wand zu verbinden. In den USA sind hierfür besondere Formen entwickelt worden, teilweise auch als übergedeckte Rippenrohre. Ihre Verbreitun gist in Deutschland gering. Die Flachheizkörper sind zusammengebaute Längsrippenrohre. Um das Rohr überlappen sich die beiden Lamellenstreifen. Die Verbindung erfolgt durch beiderseitige Punktschweißung. Die Oberfläche ist demnach glatt; nur ist die halbe Rohrwölbung auf jeder Seite zu erkennen. Die Heizfläche besteht also zu einem großen Teil aus indirekter Heizfläche. Der Heizkörper baut sich sehr flach, aber die Wärmeleistung ist, auf die eingenommene Wandfläche bezogen, nicht groß, jedoch auf das Gewicht bezogen, ist sie eine günstige Heizfläche. Die Wärmeabgabe dieses Flachheizkörpers erfolgt wesentlich durch Strahlung. Als Zusatzheizfläche unter den Fensterbrüstungen bei Deckenheizungen und als Flurheizkörper sowie zur Beheizung von Standplätzen und Schiffskabinen ist dieser Heizkörper wegen des geringen Gewichts besonders geeignet, da die Wärmeabgabe flächenparallel

zum Menschen erfolgt und damit eine physiologisch günstige und also auch wirtschaftliche Heizwirkung zu erreichen ist. Dieser Heizfläche ähnlich sind die gußeisernen Plattenheizkörper mit Frontplatte aus Stahlblech, die auf der Raumseite eine völlig glatte Oberfläche aufweisen, dahinter liegen die gußeisernen
Rohrkanäle. Die Platten werden zumeist in die Wand eingelassen, damit sie einen
glatten Abschluß mit der Wand bilden. Sie wurden bis vor kurzem nur im Ausland
hergestellt (Ray-Radiatoren oder Strahlheizkörper, Abb. 21). Ihre geringe
Wärmeabgabe genügt für die Beheizung, wenn man mit einem milden Klima
(England) rechnen kann. Sie sind jedoch verhältnismäßig teuer. Diese Platten
wurden auch schon als Heizflächen für die Deckenheizung angewendet.

Abb. 21. Strahlheizkörper unter den Fensterbrüstungen in einem Klassenraum.

Bei Strahlplatten hat man zwischen der Anwendung in Fabriken und in Büro-
oder Schulräumen zu unterscheiden. Bei der ersteren Art sind es langgestreckte
Heizplattenbänder (Sunstripheizung), die aus drei bis vier Einzelrohren bestehen,
die nebeneinander horizontal in einem gewissen Abstand liegen und über die jeweils Blechtafeln in wärmeleitender Verbindung mit den Heizrohren zu liegen
kommen. Die Blechtafeln sind mit den Heizrohren entweder durch Bügel ver-
schraubt oder mit Rohrsicken versehen. Über den Stahlblechplatten sind Isolier-
matten zu legen, damit die Wärmeabgabe z. B. in einer Shedhalle, nach dem
Dachraum unterdrückt wird. Die Wärmeabgabe nach unten erfolgt zum größten
Teil durch Strahlung. Sowohl Hochdruckdampf wie Heißwasser sind zur Beheizung geeignet. In Büro- oder Schulräumen ist die Ausführung ähnlich, nur
werden hier die Platten möglichst bündig mit der Decke angeordnet und die
Rohre von der Raumseite abgewendet, gegebenenfalls durch völliges Einsicken
in die Blechplatte. Man führt auch derartige Platten in quadratischer Form aus
Aluminium aus und verkleidet damit die ganze Decke, die dann einer Kasetten-
decke (Frengerdecke) entspricht. Aluminium ist wegen seiner guten Wärmeleit-

fähigkeit, die das Vierfache des Stahlbleches beträgt, besonders geeignet. Die Platten sind dann an der Oberfläche zu streichen, um die Strahlungswärmeabgabe zu erhöhen, da diese bei blankem Aluminium sehr gering ist. Ein Ölfarbenanstrich bringt die Strahlungszahl auf die der Deckschicht, die dann in der Größenordnung der üblichen Baustoffe, wie Holz, Verputz, Linoleum, Stoff, Tapete usw. liegt.

Werden die Blechlamellen mit einem Deckenverputz versehen, dann ist die Heizung nicht mehr sichtbar. Derartige Lamellendeckenheizungen haben sich in letzter Zeit für Wohn-, Büro-, Schul- und Krankenräume eingebürgert, wobei mehrere Bauarten (DÉRIAZ, STRAMAX u. a.) vorliegen. Die vorgefertigten Gipsplatten mit fest verbundenen Aluminiumplatten (Ibisdecke), die durch Heizrohre erwärmt werden, sind ebenso wie die Frengerdecke auch gleichzeitig als Schalldämmplatten ausgebildet worden, indem die Platten gelocht sind und dahinter ein Schallschluckmaterial aufgelegt wird. Die Lamellendeckenheizungen zeichnen sich durch geringere Wärmeträgheit gegenüber den Rohrdeckenheizungen aus. Die erforderliche Heizwassertemperatur hängt wesentlich von der Art der Verbindung von Heizrohr und Lamelle ab. Aus bautechnischen Sicherheitsgründen wird man nicht über 75°C Vorlauftemperatur gehen; die vorgefertigten Gipsplatten und die blanken Aluminiumplatten werden für Vorlauftemperaturen bis zu 90°C berechnet. Bei reinen Gipsplatten oder Gipsputz beachte man aber, daß Temperaturen über 60°C nicht wiederholt und längere Zeit angewendet werden dürfen, da der Gips sonst allmählich zerfällt. Als Temperaturdifferenz zwischen Vor- und Rücklauf sind 10°C üblich. Bei einem größeren Temperaturunterschied muß man zur gleichen Wärmeleistung mit der Vorlauftemperatur höher gehen. Wärmewirtschaftlich und hygienisch günstiger sind immer milde Heizwasser- und Deckenoberflächentemperaturen.

Bei den Strahlplatten in Fabrikhallen kann die Heizwassertemperatur beliebig hoch sein, wenn die Platten in einer der Temperatur entsprechenden Höhe aufgehängt werden können. Die Intensität der zulässigen Wärmestrahlung von etwa 25 kcal/m²h bei $+15°C$ Raumlufttemperatur auf den Kopf des Menschen läßt sich aus der Heizflächentemperatur und aus der Stirntemperatur des Menschen, den Abmessungen der Heizfläche und des Kopfes sowie beider Höhenabstand, ferner aus den Strahlungszahlen von Heizfläche und Kopf bestimmen[1].

Über die seit vier Jahrzehnten bekannte Rohrdeckenheizung als Strahlungsheizung wurde bereits im Abschn. 2,1 berichtet.

Schrifttum.

MAC LEAN, A.: Neu entwickelte Raumheizkörper und ihre Anwendung. Heizg., Lüftg., Haustechn. Bd. 2 (1951) S. 129/30.

SCHILLING, H.: Heizschlangen und Rohrregister als Raumheizflächen. Heizg. u. Lüftg. Bd. 2 (1951) S. 123/25.

BÖHM, J.: Über neue Heizkörper. Gesundh.-Ing. Bd. 73 (1952) S. 113/15.

KÜHNE, H.: Betrachtungen über Raumheizkörper für Zentralheizungen. Heizg., Lüftg., Haustechn. Bd. 3 (1952) S. 45/48.

ZIMMERMANN, W.: Hoch- und Niederdruck-Gliederheizkörper für Heißwasser und Hochdruckdampf. Heizg., Lüftg., Haustechn. Bd. 3 (1952) S. 49/51.

KÜHNE, H.: Ein neues Bauelement für Wärmeaustauscher. Gesundh.-Ing. Bd. 74 (1953) S. 65/69.

2,33 Umformer und Warmwasserbereiter.

Die Aufgabe des Umformers ist es, die Wärme eines Heizmediums auf ein anderes zu übertragen, wobei die Wärme nur von einem Stoff höherer Temperatur auf einen Stoff niedrigerer Temperatur übergeht, z. B. von Hoch- oder Niederdruckdampf auf Warmwasser, von Hochdruckdampf auf Heißwasser und

---

[1] KOLLMAR, A.: Die Strahlungsverhältnisse im beheizten Wohnraum. München 1950.

von Heißwasser auf Niederdruckdampf, oder bei gleichen Medien eine Temperaturherabsetzung mit oder ohne Mischung herbeizuführen, z. B. Heißwasser in Warmwasser umzuwandeln. Das erzeugte Warmwasser kann entweder für die Warmwasserheizung oder auch für die Warmwasserversorgung sein. Wird durch Heißwasser im Umformer Niederdruckdampf erzeugt, dann wird der Dampf zumeist für gewerbliche oder industrielle Zwecke benötigt (Kochküchendampf, Dampfbäder u. dgl.). Derartige Einrichtungen sind Gegenstromapparate, Warmwasserspeicher mit Heizschlangen oder Doppelmantel und Kaskaden[1]. Die Gegenstromapparate werden zumeist bei den Dampf-Warmwasserheizungen angewendet, wenn also die Kesselanlage aus Niederdruckdampfkesseln besteht und die örtliche Heizung aber als Warmwasserheizung ausgebildet werden soll. Dies ist z. B. in den Bürogebäuden einer Fabrik erwünscht, während man die eigentliche Fabrikbeheizung mit Niederdruckdampf vornimmt. Bei großen Warmwassermengen, die fortlaufend benötigt werden, z. B. in Badeanstalten und Schlachthöfen, ist anstatt des Warmwasserspeichers der Gegenstromapparat geeigneter, da er billiger ist und eine gleichmäßige Wassertemperatur hält. Bei der Entnahme aus dem Warmwasserspeicher sinkt dagegen die Wassertemperatur. Die Niederdruckdampferzeugung, z. B. von 0,3 bis 0,5 atü mit einer Dampftemperatur von 107 bis 111°C, durch Heißwasser von 130°C und höher geschieht in liegenden zylindrischen Behältern mit Böden und Dampfdom. Die Heißwasserschlangen liegen im Wasserraum. Der Wasserstand muß an einem Wasserstandsglas abzulesen sein. Die Gefahr des Ausglühens wie beim Dampfkessel mit direkter Feuerung ist bei Wassermangel hier nicht gegeben, da dann die Heizrohre in den Dampfraum zu liegen kommen und damit die Wärmeabgabe gering wird. Kaskaden dienen zur Erzeugung von Heißwasser im direkten Mischverfahren. Ein stehender zylindrischer Behälter mit unterem Wasserteil, das durch einen Wasserstandsregler auf gleichbleibendem Wasserstand gehalten wird, enthält im oberen Dampfwassermischraum treppenförmige Einbauten. Der Dampf strömt von oben ein und seitlich daneben das zu erwärmende Rücklaufwasser der Heißwasserheizung. Durch die Kaskadeneinbauten wird das Wasser in Teilströme zerlegt und teilweise verregnet. Hierdurch kann sich dann der Dampf mit dem Wasser vermischen bzw. niederschlagen und seine Wärme dem Wasser übertragen.

Bei der Gebrauchswarmwassererzeugung geschieht die Mischung von Dampf und Kaltwasser in Mischapparaten, bei denen der Dampf entweder düsenartig in den Wasserstrom eingeführt wird oder Dampf und Wasser mischen sich in einer mit Glaskugeln gefüllten Mischkammer. Um erhöhte Wassertemperaturen, die zu Verbrühungen führen könnten, zu vermeiden, sind entsprechende Sicherheitsvorkehrungen erforderlich.

Die Warmwasserbereitung für Gebrauchszwecke geschieht bei Sammelheizungen zumeist mit den ein- oder doppelwandigen Warmwasserbereitern als liegende oder stehende zylindrische Speichergefäße mit Halsstutzen oder Deckel. Im Winter erfolgt die Warmwassererzeugung mit einer in dem Warmwasserbereiter eingebauten Heizschlange, die an die Sammelheizung angeschlossen ist. Man kann auch den Doppelmantel hierfür verwenden, doch sind dessen Wärmeverluste durch die höhere Heizwassertemperatur gegenüber der Gebrauchswassertemperatur etwas größer, wenn man nicht besser isoliert. Für den Sommerbetrieb ist ein Kleinkessel aufzustellen, den man entweder durch Absperrorgane von der Sammelheizung trennt oder man bildet ein eigenes kleines Heizsystem für die Sommerwarmwasserbereitung, indem man die Heizschlangen im Warm-

---

[1] WEBER, A. P.: Über die Berechnung des Kaskadenumformers. Gesundh.-Ing. Bd. 69 (1948) S. 293/95.

wasserbereiter an die Sammelheizung legt und den Sommerkessel auf den Doppelmantel führt oder auch umgekehrt.

Die kleinste Größe eines solchen Warmwasserbereiters für ein Einfamilien-
wohnhaus sollte nicht unter 250 l Inhalt sein. Der Kaltwasserzulauf und die
Warmwasserzapfleitung sind dann an dem Warmwasserbereiter angeschlossen.
Umgekehrt arbeiten die Warmwasserbereitungen mit Durchflußbatterien. Hier
dient der Warmwasserbehälter als Wärmespeicher, in dem ein Rohrsystem in
U- oder Spiralform ähnlich wie bei den Gegenstromapparaten eingebettet liegt.
Hieran sind der Kaltwasseranschluß und die Warmwasserzapfleitung angeschlossen. Das Heizwasser (Vor- und Rücklauf) für die Warmwassererzeugung
ist unmittelbar an das Speichergefäß angeschlossen. Die zuletzt geschilderte
Ausführungsform hat jedoch nicht die Verbreitung wie das erstgenannte gefunden, weil es teurer und auch nicht so robust im Betrieb ist.

Bei der Warmwassererzeugung mit Gasbeheizung kennt man ebenfalls die
Vorratswasserheizer (Speicher bis zu 2000 l) und die Durchlaufwasserheizer. Im
Haushalt sind die letzteren die gebräuchlichsten. Die Leistungen gehen von 5
bis 26 l/min bei einer Wassererwärmung um 25°C. Zu Geschirrspülzwecken sind
die Vorratsspeicher zweckmäßiger, da hier Wasser bis zu 80°C zur Verfügung
steht. Zum Kaffeeaufbrühen u. dgl. stehen Kochendwasserheizer zur Verfügung,
die kochendes Wasser liefern.

Durch den Wegfall jeglicher Rohrleitungen, Abgase und Abzugskamine sind
die Elektrowarmwasserbereiter für nicht allzu große Gebrauchswarmwasser-
mengen beliebte Geräte. Einer größeren Verbreitung stehen nur die hohen Stromkosten im Wege. Man unterscheidet Hoch- und Niederdruckspeicher. Die Hochdruckspeicher stehen unter dem vollen Druck der Wasserleitung, und demzufolge
können beliebig viele Zapfstellen angeschlossen werden. Die Niederdruckspeicher
für ein bis zwei Zapfstellen werden als Überlauf- und Entleerungsspeicher gebaut.
Beim ersteren sinkt durch das zulaufende Kaltwasser die Warmwassertemperatur.
Beim Entleerungsspeicher muß das Gefäß nach der Entnahme wieder gefüllt
und aufgeheizt werden. Bei dem Überlaufspeicher kann durch eine zweite Heizvorrichtung, die bei Bedarf zugeschaltet wird, auch eine gleichbleibende Wasser-
entnahmetemperatur erzielt werden. Auf Kombinationsmöglichkeiten der verschiedenen Warmwasserbereitungsarten bei den Warmwasserversorgungsanlagen
wird in den noch folgenden Abschnitten eingegangen.

2,34 Lüfter, Filter, Lufterhitzer und Klimageräte.

Der *Fliehkraftlüfter* oder Ventilator als Radialgebläse im Gegensatz zu dem
Axialgebläse, d. i. der Windpropeller oder Schraubenradlüfter, hat seine äußere
Form seit Jahrzehnten nicht geändert. Der Hochdrucklüfter baut sich hoch und
schmal und der Niederdrucklüfter (bis etwa 100 mm WS Pressung) breit und
niedrig. Je nach der Schaufelform, wie vorwärts und rückwärts gekrümmte
sowie gerade Schaufeln, ergibt sich eine bestimmte Charakteristik hinsichtlich
Förderdruck (Pressung), Luftmenge und Kraftbedarf der betreffenden Lüfter-
type. Rückwärts gekrümmte Schaufeln weisen zumeist einen besseren Wirkungsgrad auf und zeigen geringere Veränderung des Kraftbedarfs bei veränderter
Belastung. Bei vorwärts gekrümmten Schaufeln erreicht man bei gleicher Drehzahl wie bei rückwärts gekrümmten Schaufeln eine größere Förderleistung. Die
gerade Schaufelung findet bei industriellen Absaugungsanlagen zur Wegbeförde-
rung von Spänen, Schleifstaub u. dgl. Anwendung. Die Schraubenradlüfter
eignen sich bei Raumlüftungsanlagen nur für kleinere Luftmengen und geringe
Pressungen, da sie sonst zu hohe Geräuschstärke aufweisen. Gerade die Ge-

räuscharmut ist bei lüftungstechnischen Anlagen in Gebäuden in den Vordergrund zu stellen. Die beste Lüftung in einem Theater oder Vortragssaal wird hinfällig, wenn die Anlage im Betrieb merklich zu hören ist. Leider ist festzustellen, daß auch zu Anfang geräuscharm laufende Lüftungsanlagen nach wenigen Jahren an Lautstärke zunehmen. Deshalb ist bei den Fliehkraftlüftern auf gute Werkstattarbeit zu achten. Sie müssen dynamisch gut ausgewuchtet und vor allem auch gut gelagert sein. Die Blechdicke des Gehäuses darf nicht zu schwach sein. Man hat zu beachten, daß die Geräusche mit dem Förderdruck, mit der Umfangsgeschwindigkeit des Laufrades, mit der Verschlechterung des Wirkungsgrades und mit der Saug- und Ausblasegeschwindigkeit steigen. Geräuscharme Lüfter sind größer und deshalb auch teurer. Es ist nicht zweckmäßig, durch billige und rasch laufende Lüfter erst Geräusche zu erzeugen und sie dann durch Schalldämpfereinbauten im Rohrnetz zu vernichten. Die Geräuschentstehung ist gleich an der Quelle zu bekämpfen.

Der Antrieb der Lüfter erfolgt fast ausschließlich durch Elektromotoren. Die billigste Verbindung ist das Aufsetzen des Flügelrades auf den verlängerten Wellenstumpf des Motors. Diese Kupplung kann nur bei einfacheren Anlagen empfohlen werden, die weder große Luftmengen erfordern noch in der Geräuschfrage besondere Ansprüche stellen. Bei der starren Kupplung ist der Einbau von zusätzlichen Lagern erforderlich. Der für Lüftungsanlagen geeignetste Antrieb ist der Keilriemen. Hier sind Lüfter und Motor getrennt. Der Motor kann dabei mit einer höheren Umdrehungszahl laufen als der Lüfter. Man ist hierdurch auch in der Lage, erforderlichenfalls dem Lüfter eine andere Umdrehungszahl zu geben, wenn man die Keilriemenscheiben demgemäß auswechselt.

Zur Reinigung der Luft dienen die *Luftfilter*, die in mannigfaltigen Arten vertreten sind. Für Raumlüftungs- und Klimaanlagen werden fast durchweg Metallfilter verwendet, die aus Metallflächen oder metallischen Filterkörpern in einem Metallrahmen bestehen. Die Metallflächen sind je nach der Bauart Labyrinthplatten, Spiralbandmatten, Metallgewebe oder gewellte Blechplatten. Die Metallplatten werden in einem Stahlblechgehäuse zellenartig zusammengebaut. Die einzelne Platte hat die Abmessung von 50×50 cm. Die Filterzellen können liegend oder stehend angeordnet werden. Zumeist wird die Filterschicht der Zellen in mehrere (bis zu vier) einzelne Stufen oder Platten unterteilt, die einfach auszuwechseln sind. Die Filterplatten werden mit einem leicht flüssigen, nicht verdunstenden und geruchlosen Öl (Viscinol) benetzt und nach Verschmutzung in einem Laugenbad ausgekocht, kalt gespült und gut getrocknet und hierauf frisch mit Öl benetzt. Die Kaltreinigung im Ölbad ist nicht so gründlich. Der Staub bindet sich an dem Ölfilm. Je nach der Entstaubungsaufgabe ist die Wahl des Filters zu treffen. Bei industriellen Anlagen, die die Aufgabe haben, entstehenden Polierstaub, Tabakstaub, Holzstaub usw. zu beseitigen, findet z. B. das Stoff- oder Tuchfilter bevorzugt Anwendung.

Jede Filteranlage bedarf der turnusmäßigen Wartung. Die Güte eines Filters hängt nicht nur von dem Entstaubungsgrad, sondern auch von der Standzeit, dem Merkmal der Erschöpfung und der Wartung des Filters[1] ab. Bei größeren Luftmengen empfiehlt sich das Umlauf- oder Drehbandfilter wegen seiner selbsttätigen Reinigung und Neubenetzung mit Öl. Das ständig durch einen elektromotorischen Antrieb in Umlauf befindliche Filterband taucht in das zuunterst angeordnete Ölbad ein. Werden besonders hohe Anforderungen an den Reinheitsgrad der Luft gestellt, so werden zwei Filterzellen hintereinander geschaltet,

---

[1] ROEDLER, F.: Die Entstaubung der Zuluft für Versammlungsräume aller Art als lufthygienisches Anliegen. Gesundh.-Ing. Bd. 73 (1952) S. 116/20.

dabei dient die erste Zelle zur Vor- und die nachgeschaltete zur Feinreinigung der Luft (Absolutfilter).

Heute kommt für die Lufterwärmung bei Lüftungs- oder Luftheizanlagen fast durchweg der *Lamellenrohr-Lufterhitzer* zur Anwendung, der durch Dampf, Warm- oder Heißwasser erwärmt wird. Daneben ist für Großraumluftheizungen, die nur stundenweise betrieben werden, auch der gasbeheizte Lufterhitzer in Gebrauch. Für kleinere Heizleistungen wird oft der elektrische Lufterhitzer angewendet, zumal dann, wenn die Heranführung von Gas, Dampf oder Warmwasser baulich schwierig oder unverhältnismäßig große Kosten verursachen würde bzw. wenn die Lufterwärmung an kühleren Tagen, an denen gegebenenfalls die Sammelheizung noch nicht in Betrieb ist, sich als notwendig erweist. Den Lamellenlufterhitzer wird man nur in verzinkter Ausführung wählen, um vor der Rostgefahr geschützt zu sein. Die Verzinkung verbessert dabei auch die Wärmeübertragung vom Heizrohr zur Lamelle. Die Lufterhitzer können aus zwei oder drei Einzelregistern, die in einem Rahmen zusammengebaut sind, bestehen, was sich wegen der besseren Regelmöglichkeit empfiehlt. Ein Registerelement übernimmt dabei eine Grundlast, während das zweite durch das Regelventil gesteuert die Spitzen deckt. Bei elektrischen und gasbeheizten Lufterhitzern ist diese Stufenregelung besonders wichtig, weil man sonst bei milderen Außenlufttemperaturen eine zu hohe Lufttemperatur oder ein häufiges An- und Abschalten der Heizvorrichtung erhalten würde, wodurch kühlere Luftstöße nicht vermieden werden können.

Wird die Lüftungs- oder Luftheizungsanlage mit Warmwasser beheizt, so ist der Lufterhitzer mit den geringeren Heizwassertemperaturen in den Übergangszeiten zu bemessen, da die auf das Lamellenrippenrohr bezogene Wärmedurchgangszahl rascher abfällt als die dem Warmwasserheizkörper entsprechende Wärmedurchgangszahl. Die Zugerscheinungen bei Lüftungsanlagen in den Übergangszeiten sind zumeist auf ungenügende Erwärmung der Warmluft durch die unrichtige Bemessung des Warmwasserlufterhitzers bei geringen Heizwassertemperaturen zurückzuführen.

Bei dem Zusammenbau einer Lüftungs- oder Luftheizungsanlage empfiehlt sich beim Luftweg die Reihenfolge: Filter — Fliehkraftlüfter — Lufterhitzer. Der Lufterhitzer wird auf der Druckseite des Lüfters besser beaufschlagt, wobei man selbstverständlich das Übergangsstück vom Druckstutzen des Lüfters zum Lufterhitzer nicht zu kurz wählen darf.

Bei Wandluftheizapparaten ist der Fliehkraftlüfter mit dem Lufterhitzer in einem Gehäuse zusammengebaut. Auf die Filterung der Luft verzichtet man hier, doch sind auch Sonderanfertigungen mit vorgeschalteten Filterplatten möglich. Die Wandluftheizapparate finden bevorzugt bei Hallenbeheizungen Verwendung, z. B. in Lager- und Werkhallen, Messehallen u. ä., wobei die Geräuschfrage nicht im Vordergrund steht. Die Umschaltungsmöglichkeit von Frisch- auf Umluftbetrieb ist bei einigen Apparaten zu empfehlen, wenn eine größere Anzahl in der Halle vorgesehen ist. Die Wandluftheizapparate ordnet man entweder an den Innenpfeilern oder an den Außenwänden an. Liegen die Arbeitsplätze bevorzugt an den Außenfronten, dann ist die Innenanordnung der Wandlufterhitzer mit Ausblaserichtung nach diesen Fronten zu empfehlen, oder die Apparate an der Wand sind mit beidseitigen Luftaustritten zu versehen. Die Anzahl der Apparate richtet sich nach der Reichweite des Warmluftstromes (bis zu 30 m), wobei man einseitig, doppelseitig oder auch allseitig ausblasen kann. Mit der Aufteilung und Ausblaserichtung der Apparate soll möglichst die ganze Halle gleichmäßig mit Warmluft bestrichen werden.

Neuere Entwicklungen von Einzellufterhitzern sind die frei im Raum oder an der Decke aufzuhängenden Rundlufterhitzer[1], die die Luft radial nach unten blasen.

Ferner sind noch kleinere Raumluftheizgeräte, die unter den Fenstern von Wohn-, Schul- und Aufenthaltsräumen aufgestellt werden, erhältlich. Ihre Verbreitung ist, im Gegensatz zum Ausland, in Deutschland noch nicht weit gediehen.

Während bei den Lüftungsanlagen die Luft nur gereinigt und erwärmt wird, fällt der *Klimaanlage* noch die Aufgabe zu, den Raumfeuchtigkeitszustand in gegebenen Grenzen zu halten. Es kann daher je nach dem Feuchtigkeitsgehalt der Um- und Frischluft die Befeuchtung oder Entfeuchtung der dem Raum zugeführten Luft erforderlich werden. Bei einem größeren Frischluftanteil im Winter wird man zumeist neben der Erwärmung auf eine verlangte Temperatur noch die Befeuchtung auf einen festgelegten relativen Feuchtigkeitsgehalt vornehmen

müssen. Im Sommer ist zumeist die relative Feuchtigkeit zu verringern. Das Klimagerät besteht aus einem kastenförmigen Gehäuse mit einem Oberflächen- oder Naßkühler, einer Batterie Zerstäubungsdüsen, die das im Kreislauf umgepumpte Wasser fein zersprühen, einem Tropfenabscheider und einem Lufterhitzer sowie dem Fliehkraftlüfter. Dazu kommt die wichtige Regelanlage, die die Raumlufttemperatur und die relative Feuchtigkeit in den gewünschten Grenzen zu halten hat. Das Kühlmittel kann entweder Leitungs- oder Brunnenwasser, das dann frei wegfließt, oder auch künstlich gekühltes Wasser im Kreislauf sein. Weiterhin kann der Kühler als Verdampfer einer Kältemaschinenanlage ausgebildet sein. Das billigste Kühlmittel ist das Brunnenwasser eines hierzu angelegten Tiefbrunnens, wenn die Grundwasserverhältnisse einigermaßen günstig sind und die Bohrtiefe daher nicht allzu tief ist sowie eine genügende Ergiebigkeit vorliegt. Die Be-

Abb. 22. Raumklimagerät für Umluftbetrieb in Truhenform mit Kältemaschine und elektrischer Heizung.

triebskosten sind dann nur die Pumpenstromkosten und die evtl. Abwassergebühr, sofern das verbrauchte Wasser in die städtische Kanalisation fließt. Kann das Abwasser gegebenenfalls in einen Fluß oder Versickerungsbrunnen abgeleitet oder zu Sprengzwecken für den Rasen verwendet werden, so entfällt auch diese Gebühr. Die Brunnenanlage ist zumeist billiger in der Anschaffung als eine Kältemaschine, die ferner Unterhaltungskosten bedarf.

Man hat bei Klimageräten die Zentralklimaanlage und das Raumklimagerät zu unterscheiden. Die erstere versieht mehrere Räume oder ein vollständiges Gebäude, wobei die aufbereitete Luft in einem Kanalsystem herangeführt und ebenso die Umluft zurückgeführt wird. In den Räumen sind dann nur die Zu- und Abluftgitter zu erkennen.

Bei dem *Raumklimagerät* werden die Kühl- und Heizmittel in Rohrleitungen zu einer zumeist unter dem Fenster angeordneten Einzelanlage geführt, sofern

---

[1] Pohl, W.: Neue Bauformen von Luftheizgeräten für Wohnungen und Großräume. Heizg., Lüftg., Haustechn. Bd. 1 (1950) S. 107/12.

man das Einzelklimagerät nicht vollelektrisch mit einer Kleinkältemaschine und elektrischer Heizung betreibt. Die Abb. 22 und 23 zeigen zwei verschiedene Ausführungen von Raumklimageräten, die jeweils maschinelle Kühlung besitzen und mit elektrischer Zusatzheizung sowie mit Luftfilterung ausgerüstet sind. Das Gerät ist in Kastenform ausgebildet und enthält die gleichen Teile wie eine Zentralanlage. Für Großräume, wie Theater, Kinos, Versammlungsräume, ist eine derartige örtliche Aufteilung weniger angebracht, jedoch für Hotel- und Bürozimmer kann diese Lösung zweckmäßiger sein, da die großen Luftkanäle wegfallen und die Gesamtanlage nicht stets in Betrieb gehalten werden muß. Auf weitere Einzelheiten wird im Abschn. 2,44 noch eingegangen.

2,35 Pumpen und Motoren.

Während noch vor nicht allzulanger Zeit die Umwälzpumpen bei Warmwasserheizungen nicht gerade oft vorgesehen wurden, ist es heute anders. In den letzten Jahren kamen neuartige Konstruktionen von Kleinumwälzpumpen auf, die bequem in die Rohrleitung als Zwischenstück eingebaut werden können. Es sind hierzu weder eine Fundamentplatte für den Motor und die Pumpe noch ein Beton- oder gemauerter Sockel erforderlich. Der Motor und das Flügelrad der Pumpe sind stopfbuchsenlos zusammengebaut oder der Motor ist an einem Gußkrümmer, in dem das Flügelrad läuft, angeflanscht. Diese Entwicklung wurde aber mehr von der Motorenseite beeinflußt, da die Motoren-

Abb. 23. Raumklimagerät mit Kälteanlage, Luftfilterung und elektrischer Heizung.

Oben. Ansicht von der Raumseite; — unten: Maschinenseite mit abgenommenem Deckel, Rippenrohr-Kondensator und Kolbenverdichter sind sichtbar.

wicklung gegen die Temperatureinflüsse durch geeignete Isolierungen unempfindlich wurde.

Eine weitere Spezialpumpentype ist die Heißwasserumwälzpumpe. Hier liegt die Entwicklung bei dem Pumpenhersteller durch die besondere Gestaltung der Lagerung und der Stopfbuchse für die Wellendurchführung. Die Heißwasserstopfbuchsen erhalten Kühlwasser- (Leitungswasser-) Anschluß. Das abfließende Wasser soll zur Überwachung der Temperatur frei ausfließen.

Wichtig ist die Motorenfrage auch beim Antrieb der Fliehkraftlüfter für Lüftungs- und Klimaanlagen. Der normale Serienmotor des Kurzschlußläufers ist oft zu geräuschstark, wobei noch magnetische Geräusche auftreten. Sondertypen für praktisch geräuschlose Motoren wurden deshalb entwickelt, die wohl teurer, aber zu einwandfreien Anlagen nötig sind.

2,36 Meß- und Regelanlagen.

Bei Heizungs-, Lüftungs-, Klima- und Warmwasserversorgungsanlagen werden gemessen: Temperatur, Über- und Unterdruck, Feuchtigkeit, Geschwindigkeit, Wasser-, Luft- und Dampfmengen sowie Wärmemengen, dazu gehört ferner noch die Gewichtsbestimmung des Brennstoffes. Diese physikalischen Größen sind zu bestimmen, wenn die zuvorigen Anlagen auf ihre Leistungen, Wirtschaftlichkeit und auch Sicherheit überwacht werden sollen. Die Überwachung kann vom Bedienungspersonal erfolgen, wobei man von dessen Zuverlässigkeit abhängig ist. Allen menschlichen Unzulänglichkeiten ist man aber enthoben, wenn die die Wirtschaftlichkeit und Betriebssicherheit bestimmenden physikalischen und chemischen Vorgänge durch eine selbsttätige Regelanlage überwacht und gesteuert werden. Die Regelanlage kann ihre Betätigungsimpulse aus anlageeigenen thermischen, dynamischen oder statischen Kräften entnehmen, wie z. B. beim schwimmerbetätigten Wasserstandsregler und Kondensatheber, bei dem Feuerungs- und Temperaturregler mit Flüssigkeitsausdehnung, beim membrangesteuerten Druckminderer u. a. Auch eine fremde Hilfskraft, wie der elektrische Strom, Druckluft und -wasser, evtl. kombiniert, wie z. B. die elektro-pneumatische Regelung, führt die Regelvorgänge nach einem auf den Sollwert eingestellten Thermo-, Hygro- oder Manostat, Drosselgerät, Pitotrohr u. a. aus. Die Entscheidung, welchem Regelverfahren der Vorzug zu geben ist, wird weitgehendst von dessen Anlagekosten, Funktionstüchtigkeit, Pflegekosten und Ansprechgenauigkeit beeinflußt. Die Betriebskosten der eigenbetätigten Regelung liegen stets unter denen mit fremder Kraft, die aber im Vergleich zu den Energiekosten für die Heizungs-, Lüftungs- oder Klimaanlage nicht nennenswert sind. Doch sollte man stets die Regelung vorziehen, die vollen Erfolg mit einfachsten Mitteln erlaubt, wobei aber der volle Erfolg in wirtschaftlicher Hinsicht nicht stets mit dem einfachsten Regelvorgang erzielt werden kann.

Mit der gemessenen Brennstoff- und Wärme- oder Dampfmenge vermag man wohl den Wirkungsgrad der Heizkesselanlage zu bestimmen, aber man weiß noch nicht, wie er sich verbessern läßt. Erst durch die Messung des Kohlensäure (CO_2)-, Kohlenoxyd (CO)- oder Sauerstoff (O_2)-Gehaltes der Verbrennungsgase ist man in der Lage, die Feuerführung wirtschaftlich zu gestalten. Die einfachen physikalischen Zustandsgrößen sind verhältnismäßig zuverlässig und auch mit einfacheren und daher billigen Anzeigegeräten zu messen, sofern man sich mit der Momentanzeige begnügt. Wärmemengenmessungen bei Warm- oder Heißwassersowie Dampfheizungsanlagen haben jedoch erst einen realen Wert, wenn die registrierende oder schreibende Zeitmessung einbezogen wird. Aber auch dann wäre die Messung noch nicht allzu schwierig und das Gerät hierzu nicht kompliziert, wenn man gleichbleibende Temperatur- und Druckverhältnisse voraussetzen könnte, die jedoch bei Heizungsanlagen nicht gegeben sind. Die integrierende Messung[1] bedingt daher hochentwickelte Geräte, die in der Anschaffung nicht billig sind und auch einer sorgfältigen Wartung bedürfen. Eine Ausnahme macht nur die Messung des Dampfverbrauches als Kondensat mit dem zählenden Trommelwassermesser. Es ist dabei zu beachten, daß die Rohrleitungsverluste der Dampffernleitung nicht erfaßt werden, wenn unterwegs entwässert wird und dieses Kondensat nicht über einen Zähler geht.

Nimmt man einen gleichbleibenden anteiligen Betrag der Anlagekosten einer Heizungs- oder Lüftungsanlage für die Anschaffung und den Einbau einer Meß- und Regelanlage, dann ermöglicht sich bei größer werdenden Heizungs- und

---

[1] DE HAAS, M.: Industrielle Wärmemengenmesser. Allg. Wärmetechn. Bd. 3 (1952) S. 73/78.

Lüftungsanlagen eine bessere regel- und meßtechnische Ausstattung. Auch wirtschaftlich ist dies vorteilhaft, denn die gleiche prozentuale Ersparnis an Brennstoffkosten vorausgesetzt, ergibt bei größeren Anlagen entsprechend höhere Ersparnisbeträge. Man darf aber annehmen, daß die vollkommenere Regel- und Meßanlage günstiger abschneidet. Mit wachsender Anlagegröße wird also die Regel- und Meßanlage wirtschaftlich vertretbar und dann soll auf sie nicht mehr verzichtet werden.

Es würde zu weit führen, hier auf die einzelnen Regelgeräte und -verfahren wegen der Mannigfaltigkeit der Aufgaben und auch bei gleicher Aufgabe wegen der vielseitigen Gestaltungsmöglichkeiten näher einzugehen. Über den gegenwärtigen Stand der Entwicklung der Feuerungs- und Heizungsregler liegt eine neuere zusammenfassende Abhandlung vor[1].

Grundsätzlich gilt, daß man stets in der Lage ist, die vom Bedienungspersonal durchzuführenden manuellen Eingriffe in den Ablauf des Feuerungs- oder Heizbetriebes nach angezeigten Meßwerten des inneren Betriebsvorganges wie auch nach äußeren zu erkennenden Einflüssen oder zeitlich beabsichtigten Änderungen im Ablauf des Heizbetriebes vollautomatisch durchzuführen, wobei es selbstverständlich sein dürfte, daß schon bei der Planung der Heizungsanlage auf die Möglichkeit der Regelung geachtet wird. So kann man z. B. keine Heizungsanlage für ein Gebäude mit Nord- und Südfront bei Sonneneinstrahlung auf der Südseite mit geringerer Heizwassertemperatur betreiben, wenn nicht eine eigene Gruppe mit Reguliermöglichkeit gegeben ist.

2,37 Absperr- und Regulierorgane.

Eine Rohrleitung kann durch ein Ventil, Schieber, Hahn oder Klappe abgesperrt werden. Je nach den Ansprüchen, die man an diese Absperrung stellt und je nach dem in der Rohrleitung strömenden Medium sowie dessen Druckhöhe, ist das eine oder andere Absperrorgan geeigneter. Für Kessel- und Gruppenabsperrungen verwendet man bei Warmwasser- und Niederdruckdampfheizungen zumeist den Absperrschieber. Bei Heißwasser- und Hochdruckdampfheizungen ist wegen dem zuverlässigeren Abschluß das Absperrventil vorzuziehen. Der Vorteil des Schiebers ist sein geringer Strömungswiderstand. Durch stromlinienförmige Gehäuseformen läßt sich der Widerstand auch bei Ventilen in sogenannten Freiflußventilen weitgehendst verringern. Da Schieber und Ventile oft jahrelang nicht betätigt werden, sollen die zu bewegenden Teile und deren Halterungen wie Spindel, Ventilkegel und -sitz sowie Dichtungen aus nichtrostendem Material (Messing, Bronze, Nirosta u. a.) sein. Bei einer gut gewarteten Heizungsanlage wird man stets vor Beginn der Heizperiode die Gangbarkeit der Absperrorgane überprüfen. Bei geringeren Rohrabmessungen (bis zu 50 mm) verwendet man meistens Rotgußventile und -schieber mit Muffenanschluß, darüber das Gußeisengehäuse mit Flanschenanschluß. Über 16 atü ist auf das Stahlgußgehäuse des Ventils überzugehen. Da die Armaturen für derartige Drücke teuer sind, wird die Hochdruckdampf- und Heißwasserheizung fast nur bis zu dieser Grenze (200°C) gebaut. Der Hahn, aus Gehäuse und Küken bestehend, ist nur noch als Füll- und Entleerungshahn gebräuchlich. Als Absperrorgan am Heizkörper ist der Hahn schon seit langem durch das Regulierventil mit Voreinstellung[2] verdrängt worden. Mit der Voreinstellung wird beim Zufluß eine gleich-

---

[1] HERMAN, B.: Vollautomatische Regelung von Feuerungs- und Zentralheizungsanlagen. Gesundh.-Ing. Bd. 74 (1953) S. 305/13.

[2] REPKY, H.: Zentralheizungsventil mit proportionaler Wärmeregulierung. Gesundh.-Ing. Bd. 72 (1951) S. 322/25.

bleibende Querschnittsöffnung auf eine für die Vollerwärmung des Heizkörpers ausreichende Wasser- oder Dampfmenge eingestellt. Diese Zuflußmenge kann dann dem örtlichen Wärmebedürfnis entsprechend durch den Auf- und Zuschließvorgang mit dem Handrad oder Steckschlüssel beliebig verändert werden.

Neben diesen auch an den einfachsten Heizungsanlagen stets erforderlichen Absperr- und Regulierorganen weisen größere Anlagen mit besonderen Schaltungen die mannigfaltigsten selbsttätigen Regulierorgane auf, die nach verschiedenen physikalischen und konstruktiven Prinzipien gebaut werden. Sie haben die Aufgabe, den Übertritt von Dampf in die Kondensleitung zu verhindern. Sicherheitsventile, Rückschlagventile, Dampfdruckreduzierventile, Schwimmerventile, Schnellschlußventile, Dreiwegventile, Mischventile, Belüftungsventile, Wassertemperaturregler, Wasserstandsregler sind u. a. weitere Regulierorgane für Warm- und Heißwasserheizungsanlagen sowie Nieder- und Hochdruckdampfheizungsanlagen, deren Aufgaben aus ihren Bezeichnungen hervorgehen. Bezüglich ihrer Wirkungsweisen und Bauarten wird auf die Spezialliteratur oder die Firmenkataloge verwiesen.

Die Heizungsarmaturen wie Heizkörperventile, Radiatorverschraubungen, Muffenschieber und -ventile, Muffenrückschlagventile, Sicherheitsventile und Füll- und Entleerungshähne sind in ihren Hauptabmessungen genormt (DIN 3841 bis 3848).

2,38 Rohrleitungen, Schall- und Wärmeschutz.

Die bei Heizungsanlagen üblichen Drücke und Temperaturen lassen die Verwendung von Rohren in gewöhnlicher Handelsgüte zu. Hierunter fallen die Gewinderohre nach DIN 2440 und 2441 (sog. Dampfrohr) jeweils in nahtloser oder stumpfgeschweißter Ausführung sowie die nahtlosen Flußstahlrohre nach DIN 2449. Über die technischen Lieferbedingungen unterrichtet das DIN-Blatt 1629 und über die zulässigen Druckstufen in Abhängigkeit von den Temperaturen das DIN-Blatt 2401. Die dünnwandigen Gewinderohre (DIN 2440 U) sind eine im Krieg zwecks Ersparnis an Werkstoff herausgebrachte Umstellnorm, die sich auch nach dem Krieg aus Preisgründen erhalten hat und im neuen Normblatt DIN 2440 als „leichte Ausführung" gekennzeichnet wird. Bei einfachen Warmwasserheizungen wird das Rohrnetz bis 32 mm Nennweite ($1^1/_4$ Zoll) aus dem geschweißten Rohr nach DIN 2440 für Privatbauten, überwiegend in leichter Ausführung, und darüber aus nahtlosem Rohr nach DIN 2449 hergestellt. Für die Kondensleitungen der Niederdruckdampfheizungen (bis 0,5 atü) ist das Dampfrohr DIN 2441 wegen seiner verstärkten Wanddicke üblich, weil die Kondensleitung durch den Luftzutritt einer erhöhten Korrosionsgefahr unterliegt. Bei Heißwasserheizungen und Hochdruckdampfleitungen sind nahtlose Gewinderohre nach DIN 2440 zu nehmen. Für Rohrleitungen in unzugänglichen Fußbodenkanälen empfiehlt es sich, das nahtlose Dampfrohr zu verwenden. Für größere Fernleitungen außerhalb der Gebäude stellt man je nach den Rohrdurchmessern, der Überwachungsmöglichkeit, der Betriebsdrücke und Temperaturen besondere Gütevorschriften an die Rohre, die durch diesbezügliche Schweißvorschriften (z. B. DIN 2470 für Gasrohrleitungen, DIN 2471 Prüfung von Rohrschweißern) ergänzt werden. Hier sind neben dem Innendruck noch die besonderen Beanspruchungen und Betriebsbedingungen wie z. B. durch evtl. Druckstöße, Wasserschläge, Außendruck (unter Fahrbahnen), Temperaturspannungen beim Anheizen und Abkühlen, Korrosionsfragen u. dgl. zu beachten. Für Warm- und Kaltwasserleitungen ist das verzinkte, geschweißte oder nahtlose Gewinderohr DIN 2440 gebräuchlich.

Bei Heizungsanlagen erfolgt die Rohrverbindung fast durchweg durch das Autogenschweißverfahren (Azetylen-Sauerstoff-Flamme) in der einfachen und billigen Stumpfschweißung. Die Gegenflanschen bei den Absperr- und Regulierorganen werden zumeist als Vorschweißflanschen genommen. Von dem früheren Aufwalzen der Flanschen ist man mehr und mehr abgekommen. Die Warm- und Kaltwasserleitungen werden durch verzinkte Gewindefittings verbunden. Bei Flanschenverbindungen wird hier der Gewindeflansch mit oder ohne Ansatz (der letztere nur bei geringeren Betriebsdrücken) genommen.

Bei einfachen Heizungsanlagen sind *Geräuschbelästigungen* selten, doch hin und wieder vorkommend, z. B. die Wasserschläge in der schlecht entlüfteten Kondensleitung der Niederdruckdampfheizung, die sich durch die Rohrleitung fortpflanzen, das Einströmgeräusch des Dampfes am Heizkörper und das Brummen des Gußgliederheizkessels durch veröltes Kesselwasser. Bei Warm- und Kaltwasserzapfleitungen kennt man das Strömungsgeräusch in der Rohrleitung und das Zischen am Zapfhahn[1], die sich besonders in Hotels störend bemerkbar machen. Es handelt sich hier um technische Mängel bei der Anlagegestaltung durch zu knapp bemessene Rohrleitungen und zu große Einzelwiderstände an den Ventilen. Das sicherste Mittel zur Verhinderung der Strömungsgeräusche ist die Herabsetzung der Strömungsgeschwindigkeit, das man aber bei fertigen Anlagen nur noch selten durch Verstärkung der Rohrleitungen vornehmen kann. Bei hohen Geschwindigkeiten ist auf die sorgfältige Ausbildung des Rohrnetzes bei Dampf und Wasser und des Kanalnetzes bei Luft zu achten. Scharfe Umlenkungen, rechtwinklige Abzweige, plötzliche Verengungen durch Ventile, Klappen u. dgl. sind zu vermeiden.

Die Lüftungs-, Luftheizungs- und Klimaanlagen verlieren sehr an Wert, wenn sie im Betrieb die Quelle störender Luftgeräusche sind. Durch derartige Anlagen darf das im Raum gegebene Geräuschniveau nicht erhöht werden. Das Geräuschniveau eines Raumes ist durch die von außen eindringenden Geräusche gegeben, was von der Lage des Gebäudes, z. B. an einer Hauptverkehrsstraße oder in der Nähe eines Flugplatzes, abhängt. Die Straße bringt zu bestimmten Zeiten eine fast gleichmäßige Geräuschstärke. Beim Flugplatz ist es das Geräusch der startenden und landenden Flugzeuge, das jedoch dann nur minutenweise herrscht. Die äußeren Einflüsse können nur durch bauliche Maßnahmen verringert werden, die jedoch durch die Fensterflächen nicht gänzlich verhindert werden können. Zu der äußeren Abschirmung kommt auch die innere Abschirmung von Geräuschquellen, sei es der Fahrstuhl, der Trittschall vom Flur oder der Decke u. dgl.

Bei den Lüftungs- und Klimaanlagen ist es vor allem der Fliehkraftlüfter, der Geräusche durch Luftschall erzeugt. Niedrige Umdrehungszahlen und damit geringere Flügelradumfangsgeschwindigkeiten setzen das Geräusch herab. Der doppelseitig ansaugende Fliehkraftlüfter ist stets geräuschärmer als der nur einseitig ansaugende Lüfter. Der Motor ist möglichst durch Keilriemenantrieb vom Fliehkraftlüfter zu trennen. Der Motor selbst ist in Spezialausführung mit geräuscharmem Lauf zu wählen. Dies bedingt die Verwendung von Gleitlagern und besonderer Wicklung, um die Magnetgeräusche abzuschwächen. Wenn diese Maßnahmen nicht ausreichen, dann ist die künstliche Schalldämpfung in dem abgeschlossenen Luftverteilnetz durch Einbau besonderer Schalldämpfer oder innere Auskleidung des Kanals mit Schallschluckstoffen anzuwenden.

Die Fortpflanzung des Körperschalles vom Blechgehäuse des Fliehkraftlüfters aus wird durch Segeltuch-, Leder- oder Gummimanschetten verhindert. Die

---

[1] VALKO, J. P.: Wasserleitungshähne als Geräuschquelle. Heizg., Lüftg., Haustechn. Bd. 1 (1950) S. 113/15 (mit weiteren 10 Schrifttumsangaben).

Übertragung des Körperschalles auf den Fußboden bzw. Decke für den darunterliegenden Raum am Aufstellungsort des Lüfters ist durch Schwingungsdämpfer oder Anordnung einer Dämmplatte unter dem Betonsockel des Lüfters und Motors zu verhindern. Auf jeden Fall ist es ratsamer, es nicht erst zu einer stärkeren Geräuschbildung kommen zu lassen, als sie nachträglich durch schalldämpfende Einbauten zu mindern. Das Geräusch ist an der Entstehungsquelle durch geeignete Wahl des Lüfters und Motors sowie zweckmäßige Bemessung und aerodynamische Führung der Kanalleitung gering zu halten.

Bei der Sammelheizung treten durch die Fortleitung der Wärme von der zentralen Feuerstelle nach den zu beheizenden Räumen nicht zu vermeidende *Wärmeverluste* auf, doch kann man diese durch geeignete Wärmedämmaßnahmen weitgehendst verringern. Der nicht unbeträchtliche geldliche Aufwand für den *Wärmeschutz* muß natürlich in einem wirtschaftlichen Verhältnis zum Erfolg stehen. Die wirtschaftliche Wärmeschutzdicke[1] ist abhängig vom Brennstoff- oder Wärmepreis, den Isolierungskosten, von der Heizmittel- und Umgebungstemperatur, den Heizstunden und -zeiten und dem Rohrdurchmesser. Für überschlägliche Ermittlungen unter den üblichen Heizverhältnissen liegen Tabellen und Kurventafeln vor. Bei ausgedehnten Fernleitungen ist es ratsam, die wirtschaftlichste Isolierdicke rechnerisch genau zu bestimmen. Für kleinere und mittlere Heizungsanlagen ist eine Isolierdicke von 30 mm ausreichend. Üblich ist die Kaltisolierung mit Glas- oder Steinwollematten, die eine Gipsabglättung mit Nesselstoffbandage erhalten. Die Warmisolierung, z. B. mit Kieselgurmasse, erfordert die Betreibung der Heizungsanlage während der Aufbringung der Isoliermasse. Die Kaltisolierung bringt auch beim Auftragen weniger Schmutz mit sich. Bei größeren Kesselanlagen, insbesondere für Hochdruckdampf- und Heißwasserheizungsanlagen und in Unterstationen derartiger Anlagen, sollte man auf die Einpackung der Ventile und Armaturen nicht verzichten. Auf ein leichtes Abnehmen dieser Einpackungen mit Blechumkleidungen ist zu achten. Grundsätzlich gilt für isolierte Rohrleitungen, daß man beim Auflegen der Hand kein Wärmegefühl spüren soll. Dies gilt auch für die Kesselummantelung. Die obere Abdeckung des Heizkessels darf höchstens handwarm sein. Der Heizraum und die Unterstationen (Verteilerraum, Pumpenraum) sollen keine Raumtemperaturen über 22°C aufweisen. Bei neuzeitlichen Hochdruckdampf- oder Heißwasserkesselhäusern mit automatischer Beschickung und sorgfältigen Isolierungsmaßnahmen wird man den Heizraum eher zu kühl als zu warm antreffen, so daß gegebenenfalls der Aufenthaltsraum des Bedienungspersonals zu heizen ist.

Schrifttum.

Mannesmannrohre für Gas und Wasser. Westdeutsche Mannesmannröhren A.G., Düsseldorf 1950.

SCHWEDLER, F., u. H. v. JÜRGENSONN: Handbuch der Rohrleitungen, 4. Aufl., 2. bericht. Neudruck. Berlin/Göttingen/Heidelberg: Springer 1953.

SCHWENK, E.: Hochdruck-Rohrleitungen für Dampfkraftwerke. Halle (Saale) 1950.

STRADTMANN, F. H.: Stahlrohr-Handbuch, 4. Aufl. Essen 1952.

JÜRGENSONN, H. v.: Elastizität und Festigkeit im Rohrleitungsbau, 2. Aufl. Berlin/Göttingen/Heidelberg: Springer 1953.

REUPER, W., u. J. HAUEIS: Der Rohrleitungs- und Heizungsmonteur. Hannover 1954.

---

[1] CAMMERER, J. S.: Der Wärme- und Kälteschutz in der Industrie, 3. Aufl. Berlin/Göttingen/Heidelberg: Springer 1951. — U. GRIGULL: Die Ermittlung der wirtschaftlichen Isolierdicke. BWK Bd. 2 (1950) S. 125/27. — J. BÖHM: Zur Bestimmung der wirtschaftlichen Dicke von Rohrabdämmungen. Energie Bd. 5 (1953) S. 138/41. — K. SEIFFERT: Der Wärmeschutz-Ingenieur. München 1954.

2,39 Korrosions- und Steinschutz.

Korrosionserscheinungen und Steinbildungen sind elektro- und physikalisch-chemische Vorgänge, die wie alle chemischen Reaktionen von der Wärme beschleunigt werden. Je höher die Temperaturen sind, desto eher und rascher tritt Korrosion und Steinbildung auf. Heizungs- und Warmwasserversorgungsanlagen sind daher besonders gefährdet. Ein rein chemischer Vorgang ist das Rosten des Stahles unter dem Luftsauerstoff. Zu einem elektro-chemischen Vorgang wird die in vielfältiger Form auftretende Korrosion, wenn ein metallischer Werkstoff mit Wasser, wäßrigen Lösungen, Alkalien und Säuren in Berührung steht. Bekannt ist auch die Korrosion durch Elementbildung, wenn zwei verschiedene Metalle, die in ihrem Normalpotential weit auseinanderliegen, verbunden sind, z. B. Stahl mit einem Normalpotential von $-0,44$ Volt und Kupfer mit $+0,52$ V. Die Steinbildung ist auf die im Wasser mehr oder weniger gelösten Salze wie Karbonate und Sulfate zurückzuführen, die sich kristallinisch zusammenschließen und als Kessel- und Wasserstein sowie Steinschlamm ausfallen. Die Schäden, die Korrosion und Steinbildung verursachen, dürften hinlänglich bekannt sein. Zu verhindern vermag man sie durch eine geeignete Wasseraufbereitung. Die Verwendung eines widerstandsfähigen Werkstoffs schützt gegen Korrosion. Rohrleitungen für Warmwasserversorgungsanlagen werden deshalb zweckmäßig aus Kupfer verlegt, doch ist damit eine Verteuerung der Anlage verbunden. Die Verlegung von Stahlrohren ist billiger und zu vertreten, wenn die Leitungen durch eine gute Wasseraufbereitung geschützt werden. Bei hochwertigen und umfangreichen Warmwasserversorgungsanlagen, z. B. in medizinischen Bädern und Krankenhäusern, ist ein wirtschaftlicher Preisvergleich stets anzuraten. Auf die Theorie der verschiedenen Wasseraufbereitungsverfahren wie Enthärtung oder Entsäuerung des Wassers, Schutzschichtbildung mit Phosphaten, Silikaten oder Kolloiden, Abbindung des im Wasser gelösten Luftsauerstoffes (Desoxygenverfahren), Neutralisation u. a. hier näher einzugehen, würde zu weit führen, da umfangreiche Erklärungen der chemischen oder physikalischen Vorgänge erforderlich sind, um die Wahl des geeigneten Verfahrens zu ermöglichen. Es muß deshalb auf das reichlich vorhandene, allgemeinverständliche Schrifttum verwiesen werden.

Einige grundsätzliche Punkte sollen noch erwähnt werden. Die Entscheidung, ob eine Wasseraufbereitung notwendig wird, hängt u. a. von dem Verwendungszweck und der örtlichen Wasserbeschaffenheit ab. Über sie ist man durch jahrelange Erfahrungen in den betreffenden Gegenden schon im Bilde. Soweit dies nicht der Fall ist, empfiehlt es sich, eine Wasseruntersuchung, die einfach und billig ist, vornehmen zu lassen. Hierbei ist die qualitative und quantitative Bestimmung der im Wasser gelösten Gase und festen Bestandteile wie folgt wichtig: Menge des gelösten Sauerstoffs (O_2), Gehalt an freier Kohlensäure (CO_2), Gesamt- und Karbonathärte in °d. H., p_H-Wert, weiter der Gehalt an Kalziumoxyd (CaO), Magnesiumoxyd (MgO), Eisen (Fe) und Mangan (Mn). Letztere tragen zwar nicht zur Korrosion bei, sie rufen jedoch bereits in geringen Mengen unangenehme Inkrustierungen hervor. Bei der Wahl der Anlage ist auf ein einfaches, betriebssicheres und wirtschaftliches Verfahren auszugehen. Daß das Verfahren hygienisch einwandfrei sein muß, braucht wohl kaum erwähnt zu werden. Die einmaligen Anschaffungskosten der Apparate müssen in einem gewissen Verhältnis zu den Gesamtanlagekosten stehen. Bei größeren Warmwasserversorgungsanlagen kann man also hierfür eine größere Summe auswerfen als bei der kleinen Warmwasserversorgung für ein Wohnhaus. Die Bedienung ist vom gleichen Gesichtspunkt aus zu betrachten. So steht bei größeren Warmwasserversorgungsanlagen für Siedlungen, Krankenhäuser und Badeanstalten ausgebildetes Fachpersonal zur Verfügung, während die Bedienung einer Anlage im Wohnhaus auf den Laien zugeschnitten sein muß, wenn nicht ein Kundendienst gegeben ist.

Bei kleineren und mittleren Warmwasser- und Niederdruckdampfheizungen ist die Gefahr der Korrosion und Steinbildung geringer, da es sich um im System verbleibendendes Umlaufwasser handelt. Wenn hierbei trotzdem Schäden auftreten, sind sie meist auf eine unzweckmäßige Ausführung der Anlage oder auf Fehler in der Betriebsweise zurückzuführen. Hierzu gehören z. B. mangelnde Entlüftung des Warmwasserheizsystems, ein zu knapp bemessenes Ausdehnungsgefäß, das beim Hochheizen der Anlage Wasser auswirft und damit ein häufigeres Nachfüllen bedingt, laufendes Nachspeisen infolge Wasserverlusten durch Undichtheiten, öfteres Entleeren und Füllen.

Bei Hochdruckdampf- und größeren Heißwasserheizungsanlagen, die durch Entschlammen der Dampfkessel und durch die Regulierung des Dampfdruckbzw. Luftpolsters zeitweilige Wasserverluste aufweisen, ist eine Wasseraufbereitungsanlage vorzusehen, die man jedoch nur für das Zusatzwasser zu bemessen braucht. Bei Hochdruckkesselanlagen muß jedoch für die Beseitigung der gelösten Gase (Kohlensäure und Sauerstoff) aus dem gesamten Speisewasser einschl. des Kondensates durch thermische oder chemische Entgasung vor Einspeisung in die Kessel gesorgt werden. Dies gilt auch für von Natur aus nicht aggressive Wässer, da für die Enthärtung heute vorzugsweise das Basenaustauschverfahren (z. B. das Permutitverfahren) angewendet wird. Die bei dieser Enthärtung frei werdende Kohlensäure, die im Wasser gelöst bleibt, verursacht sonst in Verbindung mit Sauerstoff erhebliche Korrosionen. Für Wäschereien ist die Wasserenthärtung eine wirtschaftliche Notwendigkeit, da hartes Wasser einen erhöhten Seifenverbrauch zur Folge hat (1 Härtegrad in 1 m³ Wasser bedingt etwa 160 g Seifenmehrverbrauch). Ein Korrosionsschutz ist hierbei aus o. a. Gründen besonders hinsichtlich der Warmwasserbereiter unbedingt anzuraten. Wegen der Verschiebung des Kalk-Kohlensäure-Gleichgewichts bei der Erwärmung des Wassers sind Warmwasserversorgungsanlagen ohne Korrosionsschutz allgemein gefährdet. Da bei Temperaturen über 60°C Inkrustierungen durch Ausflockung der Karbonate erfolgen, sollte der vorgenannte Temperaturgrad möglichst nicht überschritten werden.

Bei der Wasserumwälzung in Schwimmbädern erreicht man einen wirksamen Schutz der Rohrleitung durch alkalisches Filtermaterial (z. B. Akdolit oder Magno) in den offenen oder geschlossenen Filtern. Die Wasserstoffionenkonzentration wird dadurch auf einen p_H-Wert $> 7{,}5$ erhöht, liegt also auf der basischen Seite in einem Bereich, in dem Korrosionen nicht zu befürchten sind.

Schrifttum.

SEELMEYER, G.: Rost- und Steinschutz in Niederdruckanlagen. Weinheim 1950.
— Über den Korrosionsschutz von Warmwasserboilern. Gesundh.-Ing. Bd. 71 (1950) S. 120 bis 126.
HAASE, L. W.: Werkstoffzerstörung und Schutzschichtbildung im Wasserfach, 2. Aufl. Weinheim 1951.
SEELMEYER, G.: Die Möglichkeiten der Kesselsteinverhütung in zentralen Warmwasserversorgungsanlagen. Gesundh.-Ing. Bd. 72 (1951) S. 117/21 u. 180/84.
HAASE, L. W.: Phosphate als Mittel zur zentralen Wasserbehandlung. Gesundh.-Ing. Bd. 73 (1952) S. 404/08.
SEELMEYER, G.: Die Phosphatimpfung für den Rost- und Steinschutz in Niederdruckanlagen. Gesundh.-Ing. Bd. 73 (1952) S. 235/39.
KILLEWALD, F.: Korrosionsfragen in Heizungs- und Warmwasserversorgungsanlagen. Gesundh.-Ing. Bd. 74 (1953) S. 184/87 u. 229/31.

2,4 Allgemeine Systembeschreibungen.

Es ist hier nicht beabsichtigt, die vorhandenen Systeme obiger Anlagen ins einzelne gehend zu beschreiben, vielmehr soll eine Übersicht über die vielseitigen Gestaltungsmöglichkeiten von Heizungs-, Lüftungs- und Warmwasserversorgungsanlagen gegeben und deren charakteristischen Eigenschaften herausgestellt werden. Auch soll die Bezeichnungsweise derartiger Anlagen etwas eingehender erläutert werden, da z. B. eine Pumpenwarmwasserheizung nur ein Oberbegriff ist, der kennzeichnet, daß eine Warmwasserheizung eine Pumpe zum Umtrieb des Heizwassers aufweist. Es ist also nur das Heizmedium und dessen Bewegungsenergie gekennzeichnet, aber noch nicht der Brennstoff, die örtliche Wärme-

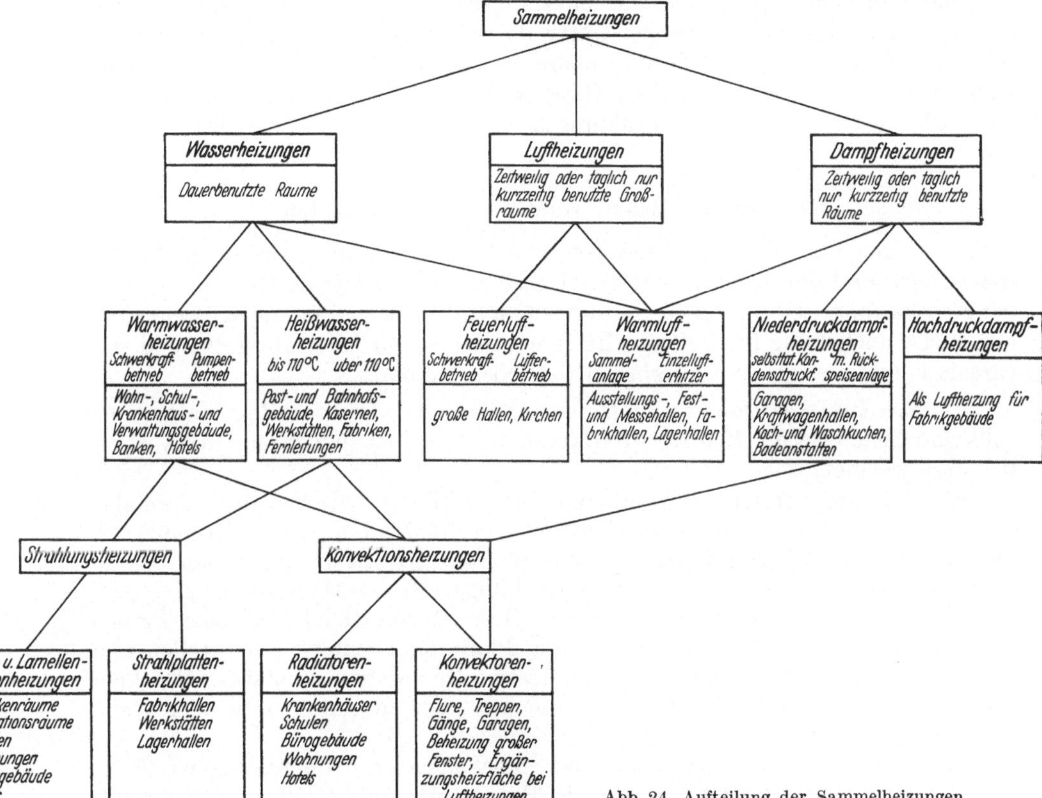

Abb. 24. Aufteilung der Sammelheizungen.

abgabe und das Rohrsystem. Spricht man ferner von einer Strahlungsheizung, so ist deren Ausführung auch wieder in verschiedenster Weise möglich. Man kann die Heizungsanlagen einteilen:

1. nach der Lage der Feuerstätte, z. B. Einzelheizung, Sammelheizung; — 2. nach dem Verwendungszweck, z. B. Stockwerksheizung, Wohnhausheizung, Blockheizung, Siedlungs- und Städteheizung (Fernheizungen); — 3. nach der Heizflächenart, z. B. Radiatorenheizung, Konvektorenheizung, Strahlplattenheizung, Deckenheizung, Fußbodenheizung; — 4. nach der Wärmeabgabe, z. B. Konvektionsheizung, Strahlungsheizung; — 5. nach dem Heizmedium, z. B. Warmwasserheizung, Heißwasserheizung, Nieder- und Hochdruckdampfheizung, Warm- und Heißluftheizung, Feuerluftheizung; — 6. nach dem Brennstoff, z. B. Kohlen- und Koksheizung, Gasheizung, Ölheizung, Elektroheizung.

Es ist auch üblich, zwei dieser Einteilungsgruppen zusammenzufassen, z. B. die Gaslufteizung, die Gasstrahlungsheizung, die Hochdruckdampffernheizung, die Heißwasserfernheizung. Bezeichnungen wie Dampflufteizung und Dampfwarmwasserheizung kennzeichnen die Umformung eines Heizmediums in ein anderes.

Die Abb. 24 zeigt ein Schema, wie sich die Sammelheizung in ihre einzelnen Zweige aufteilen läßt.

2,41 Einzelheizung und Heizkessel für Gas, Öl und Elektrizität.

Das Kennzeichen der Einzelheizung ist die örtliche Feuerstätte in den zu beheizenden Räumen, dabei ist es gleichgültig, ob in einem Raum sich nur eine oder mehrere Feuerstellen befinden und ob diese örtliche Feuerung durch Kohle, Öl, Gas oder Elektrizität erfolgt. Unter die Einzelheizung fällt demnach auch die Beheizung einer Werkhalle mit mehreren öl- oder kohlebeheizten Großraum-Lufteizöfen oder mit zahlreichen Gasstrahlbrennern als Oberkopfstrahler und auch die elektrische Infrarotstrahlungsheizung einer Gaststätte mit Voutenstrahlern.

2,411 Eiserne Öfen, Kachelöfen, Lufteizöfen.

Die beiden Hauptbauarten eiserner Öfen für die Wohnraumheizung sind der *irische Ofen* und der *Dauerbrandofen* (Amerikaner). Der irische Ofen ist billig in der Anschaffung und anspruchslos in bezug auf den zu verfeuernden Brennstoff, also meist auch billig im Betrieb. Bei Verfeuerung von Eiformbriketts und Anthrazit kann er auch im Dauerbrand betrieben werden.

Der *amerikanische Dauerbrandofen* ist infolge seiner leichten Regelbarkeit der vollkommenste eiserne Ofen für die Dauerheizung; er ist jedoch nur für Anthrazitbrand geeignet.

Die „Allesbrenneröfen" nehmen eine Mittelstellung zwischen dem normalen irischen Ofen und dem amerikanischen Dauerbrandofen ein. Sie stellen eine verbesserte Form der irischen Bauart dar und sind nur für beschränkten Dauerbrand geeignet, deshalb in der Beschaffung auch billiger als der Dauerbrenner.

Die eisernen Öfen[1] ermöglichen infolge ihrer Heizkraft eine schnelle Erwärmung der Räume, sie beanspruchen wenig Platz, sind einfach aufzustellen und können beliebig umgestellt werden. Eine lästige Heizwirkung (hohe Oberflächentemperatur) ist meist auf unrichtige Bedienung oder zu gering bemessene Heizfläche zurückzuführen.

Für die Wahl der eisernen Öfen sind entscheidend die Benutzungsart (Zeit- oder Dauerheizung), der zu verfeuernde Brennstoff, Art, Größe und Lage des Raumes.

Beim *eisernen Ofen* (Abb. 25) ist vor allem auf eine sorgfältige Ausführung der Feuerung und Luftregeleinrichtungen zu achten; denn im Gegensatz zum Kachelofen besitzt der eiserne Ofen nur dünne Wandungen und dient hauptsächlich für ständigen Heizbetrieb. Die Art der Luftzuführungsregelung ist bestimmend für das Abbrennen des Ofeninhalts und somit auch für die Aufheizung des Raumes.

Der *Kachelofen* (Abb. 26) muß niedrig und breit gebaut sein, frei vor der Wand und auf Füßen oder Sockelkästen stehen, damit eine allseitige Wärmeabgabe der Kachelwände und eine einwandfreie Erwärmung im unteren Teil des

---

[1] Busse, A.: Entwicklung der Kleinfeuerstätten für Kohle und Koks im Wettbewerb mit anderen Energieträgern. Glückauf Bd. 88 (1952) S. 350/58.

Raumes gesichert ist. Diesen Forderungen entsprechen die heutigen Ausführungsarten durchweg. Die Eigenart des Kachelofens besteht bekanntlich darin, daß er
die beim ein- oder zweimaligen Aufheizen
während des Tages erzeugte Wärmemenge
speichert und erst allmählich wieder an den
Raum abgibt. Die Regelung der Wärmeabgabe des normalen Kachelofens ist also
nur durch Verfeuerung einer dem jeweiligen
Wärmebedarf entsprechenden Brennstoffmenge möglich und erfordert deshalb aufmerksame Bedienung. Der Platzbedarf ist in
der Regel größer als bei anderen Einzelöfen,
außerdem sind die Anlagekosten oft höher.
Infolge der milden Oberflächentemperaturen
stellen die Öfen jedoch bei Vermeidung der
Staubablagerungsmöglichkeit an glatten Wänden eine hygienisch wertvolle Heizungsart
dar, ganz abgesehen von der meist guten
Raumwirkung. Die transportablen „Klein-
Kachelöfen" nehmen heiztechnisch eine Mittelstellung zwischen dem normalen Kachelofen und dem eisernen Ofen ein. Sonderausführungen stellen die Kachelöfen mit
zwangsläufiger Luftführung dar, die wegen

Abb. 25. Dauerbrandofen mit doppeltem
Sturz- und Steigezug und Glimmertüren.

der dadurch erhöhten Wärmeabgabe vornehmlich für größere Räume geeignet
sind, ferner die Kachelöfen für Holz- und Torffeuerung und die Kachelöfen mit
Dauerbrandeinsätzen. Die Bedienung der Kachelöfen kann entweder vom Wohnraum unmittelbar oder vom Flur oder einem
sonstigen Nebenraum aus erfolgen.

Eine Verbindung von Kachelofen und Eisenofen stellt der heute vielfach übliche *Kachelofen
mit Einsatz* (Abb. 27) dar. Er vereinigt bis zu
einem gewissen Grade die milde Oberflächentemperatur und die gute Raumwirkung des
Kachelofens mit der guten Regelfähigkeit, dem
Dauerbrand und dem schnellen Aufheizvermögen
eines Eisenofens. Die an die Stelle der einfachen
Kachelofenfeuerung tretende *Einsatzfeuerung*
kann als irischer oder Dauerbrandofen ausgebildet sein.

Die Entscheidung darüber, ob dem Kachelofen oder dem Eisenofen der Vorzug gegeben
werden soll, hängt hauptsächlich von dem in
einer Gegend zur Verfügung stehenden Brennstoff ab. Zum Beispiel ist der Kachelofen wegen
der besonderen Eignung für die Verfeuerung von
Braunkohlenbriketts und Torf mehr im Osten
Deutschlands heimisch; der vornehmlich für
Steinkohlen geeignete eiserne Öfen oder kom-

Abb. 26. Kachelofen.

binierte Kachel-Eisenofen dagegen im Westen (Rheinland und Westfalen). Hinzu
kommt für die fast ausschließliche Verwendung eiserner Öfen im Westen Deutschlands wohl die dort ansässige ausgedehnte Eisenindustrie.

Die Verwendung von *Kaminen* als alleinige Heizmöglichkeit für Wohnräume ist auch bei bester baulicher Durchbildung unwirtschaftlich. Sie werden zu reinen Heizzwecken auch immer seltener gebaut. Wo sie wegen ihrer besonderen Raumwirkung vornehmlich in herrschaftlichen Häusern heute noch oder wieder eingebaut werden, dienen sie mehr der Raumlüftung.

Die zuvor geschilderten Ofentypen mit direkter Feuerung dienen fast ausschließlich zur Beheizung von kleineren und mittleren Wohn- und Büroräumen. Zur Beheizung von Großräumen, wie Werkstätten, Montagehallen, Lagerhallen, bei denen es weniger auf eine gleichmäßige Temperaturverteilung im Raum ankommt und auch nur mäßige Raumlufttemperaturen verlangt werden, kann die Einzelheizung mit *Luftheizöfen* ausgeführt werden. Derartige Ofentypen weisen

Abb. 27. Kachelofen mit Einsatz.
Links: Ansicht von der Diele; — rechts: Ansicht vom Wohnzimmer.

Wärmeleistungen von 15000 bis 500000 kcal/h auf bei erwärmten Luftmengen von 2000 bis 30000 m³h. Die Großraumöfen können mit Öl-, Gas- oder Kohlenfeuerung betrieben werden. Die Abgaskamine oder Rauchschlote sind über Dach zu führen. Die zu erwärmende Raumluft streicht an den Feuerheizflächen vorbei, wobei Lufttemperaturen über 50°C auftreten. Diese Heißluft hat natürlich die Tendenz, nach oben zu steigen. Die Folge ist ein sehr starker Temperaturunterschied von oben nach unten, der wärmephysiologisch wenig günstig ist, denn hier besteht die Forderung, daß der Temperaturunterschied über Fußboden und in Kopfhöhe nicht über 2,8°C sein soll. Wenn statt des natürlichen Auftriebes die mechanische Luftumwälzung durch einen Fliehkraftlüfter mit abwärts gerichteten Ausblasestutzen gewählt wird, dann kann ein größerer Raumbereich bestrichen und die Temperaturverteilung etwas günstiger gestaltet werden. Auch empfiehlt es sich, nicht zu große Einzelleistungen des Ofens zu nehmen, sondern kleinere und mittlere Typen gut im Raum zu verteilen. Diese Einzelheizung ist wohl billiger als eine Sammelheizung, sie weist aber durch die Größe der zu beheizenden Räume die Nachteile der Einzelfeuerstellen mit überwiegender Konvektionswärmeabgabe verstärkt auf. Der Erfolg einer Heizeinrichtung hängt nämlich nicht nur von einem guten feuerungstechnischen Wirkungsgrad ab, sondern in besonderem Maße von der günstigen Heizwirkung auf den Menschen im Raum.

Schrifttum.

BUSSE, A.: Über die Entwicklung des Dauerbrandküchenherdes. Haustechn. Rdsch.Bd. 44 (1939) S. 250/53.
— Brennstoffausnutzung im Allesbrenner. Haustechn. Rdsch. Bd. 44 (1939) S. 254/56.
BONIN, H.: Über die Sicherung von Holzfußböden unter Eisenöfen gegen Feuergefahr. Wärmewirtsch. Bd. 13 (1940) S. 25/26.
WAL, P. D. van der: Die Leistung von Zimmeröfen für Sammelheizungsanlagen. Gesundh.-Ing. Bd. 63 (1940) S. 341/43.
MARCARD, W.: Die Feuerungstechnik der häuslichen Einzelfeuerstätten. Halle (Saale) 1940.
BONIN, H.: Über das indirekte Prüfverfahren für eiserne Öfen und seine Genauigkeit. Wärmewirtsch. Bd. 13 (1940) S. 69/73.
MULDER, L. L.: Arbeitsweise und Untersuchung von Herden und Öfen. Brennstoff- u. Wärmew. Bd. 22 (1940) S. 129/34.
SCHAEFER, H.: Untersuchungen an Kesselöfen. Wärmewirtsch. Bd. 14 (1941) S. 26/29.
WEIMANN, O.: Der ortsbewegliche keramische Dauerbrandofen nach den Bau-, Güte- und Prüfbestimmungen. Wärmewirtsch. Bd. 14 (1941) S. 41/44.
BOLLE, F.: Der keramische Kleinofen nach den Grundsätzen des Töpfer- und Ofensetzerhandwerks. Wärmewirtsch. Bd. 14 (1941) S. 44/45.
SCHÜLE, W., u. K. PREISENDANZ: Untersuchungen über den Einfluß von Undichtheiten auf Abbrand und Wirkungsgrad eiserner Zimmeröfen. Gesundh.-Ing. Bd. 71 (1950) S. 8/13.
SCHÄFER, H.: Untersuchungen an Kachelgrundöfen. Heizg., Lüftg., Haustechn. Bd. 1 (1950) S. 8/12.
BARLACH, H.: Die Hausbrandfeuerungen. Gesundh.-Ing. Bd. 71 (1950) S. 169/76, 305/09, 343/47 u. 376/78.
GÖHRING, O.: Einzelheizung. Wien 1953.
HENOCH, P.: Berechnung von Kachelöfen und -herden, 2. Aufl. Halle (Saale) 1953.

2,412 Gasheizöfen, Gasstrahler, Gasheizkessel.

Wenn auch ganz allgemein die Vorteile der Gasheizung, wie Sauberkeit des Betriebes, einfache und bequeme Handhabung, jederzeitige Betriebsbereitschaft, hohe Brennstoffausnutzung, große Anpassungsfähigkeit an den jeweiligen Wärmebedarf usw., die weiteste Ausbreitung dieser Heizart für Wohnräume rechtfertigen würden, so stehen ihrer Anwendung in vielen Fällen, vornehmlich bei Dauerheizung und als alleinige Heizmöglichkeit, die verhältnismäßig hohen Gaskosten entgegen, es sei denn, daß die genannten Vorteile im Einzelfall von besonderer oder gar ausschlaggebender Bedeutung sind.

Der heutige Gaseinzelofen kann aber zweifellos wirtschaftlich betrieben werden als Aushilfsheizung in der Übergangszeit, als Gelegenheitsheizung zur schnellen Aufheizung vorübergehend benutzter Räume oder als Zusatzheizung zur Deckung von Spitzenwärmebedarf bei normalerweise mit Koks betriebenen Zentralheizungen. In Badezimmern dienen bisweilen entsprechend gebaute Gasbadeöfen auch zum Heizen der Räume oder es werden besondere kleine Wandgasheizkörper aufgestellt. Trotz des besonderen Vorteils der Gaseinzelheizung bei Wohnungsbeheizung, der, wie oben gesagt, in der guten Anpassung an den für die jeweiligen Tageszeiten notwendigen verschiedenen Wärmebedarf besteht, darf aber nicht unbeachtet bleiben, daß die einwandfreie Abführung der Abgase sowohl im Neubau wie auch im Altbau erhebliche Schwierigkeiten bereiten kann, ganz abgesehen davon, daß der Einzelheizkörper trotz der geschlossenen Verbrennungskammer eine aufmerksamere Beobachtung notwendig macht als ein normaler Zentralheizungskörper. Durch Anwendung von besonderen Baumaterialien, z. B. Asbestzement für die Abgaskamine und sonstige einwandfreie Ausführung und Lage des Kamins, kann der gefürchteten Durchfeuchtung der Kaminwände und dem Rücktritt von Abgasen in den Raum insbesondere bei kalt liegenden Kaminen wirkungsvoll begegnet werden. Die Kosten für einwandfreie Abgaskamine können oftmals einen bestimmenden Einfluß beim Vergleich der Anlagekosten einer Gaseinzelheizung mit denen einer Kokszentralheizung ausüben. Sie dürfen demnach nicht vernachlässigt werden. Wo aus architektonischen Gründen die Unterbringung von Einzelschornsteinen für die Einzelgasheizkörper unmöglich ist, können mehrere Schornsteinabzüge in einem Block zusammengefaßt und die Abgase mittels Lüfter ins Freie befördert werden. Die Anwendung des Lüfterbetriebes bedeutet allerdings wieder eine Erhöhung der Betriebskosten und eine Betriebserschwernis infolge der Abhängigkeit von dem Betrieb des Lüfters.

Die Gaseinzelöfen unterscheidet man nach der Art ihrer Wärmeübertragung. Überwiegend findet der Konvektionsofen (Luftumwälzungsofen) Anwendung, der aus einzelnen, zusammengebauten Gliedern besteht. Die Verbrennungskammer ist geschlossen, wobei die Verbrennungsluft entweder aus dem zu beheizenden Raum durch Öffnungen im Sockel oder von außen zugeführt wird. Die letztere Ausführung dient für feuer- und explosionsgefährdete Räume wie Garagen, Theater, Kinos. Bei den Gasstrahlungsöfen, die gern in Badezimmern aufgestellt werden, wird die Wärme durch die Strahlung glühender Flächen abgegeben. Die Gaskamine (Abb. 28) sind kombinierte Strahlungs- und Konvektionsöfen.

Bei den zuvor genannten Gasraumheizern ist nach der DVGW-TVR Gas 1590 die direkte Wegleitung der Abgase durch die Wand nicht zulässig. Es muß also stets ein Schornstein zur Verfügung stehen. Neuerdings kamen schornsteinlose Gasheizgeräte auf den Markt, bei denen die

Abb. 28. Gaskamin.

Stutzen für Verbrennungsluft und Abgase in einer nach dem Freien angeordneten Wandöffnung liegen. Die äußere Maueröffnung kann durch ein Metallgitter abgeschlossen werden. Dies empfiehlt sich vor allem dann, wenn die Öffnungen in der Hausfront unter 2 m über der Straße liegen. Damit erfolgt also keine Entnahme der Verbrennungsluft aus dem zu beheizenden Raum, und die Möglichkeit des Abgasaustrittes in den Raum infolge von Schornsteinstörungen ist vermieden. Auch unverbranntes Gas kann nicht in den Raum gelangen. Es sind jedoch erst noch Erfahrungen über einen längeren Zeitraum zu sammeln, insbesondere wie sich der wechselnde Winddruck auf die Verbrennung auswirkt. Ob die Außenfront durch die Abgase leidet, muß auch erst noch abgewartet werden.

Die Gasstrahlungsheizung mit einzelnen *Gasstrahlheizern* ist in England und Westeuropa schon seit vielen Jahren in Gebrauch. In Deutschland kam sie erst vor einigen Jahren auf, um sich aber dann rasch zu verbreiten. Der Strahlbrenner als Gasglühkörper besteht aus einem Bunsenbrenner, der sich bei normalem Leitungsdruck seine Verbrennungsluft selbst ansaugt. Das Gasluftgemisch verbrennt an der Oberfläche einer porösen keramischen Katalytmasse, die sich auf 800 bis 900°C erhitzt (Infrarotstrahlung). Dieser von SCHWANK entwickelte Gasstrahler wird als Oberkopfstrahler angeordnet. Die Höhe der Aufhängung und der Abstand der einzelnen Strahler ist im geschlossenen Raum so zu wählen, daß die Wärmeintensität durch Strahlung auf den Kopf des Menschen 15 kcal/m²h nicht übersteigt und die Bodenerwärmung gleichmäßig erfolgt. In ausreichend großen und belüfteten Räumen ist eine Abführung der Abgase in Kamine nur in Sonderfällen erforderlich. Solche Sonderfälle sind z. B. Räume, in denen die Abgase unmittelbar mit kalten Wänden, insbesondere Glasflächen, in Berührung kommen und dadurch Anlaß zur Kondensatbildung geben können. Diese Gasstrahler eignen sich besonders für große Industrie-, Messe- und Aus- stellungshallen, für Kirchen und für gedeckte Freiterrassen bei Kaffeehäusern, Kurhallen und Verkaufspassagen[1].

Der *Gasheizkessel* gelangt nur in Verbindung mit der Warmwasser- oder Dampf- heizung zur Anwendung, die man dann als Gassammelheizung bezeichnet. Diese Sonderkessel für Gasfeue- rung sind in zahlrei- chen Konstruktionen bis zu Wärmeleistungen von 500000 kcal/h zu haben. Daneben benutzt man auch Koksgliederkessel und versieht sie mit Gas- brennern (Abb. 29). Für den Umbau von Koks- kesseln in Gaskessel kom- men nur größere Kessel in Frage, nicht die Klein- kessel. Wenn auch die größere Wirtschaftlichkeit in der Ausnutzung des Gases in der Regel beim Sonderkessel liegt, so ist der Brennereinbau in

Abb. 29. Koksgliederkessel mit Gasbrennereinbau.

Kokskessel billiger und ermöglicht die jederzeitige, verhältnismäßig einfache Umstellung auf Koksbetrieb.

Die Vollbeheizung von Wohnungsgebäuden durch Gaszentralheizung ist in größerem Umfange nur dort zu verwirklichen, wo eine entsprechende Tarif- gestaltung und eine laufende Überwachung der Anlagen es ermöglicht.

Dagegen bietet das Aufstellen von Gaszusatzkesseln für die Übergangszeit und zur Deckung von Heizspitzen in Einfamilienhäusern mit Kokszentralheizung ein Feld wirtschaftlicher Verwendung von Heizgas. Denn bekanntlich sind gerade die Klagen bezüglich Unter- bzw. Überheizungen bei Koksheizungen in der Übergangszeit am größten.

Es empfiehlt sich, den Gaszusatzkessel in seiner Wärmeleistung auf etwa ein Drittel der Hauptkesselanlage für Koks festzulegen.

Ein besonderes Gebiet stellen auch die gasbeheizten Stockwerkszentral- heizungen dar. Sie gleichen den Nachteil der Koks-Stockwerksheizung wieder aus, d. h. sie vermeiden die der Koksheizung eigene Staub- und Aschebildung in der Wohnung.

---

[1] BULNHEIM, H.: Freiplatzbeheizung mit gasbetriebenen Infrarot-Strahlern. Heizg., Lüftg., Haustechn. Bd. 5 (1954) S. 83/86.

Hinsichtlich der Abgaskaminfrage gilt bei der Gaszentralheizung das gleiche wie bei der Gaseinzelofenheizung Gesagte.

Zur Vervollständigung kann kurz noch die verschiedentlich erhobene Frage berührt werden, ob die Gasfernversorgung in Wettbewerb zu der üblichen Städteheizung mittels Dampf oder Warmwasser treten kann. Da die Preise je m³ Gas oder Tonne Dampf bei dieser Entscheidung von erheblichem Einfluß sind, läßt sich diese Frage nicht allgemein, sondern nur für den jeweiligen Fall beantworten. Ganz allgemein muß nochmals gesagt werden, daß die Zweckmäßigkeit und Wirtschaftlichkeit der Gasheizung von zahlreichen Gesichtspunkten, wie Güte der Ausführung, Dauer der täglichen Volleistung, Anordnung von Raumtemperaturfühlern, mittlerer Wintertemperatur usw., abhängen und daß die Bedingungen für die Zweckmäßigkeit an den einzelnen Orten sehr verschieden liegen.

Schrifttum.

BRÜNNERHOFF, R.: Mechanische Absaugung von Abgasen bei Gasheizungsanlagen. Wärmewirtsch. Bd. 12 (1939) S. 45/47.

HERZBERG, F., u. K. SUDFELD: Die Gaseinzelheizung im Rathaus Mügeln. Heizg. u. Lüftg. Bd. 13 (1939) S. 138/39.

SCHÖNBACH, W.: Gasbetriebene Sammelheizungen. Gas Bd. 12 (1940) S. 6/7.

DIETRICH, F.: Die Gasheizung. Halle (Saale) 1940.

BENNERT, A., u. R. BRÜNNERHOFF: Gasbeheizte Wärmestrahler für Aufstellung im Freien. Gas- u. Wasserfach Bd. 83 (1940) S. 472/77.

CASTNER, F.: Neuer Gaskessel für Zentralheizungen. Dtsch. Bauztg. Bd. 74 (1940) S. 497/98.

KÖRTING, J.: Gas als Brennstoff für Zentralheizungen. Gas- u. Wasserfach Bd. 83 (1940) S. 647/49.

BEYER, E. F.: Betriebsergebnisse und Erfahrungen an einer Gaszentralheizung in einem Miethaus. Heizg. u. Lüftg. Bd. 15 (1941) S. 79/81.

KÖRTING, J.: Erfahrungen mit der Gaszentralheizung in einem Einfamilienhaus. Gas- u. Wasserfach Bd. 84 (1941) S. 6/9.

HEFT, F.: Schaltweise, Regelraum und Größe der Kessel bei Gaszentralheizungen. Haustechn. Rdsch. Bd. 46 (1941) S. 363/64.

KÖRTING, J.: Gasheizung. Gesundh.-Ing. Bd. 64 (1941) S. 495/500.

HEFT, F.: Die Regel- und Sicherheitsgeräte einer Gassammelheizung. Haustechn. Rdsch. Bd. 47 (1942) S. 135/36.

STACK, H.: Berechnung der vorteilhaftesten Größe von Gaskesseln bei Wasserheizungen. Gesundh.-Ing. Bd. 66 (1943) S. 1/5.

POSEMANN, F.: Betriebsergebnisse einer mit Gas gefeuerten Zentralheizung und Warmwasserversorgung. Heizg. u. Lüftg. Bd. 17 (1943) S. 9/12.

GROVE, B.: Gasbeheizter Anzünder für Heizkessel und gewerbliche, mit festen Brennstoffen beheizte Feuerstätten. Heizg. u. Lüftg. Bd. 18 (1944) S. 48.

HEFT, F.: Die Bemessung gasgefeuerter Kessel für gewerbliche und industrielle Zwecke sowie für Sammelheizungen nach dem neuesten Stand der Erfahrung. Gesundh.-Ing. Bd. 69 (1948) S. 205/06.

JUNGBLUTH, M.: Die Gas-Einzelheizung. Heizg., Lüftg., Haustechn. Bd. 5 (1954) S. 1/4.

(Weitere Literatur s. u. Abschn. 3,114).

2,413 Elektroheizöfen, -wärmespeicher und -flächenheizung.

Die Vorzüge der elektrischen Wohnraumheizung sind zweifellos nicht gering. Die Bedienungsersparnis, die Rauchlosigkeit, die Bequemlichkeit und der Fortfall von besonderen Brennstoffräumen einerseits sowie der Wegfall der Schornsteine, die wirtschaftlich wichtige, leichte, selbsttätige Regelung und die bei Heizstromentnahme mögliche Verbilligung des sonstigen Stromverbrauchs andererseits lassen diese Heizungsart als geradezu ideal erscheinen.

Jedoch gilt das, was bei der Besprechung der Gasheizung für Wohngebäude bezüglich der begrenzten Verwendbarkeit gesagt wurde, in noch höherem Maße für die elektrische Raumheizung.

Der hohe Wärmepreis für die elektrische Heizung, der auch unter günstig gelagerten Verhältnissen noch das Mehrfache des Wärmepreises von Kokszentralheizungen ausmacht, berechtigt zu der Ansicht, daß die elektrische Vollbeheizung für Wohnungen und Wohnhäuser in absehbarer Zeit die üblichen Heizungsarten kaum verdrängen wird, auch nicht in wasserkraftreichen Ländern. Das ist weiterhin für diese Länder auch dadurch begründet, daß nachgewiesenermaßen der Bedarf an Raumwärme bei weitem nicht durch die aus der Wasserkraft gewinnbaren Strommengen befriedigt werden kann.

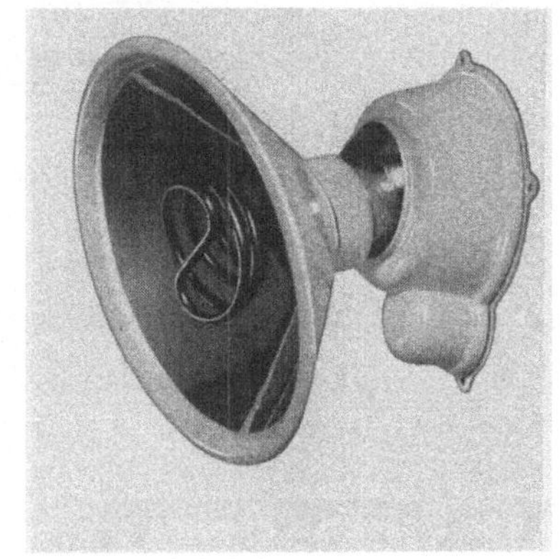

Elektrische Raumheizung erfordert, wenn sie als ausschließliche Heizart verwendet wird, hohe Anschlußwerte. Zudem weist sie stark schwankenden Strombedarf auf und stellt die größten Anforderungen im Winter, wenn die Wasserkräfte am kleinsten sind, weshalb die Elektrizitätswerke kein Interesse daran haben, ihre Verbreitung stark zu fördern.

Abb. 30. Badezimmerstrahler.

Im allgemeinen wird die elektrische Heizung, wirtschaftlich betrachtet, nur als zusätzliche Wohnraumheizung, z. B. für Übergangszeiten, in Frage kommen. Hier kann sie gute Dienste leisten.

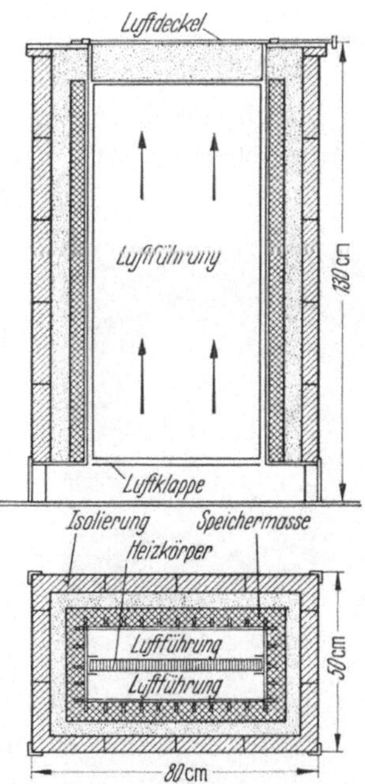

Abb. 31. Elektrischer Gestell-Kachelofen (5 kW) für Schnellheizung und Wärmespeicherung.

Als Heizarten kommen dabei in Betracht: Heizöfen mit unmittelbarer Wärmestrahlung elektrisch geheizter Widerstände (Abb. 30), elektrisch beheizte Wärmespeicheröfen (Abb. 31 a und b), gewöhnliche Warmwasserspeicher an Stelle der sonst üblichen Heizkessel und neuerdings auch die elektrischen Flächenheizungen (Abb. 32).

Die erste Heizart eignet sich wegen des hohen Anschlußwertes und der Kosten nicht für die Beheizung großer Räume, wenn nicht die besonderen Vorteile, wie leichte Versetzbarkeit und Auf- und Abheizen ohne Energieverlust usw., ausschlaggebend sind. Bei neueren Bauarten kleinerer Elektroheizöfen für die Heizung eines einzelnen Raumes in der Übergangszeit wird zur raschen Wärmeverteilung ein Luftpropeller angebracht. Ein derartiges Gerät zeigt die Abb. 33 mit zwei Heizstufen von 1 und 2 kW und vier Drehzahleinstellungen sowie selbsttätiger Temperaturregelung. Die umgewälzte Heizluftmenge beträgt bis 300 m³/h und die Höchstwarmlufttemperatur 50° C. Neben diesen elektrischen Konvektionsöfen sind auch bewegliche Strahlungsschirme aus Sperrholzplatten mit Steckanschluß bekannt geworden[1].

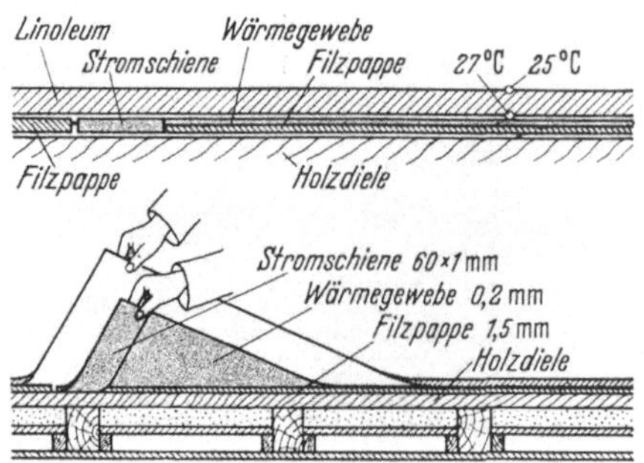

Abb. 32. Speicherarme, elektrische Fußbodenflächenheizung.

Die Wärmespeicherung kann entweder in örtlichen elektrisch geheizten Warmwasserheizkörpern oder besonderen Speicheröfen (Abb. 31), die mit einem Ausschaltthermostat ausgerüstet sein müssen, erfolgen oder bei zentraler Warmwasserheizung in Großspeichern. Letztere Heizart erfordert jedoch höhere Anlagekosten und mehr Raum.

Die Wärmespeicherung kann auf wirtschaftliche Weise nur erfolgen, wenn die Heizstromlieferung des Elektrizitätswerkes außerhalb der Hauptbelastungszeiten, also hauptsächlich zur Nachtzeit, erfolgt.

Eine Schwierigkeit bei den in einzelnen Räumen aufgestellten Speicheröfen liegt in der geringen Regelfähigkeit der Wärmeabgabe und in den meist hohen Installationskosten. Um mit Speicheröfen einwandfreie Verhältnisse erzielen zu können, ist es wichtig, daß sie außer nachts auch tagsüber während 1 oder 1½ Stunden mit billigem Strom nachgeheizt werden können, weil sonst die Raumtemperatur bis zum späteren Abend zu tief sinkt oder sich bei Verwendung von Hochtarifstrom die Kosten übermäßig hoch stellen.

Als elektrische „Flächenheizungen" werden die vereinzelt installierten elektrischen Decken- und Fußbodenheizungen bezeichnet.

Für diese Heizungsart liegen technisch gute

Abb. 33. Elektrisches Heizgerät mit Luftumwälzung.

Lösungen vor, wie elektrisch beheizte Sperrholzplatten als Decken- und Wandvertäfelung, Leichtbauplatten mit Bleimantelheizkabeln oder Heizkabeln mit

____
[1] KRAMER, O.: Sperrholzplatten als Flächenheizkörper. Arch. ges. Wärmetechn. Bd. 2 (1951) S. 97/101.

Bronzeumklöppelung in Kupferrohren[1], die an der Decke angebracht und verputzt werden und die Tapetenheizfolien aus Aluminium. Als Ausführungsart für die Fußbodenheizung werden z. B. dünne Heizgewebe verwendet, die unmittelbar unter dem Linoleum liegen (Abb. 32) und über einen Umspanner Strom mit niedriger, ungefährlicher Spannung erhalten.

Gewisse Vorzüge dieser elektrischen Flächenheizungen, wie keine Korrosionsgefahr, einfache Montage usw., lassen sie aussichtsreich erscheinen. Auch hier sind jedoch die Höhe der Anlage- und Stromkosten von ausschlaggebender Bedeutung. Die zur Zeit vorliegenden Angaben über Wärmeersparnis usw. bedürfen noch weiterer Bestätigung durch Ergebnisse an ausgeführten Anlagen.

In diesem Zusammenhang ist der Hinweis erforderlich, daß für die Wirtschaftlichkeit der elektrischen Wohnraumbeheizung bei den hohen Wärmekosten eine wärmetechnisch günstige Ausbildung der Raumbegrenzungswände und Fenster von besonderer Bedeutung ist. Durch zweckentsprechende Isolierung der Außenwände und Verwendung von Doppelfenstern lassen sich erhebliche Stromeinsparungen erzielen.

In der Schweiz und in anderen Ländern mit bedeutenden Wasserkraftanlagen hat die elektrische Warmwasserbereitung große Verbreitung erlangt, und auch die elektrischen Kochherde machen rasch Fortschritte. Bezüglich der Kosten des Kochens mit Gas und Elektrizität sind weitergehende Untersuchungen angestellt worden. Gleichheit hat sich ergeben, wenn die Kilowattstunde etwa ein Drittel soviel kostet wie 1 m³ Gas. Ferner haben Erhebungen bei über 1100 schweizerischen Familien des Mittelstandes während eines ganzen Jahres bezüglich elektrischen Kochens ohne Warmwasserapparat zu folgenden mittleren Zahlen geführt:

Für Familien von	2	3	4	5	6 Personen
ist der mittlere monatliche Stromverbrauch	84	104	117	128	138 kWh

Wird das warme Wasser statt auf dem Kochherd in einem Warmwasserapparat erzeugt, so verringert sich der Kochstromverbrauch um etwa 15 bis 20%.

Schrifttum.

RICHTER, E.: Neuartiger elektrischer Heizkorper. Heizg. u. Lüftg. Bd. 13 (1939) S. 24.
FISCHMEISTER, V.: Elektrische Raumheizung. Heizg. u. Lüftg. Bd. 24 (1940) S. 49/58.
WIRTH, P. E.: Wärmeausnützung tragbarer elektrischer Raumheizgeräte. Gesundh.-Ing. Bd. 63 (1940) S. 519/21.
MEYSENBURG, H.: Praktische Versuche mit Rohrheizkörpern bei elektrischen Raumheizungsanlagen. Elektrowärme. Bd. 10 (1940) S. 155/59.
FISCHMEISTER, V.: Elektrische Raumheizung auf Schiffen. Elektrowärme Bd. 11 (1941) S. 33/39.
GREWER, H.: Erfahrungen mit elektrischer Fußbodenheizung. Gesundh.-Ing. Bd. 64 (1941) S. 528/32.
HOTTINGER, M., u. A. IMHOF: Die Individualheizung „Thermoflex". Gesundh.-Ing. Bd. 64 (1941) S. 118/21.
KIND, W.: Vom Heizkabel zum Protolithheizrohr. Elektrowärme Bd. 11 (1941) S. 144/45.
ZIEMER, G.: Betriebsergebnisse der elektrischen Heizung in alfolisolierten Wohnräumen. Elektrowärme Bd. 11 (1941) S. 25/32.
FISCHMEISTER, V.: Anwendung der elektrischen Raumheizung. Heizg. u. Lüftg. Bd. 16 (1942) S. 15/20.
PORKS, E. E.: Elektrische Wohnraumheizung in USA. Electr. Engng. Bd. 70 (1951) S. 691 (s. Kurzbericht in Heizg., Lüfgt., Haustechn. Bd. 4 (1953) S. 66).
SCHULZ, W.: Elektrische Raumheizung. Frankfurt a. M. 1953.

---

[1] HOFSTETTER, H.: Deckenstrahlungsheizung mit Heizkabeln. Pro Metal Bd. 3 (1950) S. 713/18.

2,414 Ölheizung.

Die Ölheizung hat besonders in Nordamerika starke Verbreitung gefunden. Die dortigen großen Ölvorkommen und die dadurch gegebene Wirtschaftlichkeit begründen diese umfangreiche Verwendung. Auch in der Schweiz und in Holland kommen die Ölfeuerungen zahlreicher vor, da dort sowohl Öl wie Koks Einfuhrerzeugnisse sind und damit die Wettbewerbsfähigkeit des Öles mit den festen Brennstoffen möglich ist.

In Deutschland werden vielfach die Teeröle aus der heimischen Rohteerherstellung für Ölfeuerung verwendet. Die Mineralöle werden dagegen eingeführt. In Deutschland sind trotz der Entwicklung brauchbarer Brennerkonstruktionen für diese Teeröle, der Einführung der Ölfeuerung doch von vornherein Grenzen gezogen durch den verhältnismäßig geringen Umfang der Ölgewinnung. Eine wirtschaftliche Verfeuerung, selbst unter Verwendung der Teeröle, ist nur dann zu erreichen, wenn die zusätzlichen Einrichtungen der Ölfeuerungen, wie Brenner und Tankanlage, durch einen günstigen Ölpreis in einer Anzahl von Jahren amortisiert werden können und wenn man ferner noch die Vorzüge der Ölfeuerung gegenüber der Kohlenfeuerung mit in die Waagschale wirft. Die Vorzüge der Ölfeuerung sind die rauchlose Verbrennung mit einem guten Wirkungsgrad ohne Abfälle und Rückstände und dadurch Fortfall der Beseitigung und Abfuhr von Asche und Schlacke, die verhältnismäßig geringe Wartung und die leichte Regelfähigkeit mit einer selbsttätigen Regelanlage und damit wirtschaftliche Anpassung an den jeweiligen Wärmebedarf. Soweit

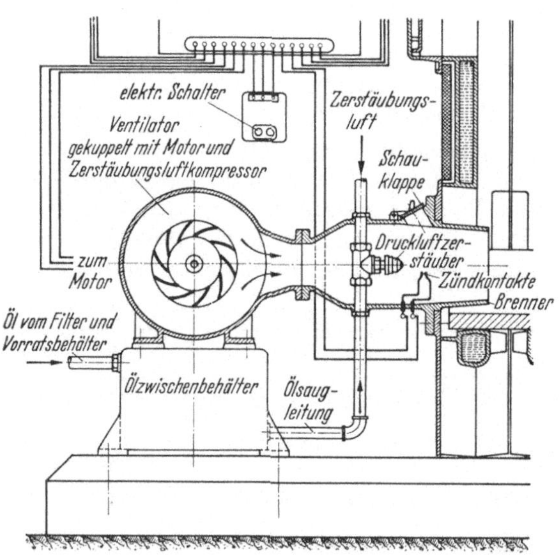

Abb. 34. Schema einer selbsttätigen Ölfeuerung (System Körting) an einem Heizungskessel.

es sich um Wohnungsheizung handelt, muß man beachten, daß die Brenner, Regler und Drucklufterzeuger auf die Dauer eine sachgemäße und aufmerksame Unterhaltung erfordern, besonders bei großen Anlagen, z. B. Sammelheizungen von Häuserblocks und Siedlungen.

Ebenso wie bei der Gasheizung kann die Ölfeuerung auch als Zusatzfeuerung für Spitzenbewältigungen Verwendung finden.

Bei den Ausführungen der Ölbrenner unterscheidet man die Düsen- und die Rotationsbrenner. Beim Düsenbrenner wird das Öl durch eine Düse zerstäubt, wobei die Zerstäubung durch Drucköl oder durch Druckluft erfolgen kann. Die Verbrennungsluft wird durch einen Niederdrucklüfter zugeführt (Abb. 34). Statt der Druckluftzerstäubung findet auch die Dampfstrahlzerstäubung namentlich bei Industrieanlagen oft Verwendung.

Bei den Rotationsbrennern wird das Drucköl beim Austritt aus der Düse durch eine schnell umlaufende Scheibe oder Becher zerstäubt unter gleichzeitiger Luftzufuhr mit einem Lüfter.

Einen größeren mit Ölfeuerung ausgestatteten Dampfkessel zeigt die Abb. 35.

Die Abb. 36 zeigt einen Zimmerölofen, bestehend aus dem doppelten Ofengehäuse, dem hinten angebauten Öltank und dem eingebauten Verdampfungsbrenner.

Abb. 35. Dampf- bzw. Heißwasserheizkessel mit automatischer Ölfeuerung im Flammrohr,
Leistung $3 \cdot 10^6$ kcal/h.

Schrifttum.

GERBER, E.: Der Schalenbrenner und seine Bedeutung in der Heizungstechnik. Schweiz. Bl. Heizg. u. Lüftg. Bd. 16 (1949) S. 89/95.

BAHNÖ, G.: Die Anwendung dicker Öle in Zentralheizungskesseln in Schweden. Installation Bd. 23 (1951) S. 50/56.

LANDFERMANN, C. A.: Vollautomatische Ölfeuerungen für Zentralheizungen. Gesundh.-Ing. Bd. 72 (1951) S. 109/11.

SCHILLING, K.: Kurzer Querschnitt durch das Gebiet der heutigen Ölfeuerungstechnik. Installation Bd. 23 (1951) S. 188/94.

BOERNSEN, H. A.: Die Ölfeuerung als Heizquelle. Verden-Aller 1952.

WINKELMANN, H.: Gebläselose Heizölfeuerungen für Zentralheizungskessel. Heizg., Lüftg., Haustechn. Bd. 4 (1953) S. 198.

FRIEDRICH, H.: Ölbrenneranlagen für Kleinkessel. BWK Bd. 5 (1953) S. 85/87.

2,42 Sammelheizung.

Bei der (Zentral- oder) Sammelheizung werden die wärmeerzeugenden Energien, wie Kohle, Öl, Gas oder Elektrizität, nicht mehr unmittelbar in den zu beheizenden Räumen verfeuert. Die Verbrennungs- bzw. Elektrizitätswärme wird in einer Heizkesselanlage auf die Heizmedien Dampf, Wasser oder Luft, auch

Frigen 11 (Monofluortrichlormethan)[1] übertragen. Dies geschieht in einem besonderen Heizraum oder Kesselhaus. (Der Heizkessel dient bei Stockwerksheizungen gelegentlich auch zur Raumerwärmung, wenn er in der Küche oder im Flur aufgestellt wird.) Von der Heizkesselanlage aus wird dann das Heizmedium in Rohrleitungen, bei Luft auch in Kanälen zu den örtlichen Heizflächen oder zu den Warmluftaustrittsöffnungen geführt, wobei die Fortleitung durch die dem Wärmeträger innewohnende eigene Energie geschieht oder mittels elektrischen Stromes als Fremdenergie für den Motor einer Umwälzpumpe bzw. eines Fliehkraftlüfters. Ein weiteres kennzeichnendes Merkmal der Sammelheizung ist also die Zwischenschaltung eines Wärmeträgers mit anschließender Verteilleitung nach einem oder mehreren zu beheizenden Räumen.

2,421 Niederdruckdampfheizung.

Die Niederdruckdampfheizung war vor und noch zu Beginn dieses Jahrhunderts die verbreitetste Heizungsart. Sie liegt in den Anschaffungskosten zwischen der Luft- und Warmwasserheizung. Ebenso wie die Luftheizung weist sie eine geringe Wärmeträgheit auf und ermöglicht daher ein rasches Aufheizen der Räume. Dies sichert ihr auch heute noch bestimmte Heizaufgaben, insbesondere für Gebäude mit täglich kurzzeitiger oder gelegentlicher Benutzung, bei denen die der Sattdampftemperatur entsprechende hohe Oberflächentemperatur der Heizfläche sich hygienisch nicht störend bemerkbar macht. In Deutschland darf der Dampfdruck nur bis 0,5 atü (110,8°C) betragen, wenn die Niederdruckdampf-

Abb. 36. Ölofen mit gußeisernem, braun emailliertem Mantel mit angebautem Öltank und Zugregler.

kessel nicht unter die Aufsichtspflicht des Technischen Überwachungsvereins (TÜV) fallen sollen. Die Sicherung gegen die Überschreitung des Höchstdruckes erfolgt durch das Sicherheitsstandrohr (DIN 4750) mit einer dem Dampfdruck entgegenwirkenden unverschlossenen Wassersäule in einem U-Schenkelrohr. Die Unterbringung des Standrohres, das eine Höhe von 5 m bis 0,5 atü Dampfdruck aufweisen muß, bereitet meistens bei den gegebenen Höhen des Heizraumes und des Kellergeschosses bauliche Schwierigkeiten. Mit dem mehrschenkligen Standrohr kann man die Schwierigkeit umgehen, jedoch ist man dessen einwandfreier Funktion nie ganz sicher, wenn der Heizbetrieb nicht in erfahrenen und zuverlässigen Händen liegt. In den vergangenen Jahren lag das Bestreben vor, den konzessionsfreien Dampfdruck unter Verwendung eines Sicherheitsventils auf 1 atü zu erhöhen. Doch neuerdings wird dieser Gedanke nicht mehr ernstlich verfolgt, wohl dadurch, daß man bei den Fabrikheizungen, die früher fast durchweg Dampfheizungen erhielten, jetzt mehr und mehr zur Heißwasserheizung übergeht, die sich durch Veränderung der Heizwassertemperaturen generell regeln läßt, d. h. der jeweilig herrschenden Außentemperatur anpaßt. Die Bemessung einer Niederdruckdampfheizung für einen bestimmten Dampfdruck verlangt dessen Einhaltung während der ganzen Heizperiode, und damit bleibt bei allen Außentemperaturen auch die Heizflächentemperatur auf gleicher Höhe. Dadurch wird der Heizbetrieb unwirtschaftlich. Wohl vermag man durch stoßweises Heizen und Abschalten von örtlichen Heizflächen diesem

---

[1] Für Heiz- und Kühlzwecke bei Deckenstrahlungsheizungen. Siedetemperatur + 24°C.

Nachteil etwas entgegenzuwirken, doch unter Inkaufnahme einer ständigen Beobachtung der Heizkesselanlage und der Raumtemperaturen. Jahrzehntelange Bemühungen, die Niederdruckdampfheizung in gewissen Grenzen in der Wärmeabgabe durch Teilbeaufschlagung der Heizflächen und unter Luftbeimischung zu
regeln, hatten wenig praktischen Erfolg. Der Aufwand an Apparaten, Spezial-
ventilen und größeren Rohrabmessungen durch die Druckverringerung erhöhen
die Anlagekosten bei den sogenannten Milddruckdampfheizungen und Dampf-
luftgemischheizungen nahe an die der Warmwasserheizung, jedoch ohne deren
heiztechnische und wirtschaftliche Vorteile sowie Betriebssicherheit auch nur
annähernd zu erreichen.

Es ist dann schon die Vakuumdampfheizung vorzuziehen, die mit Dampfdrücken unter Atmosphärendruck arbeitet und deren Unterdruck durch eine
Vakuumpumpe hergestellt wird. Sie läßt sich auf Heizflächentemperaturen von
60 bis 100°C einstellen. Doch fand sie auf dem europäischen Kontinent wenig
Verbreitung. Gebäudehöhen über 40 m lassen die Verwendung von üblichen
Gußheizkörpern bei der Warmwasserheizung aus Festigkeitsgründen nicht mehr
zu. Der zusätzliche statische Wasserdruck fällt aber bei der Vakuumdampfheizung fort. Doch ist nicht zu verkennen, daß ein Unterdruckheizsystem an die
Sorgfältigkeit der Montage und Dichtheit der Verbindungen höhere Ansprüche
stellt als ein Überdruckheizsystem.

Die Niederdruckdampfheizung wird sich dort halten, wo sie nicht zu aus-
gedehnt wird und als Heizmittel für die Luftheizung auftritt. Bei geringerer Ausdehnung der Heizungsanlage kommt man mit Dampfdrücken von 0,05 bis 0,1 atü
zurecht. Hier lassen sich dann die Entwässerungsschleifen der Dampfstränge in
den Kellergeschossen gut unterbringen. Bei höherem Dampfdruck muß die Entwässerung mit Dampfwasserableitern oder Kondenstöpfen erfolgen, die je nach
dem Konstruktionsprinzip doch mehr oder weniger einer gewissen Pflege und
Überwachung bedürfen.

Schrifttum.

GRELLERT, M.: Mehrschenklige Sicherheitsstandrohre für ND-Dampfkessel nach DIN 4750.
    Haustechn. Rdsch. Bd. 44 (1939) S. 299/303.
KÖRTING, J.: Die Ausführung des Luftumwälzverfahrens bei Niederdruckdampfheizungs-
    anlagen. Haustechn. Rdsch. Bd. 44 (1939) S. 407/11.
GRÖBER, H.: Die allgemeine Regelung der Niederdruckdampfheizung. Heizg. u. Lüftg. Bd. 14
    (1940) S. 1/4.
SZOMBATHY, M.: Das Äquicalorsystem zur allgemeinen Regelung der Niederdruckdampf-
    heizung. Heizg. u. Lüftg. Bd. 14 (1940) S. 121/25.
SCHMITZ, J.: Geschlossene Niederdruckdampfheizung. Heizg. u. Lüftg. Bd. 14 (1940) S. 126.
HÜNLICH, FR.: Die Kondensatheizung. Gesundh.-Ing. Bd. 63 (1940) S. 330/34.
MAREL, A. v. d.: Die regelbare Niederdruckdampfheizung. Gesundh.-Ing. Bd. 63 (1940)
    S. 437/41.
ZELLER, G.: Die unterbrochene Kondensat-Rückführung bei Heizungsanlagen. Wärme (Techn.
    Überwachg.) Bd. 2 (1941) S. 65/69.
SCHILLING, H.: Über die Niederschlagswasserförderung durch Unterdruck. Gesundh.-Ing.
    Bd. 65 (1942) S. 65/66.
POSEMANN, F., u. K. SCHULTZE: Erhöhung des Abblasedruckes bei überwachungsfreien
    Niederdruckdampfkesselanlagen. Heizg. u. Lüftg. Bd. 16 (1942) S. 53/56.
KOLBE, H.: Beachtliches bei der unterbrochenen Kondensat-Rückspeisung. Heizg. u.
    Lüftg. Bd. 16 (1942) S. 151/52.
STAMM, A.: Einfacher oder doppelter Kesselanschluß der Dampfleitungen für gußeiserne
    Niederdruckdampfkessel. Gesundh.-Ing. Bd. 65 (1942) S. 235/37.
KALDENHOFF, R.: Einige Grundfragen sparsamer Kondensatwirtschaft. Arch. Wärmew.
    Bd. 24 (1943) S. 119/22.
MAREL, A. v. d.: Die generelle Regelung der Dampfheizungen. Gesundh.-Ing. Bd. 70 (1949)
    S. 357/61.

2,422 Hochdruckdampfheizung.

Da die Niederdruckdampfheizung mit 0,5 atü gesetzlich begrenzt ist, wären darüberliegende Dampfdrücke in heiztechnischer Auffassung bereits als Hochdruckdampf anzusehen. Es ist in der Kraftwirtschaft üblich, einen Druck von etwa 2 bis 6 atü als Mitteldruckdampf und darüber als Hochdruckdampf zu bezeichnen. Hoch- und Höchstdruckdampf (mit Drücken über 50 atü) sind fast ausschließlich der Kraftwirtschaft vorbehalten.

Bei der Hochdruckdampfheizung wird der Dampf mit dem Kesseldruck entweder unmittelbar zu Heizzwecken verwendet oder unter Zwischenschaltung eines Druckminderventils vor Eintritt in die Raumheizung auf einen niedrigeren Druck entspannt. Die Hochdruckdampfheizung ergibt wegen der hohen Dampftemperaturen und des geringen Dampfvolumens dünne Rohrleitungen und kleine Heizflächen, also niedrige Anlagekosten, und ermöglicht im gleichen Raum auch die Beheizung von Apparaten für die Fertigung. Von Nachteil sind: die über 100°C liegenden Oberflächentemperaturen der Heizkörper, die damit zusammenhängende besonders starke Staubversengung, die bei nicht einwandfreier Luft- und Kondensatabführung vornehmlich während des Anheizens oft auftretenden starken Wasserschläge, die nicht unerheblichen Wärmeverluste durch den Betrieb mit älteren Kondenstöpfen und die Zerstörungen an den Kondensleitungen, die auf die Dauer nur schwer vermeidbar sind. Als Heizflächen für Hochdruckdampf können Stahlhochdruckradiatoren, glatte Heizrohre, Konvektoren und Strahlplatten in Frage kommen. Die früher in Fabriken für Raumheizzwecke üblichen Hochdruckdampfheizungen mit Rippenrohren werden heute kaum noch angewendet.

In Anbetracht der hohen Kohlenpreise, die nicht zuletzt darauf zurückzuführen sind, daß die Kohle auch als Rohstoff für die chemische Industrie neben ihrer bisherigen Aufgabe als Brennstoff verwendet wird, steht heute der wirtschaftliche Heizbetrieb im Vordergrund und nicht mehr die reinen Anlagekosten. Es ist auch kaum notwendig, darauf hinzuweisen, daß die Eigenstromerzeugung in vielen Fabrikbetrieben der ausgesprochenen Industrieländer zugunsten des Bezuges elektrischer Energie aufgegeben wurde. Es entfällt damit die Kraftwärmekupplung, die heute mehr und mehr zu einer Aufgabe der größeren Elektrizitätswerke wird. Eine Ausnahme bilden industrielle Großbetriebe mit starkem Kraft- und gleichzeitigem Industriewärmebedarf, bei denen im Winter die Dampfabgabe für Raumheizzwecke entweder durch Abdampf mit gegebenenfalls Frischdampfzusatz, durch Zwischendampfentnahme oder durch Vakuumdampf erfolgt. Aber auch hier wird man den Hochdruckdampf in Heißwasser umformen oder nur die Fernverteilung mit Dampf betreiben und in den einzelnen Gebäuden die Umformung in Heiß- oder Warmwasser vornehmen, wenn man nicht dampfbeheizte Wandluftheizapparate oder Strahlplatten in den Werkhallen als örtliche Heizflächen anordnet. Bei den Städteheizungen geschieht heute noch überwiegend die Wärmefortleitung in Hochdruckdampfnetzen.

Zusammenfassend kann man also sagen, daß bei Großheizanlagen für Siedlungen, Kasernen und Fabriken vorwiegend nur noch die Heizkesselanlage mit Hochdruckdampf betrieben und der Dampf dann in Heißwasser umgeformt wird. Dies kann mit Gegenstromapparaten, bei denen Dampf und Heizwasser getrennt bleiben oder mit Kaskaden, in denen sich Dampf und Heizwasser mischen, geschehen. Nicht unerwähnt darf hierzu bleiben, daß die Entwicklung aber auch hier zu einer Ablösung des Hochdruckdampfkessels durch den Großheißwasserkessel führt.

Bei der Ausführung von Hochdruckdampfnetzen ist vor allem auf gute Entwässerung, Lagerung und Längenausgleich der Rohrleitung zu achten. Der Hochdruckdampffortleitung kann man eigentlich wenig Ungünstiges nachsagen, die Schwierigkeiten bringt erst die Kondensatwirtschaft mit sich.

Im Hinblick auf die Wirtschaftlichkeit ist es wichtig, daß das aus den Heizkörpern abfließende Kondensat in die Kessel zurückgeleitet wird, weil infolge seiner hohen Temperatur beträchtlich an Brennstoff gespart werden kann und zudem, weil es kalkfrei ist, wodurch die Kessel geschont werden.

Ist selbsttätiges Zurückfließen des Wassers in die Kessel oder ein zentraler Speisewasserbehälter der Geländeverhältnisse wegen unmöglich oder fallen dabei die Leitungsdurchmesser unwirtschaftlich groß aus, so kann Sammlung an einzelnen Stellen und Zurückpumpen in Frage kommen.

Muß das Wasser vom Sammelbehälter in die Kessel gespeist werden, so ist eine sicher wirkende, selbsttätige Speisevorrichtung vorzusehen. Zur Sicherung ist eine zweite Vorrichtung mit anderer Betriebsart aufzustellen. Zum Beispiel kommen eine elektrisch betätigte Kreisel- und daneben eine Dampfpumpe in Frage.

Die aus dem Speisewasserbehälter entweichenden Wrasen sind für Gebrauchs- oder Speisewassererwärmung oder einen anderen Zweck nutzbar zu machen.

Die meisten amerikanischen Städteheizungen verzichten jedoch auf die Kondensatrückleitung, was natürlich die Gesamtwasseraufbereitung des Kesselspeisewassers und nicht nur die des Zusatzwassers durch Verdampfungs- und Undichtigkeitsverluste erforderlich macht.

Wieweit ein neuerer Versuch, Hochdruckdampf nicht nur als Heizwärme, sondern auch als hauswirtschaftliche Wärmeenergie (für Koch- und Backzwecke) zu verwenden, sich wirtschaftlich als tragbar erweist, ist abzuwarten. In diesem Falle tritt der Hochdruckdampf mit dem Gas in Wettbewerb.

Schrifttum.

Schröder, K.: Einfluß des Energiebedarfes auf Planung und Gestaltung von Dampfkraftwerken. Arch. Wärmew. Bd. 22 (1941) S. 205/09.

Schiel, H., u. K. Schulrus: Hochdruckdampf in einer Papierfabrik. Arch. Wärmew. Bd. 22 (1941) S. 229/31.

Hendriks, E.: Die Wahl der Vorlauftemperatur von Heizkraftwerken im Hinblick auf den Stahl- und Kohlenbedarf. Heizg. u. Lüftg. Bd. 16 (1942) S. 4/5.

Ranzi, L.: Industrieheizkraftwerke. Gesundh.-Ing. Bd. 65 (1942) S. 37/40.

Hendriks, E.: Betriebsergebnisse eines neuzeitlichen Industriekraftwerkes. Arch. Wärmew. Bd. 23 (1942) S. 33/37.

Lang, M.: Zum Problem der industriellen Kreislaufheizungen. Heizg., Lüftg., Haustechn. Bd. 4 (1953) S. 43/45.

2,423 Warmwasserheizung.

Die Warmwasserheizungen haben den Vorteil der milden Wärmeabgabe sowohl bei der Konvektions- wie Strahlungsheizung, der guten Anpassungsfähigkeit an den schwankenden Wärmebedarf in Abhängigkeit von der jeweils herrschenden Außentemperatur und damit Wirtschaftlichkeit, der einfachen Anlage, der geringen Überwachungsnotwendigkeit und der Betriebssicherheit.

2,4231 Stockwerksheizung. Bei der Warmwasserheizung für eine Etagenwohnung stehen zumeist Heizkessel und Heizkörper auf der gleichen Höhe. Der Heizkessel wird entweder in der Küche, auf der Diele, im Treppenflur oder einem untergeordneten Raum aufgestellt, bisweilen aber auch, wie bei den sogenannten Kleinstwohnungen (Zwei- und Dreizimmerwohnungen), im Wohnzimmer. In letzterem Falle wird er oft auch mit einem Kachelmantel umgeben oder äußerlich als Kachelofen ausgebildet. Aus hygienischen und Annehmlichkeitsgründen soll die Bedienung aber nicht vom Wohnzimmer, sondern von der Küche, vom

Wohnungsflur oder von der Diele aus erfolgen können, was zudem den Vorteil hat, daß diese Räume durch die warm werdenden Vorsetzplatten miterwärmt werden. Oft wird der Heizkessel auch in Verbindung mit dem Kochherd gebracht, was aber nicht zu empfehlen ist, weil der Wärmebedarf für die Heizung und der für das Kochen weder der Zeit noch der Menge, noch der Temperaturhöhe nach übereinstimmen und die Herdkessel deshalb normalerweise mit ungünstigen Wirkungsgraden arbeiten.

Nicht selten werden auch die Kessel der einzelnen Stockwerksheizungen eines Miethauses im Keller aufgestellt. Hierdurch lassen sich die wesentlichen Vorzüge der gemeinsamen Sammelheizung mit denen der Stockwerksheizung vereinigen und die mit der Stockwerksheizung noch verbundenen Nachteile, wie Schmutz- und Geräuschbildung in der Wohnung, Verlegung sämtlicher Verteilungsleitungen in der Wohnung usw. vermeiden. Immerhin haften aber auch der Heizkesselaufstellung im Keller einige Unvollkommenheiten an, die hauptsächlich in der etwas umständlicheren Überwachung, in der Schaffung mehrerer abschließbarer Kessel- und Brennstoffräume im Keller und im höheren Anschaffungspreis liegen.

Eine weitere Besonderheit in der Ausführung der Stockwerksheizungen stellen die Anlagen mit hochliegenden Rückläufen dar. Sie kommen in solchen Fällen in Frage, wo die Rücklaufleitungen wegen der geringen Fußbodendicke und nicht zu umgehender Unterzüge nicht im Fußboden oder an der Decke des darunterliegenden Geschosses verlegt werden können und wo eine Belästigung des darunter wohnenden Mieters vermieden und schließlich die gesamte Wärmeabgabe der Leitungen der eigenen Wohnung nutzbar gemacht werden soll. Besondere Bedeutung besitzt diese Ausführung auch für den Einbau von Stockwerksheizungen in vorhandene Gebäude, wenn bauliche Nebenarbeiten weitgehendst vermieden werden müssen (z. B. das Aufnehmen des Fußbodens), zumal bei einwandfreier Ausführung derartige Anlagen sich schnell und sicher erwärmen, auch wenn es sich um umfangreichere Anlagen handelt, die man aber dann doch besser mit einer kleinen Umwälzpumpe in der Rohrleitung versieht. Der Kraftbedarf einer solchen Pumpe ist nicht viel höher als der einer Glühbirne.

2,4232 Schwerkraftwarmwasserheizung. Bei einer Temperaturdifferenz des Heizwassers von $20°C$ zwischen Kesselvorlauf ($90°C$) und Kesselrücklauf ($70°C$) stehen rd. 12,5 mm WS (kg/m^2) je 1 m Gebäudehöhe ab Kesselmitte an natürlicher Schwerkraftwirkung durch den Gewichtsunterschied der beiden Wassersäulen zur Verfügung. Dieser Druck reicht bis zu mittleren Gebäudegrößen aus, um in deren Warmwasserheizungsanlagen das Heizwasser selbsttätig umlaufen zu lassen. Die Wassergeschwindigkeit ist dabei verhältnismäßig gering (bis etwa 0,1 m/sek), und dadurch werden bei größeren Heizanlagen die Rohrdurchmesser dick, der Wasserinhalt nimmt zu, und die Zeit des Anheizens verlängert sich. Hohe und im Grundriß nicht zu ausgedehnte Gebäude stellen sich bei Schwerkraftbetrieb günstiger als niedrige und ausgedehnte Gebäude. Die Verteilleitungen als Vor- und Rücklaufleitungen vom Kessel ab zu den einzelnen Strängen, an denen die Heizkörper hängen, können entweder gemeinsam im Kellergeschoß oder die Vorlaufleitung im Dachgeschoß und die Rücklaufleitung im Kellergeschoß verlegt werden. Die erstere Ausführung ist die Warmwasserheizung mit unterer Verteilung und die letztere die mit oberer Verteilung. Die obere Verteilung hat den Vorteil, etwas rascher beim Anheizen in Zirkulation zu kommen, was jedoch durch etwas größere Wärmeverluste, insbesondere wenn die Vorlaufleitung im Dachboden verlegt ist, erkauft wird. Die Anlage mit oberer Verteilung füllt und entleert sich auch etwas rascher durch die bessere Ent- und Belüftung, was jedoch praktisch keine wesentliche Bedeutung hat.

Die Bevorzugung der Flachdächer ließ die Anwendung der oberen Verteilung zurückgehen, da die Vorlaufleitung im obersten Geschoß verlegt werden muß und ein Aufbau für die Unterbringung des Ausdehnungsgefäßes erforderlich wird.

Bei oberer Verteilleitung ist mit dem Einrohrsystem die Möglichkeit gegeben, statt jeweils getrenntem Vor- und Rücklaufstrang als Zweirohrsystem, nur einen Fallstrang mit den Heizkörperanbindungen auszuführen. Die obere Verteilung ist etwas teurer als die untere Verteilung und das Einrohrsystem ebenfalls. Das Einrohrsystem erfordert wohl weniger Rohr, doch wird der Rohrstrang dicker, und die Heizkörper sind zu vergrößern, da sie im Nebenschluß am Strang liegen, d. h. das Vorlaufheizwasser mischt sich teilweise mit dem Rücklaufwasser des Heizkörpers und fließt dann mit etwas geringer Temperatur dem darunter befindlichen Heizkörper zu. Ist das Gebäude sehr hoch, dann sind die Heizflächen in den unteren Stockwerken wesentlich zu verstärken. Nachteilig ist, daß bei Absperrungen oberer Heizkörper die unteren teilweise hiervon mit betroffen werden. Werden die Rohrleitungen auf der Wand verlegt, dann sieht die Einrohrwarmwasserheizung bei nicht zu dickem Strang eleganter aus. Man kann sagen, daß die Frage, ob Ein- oder Zweirohrsystem, obere und untere Verteilung, weitgehendst von der Gebäudeart ausgehend zu beantworten ist, also z. B. Flachdach oder Giebeldach, Anzahl der Stockwerke, Altbau mit Kreuzgewölben, mit oder ohne Kellergeschoß und auch evtl. erforderlicher Kellergeschoßbeheizung.

Die Warmwasserheizung steht mit der Atmosphäre durch das am höchsten Punkt der Anlage anzuordnende Ausdehnungsgefäß in unmittelbarer Verbindung. Die Höchsttemperatur des Heizwassers ist deshalb durch dessen Siedepunkt bei der gegebenen statischen Druckhöhe im Heizsystem begrenzt. In höheren Gebirgslagen sinkt die zulässige Höchstwassertemperatur[1]. Die statische Druckhöhe durch die Wassersäule (WS) im Heizsystem wird durch die Festigkeit der Heizkessel und Heizflächen begrenzt, die bei üblichen Großkesseln und gußeisernen Radiatoren etwa 50 m beträgt.

Warmwasserheizungen soll man aus Betriebsgründen stets mit einer zentralen Entlüftung ausführen, die bei oberer Verteilung von selbst gegeben ist. Bei unterer Verteilung sind die oberen Strangenden des Vorlaufes durch eine Sammelentlüftungsrohrleitung zusammenzufassen, da sich im frischgefüllten System doch immer noch Luft durch die Erwärmung ausscheidet, die ohne zentrale Entlüftung vorher mitzirkulierende Heizkörper erkalten läßt. Mit Entlüftungshähnchen oder Entlüftungsstopfen an den obersten Heizkörpern kann man wohl eine örtliche Entlüftung vornehmen, die jedoch durch die vielen Entlüftungen wenig vorteilhaft ist, zumal bei Unvorsichtigkeit in der Bedienung noch Wasser ausspritzt.

2,4233 Pumpenwarmwasserheizung. Verzichtet man bei der Warmwasserheizung auf den natürlichen Wasserumlauf durch Schwerkraftwirkung und bewerkstelligt den Umlauf durch eine Elektrokreiselpumpe, dann hat man die Pumpenwarmwasserheizung, die sich erst entwickeln konnte, als derartige Pumpenaggregate zuverlässig im Betrieb und billig in der Anschaffung zu haben waren.

Heute sind auf dem Markt kleinste Pumpensätze für geringe Wassermengen und Förderdrücke, deren Stromaufnahme nicht höher als die einer Glühbirne von 75 bis 100 Watt ist, so daß man auch die Stockwerkswarmwasserheizung damit betreibt. Je höher man den Pumpendruck zuläßt, desto kleiner werden die

---

[1] HOTTINGER, M.: Einflüsse der Höhenlage auf die Berechnung von heiz- und lufttechnischen Anlagen. Gesundh.-Ing. Bd. 64 (1941) S. 29/36 u. 46/51. — M. JUNGBLUTH: Die Wärmeabgabe der Radiatoren in Höhenorten. Heizg., Lüftg., Haustechn. Bd. 2 (1951) S. 204.

Rohrweiten, jedoch sollte man mit der kleinsten Dimension nicht unter $^1/_2''$ Rohr gehen, da die Erfahrungen mit $^3/_8''$ Anschlüssen nicht durchweg gut waren, zumal wenn diese Rohrleitungen geschweißt wurden. Rohrleitungs- und Heizkörperschmutz, Rostabblätterungen durch Flächenkorrosion und Schweißperlen verengten die schon engen Rohrleitungen noch mehr. Die Entlüftung ließ zu wünschen übrig. Diese kaum völlig vermeidbaren Beeinträchtigungen wirken sich bei stärkeren Anbindungen der Heizkörper nicht so unangenehm aus.

Der Pumpenumtrieb beschleunigt den Anheizvorgang, vermindert die Wärmeverluste der Rohrleitungen, ermäßigt (bei größeren Anlagen) die Anlagekosten, läßt eine freiere Rohrführung zu, macht die Anlage funktionssicherer, und die Rohrstränge wirken durch die kleineren Weiten bei der Verlegung vor der Wand ästhetischer.

Nachteile sind die zusätzlichen Stromkosten und ein evtl. Überkochen der Anlage bei Stromunterbrechung. Wenn man den Förderdruck durch eine Anfangswassergeschwindigkeit im Rohrnetz von 1,0 bis höchstens 1,5 m/sek nicht unnötig hoch wählt, spielen die Stromkosten im Vergleich zu den Brennstoffkosten keine wesentliche Rolle, zumal ja, wie zuvor gesagt, die Wärmeverluste der Rohrleitungen geringer werden und durch die kürzere Anheizzeit auch Brennstoff gespart wird.

Die neuzeitlichen Strahlungsheizungen als Rohr- oder Lamellendeckenheizungen sind bei größeren Anlagen nur mit Pumpenumtrieb möglich.

Die Umwälzpumpe kann in einem Heizsystem sowohl im Vor- wie auch Rücklauf angeordnet werden. Die sich hieraus ergebenden Druckverhältnisse im System werden durch den Pumpendruck, die Anschlüsse der Ausdehnungsleitungen am Ausdehnungsgefäß und den Abstand vom obersten Heizkörper bis zum Ausdehnungsgefäß bestimmt. Bei Außerachtlassung der Druckverhältnisse im Heizsystem kann gegebenenfalls ein Leersaugen des Ausdehnungsgefäßes und der oberen Heizkörper eintreten oder ständig Wasser in das Gefäß gepumpt werden, das sich bei freiem Auslauf dann mit Luft (Sauerstoff) anreichert. (Das Ausdehnungsgefäß soll der Einfriergefahr wegen durch Wasserumlauf nur mäßig erwärmt werden, nicht aber lebhaft am Umlauf teilnehmen, um dem Sauerstoff der Luft nicht die Möglichkeit zu geben, durch Oberflächenadsorption in das Wasser zu diffundieren und weiter getragen zu werden.)

Schrifttum.

WIERZ, M.: Theorie und Berechnung der Einrohrwarmwasserheizung. Heizg. u. Lüftg. Bd. 13 (1939) S. 133/36.

SCHIFRINSON, B. L.: Theorie der technisch-wirtschaftlichen Berechnung von zentralen Warmwasserheizanlagen mit Pumpenbetrieb. Gesundh.-Ing. Bd. 63 (1940) S. 527.

LIER, M.: Nachträglicher Einbau von Pumpen in bestehende Schwerkraft-Warmwasserheizungen. Schweiz. Bauztg. Bd. 116 (1940) S. 243/44.

SUTER, W. H.: Bedeutung und Berechnung der Temperaturannahme im Leitungsnetz von Warmwasserheizungen. Gesundh.-Ing. Bd. 64 (1941) S. 35/36.

THÜSING, H.: Die Temperatur- und Leistungsverhältnisse in Pumpenwarmwasser- und Heißwasserheizungen. Gesundh.-Ing. Bd. 64 (1941) S. 143/48.

LANGE, K.: Richtige Berechnung der Stockwerkswarmwasserheizungen. Gesundh.-Ing. Bd. 64 (1941) S. 255/57.

MAREL, A. v. d.: Erwärmung des Rücklaufwassers bei Stockwerksheizungen mit hochliegendem Rücklauf. Gesundh.-Ing. Bd. 64 (1941) S. 285/87.

RANZI, L.: Die Heizwassertemperaturen der Warmwasserheizungen. Gesundh.-Ing. Bd. 64 (1941) S. 423/30.

HOTTINGER, M.: Die Heizwassertemperaturen von Wasserheizungen. Schweiz. Bl. Heizg. u. Lüftg. Bd. 9 (1942) S. 67/82.

SCHENK, E.: Der wirtschaftliche Pumpendruck für Rohrleitungen von Pumpenwarmwasser- und Heißwasserheizungen. Gesundh.-Ing. Bd. 65 (1942) S. 213/19.

WILFFERODT, F.: Schwerkraftleistung einer Pumpenheizung. Gesundh.-Ing. Bd. 65 (1942) S. 318/20.

HÜNLICH, F.: Die Verhütung von Strömungen in Luft- und Sicherheitsleitungen. Gesundh.-Ing. Bd. 65 (1942) S. 405/09.

STAMMINGER, W.: Die Pumpen-Warmwasserheizung, 3. Aufl. Halle (Saale) 1942.

SCHEINEMANN, W.: Der Antrieb von Umwälzpumpen bei Wasserheizungen. Heizg. u. Lüftg. Bd. 17 (1943) S. 45/55.

SCHUCK, J.: Einfluß der lichten Weiten der Kesselanschlüsse auf die Wirkung der Schwerkraft-Wasserheizungen mit mehr als einem Kessel. Gesundh.-Ing. Bd. 66 (1943) S. 59/61.

THÜSING, H.: Die Temperatur- und Leistungsverhältnisse in Schwerkraftwarmwasserheizungen. Gesundh.-Ing. Bd. 66 (1943) S. 161/63.

— Abhängigkeit der Vorlauftemperatur von der Raum- und Außentemperatur bei Schwerkraftwarmwasserheizungen. Gesundh.-Ing. Bd. 67 (1944) S. 91/92.

THIESENHUSEN, H.: Wie stehen wir heute zur Pumpen-Warmwasserheizung? Gesundh.-Ing. Bd. 69 (1948) S. 345/50.

BERGMANN, A.: Ein Beitrag zur Berechnung von Stockwerksheizungen. Gesundh.-Ing. Bd. 70 (1949) S. 53/55.

WEBER, A. P.: Der Umtriebsdruck in Schwerkraft-Warmwasserheizungen. Gesundh.-Ing. Bd. 70 (1949) S. 177/79.

KUHRASCH, H.: Anheizzustände der Niederdruckdampf- und Warmwasserheizung. Gesundh.-Ing. Bd. 70 (1949) S. 179/84.

SCHMITZ, J.: Warmwasserheizungen mit Heizstromkreisen verschiedener Vorlauftemperaturen. Gesundh.-Ing. Bd. 70 (1949) S. 361/65.

LANGE, K.: Die Stockwerks-Warmwasserheizung, 9. Aufl. Halle (Saale) 1949.

WENDEL, J.: Beispielsrechnung einer Fern-Pumpen-Warmwasserheizung, 3. Aufl. Halle (Saale) 1950.

SUTER, W. H.: Die Stockwerks-Warmwasserheizung. Gesundh.-Ing. Bd. 72 (1951) S. 207/18 mit 16 Schriftstumsangaben.

RÖSSLER, J.: Leitfaden für Berechnung und Bau von Stockwerks-Warmwasserheizungen, 2. Aufl. München 1951.

WIERZ, M.: Die Warmwasserheizung, 3. Aufl. München 1952.

HELL, F.: Die Schwerkraft-Wasserheizung bei Änderung der Betriebsbedingungen. Heizg., Lüftg., Haustechn. Bd. 5 (1954) S. 73/77.

ZIMMERMANN, W.: Rücklauf-Beimischer für Wasserheizungen aller Art. Heizg., Lüftg., Haustechn. Bd. 5 (1954) S. 77/82.

2,424 Heißwasserheizung.

Die Heißwasserheizung ist nur möglich, wenn man durch Verschließen des Heizsystems die Dampfbildung im Heizsystem verhindert oder diese örtlich der Überwachung unterliegend beschränkt. (Die Siedetemperatur ist durch den statischen Wasserdruck der Heizanlage und den Barometerstand bzw. die Höhenlage des betreffenden Ortes gegeben.) Die Volumenänderung des erwärmten oder erkaltenden Wasserinhaltes wird durch ein Luft-, Gas- oder Dampfpolster in einem geschlossenen Ausgleichsgefäß, das über den Kesseln aufgestellt wird, aufgenommen. Sofern ein Dampfkessel als Wärmeerzeuger dient, geschieht dies im Dampfraum des Kessels. Das Luft- oder Gaspolster wird entweder durch einen Kompressor oder Gasflasche selbsttätig auf die Heizwassertemperatur eingestellt oder ein Sicherheitsstandrohr verschließt den Luftraum des Ausgleichsgefäßes, ähnlich wie dies beim Kessel der Niederdruckdampfheizung geschieht. Ein Dampf-Luftpolster entsteht im geschlossenen Ausgleichsgefäß auch von selbst, der Wasserstand im Gefäß ist dabei an einem Wasserstandsanzeiger einzustellen und zu überwachen. Beim Abheizen ist die Anlage zu belüften, was zweckmäßig durch selbsttätige Belüftungsventile geschieht. Beim Aufheizen ist überschüssiges Wasser zu entfernen und bei größeren Mengen als Speisewasser zu sammeln. Beim Abheizen wird das Speisewasser durch eine in Abhängigkeit vom Wasserstand gesteuerte Speisepumpe selbsttätig zugespeist. Wasserverluste sind durch enthärtetes und erwärmtes Speisewasser zu ersetzen. Bei der Ausführung einer Heißwasserheizung vom Hochdruckdampfkessel (Großraumwasserkessel) aus wird das Umwälzwasser unterhalb des Kesselwasserstandes entnommen. Bei Hochdruckdampfkesseln als Steilrohrkessel erzeugt man das Heißwasser in Kaskadenumformern, deren Wasserstand vom Dampfdruck und dem Entnahmeheizwasser aus geregelt wird.

Beim Anheizen einer Heißwasserheizung arbeitet man zunächst im kurzgeschlossenen Kreislauf, um dann das Heizsystem allmählich einzuschalten. Im Rohrsystem muß die Unterdruckbildung vermieden werden, um das Abreißen der Wassersäule und die örtliche Dampfbildung zu vermeiden, die zu Wasserschlägen führen. Deshalb ordnet man die Heißwasserumwälzpumpe im Vorlauf an und mischt vor der Pumpe das kühlere Rücklaufwasser zu. Die Heißwasserheizung unterliegt der Abnahme des Technischen Überwachungsvereins. Die Ausgleichsgefäße unterliegen der Druckgefäßverordnung. Gegen Drucküberschreitung sind Sicherheitsventile vorzusehen. Besonderer Beachtung bedarf die Entlüftung des Heizsystems durch Luftgefäße mit Luftablaßventilen.

Als Vorteile der Heißwasserheizung sind zu erwähnen, daß die Kondensatwirtschaft der Dampfheizung entfällt, das Anpassen des Wärmebedarfs an die Außentemperatur durch Veränderung der Heißwassertemperaturen sich ermöglicht, d. h. also ein wirtschaftlicherer Wärmebetrieb, die Rohrführung freizügiger möglich ist, die Überwachung einfacher wird, die Rohrleitungskosten durch geringere Rohrabmessungen und damit auch die Wärmeverluste sich ermäßigen.

Nachteilig sind die größere Wärmeträgheit und damit auch längere Anheizzeit gegenüber der Dampfheizung, die zusätzlichen Stromkosten der Umwälzpumpe und wegen der Einfriergefahr die Notwendigkeit des Nachtheizens bei tieferen Außentemperaturen.

Doch die wärmewirtschaftlichen Vorteile überwiegen diese Nachteile, so daß die Heißwasserheizung die Anwendung der Dampfheizung stark einschränkte. Die Dampfheizung wird dadurch mehr und mehr zur Heizung für kurz- und zeitweilig benutzte Gebäudearten.

Schrifttum.

FICHLENDORF, W.: Hochdruck-Heißwassererzeuger im Heiz- und Heizkraftbetrieb. Gesundh.-Ing. Bd. 63 (1940) S. 215/18.

PETERS, H.: Der La-Mont-Heißwasserheizungskessel. Heizg. u. Lüftg. Bd. 14 (1940) S. 73/78.

THÜSING, H.: Die Temperatur- und Leistungsverhältnisse in Pumpenwarmwasser- und Heißwasserheizungen. Gesundh.-Ing. Bd. 64 (1941) S. 143/48.

WEBER, A. P.: Wärmeumformung und Wärmeübertragung bei Heißwasserheizung. Haustechn. Rdsch. Bd. 46 (1941) S. 169/73.

SEEGER, A.: Umlaufstörungen bei der Heißwasserkesselspeisung. Wärme Bd. 65 (1942) S. 321/24.

BORMANN, K.: Die neuzeitliche Heißwasserheizung, Entwicklungsstand und Zukunftsaufgaben. Arch. Wärmew. Bd. 24 (1943) S. 169/72.

LIER, H.: Heißwasser-Fernleitungen im Flughafen Kloten. Schweiz. Bl. Heizg. u. Lüftg. Bd. 20 (1952) S. 1/5.

2,425 Luftheizung.

Man teilt die Luftheizung in drei Gruppen ein, und zwar:

1. Die Feuerluftheizung mit oder ohne Fliehkraftlüfter. Die Erwärmung der Luft erfolgt durch Luftheizöfen (Kalorifere), die bevorzugt mit Kohle oder Koks, aber auch mit Gas oder Öl, das letztere vor allem in Nordamerika, beheizt werden. An der Außenseite der gußeisernen oder stählernen Rippenheizfläche, die innen von den Feuergasen erhitzt wird, streicht die sich erwärmende Luft vorbei und wird dann bei Schwerkraftluftheizung (ohne Lüfter) in größeren, gemauerten Kanälen in den Raum geleitet. Die Raumluft wird in einem gleichen Kanal zum Heizofen zurückgeführt. Statt der gemauerten Kanäle kann an dem Luftheizofen auch eine Verteilungsleitung aus Blechrohr angeschlossen sein, die jedoch bei größeren Längen und mehreren Abzweigen den Fliehkraftlüfter bedingt. Bei kleineren Wohnraumheizungen ist noch Schwerkraftbetrieb möglich. Hier wird dann die Umluft zentral zurückgeführt und ein regulierbarer Ansaugkanal für Frischluftzusatz vorgesehen. Derartige Anlagen haben sich in Europa nicht eingebürgert. Störend wirken die dickeren und vom Ofen schräg abzweigenden Blechrohrleitungen.

Die Schwerkraft-Feuerluftheizung ist bei Frischluftbetrieb mit höheren Brennstoffkosten verknüpft und der Heizbetrieb stark vom Windanfall abhängig. Die Temperaturverteilung im Raum ist ungünstig. Die Kanäle bedingen zusätzliche Baukosten und verschmutzen auch leicht. Die hohen Heizflächentemperaturen führen zu Staubverbrennungen. Bei Undichtigkeit des Heizofens gelangen Rauchgase in den Raum.

2. *Die Dampf- oder Heiß- bzw. Warmwasserluftheizung mit zentralem Luftheizaggregat.* Sie besteht aus dem Lufterhitzer mit Fliehkraftlüfter und überwiegend auch mit Luftfilter. Die Fortleitung der Warmluft erfolgt in Blechrohrleitungen, Rabitzkanälen oder Baustoffplattenkanälen. Die zu erwärmende Luft kann entweder aus dem Freien entnommen (Frischluftheizung) oder vom Raum zurückgeführt werden (Umluftheizung). Frisch- und Umluft können auch gemischt werden. Die Frischluftheizung hat den Vorteil, gleichzeitig

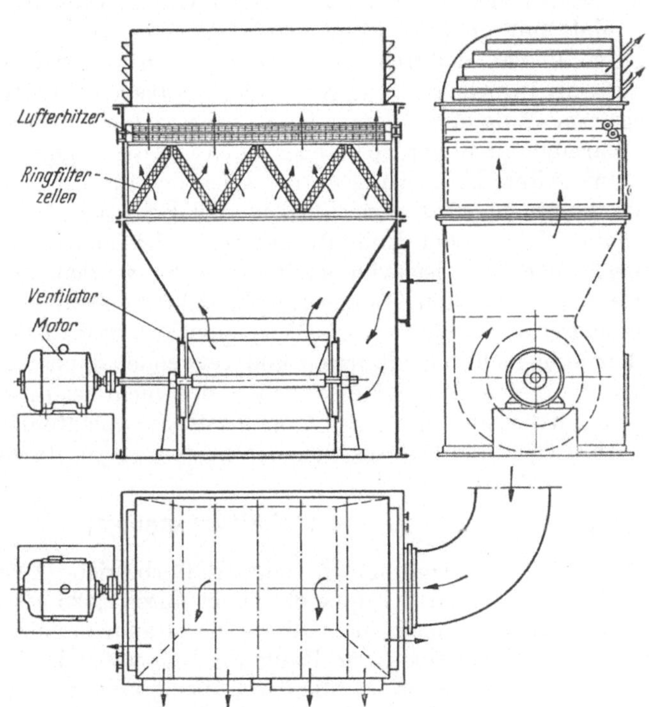

Abb. 37. Stehendes Einzelluftheizgerät mit Luftfilterung.

den Raum zu lüften, doch der Brennstoffaufwand ist dadurch größer. Mit der Umluftheizung läßt sich der Raum rascher hochheizen. Statt des Dampf- oder Heiß- bzw. Warmwasserlufterhitzers ist auch der Gaslufterhitzer, selten jedoch der Elektrolufterhitzer, gebräuchlich. Derartige Luftheizungen werden bevorzugt bei Großräumen angewendet. Doch auch für Wohnraumbeheizung ist neuerdings die Luftheizung als sogenannte Domothermheizung aufgekommen. Das Domothermgerät (Abb. 45) besteht aus dampf- oder wasserbeheizten Rippenrohrringen als Heizbatterie und dem dazwischen liegenden Lüfter mit gekuppeltem Elektromotor. Das Domothermgerät wird in einer Zwischendecke des Flurs untergebracht. Von dem Hohlraum der Zwischendecke aus gehen Öffnungen mit einstellbaren Warmluftklappen in die umliegenden zu beheizenden Räume. Die Umluft kehrt durch untere Türschlitze in den Flur zurück und wird hier von dem Domothermgerät wieder angesaugt.

*3. Die Dampf- oder Heiß- bzw. Warmwasserluftheizung mit örtlichen Wand-
luftheizgeräten oder stehenden Luftheizgeräten.* Die Luftheizung mit den Wandluftheizapparaten ist die am meisten verbreitete Luftheizung in größeren Werkhallen. Die Höchstleistung des Einzelgerätes liegt etwa bei 150000 kcal/h, die
stehenden Geräte (Abb. 37) lassen sich für erheblich größere Leistung bauen,
ihr Nachteil ist, daß sie Stellfläche im Raum wegnehmen. Einige Hinweise über
die Anordnung der Wandluftheizapparate sind bereits unter 2,34 gegeben worden.

Die Vorteile der Luftheizungen sind kurze Anheizzeiten, billige Anlagekosten,
die Lüftungsmöglichkeit und die Verminderung des Staubes, sofern Luftfilter
vorgesehen werden.

Auf die seit vielen Jahren bekannte Warmluftschleieranlage als eine Sonder-
form der Luftheizung sei noch hingewiesen. Die zeitweise offenstehenden Tore
von Verladehallen werden durch einen Warmluftkanal umrahmt, aus dem die
Warmluft mit größerer Geschwindigkeit über das Tor hinweg geblasen wird.
Man verhindert dadurch das Hereinströmen von Kaltluft. Derartige Anlagen
wurden neuerdings auch für Warenhäuser[1] ausgeführt. Hier ist eine längere Ein-
gangsfront völlig offen, damit der Kunde ungehindert eintreten kann. Der Betrieb
der Warmlufttür ist natürlich teuer, auch sind die Anlagekosten nicht gerade billig.

Eine weitere Luftheizungsform namentlich für Versammlungs-, Vortrags- und
Wohnräume entstand neuerdings in den USA als Perimeterluftheizung[2]. Hier
wird die Warm- oder Heißluft unterhalb der Fenster nach oben ausgeblasen,
wobei höhere Luftgeschwindigkeiten gewählt werden. Die Abluft wird oben an
der entgegengesetzten Raumseite abgeführt. Die amerikanischen Einfamilien-
wohnhäuser sind selten unterkellert. Man legt deshalb die Luftzuführungsrohre
in den Fußboden bzw. Erdreich und verwendet dabei Tonzeugrohre. Durch die
hohen Luftgeschwindigkeiten ergeben sich nicht zu dicke Rohrleitungen. Man
hat aber dabei auf eine gute strömungstechnische Rohrführung namentlich bei
den Abzweigen und Luftaustritten zu achten, um Luftgeräusche zu unterbinden.

2,43 Lüftungsanlagen.

Die Lüftungsanlage mit Fliehkraftlüfterbetrieb (Zwanglüftung) entspricht
im Prinzip der zweiten Gruppe der zuvor unter 2,425 geschilderten Luftheizung,
jedoch hat sie nicht mehr die Aufgabe, den Raum zu heizen, darf aber auch nicht
während der Heizperiode dem Raum die Luft unter der Raumlufttemperatur zuführen. In vielen Fällen ist mit der Lüftungsanlage noch teilweise die Heizung
des Raumes verbunden, wenn die örtliche Heizfläche zur völligen Raumerwärmung aus architektonischen oder wirtschaftlichen Gründen nicht ausreichend
eingebaut wird.

Einen Raum kann man lüften, indem man die Luft absaugt, nur Luft hinein-
drückt oder beides gleichzeitig geschehen läßt. Man unterscheidet danach die
Saug- oder Entlüftungsanlage, die Druck- oder Belüftungsanlage und die Ver-
bund- oder Be- und Entlüftungsanlage. Nach einem lüftungstechnischen Grundsatz gilt, daß einwandfreie Raumluftverhältnisse sich nur dann ergeben, wenn die
abgeführte Luft gleichzeitig durch hinzugeführte ersetzt wird. Eine reine Entlüftungsanlage kann also nur ein kurzzeitiger Notbehelf sein. Die nachströmende
Luft dringt durch Tür- und Fensterfugen in kaltem und ungefiltertem Zustand

---

[1] ZIMMERMANN, W.: Lufttüren und Schaufensterbeheizung für Geschäfts- und Verkaufs-
häuser und Werkhallen gegen Kaltlufteintritt. Schweiz. Bl. Heizg. u. Lüftg. Bd. 20 (1953)
S. 49/69.

[2] JAMIESON, J. R., R. W. ROOSE u. S. KONZO: Warmluft-Perimeterheizung. Heat. Pip. Air
Condit. Bd. 23 (1951) Heft 7 S. 117/26 u. Bd. 24 (1953) Heft 2 S. 119/36.

nach. Wird der Raum nur belüftet, so entweicht die Raumluft auf dem gleichen Weg, wenn man keine Abzugsschächte vorsieht. Wird ein kleiner Raum durch einen Ablüfter abgesaugt und steht dieser Raum mit einem großen, beheizten Raum in unmittelbarer Verbindung, so mag die Entlüftungsanlage genügen, wenn durch einen Tür- oder Wandschlitz die geringe Luftmenge des kleinen Raumes aus dem großen geschöpft werden kann. Solche Fälle sind z. B. die Absaugung in einer Entwicklungskammer (Fotolabor), in einem eingebauten Bad, in einer Auskleidekabine. Die reine Belüftungsanlage, die durch die zugeführte Luft eines Zulüfters einen Überdruck im Raum erzeugt, ist zulässig, wenn der Raum fortwährend betreten wird und damit die Luft durch die Tür entweichen kann, z. B. in einem Windfang, in einer Schalterhalle und in einer Markthalle, bei der man zudem noch Lüftungs-Dachaufsätze vorsehen wird.

Die geeignetste Lüftungsart ist in den weitaus meisten Fällen die Verbundlüftung mit Zu- und Ablüfter. Durch unterschiedliche Bemessung der Zu- und Abluftmengen hat man es in der Hand, in dem zu belüftenden Raum ein Über- oder Unterdruck zu erzeugen. Einem Speisesaal wird man mehr Luft zuführen als absaugen, um den Eindringen der Küchengerüche zu begegnen. Bei Lackierwerkstätten gilt das gleiche, hier soll, zum Schutz der lackierten Werkstücke, keine ungefilterte Luft von außen eindringen. Bei Akkumulatorenräumen, Laboratorien, galvanischen Werkstätten u. ä. Räumen mit schädlichen Gasen und Dämpfen erzeugt man einen leichten Unterdruck, um das Übertreten dieser Luftbeimengungen in die Nebenräume zu unterbinden.

Auf die hygienische Notwendigkeit, Versammlungsstätten von vielen Menschen zu be- und entlüften, wurde in Abschn. 1,3 ausführlich hingewiesen. An dem Lüftungsingenieur liegt es nun, in Zusammenarbeit mit dem Architekten eine zweckmäßige Lösung zu finden, die um so besser sein wird, je mehr der Architekt bereit ist, den Wünschen des Lüftungsfachmannes in seiner architektonischen Gestaltung entgegenzukommen, und je rechtzeitiger die Zusammenarbeit erfolgt. Es lassen sich hierfür nur wenige allgemeine Richtlinien aufstellen. Um einen Lüftungserfolg zu erreichen, muß vor allem die Aufenthaltszone des Menschen im Raum mit Frischluft versorgt werden. Die Höhe ist also mit etwa 2 m gegeben. Ein sehr hoher Raum wird daher bei einer Lüftungsform von oben nach unten kaum wirkungsvoll belüftet werden können. Hier ist es stets günstiger, von unten nach oben zu lüften und die untere Lufteinführung noch möglichst innerhalb des Raumes anzuordnen, z. B. unter dem Gestühl eines Theaters. Dies bedingt zwar unterhalb des Fußbodens eine Luftverteilungsanlage möglichst mit einem großen Luftzwischenraum, aus dem die Luft in Schlitzen nach oben gelangt. Daß die Luftaustritte vor Schmutzeinfall geschützt sein müssen, dürfte selbstverständlich sein. Ein nicht zu hoher, aber tiefer Raum kann von oben nach oben in der Tiefenrichtung gelüftet werden, wobei die Strahllüftung wegen ihrer größeren Wurfweite der Luft geeignet ist. Ein breiter, aber nicht allzu tiefer Raum ist bei einer Raumhöhe von 3 bis 4 m auch mit einer einseitigen Strahllüftung — der Abluftkanal liegt hinter oder unter dem Zuluftkanal — von der inneren Breitseite des Raumes aus gut durchspülbar. Ein breiter und dazu tiefer Raum mit starker Besetzung, die einen größeren Luftwechsel fordert, wird günstig durch mehrere gut verteilte Anemostate in der Decke oder durch eine Zwischendecke mit Düsenboden — eine Decke mit vielen feinen Öffnungen, durch die die Luft wie ein Regen in den Raum gelangt — belüftet. Die Absaugung ist dann seitlich unten vorzunehmen.

Jede Lüftungsanlage ist besonders gegen große und dazu noch undichte Fensterflächen anfällig. Man schreibt dann die Zugerscheinungen der Lüftungsanlage zu, was in solchen Fällen nicht zutrifft.

Ebenso wie die Heizungsanlage fordert die Lüftungsanlage also dichte Fenster. Kalte Wand- und Fensterflächen sind durch örtliche Heizflächen oder auch gegebenenfalls Warmluftaustritte gegen das Auftreten von kriechenden Kaltluftströmungen abzuschirmen.

Aber auch jede noch so gut durchdachte Lüftungsanlage gibt zu Klagen über Zugerscheinungen Anlaß, wenn die Luft in der kälteren Jahreszeit ungenügend erwärmt wird. Wird der Lufterhitzer mit Warmwasser beheizt, so treten öfters auch Klagen in der Übergangszeit auf, wenn die Heizungsanlage nur mit geringen Heizwassertemperaturen betrieben wird. Es empfiehlt sich hier, den Lufterhitzer an den Heizkessel für die Warmwasserbereitung anzuschließen, wenn man keine eigenen Kessel vorzieht. Es würde zu weit führen, auf alle Einzelheiten der Lüftungsanlagen einzugehen, zumal sie in vielen Fällen im Sommer gleichzeitig als Luftkühlanlagen ausgebildet werden und sich hierdurch wieder andere Momente vordrängen. Es liegt ein ausführliches Schrifttum vor, auf das verwiesen werden kann.

Schrifttum.

Mom, C. P., Luftbehandlung in den Tropen. Gesundh.-Ing. Bd. 62 (1938) S. 631/37 u. 647/51.

Krüger, W.: Bestimmung der Widerstandszahlen von Lüftungsgittern. Gesundh.-Ing. Bd. 62 (1939) S. 6/8.

Vick, F.: Das Sommerklima vom Standpunkt der Lüftungstechnik. Heizg. u. Lüftg. Bd. 14 (1940) S. 17/19.

Spitta, O.: Bedeutung des Bakteriengehaltes der Luft in Hinsicht auf die Hygiene von Lüftungsanlagen. Wärme- u. Kältetechn. Bd. 42 (1940) S. 101/05.

Brust, O.: Lüfter. Heizg. u. Lüftg. Bd. 15 (1941) S. 37/44.

Gini, A.: Die Dauer der Benutzbarkeit geschlossener Räume. Heizg. u. Lüftg. Bd. 15 (1941) S. 65/68.

Block, A.: Verluste und Druckverlauf in Lüftungsleitungen. Gesundh.-Ing. Bd. 64 (1941) S. 87/91.

Löbner, A.: Außenluft als Frischluft für Lüftungs- und Klimaanlagen. Wärme- u. Kältetechn. Bd. 43 (1941) S. 89/92 u. 108/11.

Sure, W.: Die Berechnung der Luftkanäle bei Lüftungsanlagen. Heizg. u. Lüftg. Bd. 16 (1942) S. 27/32.

Zeller, W.: Angepaßte Schalldämpfung in Luftleitungen durch Tiefschalldämpfer. Heizg. u. Lüftg. Bd. 16 (1942) S. 93/100.

Kollmar, A.: Über die Heizung und Lüftung von Großräumen. Halle (Saale) 1943.

Maca, F.: Runde Ausblasedüsen für Lüftungsanlagen. Heizg. u. Lüftg. Bd. 18 (1944) S. 11/12.

Meixner, H.: Über Zuluftvorrichtungen bei Lüftungs- und Klimaanlagen. Heizg. u. Lüftg. Bd. 18 (1944) S. 13/14.

Sprenger, E.: Lufterhitzer für Dampf- und Warmwasserbetrieb in der Lüftungstechnik. Heizg. u. Lüftg. Bd. 18 (1944) S. 79/85.

— Die Küchenlüftung. Gesundh.-Ing. Bd. 68 (1947) S. 70/75.

— Neuzeitliche Luftheizung. Gesundh.-Ing. Bd. 70 (1949) S. 3/8.

Häusler, W.: Theorie und Praxis über Induktions-Luftheizapparate. Installation Bd. 21 (1949) S. 43/52.

— Fortschritte und Erkenntnisse in der Technik der Luftverteilung. Schweiz. Bl. Heizg. u. Lüftg. Bd. 16 (1949) S. 110/29.

Tenelius, F.: Ventilation von Räumlichkeiten mit Wärmeüberschuß. Installation Bd. 22 (1950) S. 39/47.

Hegedüs, T.: Die Luftzuführung in der Lüftungstechnik. Installation Bd. 22 (1950) S. 107/10.

Becher, P.: Luftstrahlen aus Ventilationsöffnungen. Gesundh.-Ing. Bd. 71 (1950) S. 139/45.

Roedler, F.: Zur Problematik der Lüftung innenliegender Aborte und Bäder im sozialen Wohnungsbau. Gesundh.-Ing. Bd. 72 (1951) S. 8/12 u. 58/61.

Becher, P.: Berechnung von Einblasestrahlen bei Lüftungsanlagen. Installation Bd. 23 (1951) S. 40/50.

Scheer, W.: Lüftung und Heizung von Großräumen. Heizg., Lüftg., Haustechn. Bd. 2 (1951) S. 73/77.

SPRENGER, E.: Luftverteilung bei Lüftungs- und Klimaanlagen. Gesundh.-Ing. Bd. 72 (1951) S. 157/62.

BROBERG, G.: Ein neues Zuluftgitter. Installation Bd. 23 (1951) S. 183/87.

TENELIUS, F.: Durchlochte Decken für die Lufteinführung. Installation Bd. 23 (1951) S. 220 bis 229.

MÜLLER, M. R.: Freie und geführte Raumluft. Installation Bd. 24 (1952) S. 1/11.

TILLMANN, H.: Die Lüftungsanlagen des neuen Zentrallabors der Duisburger Kupferhütte. Heizg., Lüftg., Haustechn. Bd. 4 (1953) S. 193/95.

BOEHM, J.: Werkstoffe für Leitungen von Entlüftungs- und Klimaanlagen. Heizg., Lüftg., Haustechn. Bd. 4 (1953) S. 196/97.

MAYER, J.: Luftheiz- und Lüftungsgeräte. Gesundh.-Ing. Bd. 74 (1953) S. 293/99.

WIETFELDT, W.: Die Lüftung von Kauf- und Warenhäusern. Gesundh.-Ing. Bd. 74 (1953) S. 317/20.

2,44 Klimaanlagen.

Erhält irgendeine Versammlungsstätte oder Gebäude eine Lüftungsanlage, dann ist mit nicht allzu großem Aufwand die Erweiterung dieser Anlage zur Kühlung im Sommer möglich. Statt des Lufterhitzers der Lüftungsanlage bedarf die Luftkühlanlage eines Luftkühlers, den man zusätzlich in den Luftstromkreis einbaut. (In Sonderfällen kann der Lufterhitzer auch gleichzeitig als Luftkühler verwendet werden.) Als Kühlmittel dient Leitungs- oder Brunnenwasser oder auch die Solekühlung durch eine Kältemaschine bzw. unmittelbar deren Kaltdampf. Die billigsten Anlagekosten ergibt der Kaltwasseranschluß an das städtische Netz. Höhere Anlagekosten verursacht das Anlegen eines eigenen Brunnens, die wesentlich von den gegebenen örtlichen Grundwasserverhältnissen abhängen, aber die Betriebskosten werden geringer. Mit steigender Betriebsstundenzahl kann die Kältemaschine günstiger werden. Es empfiehlt sich stets, eine wirtschaftliche Gegenüberstellung der Anlage- und Betriebskosten aufzumachen[1]. Man kann mit der Luftkühlanlage eine gleichmäßige oder gleitende Raumlufttemperatur in Abhängigkeit von der sommerlichen Außenluft wahren, jedoch nicht den Feuchtigkeitszustand im Raum beherrschen. Wenn die relative Feuchte im Raum ebenfalls in bestimmten Grenzen verbleiben soll, dann ist zur Klimaanlage überzugehen, bei der demnach Temperatur und Feuchtigkeit zu regeln sind. Für raumklimatische Anlagen sind die Mindestanforderungen nach den VDI-Lüftungsregeln zu beachten. Neben der obigen trockenen Kühlung durch ein Kühlwasserregister oder Kältemaschine ist noch die nasse Kühlung möglich, bei der in einem Wäscher die Luft durch zerstäubtes Wasser gekühlt wird. Der Feuchtigkeitsgehalt wird durch Vor- und Nachwärmer gesteuert. Die Feuchtigkeitsregelung kann auch im Absorptionsverfahren[2] erfolgen, bei dem ein hygroskopischer Stoff, z. B. Silikagel, angewendet wird. Die Kühlung geschieht hier nur durch einen Oberflächenkühler. Die Kühl- und Wärmeleistungen einer Klimaanlage verändern sich mit dem Lüftungsverfahren, also ob Um- oder Frischluftbetrieb bzw. teilweiser Zusatz von Frischluft vorliegt. Auch beim Adsorptionsverfahren ist Wärme zur Regenerierung des Absorptionsmittels erforderlich.

Von besonderer Bedeutung sind Klimaanlagen für viele industrielle Zwecke, namentlich bei der Bearbeitung stark hygroskopischer Stoffe wie Textilien, Papier, Lebensmittel, bei feinmechanischen Fertigungen und bei der Verfahrenstechnik in der chemischen Industrie.

---

[1] HEGEDÜS, T.: Wirtschaftlichkeit der Kühlmaschinen bei Raumkühlung und Luftkonditionierung. Elektrizitätsverw. Bd. 26 (1951) S. 172/74.

[2] KREMP, R.: Luftentfeuchtung mit Sorptionsmittel. Gesundh.-Ing. Bd. 73 (1952) S. 120/24.

Die weitaus größte Verbreitung fanden die Klimaanlagen für Aufenthaltsräume wie Theater, Kinos, Werkstätten, Verkaufsräume, Hotels und Büroräume in den Vereinigten Staaten von Nordamerika. Neben den Zentralanlagen sind die *Einzelklimageräte* entwickelt worden, die auch jetzt bei uns mehr in den Vordergrund treten. Man begnügt sich aber zumeist mit dem Teilklimagerät, das neben der Frischluftzuführung nur die Heizung im Winter und die Kühlung im Sommer ohne Feuchtigkeitsregelung im Raum ermöglicht. Das Einzelgerät kann als ein selbständiges Aggregat mit Kühlung durch eine Kleinkältemaschine, die gegebenenfalls als Wärmepumpe für die Heizung in Übergangszeiten umgeschaltet werden kann, gebaut werden oder das Kühlwasser bzw. die Kühlsole werden in Rohrleitungen zum Gerät geführt. Abb. 22 zeigt ein Raumklimagerät für eine Raumgröße von 100 bis 120 m³. Die Abmessungen des Gerätes betragen bei Kaltwasserkühlung 1 m Höhe, 0,9 m Breite und 0,54 m Tiefe. Mit der Kältemaschine baut sich das Gerät 1,24 m hoch. Die Kühlleistung beträgt etwa 4000 kcal/h bei Verwendung von Kaltwasser mit 10°C. Die Raumluft wird durch das untere Gitter angesaugt und durch das obere Gitter ausgeblasen. Soll Frischluftbetrieb möglich sein, dann ist ein Ansaugestutzen nach dem Freien erforderlich. Ein Metall-Luftfilter ist eingebaut, ebenso enthält der Apparat eine elektrische Regelanlage. Bei der Vollklimatisierung ist für die Ableitung des ausgeschiedenen Wassers ein Anschluß an die Abflußleitung vorzusehen. Die Heizung kann entweder elektrisch, durch Dampf oder Heißwasser erfolgen. Der Anschluß an ein Wärmemittel ist stets erforderlich, wenn das Gerät vollklimatisch arbeiten soll und demnach Vor- und Nachwärmung verlangt. Das Einzelgerät hat wohl den Vorteil, daß man sich einen gewünschten Luftzustand beliebig einstellen und auch zeitweilig bei Nichtbenutzung des Raumes darauf verzichten kann, jedoch werden die Anlagekosten bei zunehmender Anzahl der Geräte teurer als eine Zentralklimaanlage, die zudem keine Ventilatorgeräusche im Raum verursacht, geringere Wartungskosten aufweist und besser reguliert werden kann.

Über die bauliche Ausführung, die Verfahrensgestaltung und die Regelverfahren muß auf das hierüber umfangreiche Schrifttum verwiesen werden.

Schrifttum.

Schmidt, K. H.: Zur Klimatechnik in Amerika. Heizg. u. Lüftg. Bd. 13 (1939) S. 60/61.
Faltin, H.: Aufbau und Regelung von Klimaanlagen. Z. VDI Bd. 83 (1939) S. 264/68.
VDI-Sonderheft „Klimatechnik". Berlin 1939.
Meixner, H. A.: Die elektrischen Eigenschaften des Raumklimas und ihre Bedeutung für den Menschen. Heizg. u. Lüftg. Bd. 13 (1939) S. 145/48.
Hottinger, M.: Das Raumklima und seine Regelung. Gesundh.-Ing. Bd. 62 (1939) S. 605/09 u. 617/22.
Vick, F.: Das Sommerklima vom Standpunkt der Lüftungstechnik. Heizg. u. Lüftg. Bd. 14 (1940) S. 17/19.
Plank, R.: Klimaanlagen in Bergwerken. Heizg. u. Lüftg. Bd. 14 (1940) S. 20/22.
Liese, W.: Luftzustand und Behaglichkeitsbeurteilung. Wärme- u. Kältetechn. Bd. 42 (1940) S. 84/88.
Sprenger, E.: Regler und Regelung in Klimaanlagen. Heizg. u. Lüftg. Bd. 14 (1940) S. 97/104
Hottinger, M.: Verdunstungskühlung bei Klimaanlagen. Gesundh.-Ing. Bd. 63 (1940) S. 265.
Behringer, H.: Die Bedeutung der Nebenumstände bei Behaglichkeitsklimaanlagen. Gesundh.-Ing. Bd. 63 (1940) S. 315/18.
Rudolph, W.: Die Klimaanlagen und ihre Planung. Gesundh.-Ing. Bd. 63 (1940) S. 325/30.
— Grenzfälle und Besonderheiten in der Berechnung von Klimaanlagen. Gesundh.-Ing. Bd. 63 (1940) S. 369/72.
Ter Luiden, A. J.: Klimaregelung auf Schiffen. Gesundh.-Ing. Bd. 63 (1940) S. 377/81.
Mom, C. P.: Der Einfluß der Luftelektrizität auf die Behaglichkeit und die Gesundheit. Gesundh.-Ing. Bd. 63 (1940) S. 468/71.

HOTTINGER, M.: Lüftungs- und Klimaanlagen einschl. Luftheizung. Berlin 1940.

KUFFERATH, A.: Klimaanlagen für Industrie und Gewerbe unter besonderer Berücksichtigung der Textilindustrie. Chem.-Techn. Berlin-Steglitz 1940.

KOLLMAR, A., u. E. LEIBFRIED: Vergleichende Berechnung einer Klimaanlage. Haustechn. Rdsch. Bd. 46 (1941) S. 2/7 u. 35/38.

SCHMITTEL, G.: Kältemaschine und tropische Klimatechnik. Wärme- u. Kältetechn. Bd. 44 (1942) S. 1/5.

HOFBAUER, G.: Das Strahlungsklima unserer Wohnräume. Gesundh.-Ing. Bd. 65 (1942) S. 147/54.

SPRENGER, E.: Verdunstung von Wasser aus offenen Oberflächen. Heizg. u. Lüftg. Bd. 17 (1943) S. 7/8.

STOLL, K.: Berechnung und grundsätzlicher Aufbau von Klimaanlagen für Aufenthaltsräume. Heizg. u. Lüftg. Bd. 17 (1943) S. 15/21.

SCHAERER, F.: Klimatechnik. Zürich 1944.

SCHMID, A.: Klima- und Temperieranlagen in Meßlaboratorien und Lehrenprüfstellen. Heizg., Lüftg., Haustechn. Bd. 1 (1950) S. 34/37.

SPRENGER, E., u. W. KRÜGER: Kühlgradtage. Gesundh.-Ing. Bd. 71 (1950) S. 117/18.

— Luftwäscher in Klimaanlagen. Gesundh.-Ing. Bd. 71 (1950) S. 313/17.

GRÖBER, H.: H. Rietschels Lehrbuch der Heiz- und Lüftungstechnik, 12. Aufl. 3. bericht. Neudruck. Berlin/Gottingen/Heidelberg 1952.

SELL, W.: Klimatechnik in milchwirtschaftlichen Betrieben. Kältetechn. Bd. 3 (1951) S. 88/91.

POHL, W.: Fragestellungen an die Gesamtplanung bei industrieller Klimatisierung. Heizg., Lüftg., Haustechn. Bd. 3 (1952) S. 1/10.

WALLIN, S.: Klimator — ein neuer Luftbehandlungsapparat. Installation Bd. 24 (1952) S. 51/7.

HEGEDÜS, T.: Regulierung von Klimaanlagen mit direkter Freon-Kühlung. Installation Bd. 24 (1952) S. 169/76.

HÄUSLER, W.: Grundlagen moderner Lüftung und Luftkonditionierung. Schweiz. Bauztg. Bd. 70 (1952) S. 255/59 u. 293/98.

SPRENGER, E.: Die Berechnung von Oberflächenkühlern. Gesundh.-Ing. Bd. 73 (1952) S. 387/89.

BÖHM, J.: Werkstoffe für Leitungen von Entlüftungs- und Klimaanlagen. Heizg., Lüftg., Haustechn. Bd. 4 (1953) S. 196/97.

SPRENGER, E.: Taschenbuch für Heizung und Lüftung. 47. Jahrg. München 1953.

2,5 Systemwahl.

Die vorstehenden Ausführungen dürften zur Genüge gezeigt haben, daß bei der Errichtung von Heizungs- und Lüftungsanlagen bezüglich der anzuwendenden Bauart zahlreiche Einzelfragen zu beachten sind. Die Entscheidung darf keineswegs nur von den Anlagekosten abhängig gemacht werden. Die Gesamtauslagen werden, außer durch die Verzinsung und Abschreibung des Anlagekapitals, durch die sich alljährlich wiederholenden Betriebsauslagen für Brennstoff, Bedienung, Instandhaltungs- und andere Nebenauslagen in hohem Maße beeinflußt. Es sind daher sorgfältige Erwägungen und in gewissen Fällen Wirtschaftlichkeitsberechnungen unerläßlich, wenn den jeweiligen Verhältnissen entsprechende, in technischer, wirtschaftlicher und hygienischer Hinsicht einwandfreie Heizungs- und Lüftungsanlagen erstellt werden sollen, die den Bauherrn vor nachträglichen, unliebsamen Überraschungen bewahren.

Bei der Wertung sollten heute die hygienischen Belange vor den wirtschaftlichen stehen. In der Nahrungsmittelindustrie ist dies bereits oberster Grundsatz. Der Unterschied zwischen dieser Technik und der Heiz- und Lüftungstechnik ist doch nur, daß die erstere ihre Mängel sehr rasch aufzeigt, während ungesunde Raum- und Luftverhältnisse sich schleichend auswirken, sei es in Erkältungs- oder rheumatischen Krankheiten bzw. in Industriebetrieben im Auftreten von Staublungen. Selbstverständlich muß aber doch das Streben der Technik sein, den hygienisch vorteilhaften Anlagen die wirtschaftliche Grundlage zu geben.

Dabei sind die laufenden Betriebskosten den Anlagekosten gegenüberzustellen. Man wird dann oft feststellen, daß erhöhte Anlagekosten, die durch eine bessere Gestaltung und Wahl des Heiz- oder Lüftungssystems sich ergeben, auf die

Tabelle 14.

In der folgenden Tabelle bedeuten die Zeichen: X = anwendbar, ⊗ = besonders zu empfehlen.

Bezeichnung der Gebäude bzw. Raumart	Feuerluftheizung	Warmluftheizung mit Dampf	Warmluftheizung mit Warm- bzw. Heißwasser	Warmluftheizung mit Gas	Gas-Strahlgsheizung	Niederdruckdampfheizg. bis 0,5 atü	Hochdruckdampfheizg. über 0,5 atü	Warmwasserheizung bis 90°C Radiatorenheizung	Warmwasserheizung bis 90°C Strahlungsheizung	bis 110°C	Heißwasserheizung über 110°C örtl. Heizfläche u. Luftheizung	Heißwasserheizung über 110°C Strahlplattenheizung	Industrielle Absaugeanlagen	Belüftungsanlagen	Entlüftungsanlagen	Kühlung, Klimaanlagen	Einzelbereitg. bis zu 3 Zapfstellen	Gesamtbereitung
Altersheime								⊗	X									⊗
Archive								⊗			X					X		⊗
Aulen		X						⊗						⊗				⊗
Ausstellungshallen		X		X	X	X		⊗		X				⊗	X			
Baderäume								⊗			X			⊗	X			⊗
Bankgebäude		X	X			X		⊗	X	X					X			⊗
Bedürfnisanstalten								⊗			X				X		X	
Bahnhofsgebäude	X	X	X	X		X		⊗		X	X			X	⊗			⊗
Buroräume								⊗						X	⊗			⊗
Bibliotheken								⊗		X	X			X	⊗		X	⊗
Einfamilienwohnhäuser	X	X	X	X			X	⊗		X	X			X	⊗	X		⊗
Festsäle	X	X	X	X		X		⊗		X	X			X	⊗	X		⊗
Feuerwehrwachen		⊗	⊗	X		⊗	X	⊗		⊗	⊗			⊗	X			
Flugzeughallen		⊗	⊗			⊗		⊗	X	⊗	⊗	X	X	⊗	X			⊗
Galvanische Werkstätten						X		⊗			X		X	⊗				⊗
Garagen		X	X	X		X	X	⊗		X	X			X	X		X	⊗
Gaswerke								⊗						X				⊗
Gerichtsgebäude		X	X			X		⊗		X	X			X	X	⊗	X	⊗
Geschäftshäuser		X	X			X		⊗			X			X	X	⊗		⊗
Gesellschafts-Vereinsräume		X	X			X	X	⊗		⊗	⊗		X	⊗	X	X		⊗
Gewächshäuser								⊗						⊗	X			
Gießereien		X	X		X	X		⊗		X	X		X	⊗				⊗
Hotels								⊗			X			⊗	X			⊗
Jugendheime								⊗						X	⊗			⊗
Kaffeehäuser		X	X					⊗		X	X			X	⊗	X		⊗
Kapellen	X			X	X			⊗						⊗				
Kasernen								⊗		X	X			X	⊗			⊗
Kegelbahnen		⊗	⊗		X			⊗		⊗				⊗				
Kinos		⊗	⊗	X				⊗	X	⊗				⊗	X	X		⊗
Konzerthäuser					X			⊗	X	⊗	X			⊗	X	X		⊗
Kochküchen					X			⊗		⊗					X	X		⊗
Krankenräume								⊗	X	X				X	X	X		⊗
Kirchen	X	X	X	X	X	X		⊗		X	X	X						⊗
Klöster								⊗										⊗
Labors								⊗		⊗			X	X	X		X	⊗
Lagerhallen		⊗	⊗		X		⊗	⊗		⊗		X		X				⊗
Markthallen		⊗	⊗	X		⊗		⊗		⊗				⊗	X	X		⊗
Messehallen	X	⊗	⊗	X		⊗		⊗	X	⊗	X			⊗				⊗
Montagehallen							X	⊗		⊗	⊗		X	⊗				⊗
Museen								⊗	X					X	X	⊗		⊗
Operationsräume								⊗		X					X	X	X	⊗
Polizeiwachen								⊗		X							X	⊗
Postgebäude								⊗								X		⊗
Prüffelder								⊗								X		⊗
Rathäuser								⊗		X						X		⊗
Restaurants								⊗		⊗				⊗	X	X		⊗
Saalbauten	X	X	⊗	X		⊗		⊗		⊗				⊗	X	X		⊗
Sandstrahlerei						⊗		⊗		⊗			X					⊗
Säuglingsheime							X	⊗										⊗
Schulräume								⊗										⊗
Schlachthöfe					X	X		⊗		⊗				X	X	X		⊗
Schwabbeleien		⊗	X			⊗		⊗		⊗			X	⊗				⊗
Schwimmhallen								⊗		⊗				⊗	X			⊗
Sporthallen	X	⊗	⊗	X	X	⊗		⊗		⊗	⊗	X		⊗	X			⊗
Spritzmalereien								⊗		⊗			X					⊗
Strafanstalten								⊗										⊗
Theater		⊗	⊗					⊗		⊗				⊗	X	X		⊗
Turnhallen	X	⊗	⊗	X	X	⊗		⊗		⊗	X			⊗	X	X		⊗
Verkaufsräume								⊗		⊗				X	X	X	X	⊗
Villen		⊗	⊗	⊗				⊗		⊗				⊗	X			⊗
Vortragssäle		⊗	⊗	⊗				⊗		⊗				⊗	X			⊗
Wäschereien						⊗		⊗		⊗				⊗	X			⊗
Wasch- u. Umkleideräume		X	X					⊗		⊗				⊗	X			⊗
Warenhäuser		X	X					⊗		⊗				⊗	X	X		⊗
Waisenhäuser								⊗						⊗	X			⊗
Werkstätten	⊗	⊗	⊗	⊗	X	⊗		⊗		⊗	⊗	⊗	X	⊗	X			⊗
Werkzeugmaschinenhallen	⊗	⊗	⊗	⊗	X	⊗		⊗	⊗	⊗	⊗	⊗	⊗	⊗	X			⊗
Wohnungen	⊗							⊗									⊗	⊗
Wohnhochhäuser								⊗	⊗	X							⊗	⊗

Dauer doch wirtschaftlicher sind. In den nachfolgenden Abschn. 3 bis 6 wird hierauf näher eingegangen. Vorweg gibt die Tab. 14 ein Bild über die mögliche Heiz- und Lüftungssystemwahl für die verschiedenen Gebäude- und Raumarten, die als Richtlinie im Sinne der obigen Darlegungen gelten mag.

3 Die Heizungs-, Lüftungs- und Warmwasserversorgungsanlagen in dauerbenutzten Gebäuden.

3,1 Wohnhäuser, Wohnhochhäuser, Wohnsiedlungen, Villen.

3,11 Heizung.

Falls vom Bauherrn nicht ausdrücklich anders verlangt, gelten nachstehende *Raumlufttemperaturen*[1] für:

Wohn-, Speise-, Herren-, Rauchzimmer, Wohndielen und andere Räume für dauernden
Aufenthalt . . . . 20°C
Kinderzimmer . . . . 20°C
Badezimmer . . . . 22°C
Schlafzimmer . . . . 20°C
Vorräume, Flure, Dielen, die als Wohn- oder Warteräume Verwendung finden . . . . 20°C
Vorräume, Flure, Dielen, die lediglich als Verbindungsräume dienen . . . . 15°C
Treppenhäuser . . . . 10°C
Küchen . . . . 20°C
Aborte . . . . 15°C
Weinkeller (Kellerräume ohne starke Temperaturschwankungen) . . . . 6 bis 8°C
Verkaufsläden
bei größerer Wärmeempfindlichkeit der Ware mindestens . . . . 10°C
im übrigen mindestens . . . . 16°C
Aufenthaltsraum neben dem Laden . . . . 20°C
Metzgereien . . . . unbeheizt

Es ist nicht angebracht, in einem Wohnhaus die Raumlufttemperaturen der einzelnen Räume wesentlich voneinander abweichend anzunehmen. Häufig wird doch innerhalb der Wohnung umgezogen und zwei kleinere Räume zu einem größeren Raum oder umgekehrt gestaltet. Eine Wohnung sollte man als Ganzes ansehen, dies um so mehr, je kleiner die Wohnung ist. Man legt heute mehr Wert auf eine kleinere, aber gut ausgenutzte Wohnung mit Komfort als auf viele und große Zimmer. Ein ungenügend beheizter Raum, in dem man aus irgendeinem Anlaß längere Zeit in leichter Bekleidung verweilt, ist wärmephysiologisch ungünstiger (Erkältung!) als der Aufenthalt im Freien in Winterbekleidung.

Die Anwendung der verschiedenen *Heizarten* ist im Wohnhaus von einer Reihe von Faktoren abhängig, wie Benutzungsart der Räume, Anpassungsfähigkeit an besondere Bedürfnisse oder Verhältnisse, Rücksicht auf Überlieferung und Gewohnheit, hygienische Anforderungen, Höhe der zur Beschaffung und zum Betrieb vorhandenen Mittel u. a. Die Notwendigkeit, Öfen, Kessel und Raumheizflächen entsprechend der tiefsten Außentemperatur bestimmen zu müssen, hat zur Folge, daß sie während des größten Teiles der Heizperiode nicht vollbelastet sind. Deshalb ist eine möglichst gute Anpassungsfähigkeit der jeweiligen Heizeinrichtung an den schwankenden Wärmebedarf eine Grundforderung, da von ihr der Brennstoffverbrauch vornehmlich in der Übergangszeit und für solche Räume in hohem Maße abhängt, die nur vorübergehend benutzt werden. Nicht immer läßt sich dabei die Erfüllung der Forderungen der Hygiene und des sparsamen Heizbetriebes gleichzeitig erreichen. Sie muß aber weitgehendst angestrebt werden.

---

[1] DIN 4701-Regeln für die Berechnung des Wärmebedarfs von Gebäuden.

3,111 Ofenheizung.

Für Wohn-, Eß-, Herren- und Kinderzimmer kommen Kachelöfen oder eiserne Öfen in Frage, in England, Frankreich und Italien auch Kamine. Unter 2,411 wurden die kohlenbeheizten Einzelöfen bereits geschildert. Die Eigenschaften der drei wichtigsten Ofenarten, insbesondere der zeitliche Ablauf der Verbrennung und der Wärmeabgabe, weichen erheblich voneinander ab, wie aus der Abb. 38 hervorgeht[1]. Es ist hieraus unschwer zu erkennen, daß in dauerbenutzten Wohnräumen nur der Kachelofen und der Dauerbrandofen in Frage kommen können. Beide Ofentypen sind heute auch in formschönen Ausführungen

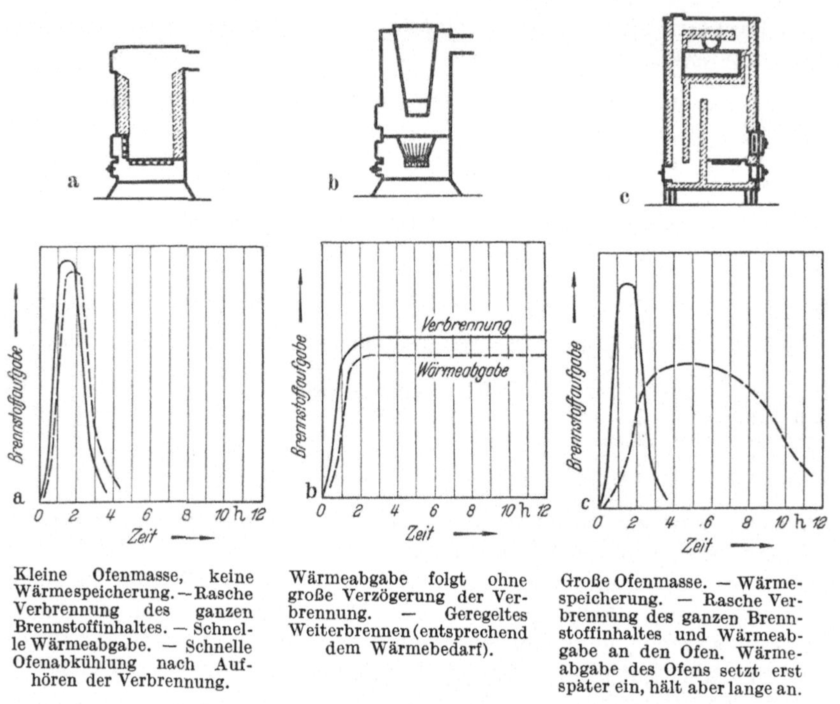

Kleine Ofenmasse, keine Wärmespeicherung. — Rasche Verbrennung des ganzen Brennstoffinhaltes. — Schnelle Wärmeabgabe. — Schnelle Ofenabkühlung nach Aufhören der Verbrennung.

Wärmeabgabe folgt ohne große Verzögerung der Verbrennung. — Geregeltes Weiterbrennen (entsprechend dem Wärmebedarf).

Große Ofenmasse. — Wärmespeicherung. — Rasche Verbrennung des ganzen Brennstoffinhaltes und Wärmeabgabe an den Ofen. Wärmeabgabe des Ofens setzt erst später ein, hält aber lange an.

Abb. 38. Charakteristik der Verbrennung und Wärmeabgabe verschiedener Ofentypen.
a Irischer Ofen; — b amerikanischer Dauerbrandofen; — c Kachelofen.

auf dem Markt, wobei auf glatte und daher leicht zu säubernde Oberflächen besonderer Wert gelegt wurde. Hierin stehen sie den Heizkörpern der Sammelheizung nicht mehr viel nach. Ihre Nachteile, wie der Kohlentransport in die Wohnung, die Bedienung der Feuerung im Wohnraum, die Entaschung und das Fortschaffen der Rückstände und die Vielzahl der Schornsteine lassen sich aber nicht vermeiden. Bei der Bemessung der Größe eiserner, aber auch anderer Öfen wird noch oft sehr oberflächlich verfahren, wodurch sich erhebliche Unannehmlichkeiten zwischen Lieferant und Abnehmer ergeben können. Im allgemeinen beschränkt man sich auf die überschlägige Ermittlung von Ofengrößen in m³ Heizleistung oder m² Heizfläche auf Grund von Erfahrungszahlen[2]. Für besonders gelagerte Fälle ist natürlich auf eine ordnungsmäßig aufgestellte Wärmebedarfsberechnung nicht zu verzichten.

---

[1] MENGERINGHAUSEN, M.: Lehrtafeln über Grundbegriffe der Heiztechnik. Halle (Saale) 1946.

[2] BREITUNG, F. O. W.: Überschlägige Ermittlung von Ofengrößen in m² Heizfläche auf Grund von Erfahrungszahlen. Haustechn. Rdsch. Bd. 44 (1939) S. 133/36.

Eine unmittelbare Beheizung der *Schlafräume* durch Einzelöfen vorgenannter Bauart ist wegen der Gefahr des Austretens von Rauchgasen während der Nacht nicht zu empfehlen. Wo aber trotzdem, z. B. in sehr kalten Schlafzimmern, Öfen aufgestellt werden, sollten sie nur am Tage zum Aufheizen der Räume benutzt werden. Zweckmäßiger ist es, in der Diele, im Flur oder im Treppenhaus einen Dauerbrandofen zu betreiben und damit durch Offenhalten der Schlafzimmer gleichzeitig eine schwache Durchwärmung dieser Räume zu ermöglichen.

Für die Beheizung der *Küche* ist die Aufstellung eines besonderen Ofens in der Regel nicht erforderlich, wenn der Kochherd fast ständig in Betrieb ist; hier muß (z. B. in Pensionsküchen) oft sogar für Lüftung und Kühlung gesorgt werden. Es ist allerdings zu beachten, daß die verschiedenen Herdarten die Küchen ungleich stark erwärmen, weil die Wärmeabgabe der Herde und der Wärmebedarf der Küchen sehr verschieden sind. Da die gewöhnlichen Kochherde außerdem meist mit schlechtem Wirkungsgrad arbeiten, ist es hauptsächlich in größeren Wohnküchen nicht wirtschaftlich, diese zwecks gleichzeitiger Beheizung der Küche bedeutend stärker zu feuern, als für den Kochbetrieb erforderlich ist. Am besten wird in solchen Fällen eine besondere Heizmöglichkeit vorgesehen. Kleinere und mittlere Küchen werden jedoch oft durch die Rückseite eingebauter Wohnzimmeröfen ausreichend erwärmt. Die dauernd warmen Grudeherde und elektrischen Speicherherde reichen ebenfalls oft für die Erwärmung der Küchen aus, während bei gewöhnlichen Gas- oder elektrischen Herden, die nur während der Kochzeit Wärme abgeben, eine Zusatzheizung erforderlich ist. In manchen Gegenden, vornehmlich dort, wo der Kochherd fest eingebaut ist und wo es sich um Kleinwohnungen handelt, sind auch in Wohnküchen vielfach Kachelaufbauten mit dem Herd in Verbindung gebracht. Durch entsprechende Schieber- oder Klappenstellungen lassen sich die Rauchgase im Sommer unmittelbar in den Kamin, im Winter zuerst in den Kachelaufbau leiten. Nach Möglichkeit sollten aber aus hygienischen und Behaglichkeitsgründen Küche und Wohnzimmer voneinander getrennt werden. Räume, die an stark benutzte Kamine anstoßen, erhalten von diesen einen Teil der erforderlichen Heizwärme. Dies ist bei der Bestimmung der Ofengrößen zu berücksichtigen. Unter Umständen sind diese Räume durch Abdämmung der Kaminwände gegen zu hohe Erwärmung zu schützen. Erwähnenswert ist an dieser Stelle auch die häusliche Wärmewirtschaft in bäuerlichen Betrieben. Die hier gebräuchlichen *Kachelgrundöfen* für Holzfeuerung wurden durch Einbau eines Rostes und eines zweitürigen gußeisernen Feuergeschränks so umgestaltet, daß sowohl Kohle als auch weiterhin Holz verfeuert werden kann. In Gegenden, wo Kachelöfen und Hausbacköfen üblich sind, ist eine Vereinigung beider zu einem Kachelbackofen für Holz- und Kohlefeuerung durchführbar. Es werden zwei Backherde übereinander angeordnet, so daß eine ausreichende Backfläche gegeben ist, ohne daß der Brotgeschmack durch den Betrieb mit langflammiger Steinkohle beeinträchtigt wird. Auch tritt durch die Trägheit des Ofens während der zweistündigen Aufheiz- und Backzeit keine Übererwärmung des Raumes ein.

Schrifttum.

Faber, A.: Zeittafel zur Geschichte des eisernen Zimmerofens bis zum 19. Jahrhundert. Haustechn. Rdsch. Bd. 44 (1939) S. 149/55.

Schiller, S.: Die Braunkohle und die häuslichen Einzelfeuerstätten. Haustechn. Rdsch. Bd. 44 (1939) S. 213/26.

Busse, A.: Die Steinkohle und die eisernen häuslichen Einzelfeuerstätten. Haustechn. Rdsch. Bd. 44 (1939) S. 247/58.

Marcard, W.: Die wärmetechnische Berechnung von Öfen und Herden. Haustechn. Rdsch. Bd. 44 (1939) S. 357/64.

Derlitzki, G.: Brennstoff- und Arbeitsersparnis im Bauernhaushalt. Gesundh.-Ing. Bd. 63 (1940) S. 491/94.

JAHNKE, H.: Die Wärmewirtschaft auf dem Bauernhof und ihre Entwicklungsmöglichkeiten. Gesundh.-Ing. Bd. 63 (1940) S. 489/90.

MARCARD, W.: Die Feuerungstechnik der häuslichen Einzelfeuerstätten. Halle (Saale) 1940.

SCHÄFER, H.: Bäuerliche Wärmewirtschaft. Heizg. u. Lüftg. Bd. 12 (1942) S. 145/50.

FABER, A.: 1000 Jahre Werdegang von Herd und Ofen. Düsseldorf 1950.

— Anlage- und Betriebskosten von Einzelofen- und Zentralheizung. Köln 1953.

NOWAK, R.: Häusliche Feuerungsanlagen. Bielefeld 1953.

3,112 Sammelheizung.

Die Vorteile einer Sammelheizung für das Wohnhaus[1] sind allgemein bekannt: Wesentliche Verringerung der Feuerstellen und damit der Schornsteine und Brandgefahr, Verringerung der Reinigung der Feuerstellen, fast gänzlicher Wegfall des Brennstofftransportes, der Schlackenbeseitigung und der damit verbundenen Raumverschmutzung, die Möglichkeit der Beheizung sonst nicht heizbarer Nebenräume, Anordnung der Heizflächen unter den Fenstern, dadurch Raumersparnis. Vielfach wird zwar als Nachteil angeführt, daß der Betrieb der Sammelheizung teurer sei als der der Einzelheizung. Bezogen auf die Größe des durch sie beheizten Raumes und die erzielte Heizwirkung gegenüber der Einzelheizung trifft diese Behauptung aber meist nicht zu. Eine wichtige Voraussetzung für eine wirtschaftliche Betriebsweise von Sammelheizungen ist jedoch das Vorhandensein einwandfreier Heiz- und Brennstoffräume. In den Abb. 39, 40 und 41 sind deshalb einige Ausführungsbeispiele für die zweckmäßige Gestaltung derartiger Räume in Wohnungsbauten wiedergegeben[2].

Mit der Abb. 42 ist die angenäherte Bestimmung der Grundfläche des Heiz- und Brennstoffraumes für Gebäude bis zu rd. 2500 m³ beheiztem Rauminhalt

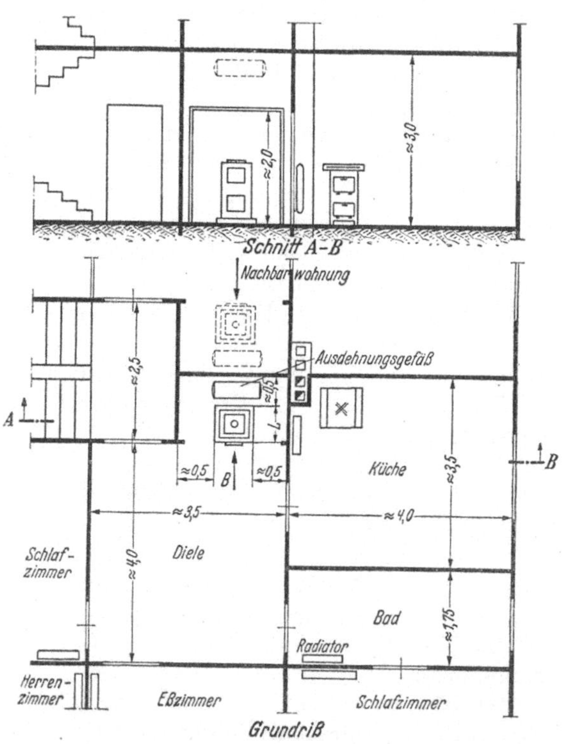

Abb. 39. Anordnung eines Kleinkessels für eine Stockwerks-Warmwasserheizung in einer Nische der Diele.

möglich. Der Brennstoffraum ist grundsätzlich niemals kleiner zu wählen als der Heizraum. Seine Grundfläche bei unterschiedlichen Anforderungen an die Lagerungsmöglichkeit (für verschiedene Vielfache eines Monatsverbrauchs) ist im Einzelfall nach den geraden Kennlinien der Abb. 42 zu bestimmen. Diese gelten für Tagesvollbetrieb, Koksfeuerung, 2 m Schütthöhe, übliche Wärmeausnutzung der Heizungsanlage und mittlere Witterungsverhältnisse (Belastung entsprechend $\frac{1}{2}$ Höchstleistung). Für Überschlagsrechnungen kann man vom beheizten Raum-

---

[1] RAISS, W.: Zentralheizung im Wohnungsbau. Heizg., Lüftg., Haustechn. Bd. 1 (1950) S. 95/101.

[2] VDI-Richtlinien für heiztechnische Anlagen, Anforderungen an zweckmäßige Heiz- und Brennstoffräume, 3. Aufl. Düsseldorf 1950.

inhalt ausgehen. Man benutzt dabei den unteren Maßstab, dem ein stündlicher Höchstwärmebedarf für 1 m³ beheizten Raum von 40 kcal zugrunde liegt. In besonders gelagerten Fällen und bei größeren Anlagen ist die Zusammenarbeit mit einem Heizungsingenieur unerläßlich.

Für die Wohnhausbeheizung stellt die Schwerkraft-Warmwasserheizung die normale Sammelheizung dar. Dies kann bei Miethäusern entweder als Heizung mit gemeinsamer Kesselanlage oder als Stockwerksheizung unter Aufstellung der Kessel im Keller oder in der Wohnung ausgeführt werden.

Die *gemeinsame Kesselanlage* bringt zwar die oben angeführten Vorzüge der Sammelheizung hinsichtlich Feuerung, Bedienung, Schornsteine usw. voll zur Geltung, auch ist sie in den Anlagekosten billiger als die Beheizung durch einzelne Stockwerksheizungen. Während aber bei Stockwerksheizung jeder Mieter nach Belieben heizen kann, bringt die Bedienung der gemeinsamen Heizung und die Umlegung der Heizkosten auf die einzelnen Mieter wegen der verschiedenen Ansichten über die gerechte Verteilung der Kosten oft erhebliche Schwierigkeiten mit sich. Es wird hierzu auf die Ausführungen unter 2,24 verwiesen.

Zur Vermeidung der vorbezeichneten Schwierigkeiten hinsichtlich der Heizkostenverrechnung wurden in den vergangenen Jahren vielfach in Miethäusern die Etagen- oder Stockwerksheizungen (s. unter 2,4231) eingebaut, wenngleich durch ihre Anwendung auf einige der anfangs erwähnten Vorteile der Sammelheizung wieder verzichtet wird.

Eine Sonderstellung nimmt die Kachelofen-Warmwasserheizung[1] ein, als eine Kombination zwischen Kachelofen und Warmwasserheizung. Die Abb. 43 zeigt das Schema einer derartigen Anlage, die bis zu etwa 30000 kcal/h erstellt werden.

Es ist sowohl Schwerkraft als auch Pumpenbetrieb möglich. Die Feuerseite des Kachelofens wird nach der Diele oder Küche gelegt. Der Kachelofen in der Abb. 44 ist gleichzeitig mit einer

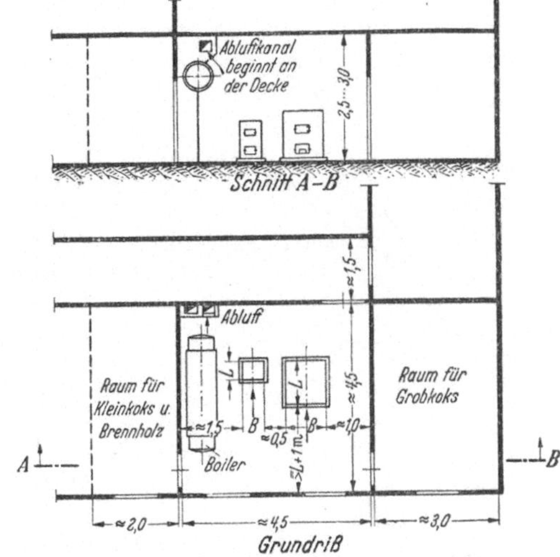

Abb. 40. Heiz- und Koksraum für ein größeres Wohnhaus mit Zentralheizung und Warmwasserbereitung.

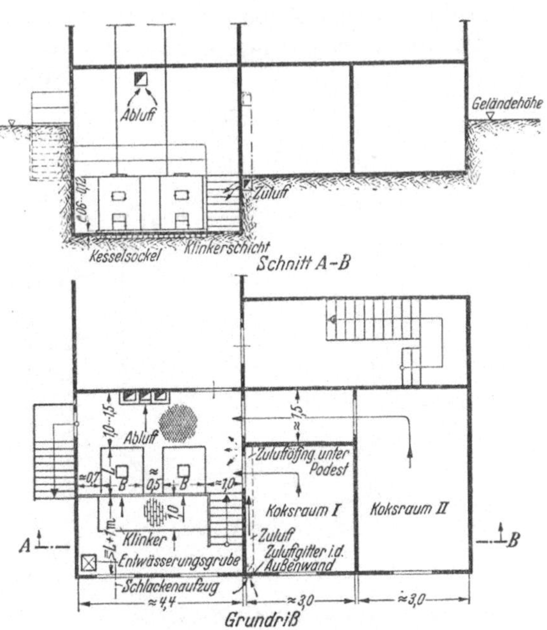

Abb. 41. Heizraum für obere Beschickung und zugehörige Brennstoffräume für ein Wohngebäude mit einem beheizten Rauminhalt von etwa 5000 m³.

---

[1] GREUTER, W. K.: Die kombinierte Kachelofen-Warmwasserheizung. Installation Bd. 24 (1953) S. 17/20 u. 39/41.

gekachelten Sitzbank versehen, die durch die Rauchzüge erwärmt wird. Die Konstruktion dieses Ofens geht aus der Abb. 44 hervor. In einem Feuerraum ist der Stahlheizkessel mit U-förmigen Heizrohren eingebaut. Über dem Kessel befindet sich ein Sommerrost, der zur Beheizung des Hauptwohnraumes in Übergangszeiten allein gefeuert werden kann. Der Aschfall ist unmittelbar nach dem Keller geführt. Da die Kachelofenerwärmung später einsetzt als die angeschlossene Warmwasserheizung, ist die zusätzliche Aufstellung eines Fensterheizkörpers im Wohnraum erforderlich. Ein guter Schornsteinzug muß gegeben sein.

Es muß aber darauf hingewiesen werden, daß eine einwandfreie Berechnung und sachgemäße Errichtung der normalen Stockwerksheizung wie auch der Sonderausführungen besondere Sachkenntnis erfordern. Es ist deshalb unrichtig anzunehmen, daß der Bau solcher Anlagen ohne weiteres jeder Firma übertragen werden könnte.

Dampfheizung kommt für normale Wohnhäuser wegen der geringen Anpassungsfähigkeit an die jeweilige Außentemperatur heute kaum mehr in Frage, wenigstens nicht als Überdruckheizung, wohl aber wird sie z. B. in Amerika für Wohnhochhäuser in der Form als Vakuum- (Unterdruck-) Heizung und in der verbesserten Form als Hochhaus-Differential-Vakuumheizung ausgeführt. Letztere ermöglicht eine weitgehende zentrale Regelung der Dampftemperatur durch entsprechende Veränderung des Vakuums in der Anlage.

Wegen einiger unzweifelhafter Vorzüge der Niederdruckdampfheizung gegenüber der Warmwasserheizung, die hauptsächlich in den billigeren Anlagekosten, in der geringen Einfriergefahr und der kurzen Anheizzeit bestehen, ist immer wieder versucht worden, auf einfachere Weise als die der amerikanischen Vakuumdampfheizungen die Frage der Regelbarkeit[1] der Heizung, vornehmlich auch der generellen Regelung vom Kessel aus entsprechend der Außentemperatur zu lösen und sie dadurch in ihrer Wirkung der Warmwasserheizung möglichst weitgehend anzugleichen. Ein Verfahren zur örtlichen Regelung der einzelnen Dampfheizkörper, d. h. zur Herabsetzung der Heizkörpertemperatur stellt das früher viel-

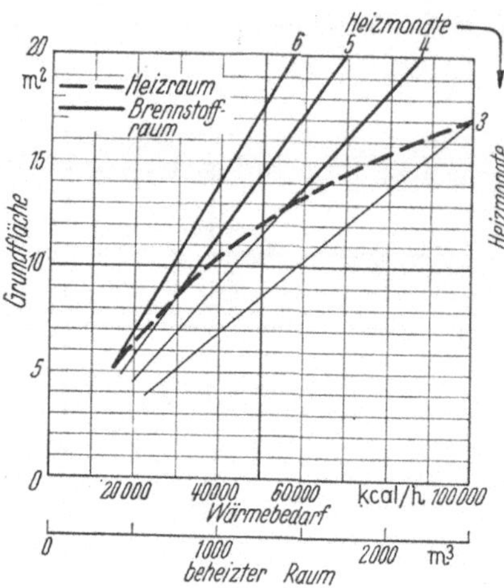

Abb. 42. Angenäherte Bestimmung der Grundfläche des Heizraumes und Brennstoffraumes an Hand des Höchstwärmebedarfs und des beheizten Rauminhalts.

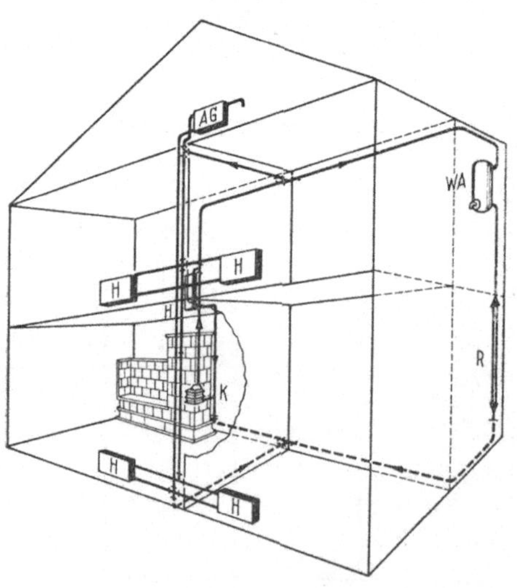

Abb. 43. Schema einer kombinierten Kachelofen-Warmwasserheizung.

AG Ausdehnungsgefäß, gleichzeitig Heizkörper für Kammer; — *H* Zimmerheizkörper; — *K* Heizkessel im Kachelofen; — *R* Heizrohr im WC; — *WA* Warmwassergerät für Bad.

[1] GRÖBER, H.: Die allgemeine Regelung der Niederdruckdampfheizung. Heizg. u. Lüftg. Bd. 14 (1940) S. 1/4.

fach angewandte Dampf-Luft-Umwälzverfahren (Milddampfheizung) dar. Mit der steigenden Anwendung der Warmwasserheizung ist jedoch diese Anordnung fast ganz in den Hintergrund getreten.

Zur Erzielung einer gewissen generellen Regelung findet man des öfteren Einrichtungen zur Erzeugung eines leichten Unterdruckes, bei denen der Luftinhalt der Anlage beim ersten Anheizen über eine Zentralentlüftung und ein Gefäß mit Wasserabschluß aus der Anlage entfernt wird. Auch die Kaminzugwirkung, die noch durch Einbau eines Dampfinjektors verstärkt werden kann, wird zur Erzielung des Unterdruckes benutzt[1].

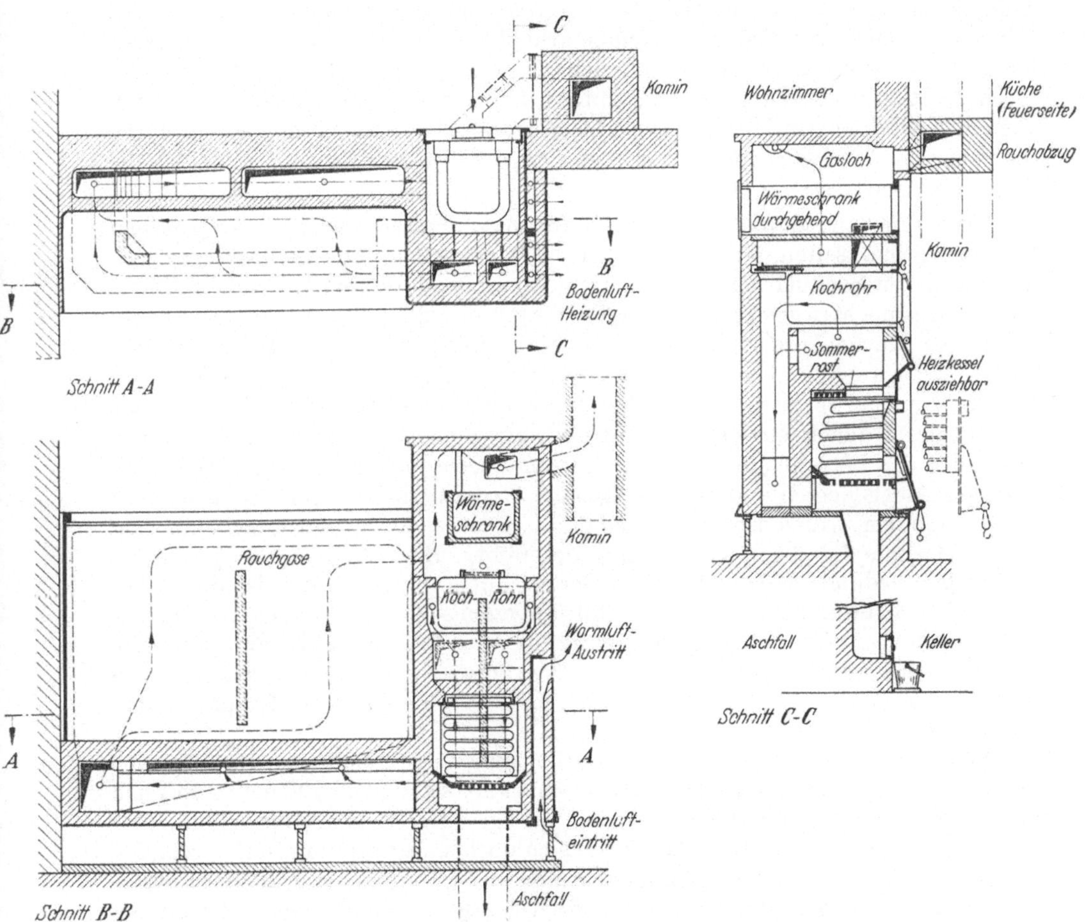

Abb. 44. Kachelofen mit Sitzbank und gleichzeitig Heizkessel für eine angeschlossene Warmwasserheizung.

Wenn sich auch bei diesen Einrichtungen der erzielbare Unterdruck nur in bescheidenen Grenzen hält, so läßt sich damit doch bei geringem Betriebsdruck eine bessere Wärmeverteilung erzielen als beim normalen Niederdruckdampfbetrieb.

Oft sollen vorhandene Dampfheizungen in Wohnungen ohne Gesamtumbau der alten Anlage in Warmwasserheizungen umgewandelt werden.

---

[1] KÄMPER, H.: Versuche zur Verbesserung der Niederdruckdampfheizung. Gesundh.-Ing. Bd. 61 (1938) S. 566/74.

Dies ist möglich:

1. durch Vergrößerung der Heizkörper entsprechend der verringerten Wärmeabgabe bei Warmwasser und Einbau von sogenannten Dampfpatronen in die untere Nippelreihe der Heizkörper. Die Kesselanlage und das Leitungsnetz bleiben bestehen. Die Heizkörper sind in diesem Falle nicht ganz mit Wasser zu füllen, damit Ausdehnungsmöglichkeit besteht. Infolge des geringen statischen Druckes, unter dem jeder Warmwasserheizkörper für sich steht, eignet sich diese Anordnung im besonderen für Hochhäuser;

2. durch Umbau der vorhandenen Anlage in eine Heißwasserheizungsanlage. Dabei ist durchweg die Änderung des Leitungsnetzes und die Verwendung von Pumpen erforderlich, nicht aber die Vergrößerung der Heizkörper, wenn man mit $100°$C mittlerer Heizwassertemperatur bei $-15°$C Außenlufttemperatur heizt. Wenn jedoch die Neunippelung der Dampfheizkörper erforderlich wird, was meist nicht zu umgehen ist, dann kommen die Kosten hierfür annähernd so hoch wie der Neubezug von Heizkörpern. Die Anlage verbessert sich hygienisch durch die generelle Regelungsmöglichkeit, wenn auch nicht ganz in dem Maße wie die übliche Warmwasserheizung.

Ausgesprochene *Luftheizungsanlagen* für Wohnhäuser waren in europäischen Ländern bisher selten. Wenn man jedoch die sogenannten Kachelofenzentralheizungen[1] für Kleinhäuser mit einbezieht, so ist ihr Vorkommen häufiger. Dabei ist jene Heizungsart gemeint, bei der der Wohnraum durch einen von den Rauchgasen des Küchenherdes durchzogenen Kachelofen geheizt wird, der in sehr kalten Tagen auch für sich betrieben werden kann. Die im Obergeschoß gelegenen Räume, zumeist Schlafräume, werden durch Luft erwärmt, die an dem eisernen Einsatz des Kachelofens erhitzt wird und durch Luftkanäle und Luftaustrittsöffnungen den betreffenden Räumen zuströmt. Dem Vorteil der Einfachheit, der geringen Anlagekosten und des Wegfalls der Einfriergefahr solcher Anlagen steht die bei rauhem Klima und bei Windanfall eintretende, oft unzureichende und ungleichmäßige Erwärmung nachteilig gegenüber. Hinzu kommt die durch die Luftkanäle bedingte Möglichkeit der Geräuschübertragung. Auch ist die Reinigung der Kanäle kaum möglich, so daß unhygienische Zustände entstehen. Die den oberen Räumen zuströmende Warmluft wird bei dieser Heizungsart dem unteren Wohnraum unmittelbar entnommen. Dies führt zu Zugerscheinungen in den unteren Räumen durch die dort an undichten Fenstern und Türen nachströmende Außenluft.

Wenn sich auch im allgemeinen Luftheizungen mit Lüfterbetrieb, die sich in zahlreichen anderen Gebäudearten bewährt haben und mit denen man auch dem ungünstigen Einfluß des Windes mit Erfolg begegnen kann, für Wohnhäuser naturgemäß weniger eignen, so lassen sie sich doch unter bestimmten Umständen vertreten, z. B. in Gegenden mit mildem Klima, bei guter Bauweise, dichtschließenden Doppelfenstern, Anordnung des Luftheizgerätes zwischen den zu erwärmenden Zimmern, möglichst Anwendung des Umluftbetriebes durch Zurückführung der Heizungsluft nach der Diele oder dem Flur, Vermeidung längerer horizontaler Luftkanäle und getrennte Warmluftzuführung zu den einzelnen Räumen. Eine neuere Luftheizung, die weitgehendst diese Forderungen erfüllt, ist die Domothermheizung (Abb. 45), die in zahlreichen Wohngebäuden zur Anwendung gelangte. Ein abschließendes Urteil läßt sich natürlich erst nach einigen Betriebs-

---

[1] SACKERMANN, W.: Die Kachelofen-Warmluft-Mehrzimmerheizung. Wärmewirtsch. Bd. 15 (1942) S. 29/31. — W. HÄUSLER: Etagen-Kachelofen-Warmluftheizung mit künstlicher Luftumwälzung. Heizg. u. Lüftg. Bd. 17 (1943) S. 69. — C. MALMENDIER: Die Kachelofen-Warmluftheizung. Berlin 1952.

jahren fällen. Insbesondere dürften dabei kältere Winterzeiten interessieren. Es ist wohl verständlich, daß man an eine Heizanlage mit geringeren Anlage- und Betriebskosten nicht die gleichen Behaglichkeitsansprüche stellen kann, wie an die Warmwasserheizung mit Fensterheizkörpern. Man tut es ja auch nicht beim Einzelofen, dem diese Luftheizung durch gewisse Erfüllung der Vorteile von zentralbeheizten Anlagen überzuordnen ist.

In Sonderfällen wird die Luftheizung auch für die Beheizung von einzelnen architektonisch besonders schönen Räumen oder Hallen ausgeführt, wenn die Aufstellung von Heizkörpern aus ästhetischen Gründen unterbleiben muß, während das übrige Gebäude mit Warmwasserheizung versehen ist. Durch eine Filterung der Luft und Sauberhaltung der Luftkanäle kann das Schwärzen der Wände und Decken über den Luftaustrittsgittern vermieden werden.

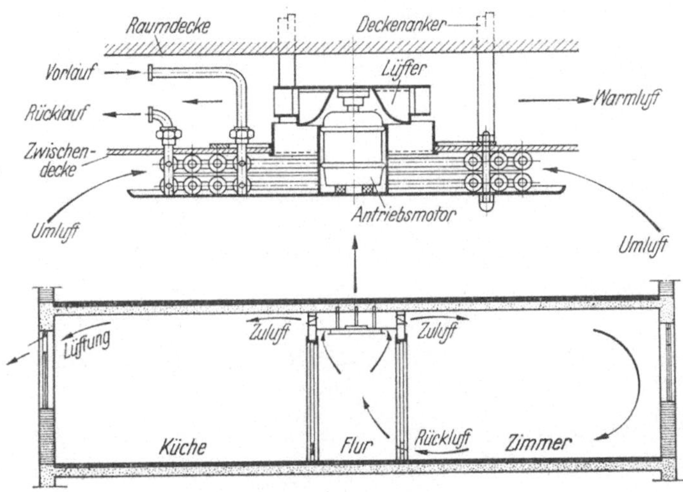

Abb. 45. Domothermheizung.
Oben: Schnitt durch das Heizrohrregister mit Fliehkraftlüfter; — unten: Schema der Gesamtanlage.

In den letzten Jahren ist auch die *Deckenstrahlungsheizung* in Wohnhäusern wegen der ihr eigenen Vorteile, wie Wegfall des Platzbedarfes für die Heizkörper, stark verringerter Luftbewegung und guter Wärmeverteilung im Raum, Möglichkeit der Raumkühlung im Sommer u. a. in vielen Fällen mit Erfolg ausgeführt worden. Über die hygienische Bewertung der Strahlungswärme gibt der Abschn. 1,43 nähere Auskunft. Bautechnische Hinweise der verschiedenen Arten von Strahlungsheizungen[1] enthalten die Abschn. 2,1 und 2,32. Die Deckenheizung gelangt fast nur als Pumpenwarmwasserheizung zur Ausführung. Die ersten Anlagen wurden vor über 40 Jahren in England erstellt. Die Heizrohre lagen im mehrschichtig aufgetragenen Deckenputz unter besonderen Vorkehrungen gegen die Gefahr der Deckenrisse, wie Beigabe von Kuhhaaren, Eindrücken von Stoff. Der Verputz zur Einbettung der Heizrohre wird verhältnismäßig dick und daher neben den zuvorigen Maßnahmen auch teuer. Auf dem Kontinent wird die Deckenheizung seit 1929 gebaut, wobei die Heizrohre unmittelbar in den Konstruktionsbeton oder in eine zusätzliche Betonplatte unterhalb der tragenden Decke zu liegen kamen. In beiden Fällen ist es nicht mehr notwendig, dem Ver-

---

[1] KOLLMAR, A.: Neuzeitliche Entwicklungen und Gedankengänge der Strahlungsheizung. Gesundh.-Ing. Bd. 73 (1952) S. 105/13. — W. SENNHAUSER: Neuere Methoden auf dem Gebiet der Heizungstechnik. Schweiz. techn. Z. Bd. 50 (1953) S. 735/42 u. 751/55.

putz besondere Beachtung zu schenken, wenn dessen Haftung an der Betonunterseite gesichert ist und tonige oder quellende Beimengungen vermieden werden. Es kann hierzu auf das Schrifttum[1] verwiesen werden. Zu diesen Deckenheizungen mit eingebetteten Stahlrohren ist auch die Kupferrohrstrahlungsheizung[2] zu rechnen, bei der die Rohre in Gipsverputz zu liegen kommen. Ihre stärkste Verbreitung hat diese Heizungsart in den Vereinigten Staaten von Nordamerika gefunden, doch kommt sie jetzt auch auf dem Kontinent zur An

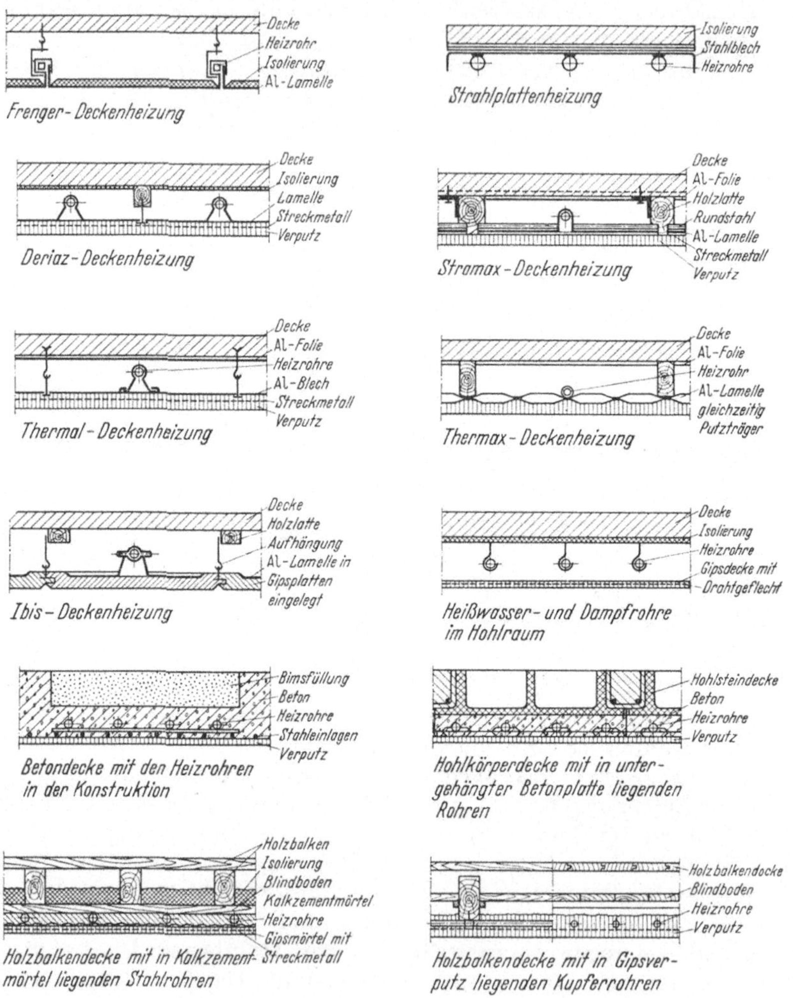

Abb. 46. Zusammenstellung konstruktiver Ausführungen von verschiedenen Deckenheizsystemen.

wendung, nachdem die Kupferrohrpreise günstiger sind als in den vergangenen Jahren.

Die zuvor geschilderten Rohrdeckenheizungen haben bereits eine jahrzehntelange Bewährung hinter sich, so daß man hiermit bei sachgemäßer Ausführung

---

[1] KOLLMAR, A.: Bautechnische Gestaltungen von Fußboden- und Deckenheizungen. Gesundh.-Ing. Bd. 74 (1953) S. 99/109.

[2] KOLLMAR, A.: Ausführung und Berechnung der Kupferrohrstrahlungsheizung. Sonderheft der Metallwerke A. G. Dornach (Schweiz) 1953.

kein Risiko in bautechnischer Hinsicht eingeht. Die Lamellendeckenheizungen mit Aluminiumlamellen hinter dem Deckenputz kamen erst vor wenigen Jahren auf. An eine mit dem Bau in viel stärkerem Maße als die Heizkörperheizung verbundene Heizungsanlage sind aber doch längere Bewährungsfristen zu stellen. Man sollte zwar erwarten können, daß sich das Aluminium als Baustoff, zu dem es in den letzten Jahren vielfach geworden ist, ebenso bewährt wie bei den Dacheindeckungen, bei denen schon langjährige Erfahrungen vorliegen. Dies wäre zu begrüßen, da die Aluminiumlamellen-Deckenheizungen zweifellos eine Bereicherung der Heizungstechnik darstellen.

Die Abb. 46 enthält eine Zusammenstellung der konstruktiven Ausführung verschiedener Deckenheizsysteme. Die Abb. 47 zeigt den Erdgeschoßgrundriß eines Wohnhauses mit den eingezeichneten Heizrohrregistern einer Deckenheizung.

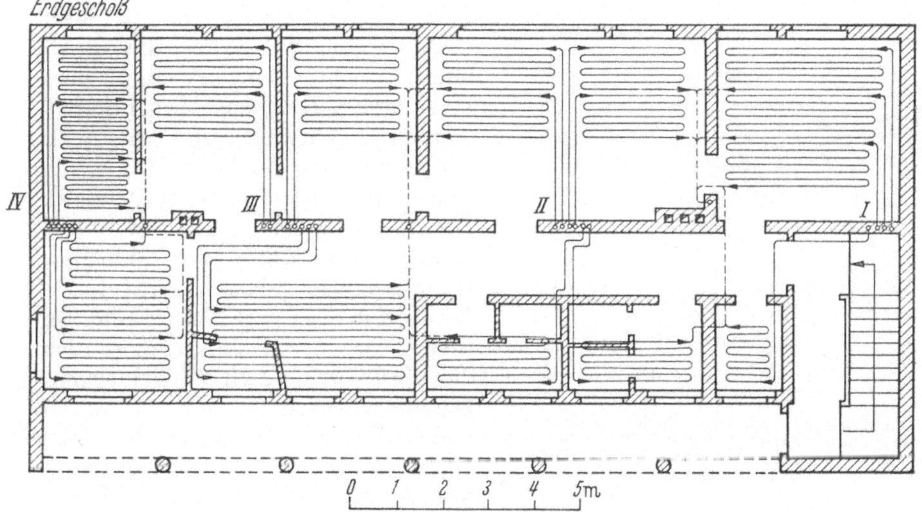

Abb. 47. Kupferrohr-Deckenheizung für ein Wohnhaus.

Es dürfte hier noch die Preisfrage der Deckenheizungen interessieren. Ganz gleich, welche Deckenheizart ausgeführt wird, so ist festzustellen, daß bei sämtlichen Deckenheizungen die Anlagekosten über denen der bisher angewendeten Sammelheizungsarten liegen. Gegenüber der Warmwasserheizung mit Heizkörpern unter den Fenstern kann man mit mindestens 30 bis 40% Mehrkosten rechnen, die vielfach sogar nicht unwesentlich darüber liegen. Darunterliegende Gestehungskosten lassen mit Recht vermuten, daß die Deckenheizung zu knapp ausgelegt wurde, was auf Kosten der physiologischen Zuträglichkeit[1] geht, deren Beachtung bei der Deckenheizung in weit stärkerem Maße als bei jeder anderen Heizung notwendig ist. Die Abb. 48 zeigt die einzuhaltende Deckentemperatur in Abhängigkeit von der Raumhöhe und den Heizflächenabmessungen. Die bisherigen Erfahrungen zeigten ferner, daß die Deckenheizung die üblichen Raumlufttemperaturen verlangt, wobei jedoch zu beachten ist, daß das übliche Raum-

---

[1] KOLLMAR, A.: Grundlagen der Strahlungsheizung. Z. VDI Bd. 95 (1953) S. 33/38. — Welche Deckentemperatur ist bei der Strahlungsheizung zulässig? Gesundh.-Ing. Bd. 75 (1954) S. 22/29.

thermometer nicht das geeignete Meßgerät[1] ist. Es unterliegt dem Strahlungseinfluß, der eine Temperaturerhöhung bis zu 2°C je nach der Aufhängung des Thermometers ausmachen kann.

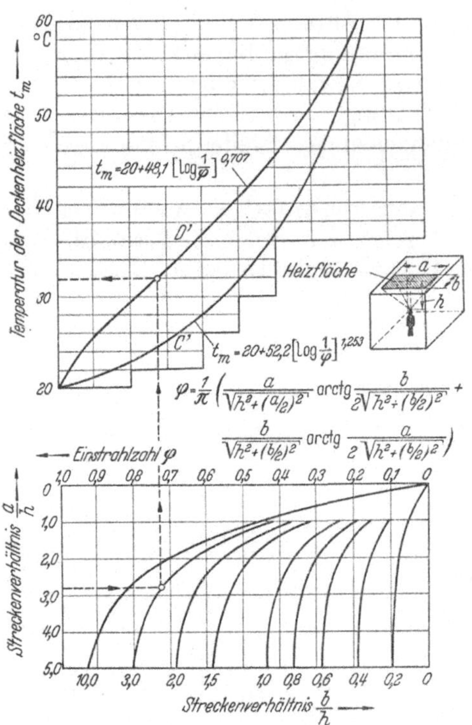

Abb. 48. Physiologisch zulässige mittlere Deckenheizflächentemperatur (zwischen Kurven *D'* und *C'*) in Abhängigkeit von der Raumhöhe und den Heizflächenabmessungen.

Wenn irgendwie möglich, sind bei den Deckenheizungen die Rohrstränge in das Innere des Gebäudes zu verlegen. Die Wärmeverluste der Rohrleitungen kommen damit dem Gebäude zugute und die Einfriergefahr der Stränge wird vermindert. Auch hinsichtlich der Anlagekosten erweist sich eine derartige Anordnung günstiger. Hinsichtlich des Brennstoffverbrauches kann nicht mit Sicherheit gesagt werden, daß bemerkenswerte Ersparnisse zu erzielen sind.

Zu erwähnen wären noch die Warmluftstrahlungsheizungen[2], die als eine besondere Luftheizungsform bekannt wurden und in einzelnen Fällen auch zur Ausführung gelangten. Die *offene* Warmluftstrahlungsheizung (Abb. 49), bei der durch einen Lüfter Warmluft mittels einer Düse unterhalb der Raumdecke eingeblasen wird, dürfte für Wohnhäuser wohl kaum Eingang finden, da ihr im allgemeinen auch die bereits genannten Mängel der üblichen Luftheizung, wie Geräusch- und Geruchübertragung von Raum zu Raum, Staubaufwirbelung und damit Verschmutzung der Decke, schlechte Reinigungsmöglichkeit und Betriebskosten des Lüfters anhaften. Aber auch für die *geschlossene* Warmluftstrahlungsheizung (Müllpo-Deckenheizung) ist kaum mit einer größeren Verbreitung zu rechnen, da die Einbaukosten für die zahlreichen Luftkanäle und die besonderen Decken, vornehmlich in größeren Bauten, eine Wirtschaftlichkeit gegenüber normalen Warmwasserheizungen oder auch Warmwasserdeckenheizungen nicht erkennen lassen.

3,113 Fernheizung.

Für die Beheizung ganzer Wohnblocks und Wohnungssiedlungen sind in den letzten Jahren in großem Umfange zentrale Heizanlagen, durchweg als Warmwasserpumpenheizungen, angelegt worden. Zum Ausgleich der

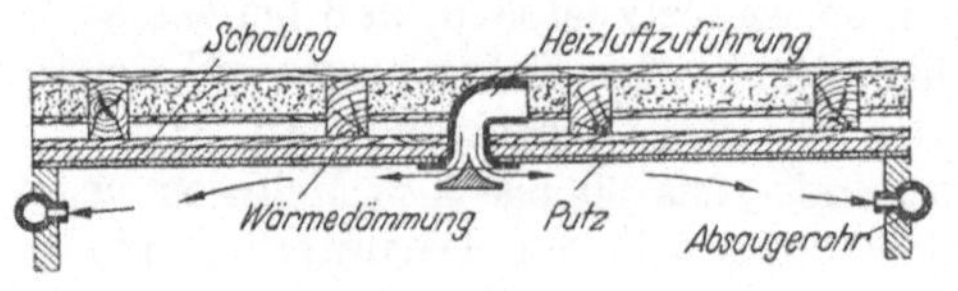

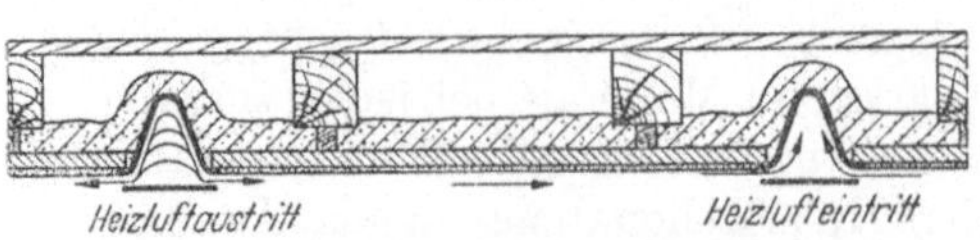

Abb. 49. Warmluftdeckenheizung mit offenem Wandluftaustritt unterhalb der Decke.

---

[1] MISSENARD, A.: Der Entwicklungsstand der französischen Heizungstechnik. Gesundh.-Ing. Bd. 75 (1954) S. 5/8.

[2] KOLLMAR, A.: Die Warmluftstrahlungsheizung. Heizg. u. Lüftg. Bd. 16 (1942) S. 105 bis 108 u. 125/128.

Belastungsschwankungen werden bisweilen auch Wärmespeicher eingeschaltet[1]. Die Vorzüge der zentralen Beheizung von einer Stelle aus sind zweifellos beachtlich. Sie bestehen hauptsächlich in der besseren Brennstoffausnutzung, in der Verwendung der gegenüber Koks billigeren Kohle, in der Ersparnis durch den Großeinkauf der Kohle, in der Verringerung der Rauch- und Rußplage, in dem Wegfall vieler Einzelkessel- und Brennstoffräume, in dem Wegfall des Kohlen- und Aschentransportes für die einzelnen Wohnungen und damit in der besseren Sauberhaltung der Wohnung, in der Verringerung der Feuergefahr u. a. m. Trotzdem wird die Entscheidung darüber, ob Wohnblocks oder Siedlungen eine zentralisierte oder dezentralisierte Beheizung erfahren sollen, nicht unbedingt zugunsten der zentralen Beheizung ausfallen müssen, denn je nach der Bauweise der Gebäude, ob Reihen-, Einzel- oder Hochhäuser, Anzahl der Geschosse, Lage der Heizzentrale, Art der Kesselanlage und örtlichen Heizflächen, Stellung der Heizkörper usw. sind sowohl die Anschaffungs- als auch die Betriebskosten der Anlage[2] sehr unterschiedlich. Der zu zahlende Wärmepreis muß vor allem auf die finanzielle Leistungsfähigkeit von Bewohnern mit überwiegend mittlerem und kleinerem Einkommen abgestellt sein, wenn Rückschläge vermieden werden sollen. Dabei kommt besonders hier der Frage der einwandfreien Wärmezählung und der Tarifbildung erhebliche Bedeutung für die Weiterentwicklung der Siedlungsheizung zu. Praktisch brauchbare Wärmemeßgeräte[3] sind heute vorhanden. Außerdem liegen entsprechende Erfahrungen über die Auswirkung der Anwendung von Meßgeräten[4] und die zweckmäßigste Verrechnung der Wärmekosten vor (s. unter 2,24).

Eine noch weitergehende Stufe der Entwicklung in der Wohnhausbeheizung stellt die zentrale Beheizung ganzer Stadtteile dar, die sogenannte *Städteheizung*. Sie wird als Fern-Warmwasser- oder Heißwasserpumpenheizung und als Ferndampfheizung ausgeführt.

Amerika besitzt heute einige Hundert solcher Anlagen. Dort wurde auch die erste Ferndampfversorgung im Jahre 1878 in Lockport, N. Y. errichtet. Die erste deutsche Städteheizung wurde 1900 in Dresden erbaut. Ihr folgten weitere Anlagen u. a. in Hamburg, Barmen, Kiel, Berlin, Braunschweig, Schwerin. Ausschlaggebend für die Wirtschaftlichkeit einer Städteheizung ist die Wärmedichte des angeschlossenen Gebietes. Die Vorteile der Stadtheizwerke gegenüber der Einzelheizung sind die gleichen, wie die bereits bei den Wohnsiedlungsheizungen erwähnten.

Den Ausgangspunkt für den Entwurf einer Städteheizung bilden entweder die Zahl der vorhandenen und noch hinzukommenden Wärmeverbraucher sowie die Größe des daraus sich ergebenden Anschlußwertes oder die Nutzbarmachung einer vorhandenen oder neu zu erschließenden Wärmequelle. Die Wahl des Heizsystems hängt dabei im wesentlichen von der Art der in den Gebäuden vorhandenen Einzelheizungen ab. Je nach dem Vorherrschen von Einzelwarmwasser- oder Einzeldampfheizungen wird Warmwasser-, Heißwasser- oder Dampffernheizung zu wählen sein. Vielfach wird der Dampf deshalb zur Fernübertragung vorgezogen, weil dabei neben Dampf- und Warmwasserheizungen auch andere Dampfverbraucher angeschlossen werden können und die den einzelnen Ge-

---

[1] Fischer, L. J.: Heizung und Lüftung in England. Gesundh.-Ing. Bd. 75 (1954) S. 54/55.

[2] Schimmel, K.: Ergebnisse der Betriebsüberwachung von Heizanlagen in Siedlungsbauten. Heizg. u. Lüftg. Bd. 16 (1942) S. 109/15.

[3] Behrens, H.: Die Wärmezählung bzw. Wärmemessung für Zentralheizungen. Halle (Saale) 1942.

[4] Raiss, W.: Der Einfluß der Wärmemengenmessung auf Wärmeentnahme und Brennstoffverbrauch bei Wohnungsblockheizungen. Heizg. u. Lüftg. Bd. 13 (1939) S. 65/73.

bäuden gelieferte Wärme mittels Dampf- und Kondenswassermessern sich leicht feststellen läßt. Es sind aber auch brauchbare Wärmezähler für Warmwasserheizung auf dem Markt. Beide Fernheizarten haben aber ihre Vor- und Nachteile, deren Auswirkung im Einzelfall genau geprüft werden muß.

Die Städteheizungen können in der Form reiner Heizwerke oder als Heizkraftwerke gebaut werden. In Amerika herrscht das Heizwerk vor, in Europa mehr das Heizkraftwerk. Das Heizwerk wird dort am Platze sein, wo auf engem Raum große „Wärmedichte" besteht. Das Heizkraftwerk wird in der Regel dort erstehen, wo durch Einbeziehung eines Heizwerkes in eine Stromerzeugungsanlage bei Verwendung von Zwischendampf oder Abdampf der Wärmewirkungsgrad der Gesamtanlage sich wesentlich verbessern läßt. Während sich das Heizwerk dem schwankenden Wärmebedarf auf verschiedene Weise (Änderung der Dampfspannung oder Stoßbetrieb) anpassen kann, treffen im Heizkraftwerk die Spitzen des Kraft- und des Heizbetriebes nur selten zusammen. Diesem Umstand kann durch Wahl der Dampfturbine oder durch Einschaltung von Wärmespeichern Rechnung getragen werden.

Wenn nicht alle bisher erstellten Städteheizungen den Erwartungen hinsichtlich der Wirtschaftlichkeit entsprochen haben, so ist es zurückzuführen auf zu kostspielige Ausführungsarten (so hinsichtlich der Ausbildung der Zentralen und der Kanäle), geringe Jahresbelastungsfaktoren, hohe Netzverluste, Überschätzung der möglichen Ersparnisse und auf das Nichteintreten der zugrunde gelegten Wärmedichte durch das Nichthinzukommen weiterer Wärmeabnehmer.

Die Fernleitung der Wärme mittels Heißwasser über 100°C, die in den letzten Jahren vielfach Anwendung gefunden hat, entstand aus dem Bestreben, durch Erhöhung der Temperaturen und des Temperaturunterschiedes und damit Verringerung der umzuwälzenden Wassermenge eine Ermäßigung der Anlage- und Betriebskosten herbeizuführen. Auch bei ihr bestehen der Warmwasser- und Dampfheizung gegenüber Vor- und Nachteile, die bedacht sein müssen. Bei Anwendung der Heißwasserheizung für Gebäude können zur Herabminderng der Temperatur entweder, wie bei Dampf, Gegenstromapparate, Verwendung finden oder es wird Rücklaufwasserbeimischung erforderlich.

In kohlearmen, wasserkraftreichen Ländern, wie z. B. in der Schweiz, haben die Städteheizungen keine Verbreitung gefunden, weil hier die Elektrizität durch Wasserkraftwerke erzeugt wird und daher kein Abdampf zur Verfügung steht. Dagegen entstehen an solchen Orten gelegentlich kleinere Fernheizungen für Wohngebäude infolge der Abwärmeausnutzung von Müllverbrennungsanstalten, Gaswerken und ähnlichen Betrieben.

Bei dem Einbau einer Heizzentrale für die Fernheizung von Wohnungssiedlungen wird oft eine *Fern-Warmwasserversorgung* vorgesehen, auf die beim Abschnitt Warmwasserversorgung noch näher eingegangen wird. Ferner werden neuzeitliche Wohnsiedlungen mit einer zentralen Wäschereianlage zum maschinellen Reinigen, Trocknen und Mangeln der Wäsche versehen.

Der Wegfall der einzelnen Trockenböden, Waschküchen, Waschherde usw. ist zweifellos ein Vorzug, der auch dem äußeren Bild der Siedlung zugute kommt.

Die Zentralisierung der wärmetechnischen Einrichtungen einer Siedlung bedingt eine entsprechende Aufteilung der Kesselanlage nach einem Warmwasserteil für die Heizung und einem Dampfteil für die Wäscherei, Warmwasserversorgung evtl. auch für die Kesselspeisepumpen und die Antriebsturbinen der Umwälzpumpen.

Schrifttum.

Wiese, F.: Die Ausführung von Fernheizleitungen und Anschlüssen. Heizg. u. Lüftg. Bd. 13 (1939) S. 81/86.
— Die Fernheizleitung zum Flughafen Berlin. Heizg. u. Lüftg. Bd. 13 (1939) S. 103/08.

WILLNER, M.: Die Kesselanlage des Fernheizwerkes Tegernseer Landstraße. Heizg. u. Lüftg. Bd. 14 (1940) S. 13/16.

SCHILLING, H.: Fernheizanlagen mit besonderer Berücksichtigung der Fernheizkanäle. Dtsch. Bauztg. Bd. 74 (1940) S. 41/43.

POHL, M. v.: Das Fernheizwesen der Sowjetunion in den letzten 15 Jahren. Gesundh.-Ing. Bd. 63 (1940) S. 157/63.

RICHTER, H.: Die Entgasung von Fernheizkondensaten und von Wässern für Warmwasserversorgungsanlagen. Gesundh.-Ing. Bd. 63 (1940) S. 199/203.

BÖHM, J.: Entwicklung und Bau von erdverlegten Dampf- und Warmwasserleitungen. Gesundh.-Ing. Bd. 63 (1940) S. 577/80.

WILFFERODT, F.: Festigkeitsberechnung von Rohrleitungen. Gesundh.-Ing. Bd. 63 (1940) S. 652/53.

Technische Richtlinien für den Wärmeschutz in Fernheizleitungen. Herausgegeben von der Wirtschaftsgruppe Elektrizitätsversorgung. Berlin 1940.

WELLMANN, W. A.: Fernheizung großer Städte durch Heizdampfabgabe aus Elektrizitätswerken. Z. VDI Bd. 85 (1941) S. 881.

SCHILLING, H.: Ein neues Verfahren zur Rückführung des Niederschlagwassers bei Fernheizwerken. Gesundh.-Ing. Bd. 64 (1941) S. 651/53.

HENDRIKS, E.: Die Wahl der Vorlauftemperatur von Heizkraftwerken im Hinblick auf den Stahl- und Kohlenbedarf. Heizg. u. Lüftg. Bd. 16 (1942) S. 4/5.

LIER, H.: Über Fernheizungen in Wohnkolonien der Stadt Zürich. Schweiz. Bl. Heizg. u. Lüftg. Bd. 15 (1948) S. 68/80.

FERRARI, F.: Dezentralisierte Zusammenfassung der technischen Versorgungen in neuen Wohngebieten als technisch-wirtschaftlicher und gesundheitlicher Fortschritt. Gesundh.-Ing. Bd. 69 (1948) S. 159/62.

HENDRIKS E.: Fernheizung — eine Ingenieuraufgabe der Gegenwart. Gesundh.-Ing. Bd. 69 (1948) S. 327/32.

Technische Richtlinien für den Bau und Betrieb von Heizkraftanlagen, Bd. I, herausgeg. von der Arbeitsgemeinschaft der Landesverbände der Elektrizitätswerke — AdEW. Göttingen 1949.

SIMON, W.: Grundsätze und Richtlinien für die Stadtheizung. Bergbau u. Energie Bd. 3 (1950) S. 13/19.

RAISS, W.: Heiztechnische Grundlagen einer öffentlichen Wärmeversorgung. Heizg., Lüftg., Haustechn. Bd. 3 (1952) S. 37/43.

HENDRIKS, E.: Heizungs- und Warmwasserbereitungs-Anlage in den Grindelhochhäusern in Hamburg. Heizg., Lüftg., Haustechn. Bd. 3 (1952) S. 183/88.

STREMPEL, E.: Erfahrungen mit Fernheizleitungen. BWK Bd. 4 (1952) S. 398/99.

— Derzeitiger Stand und Ausbaupläne der Bewag-Stadtheizung. Heizg., Lüftg., Haustechn. Bd. 4 (1953) S. 145/53,

HOLST, ST.: Entwicklung der Heiztechnik in Schweden. Gesundh.-Ing. Bd. 74 (1953) S. 179 bis 184.

MELENTJEW, L. A., J. J. AGRATSCHEW, G. B. LEWENTHAL u. J. J. MITSCHURINA: Rationelle Schaltungen für Fernheizungssysteme der Großstädte und Industriezentren. Energietechn. Bd. 3 (1953) S. 201/10.

STREMPEL, E.: Technische Einzelheiten über den Ausbau des Stadtheizwerkes Charlottenburg. Gesundh.-Ing. Bd. 74 (1953) S. 241/49.

WEGENER, C. R.: Dänische Erfahrungen mit der öffentlichen Heizkraftwirtschaft. Elektrizitätswirtsch. Bd. 52 (1953) S. 577/80.

STREMPEL, E.: Stadtheizung und Kraft-Wärmekupplung. Gesundh.-Ing. Bd. 75 (1954) S. 209/16.

3,114 Gasheizung.

Gasheizung kommt für Wohnräume in Form von Gaseinzelöfen (s. a. Abschnitt 2,412) und Gaszentralheizung in Frage.

Die Gaszentralheizung, darunter versteht man eine Warmwasser- oder Dampfheizung, deren Kessel mit Gas betrieben wird, hat auch für Wohngebäude Anwendung gefunden. Dabei benutzt man entweder gußeiserne Koksgliederkessel und versieht sie mit Gasbrennern oder aber man verwendet Sonderkessel für Gas, die in großer Zahl entwickelt worden sind.

Erfahrungen mit Gaszentralheizungen in Einfamilienhäusern, die nach dem Grundsatz angelegt waren, die Zahl der für häusliche Arbeiten notwendigen Hilfskräfte zu verringern, haben außerdem gezeigt, daß mehr als bei billigen

Brennstoffen bei der Planung der Gasheizung beachtet werden muß, daß die Verteilungsleitungen in bewohnten (beheizten) Räumen liegen[1]. Die Verlegung in Schlitzen der Außenwände sollte der Wärmeverluste wegen möglichst vermieden werden. Auch empfiehlt sich wegen der erleichterten Aufsicht die Aufstellung des Kessels im Erdgeschoß. Nur wenn dadurch die Auftriebskraft der Anlage in unzuträglichem Maße herabgesetzt wird, ist die Anordnung des Kessels im Keller nicht zu umgehen, sofern nicht der Einbau eines Umlaufbeschleunigers (Kleinumwälzpumpe) diesen Nachteil wieder aufhebt.

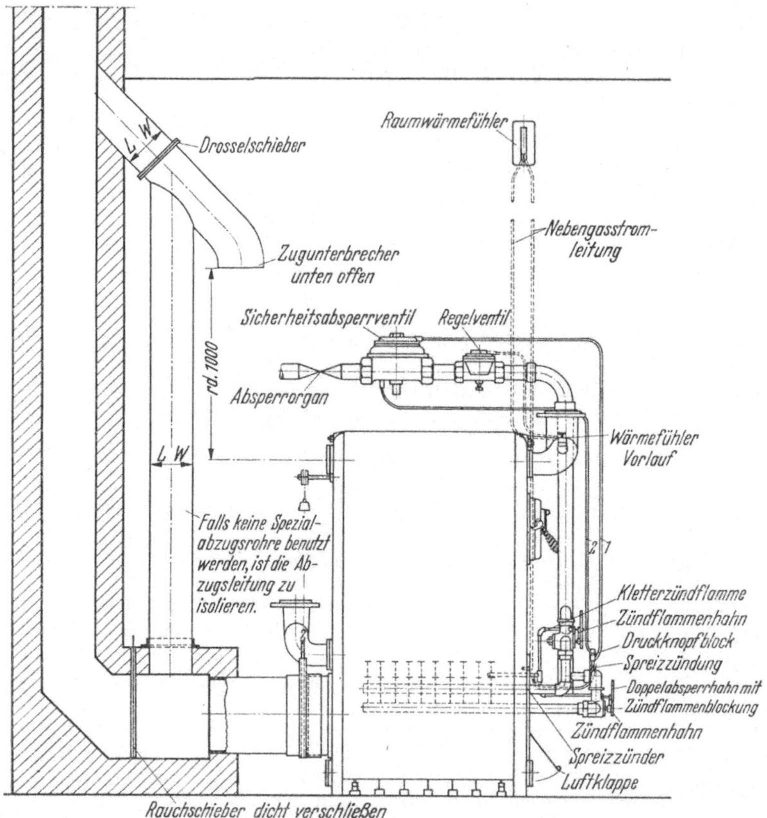

Abb. 50. Anschluß eines mit Gaseinsatzfeuerung versehenen Kokskessels an einen vorhandenen Schornstein.

Auch bei der Anordnung einer selbsttätigen Raumtemperaturregelanlage hat man mit der Trägheit der Warmwasserheizung zu rechnen, die im allgemeinen lange Heiz- und Abstellwellen zur Folge hat. Daraus ergibt sich die Forderung nach geringem Wasserinhalt der Heizung.

Wie in einem Gebäude der Anschluß eines mit Gasbrennern versehenen Kokskessels an den vorhandenen Schornstein zu erfolgen hat, zeigt die Abb. 50.

Im Normalfall ergibt ein Preis von etwa 7 bis 8 Pfg/m³ Gas für ein Einfamilienhaus einen im Rahmen des üblichen liegenden Heizaufwand. Dabei wird ein Gasverbrauch von 15 m³ Gas/m³ beheizten Raumes als wirtschaftlich angegeben.

---

[1] Bauser, W.: Betriebserfahrungen mit der Gaszentralheizung in Wohngebäuden. Heizg. u. Lüftg. Bd. 13 (1938) S. 193/96. — J. Körting: Erfahrungen mit der Gaszentralheizung in einem Einfamilienhaus. Gas- u. Wasserfach Bd. 84 (1941) S. 6/9.

In Amerika bildet die in Öfen und Zentralheizkesseln allgemein verwendete backende, schlackenbildende, stark rauchende „Softcoal" ein sehr unangenehmes Brennmaterial, von dem sich der Amerikaner mit allen Mitteln zu befreien sucht. Die bei uns verbreitete angenehme Koksfeuerung ist dort verhältnismäßig selten anzutreffen. Das ist ein Hauptgrund, warum Öl- und Gasfeuerung sowie auch die Städteheizungen dort einen so außerordentlich großen Aufschwung genommen haben. Zudem ist der Amerikaner gern bereit, für jede Art Annehmlichkeit höhere Preise zu bezahlen. In dieser Hinsicht ist die Mentalität wesentlich anders als in Europa. Und schließlich verfügt Amerika an gewissen Orten über bedeutende Erdgasquellen, die die Gasfeuerung für Heizzwecke geratener erscheinen lassen.

Schrifttum.

MARX, A.: Der Gasschornstein, seine Berechnung und Ausführung. Haustechn. Rdsch. Bd. 44 (1939) S. 12/14.

HEFT, F.: Gasanzünder für feste Brennstoffe. Gesundh.-Ing. Bd. 63 (1940) S. 85/89.

ZIMMERMANN, W.: Umbau von öl- oder koksgefeuerten Sammelheizungskesselanlagen auf gasgefeuerte Kesselanlagen. Haustechn. Rdsch. Bd. 45 (1940) S. 153/55.

KÖRTING, J.: Kommt die Gasraumheizung, wie und wann? Gesundh.-Ing. Bd. 69 (1948) S. 350/55.

HEFT, F.: Die Entwicklung der Gas-Zentralheizung und der Gasluftheizung. Gesundh.-Ing. Bd. 73 (1952) S. 33/40.

NACHTWEH, H.: Die Gaszentralheizung. Wärme-, Lüftungs- u. Gesundheitstechnik Bd. 4 (1952) Heft 3, 4, 8, 9 u. 10.

3,115 Elektroheizung.

Die Umformung der elektrischen Energie in Wärme geschieht bekanntlich meist durch OHMsche Widerstände, ohne daß bei diesem Vorgang Verluste auftreten.

Die Verteilung der elektrischen Energie ist auf zwei Wegen möglich: Durch unmittelbare Zuleitung des Stromes in den zu beheizenden Raum und Umwandlung des Stromes in Wärme an Ort und Stelle (dezentrale Heizung) oder durch Umwandlung der elektrischen Energie an zentraler Stelle und Übertragung der Wärme an die zu beheizenden Räume mittels eines Wärmeträgers (zentrale Heizung). Am wirtschaftlichsten sind zweifellos die dezentralen Anlagen. Sie stehen aber in mancher Hinsicht den zentralen Anlagen nach[1], z. B. wenn bei Wärmespeicheranlagen in den zu beheizenden Räumen der notwendige Platz für die Wärmespeicher fehlt oder wenn bei Luftheizanlagen für größere Räume das Geräusch der Ventilatoren und Motoren lästig fällt.

Erwähnt sei auch noch die Möglichkeit der elektrischen Heizung mittels Wärmepumpe[2], deren Anwendung jedoch der höheren Anlagekosten wegen nur für größere Heizungen in Frage kommt und auch dann nur unter der Voraussetzung, daß Wärme aus einem Vorrat niedriger Temperatur (in der Außenluft oder im Wasser) in ausreichendem Maße zur Verfügung steht. Mit Hilfe eines besonderen Arbeitsstoffes (Gas oder Flüssigkeit), der im Verlaufe eines Kreisprozesses vollkommen verdampft und wieder verflüssigt wird, wird dem äußeren Wärmevorrat die Wärme entzogen und auf ein höheres Temperaturniveau gebracht und in diesem Zustand an den zu beheizenden Raum abgegeben. Auf

---

[1] FISCHMEISTER, V.: Elektrische Raumheizung. Heizg. u. Lüftg. Bd. 14 (1940) S. 49/58.
[2] PETER, R.: Die Anwendung der Wärmepumpe. Schweiz. Arch. Bd. 4 (1938) S. 330/36. — M. EGLI: Einiges über die Möglichkeiten der Wärmepumpenheizung. Bull. schweiz. elektrotechn. Ver. Bd. 30 (1939) S. 42/48. — BR. BAUER: Die elektrische Erzeugung von Wärme und Kälte in Klimaanlagen vermittels der Wärmepumpe. Elektrizitätsverw. Bd. 14 (1939) S. 160/83.

diese Weise ist es heute möglich und in der Schweiz vielfach schon verwirklicht, die Wärmeausbeute etwa auf das Dreifache zu steigern, d. h. statt 860 kcal/kWh etwa 2000 bis 3000 kcal/kWh zu erzielen und damit den Anwendungsbereich der elektrischen Raumheizung erheblich zu erweitern (s. a. Abschn. 2,272). Die Abb. 51 zeigt die Wärmepumpenanlage für die Raumheizung und -kühlung des Rathauses in Zürich.

3,116 Heizkörper.

In Wohnhäusern kommen überwiegend Gliederheizkörper aus Gußeisen oder Stahl in Frage, die mit Nabenabständen von 300, 500, 600 und 1000 mm Höhe gebaut werden (Normenblätter DIN 4720 und 4722). Dabei sind die Heizkörper mit 300 mm Nabenabstand hauptsächlich für sehr niedrige Fensterbrüstungen, z. B. in Veranden, Schaufenstern usw. gedacht, die Heizkörper mit 500 mm Nabenabstand für normale Fensterbrüstungen von etwa 800 mm Höhe, die Heizkörper mit 600 mm Nabenabstand für höhere Fensterbrüstungen, die Heizkörper mit 1000 mm Nabenabstand lediglich für Aufstellung an den Innenwänden. Die Aufstellung der Heizkörper erfolgt im Wohnraum am zweckmäßigsten unter den Fenstern, selbst wenn diese Anordnung etwas teurer als die Anordnung an Innenwänden ist. Dafür hat die letztere Aufstellungsart den Nachteil, daß sie platzraubender ist und

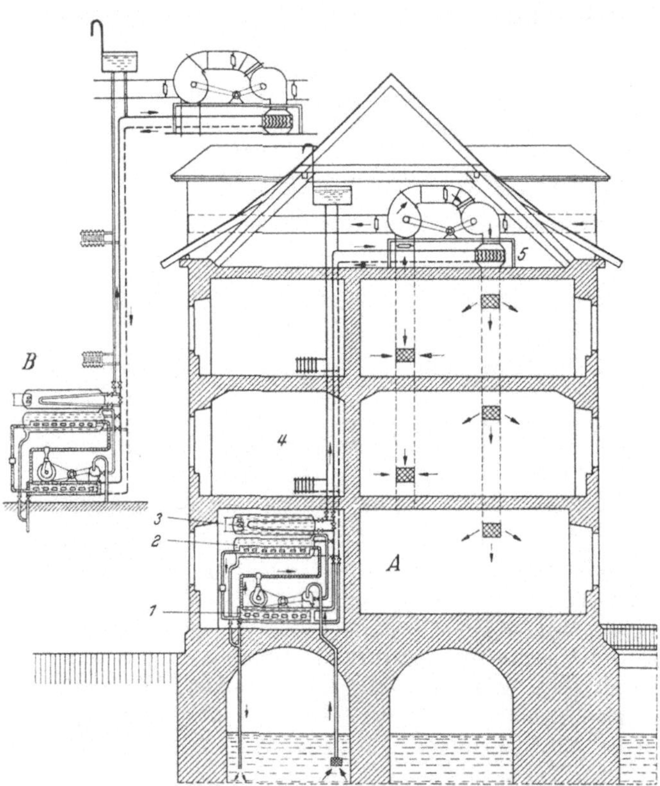

Abb. 51. Wärmepumpenanlage für das Rathaus Zürich.

A Heizbetrieb; — *B* Kühlbetrieb; — *1* Verdampfer; — *2* Kondensator; — *3* Elektro-Heißwasserspeicher; — *4* Heißwasser-Vor- und -Rücklaufleitungen; — *5* Lufterhitzer.

eine ungleichmäßige Wärmeverteilung ergibt. In jedem Falle ist dabei auf gute Reinigungsmöglichkeit zu achten, d. h. es muß hinter, über und unter dem Heizkörper genügend Raum vorhanden sein. Mindestmaße für diese Abstände, die jedoch nach Möglichkeit überschritten werden sollen, sind ebenfalls in den Normenblättern angegeben. Die Verwendung von Konsolen, anstatt der Aufstellung auf Füßen, erleichtert die Reinigung ebenfalls. Durch die Aufstellung unter den Fenstern kann auch Zugerscheinungen mit Erfolg begegnet werden, wenn dafür gesorgt wird, daß die niedersinkende kalte Luft hinter den Heizkörpern hinunterströmt, während davor ein warmer Luftschleier hochsteigt. Besondere Bedeutung erlangt diese Maßnahme bei einfachen Fenstern (namentlich, wenn sie dazu noch undicht schließen), ferner bei freier, dem Wind ausgesetzter Lage der Gebäude. Es ist bekannt, daß Wind von stärkerem Einfluß auf Zugerscheinungen und Auskühlung der Gebäude sein kann als große Kälte.

Verkleidungen von Heizkörpern sind möglichst zu vermeiden, da durch Verkleidungen eine Verringerung der Wärmeabgabe zwischen 10 und 30% eintritt, so daß dies bei der Bemessung durch entsprechende Vergrößerungen der Heizflächen berücksichtigt werden muß. Ganz abgesehen von der Verteuerung, die hierdurch und durch die Verkleidung selbst verursacht wird, führt die Verkleidung meist zu unhygienischen Zuständen.

Kann aus zwingenden Gründen auf eine Verkleidung nicht verzichtet werden, so muß sie, um bequeme Reinigung der Heizkörper zu ermöglichen, leicht aufschließbar bzw. wegnehmbar ausgebildet werden und eine gute Luftbewegung ermöglichen[1].

In Verkaufsläden sind die Heizkörper, unter Rücksichtnahme auf die häufig aufgehenden Türen, reichlich zu bemessen, ferner so anzuordnen, daß sie möglichst wenig Raum wegnehmen und die Wärmeabgabe nicht durch Gestelle usw. behindert wird.

Aborte, Weinkeller, Läger usw. können bisweilen durch Heizplatten und Heizrohre oder hindurchgeführte nicht isolierte Verteilungsleitungen erwärmt werden. Ferner werden auch in Küchen und Badezimmern oft senkrecht stehende Heizplatten oder Heizrohre angebracht, in den Badezimmern namentlich dann, wenn sie auch als Wasch- und Ankleideräume benutzt werden und daher ständig zu heizen sind.

Zu beachten ist noch, daß die hinter den Heizkörpern gelegenen Wandflächen, vornehmlich in den kalten Außenwandnischen, zur Vermeidung eines zu hohen Wärmeverlustes isoliert werden sollten. Um sie sauber halten zu können, sollten sie außerdem einen Gipsglätteputz erhalten.

In diesem Zusammenhang ist bei den Wohnraumheizflächen auch auf den Einfluß des Heizkörperanstriches auf die Wärmeabgabe hinzuweisen. Vielfach besteht die Ansicht, daß je nach dem Farbton des Heizkörperlackes die Wärmeabgabe verschieden hoch sei. Dies ist jedoch nicht der Fall. Die gebräuchlichsten Heizkörperlacke besitzen durchweg verhältnismäßig recht hohe Strahlungszahlen. Lediglich Metallbronzeanstrich (z. B. Aluminiumbronze) hat geringere Strahlungszahlen. Sie sind also möglichst nicht als Heizkörperanstriche zu verwenden.

Der Konvektor (s. 2,32) ist für Wohnräume nicht zu empfehlen, da durch den erhöhten Luftauftrieb eine Verschmutzung der Gardinen eintritt. Wenn auch während der Betriebszeit durch die höhere Luftgeschwindigkeit sich kein Staub an der Heizfläche zu halten vermag, so lagert er sich doch während der Betriebsruhe ab. Vor Beginn der Heizperiode ist also die Konvektorenheizfläche stets zu reinigen, was mit dem Staubsauger oder diesbezüglichen Reinigungsbürsten geschehen kann. Die vordere Abdeckung muß aber zur Erleichterung der Reinigung leicht abgenommen werden können oder türenartig ausgebildet werden.

Für Treppenhäuser und Flure kann der Konvektor vorgesehen werden.

3,117 Heizkessel.

Für die Wohnraumheizung werden normalerweise gußeiserne Gliederkessel oder Stahlkessel der verschiedenen Bauarten für Koksfeuerung verwendet, jedoch gibt es auch Sonderbauarten für Anthrazit-, Magernuß- und Braunkohlen-

---

[1] HEINZE, W.: Heizkörperverkleidungen. Baugilde Bd. 20 (1938) S. 167/69.

brikettverfeuerung. Von den eine Zeitlang unter der etwas übertriebenen Bezeichnung „Allesbrenner" auf dem Markt erschienenen besonderen Kesselbauarten, die die Verfeuerung einer Reihe verschiedenartiger Brennstoffe gestatten sollten, ist man durch die ihnen anhaftenden Mängel wieder abgekommen.

Für die Beheizung mit Gas sind ebenfalls eine Anzahl feuerungstechnisch einwandfreier und äußerlich ansprechender Kesselarten von den einschlägigen Firmen entwickelt worden (s. 2,412). In Ländern mit billigen Stromerzeugungsquellen und umfangreicher Ölgewinnung sind naturgemäß entsprechende Kesselarten entstanden. Bei Wahl geeigneter Gas- und Ölbrennerbauarten lassen sich diese Brennstoffe auch in normalen Gliederkesseln ohne besondere Schwierigkeiten verfeuern. Den Einbau einer Ölfeuerungsanlage in einem solchen Gußkessel und die Anordnung der Öltank- und Regelanlage zeigt die Abb. 52.

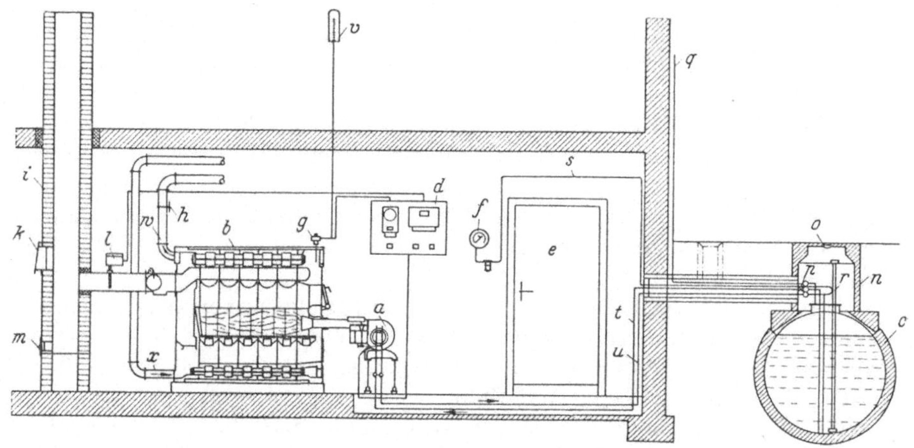

Abb. 52. Ölfeuerungsanlage für ein Wohnhaus.

a Automatischer Ölbrenner; — b Heizkessel; — c Öltank; — d Schalttafel; — e Heizraumtür; — f pneumatischer Ölstandsanzeiger; — g Kesselwasserthermostat; — h Anliegethermometer; — i Kamin; — k Sicherheitsklappe; — l Kaminthermostat; — m Putzdeckel; — n Tankschacht; — o Schachtdeckel; — p Absperrschieber in der Saugleitung; — q Entlüftungsleitung; — r Füllstutzen; — s Ölstandsleitung; — t Ölsaugleitung; — u Ölrücklaufleitung; — v Raumthermostat; — w Vorlaufleitung; — x Rücklaufleitung.

Auf die Aufstellungsmöglichkeit der Wohnraumheizkessel im Keller oder irgendeinem Raum der Wohnung (z. B. Küche, Diele) wurde bereits hingewiesen.

Neuerdings werden vielfach auch an Stelle gußeiserner Klein- und Mittelkessel geschweißte Stahlkessel verwendet. Die Erfahrungen mit diesen Kesseln sind sehr verschieden je nach Bauart. Der zweifellos bestehende Vorteil, daß sie sich bei vorkommenden Reparaturen leicht schweißen lassen, kann auch infolge der beim Schweißen auftretenden Spannungen oft zu neuen Kesselschäden führen, wenn die Spannungen nicht z. B. durch Ausglühen beseitigt werden können.

Für die Fernheizungen von Siedlungen und großen Häuserblocks sind hinsichtlich Anlage-, Betriebs-, Bedienungs- und Brennstoffkosten Gußkesselanlagen mit jedoch höchstens 6 Kesseleinheiten bei einer Gesamtleistung bis zu $2 \cdot 10^6$ kcal/h empfehlenswert, darüber werden neuzeitliche Stahlgroßkessel als wirtschaftlich vorteilhafter angesehen (s. a. 2,31). Gas- oder Ölfeuerung kann bei entsprechenden Brennstoffpreisen natürlich auch für diese Kessel (Abb. 35) zur Anwendung gelangen.

Bei zentralisierten Anlagen ist bequeme Zufahrtsmöglichkeit zum Brennstofflagerraum sowie auch zum Abtransport der Asche erforderlich. Ferner soll das Kesselhaus zentral und so gelegen sein, daß es nicht stört und der Rauch vom vorherrschenden Wind von den Gebäuden weggetrieben wird. Bei ansteigendem Gelände ist es zweckmäßig, wenn seine Unterbringung am tiefgelegensten Geländepunkt erfolgen kann. Wenn die Erfüllung aller dieser Forderungen nicht möglich ist, so soll bei der Planung wenigstens versucht werden, soweit wie möglich den Forderungen zu entsprechen.

Bei Aufstellung der Kessel in den Kellern der einzelnen Gebäude ist darauf zu achten, daß die Kesselräume zentral in den betreffenden Gebäuden untergebracht werden und Kessel- und Kohlenraum mit Rücksicht auf die Bedienung nebeneinander zu liegen kommen. Das Einbringen des Brennmaterials soll durch ein Kellerfenster oder einen Schacht bequem möglich sein. Allgemeine Richtlinien für die Erstellung von Kesselräumen enthielt bereits der Abschn. 2,251; auch auf die Ausführungen zu Anfang des Abschn. 3,112 und die dazugehörigen Abb. 39, 40 und 41 wäre nochmals hinzuweisen.

Im Jahre 1940 hat das ehemalige Reichsarbeitsministerium Richtlinien für Bau und Einrichtung von Heizräumen für Zentralheizungs- und Warmwasserbereitungsanlagen (Erlaß vom 5. 3. 1940) herausgegeben. Während die VDI-Richtlinien für heiztechnische Anlagen und Anforderungen an zweckmäßige Heiz- und Brennstoffräume sehr ausführlich die zu stellenden baulichen Anforderungen an Heiz- und Brennstoffräume und die technischen Anforderungen an Kessel und Beschickungsanlage behandeln, beschränken sich die ersteren Richtlinien im wesentlichen auf solche Anforderungen, die zur Sicherung gegen Gefahren erhoben werden müssen.

3,118 Rohrleitungen.

Am gebräuchlichsten ist das Zweirohrsystem mit unterer Verteilung. Über weitere mögliche Systeme enthalten die Abschn. 2,4231 und 2,4232 nähere Angaben. Ferner kann auf die Abschn. 2,37 und 2,38 (Absperr- und Regulierorgane, Rohrleitungen, Schall- und Wärmeschutz) verwiesen werden.

Die Rohrführung, -verlegung, -lagerung und -befestigung erfordern besondere Sorgfalt. Es wird hierauf nicht immer geachtet. Die Rohrleitungen dürfen ebenso wie die übrigen technischen Einrichtungen nicht als Fremdkörper im Hause empfunden werden und sind deshalb in ihrer Ausbildung, Zugänglichkeit usw. nicht zu vernachlässigen. Sie sind ein wichtiger und notwendiger Bestandteil des Hauses, der organisch eingefügt werden muß. Dies gilt vornehmlich auch für umfangreiche und weitverzweigte Rohrnetze. Um unnötige Unkosten und Überschneidungen mit anderen Installationen im Hause zu vermeiden, muß die Rohrführung schon frühzeitig und in dem notwendigen Umfange festgelegt werden. Die erforderlichen Wand- und Deckendurchbrüche sowie die senkrechten und waagerechten Rohrschlitze müssen vor Beginn des Rohbaues angegeben und die entsprechenden Aussparungen vorgesehen werden.

Bei der Planung ist darauf zu achten, daß die Leitungen übersichtlich angeordnet, auf kürzestem Weg geführt, günstig gelagert und leicht zugänglich sind. Auch ist für ausreichende Ausdehnungs- und Entlüftungsmöglichkeit sowie geringen Druckverlust und guten Wärmeschutz Sorge zu tragen. Durch entsprechende Anordnung, Unterteilung und Abschaltungsmöglichkeit sollte vermieden werden, daß bei Teilschäden an einer Stelle der Heizung die Gesamtanlage zum Erliegen kommt.

In Neubauten ist es angebracht, die senkrechten Stränge und die Verbindungsleitungen nach den Heizkörpern in Mauernischen zu verlegen. Hierbei sind die Leitungen vor dem Schließen der Schlitze sorgfältig durchgeführten Dichtigkeitsproben zu unterziehen.

Bei der offenen Verlegung der Leitungen in den Wohnungen kommt die Wärmeabgabe der Rohre dem Raum zugute. Beim Einbau der Anlagen in bestehende Bauten kann außerdem das Ausspitzen von Mauerschlitzen wegfallen.

Unangenehm ist dagegen, daß über und hinter freiliegenden Leitungen sich Wände und Decken mit der Zeit schwärzen.

Offen verlegte Leitungen sollen daher nach Möglichkeit nur in untergeordneten Räumen, wie Küchen, Badezimmern, Aborten, Toiletten, Gängen usw. angeordnet werden.

Um die Kellerräume vor zu hoher Erwärmung zu bewahren, sind dort die Leitungen besonders gut gegen Wärmeverluste zu schützen und in der Hauptsache in Kellerfluren, Waschküchen, Brennstofflagerräumen usw. zu verlegen.

3,119 Befeuchtungseinrichtungen.

Zur Befeuchtung der Raumluft werden auf Öfen und Radiatoren oft Gefäße mit Wasser (Verdunstungsschalen) gestellt. Von Laienseite wird die Notwendigkeit der künstlichen Luftbefeuchtung mit der die Atmungsorgane ungünstig beeinflussenden Austrocknung der Raumluft begründet (s. Abschn. 1,14). Dabei werden jedoch oft die Wirkung des an hocherhitzten Heizflächen versengenden Staubes und die dadurch verursachten Reizerscheinungen an den Schleimhäuten irrtümlicherweise für Trockenheit der Luft gehalten.

Unangefochten bleibt die nachteilige Einwirkung einer Heizung infolge der Austrocknung von Möbeln und hölzernen Vertäfelungen. Diese läßt eine Luftbefeuchtung als wünschenswert erscheinen.

Die Wirkung der verschiedenen, meist einfachen Luftbefeuchtungsgeräte, vornehmlich bei Aufstellung auf Warmwasserheizkörper mit verhältnismäßig niedrigen Oberflächentemperaturen, ist gering. Mit Sonderausführungen (in Wasser eintauchende hygroskopische Körper in einer oder mehreren Lagen) läßt sich die Verdunstungsleistung steigern, insbesondere dann, wenn die Geräte mit besonderen Lüftern ausgerüstet sind und die Heizkörpertemperatur hoch liegt. Praktisch bleibt die Anwendung solcher Geräte auf kleine und mittelgroße Räume begrenzt. Für größere Räume würde die Instandhaltung der aus mehreren Befeuchtern bestehenden Einrichtung mit erheblichem Zeitverlust und Kostenaufwand verknüpft sein. In solchen Fällen wird man zur Erzielung großer Verdunstungsleistungen besondere Zerstäubungsanlagen einrichten.

Die meist vorzufindenden porösen Tongefäße, die zwischen den Heizkörpergliedern aufgehängt werden, taugen wenig. Solche Einrichtungen werden als Ablagerungsplatz von Zigarrenresten, Apfelkernen, Nußschalen, Staub und Schmutz aller Art sogar zu einem Übelstand werden, weil diese Dinge oft lange Zeit darin liegen bleiben.

Die Staubversengung kann durch Befeuchtung der Luft nicht vermieden, höchstens etwas vermindert werden. Ihre nachteiligen Wirkungen treten in besonderem Maße an Heizflächen auf, deren Temperatur 60°C übersteigt, und zwar handelt es sich dabei nicht nur um Staub, der auf den Heizflächen liegt, sondern auch um denjenigen, der sich in der Luft befindet. Reinlichkeit, nicht zu hohe Heizkörpertemperaturen und starke Drosselung der Heizwirkung über Nacht sind daher von Wichtigkeit, so daß die Raumluft vorübergehend wieder einen höheren Sättigungsgrad annehmen kann[1].

---

[1] HOTTINGER, M.: Wasserverdunstung und Luftbefeuchtung. Gesundh.-Ing. Bd. 61 (1938) S. 253/58. — A. J. TER LINDEN: Die Feuchtigkeit der Luft in Gebäuden. Gesundh.-Ing. Bd. 64 (1941) S. 199/202.

3,12 Warmwasserversorgung.

Für die Warmwasserversorgung der Wohnungen kommen je nach den Ansprüchen, der Zahl der zu versorgenden Zapfstellen und der Bauart der Wohnung — ob Einzelwohnung, Miethaus mit mehreren Wohnungen oder Siedlung — die verschiedensten Ausführungsarten in Frage, von der einfachsten Einzelwarmwasserbereitung auf dem Küchenherd oder im Kohlebadeofen bis zur Fern-Warmwasserversorgung großer Gebäude oder Siedlungsblocks. Die Wahl der Versorgungsart wird bestimmt durch Zahl und Art der angeschlossenen Zapfstellen (Warmwassermenge und Temperatur), die preisgünstigste Brennstoffart, die an die Schnelligkeit der Bereitung gestellten Ansprüche und die Möglichkeit der Verbindung mit der Wohnung oder dem Gebäude.

Für das Warmwasser der Bäder, Waschtische und zu Reinigungszwecken genügt eine Wassertemperatur am Boiler von 45 bis 50°C. Für Küchen wird heißes Spülwasser von 55 bis 60°C, vornehmlich für das Abwaschen fettiger Geschirre, verlangt. Bei 40grädigem Wasser tritt eine Lösung der Speisefette nur durch Beigabe von Soda oder entfettenden Reinigungsmitteln ein. Die Temperatur des für Waschzwecke benötigten Warmwassers muß 70 bis 80°C betragen.

Im kleinen oder mittelgroßen Haushalt mit verhältnismäßig geringem Warmwasserverbrauch wird in der Regel ein Kleinwarmwasserbereiter für feste Brennstoffe ausreichen, am einfachsten in der Form des Wasserschiffes eines Kohlenherdes, gelegentlich auch ein Rauchrohr-Warmwasserbereiter. Etwas größere Warmwassermengen lassen sich auch durch Einbau von Herdeinsätzen (Heizschlangen oder -kästen) in den Feuerraum und unter gleichzeitiger Anwendung eines Warmwasserspeichers erzeugen. Im großen Umfange wird immer noch der kohlegefeuerte Standbadeofen verwendet, insbesondere weil dieser Ofen durchweg einfach, formschön, anpassungsfähig und billig in Anlage und Betrieb ist. Ein derartiger Ofen vermag 100 bis 300 Liter Wasser in etwa 30 Minuten von 10 auf 60°C zu erwärmen. Er ist oftmals auch für die Versorgung mehrerer Warmwasserzapfstellen eingerichtet.

Die Einzelwarmwasserbereitung mit Gas oder Elektrizität ist meist teurer als diejenige mit Kohle. Für viele Haushaltungen, auch für Kleinhaushalte ist dies wegen des geringen Wasserbedarfes und gemessen an den sonstigen Annehmlichkeiten (Sauberkeit, Schnelligkeit der Bereitung) aber nicht allein ausschlaggebend. Die heutigen Gaspreise ermöglichen auch eine finanziell tragbare Warmwasserbereitung durch Vorrats- oder Durchfluß-Gaswasserheizer. Besondere Sorgfalt ist auf die einwandfreie Fortleitung der Abgase und Zuführung der Verbrennungsluft zu verwenden.

Bei günstigen Nachtstromtarifen findet heute in gesteigertem Maße auch die elektrische Warmwasserbereitung in größeren Wohnungen Anwendung. Daß der Vorratsspeicher dabei dem Tagesbedarf entsprechend bemessen sein muß, verteuert die Anlage und erschwert die Ausbreitung. Andererseits stellt die elektrische Bereitung bezüglich der Einfachheit der Bedienung und Sauberkeit die beste Warmwassererzeugung dar. Ihr Einbau in vorhandene Gebäude bereitet außerdem die geringsten baulichen Schwierigkeiten, weil Abzugs- und Luftkanäle wegfallen.

Beim Vorhandensein einer Zentralheizung wird mit ihr oft auch die Warmwasserbereitung verbunden. Da die Betriebsweise der Heizung und Warmwasserversorgung stark voneinander abweicht, bereitet diese Verbindung nur dann keine Schwierigkeiten, wenn für die Warmwassererzeugung in der Übergangszeit und in den Sommermonaten ein besonderer Kleinkessel aufgestellt wird. Durch Einführung von Sonderschaltungen zwischen Heizungskessel und Boiler läßt sich der Kleinkessel unter bestimmten Voraussetzungen auch vermeiden.

Derartige Verbundanlagen beruhen auf einer *Beimischung von Rücklaufwasser* zum Vorlauf, auch *Shunt-Schaltung* genannt, d. h. der Rücklauf der Heizung wird vor dem Wärmeerzeuger über eine Beimischleitung mit dem Vorlauf verbunden, so daß ein Teil des Rücklaufwassers unmittelbar wieder in diesen eingeführt wird und eine Mischung mit dem vom Kessel kommenden Heißwasser eingeht, die weitgehend verändert werden kann. Das einfachste Organ einer derartigen Regelung ist eine im Rücklauf vor dem Kessel einzubauende Drosselklappe. In neuerer Zeit haben sich an Stelle der Drosselklappe auch Dreiweg-Drehschieber und teurere, aber auch vollkommenere Mischventile eingeführt. Alle diese Drosselorgane können von Hand oder elektrisch gesteuert werden. Ein derartiger Verbundbetrieb zwischen Heizung und Warmwasserbereitung kann auch u. U. durch Hintereinanderschaltung erreicht werden, d. h. das heiße Wasser kann vom Kessel aus zuerst durch einen Warmwasserbereiter und nachher durch die Heizung geleitet werden. Diese letztere Anordnung ist jedoch nicht so anpassungsfähig wie die Rücklaufwasserbeimischung.

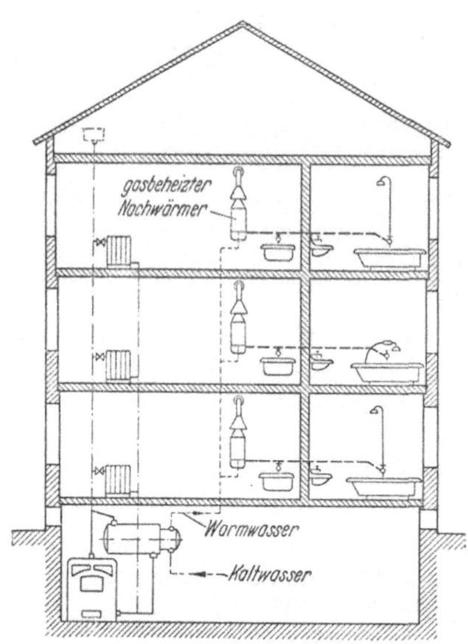

Abb. 53. Einbauplan von Nachwärmern in einem Mehrfamilienhaus.

In Land- und Siedlungshäusern findet man vielfach noch Kohlebadeöfen, die gleichzeitig eine an die Zentralheizung angeschlossene Heizschlange besitzen. Im Sommer findet unmittelbare Beheizung mit Briketts oder Steinkohle statt, im Winter liefert die Heizung die notwendige Wärme. Aber auch hier ist Rücklaufwasserbeimischung am Platze, wenn man eine gesicherte Warmwasserlieferung für Badezwecke wünscht.

Vorteilhaft sind die sog. Gasnachwärmer, die eine Nachwärmung des in der zentralen Warmwasserversorgung während der Übergangszeit erzeugten, nur gering erwärmten Warmwassers auf jede gewünschte Temperatur ermöglichen (Abb. 53).

Bewährt haben sich in den meisten Fällen die zentrale Warmwassererzeugung durch Heizungswasser in den kalten Wintermonaten und die Verwendung von Gas- oder Elektroeinzelgeräten (Abb. 54 und 55) für die Übergangs- und Sommerzeit.

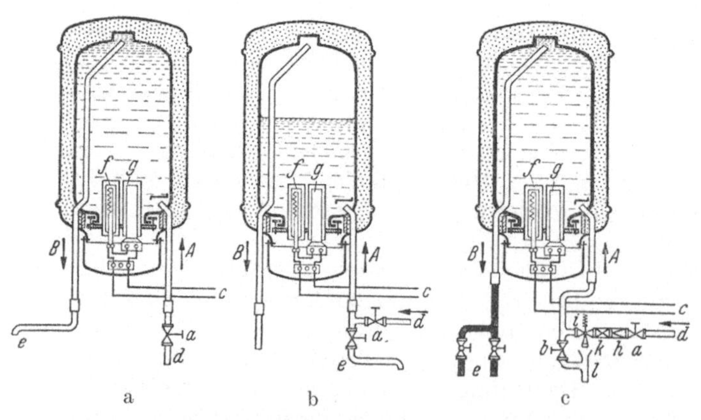

Abb. 54. Bauarten der elektrischen Heißwasserspeicher.

a Überlaufspeicher; — b Entleerungsspeicher; — c Hochdruckspeicher.

A Zulaufrohr; — B Überlaufrohr; — a Absperrhahn; — b Ablaßhahn; — c elektrische Zuleitung; — d Wasserzuleitung; — e Heißwasserentnahme; — f Heizkörper; — g Temperaturregler; — h Rückschlagventil; — i Sicherheitsventil; — k Druckminderventil; — l Abwasserleitung.

Zu dem bekannten Speicherverfahren der Warmwasserbereitung kam für Wohnhäuser auch das Durchflußverfahren (Abb. 56) zur Anwendung. Während in den Warmwasserbehältern der älteren Bauarten, die als Gebrauchswasserspeicher ausgebildet sind, das Gebrauchswasser die vom Heizungswasser oder Dampf durchflossene Heizschlange umspülte, steht bei den Durchlauferhitzern der Behälterinhalt mit dem Heizkessel in unmittelbarer Verbindung. Das Gebrauchswasser durchfließt ein im oberen Teil angebrachtes Rohrbündel mit großer Heizfläche. Der Vorteil der letzteren Bauarten liegt hauptsächlich in der Druckentlastung der Behälter und in der Erzeugung jederzeit frischen Warmwassers.

Auch bei dieser Bauart ist der Anschluß einer Zirkulationsleitung, z. B. durch Verwendung eines Injektors· in Form eines T-Stückes möglich und auch die Rücklaufwasserbeimischung durch

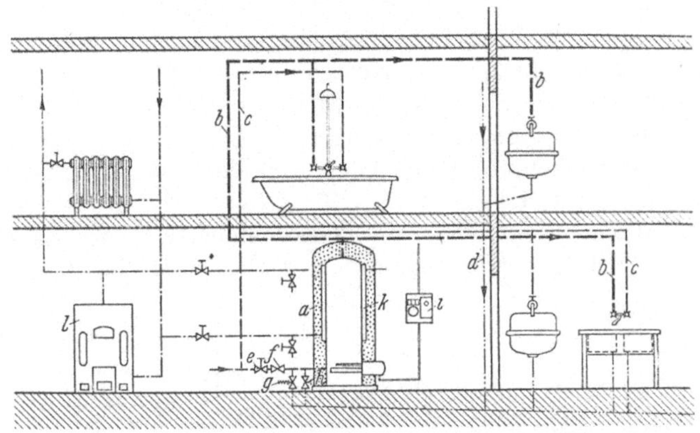

Abb. 55. Elektro-Doppelmantelboiler für Sommerbetrieb und in Verbindung mit der Sammelheizung fur Winterbetrieb.

a Elektroboiler; — *b* Warmwasserzapfleitung; — *c* Kaltwasserleitung; — *d* Abflußleitung; — *e* Kaltwasserabsperrventil; — *f* Rückschlagventil; — *g* Entleerhahn; — *k* Doppelmantel; — *l* Schalttafel.

die Kurzschlußschaltung, die bei Vorhandensein nur eines Kessels die gleichzeitige Erzeugung verschiedener Temperaturen für die Warmwasserbereitung und Heizung gestattet (Abb. 57). Bei den für die Durchlauferhitzer verwendeten Kupferrohren handelt es sich um Rohre mit besonders profiliertem Querschnitt, d. h. mit großer Oberfläche, damit das Verhältnis von Oberfläche zum Inhalt günstig wird.

Die Durchflußerhitzer sind nicht unerheblich teurer als die Warmwasserspeicher. Auch tritt bei höheren Temperaturen über 60° C die Wassersteinausscheidung und -ablagerung in dem schwierig zu reinigenden Heizrohrbündel auf. Vor Verwendung der Durchflußerwärmer muß die Auswirkung dieser Erscheinungen auf den Betrieb der Gesamtanlage deshalb in jedem Fall überlegt werden.

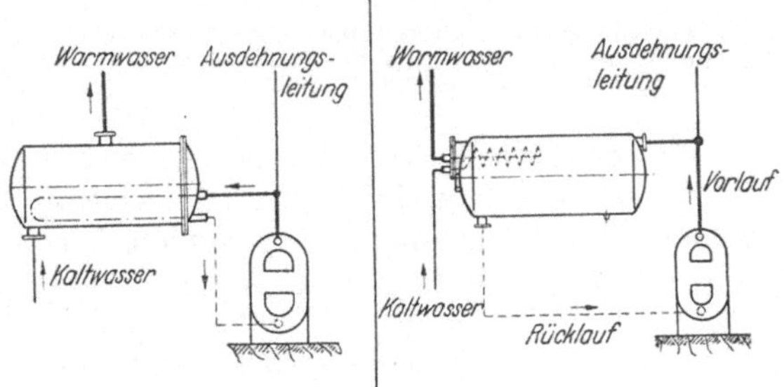

Abb. 56. Warmwasserbereitung.
Links: nach dem Speicherverfahren; — rechts: nach dem Durchflußverfahren.

Die zentrale Warmwasserversorgung großer Wohngebäude oder Siedlungsblocks bedarf ebenso wie die zentrale Beheizung eingehender wirtschaftlicher Überlegungen.

Besondere Schwierigkeiten können sich im Betrieb bei kombinierten Heizungs- und Warmwasserbereitungsanlagen dadurch ergeben, daß mit dem gleichen Wasser zwei verschiedene Temperaturen zu halten sind. Dies kann bei unsachgemäßem Bau der Anlage und bei unachtsamem Betrieb zu erheblicher unnötiger Wärmeverschwendung führen. Doch gibt es eine Reihe von technischen Möglichkeiten, um verschiedene Temperaturen mit Sicherheit erzielen zu können[1].

Die Vorzüge der zentralen Versorgung gegenüber der Einzelwarmwasserbereitung bestehen bekanntlich vornehmlich in der Verringerung der Feuerstellen, der Verfeuerung billiger Brennstoffe und in der Bequemlichkeit. Nachteilig dagegen sind die hohen Wärmeverluste der Leitungen sowie die Höhe der Heizerkosten, die insbesondere in den Sommermonaten ins Gewicht fallen. Es ist nachgewiesen, daß die Gesamtanschaffungskosten einer zentralen Warmwasserversorgung annähernd den Kosten für den Einbau von Gaseinzelgeräten entsprechen. Der Vergleich der Betriebskosten zwischen Koks und Gas ergibt dagegen einen wirtschaftlichen Vorteil für Gas bei geringem Warmwasserverbrauch und einen solchen für Koks bei normalem und größerem Verbrauch.

In den letzten Jahren sind für größere Warmwasserbereitungsanlagen verschiedentlich unmittelbar mit Gas befeuerte Warmwasserbereiter[2] eingebaut und mit Erfolg betrieben worden. Dabei wird die durch die Gasflamme entwickelte Wärme auf besondere Steine übertragen und von diesen an die Heizflächen abgestrahlt (Gasstrahl-Warmwasserbereiter) ähnlich wie bei gasgefeuerten Großkesselanlagen. Die Möglichkeit, diese Bereiter vollautomatisch je nach Wassertemperatur oder Wasserentnahme steuern zu können, erleichtert den Betrieb dieser Anlagen sehr, insbesondere bei unterbrochener Benutzungsart.

Für die zentrale Warmwasserversorgung größerer Gebäude und Siedlungen sind Umlaufleitungen bei sehr ausgedehnten Anlagen unter Einbau von Pumpen vorzusehen, damit das warme Wasser bis in die Nähe der Zapfstellen sich in ständigem Kreislauf befindet.

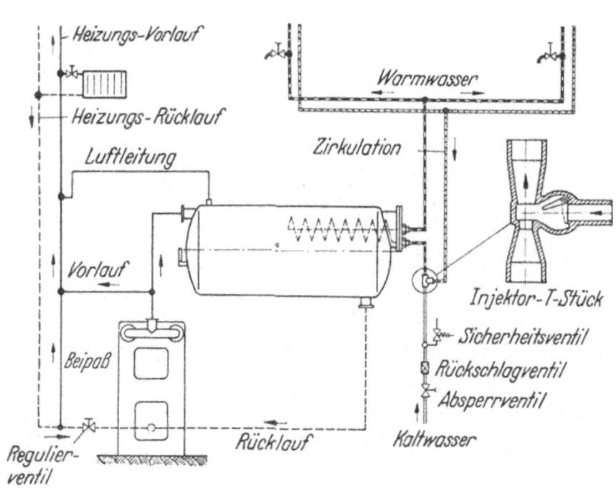

Abb. 57. Durchfluß-Warmwasserbereitung an eine Warmwasserheizung angeschlossen. Zirkulation durch Beimischung des Umlaufwassers am Kaltwasseranschluß.

Die Bemessung derartiger Zirkulationsleitungen geschieht meist nur nach der Erfahrung. Ihre Berechnung ist besonders bei größeren Anlagen durchaus notwendig und auch möglich unter Vorgabe eines bestimmten Temperaturunterschiedes[3].

Wie bei der Heizkostenberechnung bereitet auch die einwandfreie und allerseits befriedigende Berechnung der Warmwasserkosten für Zentralanlagen Schwierigkeiten, obwohl an sich eine Messung des verbrauchten Wassers durch besondere Wassermesser möglich ist und deshalb auch zulässig erscheint, weil der Mieter die Menge des verbrauchten Wassers wie beim Kaltwasserbezug beliebig einstellen kann. Die Genauigkeit der normalen Wassermessung wird aber dadurch beeinträchtigt, daß nur die Wassermenge, nicht aber die Temperatur

[1] EIGENMANN, A.: Die Entwicklung der kombinierten Heizungs- und Warmwasserbereitungsanlagen. Schweiz. Bauztg. Bd. 115 (1940) S. 41/43.

[2] ZIMMERMANN, W.: Gasstrahl- und Gasstrahleinbaugeräte für Heizung und Warmwasserbereitung. Installation Bd. 21 (1949) S. 229/32.

[3] SUTER, W.: Bemessung der Zirkulationsleitungen von Warmwasserversorgungen. Schweiz. Bl. Heizg. u. Lüftg. Bd. 6 (1939) S. 10/15 u. 26/34. — R. KORBMACHER: Zirkulationsleitungen für Warmwasserversorgungen. Heizg. u. Lüftg. Bd. 3 (1952) S. 13/16 u. 117/19.

gemessen wird. Letztere kann innerhalb der Anlage und zu verschiedenen Zeiten sehr unterschiedlich sein. Je nach der Wasserbeschaffenheit ist auch mit baldigen starken Ablagerungen in den Messern zu rechnen, wenn sie nicht in kurzen Abständen gereinigt werden. Es ist deshalb die Verrechnung nach einer Pauschale unter Zugrundelegung der Wohnfläche vielfach üblich. Einer Warmwasserverschwendung kann in solchen Fällen durch Begrenzung der Warmwassertemperaturen und Stillsetzen der Warmwasserversorgung während der Nacht vorgebeugt werden.

Die Wasserentgasung und -enthärtung ist nicht nur bei großen Anlagen, sondern auch für den Hausbedarf in vielen Fällen wirtschaftlich zweckmäßig, zumal jetzt preisgünstige kleinere Wasseraufbereitungsanlagen vorliegen. Die vorzeitige Zerstörung vieler Warmwasserbereiter und der angeschlossenen Leitungsnetze ist hauptsächlich auf das durch hygienische und wirtschaftliche Gesichtspunkte veranlaßte fast allgemeine Übergehen vom sog. Niederdruck- oder offenen System zum Hochdruck- oder geschlossenen System, d. h. auf den unmittelbaren Anschluß des Warmwasserbereiters an das Kaltwasserleitungsnetz zurückzuführen. Dazu kommt, daß aus mancherlei Gründen die Warmwasserbereiter und die Rohrquerschnitte oft nicht ausreichend bemessen sind, so daß die Wassertemperatur unzulässig hoch gesteigert werden muß, wodurch die Ausscheidungen vermehrt werden.

Für Großanlagen sind in den letzten Jahren zur Abwendung dieser Korrosionsgefahr eine Reihe brauchbarer Schutzverfahren entwickelt worden (s. Abschnitt 2,39). Die Anwendung der einzelnen Verfahren hängt von der Art und Ursache der Zerstörungsform ab. Überzüge der Innenwand der Warmwasserbereiter aus Brauerlack, Zementmilch und sonstigen Anstrichen können bei fachmännischer Auftragung vorübergehenden Schutz gewähren, sie müssen aber des öfteren erneuert werden.

Schrifttum.

DE VOOGD, J. G.: Gasersparnis und Warmwasserversorgung. Haustechn. Rdsch. Bd. 45 (1040) S. 331/33.
HOWALD, H.: Aus der Entwicklung der elektrischen Warmwasserversorgungsgeräte. Elektrowärme Bd. 12 (1942) S. 100/02.
RANZI, L.: Die Warmwasserbereitungsanlagen. Gesundh.-Ing. Bd. 65 (1942) S. 353/59.
Warmwasserverbrauch in englischen Haushaltungen. Heizg., Lüftg., Haustechn. Bd. 4 (1953) S. 201.

3,13 Lüftung und Kühlung.

In Wohnhäusern genügt für normale europäische Verhältnisse meist Fensterlüftung. Dabei empfiehlt sich die Verwendung einfach zu öffnender Doppelfenster, die innerhalb der Wohnung so angeordnet sein sollen, daß eine Querlüftung möglich ist; denn abgesehen von Zeiten völliger Windstille und Temperaturgleichheit ist diese Lüftung schon in kurzer Zeit wirksam, besonders an kälteren Tagen. Küchenfenster, besonders in Wohnküchen und Kochnischen, sollten mindestens auch einen einstellbaren, nach innen aufzuschlagenden Kippflügel besitzen. Die Fenster bzw. Flügel müssen bis unter die Decke reichen, weil sonst im oberen Teil der Küche ruhende, verdorbene Luft und Wasserdampf sich ansammeln können. Eine zusätzliche Schachtlüftung, wie sie für Küchen vorgeschlagen wird, ist zwar in sachgemäßer Ausführung durchaus empfehlenswert, sie verteuert jedoch vornehmlich bei Kleinwohnungen und Siedlungshäusern die Anlagekosten, ohne jederzeit eine gewünschte Wirksamkeit zu gewährleisten.

Bisweilen werden die Mantelkanäle der Formsteinkamine (Schoferkamine usw.) als Luftabzugskanäle benutzt, wobei der Auftrieb infolge des Wärmeüberganges von den Rauchgasen an die hochsteigende Luft gesteigert, aber auch die Glanzrußbildung in den Kaminen erhöht und evtl. der Kaminzug beeinträchtigt wird.

Bei eingebauten Badezimmern[1] ist ganz besondere Sorgfalt auf gute Abzugsmöglichkeit der Wasserdämpfe und zugfreie Zuführung von Luft aus den Nebenräumen zu verwenden, weil sonst Durchfeuchtungen der Wohnungen und sogar Schimmelbildungen die Folge sein können. Ganz allgemein sollten deshalb Aborte und Baderäume eigene Fenster erhalten.

Vorratskammern und Speiseschränke sind mit Entlüftungsmöglichkeit nach außen zu versehen. Sofern sie in unmittelbarer Verbindung mit der Küche stehen, eignen sie sich wegen der eindringenden feuchtwarmen Küchenluft nicht zur längeren Aufbewahrung von Eingemachtem.

In Amerika hat, bedingt durch die besonderen klimatischen Verhältnisse, die Luftkühl- und auch Klimaanlage vielfach in Wohnungen Eingang gefunden. Im wesentlichen ist die Entwicklung in bezug auf die Wohngebäude durch die große Zahl der vorhandenen und. neu errichteten Wohnungs-Warmluftheizungen gefördert worden.

In Deutschland ist dies nur möglich, wenn den hiesigen klimatischen Verhältnissen genauestens angepaßte und in Anschaffung und Betrieb billige Klimageräte dafür zur Verfügung stehen[2]. Im allgemeinen wird aber kein Erfordernis zur Wohnraumbewetterung vorliegen. Die Betriebsdauer einer Klimaanlage wird sehr kurz, die Stillstandszeit dagegen sehr lang sein. Dadurch wird sich unter normalen Umständen auch keine Wirtschaftlichkeit im Betrieb ergeben.

Bisweilen wird nach einfachen Kühleinrichtungen für die Sommermonate verlangt. Hierfür kann, wenn nicht das Vorhandensein einer Deckenheizung eine gewisse Raumkühlung im Sommer gestattet, eine gute Durchlüftung der Räume während der kühlen Nacht- und Morgenstunden empfohlen werden, damit sich die Mauern auskühlen und tagsüber als Wärmespeicher dienen. Auch Tischlüfter leisten gute Dienste, weil die Hautoberfläche infolge der Luftbewegung stärker gekühlt wird und auch die Verdunstung in erhöhtem Maße vor sich geht. Künstliche Lüftungsanlagen für die Zuführung gekühlter Luft oder Aufstellung von Kältemaschinen, wie sie in Krankenhäusern, Theatern und in Gegenden mit sehr warmem Klima, auch in Geschäftshäusern mehr und mehr eingerichtet werden, kommen für Privathäuser der hohen Kosten wegen nur selten in Frage.

Unmöglich zu verwirklichen ist der immer wieder auftauchende Vorschlag, die Warmwasserheizanlagen im Sommer von kaltem Wasser durchströmen zu lassen, die Heizkörper also als Kühlkörper zu benutzen, weil dabei unter Umständen starke Kondensationserscheinungen (Tropfenbildungen) an den Heizkörpern und Leitungen auftreten können, wie das im Sommer an nicht isolierten Kaltwasserleitungen vielfach beobachtet werden kann. Zudem ist die auf diese Weise erreichbare Kühlwirkung wegen des geringen Temperaturunterschiedes zwischen Luft und Heizkörpern nur sehr gering.

In diesem Zusammenhang soll auch kurz die *Lüftung des Tropenwohnhauses* behandelt werden. Wenn im Abschn. 2,1 der Hauptzweck des Gebäudes darin gesehen wurde, die Insassen gegen lästige oder gar schädliche Einflüsse des örtlichen Klimas zu schützen, so gilt das in besonderem Maße auch für das Tropenwohnhaus. Die lebhafte Entwicklung, die die Luftbehandlung in den letzten Jahren erfahren hat, läßt vermuten, daß gerade für tropische Verhältnisse sich

---

[1] HEIDTKAMP, G., u. F. ROEDLER: Gaswasserheizer und Gasraumheizer in Innenbädern. Gesundh.-Ing. Bd. 75 (1954) S. 145/56.

[2] RUDOLPH, W.: Klimageräte für die Bewetterung von Wohnräumen. Gesundh.-Ing. Bd. 63 (1940) S. 197/99.

hier ein weites Feld der Betätigung öffnet. Größere Temperaturschwankungen, wie sie im gemäßigten Klima während des Tages und Jahres vielfach vorkommen, treten in den eigentlichen Tropen nicht auf, so daß man sich von vornherein bei der Planung und beim Bau des Wohnhauses vollständig auf die dem Klima des tropischen Tieflandes eigene hohe Temperatur, den großen Feuchtigkeitsgehalt und die geringe Luftbewegung einstellen kann und muß. Bekanntlich entsteht das lästige Wärmegefühl nicht dadurch, daß der menschliche Körper Wärme von außen aufnimmt und dabei eine höhere Temperatur erhält, sondern dadurch, daß ihm die Abgabe der im Körper ständig sich entwickelnden Wärmemengen erschwert wird. Deshalb muß es Aufgabe der Bau- und Lüftungstechnik sein, alle diejenigen Vorkehrungen zu treffen, um unserem Körper die Entwärmung zu erleichtern. Ganz besonders zeigen sich nun aber beim Bau des Tropenhauses die Schwierigkeiten, die Forderung des Wärmeschutzes und der Luftbewegung in Einklang zu bringen mit den sonstigen Forderungen der Hygiene, mit der Kostenfrage, mit dem verlangten Zweck des Gebäudes, der Örtlichkeit und dem individuellen Geschmack. Obwohl die Lüftungstechnik heute durchaus in der Lage ist, in einem geschlossenen Raum Luft von jeder gewünschten Temperatur und sonstigen Beschaffenheit einzuführen und zu erhalten, stehen der Verwirklichung dieser Möglichkeit im allgemeinen außer der Geldmittelfrage z. B. die möglichen gesundheitlichen Schäden gegenüber, welche durch die zu großen Temperaturunterschiede zwischen innen und außen und durch zu große Luftbewegungen entstehen können. Es kann sich also nicht darum handeln, unter allen Umständen ein kaltes oder kühles Haus zu erstellen, sondern zu versuchen, mit einem Mindestmaß an Mitteln ein behagliches Wohnen sicherzustellen, bei dem gleichzeitig auch die sonstigen Forderungen der Hausbewohner an die Bequemlichkeit und Schönheit des Heimes berücksichtigt sind.

Die zu treffenden baulichen Maßnahmen[1] richten sich danach, ob eine *natürliche* oder *künstliche* Entwärmung vorgenommen werden soll. Vorherrschend ist aus den bereits genannten Gründen die natürliche Entwärmung. Um den Wärmeinhalt der Raumluft zu beschränken, muß zunächst das Eindringen der Sonnenbestrahlung verhindert werden. Dies versucht man zu erreichen:

a) durch entsprechende *Ausbildung der Dächer*, da diese den ganzen Tag über besonnt werden (Dachdeckung mit geringer Wärmeleitfähigkeit, z. B. Flachdächer mit guter Kiesabdeckung oder Hochdächer mit Hartholzplattendeckung), Schaffung eines belüfteten Hohlraumes zwischen dem eigentlichen Dach und der Raumdecke, evtl. Verbindung der Dachstuhlentlüftung mit der Lüftung des darunter liegenden Raumes, Vermeidung jeglichen Dachfensters,

b) durch entsprechenden *Schutz der Umfassungswände* gegen Sonneneinwirkung, zu erzielen durch helle Farbe der Wände zur Reflektion der Sonnenstrahlen, Beschatten der Außenwände durch Baumanpflanzungen, Umgeben des Hauses mit überdachten Galerien, die gleichzeitig zur Ersparung von Korridoren als Verbindungsgänge zwischen den Zimmern benutzt werden. (Nachteilig ist die dadurch entstehende starke Verdunkelung der Räume und die Verteuerung des Baues), Schaffung von Entlüftungsöffnungen an den Galerien, sofern Ansammlungen heißer Luft zu befürchten sind, Ausbildung der Außenwände als Wände mit geringem Wärmespeicherungs- und Wärmedurchgangsvermögen, u. U. bei Gebäuden mit großem Wärmespeicherungsvermögen Abschluß der Räume gegen die Außenluft während der heißen Tageszeit, dagegen gründliche Durchlüftung während der Nachtzeit,

---

[1] VICK, F.: Der Einfluß des tropischen Klimas auf Gestaltung und Konstruktion der Gebäude. Berlin 1938.

c) durch entsprechenden *Schutz der Fenster* bzw. Fensteröffnungen. Dies ist zu erreichen durch Schaffung einer grünen, wenig reflektierenden Rasenfläche um das Haus, durch einen u. U. völligen Verzicht auf Fensterscheiben (die praktisch einen Wärmefang darstellen) und Anbringung von Fensterläden durch Ausbildung von Galeriebrüstungen zur Verhinderung der Reflektion des Galeriebodens, Ausbildung der Fensterläden als Jalousiefensterläden, die luftdurchlässig sind, eine gewisse Belichtung ermöglichen, deren Schrägen hell gestrichen sind, gegen die Senkrechte keinen größeren Winkel als 30° bilden. Zweckmäßiger sind unter diesen Umständen Fensterläden mit verstellbaren Jalousiebrettchen, die bei starker Besonnung geschlossen und in der Nacht zur Durchlüftung geöffnet werden können. Auch die Anordnung von aufrollbaren Matten ist eine gebräuchliche Form des Sonnenschutzes. Ein Sonnenschutz hinter den Fenstern, etwa durch Vorhänge oder Gardinen ist nicht angebracht, da die von der Absorption herrührende Wärme ständig an die Raumluft, nicht aber an die Außenluft abgegeben wird. Durch Auskragen des Daches insbesondere bei einstöckigen Bauten oder durch Anbringen besonderer kleiner Sonnenschutzdächer über den Fenstern kann u. U. schon ein ausreichender Sonnenschutz erreicht werden,

d) durch Verwendung von *wärmeabweisendem* Fensterglas, das z. B. für eine bestimmte Art 60% des Sonnenlichtes und nur 20% der Sonnenwärme hindurchgehen läßt,

e) durch entsprechende *Anordnung der Räume* zur Sonnenseite (Wohn- und Schlafzimmer nach der Morgen- und Vormittagssonnenseite),

f) durch Schaffung einer *direkten oder indirekten Querlüftungs*-Möglichkeit in der Windrichtung, zu erreichen durch offene Bauweise, Wegfall von Zwischenwänden über die ganze Hausbreite (in der Richtung der üblichen Winde) oder Errichtung von halbhohen Trennwänden mit Durchbrüchen zur Luftzirkulation, Einbau luftdurchlässiger Türen, Deckenöffnungen usw.

Alle Möglichkeiten zu einer natürlichen Lüftung besitzen aber bekanntlich den Nachteil der Abhängigkeit von dem Vorhandensein der Winde und einem Temperaturunterschied zwischen Innen- und Außenluft. Auch die mit der natürlichen Lüftung verbundene Staubplage und Hellhörigkeit des Hauses ist als lästig zu bezeichnen. Andererseits kann eine *künstliche Entwärmung* mittels der künstlichen Lüftung nicht durch die Lufterneuerung schlechthin erzielt werden, da es „Frischluft" im Sinne der gemäßigten Zone nicht gibt. Es ist im wesentlichen die *Luftbewegung*, die mit dem Luftaustausch als angenehm empfunden wird. So dient denn auch dort, wo künstliche Lüftung überhaupt angewendet wird, diese unter Beibehaltung der oben gekennzeichneten Bauweise für eine natürliche Lüftung im allgemeinen nur zur Erzeugung einer Luftbewegung für die Zeiten, in denen die natürliche Luftbewegung ganz ausfällt oder nur sehr schwach ist. Mittel für die künstliche Lüftung sind in einfacher Form die elektrischen Tisch- und Deckenventilatoren. Zentrale Lüftungsanlagen haben sich in den Tropen nur dort bewährt, wo sie etwa in Form der sog. „Solo-Air"-Lüftung die Luft durch Blechkanäle unmittelbar an die Stellen heranbringen, an denen sie für die Entwärmung erforderlich wird. Bei Luftaustrittsgeschwindigkeiten von 2 m/sek wird eine merkliche und angenehme Kühlwirkung erzeugt. Aber auch diese Lösung muß als eine behelfsmäßige bezeichnet werden, da sie eine wirkliche Luftbehandlung nicht einschließt.

3,2 Kranken-, Heil- und Irrenanstalten, Alters- und Jugendheime.

3,21 Heizung.

Wenn nicht vom leitenden Arzt ausdrücklich anders verlangt, sind für die verschiedenen Räume folgende *Raumlufttemperaturen* anzunehmen[1]:

Krankenräume	20° C
Kinderkrankenzimmer	22° C
Aufenthaltsräume (Tagesräume)	20° C
Vorbereitungsräume	20° C
Untersuchungszimmer	22° C
Operationsräume (je nach Forderung des Arztes)	22 bis 25° C
Röntgenräume	20° C
Therapeutikum	16 bis 18° C
Sezierräume	18° C
Warteräume	18° C
Verwaltungsräume (Büro usw.)	20° C
Privatzimmer des Personals (Ärztezimmer, Schwesternzimmer)	20° C
Festsaal, Unterhaltungsräume, Bibliothek	20° C
Betsaal oder Kapelle (unter Rücksichtnahme auf die Kranken)	18° C
Flure, Aborte	20° C
Treppenhäuser	15° C
Badezimmer für gewöhnliche warme Bäder	22° C
Römisch-irische Bäder:	
Ankleide- und Nachschwitzraum	22° C
erster Schwitzraum (Tepidarium)	45 bis 50° C
zweiter Schwitzraum (Sudatorium)	50 bis 80° C
Wasch- und Brauseraum (Lavacrum)	25° C
Küchenräume (Hauptküche, Diätküche, Milchküche, Spülküche, Zurichtküche und Speiseausgaben)	15° C
Plätterei	15° C
Waschküche	15° C
Garagen	nicht unter 5° C

An die Krankenhausheizung werden ganz besondere Anforderungen gestellt. Sie soll milde Heizkörperoberflächentemperaturen aufweisen, leicht regelbar sein, einen einfachen, geruch- und geräuschlosen Betrieb ermöglichen, sowie dauernd trotz schwankender klimatischer Verhältnisse eine gleichmäßige und behagliche Erwärmung ermöglichen, außerdem eine Sauberhaltung der Heizkörper, möglichste Reinhaltung der Luft von aufgewirbeltem Staub und Bakterienbewegung, Verhütung von starken Luftbewegungen sicherstellen. Bei Berücksichtigung der bekannten Eigenschaften der gebräuchlichen Raumheizarten erweist sich für Krankenhäuser und ähnliche Anstalten die Warmwasserheizung als die geeignetste Heizart. Die Entscheidung, ob Schwerkraft- oder Pumpenbetrieb genommen werden soll, hängt von dem Umfang und der baulichen Gestaltung der Anlage ab. Bei einem kleineren, in waagerechter Richtung nicht ausgedehnten und mehrstöckigen Einzelgebäude ist die Schwerkraftheizung am Platze, während bei größeren Abmessungen Pumpenheizung zu wählen ist, da sie in Anlage und Betrieb vorteilhafter ist.

Sind mehrere nicht allzu weit auseinanderliegende Gebäude gegeben, so wird die Fernwarmwasserheizung das zweckmäßigste sein. Doch ist anzuraten, eine Nachrechnung aller möglichen Ausführungsarten bezüglich Anlage- und Betriebskosten durchzuführen.

Die Fernleitung der Wärme innerhalb der Anstalt kann auch durch Dampf erfolgen. Für Warmwasserfernleitung spricht jedoch die Einfachheit der Anlage und ihre zentrale Regelbarkeit entsprechend der jeweiligen Außentemperatur.

---

[1] DIN-4701-Regeln für die Berechnung des Wärmebedarfes von Gebäuden.

Für die Verwendung von Dampf zur Fernleitung ist bestimmend, ob in den einzelnen Gebäuden der Krankenanstalten außer Heizwärme auch Dampf zum Kochen, Waschen, Desinfizieren, Sterilisieren und zum Betrieb von Milch- und Teekochern, evtl. auch zur örtlichen Warmwasserbereitung benötigt wird. Liegen die Wirtschaftsgebäude in unmittelbarer Nähe des Kesselhauses oder nicht sehr weit entfernt, was oft der Fall sein wird, so empfiehlt sich, die Wärmeversorgung dieser Gebäude durch besondere Dampfleitungen vorzunehmen und für die eigentliche Heizung der übrigen Gebäude Warmwasserfernheizung vorzusehen. Eine derartige Trennung ist deshalb auch besonders zu empfehlen, weil der Bedarf an Wirtschaftsdampf das ganze Jahr hindurch vorliegt, während die Heizung nur an etwa 220 Tagen verfügbar sein muß.

Gewisse Räume, insbesondere die Operations- und Entbindungsräume, einzelne Bäder, die Abteilungen mit besonders empfindlichen Kranken, Polikliniken und Kinderzimmer müssen jedoch auch an kühlen Sommertagen und evtl. auch jederzeit nachts rasch heizbar sein.

Wenn Warmwasserfernheizung erstellt wird, so sind für diese Sommerheizung trotzdem besondere Fern-Dampfleitungen oder Fern-Warmwasserheizleitungen geringeren Querschnittes zu verlegen, sofern man nicht vorzieht, die hierfür nötige Wärme in den Krankengebäuden selbst zu erzeugen.

Außer der Aufstellung besonderer Wasserheizkörper für diese Räume können bei Vorhandensein ständig unter Druck stehender Dampfleitungen auch einzelne Warmwasserheizkörper in der unteren Nabenreihe mit Dampfheizpatronen versehen werden, wobei man diese jedoch auf die geringe Wärmeleistung abzustimmen hat, um hohe Wassertemperaturen auszuschließen.

Zum schnellen Hochheizen plötzlich zu benutzender Räume kommen außerdem evtl. elektrische Heizkörper in Frage, nicht aber Gas- oder sonstige unmittelbar gefeuerte Öfen.

Auch die Milch- und Teeküchen werden bei nicht verfügbarem Dampfanschluß meist gas- oder elektrisch betrieben, dagegen ist Gas für die Sterilisationsapparate wenig geeignet.

An Stelle der Fernwarmwasserleitung kann bei sehr ausgedehntem Gelände auch die Heißwasserfernleitung[1] gewählt werden. In den einzelnen Gebäuden ist auf die üblichen Warmwasserheiztemperaturen umzuformen, was entweder durch Gegenstromapparate oder Rücklaufwasserbeimischung geschehen kann. Bei der letzteren ist jedoch auf die Druckhöhe im System mit Rücksicht auf die gußeisernen Heizkörper zu achten. Bei einer Deckenheizung ist man hiervon unabhängig. Das Gebäude selbst erhält eine eigene Umwälzpumpe und ein von der Außen- und Raumtemperatur gesteuertes Mischventil. Die Temperaturen der Heißwasserfernleitung werden nach der Außentemperatur eingestellt. Auch beim Gegenstromapparat ist die zuvorstehende Temperaturreglung vorzuziehen, da die bloße Einstellung der Vorlauftemperatur auf die Außentemperatur durch einen die Heißwasserzuleitung abstellenden Temperaturregler die ständige Veränderung der Vorlaufwarmwassertemperatur von Hand bedingt.

Die Erfahrungen, die mit den früheren Bauarten der Fußbodenheizung in Kranken- und Operationssälen gemacht wurden, sind nicht besonders gut gewesen. Als nachteilig erwies sich neben den hohen Anlagekosten die meist zu hohe Fußbodenwärme, die nicht nur zur Ermüdung und Schwellung der Füße des Personals, sondern auch zur allmählichen Rißbildung und zur Zerstörung des Linoleumbelags führte. Die Fußbodenheizung ist nur zuträglich, wenn eine gleichmäßige Oberflächentemperatur erreicht wird und diese im dauerbeheizten Raum

---

[1] HOHLER, E.: Die gesundheitstechnischen Anlagen der neuen Chirurgischen Universitätsklinik in Heidelberg. Gesundh.-Ing. Bd. 63 (1940) S. 473/79.

nicht über 22 bis 23° C geht. Bei neueren Gestaltungen der Fußbodenheizung werden die warmwasserbeheizten Rohre in einen Unterbeton von etwa 5 bis 7 cm Dicke gelegt. Man verwendet hierzu ½″ bis ¾″ Rohre mit nicht allzu weitem Rohrabstand (25 bis 30 cm) und läßt dann nur eine Heizwassertemperatur von 30 bis 40°C zu. Durch die geringe Oberflächentemperatur ist die Fußbodenheizung nur in seltenen Fällen ausreichend, um die Raumwärmeverluste zu decken. Sie kann daher nur als Zusatzheizfläche gelten bzw. bei Räumen, die unmittelbar über dem Erdreich liegen, notwendig werden, um die Fußbodenkälte wegzunehmen.

In letzter Zeit findet auch vielfach die Deckenheizung in Krankenhäusern Anwendung. Die Abb. 58 zeigt einen Ausschnitt aus einer Deckenheizung mit Aluminiumlamellen.

Empfehlenswert ist es, bei Deckenheizung in dauerbenutzten Räumen, wie sie ja beim Krankenhaus gegeben sind, die Wärmeabgabe der Deckenheizfläche nach dem darüberliegenden Raum nicht völlig durch Wärmeabdämmung zu unterbinden, sondern einen Wärmeanteil der Decke nach oben durchzulassen, der für milde Fußbodenwärme ausreichend ist.

Unter Beachtung der wärmephysiologischen und bautechnischen Anforderungen, wie eine Strahlungsintensität von höchstens 11 kcal/m²h in Kopfhöhe, völlig dichtschließende Doppelfenster und keine Südfrontlage sowie Abschirmung der Sonneneinstrahlung durch Außenjalousien sind die mit Deckenstrahlungsheizung bei Krankenhäusern gemachten Erfahrungen durchaus günstig[1]. Von seiten des Hygienikers und des Arztes betrachtet, muß ihr gegenüber der Warmwasserheizung mit örtlichen Heizflächen ein gewisser

---

[1] Spillhagen, W.: Die Wärmeversorgung eines Krankenhauses. Gesundh.-Ing. Bd. 62 (1939) S. 453/58. — P. E. Wirth: Die Deckenstrahlungsheizung im Krankenhaus. Gesundh.-Ing. Bd. 62 (1939) S. 458/63. — E. Brezina: Über das Klima in Krankenanstalten. Gesundh.-Ing. Bd. 62 (1939) S. 450/53.

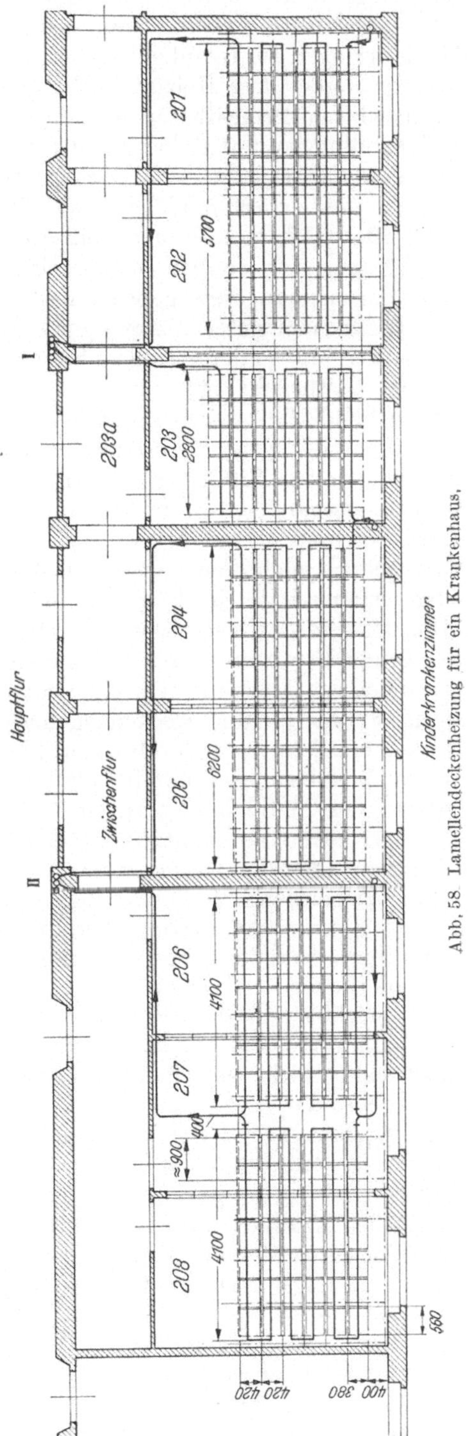

Abb. 58. Lamellendeckenheizung für ein Krankenhaus.

Vorzug eingeräumt werden, denn durch den Wegfall der Heizkörper sind die Staubablagerungsflächen im Raum erheblich verringert, die Luftbewegung ist ebenfalls geringer. Im Krankenhausbetrieb ist auch die in anderen Gebäudearten geforderte trägheitslose Heizung nicht so erwünscht. Es muß im Gegenteil trotz des vielleicht unvermeidbaren unterbrochenen Heizbetriebes in den Kranken- und Behandlungsräumen eine möglichst stetige Wärmezufuhr gesichert werden. Diese gewährleistet aber eine Deckenstrahlungsheizung mit der in der Strahlnngsdecke gespeicherten Wärme zweifellos eher als eine normale Warmwasserheizung. Beachtet man ferner, daß die Deckenheizung im Sommer auch als Deckenkühlung verwendbar ist, so sollte die Möglichkeit ihrer Anwendung im Krankenhausneubau stets geprüft werden. In jedem Fall ist aber bei Einbau dieser Heizung ein guter Wärmeschutz der Raumumschließungswände empfehlenswert, weil infolge der gering zu haltenden Deckentemperatur die Heizwirkung der Decke beschränkt ist.

Einen Sonderfall stellen die Zellen der Tobsüchtigen dar, die mit verdeckt aufgestellten Heizkörpern zu versehen sind. Bei Unreinen ist eine Lüftung oder Luftheizung unter Zuführung erwärmter Frischluft mittels Lüfter erforderlich. Die Lufterneuerung soll in der Stunde mindestens das 3- bis 5fache des Rauminhaltes betragen. Eine restlos befriedigende Lösung stellt diese Art der Beheizung jedoch nicht dar, denn bei Warmwasserheizkörpern hindert die notwendige engmaschige Heizkörperverkleidung die Warmluftströmung und damit die Heizwirkung der Heizkörper erheblich. Beiden Heizarten gemeinsam ist die ungenügende Erwärmung des Fußbodens und der unteren Raumzone, obwohl die Kranken oft lange auf dem ungeschützten Fußboden liegen. Für diesen Fall kann die Fußboden- und Deckenheizung mit gutem Erfolg angewendet werden.

In kohlereichen, wasserkraftarmen Ländern wurden in Krankenanstalten oft Kraft- und Heizanlagen miteinander verbunden, indem Hochdruckdampf erzeugt und dessen Spannung zuerst in Dampfturbinen zwecks Erzeugung von elektrischem Strom ausgenutzt wird. Der Strom dient dabei entweder ausschließlich Eigenzwecken der Krankenanstalt oder wird zum Teil nach auswärts, z. B. in eine nahegelegene Wohnsiedlung oder Gemeinde geliefert. Der Abdampf findet mit Vorteil zum Betriebe der Pumpen-Warmwasserheizung und evtl. der Fern-Warmwasserversorgung Verwendung. Für die Ferndampfversorgung wird des erforderlichen Druckes wegen dagegen meist Frisch- oder Zwischendampf benutzt. Solche Verbindungen von Kraft- und Heizbetrieben sind im allgemeinen gut durchführbar, weil zuzeiten geringen Strombedarfs auch das Heizbedürfnis klein ist und zeitliche Verschiebungen innerhalb gewisser Grenzen durch Speicherung entweder der Abdampfwärme, z. B. in den Boilern der Fern-Warmwasserversorgung, oder des zuviel erzeugten elektrischen Stromes in Akkumulatoren ausgeglichen werden können.

Zur Ermittlung des jeweils günstigsten Falles sind die örtlichen Verhältnisse, wie Lage des Krankenhauses in Stadt oder Land (größeres Provinzialkrankenhaus) genau zu prüfen und eingehende Wirtschaftlichkeitsberechnungen durchzuführen. Im allgemeinen und insbesondere für Krankenhäuser in Großstädten kann gesagt werden, daß am besten die reine Heizanlage als Pumpenwarmwasserheizung (wobei die Fernleitung der Wärme, wie angedeutet, durch Dampf oder Heißwasser geschieht) erstellt wird.

Der für eine geplante Anlage zu erwartende normale Kohlenverbrauch kann vom Fachmann unter Berücksichtigung der Bettenzahl, Bauart, Bauausführung, Lage und Benutzung der betreffenden Krankenanstalt angenähert berechnet bzw. nach den in ähnlichen Anstalten gemachten Erfahrungen angegeben werden. Dadurch ist man in der Lage, die Zweckmäßigkeit der Vorschläge bzw. bei bestehenden Anlagen den zulässigen Kohlenverbrauch in wirtschaftlicher Beziehung zu beurteilen. Im allgemeinen haben gegenüber anderen Gebäudearten die Krankenhäuser den größten Wärmeverbrauch, während derjenige der Irrenanstalten merklich geringer ist. Auffallend hoch ist derjenige der Spezialkrankenhäuser unter 200 Betten.

Durch ein zentrales Kesselhaus für mehrere Gebäude einer Krankenanstalt ergeben sich folgende Vorteile:

1. Beseitigung oder wenigstens Verminderung der Rauch- und Rußplage. Mit Rücksicht hierauf ist es auch günstig, Koksfeuerung vorzusehen und das Kesselhaus so zu legen, daß die Rauchgase durch die vorherrschenden Winde von der Krankenanstalt weggetrieben werden. Allerdings ist das letztere nicht immer durchführbar, weil noch andere Rücksichten, z. B. auf bequeme Zufahrtsmöglichkeiten der Kohlen- und Aschetransportwagen, die Geländeverhältnisse, die Nachbarn u. a. m. zu nehmen sind.

2. Das Gelände der Krankenanstalt wird nicht durch den Transport von Kohle, Asche und Schlacken belästigt, weil dieser sich vollständig auf die Zentrale beschränkt. Das führt zu nennenswerten wirtschaftlichen und hygienischen Vorteilen, namentlich wenn gute Zufahrtsmöglichkeit oder gar Gleisanschluß zum Kohlenraum besteht.

3. Der zentralisierte Betrieb erfordert weniger Bedienungspersonal, was aus wirtschaftlichen und Sicherheitsgründen von Vorteil ist.

4. In den Gebäuden werden wertvolle Kellerräume, die sonst für die dezentralisierten Kessel- und Brennmaterialräume beansprucht werden, frei. Auch die nebenan gelegenen Räume gewinnen dadurch an Wert.

5. Geräusche in den Gebäuden durch Schüren und Abschlacken der Kessel fallen fort.

6. Das bei dezentralisierten Betrieben oft lästige Sinken der Heizwassertemperatur beim Abschlacken ist vermieden.

7. Die Betriebsüberwachung ist vereinfacht, die Übersichtlichkeit über die Anlage erhöht.

8. Die zentrale Kesselanlage, bedient durch geübte Heizer und versehen mit modernen Regel- und Meßeinrichtungen, arbeitet mit höherem Wirkungsgrad als viele dezentralisiert aufgestellte Kessel, denen oft nicht die nötige Aufmerksamkeit geschenkt wird. Die dadurch erzielbaren Wärmeersparnisse sind in der Regel größer als die Wärmeverluste infolge der Fernleitung, die, bei richtiger Bemessung der Leitungsdurchmesser und sachgemäßer Wärmedämmung, verhältnismäßig wenig, gewöhnlich nicht über 5% der ferngeleiteten Wärme ausmachen.

9. Der Brennmaterialeinkauf im großen und nur für eine einzige Kesselanlage erfolgt günstiger als für viele Feuerstellen mit vielleicht sogar verschiedenartigen Brennstoffen.

10. Zweckmäßig ist es, wenn Dampfkochküche, Dampfwäscherei, Plätterei, Desinfektion usw. mit dem Kessel- und Verteilerraum im gleichen Gebäude oder doch in nicht zu weiter Entfernung untergebracht werden können, damit die für diese Betriebe benötigten großen Wärmemengen nicht weit geleitet werden müssen.

11. Im Vergleich zu Einzelbetrieben kommt man bei Zentralisation mit einer kleineren Gesamtkesselheizfläche aus, weil Höchstdampfverbräuche in den einzelnen Anlagen (Koch- und Waschküche, Desinfektion, Warmwasserbereitung) nicht zusammenfallen, wodurch ein Ausgleich stattfindet.

Bei den Wirtschaftlichkeitsberechnungen sind die Ausgaben für die Fernleitungskanäle, Fernleitungen, Unterstationen in den einzelnen Gebäuden, die baulichen Arbeiten, die Wärmeverluste usw. gewissenhaft zu berücksichtigen.

Der Wärme- und Stromaufwand ist in Krankenanstalten von großem Einfluß auf die Gesamtbetriebsausgaben und verdient daher sorgfältigste Prüfung sowie die Aufmerksamkeit der technischen Aufsichtsstellen und der Anstaltsverwaltungen.

Die Überlegung beginnt schon mit der Planung[1] sowohl der Gebäude als auch der wärmetechnischen Einrichtungen. Die zweckmäßigste Anordnung der Gesamtanlage einer Krankenanstalt hat erhebliche Rückwirkungen auf die spätere wirtschaftliche Betriebsführung. Aber auch die neuzeitlichste Anlage ist verfehlt, wenn sie nicht sorgfältig betrieben wird. Die ständige Beobachtung des Betriebes muß durch eine Nachprüfung des Betriebsganges unter Benutzung schreibender Meßgeräte ergänzt werden. Wenn sich auch für die wärmewirtschaftliche Beurteilung einer Krankenanstalt wegen der verschiedenen Eigenarten nur schwer allgemeingültige Richtlinien aufstellen lassen und wenn auch in der Regel in behördlichen Anstalten zum Abschluß des Rechnungsjahres keine Gewinn- und Verlustrechnung im üblichen kaufmännischen Sinne verlangt wird, so ist der Wärme- und Stromverbrauch — etwa bezogen auf einen Krankenpflegetag — doch eine wichtige und aufschlußreiche ökonomische Grundlage im Vergleich mit anderen Anstalten.

Die höchste Vorlauftemperatur des Heizwassers soll in den Gebäuden keinesfalls über 90°C, besser nur 80°C betragen. Die Hygieniker haben festgestellt, daß die Staubversengung auf heißen Flächen besonders von 70°C an einsetzt, so daß es angezeigt wäre, diese Temperatur in den Leitungen und Heizkörpern nicht zu überschreiten. Da indessen die höchsten Heizwassertemperaturen nur äußerst selten erforderlich sind und ihr weiteres Herabsetzen die Anlagekosten wesentlich erhöht, erklären sich die maßgebenden Ärzte und Hygieniker in den meisten Fällen mit der genannten oberen Temperaturgrenze einverstanden.

Bei Dampfbeheizung der Desinfektionsapparate, Dampfkochküche, Teekocher und Dampfwäscherei ist ein Dampfdruck von 0,5 atü ausreichend. Dampf von $2^1/_2$ atü ist für die einwandfreie Sterilisation und von 4 bis 6 atü für die Dampfmangeln erforderlich. Die verfügbaren Dampfdrücke sind den Lieferanten der Apparate anzugeben.

Für die Heizung der Kulissenapparate oder Luftplätttrockner, wie auch für die Gebläseheizkörper der Lüftungs-, Luftheizungs- und Entnebelungsanlagen, zur örtlichen Warmwasserbereitung sowie für die in einzelne Warmwasserheizkörper eingebauten Heizpatronen für den Sommerbetrieb genügt ein Dampfdruck von 0,1 atü.

Aus wirtschaftlichen Erwägungen gehen die Bestrebungen heute darauf hinaus, keine Großkrankenhäuser mehr zu erstellen, sondern das einzelne Krankenhaus auf etwa 600 Betten zu beschränken. Ausnahmen sind Universitätskliniken. Unter diesen Gesichtspunkten ist dann bei kleineren Krankenhäusern die Pumpenwarmwasserheizung mit eigenen Kesseln und die Wirtschaftsdampfversorgung mit Niederdruckdampfkesseln von 0,5 atü eine wirtschaftliche Lösung. Die Warmwasserbereitung dient als Wärmepuffer beim Abstellen des Kochbetriebes. Die Sterilisationsapparate und die Dampfmangel werden elektrisch beheizt, ebenso die Desinfektionsapparate auf den einzelnen Stationen. Die Wasser- und Dampfkessel ordnet man getrennt voneinander an. Die Wirtschaftsbetriebe sollen dabei möglichst über der Dampfkesselanlage liegen.

Bei größeren Krankenhäusern empfiehlt es sich, auf die Heißwasserheizung überzugehen, wobei dann die größeren Koch- und Waschküchenapparate heißwasserbeheizt werden, ebenso die Warmwasserbereitung. Die Heizung führt

---

[1] Polizeiverordnung über Anlage, Bau und Einrichtung von Krankenhäusern vom 12. 8. 1953. Ges.- u. Verordn.-Bl. für Nordrhein-Westfalen, I (1953) S. 335.

man als Warmwasserheizung im Mischbetrieb aus. In der Küche sind der Herd, die Back- und Bratöfen und die bereits zuvor erwähnten Apparate auf den Stationen mit Gas oder elektrisch zu beheizen.

3,211 Heizkörper.

Die Forderung der Hygiene nach möglichst gleichmäßiger, gesunder Raumerwärmung bestimmt gerade in Krankenanstalten Wahl und Anordnung des Heizkörpers. Zur Vermeidung von Zugluft darf die Raumluft sich nur in kleinen Stromkreisen bewegen. Da sich kühlere Luftströmungen in der Hauptsache an den Fenstern und kalten Außenflächen einstellen, soll die Aufstellung der Heizkörper unter den Fenstern auf Konsolen erfolgen, jedoch so, daß die gute Reinigungs- und Desinfektionsmöglichkeit sowohl des Heizkörpers als auch der dahinterliegenden Wand gewährleistet ist. Diesen Forderungen und einer recht guten Wärmeverteilung werden neben Radiatoren bis zu einem gewissen Grade die Plattenheizflächen gerecht, die auch der niedrigen Bauhöhe wegen den unteren Teil der Räume besser als andere Heizflächen erwärmen. Gliederheizkörper sollen glatte, senkrechte Oberflächen, großen Gliederabstand und geringe Bautiefe besitzen und die Wandfläche unter den Fenstern möglichst in voller Länge ausfüllen. Der Abstand der Heizkörper von Wand und Fußboden muß reichlich groß gehalten werden, von der Wand etwa 5 cm, vom Fußboden mindestens 12 cm. Auf die Ausbildung von Heizkörpernischen sollte der besseren Reinigung wegen und zur Vermeidung hoher Wärmeverluste im Krankenhaus möglichst verzichtet werden. Werden sie jedoch ausgeführt, so ist für ausreichenden Wärmeschutz mittels Korkstein oder Holzfaserplatten Sorge zu tragen. Zur Verringerung der Wärmeabstrahlung nach außen und zugleich zur besseren Reinhaltung ist die Wandfläche hinter den Heizkörpern auch bei an den Innenwänden stehenden Heizkörpern zweckmäßig mit glasierten Fliesen oder Asbestzementplatten auszukleiden. Anstriche durch Ölfarben haben sich nicht bewährt. Die anhaltende Wärmewirkung führt leicht zur allmählichen Zerstörung des Anstriches. Heizkörperverkleidungen sollten bei Krankenraumheizkörpern unter allen Umständen vermieden werden.

In den Operationsräumen werden mit Vorteil glatte, an den Außenwänden bzw. Fensterbrüstungen aufgestellte Heizkörper oder Platten- und andere leicht zu reinigende Sonderheizkörper verwendet. Es ist hier besonders angezeigt, den Wandplattenbelag hinter den Heizkörpern durchgehen zu lassen, so daß die Reinigung durch Abspritzen mit dem Wasserschlauch erfolgen kann.

Bisweilen kommt auch milde Fußboden- und Wandbeheizung zur Ausführung, wobei unmittelbar wirkende Heizflächen unter den Fenstern zwecks Verhinderung von Zugerscheinungen nicht in Fortfall kommen dürfen.

Die genannten Vorteile der Deckenstrahlungsheizung — unsichtbare Heizfläche, Vermeidung der Staubaufwirbelung und Wärmespeicherung der Decke — sind für den Operationssaal besonders augenfällig.

In Irrenanstalten müssen die Heizkörper und Leitungen so angeordnet werden, daß sie von den Kranken nicht beschädigt werden und sich die Kranken an ihnen auch nicht schädigen (erhängen usw.) können.

Ob zur Regelung der Wärmeabgabe die Regulierventile mit Handrädern oder Steckschlüsseln versehen werden sollen, ist von Fall zu Fall zu entscheiden.

3,212 Heizkessel.

Ob besser gußeiserne oder stählerne Kessel, solche mit Hand- oder mechanischer Beschickung verwendet werden, hängt von den örtlichen Verhältnissen ab. Es können folgende Richtlinien als allgemeingültig bezeichnet werden:

Gußeiserne Kessel kommen hauptsächlich für kleinere und mittlere Krankenhäuser in Frage. Sie beanspruchen verhältnismäßig wenig Platz und sind billig und einfach in der Bedienung. Für entsprechende Reserve bei Ausfall eines oder mehrerer Kessel ist im Interesse der Betriebssicherheit zu sorgen. Dies kann z. B. auch durch einen Niederdruckdampfkessel mit Gegenstromapparat geschehen, der bei Ausfall eines Warmwasserheizkessels in Betrieb genommen wird.

Bei großem Wärmebedarf sind jedoch stählerne Großkessel in Einheiten von 50 bis 250 m² am Platze. Für den Heißwasserbetrieb eignen sich die Wasserrohrkessel (s. Abschn. 2,31).

Für Krankenanstalten und ähnliche Gebäudearten muß aus hygienischen Gründen eine Rauchentwicklung weitgehendst vermieden werden. Aber selbst, wenn das Kesselhaus so gelegen ist, daß eine gelegentliche Rauchentwicklung nichts ausmacht, soll sie aus brennstoffwirtschaftlichen Gründen unterbleiben, da sie stets von unvollkommener Verbrennung zeugt. Bei handbeschickter Planrostfeuerung ist man hinsichtlich der Gleichmäßigkeit der Beschickung vom Heizer abhängig. Es dringen auch durch das vielfache Öffnen der Feuertüren erhebliche Kaltluftmengen in den Kessel ein und kühlen ihn unnötig aus. Gleichzeitig tritt während der Öffnungszeiten der Feuertüren ein größerer Strahlungswärmeverlust ein. Eine praktisch rauchfreie Verbrennung ist nur bei selbsttätiger Rostbeschickung und geeigneten Brennstoffen zu erreichen.

Für die selbsttätige Beschickung der Wasserrohrkessel werden Wanderrost-, Stoker- oder Unterschubfeuerungen verwendet, die infolge ihrer Bauart eine praktisch rauchfreie Verbrennung ermöglichen. Sie sind besonders für größere Kesseleinheiten geeignet.

Von wesentlichem Einfluß auf die Wirtschaftlichkeit des Betriebes kann die Art des verwendeten *Brennstoffes* sein. Seine Auswahl muß so getroffen werden, daß unter Beachtung der vorhandenen Feuerungsart, der Anfuhrverhältnisse und der ortsüblichen Preise der erzielbare Wärmepreis eine Mindestgrenze erreicht. Hauptsächlich kommen als Brennstoffe, wenn man von den nicht sehr zahlreichen gas- oder ölbefeuerten Kesseln absieht, Steinkohlen in Betracht. Dabei können fast sämtliche Kohlenkörnungen von Nuß I bis zur Feinkohle je nach den Umständen Verwendung finden. Voraussetzung ist durchweg, daß der Gasgehalt der Kohle als Maß für ihre Zündfähigkeit nicht zu gering ist, d. h. möglichst nicht unter 10% liegt. Dies gewährleisten die Fett- und Eßkohlenarten. Koks kam für selbsttätige Feuerungen bisher nicht in Frage, da er zu wenig flüchtige Bestandteile aufweist und meist zu teuer und zu sperrig in der Lagerung ist. Bei kleineren und mittleren Anlagen und dort, wo auf die Rauchfreiheit ganz besonderen Wert gelegt wird, erfährt er jedoch den Vorzug.

Wärmespeicherung für Heizzwecke ist in Krankenanstalten nicht erforderlich, da der Heizbetrieb sich verhältnismäßig gleichmäßig gestaltet, mit Ausnahme in einigen kalten Nächten. Einen erhöhten Heizwärmebedarf kann man aber durch frühzeitige Inbetriebnahme mehrerer Kessel weitgehend ausgleichen.

Ein interessantes Beispiel der Einfügung eines Wärmespeichers bietet jedoch die Heizanlage des Neubaues des Rätischen Kantons- und Regionalspitals in Chur[1]. Es handelt sich hier um ein Krankenhaus mittlerer Größe von 300 Betten. Das für die Wärmeübertragung gewählte Heißwasser wird in schmiedeeisernen, freistehenden „Sulzer-Taschenkesseln" von je 50 m² Heizfläche und 6 atü Betriebsdruck bzw. in einem Elektrowärmespeicher von 62 m³ Inhalt und einem Anschlußwert von 900 kW erzeugt. Es werden drei Temperaturstufen unter-

---

[1] EIGENMANN, A.: Die Installationen im Neubau des Rätischen Kantons- und Regionalspitals in Chur. Schweiz. Bauztg. Bd. 118 (1941) S. 205/13.

schieden. Die höchste Stufe bildet der Elektrospeicher mit 150°C, die durch Mischregelung auf 130° herabgemindert wird. Die Übertragung der Wärme des Heißwassers, das im geschlossenen System unter Überdruck steht, an das offene Warmwasserheizungsnetz für die Raumheizung erfolgt in zwei Umformern. Der Elektrospeicher, dessen Aufnahmefähigkeit $3,1 \cdot 10^6$ kcal beträgt, wird auf 150° aufgeladen und auf 100° entladen. Der Speicher kann im Durchflußbetrieb benutzt werden. Er läßt sich aber auch als Ausgleichsspeicher für die kohlegeheizten Kessel schalten, d. h. er kann statt elektrisch auch durch die Kessel aufgeladen werden. Die über die Wirtschaftlichkeit der Elektrospeicheranlage seinerzeit aufgestellten eingehenden Berechnungen haben sich als gerechtfertigt erwiesen.

Die Abgase der Kessel sollen bei Aufstellung von Großkesseln durch Ekonomiser zur Vorwärmung des Heißwassers oder Kesselspeisewassers ausgenutzt werden. Der vorhandene Schornsteinzug muß jedoch zur Überwindung des durch den Ekonomiser eintretenden erhöhten Widerstandes ausreichen. Zur Anwendung gelangen Rippenrohrekonomiser wegen der erzielbaren Raumersparnis.

Manchmal wird dazu geraten, die Abgaswärme im Ekonomiser zur Warmwasserbereitung auszunutzen und das Wasser unmittelbar oder durch in Warmwasserbereiter eingebaute, von den Ekonomisern aus betriebene Heizschlangen zu erwärmen. Diese Art der Abwärmeverwertung ist jedoch nicht besonders empfehlenswert, weil der höchste Warmwasserbedarf zeitlich nicht mit der höchsten Kesselbelastung zusammenfällt.

Zu den sonstigen betriebswirtschaftlich wichtigen Einrichtungen, mit denen die Kessel ausgerüstet sein müssen, gehören Meßgeräte für die Rauchgaszusammensetzung und die Rauchgastemperatur (s. Abschn. 2,36) und die Zugsperre. Letztere hat den Zweck, eine zu starke Auskühlung über Nacht stillgelegter Kessel weitgehend zu vermeiden.

In Krankenanstalten sind stets mehrere Kessel mit zusammen so viel Heizfläche aufzustellen, daß bei einem evtl. auftretenden Kesselschaden genügend Sicherheit und außerdem die Möglichkeit besteht, im Sommer nur einen oder einige wenige den Anforderungen entsprechend im Betrieb zu halten, während im Winter nach Bedarf weitere Einheiten zugeschaltet werden. Die Sicherheit verlangt auch die Aufstellung von zwei Speisepumpen, z. B. einer elektrisch angetriebenen Zentrifugal- und einer Dampfspeisepumpe.

Verbandgaze, Watte und ähnliche Abfälle sollen nicht in den Kesseln, sondern auch bei kleinen Verhältnissen in besonderen Abfallverbrennungsöfen verbrannt werden.

3,213 Apparate- und Verteilerraum.

Zur vereinfachten Bedienung wird für die Unterbringung der Verteiler, Pumpen, Gegenstromapparate, Warmwasserspeicher und Schalttafeln ein besonderer Apparate- und Verteilerraum geschaffen. In diesem Raum sind je nach dem Heizsystem unterzubringen:

1. der Dampf- oder Heißwasserverteiler mit den einzelnen getrennt abstellbaren Leitungen, z. B. nach der Wäscherei einschließlich Mangel und den Trokkeneinrichtungen, der Kochküche, der Desinfektion, den Gegenstromapparaten der Warmwasserheizung, den Boilern der Fern-Warmwasserversorgung und der evtl. Sommerheizung:

2. Verteiler und Sammler der Fernwarm- oder Heißwasserheizung mit Regel-, Abstell- und Entleerungsvorrichtungen für jeden Abzweig;

3. Verteiler und Sammler der Fern-Warmwasserversorgung mit Abstell- und Entleerungsvorrichtungen für jeden Abzweig;

4. Gegenstromapparate für die Warmwasserheizung und evtl. auch für die Warmwasserversorgung, sofern die Heizfläche nicht in den Warmwasserspeichern untergebracht ist;

5. zentrale Warmwasserspeicher für die Fern-Warmwasserversorgung, nötigenfalls auch solche für die Pumpenheizung;

6. Umwälzpumpen der Pumpenheizung nebst Motoren;

7. Umwälzpumpen der Fern-Warmwasserversorgung nebst Motoren;

8. Schalttafel, umfassend:

a) Thermometer zur Anzeige der Temperaturen in den Vor- und Rücklaufleitungen der Warmwasserheizung sowie der Vorlaufleitung der Warmwasserversorgung. Statt Einzelthermometer vorzusehen, kann es sich empfehlen, diese Temperaturen oder wenigstens einzelne derselben durch die Fernthermometeranlage nachprüfbar zu machen. Dagegen sind bei Fernheizung die Temperaturen der Gruppenheizungen in den Unterstationen der einzelnen Gebäude durch daselbst angebrachte Thermometer ablesbar zu machen,

b) außer den örtlich angebrachten Manometern zur Ablesung der Dampfdrücke in den Kesseln, Verteilern usw. werden solche auch bisweilen auf den Schalttafeln vorgesehen.

c) Manometer zum Ablesen der Drücke in der Vor- und in der Rücklaufleitung (evtl. ein Differentialmanometer zur Anzeige sowohl des Gesamt- als auch des Pumpendruckes),

d) Hydrometer zur Kontrolle des Wasserstandes in der Pumpenheizung,

e) Schalter mit Sicherungen, Amperemeter und, soweit erforderlich, Regelanlasser für die Motoren zum Antrieb der Umwälzpumpen der Heizung, Warmwasserversorgung usw. (evtl. nur ein Amperemeter mit Umschaltung),

f) Anzeigeinstrument und Einstellschalter für die Fernthermometeranlage zur Kontrolle der Temperaturen: im Freien, in verschiedenen Krankensälen, den Operations- und anderen wichtigen Räumen sowie evtl. in den unter a) angegebenen Leitungen,

g) evtl. Zugmesser zur Kontrolle des Kaminzuges,

h) bisweilen kommen noch Tafeln mit elektrischen Lämpchen hinzu, die selbsttätig aufleuchten, wenn an den Meldeorten (z. B. in den Unterstationen der Gebäude) gewisse Temperaturen oder Drücke über- oder unterschritten werden, ferner Alarmglocken für verschiedene Zwecke, Telefonanschluß nach den verschiedenen Gebäuden, eine evtl. zentral geregelte Uhr usw.

Je nach den Umständen können einzelne dieser Apparate und Instrumente fortgelassen oder örtlich, nicht auf der gemeinsamen Schalttafel, angebracht werden. Bisweilen kommen weitere hinzu, insbesondere ist es oft zweckmäßig, mit der Schalttafel für die Heizung auch diejenige für die elektrischen Installationen zu verbinden.

Im Hinblick auf eine möglichst einwandfreie Wärmewirtschaft soll an Meßinstrumenten (nötigenfalls fern- und selbsttätig aufzeichnenden Apparaten) nicht gespart werden. Die Heizer sind anzuhalten, diese Instrumente regelmäßig abzulesen und dadurch die Anlagen unter steter Kontrolle zu halten. Dieses Vorgehen ist zweckmäßiger, als wenn man ihnen das Verantwortlichkeitsgefühl durch selbsttätige Einrichtungen (Rohrbruchventile, verwickelte Meldeapparate usw.), die versagen können, in zu weitgehendem Maße abnimmt. Es ist von Fall zu Fall zu überlegen, was an diesen Dingen unbedingt notwendig, nur wünschenswert bzw. entbehrlich ist.

Keinesfalls darf das Weglassen von Einrichtungen aus Sparsamkeitsgründen so weit gehen, daß die Wärmeversorgung der Anstalt beim Schadhaftwerden irgendeines Teiles gänzlich versagt. Es geht nicht an, daß im Winter ein Krankenhaus, auch nur auf Stunden, ohne Wärmeversorgung ist. Sämtliche Teile der Heizungsanlagen müssen daher eine derartige Sicherheit aufweisen, daß länger dauernde Betriebsunterbrechungen ausgeschlossen sind. Unter dem Abschn. 3,211 wurde z. B. schon darauf hingewiesen, daß genügend Kessel vorhanden sein müssen, damit, wenn einer ausgeschaltet werden muß, die anderen den Betrieb voll aufrechterhalten können. Aus demselben Grunde sind für die Heizung auch mindestens zwei Pumpen aufzustellen. Die weitgehendste Sicherheit besteht, wenn jede einzelne die volle Höchstleistung zu übernehmen vermag. Für die Übergangszeiten und den Nachtbetrieb stellt man aus Wirtschaftlichkeitsgründen bisweilen eine kleinere, für den Tagesbetrieb im strengen Winter eine größere Pumpe auf. Hierbei besteht allerdings keine so weitgehende Sicherheit mehr, da beim Schadhaftwerden der großen Pumpe in den kältesten Tagen die Heizung nicht in vollem Umfange aufrechterhalten werden kann. Derselbe Nachteil besteht auch, wenn die Pumpen so gewählt werden, daß beispielsweise von $-5°$ Außentemperatur an beide Pumpen laufen müssen, indem die kleinere den Anforderungen bis etwa $+5°$, die größere bis $-5°$ genügt. Immerhin ist die Gefahr nicht groß, weil derart kalte Tage selten auftreten, die Wahrscheinlichkeit einer lange dauernden Reparatur gering ist und der Betrieb unter Anwendung höherer Heizwassertemperaturen vorübergehend auch so aufrechterhalten werden kann.

Wichtig ist, daß die Heizungs-, Warmwasser- sowie Dampfversorgungs- und Lüftungsanlagen in allen Teilen übersichtlich angeordnet werden und einfach zu handhaben sind, so daß sie auch von mittelmäßig begabten Heizern leicht verstanden und einwandfrei bedient werden können.

3,214 Rohrleitungen.

Für die Warmwasserversorgung kann gegebenenfalls Kupferrohr verwendet werden (s. Abschn. 2,38), da es einer Zerstörung durch aggressives Wasser nicht ausgesetzt ist. Kann aus bestimmten Gründen Kupferrohr nicht eingebaut werden, so sind feuerverzinkte Rohre und Fittings zu verwenden.

Der Verlegung der Leitungen, vornehmlich der senkrechten Rohrstränge, ist im Krankenhaus ganz besondere Aufmerksamkeit zuzuwenden. Hierbei tritt die Frage auf, ob in Krankenhäusern die offene oder verdeckte Anordnung der Heiz-, Dampf-, Warmwasser- und Kaltwasserleitungen empfehlenswerter ist. Beide Anordnungen haben Vor- und Nachteile. In hygienischer und ästhetischer Hinsicht ist die verdeckte Verlegung vorzuziehen, denn die offene Verlegung begünstigt die Staubablagerung, die Verbreitung des Ungeziefers und die Geruchsausbreitung. Sie führt auch zu einer verstärkten Geräuschübertragung. Die Ausführung durch bewährte Firmen und die Wahl von nahtlosem Rohr nach DIN 2441 (s. Abschn. 2,38) bieten die Gewähr, daß unter Putz verlegte Rohrleitungen auf die Dauer dicht halten, wenn sie vor dem Schließen der Rohrschlitze scharfen Dichtigkeitsproben unterzogen wurden.

Im besonderen Maße dürfte sich die Forderung nach freier Verlegung der Rohre auf die Leitungen für das warme Gebrauchswasser beziehen, da diese erhöhter Korrosion ausgesetzt sind. Aus diesem Grunde ist die verdeckte Anordnung für die Heizungsleitungen und die offene Verlegung für die Warmwasserversorgungsleitungen dann angebracht, wenn keine Korrosionsschutzanlage für die Warmwasserzapfleitung vorgesehen ist.

Wo aber Rohrleitungen im Krankenhaus doch frei vor der Wand verlegt werden, sollen sie genügenden Abstand voneinander und von den Wandflächen haben, damit eine einwandfreie Reinigung der Rohre und Wände möglich ist.

Empfehlenswert ist die bewährte Methode, die Schlitze mit Strohlehm auszufüllen. Die Rohre in den Schlitzen mit einer der üblichen Wärmeschutzmassen abzudämmen oder den Schlitz selbst auszukleiden und im übrigen hohl zu lassen sowie nach außen abzudecken, ist nur mit Vorbehalt zu empfehlen, weil sich in den Hohlräumen Ungeziefer ansammeln kann.

Bei der Verlegung der waagerechten Verteilungsleitungen in den Gebäuden ist die untere Verteilung am gebräuchlichsten. Oberer Verteilung steht aber bei zwingenden Gründen ebenfalls nichts im Wege.

Wichtig ist ferner, daß die einzelnen Steige- und Fallstränge der Heiz- und Warmwasserversorgungsanlagen für sich abschließ- und entleerbar gemacht werden, damit bei Reparaturen kleine Teile ausschaltbar sind und nicht die ganze Anlage stillgelegt werden muß. Es ist aber dabei Voraussetzung, daß diese Absperrorgane vor Beginn der Heizperiode auf ihre Funktionstüchtigkeit überprüft werden.

Wie schon unter dem Abschnitt Fern-Warmwasserversorgung erwähnt, ist es unzweckmäßig, die Kalt- und Warmwasserleitungen unmittelbar nebeneinanderzulegen, evtl. sogar gemeinsam abzudämmen, weil dadurch ein unerwünschter Wärmeübergang stattfindet.

Abflußleitungen sind mit Reinigungsflanschen zum Durchstoßen der Leitungen zu versehen.

Sämtliche Fernleitungen der Heizung, Warmwasser- und Dampfversorgung sind im übrigen zur Vermeidung der sonst beträchtlichen Wärmeverluste besonders gut abzudämmen. Ferner ist auf gute Ausdehnungsmöglichkeit beim Warmwerden zu achten.

Die Verlegung der Fernleitungen von der Heizzentrale aus erfolgt, wie bei Fernheizungen allgemein üblich, zum Teil in den Gebäudekellern, zum Teil in Bodenkanälen. Kommen Dampfleitungen in Frage, so verdienen trotz des höheren Preises begehbare Kanäle den Vorzug, weil die Dampfleitungen und die damit zusammenhängenden Apparate ständiger Aufsicht bedürfen. Bei Fern-Warmwasserheizung und -versorgung und geschweißter Ausführung oder wenn es sich bei Dampfheizung nur um kurze Strecken handelt, genügen nichtbegehbare Kanäle. Begehbare Kanäle sollten aus wirtschaftlichen und betriebstechnischen Gründen nur erstellt werden, wenn sie unbedingt erforderlich sind. In ihnen können dann auch andere Leitungen, Kabel usw. untergebracht werden.

In den Gebäuden endigen die Fernleitungen in Unterstationen, wo von besonderen Verteilern die Gruppenheiz- und Warmwasserversorgungsleitungen abzweigen und alle erforderlichen Apparate, wie Rücklaufbeimischungen, Druckminder- und Sicherheitsventile angebracht sind. Sämtliche Vorrichtungen sollen durch Emailleschilder deutlich bezeichnet und die Leitungen durch verschiedene Farbanstriche auseinandergehalten werden.

Gruppenunterteilung der Heizung in den einzelnen Gebäuden, evtl. unter Rücklaufbeimischung, kann aus wirtschaftlichen Gründen angebracht sein, weil es dadurch möglich ist, gewisse Gebäudeteile zeitweise unbeheizt zu lassen bzw. mit niedrigeren Heizwassertemperaturen zu betreiben. So können z. B. bei Sonnenschein alle nach Süden gelegenen Heizkörper durch Bedienung eines einzigen Ventils in der Unterstation abgestellt werden, was eher geschieht, als wenn hierfür die einzelnen Regelventile an den Heizkörpern betätigt werden müssen.

Allerdings soll man in solchen Regelmöglichkeiten nicht zu weit gehen, weil sie erfahrungsgemäß nur bei geringen an das Personal gestellten Anforderungen, und auch dann nicht immer, bedient werden.

3,22 Warmwasserversorgung.

Warmwasserversorgung kommt praktisch für sämtliche Gebäude und die Mehrzahl der Räume eines Krankenhauses in Frage. Mit Warmwasserzapfstellen sind zu versehen: alle Untersuchungs-, Operationszimmer, die Laboratorien, Leichen- und Sezierräume, ferner die Bäder, Toiletten, Tee-, Koch-, Wasch- und Spülküchen, dazu eine große Zahl von Krankenräumen vornehmlich auf Privatstationen. In den Operations- und Entbindungsräumen muß auch nachts jederzeit genügend heißes Wasser zur Verfügung stehen, weshalb die Warmwasserversorgung ständig voll aufrechterhalten werden muß.

Bei *Ferndampf*versorgung wird dabei das für Bade-, Wasch- und Spülzwecke erforderliche Warmwasser in Warmwasserboilern oder durch Gegenstromapparate in den einzelnen Gebäuden erzeugt, während bei Anwendung von ausschließlich *Fern-Warm*wasserheizung auch Fern-Warmwasserversorgung angezeigt ist.

Mit Rücksicht auf den während des Tages außerordentlich stark schwankenden Warmwasserverbrauch[1] ist der Einbau großer Warmwasserspeicher wichtig. Ihre Aufladung wird zu den Tageszeiten vorgenommen, in denen Dampf für Wirtschaftszwecke kaum oder gar nicht benötigt wird. Das ist in der Hauptsache am Nachmittag und abends der Fall.

Die Temperatur des benötigten Warmwassers ist je nach dem Verwendungszweck verschieden hoch. Für Operationsräume und zum Füllen von Bettflaschen muß die Temperatur 80 bis 85° C betragen, in der Wäscherei 60 bis 70° C, zum Reinigen fettigen Geschirrs in den Spülküchen 55 bis 60° C, für Bäder und Zapfstellen der Handwaschbecken 40 bis 50° C.

Für Dauerbäder wird die erforderliche Temperatur vom Arzt bestimmt. Zu ihrer Innehaltung ist fortlaufend so viel Warmwasser an die Badewanne abzugeben, daß dadurch die Wärmeverluste gedeckt werden (Verwendung selbsttätiger Temperaturregler).

Die verfügbare Warmwassermenge ist reichlich anzusetzen. Der durchschnittliche Verbrauch je Kopf und Tag kann leicht über 200 Liter betragen, und zudem sind die augenblicklichen Anforderungen oft sehr groß, z. B. wenn gleichzeitig gewaschen und gebadet wird. Die Warmwasserspeicher sind daher derart zu bemessen und so ausgiebig mit Heizfläche zu versehen, daß sie auch den höchstfalls auftretenden Spitzenbelastungen zu genügen vermögen.

Bisweilen zieht man es vor, die Erwärmung des Wassers mit Dampf, Heißwasser, Gas oder Elektrizität außerhalb der Speicher in Gegenstromapparaten (evtl. in den einzelnen Gebäuden) vorzunehmen.

In Irren- und Pflegeanstalten erweist es sich unter Umständen als wirtschaftlich, die Fern-Warmwasserversorgungen für die Bäder und Zapfstellen der Handwaschbecken usw. nur mit 45 bis 50grädigem Wasser zu betreiben und das in der Wasch- und Kochküche benötigte Wasser in einem örtlich aufgestellten Boiler mit genügend großem Inhalt und entsprechend reichlich bemessener Heizschlange auf die erforderlichen 60 bis 70° C nachzuwärmen, weil dadurch einer Verschwendung hoch erwärmten Wassers und unnötigen Leitungsverlusten vorgebeugt wird. Auch die Kalkausscheidung in den Boilern und Leitungen ist bei weniger hoher Erwärmung geringer. Die Temperaturgrenze, bei welcher die Ausscheidung in besonderem Maße einsetzt, ist von der chemischen Beschaffenheit des Wassers abhängig. Bei einer Untersuchung eines Wassers von 0,1574 g Kalkgehalt und einer Alkalität von 30,5 wurden z. B. aus 100 Liter ausgefällt: bei Erwärmung auf 60° C 9,5 g Kalziumoxyd = 16,95 Karbonat, d. h. 60,5%;

---

[1] RICHARD, G.: Planung sanitärer Einrichtungen in großen Krankenhäusern. Sanit. Techn. Bd. 15 (1950) Heft 3 S. 5/7.

bei Erwärmung auf 94° C 14,4 g Kalziumoxyd = 25,80 Karbonat, d. h. 91,8% der im Wasser vorhandenen Kalkmenge.

Bei der genannten Anordnung sind Umlaufleitungen nur nach den Bädern und Handwaschbecken, dagegen nicht nach dem Boiler in der Waschküche erforderlich, weil hier fast ständig heißes Wasser abgezapft wird.

Sind mit Rücksicht auf hohen Kalkgehalt des Wassers besondere Maßnahmen erforderlich, so werden die unter Abschn. 2,39 erwähnten Enthärtungsapparate zur Anwendung gebracht.

Ferner empfiehlt sich die Aufstellung von zwei oder mehreren Boilereinheiten, damit bei der Reinigung der einen die anderen in Betrieb gehalten werden können.

Schließlich müssen die Boiler, Fernwarmwasser- und Umlaufleitungen wie die Heizleitungen aufs beste isoliert werden.

Aus Gründen der Reinerhaltung des Warmwassers von der Erzeugungsstelle bis zu den Zapfstellen genügt es nicht, nur einzelne Teile, wie z. B. die Warmwasserbereiter selbst oder nur die Heizregister aus Kupfer herzustellen und für die übrigen Teile der Anlage Stahl anzuwenden, weil damit die Zerstörungserscheinungen in erheblichem Maße auf den Stahl übergehen. Ist das Rohrnetz aus Stahl, die Heizregister aber aus Kupfer, so wird das Rohrnetz der Zerstörung ausgesetzt sein. Die Beseitigung von Schäden an dem Warmwasserverteilungsnetz ist aber immer schwieriger und kostspieliger als die Instandsetzung des Heizregisters. Am besten wird als Leitungsmaterial Kupferrohr verwendet, ebenso für die Heizschlangen der Warmwasserbereiter. Wo es jedoch wegen des zu hohen Preises oder aus anderen Gründen nicht zur Anwendung gelangen kann, ist feuerverzinktes Stahlrohr einzubauen.

3,23 Lüftung und Kühlung.

Für Krankenzimmer muß mehr als für sonstige Aufenthaltsräume gefordert werden, daß die einströmende Frischluft nicht nur keine nachteiligen Beimengungen wie Ruß, Staub oder Gase enthält, sondern daß sie anregend, in stets ausreichender Menge im Sommer und Winter ist, ferner zugfrei und mit einem angemessenen Feuchtigkeitsgehalt eingeführt wird. Es soll möglichst eine milde Dauerlüftung bei allen denkbaren äußeren Luftverhältnissen erfolgen, also keine zeitweise Lüftung, da nur durch die Dauerlüftung die allmähliche Verschlechterung der Zimmerluft infolge der Ansammlung von Staub, Riechstoffen, Kohlensäure und Feuchtigkeit auf das zulässige Maß beschränkt werden kann.

Obwohl sich diese Forderungen durch eine mechanische Lüftung in ausreichendem Maße erfüllen lassen, lehnen die Ärzte auch heute noch durchweg die künstliche Lüftung in den Krankenzimmern ab und befürworten die Fensterlüftung. Auch eine große Zahl von Architekten nimmt den gleichen Standpunkt ein. Begründet wird diese Ansicht weniger mit der Höhe der Anlagekosten, die bei den hohen Baukosten eines modernen Krankenhausbaues nicht sehr ins Gewicht fallen, wohl aber werden gewisse technische Mängel, wie Geräuschbildung, Zuggefahr und Verstaubung der Zu- und Abluftkanäle ins Feld geführt. Im Grunde ist diese Art der Beanstandungen, sofern eine Luftvorwärmung und eine bequeme Reinigung der Kanäle vorgesehen ist, auf eine mangelhafte Bedienung zurückzuführen. In der Hauptsache wird jedoch der zu kostspielige Betrieb als die Ursache der Stillegung der größten Zahl von Krankenhauslüftungen bezeichnet.

Es ist nicht zu leugnen, daß im Gegensatz zu der starken Verbreitung der künstlichen Lüftung für andere Gebäudearten die Krankenhauslüftung mehr und mehr zurückgegangen ist, obwohl sich die früheren Übelstände mit den heutigen Mitteln der Technik und bei sachgemäßer Handhabung der Anlagen restlos vermeiden lassen.

Demnach bleibt der Einbau künstlicher Lüftungsanlagen davon abhängig, ob von vornherein die zum Dauerbetrieb der Anlagen erforderlichen Mittel sichergestellt sind. Sofern dies nicht gewährleistet ist, muß von der Ausführung einer Ventilatorlüftung Abstand genommen werden.

Bei der Fensterlüftung ist zu beachten, daß die Fenster bis unter die Decke geführt werden, weil sich sonst im oberen Teil der Räume ruhende Luftschichten bilden, oder es sind obere, leicht aufschließbare Fensterflügel anzuordnen. Handelt es sich um Isolierzellen in Absonderungshäusern, so kann die Stellvorrichtung der Klappflügel auch in die Flure verlegt werden, wo dann gegebenenfalls die Innenwände bis auf etwa 1 m herunter vollständig in Glas ausgeführt werden, so daß die Stellung der Flügel vom Flur aus auch beobachtet werden kann.

Lüftungsflügel über den Flurtüren der Krankenzimmer ermöglichen an heißen Tagen und Nächten trotz geschlossener Türen eine gute Querlüftung.

Die Heizkörper müssen in Räumen mit Fensterlüftung so groß bemessen werden, daß sie auch den Wärmebedarf des entstehenden Luftwechsels decken. Bei starkem Windanfall, Kälte, Straßenlärm und staubiger Luft ist Fensterlüftung jedoch nicht anwendbar.

Ebenso muß die Fensterlüftung als Dauerlüftung für Untersuchungs-, Behandlungs-, Röntgenzimmer usw. ausscheiden.

Unzureichend für Krankenzimmer sind auch die hin und wieder anzutreffenden reinen Abluftkanalanlagen ohne und mit Lüfter. Sofern sie überhaupt wirksam sind, erzeugen sie im Raum einen Unterdruck, wodurch ein Nachsaugen von Zugluft durch die Raumundichtigkeiten erfolgt. Dabei handelt es sich meist um kalte Außenluft oder schlechte Luft aus Nebenräumen. Es ist also bei solchen Räumen für die Zufuhr einer dem Bedarf entsprechenden aufbereitenden (d. h. gereinigten, vorgewärmten usw.) Frischluftmenge Sorge zu tragen.

Nach ALTER ist für das Krankenzimmer fortwährend strömende Frisch- und Abluft zu fordern. Dabei dürfen aber keine Kanalnetze entstehen, die Staub ansammeln und Ungeziefer verbreiten: die Lüftung darf nicht auf den Bau, sondern muß auf den einzelnen Raum abgestellt und regelbar sein.

Die Erfüllung dieser an sich berechtigten Forderungen ist nicht einfach. Vielfach hat man hinter den Fensterheizkörpern im Außenmauerwerk verschließbare Öffnungen angebracht, durch die Frischluft einströmen und sich an den Heizkörpern erwärmen soll. Erfahrungsgemäß ist aber die Luftvorwärmung hierbei nur mangelhaft, so daß die Zugbelästigungen bleiben, ganz abgesehen von der damit verbundenen Verschmutzung der Räume und der möglichen Einfriergefahr für die Heizkörper. Die große Zahl der Wanddurchbrüche in den Außenwänden stellt außerdem keine Zierde für das Gebäude dar. Wenn diese Art der Frischluftzuführung, die also auf den einzelnen Raum abgestellt ist, trotzdem gewählt wird, so muß durch besondere Vorrichtungen (Ablenkbleche usw.) am Heizkörper für eine einwandfreie Erwärmung der Frischluft und durch Einzelfiltereinrichtungen für eine Staubbindung gesorgt werden. Die Abluft wird in solchen Fällen zweckmäßig gegenüber der Außenwand an der Flurwand abgeführt.

Verhältnismäßig einfach kann der Forderung nach Wegfall langer waagerechter Kanalnetze und zugfreier Einführung von Frischluft auch dadurch entsprochen werden, daß vorgewärmte und entstaubte Frischluft in der erforderlichen Menge den Fluren und Treppenhäusern zugeleitet wird, von wo sie infolge der Unterdruckwirkung der Abluftschächte in den einzelnen Räumen durch verschließbare Öffnungen in den Türen oder der Wand in diese gelangt.

Beruhen diese Anlagen auf reiner Auftriebswirkung, so sind sie natürlich abhängig von dem Temperaturunterschied zwischen Innen- und Außenluft. Auch hier kann ein erfolgreicher Dauerbetrieb nur durch Einbau von Lüftern in die Zu- und Abluftwege sichergestellt werden.

Wo die bei diesen Anlagen bestehende Verbindung zwischen Flur und Krankenraum wegen der Geräuschübertragung als störend empfunden wird, muß die vorbereitete Zuluft dem einzelnen Raum unmittelbar zugeführt werden. Um dabei lange Kanalnetze zu vermeiden, müssen Einzelanlagen für bestimmte, möglichst zusammenliegende Krankenraumgruppen geschaffen werden.

Die Luftmenge soll in Krankenzimmern für Erwachsene stündlich das 2- bis $2^1/_2$fache, in Kinderkrankenräumen das $1^1/_2$fache und in Operationssälen das 3- bis 5fache des Rauminhaltes betragen.

Lüftungseinrichtungen, welche die Luft nicht mindestens $1^1/_2$mal in der Stunde erneuern, sind allein nicht ausreichend und bedürfen noch der Fensterlüftung.

Auch die Frage der *Klimatisierung von Krankenhäusern* wurde vielfach erörtert, nachdem sie in Amerika wiederholt und anscheinend mit Erfolg angewendet wurde[1]. Jedoch sind in dieser Hinsicht die Meinungen sehr geteilt. Selbst in Amerika besteht keine einheitliche Fachmeinung. Man ist aber mit Recht dort der Ansicht, daß die Fragestellung nicht lauten darf: „Kann sich das Krankenhaus eine Klimatisierung leisten[2]?", sondern etwa: „Beschleunigt die Einrichtung die Genesung des Kranken?" oder „Muß ein Krankenhaus eine Klimaanlage erhalten?" Ob Klimaanlagen zur Erfüllung allgemeiner hygienischer Forderungen im Krankenhaus notwendig oder entbehrlich sind, ist z. Z. noch eine offene Frage, zu deren Klarstellung eingehende Untersuchungen angestellt werden müßten. Der Einstellung des deutschen Gutachterausschusses für das öffentliche Krankenhauswesen, die in den Richtlinien über die Lüftung im Krankenhaus aus dem Jahre 1936 niedergelegt ist, kann deshalb nicht voll zugestimmt werden, weil darin die Anwendung von Klimaanlagen für die Krankenräume nur mit der Begründung praktisch abgelehnt wird, daß sie in Anlage und Betrieb teuer seien. Wenn auch wegen der noch fehlenden Erfolgsversuche die Forderung nach einer Vollklimatisierung der allgemeinen Krankenabteilungen vorläufig zurückgestellt werden muß, so sind Klimaanlagen nach den Erfahrungen mit Erfolg für Sonderabteilungen[3] des Krankenhauses anwendbar (z. B. für Narkose und Operationsräume, Abteilungen für Heufieber- und Pollenasthmakranke, Frühgeburten, Hals-, Nasen- und Ohrenklinik, Röntgenräume u. a.).

Für die *Heilbehandlung im Krankenhaus* wurden Klimaanlagen bereits an verschiedenen Stellen eingebaut. In der Hals-, Nasen- und Ohrenklinik des Katharinenhospitals in Stuttgart sind sämtliche Krankenräume mit Klimaanlagen ausgestattet. Auf Wiederverwendung von Rückluft ist grundsätzlich verzichtet worden, eine Maßnahme, die im Krankenhaus stets beachtet werden sollte. Bei einer Außentemperatur von $+33°$ C im Sommer darf im Katharinenhospital eine Innentemperatur von $+25°$ C bei einer relativen Feuchtigkeit von 60% nicht überschritten werden. Im Winter kann eine relative Feuchtigkeit

---

[1] Über eine Bewetterungsanlage in einem Krankenhaus. Heat u. Vent. Bd. 36 (1939) S. 30 (s. a. Kurzbericht im Gesundh.-Ing. Bd. 62 (1939) S. 723). — H. N. HERMANN: Klimatisierung von Operationsräumen. Refrig. Engl. Bd. 39 (1940) S. 224/26 [s. a. Kurzbericht in Wärme- u. Kältetechn. Bd. 43 (1941) S. 146].

[2] NEERGARD, C. F.: Kann das Hospital sich eine Luftkonditionierung leisten? Heat u. Vent. Bd. 37 (1940) S. 22/23 [s. a. Kurzbericht im Gesundh.-Ing. Bd. 64 (1941) S. 226].

[3] HEILMANN, A.: Klimatisierung, Heizung und Lüftung im Krankenhaus. Z. ges. Krankenhausw. Bd. 36 (1940) S. 41/47.

von 45% bis zu einer Außentemperatur von $-25°$ C gehalten werden. Weitere Einzelheiten über Luftgeschwindigkeit, Schalldämpfung u. a. sind der Abhandlung von WOLFER[1] zu entnehmen. Als Luftwechsel für sonstige Betriebsräume sind zugrunde zu legen: für Vorbereitungsräume ein zwei- bis dreimaliger, für Untersuchungszimmer ein dreimaliger und für Operationsräume ein etwa fünffacher Luftwechsel in der Stunde.

Es ist hierbei darauf zu achten, daß sämtliche Luftwege leicht gereinigt werden können, ferner daß durch die Kanäle keine direkten Verbindungen zwischen den einzelnen Räumen entstehen. Zweckmäßig werden sowohl Zu- als Ablüfter vorgesehen.

Bei der Operationssaallüftung ist völlig unabhängig von den Außenluftverhältnissen und denen der übrigen Krankenhausräume ein Luftzustand anzustreben, bei dem sich Lufttemperatur, -feuchtigkeit und -bewegung in bestimmten engen Grenzen halten und gleichzeitig eine Ansammlung von Gasen vermieden wird.

Gegen die künstliche Lüftung wurde in den bereits erwähnten „Richtlinien" für die Lüftung im Krankenhaus eingewendet, daß zu einer wirksamen Verdünnung bzw. Entfernung dieser Gase und zu einer genügenden Durchkühlung des Operationsraumes sehr erhebliche Frischluftmengen mit großer Geschwindigkeit eingeführt werden müßten, während wegen der wärmeentziehenden Wirkung bewegter Luft auf die Patienten die Luftgeschwindigkeit andererseits nur gering sein dürfe. Die künstliche Lüftung gefährde die Asepsis. Auch fürchtete man, daß Staub aufgewirbelt würde. So wird durch die Richtlinien empfohlen, wegen der schwer zu erfüllenden Bedingungen von der Lüftung der Operationsräume während des Betriebes ganz abzusehen und statt eines großen Operationssaales mehrere kleinere vorzusehen und wechselweise zu benutzen. Die Pausenlüftung wird heute noch meistens angewendet. Man sieht in solchen Fällen vielfach für die Operationssäle etwa nur Ablüfter vor, die eine gründliche und rasche Durchlüftung in den Pausen zwischen zwei Operationen vorzunehmen erlauben. Dabei braucht auf Zugerscheinungen keine Rücksicht genommen zu werden, so daß man die Zuluft durch geöffnete Fenster und die Vorbereitungsräume zuströmen lassen kann. Auch in diesem Falle sind die Abluftkanäle von septischen und aseptischen Operationsräumen zur Verhinderung der Übertragung von Krankheitserregern und Schall getrennt zu halten, also auch mit besonderen Lüftern zu versehen. Die Luftkanäle müssen bei Nichtbetrieb der Lüfter durch Klappen oder Schieber bequem sowohl nach außen als auch nach innen abschließbar sein, so daß sie möglichst staubfrei bleiben und keine starke Auskühlung der Räume sowie keine Zugerscheinungen im Gefolge haben. Die Lüfter dürfen kein die Umgebung belästigendes Geräusch machen, sollten im Gegenteil derart laufen, daß ihr Betrieb gewünschtenfalls (z. B. im Sommer) auch während der Operationen möglich ist.

Alle diese Ent- und Belüftungsarten von Operationssälen stellen aber zweifellos nur Behelfslösungen dar. Für den Kranken wie für den operierenden Arzt ist eine einwandfreie Dauerlüftung notwendig[2]. Daß die genannten Bedenken gegen die Klimatisierung der Operationsräume, die in der Hauptsache technischer Art sind, bei den heutigen technischen Mitteln gegenstandslos sind, beweisen die heute fast durchweg ausgeführten und mit Erfolg betriebenen Klimaanlagen in Operationsräumen.

---

[1] WOLFER, H.: Die Klimaanlagen für den Neubau der Hals-, Nasen- und Ohrenklinik des Katharinenhospitals in Stuttgart. Z. VDI Bd. 82 (1938) S. 603/09.

[2] LIESE, W.: Über Umfang und Zweck einer Einrichtung von Klimaanlagen in Krankenhäusern. Reichsgesundh.-Bl. Bd. 15 (1940) S. 834/39.

Röntgenräume müssen außer einem großen Luftraum ebenfalls eine Dauerzu- und Dauerablüftung zur Entfernung der auftretenden Riechstoffe und der bei älteren Anlagen über dem Fußboden sich ansammelnden nitrosen Gase erhalten. Die künstliche Dauerlüftung dieser Räume wird zweckmäßigerweise jedoch durch zeitweises kräftiges Durchlüften ergänzt, um starke Ansammlungen von Riechstoffen schnell zu entfernen.

Ferner empfiehlt es sich, in Sterilisationsräumen Luftabzugsrohre in die Mauer einzulassen (glasierte Tonrohre mit glatten Wandungen und abgerundeten Ecken bzw. von rundem Querschnitt).

Zur Vermeidung von starkem Dampfaustritt werden auch Sterilisationsapparate mit Kühlringen (zur Kondensation der Dämpfe) hergestellt.

Auf alle Fälle sollen in neuzeitlichen Krankenanstalten Aborte, Bäder, chemische Laboratorien usw. mit Ablüftung und Koch- und Waschküchen mit kombinierter Zu- und Ablüftung versehen werden, die gestatten, den Luftinhalt der Aborte 5- bis 10mal, der Wannenbadräume mindestens $2^1/_2$mal, der Laboratorien, je nach Bestimmungszweck, unter Umständen bis 10- und mehrmal, der Koch- und Waschküchen mindestens 10- bis 15mal in der Stunde zu erneuern. Die aus diesen Räumen abgesaugte Luft muß unmittelbar über Dach geblasen werden.

Das In- und Außerbetriebsetzen der Lüfter soll an Stellen, die dem Bedienungspersonal bequem zugänglich sind, außerdem aber auch am Aufstellungsort selber (also z. B. im Dachboden) vorgenommen werden können, damit das Aufsichtspersonal zum Anlassen und Abstellen nicht gezwungen ist, viele Treppen zu steigen. Ferner muß die Umlaufzahl so niedrig gehalten und die Lagerung der Lüfter und Motoren so sorgfältig vorgenommen werden, daß in keinem der benutzten Räume ein störendes Geräusch vernommen wird. Wenn es sich machen läßt, so sind die Zu- und Ablüfter im Keller aufzustellen. In den meisten Fällen ergeben sich allerdings bauliche Vorteile durch Unterbringung der Abluftventilatoren im Dachboden. Dabei ist auf niedrige Drehzahl und sorgfältige Lagerung (Kork- oder sonstigen Isolierplatten und evtl. Betonsockel) ganz besonderes Gewicht zu legen und trotzdem dafür zu sorgen, daß die Lüfter über Treppenhäuser und andere Räumlichkeiten zu stehen kommen, in denen evtl. vorkommende Geräuschübertragungen belanglos sind.

Das Zuströmen der frischen Luft kann bei den Aborten, Bädern und Laboratorien von den Nebenräumen, z. B. Gängen, her erfolgen, indem etwa im unteren Teil der Türen Öffnungen angebracht werden (bezüglich Koch- und Waschküchen siehe die folgenden Abschnitte).

Für Krankenhäuser, Kliniken, Sanatorien, Heil- und Pflegeanstalten usw. sind *Kälteerzeugungsanlagen* nicht nur in den Tropen, sondern auch in den Ländern mit gemäßigtem Klima heute unentbehrlich geworden. Sie dienen nicht nur der Frischerhaltung von Lebensmitteln, wie Milcherzeugnissen, Obst, Gemüse, Fleisch, sondern auch der Erzeugung hygienisch einwandfreien Tafeleises und der Kühlhaltung gewisser Kranken- und Operationsräume sowie für pathologische Zwecke (Kühlung und Einfrieren von Leichen sowie Erhaltung bestimmter Präparate). Dabei genügen für kleinere Anstalten selbsttätige Kühlschränke, größere Anstalten haben eigene Kühlmaschinen.

Die Kühlung der Räume erfolgt in der Regel durch Kühlen der Ventilationsluft, indem man entweder gekühltes Wasser durch in den Luftweg eingebaute Kühlregister leitet oder mittels Streudüsen zerstäubt.

Bei der Erstellung derartiger Kühlanlagen ist ganz besonders darauf zu achten, daß Zugerscheinungen in den Aufenthaltsräumen vermieden werden.

Bei genügender Abkühlung der Luft scheidet sie zudem Wasser aus und wird bei der Wiedererwärmung in den Kanälen und beim Austritt in die Räume verhältnismäßig trocken, was einen weiteren Vorteil bedeutet, weil warme und gleichzeitig feuchte Luft schon für Gesunde fast unerträglich ist. Für Schwerkranke sind daher solche Anlagen in heißen Klimaten eine große Wohltat, und es hat sich sogar gezeigt, daß schwere chirurgische Eingriffe, die im Sommer fast nicht durchführbar waren, dank der künstlichen Erneuerung, Kühlung und Trocknung der Raumluft nun ohne Bedenken vorgenommen werden können.

3,24 Kochküchen.

Kochküchen in Krankenhäusern, wie auch Restaurants, Hotels usw. werden gewöhnlich durch die in ihnen untergebrachten Kochapparate und die Entnebelungsanlagen genügend geheizt, so daß die Aufstellung von Heizkörpern nur in den Nebenräumen, wie Vorbereitungsräumen und Abwaschküchen und Speiseausgaben usw., erforderlich ist.

Jedoch hängt die Notwendigkeit, evtl. besonders zu heizen, von der Außenlage der Küche und von der Art des Wärmeträgers ab. Eine Grundheizung der Küche empfiehlt sich auch, um warme Wände zu erhalten, die den Feuchtigkeitsniederschlag verhindern. Bei vollelektrischen Küchen ist eine besondere Heizung kaum zu umgehen.

Für die Lüftung und Entnebelung der Küchenräume ist eine Lüftungsanlage zu erstellen, insbesondere für die Hauptküche, die Diätküche und Geschirrspüle. In diesen Räumen sind die Luftverhältnisse am unerträglichsten. Die an eine zweckmäßige Küchenlüftung im Krankenhaus zu stellenden Bedingungen sind zusammengefaßt folgende[1]:

1. Küchengerüche dürfen sich nicht in angrenzenden Räumen verbreiten;

2. Zugerscheinungen durch Eindringen kalter Außenluft im Winter müssen unbedingt vermieden werden;

3. die strahlende Wärme des Herdes, die das Arbeiten am Herd sehr erschwert, muß ferngehalten oder gemindert werden;

4. die Bedienung der Lüftungsanlage muß für das Küchenpersonal einfach sein;

5. die Betriebskosten müssen wirtschaftlich tragbar sein.

Für die Größenbemessung der Lüftungsanlage ist die Wärme- bzw. Wrasenentwicklung maßgebend. Gewöhnlich saugt man nicht nur Luft ab, sondern bläst mittels Lüfter auch vorgewärmte Frischluft ein. Die abgesaugte Menge wird jedoch in der Regel größer als die zugeführte zu wählen sein, damit in der Küche Unterdruck entsteht und das Austreten von Gerüchen und Dämpfen nach den Nebenräumen vermieden wird.

Nach den Richtlinien für die Lüftung von großen Küchen[2] wird jedoch die Unterdrucklüftung mit Recht nur als unbedenklich bei elektrischen Küchen und Gasküchen erklärt. In Küchen mit kohlebeheizten Geräten wirkt die Unterdrucklüftung dem Schornsteinzug in unzulässiger Weise entgegen. In solchen Räumen muß Überdrucklüftung angewendet werden, wobei dann die anliegenden Räume, die von Küchengerüchen freigehalten werden müssen, einen noch stärkeren Überdruck benötigen. Bei Vorhandensein von Speiseaufzügen ist besondere Sorgfalt bezüglich der Luftdruckverhältnisse anzuwenden.

Der Luftinhalt soll durch diese Anlagen mindestens 10- bis 15mal in der Stunde, im Sommer womöglich noch mehr erneuert werden können. In den Richtlinien sind für die einzelnen Geräte wie die Herde, die Kochkessel ver-

---

[1] Opitz, H.: Lüftung von Krankenhausküchen. Z. ges. Krankenhausw. Bd. 35 (1939) S. 261/62. — E. Sprenger: Die Küchenlüftung. Gesundh.-Ing. Bd. 68 (1947) S. 70/75.

[2] VDI-Richtlinien 2302. Lüftung von großen Küchen, 2. Ausg. Düsseldorf 1950.

schiedener Größe und die Kippbratpfannen die stündlich erforderlichen Mindestluftmengen angegeben. Danach erfordern kohlebeheizte Herde für 1 m² Herd-
platte 3000 m³/h Frischluft und Gas- oder Elektroherde nur 1500 bzw. 1000 m³/h.
Für Kochkessel ist bei 100 bis 300 l Inhalt mit 3 m³/h Frischluft, bei 500 l Inhalt mit 2 m³/h und bei 1000 l mit 1,5 m³/h je Liter Kesselinhalt zu rechnen.
Bei −10° C Außentemperatur soll die Anwärmung der Zuluft auf etwa 30° C
erfolgen. Sinkt die Außentemperatur unter −10° C (an Orten mit −20° C
niedrigster Außentemperatur), so ist der Luftwechsel einzuschränken, weil sonst
die Anlage- und Betriebsauslagen unnötig hoch ausfallen. Wenn die Bestimmung
des Luftwechsels der Küche nach den Mindestluftmengen gemäß den Richtlinien einen 20fachen Wert übersteigen, dann ist die Küche für die geplante
Aufstellung der Geräte als zu klein anzusehen.

Die Abluft ist nach Möglichkeit in der Nähe der Dampfentstehungsstellen,
d. h. des Kochherdes bzw. der Dampfkochkessel abzusaugen, während die Zu-
luftstellen im oberen Teil der gegenüberliegenden Wand oder in der Decke anzuordnen sind, damit die Luft auf ihrem Wege den Raum in richtiger Weise
durchströmt.

Bei gruppenweiser Anordnung von Kochkesseln empfiehlt sich die Einführung vorgewärmter Frischluft durch Hauben zwischen den Kesseln.

Nicht selten findet man, daß die Decken der Kochküchen in gleicher Weise
wie die Wände gekachelt oder mit einem Lackfarbenanstrich versehen sind.
Wegen der dadurch während des Kochbetriebes bei nicht ganz einwandfreier
Be- und Entlüftung bedingten Tropfwasserbildung an der Decke ist eine solche
Deckenbehandlung zu verwerfen. Die Decken sollten lediglich mit einem Kalk-
oder Leimfarbenanstrich versehen werden. Außerdem empfiehlt sich besonders
bei kalten Decken zur Verhinderung der verstärkten Kondensationserscheinungen die Isolierung der Decke.

Die Abluftkanäle sind mit zahlreichen leicht aufschließbaren Putzdeckeln für
die Reinigung zu versehen. Hierauf ist bei Küchenlüftungen, der starken Bildung
von fettigen Ablagerungen wegen, besonders zu achten. In den Mauern ist wasserdichte Ausführung der Kanäle empfehlenswert, weil sonst Mauerdurchfeuchtungen vorkommen können. Auch die Lage der Abluftöffnungen und -kanäle ist
wesentlich. Wegen der fett- und feuchtigkeitshaltigen Abscheidungen liegen sie
am besten an der Decke seitlich der Kochkesselgruppen, um ein etwaiges Her-
untertropfen der Abscheidungen in die Kessel zu verhindern.

Die wirtschaftlichste Art der Wärmeversorgung der Krankenhausküche sowie ihre zweckmäßige Gliederung und Einrichtung sind besonders wichtige Aufgaben im Krankenhausbau, da von ihnen die Kosten der Verpflegung ganz
wesentlich beeinflußt werden[1]. Wenn auch die Kohlenfeuerung für Großküchen-
apparate ohne Zweifel, selbst unter Berücksichtigung der ihr eigenen schlechten
Wirkungsgrade, die billigste ist, so tritt sie wegen der mit ihr verbundenen unangenehmen Begleiterscheinungen (Brennstoff- und Aschetransport, Rauchfuchs-
anlage, allgemeine Unsauberkeit) gegenüber der zunehmenden Verwendung von
Dampf, Gas und Elektrizität fast völlig in den Hintergrund. Die Art der zur
Verwendung gelangenden Betriebsstoffe hängt jedoch von den örtlichen Verhältnissen ab, läßt sich also nicht eindeutig festlegen. Die Feststellung der im
gegebenen Fall wirtschaftlichsten Wärmeversorgung bildet die Grundlage für
die Planung der Kochküche.

In der Regel wird für die Kochkessel, die Kipptöpfe und Warmhaltung
Dampf oder Heißwasser als sauberes und billiges Heizmittel verwendet. Gas

---

[1] SCHEINEMANN, W.: Neuzeitliche Küchenanlagen im Krankenhaus. Gesundh.-Ing.
Bd. 62 (1939) S. 477/81.

und Elektrizität kommen dagegen für den Herd, die Bratöfen, -pfannen und ähnliche Geräte in Frage. Für Gas[1] sprechen im wesentlichen die Sichtbarkeit der Flamme, die sofortige Betriebsbereitschaft und die Preiswürdigkeit gegenüber Elektrizität. Für den elektrischen Herd sind die Sauberkeit des Betriebes, der Fortfall der Abgasentfernung, die Einfachheit und Gefahrlosigkeit des Betriebes maßgebend. Oft geben örtliche Versorgungsgesichtspunkte den Ausschlag für die Wahl einer der beiden Energiearten. Wo dies nicht bestimmend ist, entscheidet im allgemeinen die Kostenfrage der Anlage die Auswahl. Bei elektrischen Küchen erweist sich die Anordnung von Prüflampen und Leuchtschildern als praktisch wertvoll, damit jederzeit auch aus der Entfernung übersehen werden kann, welche Herdplatten oder Geräte unter Strom stehen und welche Belastungsstärke vorliegt.

Bei der Bemessung der Dampfversorgungsanlage (Kessel- und Hauptdampfleitung) für die Küche der Anstalt muß beachtet werden, daß nicht sämtliche Speisen gleichzeitig angesetzt werden und daß die zusammenfallenden Kochstufen (Ankoch- bzw. Fortkochstufen) jeweils nur etwa 30 bis 50% der Vollbelastung entsprechen. Der volle Anschlußwert der Geräte wird also nie gleichzeitig in Anspruch genommen. Die Hauptbelastungsspitze liegt ungefähr 1 Stunde vor der Hauptessenausgabe. Um bei Niederdruckdampfbetrieb den Dampfdruck für die Kochkessel sicherzustellen, wenn gleichzeitig eine mit niedrigerer Spannung betriebene Heizungsanlage an die Niederdruckdampferzeugungsanlage angeschlossen ist, wird zweckmäßig Druckstufenbetrieb mit Regelvorrichtung angewendet[2].

Die Ausstattung der Küchen und die Größe bzw. Zahl der vorzusehenden Apparate richtet sich nach der zu versorgenden Personenzahl sowie den sonstigen Anforderungen. Es werden beispielsweise aufgestellt:

1. Kochkessel, die im allgemeinen mittelbar geheizt, also doppelwandig ausgeführt werden. Dies ist für alle Speisen erforderlich, die leicht ansetzen. Größere Inhalte als 500 l je Kochkessel müssen vermieden werden, da die Reinigung Schwierigkeiten bereitet. Die Beheizung bei Dampf erfolgt mit einer Spannung von 0,3 bis 0,5 atü, bei Gas mittels Rund- oder Längsbrenner und bei elektrischer Beheizung durch elektrische Heizelemente oder Elektroden.

Der erforderliche Kochkesselinhalt ermittelt sich nach der Erfahrung wie folgt:

Kochkesselinhalt in l/100 Personen für

Gemüse	Kartoffeln	Fleisch	Suppe	Kaffee	Milch
60 bis 70	60 bis 70	50	50 bis 60	60	50

2. Kipptöpfe (je 10 bis 60 l). Diese werden entweder einzeln an der Wand oder bei größeren Anlagen auf gemeinsamer Grundplatte angebracht. Im übrigen gilt bezüglich der Ausführungseinheiten, wie Beheizung, Bemessung usw., das gleiche wie bei den Standkochkesseln.

3. Kartoffelsieder. Zum Kartoffelkochen werden in die Kochkessel geteilte Einsätze eingelegt. Das gleiche gilt für die Fischbereitung.

4. Der Herd. Dieser wird trotz des Bestrebens, ihn durch Einzelgeräte, wie Bratpfannen usw. zu ersetzen, in der Küche wohl kaum ganz entbehrlich werden. Die Herdflächengröße bestimmt sich wie nachstehend:

---

[1] SOMMER, J.: Die Technik der Groß-Gasküche. Gas- u. Wasserfach Bd. 86 (1943) S. 7/12.
[2] KOLLMAR, A.: Rückspeiseanlagen und Druckstufenbetrieb bei Niederdruckdampfheizungen, 2. Aufl. Halle (Saale) 1951.

Herdflächen für	(Elektro- oder Gasherd)				
	100	200	300	400	500 Personen
Ohne Aufstellung von Zusatzgeräten ..	1,3	1,9	2,5	2,8	3,2 m²
Bei Aufstellung von Zusatzgeräten ..			entsprechend kleiner		

Gasherde erhalten im allgemeinen offene und geschlossene Brennstellen. Elektroherde werden außer mit runden auch mit eckigen Platten (Zonenherde) für die gleichzeitige Herstellung mehrerer kleinerer Speisemengen ausgerüstet. Der Einbau von Hochleistungsplatten mit sehr kurzer Anheizzeit ist in jedem Fall empfehlenswert.

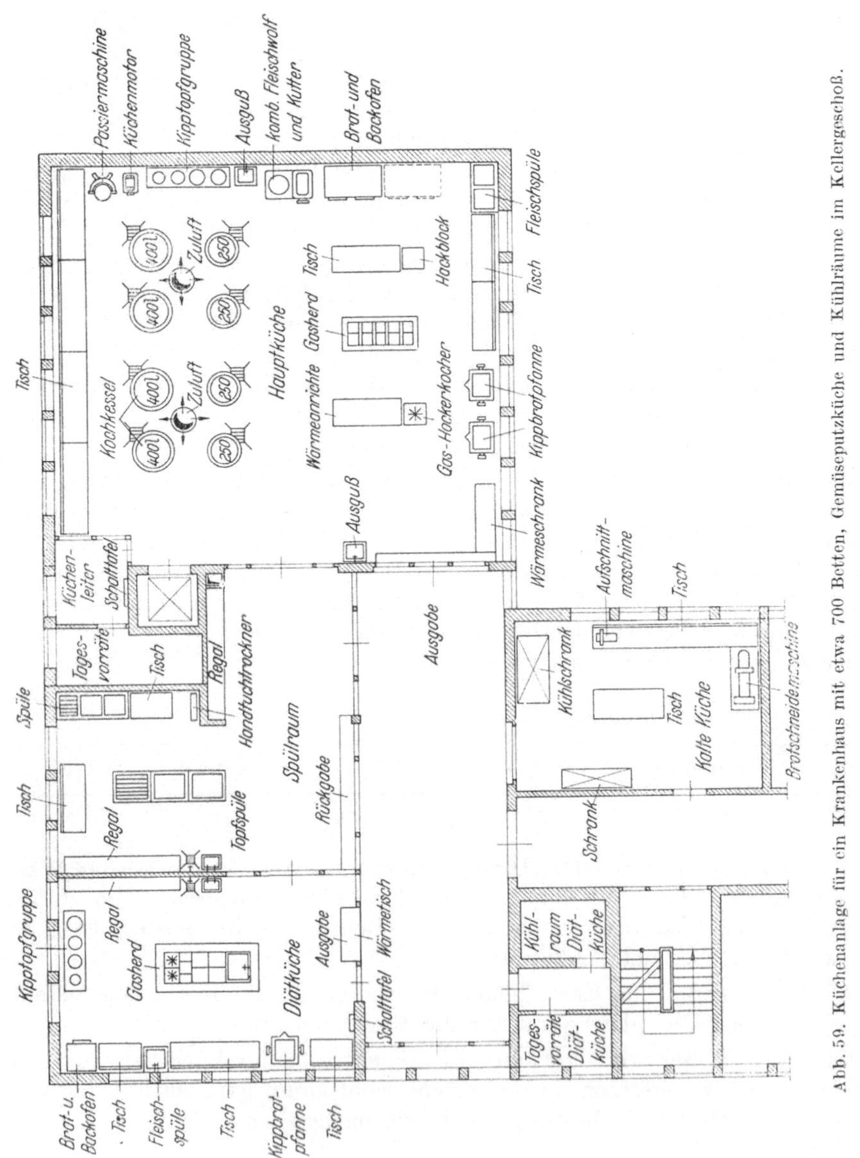

Abb. 59. Küchenanlage für ein Krankenhaus mit etwa 700 Betten, Gemüseputzküche und Kühlräume im Kellergeschoß.

5. Hockerkocher für Gas- oder elektrische Heizung, die nur etwa 50 cm hoch sind, ergänzen den Herd und erleichtern das Kochen in großen Töpfen.

6. Brat- und Backröhren werden, soweit sie nicht im Herd untergebracht sind, zu gesonderten Gruppen vereinigt, so daß meistens zwei Muffeln übereinanderliegen.

7. Die Kippbratpfanne, ein Sondergerät, das in runder oder eckiger Form hergestellt und mittels Gas oder vornehmlich Elektrizität geheizt wird. Die Größe von 600×900 mm soll der guten Bedienung wegen nicht überschritten werden.

8. Der Fischbrater, ein für die Bereitung von geruchbildenden Fischbratsachen entwickeltes Gerät mit Dunsthaube und Abzug.

9. Die Wärmeschränke und Wärmetische, mit Dampf, Gas oder Elektrizität geheizte Geräte. Für die Warmhaltung besonders empfindlicher Speisen ist ein beheiztes Wasserbad vorzusehen.

10. Geschirr- und Topfspülen erhalten heute meist Becken aus nichtrostendem Stahl, der sich durch seine Festigkeit und lange Lebensdauer hierfür bestens bewährt hat.

11. Die Spülbottiche.

12. Küchenmaschinen sind der Größe des Küchenbetriebes entsprechend auszuwählen. Gebraucht werden Kartoffelwasch- und Schälmaschinen, Gemüseschneidemaschinen, Brot- und Aufschnittschneidemaschinen, fahrbare Passiermaschinen, Fleischwölfe und Kutter, gegebenenfalls auch Teigknetmaschinen. In kleineren Küchen genügt meistens ein Küchenmotor mit Aufsteckmaschine, die für die obengenannten Arbeitsgänge geeignet ist.

13. Küchengeräte, wie Aluminiumlöffel, Aluminiumabschäumer, Fleischgabeln, Rührhölzer usw.

14. Warmwasserboiler, sofern nicht Fern-Warmwasserversorgung besteht.

15. Bei großen Betrieben *Geschirrabwaschmaschinen*, in denen das Geschirr auf automatischem Wege mittels heißer Sodalauge reingewaschen und hierauf durch Heißwasser abgesprüht wird. Diesen auch in Hotels, Restaurants usw. zweckdienlichen Maschinen wird in Krankenhäusern mit Vorteil noch eine Sterilisiermaschine beigegeben, in der das Geschirr nach Verlassen der Waschmaschine kurze Zeit in klares kochendes Wasser eingetaucht wird, wobei es gleichzeitig eine so hohe Temperatur annimmt, daß es nach Verlassen des Apparates trocknet, ohne daß Abtrockentücher zu Hilfe genommen werden müssen.

Tabelle 15. *Platzbedarf in m² von Küchen und Nebenräumen in Abhängigkeit von der zu verpflegenden Personenzahl.*

Anzahl der Personen	Küche	Vorratsraum	Spülküche	Kartoffel- und Gemüseputzraum	Fleisch- und kalte Küche	Ausgabe	Kühlraum	Küche und Nebenräume	Küche m²/Kopf	Gesamtfläche m²/Kopf
100	30	12	8	10	—	—	—	60	0,30	0,60
200	35	17	10	12	—	—	2	75	0,18	0,37
250	40	20	14	16	10	10	2	112	0,16	0,45
300	45	24	16	20	10	10	3	130	0,15	0,43
400	52	30	16	24	12	14	4	150	0,13	0,37
500	60	35	18	27	14	18	5	180	0,12	0,36
600	65	38	20	30	15	22	6	200	0,11	0,33
700	80	40	20	35	17	25	7	230	0,11	0,32
800	90	43	22	35	18	27	8	250	0,11	0,31
1000	110	48	24	36	22	28	10	280	0,11	0.28
2000	150	60	30	45	24	32	20	380	0.08	0,19

Die Abb. 59 zeigt einen Einrichtungsplan einer Krankenhaus-Kochküche mit Nebenräumen. Über den Platzbedarf für die Küche und Nebenräume gibt Tab. 15 Aufschluß.

Schrifttum.

LIESE, W.: Lüftung von großen Küchen. Gesundh. -Ing. Bd. 62 (1939) S. 693.
KORITNIG, O. T.: Die Entnebelung der Kochküchen betriebswirtschaftlich gesehen. Obst- u. Gemüseverwertungs-Industrie. Bd. 27 (1940) S. 505/07.
HOHLER, E.: Die gesundheitstechnischen Anlagen der neuen Chirurgischen Universitätsklinik in Heidelberg. Gesundh.-Ing. Bd. 63 (1940) S. 473/79.
HOTTINGER, M.: Entnebelungsanlagen. Gesundh.-Ing. Bd. 63 (1940) S. 169/76.
GÖHRING, O.: Kochanlagen. Wien 1953.

3,25 Waschküche und Plätterei.

Vielfach könnte der Einbau einer besonderen Heizung im Wasch- bzw. Plättraum wegen der beim Wasch- bzw. Plättprozeß abgegebenen Wärme sich erübrigen, wenn nicht im Hinblick auf die Einfriergefahr für die wasserführenden Leitungen bei Betriebsruhe im Winter und bei Stillstand der Mangeln Vorsorge

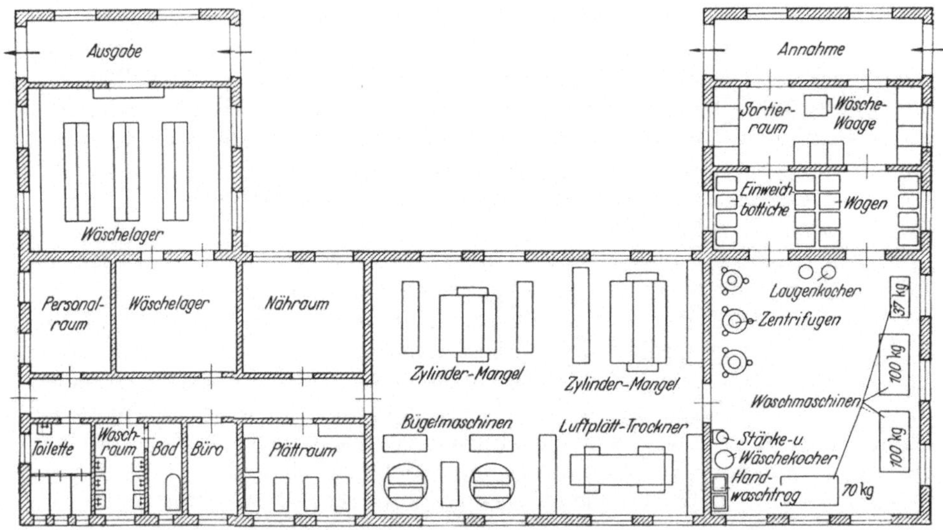

Abb. 60. Wäschereianlage für eine Wäscheleistung von täglich etwa 1500 kg.

getroffen werden müßte. Dagegen ist eine gute Lüftung der Arbeitsräume unbedingt notwendig. Man verbindet sie zweckmäßig mit der Heizung und sieht eine Warmluftheizung vor. Eine Abluftanlage allein oder gar nur die Anordnung von Schraubenlüftern genügt keinesfalls.

Die Waschküchen und Dampfmangelräume sind in genau gleicher Weise mit Lüftungs- und Entnebelungsanlagen zu versehen wie die Kochküchen. Es kann daher sinngemäß auf das unter Abschn. 3,24 hierüber Gesagte verwiesen werden.

Bezüglich des Plättraums ist hinzuzufügen, daß die von den Dampfmangeln abgegebenen Dämpfe bei Maschinen neuer Konstruktion (sog. Absaugemangeln) mittels Lüfter durch die Zylinder abgesaugt und ins Freie befördert werden.

Mit Rücksicht auf das Vermögen, das die Wäsche einer Krankenanstalt darstellt, ist die richtige Naß- und Trockenbehandlung der Wäsche ein besonders wichtiges Aufgabengebiet.

In neuzeitlichen Waschküchen und Plättereien (Abb. 60) sind beispielsweise vorhanden:

1. Wasch- und Spülmaschinen, in denen die Wäsche zuerst in Lauge gewaschen, dann in heißem und nachher in kaltem Wasser gespült wird. Der Waschprozeß, umfassend Einfüllen der Wäsche in die Maschinen, Waschen mit Lauge, Spülen mit heißem, nachher mit kaltem Wasser und Entleeren, dauert rd. $1^1/_2$ Stunden.

Die üblichen Waschmaschinen werden als Doppeltrommelwaschmaschinen ausgebildet. Die äußere Trommel nimmt die Lauge und das Spülwasser auf, die innere, gelochte und drehbare Trommel die Wäsche. Die Größe der Maschinen wird nach kg-Fassungsvermögen bzw. Liter Inhalt bestimmt. Die Entwicklung geht im Krankenhausbetrieb von der kleineren zur größeren Maschine (Abb. 61),

Abb. 61. Großwaschmaschinenanlage einer großen Krankenanstalt (Y-Maschinen).

da dort laufend große gleichartige Wäschemengen anfallen und mit steigender Größe die Anschaffungs- und Betriebskosten, bezogen auf die Leistung, geringer werden.

Weitere Vorteile der Großmaschinen sind die Zeit- und Lohnersparnis für die Beschickung und Entleerung und die Raum- und Kräfteersparnis gegenüber mehreren Kleinmaschinen gleicher Gesamtleistung. Vergrößerung des Trommeldurchmessers um 25% bringt z. B. Vergrößerung des Trommelinhaltes um 56%.

2. Zentrifugen mit Kupfertrommeln. Durch das Schleudern verlieren die Wäschestücke den größten Teil des Wassers, so daß sie, sofern sie sich dazu eignen, auf der Dampfmangel direkt geplättet werden können, während die übrigen Stücke zur weiteren Trocknung in die Kulissentrockenapparate, Luftplätttrockner oder in heizbare, gut gelüftete Trockenkammern verbracht und hierauf, soweit erforderlich, von Hand geplättet werden.

Zu den genannten Einrichtungen kommen noch Behälter für Laugesammlung (Laugenfässer), evtl. auch Warmwasserbehälter hinzu.

3. Dampfmangeln, Gas- und elektrische Heißmangeln. Für kleinere Krankenanstalten oder Heime können die Gas- oder elektrischen Heißmangeln in Frage kommen, für größere Anstalten nur Dampfmangeln. Da an das Aussehen der Wäsche hinsichtlich Glanz und Falten im Krankenhaus nicht so hohe Anforderungen gestellt werden wie für den Privathaushalt, werden als leistungsfähigste

Maschinen normalerweise Zylinderdampfmangeln verwendet, die, wie bereits weiter vor gesagt, mit Hochdruckdampf von 6 bis 8 atü arbeiten. Von besonderer Wichtigkeit für die garantierte Leistung dieser Mangeln ist die stets einwandfreie Bewicklung der Andrückwalzen.

4. Trockenapparate und Trockenmaschinen. An Stelle der bisher gebräuchlichen Kulissen- und älteren Kettentrockenapparate mit ihrem großen Platzbedarf und trotzdem geringer Leistung, die durch Dampfrohre beheizt und mit natürlicher oder künstlicher Zu- und Ablüftung versehen waren, werden vielfach sog. Luftplätttrockner und Trommeltrockenmaschinen (Tumbler) verwendet. Die Trockenwirkung dieser Apparate ist infolge der darin erzeugten starken Kalt- und Warmluftströme sehr groß, bedingt jedoch einen höheren Dampf- und Kraftverbrauch. Da jedoch die Wäschebeschaffenheit nach Trocknung in diesen Apparaten eine bessere ist als in den früheren Trockeneinrichtungen, so wird sich ihre Anwendung zweifellos immer mehr einführen.

5. Kaltmangeln.

6. Wäschepressen. Die Verwendung von Wäschepressen zur Bearbeitung von Ärztemänteln, Schwesternkleidern und sonstigen sperrigen Wäschestücken, die nicht gemangelt werden können, hat sich in größeren Wäschereien als notwendig herausgestellt. Sie werden ebenfalls in Großbetrieben mit Hochdruckdampf von 6 bis 8 atü beheizt, womit eine Temperatur von rd. 160° C erzielt wird. Mit gasbeheizten Pressen können sogar Temperaturen bis 220° C erreicht werden. Die Grenze von 160° C bei Dampf ist aber empfehlenswert, weil dadurch ein Versengen der Wäsche und damit auch eine Geruchsbelästigung vermieden wird, die Bezüge haltbarer bleiben und die notwendige Maschinenpflege geringer ist. Nach EDEN[1] lassen sich auf dampfbeheizten Tandempressen in einer Stunde bearbeiten:

Ärztemäntel etwa 10 bis 12 Stück,
Schwesternschürzen etwa 25 bis 30 Stück,
Drellhosen für Kranke etwa 35 bis 40 Stück,
Drelljacken für Kranke etwa 24 bis 28 Stück.

7. Kippbare Kochfässer zum Kochen der Wäsche in Lauge.

8. Plätteinrichtungen. Bei der Einrichtung der Plätterei ist die Art der Plätteisenerhitzung von Bedeutung. Werden mehrere Plätterinnen erforderlich, so ist vom wirtschaftlichen Standpunkt aus der Preßgasanlage der Vorzug zu geben. Je nach den örtlichen Verhältnissen wird aber trotzdem in manchen Fällen nur das elektrische Bügeln in Frage kommen, da die Luftverschlechterung im Plättraum bei Gas im allgemeinen größer sein wird.

Gerade in den letzten Jahren sind auf dem Gebiet des Wäschereimaschinenbaues erhebliche Fortschritte gemacht worden. In diesem Zusammenhang ist auf das einschlägige Schrifttum zu verweisen.

Einzelne für die Gesamtanordnung, insbesondere die Wärme- und Energieversorgung der Wäscherei, wichtige Gesichtspunkte sollen jedoch noch besonders herausgestellt werden.

Mit einer Raumhöhe der Wäscherei von 4 bis höchstens 6 m ist auszukommen.

Die Wäscherei muß möglichst in der Nähe des Kesselhauses und der Wasserenthärtungsanlage gelegen sein, um lange Rohrleitungen und damit übermäßige Wärmeverluste zu vermeiden.

Die Frage, ob die Wäscherei in einer Ebene oder in mehreren Stockwerken übereinander untergebracht werden soll, kann nicht eindeutig beantwortet wer-

---

[1] EDEN, H.: Die Wäscherei im Krankenhaus. Gesundh.-Ing. Bd. 62 (1939) S. 482/86.

den, da hierbei die jeweiligen örtlichen Verhältnisse mitsprechen. Normalerweise wird das Arbeiten in einer Ebene praktischer sein; jedoch sind mancherorts, vornehmlich auch in Amerika, Wäschereien mit Mehretagenbetrieb eingerichtet. In diesem Fall werden Sortier- und Waschraum in den oberen Stockwerken untergebracht und die Wäsche mittels Schächten und Rutschen von Stockwerk zu Stockwerk geleitet.

Von besonderen Einweichabteilungen oder Einweichbottichen wird häufig Abstand genommen, weil sie unwirtschaftlich sind. Den gesamten Waschvorgang, vom Einweichen angefangen bis zum Spülen, erledigt man in der Waschmaschine. Dadurch wird nicht nur an Raum gespart, sondern vor allem auch an Arbeitskraft. Zudem hat dieses Verfahren auch eine Wäscheschonung zur Folge.

Bevor an die völlige, sehr kostspielige Erneuerung oder Erweiterung einer vorhandenen Wäscherei herangetreten wird, ist zu prüfen, ob nicht durch andere Raumgestaltung, Vereinfachung des Arbeitsganges und Verbesserungen an der bestehenden maschinen- und wärmetechnischen Einrichtung eine Steigerung der Wirtschaftlichkeit ohne zu hohe Kosten erreicht werden kann. In vielen Fällen wird eine solche verhältnismäßig einfache Umgestaltung erfolgreich durchzuführen sein. Normale Waschmaschinen und Wäschefässer lassen sich mit einem Dampfdruck von 0,3 bis 0,5 atü betreiben, nur bei den Großwaschmaschinen ist für Niederdruckheizflächen meist nicht ausreichend Platz. Bei Hochdruckdampfverwendung werden Drücke von 2 bis 8 atü gewählt. Bei großen Krankenanstalten, die ohnehin eine Hochdruckdampfkesselanlage besitzen, wird im allgemeinen für die Waschmaschine ein Druck von 2 atü, für die Mangeln ein solcher von 6 atü zugrunde gelegt.

In amerikanischen Wäschereien wird in letzter Zeit auf Dampfzuleitungen vielfach ganz verzichtet und der Waschvorgang lediglich mit Heißwasser und Kaltwasser durchgeführt. Dieses Verfahren ist zweifellos in wärmewirtschaftlicher Hinsicht vorteilhafter, im allgemeinen jedoch wohl nur bei nicht zu stark beschmutzter Wäsche anwendbar. Ferner muß beachtet werden, daß in Amerika höhere Heißwassertemperaturen gewählt werden als in Deutschland (bis zu 100° C) und dort auch eine besondere Waschtechnik, das sog. Mehrlaugeverfahren, als Voraussetzung für eine erfolgreiche Verwendung von Heißwasser angewendet wird.

Die Beheizung der Maschinen mit Heißwasser in geschlossenen Druckleitungen an Stelle von Dampf stellt ein weiteres Verfahren dar, das sich mit der Wahl der Heißwasserheizung für das Krankenhaus vorteilhaft erweist.

Von wesentlichem Einfluß auf die zu erstrebende Verkürzung des Waschvorganges ist auch eine nicht zu geringe Bemessung der Dampf-, Warmwasser-, Kaltwasser- und Abflußrohrleitungen.

Da eine Abschätzung der zum Waschen und Spülen erforderlichen Wassermengen nicht gut möglich ist, zu hoher Laugen- oder Wasserstand aber eine Vergeudung an Waschmitteln, Wasser und Wärme darstellt, ist die Anordnung von Wasserstandsanzeigern in Form von seitlich angebrachten Wasserstandsgläsern üblich und unentbehrlich geworden.

Weiterhin ist es zur einwandfreien Erledigung des Waschbetriebes erforderlich, die Temperaturen beim Einweichen, Waschen und Spülen zu überprüfen. Abschätzen durch Berühren der Außentrommel ist ungenau und irreführend. Wenn sich z. B. für das Einweichen 20 bis 25° C, für das Waschen 85° C als richtig erwiesen haben, müssen diese Temperaturen einwandfrei feststellbar sein. Man benutzt dazu am besten leicht ablesbare Fernthermometer, deren Fühler oberhalb des Ablaufs angebracht sein können. Man kann auch Temperaturschreiber verwenden, um eine ständige Überwachung zu haben.

Am besten stattet man auch jede Großwaschmaschine mit einer Kontrolluhr aus, um den Ablauf des Waschvorganges zeitlich mit Sicherheit zu begrenzen und die sonst eintretende Wärme- und Kraftvergeudung zu verhindern.

Bei Großwaschmaschinen ist die Anordnung von Selbstabschlußhähnen für die Warm- und Kaltwasserzuführung eine wirtschaftliche Notwendigkeit, da nur so ein Überlaufen der Maschinen verhindert wird und eine den einzelnen Waschprozessen entsprechende Zumessung von Warm- und Kaltwasser erfolgen kann.

Die angewendeten Waschverfahren sind sehr verschieden. Durch ein einwandfreies Verfahren muß eine sachgemäße Enthärtung des Wassers, eine milde Bleiche und eine nicht zu hohe Alkalikonzentration erreicht werden (1 Härtegrad vernichtet in 1 m³ Wasser 165 g Kernseife).

Zur Ersparung von Seife und Verminderung der Kesselsteinbildung sind für Orte mit stark kalkhaltigem Wasser Wasserenthärtungsapparate aufzustellen.

Zur Vorbehandlung verseuchter Wäsche muß diese eine Wäscheentkeimungsanlage mit besonderen Desinfektionskochfässern durchlaufen, bevor sie in den Wäschesortierraum und von dort in die eigentliche Wäscherei gelangt.

Für die Planung der Warmwasserversorgungsanlagen von Wäschereien ist es erforderlich zu wissen, wieviel Kilogramm trocken gewogene Wäsche je Woche oder Tag zu reinigen sind. Ist das Gewicht nicht bekannt, so genügen auch Angaben betreffs Personen- bzw. Bettenzahl oder die Anzahl der zu reinigenden Wäschestücke.

Das Trockengewicht der je Woche zu reinigenden Wäsche kann je Kopf (bzw. Bettstelle) angenommen werden für:

Krankenhäuser . . . . . . zu 5 bis 7 kg	Erholungsheime . . . . . 3 kg
Militärspitäler . . . . . . zu 3 bis 6 kg	Internate von Schulen usw. zu 2 bis 3 kg
Siechenhäuser . . . . . . zu 3 bis 4 kg	Kasernen . . . . zu 1 bis 1,5 kg
Privatsanatorien . . . . . zu 7 bis 10 kg	Bedienungspersonal im Mittel zu 2 bis 3 kg
Gute Hotels . . . . zu 4 bis 6 kg	

Je 100 kg Durchschnittswäsche sind an Maschinentrommel-Fassungsraum 1,2 m³ erforderlich. Die Trommeln sollen nicht über 1 m Durchmesser, nicht über 2 bis 2,5 m Länge und eine bequeme Arbeitshöhe aufweisen.

Der Dampfverbrauch ist in guten Anlagen mit Einweichbottichen, Kochfaß, Laugefaß, Wasch-, Spül- und dampfbeheizter Muldenplättmaschine je 100 kg Waschgut, inkl. Warmwasserbereitung: 350 bis 400 kg Dampf von 4 atü, sofern die Wäsche gut ausgeschleudert und in Kulissentrockenkammern getrocknet wird und die Leitungen gut isoliert sind.

Der Gesamtwärmebedarf ist somit (ohne Heizung und Lüftung) etwa 160000 bis 200000 kcal für 100 kg fertig gewaschenes Gut.

Schrifttum.

OPITZ, H.: Entnebelung von Großwäschereien. Techn. Gemeindebl. Bd. 41 (1938) S. 269/70.
GEHRENBECK, K.: Gütezeichen für sachgemäßes Waschen. Gesundh.-Ing. Bd. 61 (1938) S. 654
  Erneuerung der technischen Einrichtungen einer großen Anstaltswäscherei. Gesundh.-Ing.
  Bd. 63 (1940) S. 348/51.
GUTJAHR, W.: Wäsche und Wäschebehandlung als Schulungsaufgabe. Z. ges. Krankenhausw. Bd. 35 (1939) S. 27/35.
KIND, W.: Die Wäscherei im Krankenhaus. Z. ges. Krankenhausw. Bd. 35 (1939) S. 217/22.
UHL, O.: Waschverfahren. Gesundh.-Ing. Bd. 63 (1940) S. 31/35.
ADLOFF, K.: Energiewirtschaft in Wäschereien. 1933.
KIND, W., u. H. A. KIND: Die Wäscherei. Stuttgart 1949.
GLARNER, M.: Die Gasfeuerung im Wäschereibetrieb. Installation. Bd. 23 (1951) S. 167/83.

3,26 Desinfektion, Sterilisation und Abfallverbrennung.

Zur Durchführung der Desinfektion außerhalb der Krankenstation werden im allgemeinen physikalische Verfahren, wie Dampfbehandlung, Auskochen und Verbrennen, angewendet, d. h. es wird dabei die keimtötende Wirkung der Wärme benutzt. Hierzu sind besondere Einrichtungen und Geräte erforderlich. Die Desinfektion kann schließlich auch auf chemisch-physikalische Weise vorgenommen werden, wobei man die keimtötende Wirkung der Wärme verbindet mit der Wirkung von chemischen Desinfektionsmitteln — meist Formalin — bei niedrigen Temperaturen von 50 bis 60° C.

Die Dampfdesinfektion erfolgt mit gesättigtem Wasserdampf von 0,2 bis 0,4 atü (103 bis 106° C). Die Verwendung überhitzten Dampfes ist ungeeignet, da trotz höherer Temperatur eine geringere Desinfektionswirkung besteht.

Die zu desinfizierenden Gegenstände werden in die meist als Zylinder oder in ähnlicher Form ausgebildeten, gut isolierten und beiderseits mit leicht lösbaren Deckeln versehenen Desinfektionsapparate von der sog. unreinen oder infizierten Seite her eingeschoben und nach erfolgter Behandlung in einem vollständig getrennt angeordneten Raum auf der reinen oder desinfizierten Seite wieder herausgenommen. In den Apparaten werden sie zuerst mit Dampf behandelt und dann zur Abkühlung und Trocknung einem Luftstrom ausgesetzt. Der gesamte Desinfektionsprozeß (einschließlich Einbringen und Herausnehmen) erfordert $2^1/_2$ bis 3 Stunden.

Der Nutzinhalt üblicher Desinfektionsapparate beträgt je nach Bedarf 1,0 bis 9,0 m³. Die für Krankenanstalten gebräuchlichen, ortsfesten Apparate sind teilweise schon genormt. (DIN 2312 entspricht z. B. einem Nenninhalt von 4 m³, DIN 2313 einem solchen von 1,5 m³.)

Es ist eine unangenehme Begleiterscheinung, daß bestimmte Gegenstände, wie Federn, Pelze, Leder, geleimte Sachen u. a., unter der Einwirkung von Dampf mit obengenannter Spannung und entsprechender Temperatur leiden bzw. unansehnlich werden. Zur Desinfektion solcher Gegenstände benutzt man deshalb Vakuumdampfapparate. Zum Ausgleich der bei den niedrigen Dampftemperaturen nicht mehr ausreichenden Dampfdesinfektion wird in diesen Apparaten zugleich Formaldehyd verwandt (chemisch-physikalische Desinfektion). Der Desinfektionsvorgang ist etwa folgender: Nach der Beschickung des Apparates erfolgt eine $^1/_2$stündige Aufheizung auf rd. 50° C. Zur gleichen Zeit wird ein Formalin-Dampfentwickler mit 8%iger Formalinlösung gefüllt. Durch das nach der Vorwärmung des Apparates erzeugte Vakuum von 600 mm kocht das Formalingemisch bei 60 bis 62° C und tritt in das Innere des Apparates über. Die Temperatur an der tiefsten Stelle muß 60° C betragen, erst dann beginnt die Desinfektion und dauert etwa 1 Stunde. Die anschließende Trocknung und Belüftung erfolgt in der gleichen Weise wie bei der normalen Dampfdesinfektion.

Eine neuere Entwicklung auf dem Gebiet der Dampfdesinfektion ist das TCP-Gerät[1] mit dem Vorteil der Verminderung der eigentlichen Desinfektionszeit auf ein Viertel der bisher nötigen. Daß hierbei das Desinfektionsgut geschont wird, liegt auf der Hand. Die Abb. 62a und b zeigen das TCP-Gerät im geschlossenen und im geöffneten Zustand mit eingebrachtem Desinfektionsgut.

Ein anderer Weg zur Desinfektion feuchtigkeitsempfindlicher Gegenstände ist der mit trockener Heißluft. In dem Apparat wird vom Boden her mittels eines Lüfters heiße Luft eingeblasen, die dann oben wieder abgesaugt wird. Der Normalbetrieb geschieht im Umluftverfahren. Ansaugen von Frischluft und Ab-

---

[1] PFLAUM, W.: Das neue TCP-Desinfektionsgerät mit kombinierter Wirkung. Gesundh.-Ing. Bd. 74 (1953) S. 389/93.

führen von Heißluft ist aber ebenfalls möglich. Diese Desinfektion dauert zwar länger als die Dampfdesinfektion, verhindert aber Beschädigungen und die bei Dampf nicht zu vermeidende unangenehme Geruchsbildung.

Die Lufterhitzung kann dabei mit Dampf, Gas oder durch Elektrowärme erfolgen.

Die Desinfektion schmutziger infizierter Leib- und Bettwäsche kann in den vorbeschriebenen Desinfektionsapparaten nicht vorgenommen werden, da die vorhandenen Schmutzflecke bei diesem Verfahren noch fester eingebrannt würden. Aus diesem Grunde wird die Behandlung infizierter Wäsche in Desinfektionskochfässern oder -waschmaschinen durchgeführt. Diese Kochfässer werden in

Abb. 62. TCP-Gerät für Entseuchung und Entwesung im geschlossenen und im geöffneten Zustand.

gleicher Weise wie die Desinfektionsapparate zwischen der unreinen und reinen Seite der Anstalt so eingebaut, daß die bereits desinfizierte Wäsche auf keinen Fall mit der noch nicht behandelten in Berührung kommt, d. h. die Aufgabe der zu desinfizierenden Wäsche erfolgt auf der unreinen, die Entnahme der desinfizierten Wäsche auf der reinen Seite.

Außer diesen Apparaten werden im Krankenanstaltsbetrieb noch weitere Sondergeräte zur Desinfektion für verschiedene Zwecke verwendet. So z. B. die Geschirrkocher, die Fäkalienkocher, die Sputumkocher u. a. Sie werden in der Regel in den Infektionsstationen selbst aufgestellt und sind mit Dampf oder auch elektrisch beheizt. Die Desinfektion erfolgt entweder in der Weise, daß die Gefäße mit Wasser gefüllt und unter Zugabe von Soda mindestens 15 Minuten gekocht werden, oder die Desinfektion wird durch Dampf vorgenommen.

Bei einer *Desinfektionsanstalt* ist zwischen der reinen und unreinen Seite eine Badeanlage mit Aus- und Ankleideräumen anzuordnen, die für die Entseuchung derjenigen Personen dient, deren Kleidung in den Apparaten desinfiziert wird. Mit Rücksicht auf eine Ausbreitung bestimmter Seuchen empfiehlt es sich, die Desinfektions-, vor allem die Brausebadanlagen in Desinfektionsanstalten, insbesondere solcher Anstalten, die neben Krankenhauszwecken auch der Bevölkerung eines Ortes allgemein dienen, reichlich zu bemessen. Es ist immer wieder festzustellen, daß bei plötzlichem epidemischen Auftreten z. B. von Verlausung, Fleckfieber usw. diese Anstalten den an sie gestellten Anforderungen in keiner Weise genügen. In solchen Fällen müssen auf schnellstem Wege behelfsmäßige Maßnahmen getroffen werden[1].

Dies gilt insbesondere für die Entlausung. Als zuverlässigste Mittel zur Abtötung gelten Dampf, Blausäure und Heißluft. Für diese Zwecke haben sich schon seit langem fahrbare Dampfdesinfektionsapparate bewährt.

Der bereits genannte Nachteil des Dampfes, daß er Lederwaren zerstört und auch Wolle angreift, hat vielfach auch zur Benutzung der Blausäure in Form des Cyklon B geführt. Die Wirkung der Blausäure ist in hohem Maße von der Temperatur der Blausäurekammern abhängig. Verlangt wird eine Mindesttemperatur

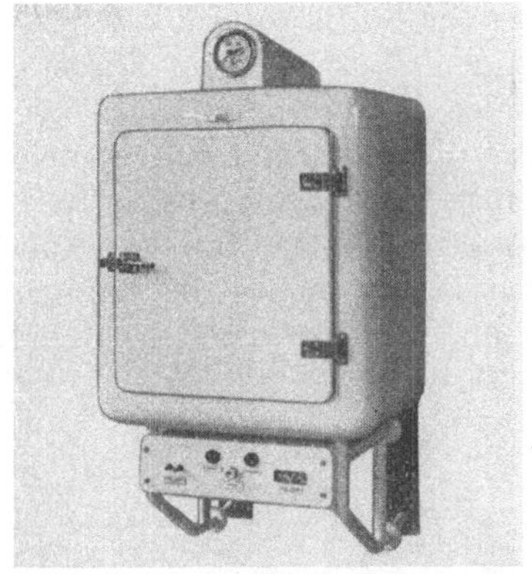

Abb. 63. Heißluftsterilisator mit Luftumwälzung durch Elektroventilator.

von $+25°$ C bei jeder Witterung. Die Heizeinrichtungen sind also entsprechend zu bemessen. Unter $+20°$ C sinkt die Wirkung stark ab. Die für die Blausäurebehandlung erforderliche Dichtigkeit kann bei Behelfsmaßnahmen nicht immer gewährleistet werden. Deshalb verwendet man heute vielfach Heißluftkammern, vor allem auch, weil sie sich verhältnismäßig einfach und schnell herstellen lassen. Die Aufheizung der Kammern kann geschehen durch Heizrohre, durch unmittelbare Unterfeuerung der Kammern oder durch Einführung von Heißluft, die durch Feuerlufterhitzer erwärmt und entweder durch Schwerkraftwirkung oder mittels besonderer Lüfter in Umlauf gesetzt wird.

Weitgehender als die Forderungen der Desinfektion sind die der *Sterilisation* im Krankenhausbetrieb. Von letzterer wird verlangt, daß sie nicht nur Gegenstände oder Flüssigkeiten von krankheitserregenden Bakterien befreit, sondern sie vollkommen keimfrei macht. Zum Beispiel müssen die für operative Eingriffe benötigten Instrumente, Verbandstoffe, Mäntel, Gummihandschuhe, Kopfbedeckungen unbedingt keimfrei sein. Es ist deshalb erklärlich,

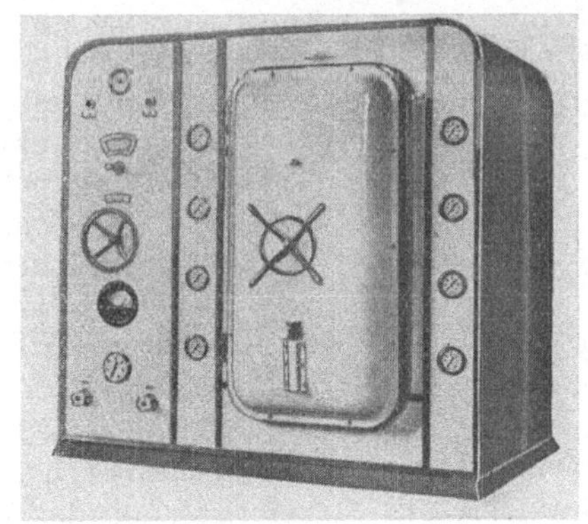

Abb. 64. Verbandstoff- und Wäschesterilisator mit automatischer Ventilsteuerung, Aufnahmeraum 1200 × 600 × 600 mm.

daß die zur Erzielung einer solchen Keimfreiheit (Asepsis) notwendigen Geräte von größerer Wichtigkeit im Krankenhausbetrieb sind, als man im allgemeinen annimmt.

Außer durch Dampf ist auch die *Sterilisation* durch *heißes Wasser* üblich und wird meist zum Auskochen von Instrumenten im Operationssaal angewendet.

---

[1] HASE, A., u. W. REICHMUTH: Grundlagen der behelfsmäßigen Entlausungsmaßnahmen. Berlin 1940.

Eine unbedingt sichere Abtötung hochwiderstandsfähiger Keime kann durch Auskochen in 100grädigem Wasser nicht erreicht werden. Auch der Zusatz von Soda verstärkt die Wirkung nicht. Erfolgreich ist nur das Sterilisieren mit überhitztem Wasser von 134° C in geschlossenen Behältern, wie es praktisch neben der Dampfsterilisation durchgeführt wird.

Ein *Sterilisieren mit heißer Luft* ist nur in begrenztem Umfang möglich, da es nur für Stoffe anwendbar ist, die besonders hitzebeständig sind. Die einzuhaltenden Temperaturen liegen bei 180 bis 200° C, die Einwirkungsdauer ist außerdem verhältnismäßig lang. Für Wäsche, Verbandstoffe, Gummi usw. kommt dieses Verfahren also nicht in Frage. Dagegen ist es durchaus brauchbar für Spritzen, Nadeln, Glasschalen u. ä. und auch vielfach benutzt, weil das sterilisierte Gut trocken ist (Abb. 63).

Zur Durchführung des Sterilisiervorganges sind die verschiedenartigsten Geräte[1] und Einrichtungen in Gebrauch. Das meist benutzte und zweifellos auch wichtigste Gerät ist der *Hochdruck-Verband-Sterilisator* (Abb. 64), den man auch zur Behandlung der Operationswäsche benutzen kann. Für geringere Einsatzmengen wird er in stehender, zylindrischer Bauart, auch Autoklav genannt (Abb. 65), hergestellt, für größere Inhalte in Schrankform.

Im allgemeinen wird als Wärmequelle Hochdruckdampf von 2 atü entsprechend einer Mindesttemperatur von 134° C verwendet. In Fällen, wo in der Anstalt nur Niederdruckdampf vorhanden ist, werden für schrankförmige Hochdrucksterilisatoren elektrisch beheizte Schnelldampferzeuger eingebaut, die erhebliche Anschlußwerte besitzen. Der Schnelldampferzeuger wird so bemessen, daß er als Kleindampfkessel ausgestellt werden kann. Die Anheizzeit der schrankförmigen Verbandstoffsterilisatoren mit untergebautem Dampferzeuger ist ziemlich lang. Zweckmäßigerweise sind die am Sterilisator zu bedienenden verschiedenen Ventile so angeordnet, daß ihre Bedienung vollkommen zwangsläufig durch einen sog. Ventilautomaten erfolgt, um Bedienungsfehler zu vermeiden.

Abb. 65. Stehender Sterilisierapparat mit Zentralverschluß (Autoklav).

Aus Tab. 16 sind die verschiedenen für Verbandstoffsterilisatoren in Frage kommenden Energieverbräuche ersichtlich[2].

Bezüglich des Anschlusses und der Verlegung der Dampfleitungen sei noch darauf hingewiesen, daß zur Vermeidung von Wasserschlägen im Apparat vor Eintritt des Dampfes in das Gerät eine einwandfreie Entwässerung der Leitung vorgenommen wird. Es ist ferner notwendig, daß der Dampfdruck in engen Grenzen konstant gehalten wird. Dies ist nur möglich, wenn dem Sterilisator ein besonderer, geeigneter Dampfdruckminderer vorgebaut wird. Druckunterschreitung bedeutet somit: Nichterreichen der erforderlichen Sterilisationstemperatur, Drucküberschreitung: unangenehmes und vermeidbares Abblasen

---

[1] GUTSCHMIDT, H.: Über Sterilisation und die zweckmäßige Bauweise von Kleinsterilisiergeräten. Gesundh.-Ing. Bd. 73 (1952) S. 372/78 mit 25 Schrifttumsangaben.

[2] GEHRENBECK, K.: Desinfektion und Sterilisation im Krankenhaus. Gesundh.-Ing. Bd. 62 (1939) S. 466.

des Sicherheitsventils. Von Wichtigkeit ist auch die einwandfreie Abführung der Luft durch eine mit geringem Gefälle ins Freie verlegte Ausblaseleitung. Eine selbstverständliche Forderung ist die Zugänglichkeit und einwandfreie Verlegung sämtlicher Anschlußrohre.

Tabelle 16. *Technische Angaben über Verbandstoffsterilisatoren.*

Innengröße				
Durchmesser/Tiefe . . . . cm	30/50	40/60	—	—
Breite/Tiefe/Hohe . . . . cm	—	—	60/60/60	60/60/90
Dampfheizung				
Dampfverbrauch . . . . kg/h	10	15	15	20
Dampfanschluß . . . . mm	13	12	20	20
Anheizzeit . . . . min	20	25	15	20
Elektrische Heizung				
Anschlußwert . . . . kW	4,5	7,5	18	27
Anheizzeit . . . . min	30	35	60	60

Ein fast ebenso wichtiges und viel verwendetes Gerät ist der *Instrumentensterilisator.* Die Durchführung einer zuverlässigen Sterilisation von chirurgischen Instrumenten kann auf dreierlei Weise erfolgen, und zwar:

1. Durch Hochdruckdampf von 134° C, — 2. durch Heißluft bei 180 bis 200° C (s. a. das bereits vorher Gesagte), — 3. durch Auskochen in Sodalösung.

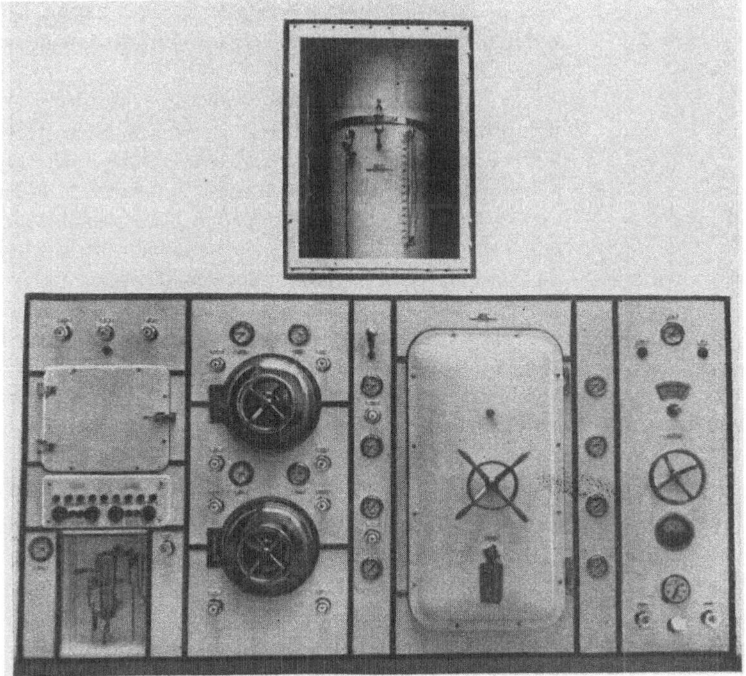

Abb. 66. Neuzeitliche Sterilisieranlage eines Krankenhauses, bestehend aus:
von rechts nach links: 1 Verband- und Wäschesterilisator; — 2 Schnellsterilisatoren für Instrumente und Verbandstoffe; — 1 Heißwassersterilisator; — oben: 1 Wasser-Destillierapparat.

Die *Hochdruckdampfsterilisation* verlangt Behälter mit größeren Wanddicken und einen Deckel mit Zentralverschluß. Die Sterilisatoren werden heute teilweise so gebaut, daß das Sterilisieren sowohl mit Dampf als auch mit Elektrizität möglich ist.

Die Abb. 66 zeigt eine neuzeitliche Sterilisieranlage für ein Krankenhaus. Hinter den Geräten ist jeweils ein Kontrollgang vorzusehen.

Die *Heißluftsterilisatoren* (Abb. 63) werden als schrankförmige Apparate nur für elektrische Beheizung gebaut.

Wie bereits oben betont, kommt die Heißluftsterilisation nur für Einsatzgut mit geringer Wärmeempfindlichkeit in Frage. Die Sterilisationszeit in diesen Geräten beträgt mit Luftumwälzung durch Gebläse etwa $1^1/_2$ Stunden. Der elektrische Anschlußwert beträgt 1,5 bis höchstens 3 kW. Die Wahl höherer Anschlußwerte ist nicht ratsam, da zwar die Anheizzeit verkürzt, die Temperaturverteilung aber ungleich gestaltet wird. Der Stromverbrauch derartiger Geräte ist gering, da nach Erreichen des Beharrungszustandes (völlige Erwärmung des Einsatzgutes) der Energieverbrauch bei Elektrizität etwa auf $^1/_3$ zurückgeht.

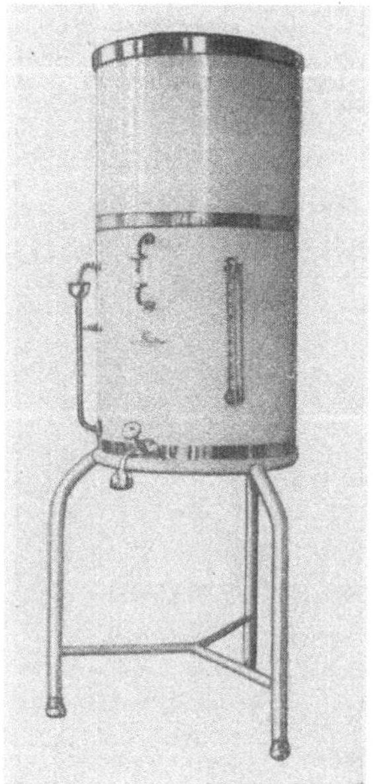

Abb. 67. Wasserdestillierapparat.

Das *Auskochen in Sodalösung* ist das einfachste und deshalb bisher üblichste Sterilisationsverfahren. Man benutzt dazu ein Wasserbad mit Zusatz von 2% Soda (oder statt dessen auch 0,75% Zephirol). Das Auskochverfahren erfordert nur leichte Behälter mit lose aufliegendem Deckel; die Dauer des Verfahrens beträgt etwa 20 Minuten.

Von besonderer Bedeutung im *Operationssaal ist auch die Kochsalzsterilisation.* Der Aufbau der dazu notwendigen Geräte ähnelt dem der Autoklaven. Um zu verhindern, daß die zu sterilisierende Kochsalzlösung mit Metallen irgendwie in Berührung kommt, werden in den neueren Geräten Gefäße aus Keramik oder Glas verwendet.

Im übrigen wird auch heute noch die Verwendung von Flaschen aus alkalifreiem Jenaer Glas von 2 bis 5 l Inhalt als einfachste und einwandfreieste Methode zur Kochsalzsterilisation angesehen, zumal die Sterilisation in dem üblichen Verbandstoffsterilisator vorgenommen werden kann. Zu beachten ist hierbei nur, daß ein langsames Ablassen des Druckes nach Ende der Sterilisation erfolgt, da sonst ein Überkochen des auf 120° C erhitzten Flascheninhaltes eintreten kann.

Auch die *Destilliergeräte* (Abb. 67) zur Erzeugung des im Operationssaal vielseitig verwendeten destillierten Wassers gehören zu den Sterilisiergeräten. Die Anordnung besonderer Destillierapparate im Operationssaal ist selbst dann empfehlenswert, wenn zentrale Destillieranlagen in größeren Anstalten vorhanden sind. Tab. 17 gibt über die Größen, Leistungen und Energieverbräuche von Wasserdestilliergeräten Aufschluß.

Tabelle 17. *Technische Angaben über Wasserdestillierapparate.*

Leistung l/h	6	10	15
Dampfheizung			
Dampfverbrauch . . . . kg/h	8	13	20
Dampfanschluß . . . . mm	13	20	20
Elektrische Heizung			
Anschlußwert . . . . kW	4,5	7,5	10,5
Kühlwasser			
Verbrauch . . . . l/h	60	100	150
Wasserzufluß . . . . mm	13	13	13
Wasserabfluß . . . . mm	32	32	32

Bei der Aufzählung der physikalischen Mittel zur Desinfektion wurde bereits das Verbrennen erwähnt. Die in Krankenanstalten durchzuführende *Abfallverbrennung* ist also ebenfalls eine Art der Desinfektion, nur mit dem Unterschied, daß durch die Desinfektion irgendwelche verseuchten Stoffe oder Gegenstände wieder verwendungsfähig gemacht werden sollen, während den Abfallverbrennungsöfen die Aufgabe zufällt, nutz- und wertlose Abfälle schnell, sicher und auf einfachste und billigste Art zu beseitigen.

Obwohl angenommen werden sollte, daß zum mindesten in mittleren und größeren Krankenanstalten die Abfallverbrennung von verbrauchtem Verbandmaterial, Operationsresten, Leichenteilen usw. in besonderen Öfen durchgeführt wird, ist dies vielfach noch nicht der Fall.

Da die Abfallart und -menge in einer Krankenanstalt stark von ihrer Benutzungsart abhängt, richtet sich die Größe und Bauart der Öfen wesentlich danach. Zweckmäßigerweise werden sog. Doppelkammeröfen eingebaut, die die gleichzeitige Verbrennung von Küchen- und Operationsabfällen in zwei getrennten Verbrennungskammern ermöglichen.

Die Abwärme der Abfallverbrennungsöfen kann nutzbar gemacht werden, z. B. für die Erzeugung von Warmwasser zur Eimerspülung, zum Betrieb von Heizungsanlagen oder zu sonstigen Zwecken.

Nicht unmittelbar zum vorstehenden Abschnitt gehörig, aber in diesem Zusammenhang erwähnenswert ist der Hinweis, daß noch eine Reihe weiterer Geräte und Einrichtungen für verschiedene Wärmebehandlungsvorgänge im Krankenhausbetrieb empfehlenswert ist und vielfach auch benutzt wird, so z. B. elektrisch beheizte Geräte zur Bebrütung von Bakterienkulturen aller Art bei $20°$ und $37°$ C, zur Einbettung von histologischen Präparaten in Paraffin bei $45°$ bis $50°$ C, zum Herstellen von Diphterieserum bei $60°$ C, zum Gerinnen von Eiweißnährböden bei 85 bis $90°$ C und für die Bebrütung von Tuberkelbazillen. Der Anschlußwert derartiger Geräte beträgt etwa 1,6 kW.

Ferner werden verwendet: zum Eindampfen von Lösungen Schnell-Eindampfgeräte (Anschlußwert etwa 1,5 kW), zur Aufnahme von Reagenzgläsern zum Erstarren von Blutserum elektrisch heizbare Serum-Erstarrungsgeräte, für verschiedene Zwecke Wärmeschränke zum Anwärmen von Operationswäsche und zum Warmhalten physiologischer Kochsalzlösung auf etwa $40°$ C (Anschlußwert 0,4 bis 0,6 kW).

Zum Abschluß des Kapitels über das Krankenhaus sollen noch einige *allgemeine Gesichtspunkte* erörtert werden.

Bei allen großen Neu- und Umbauten von Krankenanstalten ist es wichtig, daß mit den Spezialingenieuren rechtzeitig Fühlung genommen wird. Unterbleibt dies, so ist es nachträglich oft schwierig und teuer, wenn nicht sogar unmöglich, die Anlagen noch so zu gestalten, wie es am zweckmäßigsten und wünschenswertesten gewesen wäre. Die Baubehörde sollte es nicht versäumen, durch Besichtigung ähnlicher im Betrieb stehender Anlagen sich ein Bild von dem zu machen, was die Technik zu bieten vermag und was sich andernorts als zweckmäßig oder, trotz sorgfältiger Bedienung, als ungeeignet erwiesen hat. Es soll an allen Einrichtungen, die Kranken dienen und dem Arzt seine verantwortungsvolle Arbeit erleichtern können, nicht gespart, andererseits aber auch kein Luxus getrieben und nichts zur Ausführung gebracht werden, was später doch nicht benutzt wird. Vielfach werden jedoch nützliche Einrichtungen, die bei der Erstellung mit Umsicht behandelt, von den maßgebenden Hygienikern gefordert wurden und bei sachgemäßer Bedienung gute Dienste leisten würden, aus Unkenntnis, Bequemlichkeit, Gleichgültigkeit oder Sparsamkeitsrücksichten bisweilen nicht in Betrieb gehalten. In dieser Beziehung hängt viel vom Interesse und Verständnis ab, das der leitende Arzt und die Krankenhausverwaltung diesen Einrichtungen entgegenbringen. Auch ist wichtig, daß die Anlagen geschultem Personal unterstellt werden, das Freude an ihrer Bedienung hat. Einrichtungen, die zu ständigen Klagen Anlaß geben, arbeiten unter einer anderen Bedienung oft mit einem Schlage einwandfrei, und außerdem können durch sachverständige und gewissenhafte Wartung jährlich erhebliche Beträge gespart, durch nachlässige Bedienung dagegen vergeudet werden. Nützlich ist die Führung praktisch angelegter Betriebsbücher, in denen die Außen- und einzelne Raumtemperaturen sowie diejenigen des Heiz- und Warmwassers, ferner Dampfdrücke, der Speisewasser-, Kohlen- und Warmwasserverbrauch, evtl. auch die Amperezahlen der Pumpen, ferner Bemerkungen über Störungen, Reklamationen u. a. m. regelmäßig und gewissenhaft eingetragen, vom technischen Leiter überwacht und wissenschaftlich verwertet werden.

Schrifttum.

DISTEL, H.: Moderner Krankenhausbau. Z. ges. Krankenhausw. Bd. 35 (1939) S. 137/43.

ALTER, F.: Krankenhaus und Gesundheitsingenieur. Gesundh.-Ing. Bd. 62 (1939) S. 445/50.

KÜSTER, E.: Beheizung von Wohnräumen und Krankenhäusern. Med. Klinik Bd. 36 (1940) S. 161/64.

GYÖZÖ, K.: Vergleichende Untersuchungen über die Wirtschaftlichkeit der Energiequellen in Krankenhausküchen. Z. ges. Krankenhausw. Bd. 36 (1940) S. 104/08.

MÜNDEL, O.: Vergleichende Untersuchungen über die verschiedenen Verfahren der Dampfsterilisation. Arch. Hygiene Bd. 124 (1940) S. 222/41.

HOMBRECHER, P.: Wir planen eine Krankenhausküche. Z. ges. Krankenhausw. Bd. 36 (1940) S. 30/32.

GEHRENBECK, K.: Einige Betrachtungen über die Anleitung für das Wäschereiwesen in Anstalten. Z. ges. Krankenhausw. Bd. 36 (1940) S. 205/07.

NEERGAARD, CH. F.: Wirtschaftliche Beurteilung einer Bewetterungsanlage. Z. ges. Krankenhausw. Bd. 36 (1940) S. 273.

SCHMIDT, E.: Kraft- und Wärmewirtschaft in der Wäscherei. 1941.

FICHTL, J.: Bewirtschaftung der technischen Einrichtungen im Krankenhaus. Z. ges. Krankenhausw. Bd. 36 (1940) S. 441/46.

RÜHLE, O.: Die Wirtschaftlichkeit, ihre Grenzen und ihre Verwirklichung in den Anstalten der Gesundheitspflege. Z. ges. Krankenhausw. Bd. 36 (1940) S. 447/49.

PETRICK, G.: Das Krankenhaus in der Stadtplanung der Großstädte. Z. ges. Krankenhausw. Bd. 37 (1941) S. 25/30.

ALTER, W.: Das genormte Krankenhaus. Z. ges. Krankenhausw. Bd. 37 (1941) S. 5/6.

WECKWERTH, U.: Sonne, Licht und Luft im Krankenraum. Z. ges. Krankenhausw. Bd. 37 (1941) S. 161/64.

BARDACHZIT, F.: Das Dr.Gerhard-Wagner-Krankenhaus in Aussig a. E. Z. ges. Krankenhausw. Bd. 37 (1941) S. 241/55.

DISTEL, H.: Streifzüge durch ausländische Krankenhäuser. Z. ges. Krankenhausw. Bd. 37 (1941) S. 265/74.

HOFFMANN, W.: Krankenhausneubau, Zentralröntgeninstitut und Sonderröntgeneinrichtungen auf Krankenabteilungen. Z. ges. Krankenhausw. Bd. 37 (1941) S. 377/84.

BARSCH, F.: Einige technische Notwendigkeiten beim Neu- und Umbau von Krankenanstalten. Z. ges. Krankenhausw. Bd. 37 (1941) S. 406/07.

HEYMANN, H.: Der aseptische „Schauoperationssaal". Z. ges. Krankenhausw. Bd. 37 (1941) S. 441/43.

OETKEN, H.: Kältetechnik im Krankenhaus. Z. ges. Krankenhausw. Bd. 37 (1941) S. 446/48.

GEHRENBECK, K.: Forderungen an eine neuzeitliche Ausgestaltung und Betriebsführung der Krankenanstalten in betriebstechnischer Hinsicht. Z. ges. Krankenhausw. Bd. 37 (1941) S. 49/55.

HERMAN, B.: Wärmewirtschaft und Kohlenersparnis in Kranken- und Pflegeanstalten mit Hochdruck-Dampferzeugungsanlagen. Gesundh.-Ing. Bd. 71 (1950) S. 279/83.

BORGMANN, W., u. F. ROEDLER: Vorschläge zur Neufassung der Krankenhausbauvorschriften in Großstädten. Gesundh.-Ing. Bd. 72 (1951) S. 267/71.

VOGLER, P., u. G. HASSENPFLUG: Handbuch für den neuen Krankenhausbau. München u. Berlin 1951.

BROKELMANN, E.: Die wärmetechnischen Anlagen in Krankenhäusern unter besonderer Berücksichtigung der Berliner Verhältnisse. Gesundh.-Ing. Bd. 71 (1951) S. 387/93.

3,3 Hotels.

3,31 Heizung und Warmwasserversorgung.

Als *Raumlufttemperaturen* sind anzunehmen:

Gastzimmer	20°C
Öffentliche Aufenthaltsräume (Halle, Vestibül, Schreibzimmer, Damensalon, Rauchzimmer, Speisesaal, Restaurant, Bar usw.)	20°C
Direktionsräume, Büro des Sekretärs usw.	20°C
Personaleßräume	20°C
Badezimmer	20 bis 22°C
Treppenhäuser, Flure, Aborte	15°C
Küchenräume (Küche, Abwaschküche, Speiseabgabe usw.)	15°C
Weinkeller	6 bis 8°C
Autogaragen	nicht unter 5°C

Man findet häufig, daß Gastzimmer nur auf $+12$ bis $15°$ C beheizt werden können. Dies ist nur vertretbar, wenn es sich um Räume handelt, die nur als Schlafräume dienen. In der Regel ist jedoch Vollbeheizung auf $+20°$ C notwendig, da der Hotelgast sein Zimmer öfters auch tagsüber als Wohnraum zu benutzen pflegt.

Die Ansprüche an die Heizung, Lüftung und Warmwasserversorgung liegen sehr verschieden, je nachdem es sich um einfache Gasthäuser, Hotels zweiten Ranges oder ausgesprochene Luxushotels handelt, ferner um Hotels in Städten oder um solche an Sommerkurorten, deren Heizungsanlagen nur für kühle Sommer- und Herbsttage eingerichtet sein müssen, oder schließlich um solche an Winterkurorten, die auch während der kältesten Winterzeiten zu beheizen sind und den Ansprüchen verwöhnter Gäste genügen müssen. Ferner bestehen wesentliche Unterschiede zwischen den europäischen und vielen amerikanischen, z. B. als Hochbauten ausgebildeten Hotels, die neben dem eigentlichen Hotelbetrieb oft Unternehmungen der verschiedensten Art beherbergen. Eine Besonderheit bilden die „Appartementshotels" mit ihren kleinen Wohnungen. Die große Annehmlichkeit des amerikanischen Hotelkomforts mit Klimatisierung der Hotelzimmer und andererseits die teueren Wohnungsmieten sowie der Mangel an Hauspersonal im Zentrum der amerikanischen Großstädte sind die Veranlassung, daß ein größerer Prozentsatz der nordamerikanischen Bevölkerung dauernd in den Hotels Unterkunft mit Beköstigung sucht. Der weitgehendst maschinell eingerichtete, Personal sparende Betrieb ermöglicht diesen Unternehmungen trotz der vielen Bequemlichkeiten, die sie ihren Gästen bieten (Bad mit fließendem kaltem und warmem Wasser neben jedem Schlafzimmer usw.), einen guten Gewinn. Die Raumverwertung geht so weit, daß z. B. auch fensterlose, ausschließlich auf künstliche Beleuchtung und Lüftung angewiesene Gastzimmer angetroffen werden.

Sieht man von diesen Ausnahmefällen ab, so läßt sich sagen, daß die Verhältnisse bezüglich der Gastzimmer gleich liegen wie für die Räume in Wohn- und Bürogebäuden (s. Abschn. 3,11 und 4,11) und hinsichtlich der öffentlichen Räume wie in Restaurants (s. Abschn. 5,21). Auch die Ausführung erfolgt in der gleichen Weise.

Ergänzend ist nur zu bemerken, daß meist ausschließlich Warmwasserheizung als Schwerkraft- oder Pumpenheizung oder aber für die Gastzimmer Warmwasser-, für Halle, Vestibül, Speisesaal und evtl. auch andere öffentliche Räume Niederdruckdampfheizung vorgesehen wird. Für die Gastzimmer sollte Dampfheizung der unangenehmen Heizwirkung und des häufig bei solchen Anlagen hörbaren Knallens wegen nicht ausgeführt werden. Dagegen ist in Hochbauten (speziell in Amerika) oft Vakuumheizung vorhanden.

In diesem Zusammenhang erscheint es erforderlich, auf die gerade für Hotels und sonstige Versammlungsräume außerordentlich störend wirkende Geräuschübertragung durch die Heizungsanlagen und sonstigen Installationen und die Möglichkeiten ihrer Abdämmung hinzuweisen. Durch Anordnung elastischer Zwischenstücke (Metallschläuche) zwischen Kessel, Pumpen und Leitungen, ebenso zwischen Kühlanlagen, Hauswasserpumpen und deren Leitungen kann die Geräuschausbreitung durch Körperschall wesentlich herabgemindert werden. Die Art der Rohrbefestigung ist ebenfalls für die Schallübertragung von Bedeutung. Rohre dürfen nicht mit eisernen oder sonstigen steifen Bauteilen starr verbunden werden, auch dürfen sie nicht mit leicht schwingenden Bauteilen, wie Blechkästen, dünnen Bretterwänden usw., Verbindung haben. Evtl. sind zwischen den Rohren, Schellen und Wänden schalldämmende Schichten einzufügen. Auf die Geräuschübertragung (s. Abschn. 2,38) durch Wasserleitungen, die in der Regel auf die Bauart der Ablaufhähne, zu schwache Rohrleitungen oder auf Luftansammlungen zurückzuführen ist, sei ebenfalls nur kurz verwiesen.

So vorteilhaft die Schwerkraft-Warmwasserheizung wegen ihrer Betriebssicherheit ist, so hat sie doch gerade im Hotelbetrieb gegenüber der Pumpen-Warmwasserheizung den Nachteil der großen Trägheit, wodurch die Anheizzeit wesentlich verlängert wird. Durch Einschalten einer Anheizpumpe für normalerweise mit Schwerkraft arbeitende Anlagen läßt sich der besonderen Eigenart des Hotelheizbetriebes Rechnung tragen. Dieser erfordert ein Aufheizen am Morgen in kürzester Zeit mit hohen Temperaturen, ein Absinken der Temperatur während der Zeit des Lüftens, ein Einregeln der Raumtemperatur nach dem Lüften und ein Abstellen der Heizung während der Nacht. Da die Einhaltung der notwendigen Raumtemperaturen wegen der verschiedenartigen Ansprüche der Hotelgäste an Heizung und Lüftung oft recht schwierig ist, muß während des Tages am Kessel eine der jeweiligen Außentemperatur entsprechende Heizwassertemperatur, die eine Erwärmung der Gastzimmer auf $+20°$ C ermöglicht, eingehalten werden.

Für mittlere und größere Hotels kann man die Nachteile der Niederdruckdampfheizung (s. Abschn. 2,421) durch die Heißwasserheizung mit einer Vorlauftemperatur von 100 bis 110° C bei einem Temperaturgefälle von 25 bis 30° vermeiden. Sie ist in den Anlagekosten billiger als die Warmwasserheizung und ermöglicht doch die generelle Regelung durch Verminderung der Heizwassertemperatur je nach der Außentemperatur. Im Hotelbetrieb empfiehlt es sich, die Gästezimmer an eine besondere Gruppe zu legen, um in den Abendstunden die Wärmezufuhr verringern zu können, da bei Übererwärmung der Gast leicht dazu verleitet wird, vor dem Schlafengehen das Fenster zu öffnen, und hierdurch die Einfriergefahr gegeben ist. Es kann deshalb bei Warmwasserheizungen und tieferen Außentemperaturen der Heizbetrieb über Nacht nicht völlig abgestellt werden.

Werden Über- oder Untertemperaturen von einzelnen Gästen verlangt, so müssen sie durch Zusatzheizung oder Lüften in den betreffenden Räumen zu erreichen versucht werden. Zur Unterstützung des Heizers empfiehlt es sich, bestimmte Räume in den einzelnen Geschossen mit elektrischen Fernthermometern auszurüsten.

In der wasserkraftreichen Schweiz enthalten die Gastzimmer bisweilen Stecker zum Anschluß elektrischer Öfen, doch ist diese Heizart nur wirtschaftlich, wenn ausnahmsweise billiger Strom zur Verfügung steht bzw. der Hotelbesitzer über eine eigene Wasserkraft verfügt, was in Alpengegenden hie und da der Fall ist.

Die Heizkörper findet man sehr verschieden aufgestellt, in kleinen Zimmern oft in Form von flachen Radiatoren hinter den Türen. Bei dem Windanfall stark ausgesetzten Gebäuden (z. B. in Winterkurorten) sollte man sie indessen, der sonst leicht auftretenden Zugerscheinungen und ungleichmäßigen Raumerwärmung wegen, unter den Fenstern aufstellen, wo sie auch keinen anderweitig benötigten Platz wegnehmen.

Auch die Deckenheizung bewährt sich für die Hotelzimmer, jedoch hier insbesondere in der wärmeträgheitsgeringeren Lamellendeckenheizung bei Warmwasserheizung oder mit Heißwasserrohren im Hohlraum einer Zwischendecke. Die Einfriergefahr ist damit gebannt. Derartige Anlagen sind vor allem in der Schweiz gebaut worden.

Zur Feuerung der Kessel benutzt man Koks, auch Gas[1] oder Öl. Hierüber gilt das unter Abschn. 2,27 Gesagte. Hie und da erhalten sehr große Hotelunternehmungen auch besondere Kraftzentralen mit Hochdruckkesseln und Abwärmevertretung. Der erzeugte Strom dient zur Deckung des Bedarfs für Beleuchtung, Aufzüge, Lüfter, Pumpen, Küchen-, Wäscherei-, Kühlmaschinen usw., die Abwärme zu Heiz-, Koch-, Warmwasserbereitungs-, Trocken- und anderen Zwecken. Zum Ausgleich zeitlicher Verschiebungen können Wärme- oder elektrische Akkumulatoren aufgestellt werden.

Besondere Ansprüche an die Bemessung der Boilerinhalte, Boiler- und Kesselheizflächen, Leitungsdurchmesser usw. stellen in luxuriösen Hotels die Warmwasserversorgungen für die vielen Bäder, Toiletten, die Küche, evtl. Wäscherei usw. Im übrigen sind jedoch auch diese Anlagen in normaler Weise auszuführen, so daß dem früher hierüber Erwähnten nichts hinzuzufügen ist.

Wenn auch die Bedürfnisse der einzelnen Hotels bezüglich der Warmwasserversorgung (Warmwassermenge) je nach ihrem Rang verschieden sind, so lassen sich aus der Erfahrung bestimmte Grundforderungen für die Höhe der notwendigen Warmwassertemperaturen erheben, die für Hotels jeder Art gelten können: Warmwasser für Waschtische und Badeeinrichtungen sollte an den Verbraucherstellen eine Temperatur von höchstens 45 bis 50° C und an den Boilern von höchstens 55 bis 60° C besitzen. Die Einhaltung dieser Temperaturen empfiehlt sich auch deshalb, weil die Kesselsteinbildung in der Anlage bei höheren Temperaturen steigt. Ferner zeigt sich, daß bei Gebrauch heißeren Wassers die gezapfte Heißwassermenge nicht oder nur unwesentlich sinkt, d. h. aber, daß der Wärmeverbrauch ein höherer ist. Es liegt also im wirtschaftlichen Interesse jedes Hotelbesitzers, wenn er durch Einbau einwandfrei arbeitender Regler für die Einhaltung der genannten Warmwassertemperatur von 55 bis 60° C am Boiler sorgt. Ebenso sollte das im Küchenbetrieb zu Spülzwecken notwendige Warmwasser an der Auslaufstelle nicht höher temperiert sein als 60 bis 65° C, am Boiler etwa 70 bis 75° C. Im übrigen gilt für die Warmwasserversorgung das in Abschn. 2,23 und 3,12 Gesagte.

Bezüglich Küchen- und Wäschereibetrieb (Heizung, Energieversorgung, Lüftung und Entnebelung) sei auf die Abschn. 3,24 und 3,25 verwiesen.

Große Hotels erhalten zweckmäßig Abfallverbrennungsöfen wie Krankenhäuser (s. Abschn. 3,26).

3,32 Lüftung.

Für die Lüftung der Speisesäle, Restaurations- und anderen öffentlichen Räume gilt das unter Abschn. 5,23 Gesagte. Hinzuzufügen ist nur, daß die Verteilung von Über- und Unterdruck in den verschiedenen Räumen des Hotels

---

[1] Reichle, G.: Die Gasgroßheizung im Konstanzer Inselhotel. Gas- u. Wasserfach. Bd. 83 (1940) S. 567/69.

besonders sorgfältig vorgenommen werden muß. Beispielsweise darf aus Speisesälen, Rauchzimmern, Restaurationsräumen, Bar, Küche, Angestellten-Eßräumen, Badezimmern, Toiletten und Aborten keine Luft austreten, d. h. es muß in ihnen Unterdruck herrschen, während in den Nebenräumen Überdruck erwünscht ist, ebenso in Vestibülen und Hallen zur Vermeidung von Zugerscheinungen bei offenstehenden Außentüren. Doppel- oder Drehtüren können hier wie bei den Restaurants unter Umständen gute Dienste leisten.

3,4 Klöster.

Größere Klosteranlagen umfassen außer den eigentlichen Wohngebäuden mit Zellen, Kapitel- und Speisesälen, Gastzimmern, Kreuzgängen, evtl. Bibliotheken, Sammlungen und der Kirche mit Sakristei meist auch Wirtschaftsgebäude, Werkstätten usw. sowie oft Kollegien zu Unterrichts- und Wohnzwecken, Turnhallen, Baderäume, Gewächshäuser. Sie schließen also fast alle in den Abschn. 3,1 und 3,2, 5,3 und 5,4 behandelten Gebäudearten mit ein, so daß im folgenden bezüglich der Einzelheiten auf das in diesen Abschnitten Ausgeführte verwiesen werden kann.

3,41 Heizung.

Früher war in Klöstern die Steinluftheizung[1] ein gebräuchliches Heizsystem. Später ersetzte man diese primitiven Luftheizeinrichtungen durch in die Zellen und Säle eingebaute, oft sehr kunstreich ausgeführte Kachelöfen, die in der Regel von den Kreuzgängen her mit Holz befeuert wurden. In neuerer Zeit sind dann oft einzelne Teile (Abtei, Priorat, Kirche) oder auch sämtliche zu heizenden Räume mit Zentralheizung versehen worden, allerdings oft mit Dampfheizung, während heute für die Wohngebäude der Klosteranlage Warmwasserheizung üblich ist. Handelt es sich um ausgedehnte Klosteranlagen, so kann auch die Warm- oder Heißwasserfernheizung und daneben, zur Heizung der Kirche sowie zum Anschluß der Wasch- und Kochküche, evtl. Dampf oder Heißwasser angezeigt sein (wie bei Krankenanstalten). Für die Kirche können jedoch auch die anderen der unter Abschn. 5,4 für dauernd beheizte Kirchen erwähnten Heizarten in Frage kommen. Bleibt die Kirche unbeheizt, so sollte doch wenigstens die Sakristei an die Zentralheizung angeschlossen werden.

Bei Erstellung einer Fernheizung ist zu beachten, daß der Boiler der Warmwasserbereitung für Bade- und Reinigungszwecke sowie die Heizung der Baderäume außer an die Fernheizung auch an einen besonderen Heizkessel anzuschließen oder mit Gas oder elektrischer Heizmöglichkeit zu versehen sind, damit sie zur Verfügung stehen, auch wenn sich die Fernheizung nicht im Betrieb befindet.

Bei der Unterbringung des zentralen Kesselraumes und des Schornsteins ist darauf Bedacht zu nehmen, daß das Kloster nicht verunstaltet und während des Betriebes der Heizung nicht durch Geräusche, Rauch usw. belästigt wird. Es ist daher für gute Zufahrtsmöglichkeiten zur Herbeischaffung des Brennmaterials und zum Wegtransport von Asche und Schlacken und außerdem dafür zu sorgen, daß die vorherrschenden Winde die Rauchgase möglichst von den Gebäuden wegtreiben. Kann außerdem das Kesselhaus am tiefstgelegenen Geländepunkt aufgestellt werden, so ist das von Vorteil. In den meisten Fällen wird die Unterbringung der Zentrale in dem Wirtschaftsgebäude am zweckmäßigsten sein.

---

[1] DIETZ, L.: Ventilations- und Heizungsanlagen. München 1911.

Die Wahl des Brennstoffes ist im wesentlichen abhängig vom Wärmepreis, der in jedem Fall festgestellt werden muß, wenngleich auch andere Gründe ausschlaggebend sein können.

Wegen der geringen Rauchentwicklung ist Koksfeuerung wie bei Wohnkolonien, Krankenanstalten und ähnlichen Gebäudegruppen am empfehlenswertesten. Hierfür werden wie üblich guß- oder stählerne Kessel mit Füllschächten verwendet. Jedoch können auch gasarme kleinkörnige Steinkohlen vielerorts besonders wirtschaftlich etwa in freistehenden Wasserrohrkesseln mit Isoliermänteln und mechanischer Beschickung (s. a. Abschn. 2,31) verfeuert werden.

Nachtbedienung muß auf das geringste Maß beschränkt werden, da sie in Klöstern nicht erwünscht ist. Andererseits dürfen die Kessel nicht ausgehen, da sonst eine sehr ungleichmäßige Auskühlung der Gebäude stattfindet, wenn neben den alten Klosterbauten mit ihren dicken Mauern neuere, leichter gebaute Gebäude in Frage kommen.

Verfügt das Kloster über Waldungen und daher über größere Mengen Brennholz, das in den Übergangszeiten im eigenen Betrieb verfeuert wird, so ist bei der Wahl der Kesselart auch hierauf Rücksicht zu nehmen.

Pumpen, Schalttafel usw. werden am besten in üblicher Weise in einem besonderen Apparate- und Verteilerraum (s. Abschn. 3,213) untergebracht.

Bezüglich der Fernleitung gilt das bei Fernheizung allgemein Übliche. In den Gebäuden sind die Leitungen in Kellerräumen, Bodenkanälen (z. B. unter den Kreuzgängen), in den Hohlräumen der Kreuzgewölbe ausnahmsweise auch sichtbar, beispielsweise in wenig benutzten Gängen oder auf den Dachböden unterzubringen. Der in den alten Gebäuden sehr dicken und gewöhnlich aus Rundsteinen hergestellten Mauern wegen hat die Verlegung so zu geschehen, daß möglichst wenig Mauerdurchbrüche erforderlich sind.

Die Steige- und Falleitungen werden in den bestehenden Gebäuden am besten offen, in Neubauten dagegen in Mauerschlitzen verlegt. Im übrigen sei bezüglich der Leitungen, evtl. Gruppenunterteilung usw., auf die vorangegangenen Abschnitte verwiesen.

3,5 Kasernen.

3,51 Heizung.

Für die *Raumlufttemperaturen* kann man annehmen:

```
Schlafräume ohne Benutzung als Aufenthaltsraum . . .  12° C
Schlafräume mit Benutzung als Aufenthaltsraum  . . .  18° C
Eßsäle . . . . . . . . . . . . . . . . . . . . . . . .  18° C
Aufenthaltsräume, wie Kantinen, Soldatenstuben usw. .  20° C
Wohnräume für Offiziere usw. . . . . . . . . . . . . .  20° C
Unterrichtsräume . . . . . . . . . . . . . . . . . . .  18° C
Büroräume . . . . . . . . . . . . . . . . . . . . . . .  20° C
Krankenräume . . . . . . . . . . . . . . . . . . . . .  20° C
Aborte, Flure, Treppenhäuser . . . . . . . . .  12 bis 15° C
Wasch- und Baderäume . . . . . . . . . . . . .  20 bis 22° C
Garagen . . . . . . . . . . . . . . . . . . . . . . . .   5° C
Angeschlossene Werkstätten . . . . . . . . . . . . . .  15° C
```

Als Heizart für Kasernen kommt Warm- oder Heißwasserheizung in Betracht (bei mehreren Gebäuden als Fernheizung), wobei Heißwasser bei ausgedehnteren Anlagen zu wählen ist.

Wenn aus anderen Gründen der Einbau einer Dampfkesselanlage erwogen wird (Kochküche usw.), dann ist die Warmwasserheizung (als Dampf-Warmwasserheizung) für die Mannschaftsgebäude zu wählen, weil die Möglichkeit der generellen Regelung der Warmwasserheizung nach der Außentemperatur betriebswirtschaftlich günstig ist. Auch muß bedacht werden, daß ja die völlige Stilllegung einer Heizung bei vorübergehender Nichtbenutzung an kalten Tagen ohnehin wegen der nachteiligen Einwirkung auf den Gebäudezustand nicht zu empfehlen ist. Ein stark eingeschränkter Dauerbetrieb ist aber bei Warmwasserheizung besser durchzuführen als bei Dampfheizung.

Vielfach werden heute bei den Mannschaftsgebäuden auf dem Dachboden besondere Räume zum Trocknen durchnäßter Kleidungsstücke eingerichtet. Diese erhalten zur Beschleunigung des Trockenvorganges am besten elektrisch betriebene und mit Dampf- oder Warm- bzw. Heißwasser gespeiste Luftheizapparate.

Für die den Kasernen angegliederten Exerzierhallen, Werkstätten, Garagen und Lagerräume wird Heißwasserheizung mit gleichmäßiger Verteilung der Heizflächen oder Warmluftheizung verwendet, wobei wiederum die Luftvorwärmung und Luftverteilung durch elektrisch angetriebene Einzelluftheizapparate, die für Umluft- und Frischluftbetrieb eingerichtet sein sollen, vorgenommen werden.

Als Kessel werden in der Regel gußeiserne Gliederkessel oder Stahlkessel bei Heißwasser (Abb. 68) mit Heizwassertemperaturen über 120° C verwendet. Das Schaltschema der Heißwasserheizungsanlage zu

Abb. 68. Heißwasserheizungsanlage für eine Kasernenanlage mit einer Gesamtleistung von 2,7·10⁶ kcal/h. Vorlauftemperatur 140°C, Rücklauftemperatur 100°C.

der in Abb. 68 gezeigten Kesselanlage gibt die Abb. 69 wieder. Ein weiteres Schaltschema einer Heißwasserheizungsanlage für eine größere Kasernenanlage zeigt die Abb. 70. Die Erzeugung von Wirtschaftsdampf für den Kochbetrieb kann bei einer Heißwasserkesselanlage durch einen heißwasserbeheizten Dampferzeuger für 0,3 bis 0,5 atü erfolgen, wenn man nicht die Kochkessel unmittelbar am Heißwasser anschließt und die kleineren Geräte in der Küche elektrisch beheizt. Ist die Gasversorgung möglich, dann wird man eine Gaskochküche einrichten. Gegenüber der Küche im Krankenhaus (Abschn. 3,24) ist die Kasernenküche weniger anspruchsvoll und daher in der Einrichtung durchweg einfacher

(Abb. 71). Nur wenn gegebenenfalls eine Krankenabteilung vorhanden ist, muß die Küche deren Anforderungen nachkommen können, wenn man nicht besser dafür eine besondere kleinere Küche einrichtet und diese vollelektrisch betreibt.

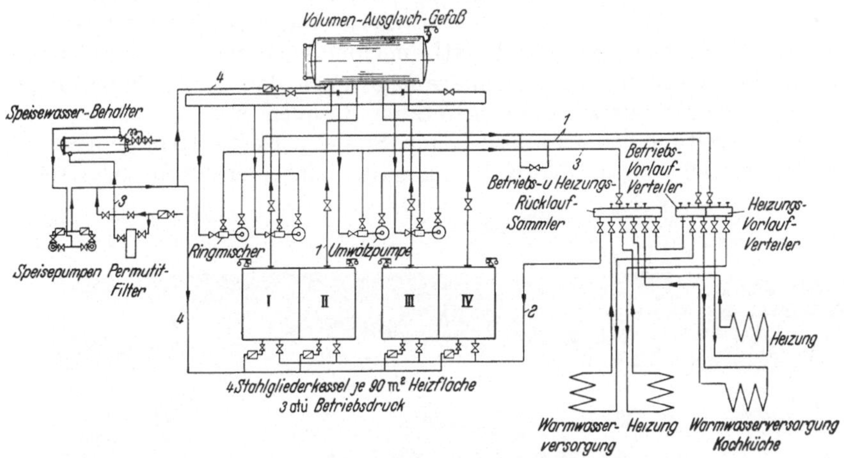

Abb. 69. Schema einer Heißwasserheizungsanlage für eine Kaserne.

1 Heißwasservorlauf; — *2* Heißwasserrücklauf; — *3* Mischleitung; — *4* Speiseleitung.

Kasernen für motorisierte Truppen oder für Panzertruppen erfordern zahlreiche Werkstätten und Garagen. Für die Beheizung dieser Gebäudearten ist sinngemäß auf die Abschn. 3,7 und 4,4 zu verweisen.

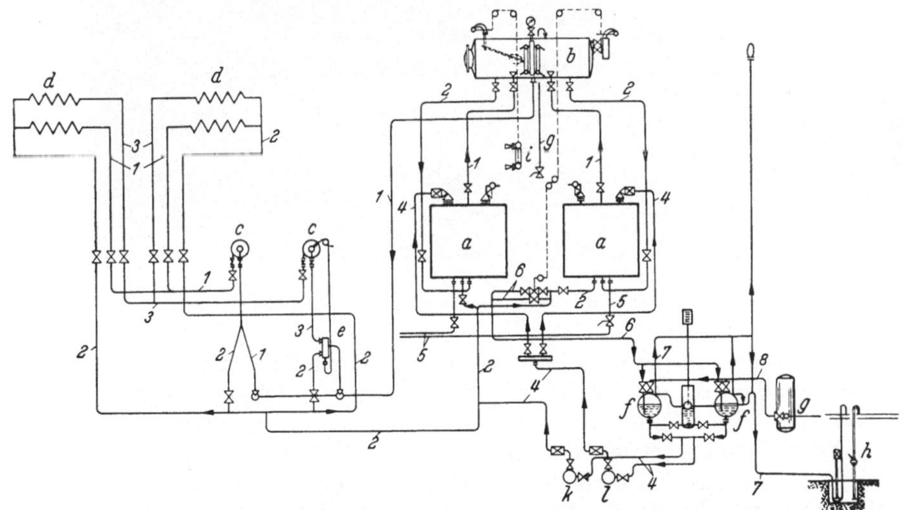

Abb. 70. Schaltschema einer Heißwasserheizungsanlage für eine Kaserne (Wärmeleistung 6 · 10⁶ kcal/h).

a Heizkessel 6 atü; — *b* Ausgleichsgefäß; — *c* Umwälzpumpen; — *d* örtliche Heizungsanlagen; — *e* Mischventil; — *f* Speisewassergefäße; — *g* Permutitfilter; — *h* Schmutzwasserpumpen (Elektr. und Handpumpe); — *i* Fernwasserstandsanzeiger; — *k* Druckerhöhungspumpe; — *l* Kesselspeisepumpe; — *1* Heißwasservorlaufleitung für Kochküche und Warmwasserbereitung; — *2* Heißwasserrücklaufleitung; *3* Heißwasservorlaufleitung für die örtliche Heizung; — *4* Speisewasserleitung; — *5* Abschlammleitung; — *6* Überschußwasserleitung; — *7* Überlauf- und Wrasenleitung; — *8* Frischwasser über Permutitanlage; — *9* Entlüftung.

Als Heizkörper dienen in den Wohn- und Schlafräumen entweder Gliederheizkörper, die möglichst in den Fensternischen anzuordnen sind, in den Werkstätten, Lagerräumen usw. glatte Rohrschlangen oder Rohrregister.

Die Fernkanäle von der Heizzentrale zu den einzelnen Gebäuden können gegebenenfalls als bekriechbare Kanäle ausgebildet werden, doch ist dies bei Wasserfernleitungen nicht unbedingt erforderlich.

In der Heizzentrale ist eine Gruppenunterteilung der Heizleitungen nach den einzelnen Gebäuden, der Kochküche, Warmwasserbereitung usw. vorzunehmen.

In den einzelnen Gebäuden sind evtl. nochmals besondere Verteiler anzuordnen, die eine Regelung der Gebäudeanlage nach den Himmelsrichtungen bzw. nach ständig oder nur zeitweise benutzten Räumen ermöglichen.

Warmwasserbereitung ist erforderlich für Spül-, sonstige Reinigungs- und Badezwecke. Bei nicht zu großer Entfernung der einzelnen Verbrauchsstellen

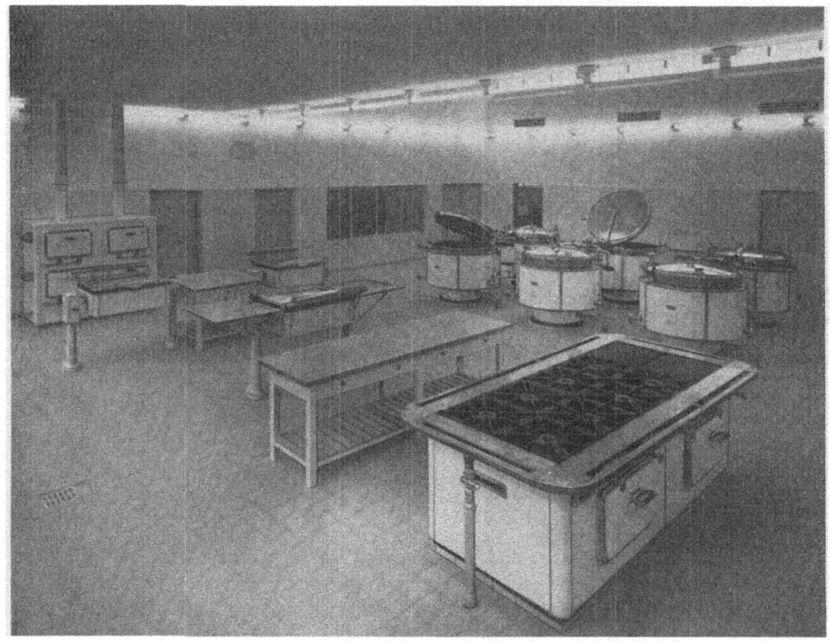

Abb. 71. Kochküchenanlage für eine Kaserne (Verpflegungszahl 1000 Personen).

kann die Warmwassererzeugung in zentral angeordneten Boilern erfolgen, sonst werden zweckmäßig für die heute in jedem Mannschaftshaus vorgesehenen Brausebadanlagen Einzelboiler vorgesehen, die mit Fernheißwasser aufgeheizt werden. Für den Sommerbetrieb sind dann Sommerheißwasserleitungen zu verlegen. Bei kleineren Kaserneneinheiten kann es statt dessen zweckmäßiger sein, örtliche Warmwasser- oder Niederdruckdampfkessel für die Warmwasserbereitung aufzustellen, indem man als Warmwasserbereiter Doppelmantelboiler vorsieht. Auch Gasheizkessel oder mehrere örtliche Gaswasserheizer können angebracht sein, wenn die städtische Gasversorgung am Kasernengelände vorbeiführt.

3,52 Lüftung.

Zur Lüftung der Schlafräume empfiehlt sich die Anbringung von einstellbaren Kippflügeln im oberen Teil der Fenster. Die früher vielfach üblichen Abzugskanäle mit Gittern und Jalousieklappen oder Schiebern sind ungeeignet.

Die Aborte sollen Abluftkanäle erhalten. Die Abluftgitter werden im oberen Teil der Räume angeordnet. Die größeren Baderäume müssen Luftheizgeräte für die Zuführung warmer Frischluft und mechanische Abluftanlagen erhalten.

In Gemeinschaftsräumen, Festsälen usw., wo mit größeren Menschenansammlungen zu rechnen ist, müssen in gleicher Weise wie in Restaurants und Versammlungsräumen Be- und Entlüftungsanlagen eingebaut werden (siehe die betreffenden Abschnitte).

Für die Lüftung der Kochküche gilt das unter Abschn. 3,24 Gesagte.

3,6 Gefängnisse, Strafanstalten, Zuchthäuser.

Die *Raumlufttemperaturen* sind wie folgt anzunehmen:

```
Aufenthaltsräume der Gefangenen am Tage . . . . . . 18° C
Aufenthaltsräume der Gefangenen bei Nacht . . . . . 12° C
Flure je nach Benutzung . . . . . . . . . . . 12 bis 15° C
Werkstätten s. Abschn. 4,4
Krankenräume s. Abschn. 3,2
Büros, Gerichtsräume usw. s. Abschn. 4,1
Wohnräume des Direktors, der Aufseher usw. s. Abschn. 3,1.
```

Für die Aufenthaltsräume der Gefangenen, die Büros, die Wohnungen des Direktors und der Aufseher kommt Warmwasser, bei ausgedehnten Anlagen Pumpenwarmwasser- oder Heißwasserheizung und für die Werkstätten, Flure, die Kirche usw. gegebenenfalls auch Niederdruckdampfheizung in Frage.

Wie bereits bei den Ausführungen für die Hotels und Kasernen zu erkennen war, tritt an Stelle der Niederdruckdampfheizung in weitestem Maße die Heißwasserheizung. Dies gilt vor allem für größere Gebäudeanlagen, bei denen sich hierdurch die Anlagekosten gegenüber der Warmwasserheizung verbilligen lassen. Bei örtlicher Heißwasserheizung soll man aus hygienischen Gründen aber doch nicht über 110° C gehen. Auch lassen sich hierbei noch gußeiserne Heizkörper mit It-Dichtung verwenden. Bei höheren Heißwassertemperaturen für die Fernleitung der Heizwärme und für Wirtschaftszwecke ist die Heizwassertemperatur der Raumheizung durch Rücklaufbeimischung herabzusetzen, doch sind dann Hochdruckradiatoren aus Stahl zu verwenden, wenn man nicht die Umformung des Heißwassers in Warmwasser durch Gegenstromapparate vornehmen will.

Der Wahl und Anordnung der Heizkörper in den Zellen ist besondere Aufmerksamkeit zu schenken in dem Sinne, daß von den Gefangenen nichts zerstört bzw. abgenommen werden kann. Sofern eine Einzelabstellung der Heizkörper vorgesehen ist, soll sie nur außerhalb der Zelle betätigt werden können.

Auch die Deckenheizung ist für die Strafanstalten, Gefängnisse und Zuchthäuser geeignet, da die Einzelzellen durch die beschränkten Fenstermaße keinen allzu hohen Wärmebedarf haben und auf Einzelabsperrungen kaum Rücksicht zu nehmen ist. Die Stellfläche des Heizkörpers entfällt hierdurch, auch ist die Übertragung von Klopfzeichen an dem Heizrohrsystem nicht mehr möglich.

Gruppenunterteilung nach Himmelsrichtungen und evtl. anderen örtlichen Anforderungen ist empfehlenswert.

Für die Energieversorgung der Kochküche gilt sinngemäß das gleiche wie bei den Kasernen. Auch die Warmwasserversorgung baut sich nach ähnlichen Gesichtspunkten auf.

Lüftungsanlagen kommen nur für die Kochküche, Wäscherei (sofern eine Anstaltswäscherei vorgesehen ist) und Baderäume in Frage.

3,7 Garagen, Tankstellen, Flugzeughallen.

Die Notwendigkeit der Beheizung der Garage bedeutet für den privaten Autobesitzer in der Regel eine starke finanzielle Belastung und bringt manche Unannehmlichkeit mit sich. Es wird deshalb vielfach versucht, die Gesamtbeheizung dadurch zu vermeiden, daß man dem Kühlwasser Frostschutzmittel zur Herabminderung des Gefrierpunktes zusetzt oder daß man schließlich mittels gewisser einfachster Heizeinrichtungen nur die empfindlichen Teile des Motors gegen Einfrieren schützt.

Diese Maßnahmen sind jedoch durchweg Hilfslösungen, die einen restlosen Schutz nicht gewähren, wohl aber oft zu nicht genügend vorbedachten Störungen und Schädigungen führen können. Der Zusatz von Unterkühlungsmitteln zum Wasser kann je nach Art der angewendeten Mittel zu Korrosionserscheinungen oder Verkrustungen führen.

Aus diesen Gründen sind zweifellos Sonderheizeinrichtungen für das Kühlwasser bzw. den Motor, die am Kühler oder unter der Motorhaube angebracht werden, bei nicht zu großer Kälte erfolgversprechender.

Zu beachten ist in diesem Zusammenhang, daß auch für luftgekühlte Motoren mit Rücksicht auf das bei tieferen Temperaturen beginnende Verdicken des Schmieröles eine zusätzliche Erwärmung an sehr kalten Tagen zweckdienlich ist.

Alle bisher genannten Heizeinrichtungen können jedoch nicht als wirklich ausreichend bezeichnet werden. Bei längerem Verbleiben der Wagen in der ungeheizten Garage leiden durch Feuchtigkeitseinflüsse die hierfür empfindlichen Teile der Wagen. Auf eine Gesamtbeheizung der Garage sollte man deshalb auf die Dauer im Interesse des Wagenbesitzers nicht verzichten.

Hierfür sind ausschließlich feuersichere Heizarten zu verwenden, wobei zu beachten ist, daß in der Garage keine Feuerstellen und auch keine Heizkörper mit so hohen Oberflächentemperaturen vorhanden sein dürfen, daß Selbstentzündungsgefahr für die Dämpfe der Betriebsstoffe besteht.

Danach dürfen *Einzelheizungen* (Kachelofen oder Eisenofen) nur Verwendung finden, wenn die Heizöffnungen der Öfen in Räumen liegen, die mit den Einstellräumen in keinerlei Verbindung stehen. Feuerdichte Kachelöfen müssen an den Heizflächen innerhalb der Einstellräume frei von Metallteilen sein. Öfen anderer Bauart müssen dicht, feuerbeständig und so aufgestellt sein, daß die erwärmte Luft erst in einer Höhe von 1,5 m in die Einstellräume eintreten kann. Die Räume dürfen also nicht durch Umluft, sondern nur durch Frischluft aus Räumen erwärmt werden, in denen keine entzündlichen Dämpfe auftreten können.

Im Jahre 1939 wurde eine Reichsgaragenordnung[1] (RGaO) erlassen. Der § 23 enthält die folgende Bestimmung über *Feuerstätten und Heizung:*

1. Garagen und ihre feuergefährdeten Nebenräume dürfen keine Feuerstätten oder sonstigen Zündquellen enthalten. Schornsteinreinigungsöffnungen und Gasmesser dürfen nicht innerhalb der Garagen und feuergefährdeten Nebenräume liegen.

2. Die Heizung in Garagen und feuergefährdeten Nebenräumen muß so beschaffen sein, daß Treibgase oder brennbare Dämpfe sich nicht daran entzünden und Kraft- und Schmierstoffe sowie Flaschen mit Speichergas nicht unzulässig erwärmt werden können.

Bei Gasbeheizung in Form von Gaseinzelheizkörpern muß besondere Sorgfalt auf die vollkommene Gasdichtheit der Frischluft- und Abzugsleitung gelegt werden. Über die Art der Abdichtung enthalten die Bestimmungen noch besondere Angaben. Heizkörper und Frischluftzuleitung müssen, wenn die Heizflächentemperatur 200° C übersteigt, in mindestens 1,5 m Höhe angebracht

---

[1] Zur Reichsgaragenordnung. Reichsarb.-Bl. 19 (1939) Heft 7 II S. 94/97.

werden. Ebenso müssen elektrische Heizgeräte bei höheren Heizflächentemperaturen als 200° C mindestens 1,50 m hoch liegen.

Die Reichsgaragenordnung wurde durch Runderlaß des Pr. Fin. Min. bezüglich Gasheizöfen wie folgt ergänzt:

§ 23 der Reichsgaragenordnung vom 17. Februar 1939 (RGBl. 1 S. 219) bestimmt, daß Garagen und ihre feuergefährdeten Nebenräume keine Feuerstätten oder sonstigen Zündquellen enthalten dürfen. Bis zum Erlaß der Ausführungsbestimmungen zur Reichsgaragenordnung ist diese Bestimmung bei Gasheizung in folgendem Sinne auszulegen:

Bei Anzünden des Gases darf keine auch nur vorübergehende Verbindung des Innern der Gasheizanlage mit der Raumluft eintreten. Die Zündung soll entweder von außen oder von Räumen aus, die in keinerlei Verbindung mit den Einstellräumen stehen (Zündkammer), oder durch eingebaute Zündvorrichtungen, z. B. Cereisen-Einrichtungen u. a. erfolgen.

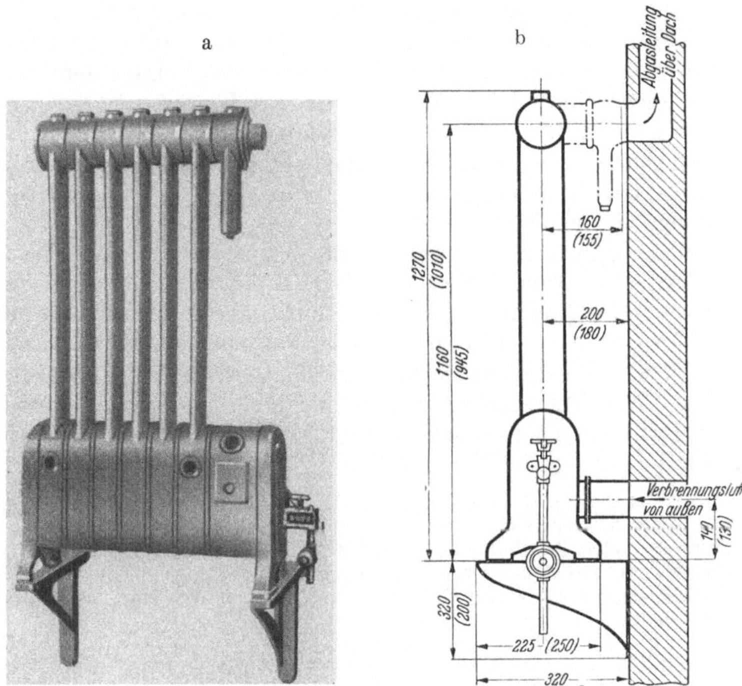

Abb. 72a u. b. Gasheizofen für Garagen.

Für diese Zwecke sind die von außen bedienbaren Gasheizkörper geeignet (Abb. 72 a u. b). Mit derartigen Gasheizöfen sind schon sehr große Garagenbetriebe mit Erfolg ausgerüstet[1]. Von der unten angeführten Großanlage seien des allgemeinen Interesses wegen folgende bemerkenswerte Einzelheiten wiedergegeben:

Die Heizöfen sind an den Außenwänden der Halle angeordnet. Die Zuleitung der Frischluft erfolgt entweder durch Aussparungen in den Außenwänden oder durch Toschikanäle. Die Gefahr, daß die in den Öfen brennenden Flammen starken Windstößen ausgesetzt werden, ist dadurch beseitigt, daß die Frischluftkanäle die Außenwände nicht gradlinig durchdringen, sondern in einem doppelten Knick. Zu beiden Seiten der Außentore ist eine erhebliche Heizfläche aufgestellt, wodurch dem Kaltlufteinfall erfolgreich begegnet wurde. Zwecks Anpassung

---

[1] MÜLLER, H.: Gasheizung im größten Garagenbetriebshof Europas. Gas Bd. 3 (1938) S. 5/15 (s. a. Kurzbericht im Gesundh.-Ing. Bd. 62 (1939) S. 217/18.

des Heizbetriebes an den Garagenbetrieb und zur Erleichterung der Bedienung sind mehrere Heizgruppen eingerichtet. Für jede Heizgruppe ist eine besondere Absaugeanlage vorhanden, deren Lüfterleistung sich infolge dieser Unterteilung in bestmöglichen Grenzen halten läßt. Der größte Saugzug für den einzelnen Sauglüfter beträgt etwa 40 mm WS. Vor dem Sicherheitsorgan jeder einzelnen Heizergruppe ist die zugehörige Zündflammenleitung abgezweigt, so daß die Zündflammen weiter brennen, auch wenn sich die Gasmangelsicherung auslöst.

Da sich bei der Garagenheizung der Heizungsbetrieb mit der Elektrizitätsversorgung gut ergänzt, ist die *elektrische Garagenheizung* ebenfalls geeignet. Der Wärmebedarf ist gering, da eine Raumtemperatur von $+5°$ C genügt. Die Schwankungen des Wärmebedarfs sind jedoch während des Tages und auch jahreszeitlich verhältnismäßig groß. Erforderlich sind also speicherarme und deshalb wenig träge Raumheizkörper, die mit selbsttätiger Temperaturregelung ausgerüstet sind[1]. Als geeignet haben sich elektrische Rohrregister oder Rippenrohrheizkörper erwiesen, die sofort betriebsbereit sind, vollselbsttätig arbeiten und deshalb keine Störungen infolge Bedienungsfehler aufweisen. Auch bei Frostgefahr ist so der Betrieb gesichert. Nach den Vorschriften des Vereins deutscher Elektrotechniker für feuergefährliche Betriebsstätten und Lagerräume darf eine Oberflächentemperatur von 200° C nicht überschritten werden. Da ein Wärmeverbrauch im wesentlichen nur während der Abend- und Nachtstunden in Frage kommt, kann das Elektrizitätswerk die Stromlieferung in der Regel zu sehr günstigen Bedingungen vornehmen.

Werden Sammelheizungen in Form von Dampf-, Warmwasser- oder Warmluftheizung verwendet, so muß die Feuerungsanlage in Räumen liegen, die mit den Einstellräumen keinerlei Verbindung haben. Wenn auch in den angeführten Bestimmungen die Forderung auf Hochstellen oder Verkleiden der Heizkörper von Sammelheizungen nicht mehr ausdrücklich verlangt ist, so empfiehlt sich, beim Aufstellen von Dampfheizkörpern unmittelbar über Fußboden diese in 20 cm Abstand mit Drahtgittern oder gelochten Eisenblechen zu umschließen. Zur Begründung hierfür wird gesagt:

Wenn auch die Oberflächentemperaturen dieser Art Heizkörper die Selbstentzündungstemperatur von Benzin lange nicht erreichen, so wird doch durch diese Temperaturen, wenn benzingetränkte Putzlappen oder Benzinkannen direkt auf die Heizkörper gelegt oder gestellt werden, die Verdunstung des Benzins beschleunigt, wodurch eine erhebliche Anreicherung des Benzin-Luft-Gemisches im Kraftwagenraum eintritt. Ein unglücklicher Zufall kann leicht die Explosion herbeiführen.

Die Beheizung der Garage mit der Gebäudewarmwasserheizung stellt sich gewöhnlich billiger als mit Gas oder Elektrizität, da diese im Vergleich zu Koks meist teurer sind. Bei an- und eingebauten Garagen ist der Brennmaterialverbrauch geringer.

Bezüglich der *Lüftung* von Garagen wird für normale Fälle nur eine natürliche, bei ungünstigen Verhältnissen eine künstliche Entlüftung gefordert.

In der Reichsgaragenordnung vom 17. Februar 1939 wird hinsichtlich der Lüftung in § 24 lediglich verlangt, daß die Garagen und ihre feuergefährdeten Nebenräume ausreichend entlüftbar sein müssen.

Mit Rücksicht auf die am Boden lagernden schweren Benzindämpfe und die an der Decke sich sammelnden leichteren Abgase ist möglichst die Querbelüftung anzuwenden. Man versieht deshalb zweckmäßigerweise die Tür der Garage mit unteren Zuluftöffnungen und die gegenüberliegende Außenwand mit Abluftöffnungen. Man bedenke, daß von den festgestellten Todesfällen in Automobilgaragen über 85% auf das Auftreten von Kohlenoxyd zurückzuführen sind.

---

[1] FISCHMEISTER, V.: Anwendung der elektrischen Raumheizung. Heizg. u. Lüftg. Bd. 16 (1942) S. 15/20.

Sammelgaragen in Wohnhausblocks sind hinsichtlich der Lüftung wie gewerbliche Garagen zu behandeln. Die ausreichende Lüftung derartiger Garagen ist besonders wichtig, weil sich in der Regel mehrere Personen in ihnen ständig aufhalten bzw. sogar darin berufstätig sind. Es gilt also, diese Personen mit Sicherheit gegen die gesundheitsschädlichen Auswirkungen der Auspuffgase zu schützen und die Bildung explosionsgefährlicher Luftgemische zu verhindern. Die Anordnung eines Ablüfters allein genügt hier oft nicht. Man unterscheidet zweckmäßig: Die allgemeine Garagenlüftung, die Auspuffgasabsaugung, die Lüftung des Wagenwasch- und Petrolspritzraumes[1]. Für Frisch- und Abluft sind bei der allgemeinen Lüftung besondere Fliehkraftlüfter aufzustellen. Die Abluft wird am Boden und an der Decke abgesaugt und ins Freie geblasen, die Frischluft unter Vorwärmung im Winter aus dem Freien angesaugt. Das gleichzeitige Laufen beider Lüfter muß zur Erzielung einer einwandfreien Lüftung gesichert sein. Dies läßt sich durch Betätigung eines Schalters für den Zu- und Ablüfter ermöglichen. Da das Lüftungsbedürfnis am Tage über stark schwankt, im allgemeinen aber morgens am größten ist, wenn die Wagen ausfahren, empfiehlt sich die Verwendung von regelbaren oder polumschaltbaren Lüftermotoren. Die Auspuffgasabsaugung kommt vor allem in Autoreparaturwerkstätten in Frage, desgleichen die Lüftung des Wagenwasch- und Petrolspritzraumes.

Bei *Großgaragen* muß sich der Luftinhalt durch die Lüftungsanlage, die gleichzeitig als Luftheizung[2] dienen kann, 2- bis 3mal in der Stunde erneuern lassen. Die Abluft ist dabei an den tiefsten Punkten abzusaugen und über Dach zu blasen. Die Zuluftöffnungen müssen derart angeordnet werden, daß die Luft auf ihrem Wege die Räume gut durchspült, insbesondere die unteren Raumpartien, damit evtl. auftretende Benzin- und Benzoldämpfe (die spezifisch schwerer sind als Luft) und die Auspuffgase der fahrenden Wagen, die namentlich ihres hohen Kohlenoxydgehaltes wegen gefährlich sind, vollständig und auf kürzestem Wege entfernt werden. Vorzüglich sind auch die Arbeitsgruben zu lüften, weil hier die Ansammlung von Benzindämpfen besonders leicht möglich ist. Die Trennungswände der Boxen sind unten und oben mit weitmaschigen Drahtgeflechten zu versehen, die reichliche Luftzirkulation gestatten, sofern es nicht angeht, jeder einzelnen Box Frischluft zuzuführen.

Können die Abgase nicht über Dach in die freie Atmosphäre hinaus, sondern nur in die Straßenzüge ausgeblasen werden, so kann eine Abgasreinigung vor dem Austreten, z. B. durch Luftwaschapparate, erforderlich werden.

Bei diesen Anlagen sind daher sowohl Zu- als auch Ablüfter vorzusehen. Aus betriebstechnischen und Sicherheitsgründen werden bisweilen sogar mindestens je zwei Aggregate aufgestellt.

Im Sommerbetrieb sind während der Hauptbetriebsstunden bei starker Beanspruchung der Garage beide Zu- und Ablüfter voll laufen zu lassen. Es ist ausschließlich mit Frischluft zu arbeiten. Ist die Benutzung der Garage schwach, so kann je ein Zu- und ein Abluftlüfter abgestellt werden, oder es können die vier Aggregate mit langsameren Geschwindigkeiten laufen. Stehen die Tore und evtl. Fenster offen, so genügt bei nicht allzu starkem Verkehr das Laufenlassen der Ablüfter.

Nachts, wenn der Betrieb nahezu ruht und sich nur die Nachtwächter in der Garage befinden, sind alle Lüfter abzustellen.

---

[1] KIENBERGER, M.: Neuzeitliche Garagenlüftung. Haustechn. Rdsch. Bd. 44 (1939) S. 231/32.

[2] RICKENBACH, H.: Die Ventilations- und Luftheizanlagen im Neubau Trolleybus- und Autobushalle der Stadt St. Gallen. Installation Bd. 23 (1951) S. 128/33.

Im Winterbetrieb wird die Garage mit der Lüftungsanlage gleichzeitig geheizt, und daher sind die Zulüfter tagsüber und bei kalten Außentemperaturen auch nachts oder wenigstens von den frühen Morgenstunden an in Betrieb zu halten. Der Frisch- und Umluftbetrieb ist so einzustellen, daß der Garage auch in dieser Jahreszeit genügend Frischluft zugeführt wird. Bei zunehmender Kälte ist die Frischluftmenge durch entsprechende Schieberstellung zu vermindern, die Umluftmenge zu vergrößern. Das Maß, in welchem vom Frisch- zum Umluftbetrieb übergegangen werden kann, muß einerseits mit Rücksicht auf die Luftverhältnisse, andererseits auf nicht zu hohe Betriebskosten ermittelt werden.

Die Ablüftung kann im Winter eingeschränkt betrieben, nachts bei ruhendem Verkehr abgestellt werden

Die Lüfter und Lufterhitzer dürfen in den Garagen selbst aufgestellt werden, während die Kesselanlage mit Rücksicht auf die Möglichkeit des Auftretens von Benzindämpfen und die damit verbundene Explosionsgefahr außerhalb unterzubringen ist. Bei richtiger Anordnung der Luftkanäle ist es möglich, Frisch-, Um- und Abluftmenge durch Handhabung eines einzigen Schiebers (bzw. einer Klappe) zu regeln, wodurch an die Bedienung geringe Anforderungen gestellt werden und Sicherheit für das einwandfreie Arbeiten der Anlagen besteht. Die Frischluftmenge zugunsten der Umluft einschränken zu können, ist zum Hochheizen der Räume und zwecks Ersparnis von Brennmaterial bei sehr tiefen Außentemperaturen erforderlich. Ganz abschließbar sollte der Frischluftkanal jedoch nicht sein.

Die Luftheizung mit Einzelheizgeräten (s. Abschn. 2,425) ist also wegen der gleichzeitigen Lüftungsnotwendigkeit die für Garagengebäude geeignetste Heizungsart. Für die Beheizung der Luftheizaggregate kann Niederdruckdampf oder Heißwasser dienen.

Bei hohen Hallen kann gegebenenfalls die Anwendung der Strahlplattenheizung als zusätzliche Heizfläche empfehlenswert sein, insbesondere dann, wenn die Halle zur Aufnahme von Omnibussen oder Lastkraftwagen dient, die nur über Nacht in der Halle stehen. Die Luftheizgeräte brauchen dann nur für die Frischlufterwärmung bemessen zu werden und sind auch nur kurzzeitig während des Ein- und Ausfahrens in Betrieb zu nehmen, wenn man sie überhaupt vorsieht und sich nicht allein mit örtlicher Heizfläche begnügt.

Für die Beheizung von *Tankstellen* mit angeschlossener Garage und Reparaturwerkstätte gelten im großen und ganzen die gleichen Bedingungen wie für die Garagen. Für freistehende Tankstellen als reine Zapfstellen jedoch mit Tag- und Nachtbetrieb ist die Kleinwarmwasserheizung als Stockwerksheizung mit Koks- oder Gaskessel und auch die Gaseinzelbeheizung zweckmäßig, während für Tankstellen, die in unmittelbarer Verbindung mit bewohnten, zentralbeheizten Gebäuden errichtet werden, der Anschluß an die Sammelheizung der Gebäude in Frage kommen kann.

Flugzeughallen wurden bisher fast ausschließlich mit Warmluftheizungen ausgerüstet, entweder mittels einer größeren Zahl Einzelheizgeräten, die in den Hallen verteilt angeordnet werden, oder, allerdings seltener, durch wenige außerhalb der Halle aufgebaute Zentralluftheizaggregate, bei denen die Warmluftverteilung durch besondere Luftleitungen aus Blechrohren vorgenommen wird, die jedoch dann gut zu isolieren sind. Mit Rücksicht darauf, daß die großen Tore nicht dauernd geschlossen bleiben und der Rauminhalt dieser Hallen meist recht groß ist, genügt die Umluftheizung. Zum Abfangen des Kaltlufteinfalles an den nicht völlig dichtschließenden Toren sieht man hier Einzelheizgeräte mit einem schräg nach unten gerichteten Warmluftstrom vor.

Die Lufterwärmung in den Luftheizapparaten der Halle kann durch Niederdruckdampf oder Heißwasser erfolgen, wobei man mit dem letzteren Heizmedium wärmewirtschaftlich günstiger fahren wird, zumal an den Flugzeughallen noch Büros, Werkstätten, Unterkünfte, Gaststätten und bei Verkehrsflughäfen die Empfangshalle mit den Abfertigungsschaltern liegen, die bei größeren Flughäfen fast durchgehend zu heizen sind.

Die Strahlungsheizung ist für Flugzeughallen ebenfalls geeignet, wenn, wie gesagt, der Luftraum sehr groß ist. Sie kann dann als Strahlplattenheizung in durchlaufenden Bändern ausgeführt werden oder auch als Fußbodenheizung, wie es in den Vereinigten Staaten von Nordamerika bereits geschah. Auch die Rollbahn der Flugzeuge wurde mit Fußbodenheizung versehen, um die Startbahn schnee- und eisfrei zu halten. Das Schmelzwasser muß aber dann durch eine Kanalisationsleitung abgeleitet werden können. Dem Heizwasser der einbetonierten Rohrschlangen ist ein Frostschutzmittel zuzusetzen oder durch Alkohol zu ersetzen.

3,8 Feuer- und Polizeiwachen.

Eine *Feuerwache* besteht fast immer aus mehreren Wohnungen, Büroräumen, Aufenthalts- und Schlafräumen für die Wache, der Kraftfahrzeughalle und der Reparaturwerkstatt sowie einer Schlauchtrocknungsanlage[1]. Wenn auch für die letzteren Räume die Niederdruckdampfheizung geeigneter ist, so wird man doch mit Rücksicht auf die dauerbenutzten Räume eine Warmwasserheizung, gegebenenfalls mit Pumpenumtrieb, vorsehen und in der Kraftfahrzeughalle örtliche Heizflächen aufstellen. Zusätzlich wären ein Luftheizgerät und eine Absaugungsanlage mit gegebenenfalls direktem Schlauchanschluß an das Auspuffrohr der Fahrzeuge anzuordnen (Abb. 73), wobei man die Abgase über Dach drückt. Der Absaugelüfter wird bei Feueralarm sofort in Tätigkeit gesetzt.

Abb. 73. Beweglicher Rohranschluß für die Absaugung der Auspuffgase eines Feuerwehrautos.

Die Warmwasserversorgung kann in üblicher Weise an die Zentralheizung mit einem Sommerkessel angeschlossen werden oder auch durch örtliche Gaswasserheizer erfolgen, wenn die Wache kleineren Ausmaßes ist.

Polizeiwachen sind zuweilen in Wohn- oder Geschäftshäusern untergebracht, die Sammelheizung besitzen. Es muß aber dann eine zusätzliche Heizeinrichtung für den Wachraum geschaffen werden, da die Sammelheizung nachts eingeschränkt betrieben wird. Dies kann durch einen Gaseinzelofen oder auch durch eine elektrische Zusatzheizung erfolgen. Wenn eine Sammelheizung nicht gegeben ist, dann empfiehlt sich bei mehreren Räumen der Einbau einer Etagenheizung.

---

[1] SCHREIBER, R.: Schlauchtrocknungsanlagen. Installation Bd. 19 (1947) S. 25/28.

3,9 Bahnhofs- und Stellwerksgebäude.

3,91 Heizung.

Die für die einzelnen Räume von Bahnhofsgebäuden zu wählenden Temperaturen entsprechen denen ähnlicher Räume in Verwaltungsgebäuden, Restaurationsräumen, Fabrikräumen, Hallen u. a. Es kann daher auf das in den betreffenden Abschnitten Gesagte verwiesen werden.

Ofenheizung kommt nur noch selten in Frage, höchstens für kleine ländliche Bahnhofsgebäude mit Wartesaal, Büro des Vorstandes im Erdgeschoß und evtl. einer Wohnung im ersten Stock, ferner vereinzelt für kleinere Stellwerksgebäude. In der Regel wird heute für die Beheizung der Büros, der Aufenthaltsräume, Wartesäle, Verkaufsläden, Wohnungen u. dgl. die *Warmwasserheizung* gewählt, bei kleinerem Umfang als Schwerkraftheizung, bei Anlagen mit großer horizontaler Ausdehnung als Pumpenwarmwasserheizung. Außerdem findet oft gleichzeitig *Niederdruckdampf* Verwendung für die Beheizung der Küchen, Wasch- und Baderäume, ferner für die Warmwasserbereitung und die Lufterhitzer der Lüftungsanlagen. Für die Eingangshalle sowie die Wartesäle kann unter Umständen auch Luftheizung in Betracht kommen, entweder als ausschließliche Beheizung oder in Verbindung mit örtlichen Heizflächen an den Hauptabkühlungsflächen (Fenster, Eingänge).

Da die bei Bahnhofsanlagen zu beheizenden Gebäude außer den Empfangsgebäuden auch eine Reihe von Dienstgebäuden, Reparaturwerkstätten, Lokomotivschuppen, Güterbahnhof usw. umfassen, so kann auch eine gemeinsame Fernheizung vorteilhaft sein, wenn die Entfernung dieser Gebäude von dem Empfangsgebäude nicht zu groß oder aus betrieblichen Gründen nicht eine eigene Kesselanlage vorzuziehen ist. Für die Wärmeverteilung wendet man dann Hoch- oder Mitteldruckdampf, Warm- oder Heißwasser an. Gewöhnlich wurde bisher in solchen Fällen ein reines Dampfheizwerk mit Lokomotivkesseln oder Wasserrohrkesseln erstellt.

Hochdruckdampf von etwa 4 bis 6 atü ist für die Zugvorheizung erforderlich. Außerdem kann Hochdruckdampf unter Umständen auch in wirtschaftlicher Weise für die Beheizung von Lokomotivschuppen Verwendung finden. Die übrigen Gebäude werden dann je nach dem Verwendungszweck unter Zwischenschaltung von Druckminderern mit Niederdruckdampf oder über Gegenstromapparate mit Warmwasser geheizt.

Ganz allgemein kann man zu der Beheizung von Bahnhofsanlagen sagen, daß man es zumeist mit Erweiterungs-, Um- und Wiederaufbauten zu tun hat. Man ist damit an die vorhandene Wärmeversorgung mehr oder weniger angewiesen. Die Erstellung neuer größerer Bahnhofsgebäude sind Ausnahmefälle, da der Zugverkehr einen großen Teil seiner Reisenden an das Flugzeug und den Kraftwagen abgeben mußte und sich im Frachtverkehr der Fernlastwagen merklich einschaltete. Es dürfte aber nur eine Frage der Zeit sein, daß sich bei größeren Bahnhofsanlagen durch die notwendige Erneuerung älterer Heizanlagen auch die neuzeitliche Heißwasserheizung und gegebenenfalls die Strahlungsheizung durch Heizdecken, Strahlplatten oder Gasstrahlheizer einführen.

3,92 Lüftung.

In bestimmten Räumen größerer Bahnhofsgebäude sind mechanische Lüftungsanlagen unentbehrlich, so in den Warte- und Speisesälen und Küchenräumen. Ferner werden die Fahrkartenschalterräume mit Überdrucklüftung versehen, um das Eindringen von Kaltluft bei geöffneten Schaltern zu verhindern. Luftvorwärmung und -reinigung durch Ölfilter ist für diese Anlagen erforderlich. Für die Wartesäle, die ebenfalls unter Überdruck stehen sollen, müssen getrennte mechanische Zu- und Abluftanlagen vorhanden sein. Bei hohen Räumen muß ein mindestens 3- bis 5facher Luftwechsel, bei niedrigeren Räumen ein den Gaststätten entsprechender höherer Luftwechsel gewährleistet werden können. Die Küchen sollten einen mindestens 15fachen Luftwechsel erhalten. Durch kräftige Unterdruckwirkung muß der Austritt von Küchenluft in nahe gelegene Aufenthaltsräume verhindert werden.

Bei großen Bahnhofsanlagen empfiehlt sich wegen der Übersichtlichkeit und Einfachheit in der Bedienung die Einrichtung einer Lüftungszentrale.

4 Die Heizungs-, Lüftungs- und Warmwasserversorgungsanlagen in tagsüber benutzten Gebäuden.

4,1 Banken, Gerichts-, Post- und Verwaltungsgebäude, Rathäuser.

4,11 Heizung.

Als *Raumlufttemperaturen* kann man annehmen:

Büros, Sitzungs-, Warte-, Empfangszimmer usw. 20° C
Mit den Büroräumen in offener Verbindung stehende Schalterhallen . . . . 20° C
Schalterhallen, gegen die Büroräume zu abgeschlossen . . . . 15° C
Kassen- und Tresorräume . . . . 20° C
Oft benutzte Registraturen, Archivräume usw., in denen sich Angestellte bisweilen tagelang aufzuhalten haben . . . . 20° C
Wenig benutzte Registraturen, Archivräume usw. . . . . 15° C
Korridore bei ausschließlicher Benutzung als Verbindungsräume . . . . 15° C
Korridore bei Benutzung als Warteräume . . . . 20° C
Aborte, Toiletten, Garderoben, Waschräume . . . . 15° C
Verkaufsläden . . . . 20° C
Pförtnerraum . . . . 20° C
Dienstwohnungsräume . . . . 20° C
Garagen . . . . nicht unter 5° C

Die Temperaturen von Magazinen, Lagerräumen usw. sind der Bestimmung der Räume entsprechend zu wählen.

Je nach der Bauweise, der Benutzungsart und dem Aufgabenzweck des in Frage stehenden Gebäudes kann sich die eine oder andere *Heizungsart* für zweckmäßig erweisen, sei es Warm- oder Heißwasserheizung, Dampf- oder Luftheizung, Konvektoren- oder Radiatorenheizung, Nieder- oder Hochtemperaturstrahlungsheizung.

In vielen Fällen wird man sogar im gleichen Gebäude mehrere Heizarten nebeneinander anwenden, z. B. Warmwasserheizung als Decken- oder Radiatorenheizung für die Büros, Niederdruckdampf- oder Heißwasserheizung für die Verkaufsläden, Restaurationsräume, Kinos und Garagen, die in den unteren Geschossen des Gebäudes untergebracht sind, außerdem noch Luftheizung mit Niederdruckdampf oder Heißwasser für die Lüftungsanlagen und Warmwasserbereitung. Die gebräuchliche Heizart für Verwaltungs- und ähnliche Gebäude ist die Schwerkraft- oder — bei ausgedehnteren Anlagen — die Pumpenwarmwasserheizung. Doch neuerdings tritt auch hier die Heißwasserheizung mit Vorlauftemperaturen bis zu 110° C auf[1]. Die Vorteile einer derartigen Heißwasserheizung sind darin zu suchen, daß man praktisch die Warmwasser- und Niederdruckdampfheizung in einem System und einer Kesselanlage (ohne Gegenstromapparate) verwirklichen kann, indem man nämlich die Lufterhitzer der Belüftungsanlage für die Sitzungssäle, Kassenhalle, Tresorräume u. a. sowie die evtl. Warmwasserbereitung mit der gleichbleibenden hohen Heizwassertemperatur betreibt, anstatt mit Niederdruckdampf; die Flure, Eingangshalle, Treppenhäuser, Garage, Hauswerkstatt, Lagerräume usw. werden an eine weitere Gruppe mit veränderlicher Heizwassertemperatur je nach der Außentemperatur angeschlossen. Die Büroräume als weitere Gruppe kann man gegebenenfalls ebenfalls von 110° C abwärts betreiben, oder es wird aus hygienischen Gründen die Höchstvorlauftemperatur durch Rücklaufwasserbeimischung auf 90° C ermäßigt. Auch eine Strahlungsheizung mit Heizwassertemperaturen von 75 auf 65° C bei Aluminiumlamellen oder 60 auf 50° C bei einbetonierten Rohren bzw. Kupferrohren im Verputz ist möglich. Bei reinen Verwaltungsgebäuden mittlerer Größe ohne besondere Räume (Säle, Läden u. dgl.) werden die Pumpenwarmwasserheizungen vielfach so bemessen, daß sie bis zu einer bestimmten Außentemperatur, etwa $\pm$ 0° C, auch als Schwerkraftheizungen betrieben werden können. Das bedeutet zwar eine Verteuerung der Anlagekosten des Rohrnetzes, aber eine Verringerung der Betriebskosten und eine Erhöhung der Betriebssicherheit der Anlage. Um zu verhindern, daß in reinen Pumpenwarmwasserheizungen bei plötzlichem Ausfall der elektrisch betriebenen Pumpen infolge Aussetzens der Stromzufuhr der Wasserumlauf unterbunden wird und die Kessel zum Überkochen kommen, ist die Anordnung von Umgehungsleitungen für die Pumpen mit eingebautem Rückschlagventil notwendig.

Für ausgesprochene *Hochhäuser* kommt in der Regel Warmwasserheizung wegen des auftretenden hohen statischen Druckes auf die unteren Heizkörper und auf die Kessel nicht in Betracht, es sei denn, daß Stahlkessel und druckfeste Heizflächen (s. Abschn. 2,32) Verwendung finden oder eine entsprechende Unterteilung der Anlage in senkrechter Richtung vorgenommen wird. Die Kesselanlage wird im letzteren Falle mit Dampf betrieben, und in den einzelnen Stockwerksgruppen werden Gegenstromapparate aufgestellt. Je nach den Druckverhältnissen kann auch das generell regelbare Heißwassersystem bis zu den Gegenstromapparaten genommen werden.

Aber auch bei solchen Verwaltungshochhäusern, bei denen aus statischen Gründen die Schwerkraft-Warmwasserheizung noch ohne Bedenken anwendbar ist, ergeben sich oft Schwierigkeiten dadurch, daß bei unterer Verteilung die Heizkörperanschlüsse in den oberen Geschossen sehr klein bemessen oder die Ventileinstellungen sehr erheblich gedrosselt werden müssen, wenn für die Rohrleitungsbemessung ein Temperaturunterschied von 20° C beibehalten wird. Hier kann man sich, wenn die Bauart des Gebäudes es zuläßt, mit Erfolg durch Anwendung des Einrohrnetzes an Stelle des üblichen Zweirohrnetzes helfen. Die amerikanischen Wolkenkratzer sind durchweg mit Vakuumdampfheizungen ausgerüstet, die auch in Deutschland bei einigen Anlagen errichtet wurden. Durch Anordnung einer Luftpumpe kann man in solchen Anlagen ein Vakuum verschiedener Größe und dadurch niedrige Dampf- und Heizkörpertemperaturen erzielen, also eine der Warmwasserheizung ähnliche generelle Regelung entsprechend der jeweiligen Außentemperatur. Wegen des immerhin recht verwik-

---

[1] KOLLMAR, A.: Die Heizsysteme für Industrie- und Verwaltungsgebäude unter neueren heiztechnischen Erkenntnissen. Heizg., Lüftg., Haustechn. Bd. 4 (1953) S. 109/19. — WÄHNER, W.: Erfahrungen aus dem Heizbetrieb der Bundespost. Heizg., Lüftg., Haustechn. Bd. 4 (1953) S. 185/86.

kelten Aufbaues solcher Anlagen ist ihre Anwendung in Deutschland bisher beschränkt geblieben (s. a. Abschn. 2,421).

Unter Umständen können *Wärmespeicher* zur Deckung der Wärmebedarfsspitzen, vor allem derjenigen beim Aufheizen am Morgen, gute Dienste leisten und damit zu einer wesentlichen Verkürzung der sonst notwendigen Zeit zum Anheizen beitragen. Sie tragen zu einer gleichmäßigeren Belastung der Kessel und einer Vereinfachung des Betriebes bei und ermöglichen die Bemessung der Kessel für die Normalbelastung.

Für die *Tresorräume* in großen, städtischen Bankgebäuden ist Luftheizung gebräuchlich, weil man es aus Sicherheitsgründen gern vermeidet, Warmwasser- oder Dampfleitungen hineinzuführen, und die Räume bei Luftheizung gleichzeitig gut gelüftet und trocken gehalten werden können.

Gewöhnlich wird durch den Zulüfter auf höchstens 30 bis 35° C vorgewärmte Luft eingeblasen und die verbrauchte, ebenfalls durch Lüfter, abgesaugt. Selbsttätige Temperaturregelung zur Einstellung und Einhaltung der gewünschten Zulufttemperatur ist ratsam. Durch Bedienung von Klappen oder Schiebern soll es möglich sein, die Anlagen ganz oder teilweise mit Umluft zu betreiben. Die stündlich geförderte Menge braucht bei voller Umlaufzahl der Lüfter das 3- bis 5fache des Rauminhaltes nicht zu übersteigen. Der Ablüfter kann gleich groß wie der Zulüfter gehalten werden.

Um die Tresorlüftung und -heizung auch an kühlen Sommertagen benutzen zu können, ist der Lufterhitzer zweckmäßig vom Sommerheizkessel aus, der zum Betriebe der Warmwasserbereitung dient, heizbar zu machen, oder es ist außer dem Dampf- bzw. Warmwasserlufterhitzer auch ein jederzeit betriebsbereiter, in mindestens zwei Gruppen unterteilter elektrischer Heizkörper in den Luftweg einzuschalten.

Der Einbruchssicherheit wegen verwendet man zur Leitung der Luft durch die gut armierten Betonwände der Tresorräume meist S-förmig gebogene Stahlrohre und bringt die Ein- und Austrittsstellen der Luft möglichst unauffällig an. Im übrigen hat die Ausführung der Anlagen in üblicher Weise zu geschehen.

Beim Umbau von bereits bestehenden Bankgebäuden werden allerdings auch bisweilen Radiatoren in den Tresorräumen aufgestellt und nur ein Ablüfter vorgesehen. Die Zuluft strömt durch Luftgitter hinter den Heizkörpern vom Vorraum her in den Tresorraum. Auch sind bei großen Neubauten schon Anlagen ohne Lüfter ausgeführt worden, indem im Tresorrundgang Heizkörper in Kasten eingebaut und diese unten und oben durch die bereits erwähnten S-förmig gebogenen Rohre mit dem Tresorraum verbunden wurden, wobei es gleichzeitig möglich ist, diesen Heizkammern durch Kanäle Frischluft von außen her zuzuführen.

Gewöhnliche, für Geschäftszwecke benutzte Kellerräume lassen sich ohne weiteres mit Warmwasser-, Heißwasser- oder Dampfheizung und Lüftung oder wie die Tresorräume (wobei die erwähnten Sicherheitsmaßnahmen selbstverständlich nicht erforderlich sind) mit Luftheizung versehen.

Handelt es sich um Kellerräume, in denen Beamte oft oder gar ständig zu tun haben, so kann *Fußbodenheizung* zweckmäßig sein. Bei billigen Strompreisen läßt sie sich elektrisch betreiben, es können jedoch auch Warmwasserheizrohre verwendet werden. Fußbodenheizung sollte aber in Arbeitsräumen nur zum Warmhalten der Böden, nicht auch zum Heizen der Räume dienen, weil die notwendige Regelbarkeit fehlt und die Angestellten bei über Raumtemperatur erwärmten Böden erfahrungsgemäß über Fußbeschwerden klagen.

In ähnlicher Weise wird Fußbodenheizung bisweilen auch als Voll- oder Teilheizung bei Schalter- oder Eingangshallen, Vestibülen, Kundentresoren und sogar

Ehrenhallen und Festsälen usw. mit Erfolg angewendet, wenn aus bestimmten Gründen, z. B. architektonischer Art, die Anordnung von frei stehenden oder auch verkleideten Heizkörpern Schwierigkeiten bereitet. In solchen Fällen muß durch entsprechende Regeleinrichtungen dafür gesorgt werden, daß die Fußbodentemperaturen in erträglichen Grenzen gehalten werden. Bezüglich der Montage der Fußbodenheizrohre ist mit Rücksicht auf evtl. später vorkommende Instandsetzungsarbeiten die gleiche Sorgfalt zu verwenden wie bei den in den früheren Abschnitten erwähnten Deckenheizungen (Unterteilung in einzeln absperrbare Heizgruppen, Vermeidung von Schraub- und möglichst wenig Schweißverbindungen in den Fußböden).

Die *Deckenheizung* wird heute nicht selten zur Vollbeheizung von Verwaltungs- und ähnlichen Gebäuden[1] angewandt. Häufiger sind jedoch die Fälle, in denen bestimmte Räume solcher Gebäude mit Deckenheizung, die übrigen mit normalen Warmwasserheizkörpern versehen werden. Die in solchen Fällen erforderlichen niedrigeren Heizwassertemperaturen für die Deckenheizung gegenüber der Heizkörperheizung werden entweder durch Rücklaufwasserbeimischung zum Vorlauf oder durch Verwendung des Rücklaufwassers von Heizkörperheizgruppen für die Deckenheizschlangen erzielt. Es empfiehlt sich, stets noch eine Ergänzungsheizfläche unter den Fensterbrüstungen entweder als sichtbare Heizfläche oder ebenfalls unter Putz wie die Deckenheizfläche anzuordnen, wenn der Arbeitsplatz sich in Fensternähe befindet. Diese Heizfläche soll etwa $^1/_3$ des Gesamtwärmebedarfs decken. Reine Deckenheizungen in Arbeitsräumen sind nur für milde Klimaten geeignet. Dicht schließende Fenster sind unbedingt erforderlich, um Zugbelästigungen der in der Nähe der Fenster arbeitenden Büroinsassen zu vermeiden. Der unter dem Fenster angebrachte Heizkörper hat hier den Vorteil, daß er auch Undichtigkeiten des Fensters durch seinen erhöhten Warmluftauftrieb abfängt. Man muß sich darüber klar sein, daß undichte Fenster eine Vergeudung von Brennstoff zur Folge haben.

Es ist sowohl die Rohrdeckenheizung mit einbetonierten Stahlrohren oder in Verputz liegenden Stahl- bzw. Kupferrohren als auch eine der bekannten Lamellendeckenheizungen geeignet. Bei den Lamellendecken kann man in Schreibmaschinenzimmern, Vervielfältigungsräumen u. ä. mit Geräusch verbundenen Arbeitsräumen mit Vorteil gleichzeitig die Schalldämmung ausführen. Ebenso ist im gewissen Rahmen bei den Deckenheizungen im Sommer eine Raumkühlung möglich, indem durch die Deckenheizrohre gekühltes Wasser durchgeleitet wird. Man beläßt das Heizungswasser in der Anlage und kühlt es im Gegenstromapparat entweder durch Leitungs- oder Tiefbrunnenwasser. Auch maschinelle Kühlung ist möglich, jedoch soll mit dem gekühlten Systemwasser keine Deckenoberflächentemperatur unter 17° C eintreten, um die Feuchtigkeitsbildung an der Decke zu vermeiden.

In den letzten Jahren sind in Deutschland nur vereinzelt, in anderen Staaten, vornehmlich in außereuropäischen, in großer Zahl auch *Voll-* oder *Teilklimaanlagen* für die Beheizung und gleichzeitige Belüftung von Verwaltungs- und Behördenbauten ausgeführt worden. Die Gründe für die Zurückhaltung gegenüber solchen Anlagen in Deutschland sind einmal in den ausgeglicheneren Lufttemperatur- und Luftfeuchtigkeitsverhältnissen gegenüber anderen Ländern zu suchen, zum anderen auch in den immerhin nicht geringen Anlage- und Betriebskosten. In dem Maße jedoch, wie gefordert wird, den gesundheitlichen Anforderungen in Arbeitsräumen mehr als bisher gerecht zu werden, wird die Verbreitung der Klimaanlagen zunehmen, zumal wenn damit außer einer Verbesse-

---

[1] BILDEN, H.: Bau und Betrieb der Strahlungsheizung und der Strahlungskühlung. Heizg., Lüftg., Haustechn. Bd. 2 (1951) S. 5/9.

rung der Arbeitsbedingungen eine Steigerung der Arbeitsleistung und -freudigkeit verbunden ist, was fast immer, wenn auch nicht in Zahlen ausdrückbar, der Fall sein wird. Die Entscheidung über den Einbau einer Klimaanlage zur Vollbeheizung eines öffentlichen Gebäudes wird auch noch davon abhängen, ob neben einer Heizung eine künstliche Lüftung unter allen Umständen eingebaut werden muß oder ob mit Fensterlüftung auszukommen ist. Wenn die vorhandenen Luftverunreinigungen durch Staub, Ruß und Gase oder der Straßenlärm ein Geschlossenhalten der Fenster erforderlich machen, so kann auf eine künstliche Lüftung nicht verzichtet werden. Diese gestattet nicht nur neben der Beseitigung obengenannter Übelstände die Einhaltung eines bestimmten Luftwechsels, sondern in der Form der Klimaanlage auch im Sommer die so oft wünschenswerte Kühlung der Büroräume. Dies ist bei Vorhandensein großer Fensterflächen in den Räumen besonders wichtig. Der Einbau einer Voll-Klimaanlage entweder als Zentralanlage oder in Einzelgeräten (s. Abschn. 2,44) zur Beheizung und Belüftung ist im allgemeinen auch billiger als der einer Heizkörperheizung und einer Lüftungsanlage. Großanlagen dieser Art haben sich bereits an manchen Orten gut bewährt. Die Aufstellung der Klimageräte unter den Fenstern ist für die Fensterarbeitsplätze wegen der Abstrahlung und Undichtigkeiten der Fenster günstiger. Man kann aber auch bei der Zentralanlage die Luft unterhalb der Fenster einführen. Um den störenden Einfluß der Fenster auszuschalten und den der Außenwände einzudämmen, ist man in einem amerikanischen Bürohaus sogar dazu übergegangen, die Fenster überhaupt fehlen zu lassen und die Außenwände besonders gut zu isolieren. Aus architektonischen Gründen wird eine solche Ausführungsart der Gebäude nur auf Sonderfälle beschränkt bleiben.

4,111 Heizkörper.

Am empfehlenswertesten ist die Aufstellung unverkleideter Radiatoren auf Konsolen unter den Fenstern (in Hochhäusern des geringen Gewichtes wegen evtl. solcher aus Stahlblech). Es können an den Außenwänden entlang auch Plattenheizflächen in Frage kommen. Befinden sich Sitzplätze neben hohen Fenstern, so ist zur Vermeidung von Zugerscheinungen darauf zu achten, daß die niedersinkende kalte Luft hinter die Heizkörper hinunterströmen, die erwärmte davor hochsteigen kann.

Aufstellung der Heizkörper an den Innenwänden ergibt billigere, der Platzinanspruchnahme und gleichmäßigeren Temperaturverteilung wegen aber weniger zweckmäßige Anlagen.

Werden in Empfangs-, Sitzungs-, Direktorenzimmern und Vestibülen unbedingt Heizkörperverkleidungen verlangt, so gilt das unter Abschn. 3,116 Gesagte. Hier ist es gegebenenfalls dann zweckmäßiger, statt der verkleideten Radiatoren zu den Konvektoren mit Zugschacht (s. Abschn. 2,32) überzugehen.

Um ein Beschlagen der Oberlichter mit Schwitzwasser zu verhindern und den Schnee abzuschmelzen, ist es angezeigt, zwischen Oberlicht und äußerer Verglasung Heizröhren einzubauen. Hierbei muß aber für eine gute Zugangsmöglichkeit zu den Heizröhren gesorgt werden, damit Schäden ohne zu große Schwierigkeiten beseitigt werden können. Ferner kann es zur Verminderung der Sonneneinstrahlung im Sommer angezeigt sein, die Oberlichter mit Kaltwasser zu berieseln[1]. Man kann gegebenenfalls das Kühlwasser der Deckenheizfläche dazu verwenden.

---

[1] SUTTON, G. E.: Dachberieselung zur Verringerung des Wärmedurchgangs bei Sonnenbestrahlung. Heat. Pip. Air Condit. Bd. 22 (1950) S. 131 [s. Kurzbericht im Gesundh.-Ing. Bd. 72 (1951) S. 48].

4,112 Heizkessel.

Gewöhnlich werden für sich absperr- oder wenigstens leicht abflanschbare gußeiserne Warmwasserheizkessel mit Koks- evtl. teilweise mit Gas- oder Ölfeuerung aufgestellt (s. hierzu auch die Abschn. 2,31 und 2,412 sowie 2,414).

Große Annehmlichkeiten bietet der Anschluß an eine Städteheizung. Wird die Fernwärme durch Dampf zugeleitet, so sind Gegenstromapparate zum Betriebe von Warmwasserheizungen erforderlich, ferner können zur Feststellung der gelieferten Wärmemengen Dampf- oder Kondenswassermesser vorgesehen werden. Bei Heißwasserfernheizung kann der Anschluß ebenfalls mit Gegenstromapparaten oder unmittelbar auch im Mischverfahren geschehen, wobei man jedoch für das Gebäude eine eigene Umwälzpumpe vorsehen wird.

Für den Sommer kann es zur Warmwasserbereitung und Erwärmung einzelner Räume an kühlen Tagen zweckmäßig sein, einen Kessel für Gas- bzw. Ölfeuerung vorzusehen oder, wenn elektrischer Strom in genügender Menge und zu annehmbarem Preise zur Verfügung steht, in den Warmwasserboiler einen elektrischen Heizeinsatz und, wie schon erwähnt, in die Luftheizungen elektrische Heizkörper einzusetzen.

4,113 Rohrleitungen.

In Geschäfts- und Bürogebäuden ist es zur besseren Anpassung des Betriebes an den jeweiligen zeitlich evtl. verschiedenen Heizbedarf angezeigt, *Gruppenunterteilung* vorzunehmen. Zum Beispiel kann in einem Bankgebäude, das ausschließlich mit Warmwasserheizkesseln versehen ist, folgende Einteilung in Frage kommen:

1. Büros sowie die örtliche Heizung in den dem Publikum zugänglichen Räumen, unterteilt in Untergruppen nach den Himmelsrichtungen, so daß z. B. eine von der Sonne getroffene Hausfront abgestellt, bzw. wenn Rücklaufbeimischung vorhanden ist, mit niedrigeren Heizwassertemperaturen betrieben werden kann. Bei Decken- und Fensterbrüstungsheizfläche ist es wärmewirtschaftlich von Vorteil, beide Gruppen getrennt zu halten, so daß man gegebenenfalls in den Übergangszeiten die Fensterbrüstungsheizfläche allein zu betreiben vermag.

2. Korridore und Aborte, die in den Übergangszeiten oft längere Zeit unbeheizt bleiben können.

3. Luftheizung der dem Publikum zugänglichen Räume, wie Schalterhallen, Kundentresor, Tresorkabinenhalle, Kassaräume, Vestibül, ferner Sitzungssaal, Küche und Speiseraum.

4. Luftheizung der Banktresorräume.

5. Hausmeisterwohnung.

6. Garagenheizung, die zum Erwärmen und Abtauen der Kraftwagen vor allem in der Nacht einer stärkeren Wärmezufuhr bedarf.

7. Oberlichtheizungen.

8. Warmwasserbereitung.

Jede Gruppe muß im Vor- und Rücklauf für sich absperr- und entleerbar sein. Auch empfiehlt sich die Anordnung von Thermometern in den einzelnen Vor- und Rücklaufgruppen, zum mindesten aber in den Rücklaufgruppen, um den Erfolg der Gruppenbeeinflussung durch die Schieber bzw. Rücklaufwasserbeimischung beobachten zu können.

Wird Pumpenheizung ausgeführt, so sind die Gruppen 5 bis 8 dennoch für Schwerkraftbetrieb einzurichten, damit sie bei abgestellter Pumpe die volle Heizwirkung ergeben und um die Oberlichtheizrohre vor dem Einfrieren zu schützen.

Daher bleibt der letztgenannte Strang bei Warmwasserheizung gewöhnlich auch unabstellbar.

Die Warmwasser- und Dampfheizungen werden normalerweise mit unterer Verteilung versehen, sofern man nicht aus den bereits weiter oben genannten Gründen obere Verteilung (Einrohrheizung) vorzieht und die Steige- und Fallstränge sowie auch die Verbindungsleitungen nach den Radiatoren bei Neubauten in Mauerschlitzen verlegt wie in Wohnhäusern. Sonst gilt betreffs der Leitungen das unter Abschn. 2,38 und 3,118 Gesagte.

In Turmhochhäusern sollten möglichst besondere besteigbare Rohrschächte für die Verlegung der Hauptsteige- und -falleitungen zwecks jederzeitiger Zugänglichkeit in Schadensfällen vorgesehen werden. In diesen Schächten können gleichzeitig auch andere Hausleitungen untergebracht werden. Oft müssen zur Unterbringung der Rohrverteilungsnetze der verschiedenen Heizzonen in Hochhäusern besondere Zwischengeschosse oder durch Zwischendecken geschaffene, begehbare Zwischenräume angeordnet werden. Die Zwischengeschosse können gleichzeitig zur Aufnahme der verschiedenen Lüfter und Luftverteilungskanäle dienen.

4,114 Apparate- und Verteilerraum.

Sofern es sich um große Bauten mit verschiedenen Heizsystemen, Warmwasserversorgung und Lüftungsanlagen (für große Büros, Sitzungs-, Gerichtssäle usw.) handelt, ist es zur bequemen Bedienung und Überwachung der Anlagen am Platze, alle Instrumente und Apparate in einem zentralen Regelraum unterzubringen. Dieser enthält beispielsweise:

1. Verteiler und Sammler für die Warmwasserheizung mit Regel-, Abstell- und Entleerungseinrichtungen für jede einzelne Gruppe sowie bei Warmwasserheizung oft auch mit Rücklaufbeimischung zur Erzielung beliebiger Vorlauftemperaturen.

2. Verteiler und erforderlichenfalls einen Kondenswassersammelbehälter für die Dampfheizung.

3. Verteiler und Sammler für die Warmwasserversorgung mit Abstell- und Entleerungsvorrichtungen für jeden Strang.

4. Warmwasserbereiter für die Warmwasserversorgung, angeschlossen an die Sammelheizung und evtl. außerdem an einen besonderen kleinen Heizkessel oder versehen mit einem elektrischen Heizeinsatz für die Sommermonate.

5. Bei Pumpenheizung eine Umwälzpumpe. Bei ausgedehnten Anlagen ist es aus Sicherheitsgründen zweckmäßig, zwei Pumpenaggregate in gleicher Größe aufzustellen.

6. Eventuell eine Umwälzpumpe für die Warmwasserversorgung.

7. Eine Schalttafel, umfassend:

a) Thermometer zur Anzeige der Temperaturen in der Haupt-, Vor- und Rücklaufleitung der Warmwasserheizung, in den Vor- und Rücklaufleitungen der einzelnen Heizgruppen und der Vorlaufleitung der Warmwasserversorgung. An Stelle von Einzelthermometern können diese Temperaturen oder wenigstens einzelne derselben auch durch die Fernthermometeranlage gemessen werden;

b) bei Dampfheizung Manometer, bei Vakuumheizung Vakuummesser;

c) bei Pumpenheizung zum Ablesen der Drücke in der Vor- und in der Rücklaufleitung (evtl. ein Differentialmanometer zur Anzeige sowohl des Gesamt- als auch des Pumpendruckes);

d) ein auf jede Warmwasserheizgruppe umschaltbares Hydrometer zur Kontrolle des Wasserstandes;

e) Schalter mit Sicherungen, Amperemeter und, soweit erforderlich, Regelanlassern für die Motoren zum Antrieb der Umwälzpumpen der Heizung und der Warmwasserversorgung (evtl. der Naßluftpumpe bei Vakuumheizung) und der Lüfter der Luftheizungen und Lüftungsanlagen;

f) Schalter mit Sicherungen und Amperemeter für die elektrischen Sommerheizkörper in den Luftheizungen und im Warmwasserboiler;

g) die Anzeigegeräte der motorangetriebenen Klappenverstellungen für die Luftheizungen und Lüftungsanlagen (Frisch-, Um- und Abluftklappen);

h) Anzeigeinstrument und Einstellschalter für die Fernthermometeranlage zur Messung der Temperaturen im Freien, in verschiedenen Räumen, in den Warmluftkanälen der Luftheizungs- und Lüftungsanlagen und evtl. in einzelnen der unter c) angeführten Leitungen;

i) evtl. Zugmesser zur Messung des Kaminzuges;

k) bei Fernheizungen die Wärmemeßgeräte als Dampf- oder Kondensatmesser und als Heiß- oder Warmwasserwärmemesser mit Registriergerät.

Je nach den Umständen werden verschiedene der aufgezählten Apparate und Instrumente weggelassen oder örtlich, nicht auf der gemeinsamen Schalttafel, angebracht. Manchmal kommen indessen auch weitere hinzu, insbesondere ist es oft zweckmäßig, mit der Schalttafel für die Heizung und Lüftung auch diejenige für die elektrischen Installationen zu verbinden (s. a. die Angaben über die Apparate- und Verteilerräume unter dem Abschn. 3,213).

Außer den genannten Apparaten und Einrichtungen kommen manchmal auch Warmwasserbereiter, Gegenstromapparate und einzelne der Zuluftaggregate in dem Regelraum zu stehen, während die Ablüfter in der Regel in den Dachboden oder in die Zwischengeschosse verlegt werden.

4,12 Warmwasserversorgung.

In den Bank-, Verwaltungs-, Gerichts- und Postgebäuden wird Warmwasser für Reinigungszwecke und gegebenenfalls für die Toiletten und einzelnen Direktionsräume sowie auch für Vervielfältigungsräume vorgesehen. Die Ausführung der Anlagen erfolgt in der in den früheren Kapiteln geschilderten Weise. Sollten die Toiletten mit Warmwasser versorgt werden, was nur selten verlangt sein wird, so ist die Verlegung von Umlaufleitungen bei ausgedehnten Anlagen unter Anwendung von Umwälzpumpen erforderlich. Wird das warme Wasser dagegen nur zu Reinigungszwecken benutzt, so genügen eine oder wenige Zapfstellen in den einzelnen Geschossen. Ein Umlauf ist dann nicht nötig. Die Zapfstellen werden zweckmäßig mit Steckschlüsseln versehen. Der Boilerinhalt und dessen Heizfläche sind genügend groß zu machen, damit sie den Spitzenbelastungen gewachsen sind und die Aufwärmung des Wassers in der Hauptsache erfolgen kann, wenn wenig Heizwärme gebraucht wird. Die Wassertemperatur soll mindestens 45 bis 50° C betragen. Bei stark kalkhaltigem Wasser empfiehlt sich die Einschaltung einer Wasserenthärtungsanlage, und bei elektrischer Anwärmung des Wassers im Sommer ist eine selbsttätige Mischvorrichtung wertvoll, damit das Aufheizen mit billigem Nachtstrom erfolgen und der Boiler als Speicher benutzt werden kann. In der Mischvorrichtung wird das aus dem Boiler kommende, bis zu 90° C aufweisende Wasser selbsttätig derart mit kaltem gemischt, daß die Mischtemperatur stets die oben angegebenen 45 bis 50° C besitzt. Durch eine von Hand zu bedienende Umführungsleitung soll dem Boiler jedoch auch heißes Wasser entnommen werden können.

4,13 Lüftung und Kühlung.

Bei Büros, Sprechzimmern usw. mit schwacher Besetzung begnügt man sich in der Regel mit Fensterlüftung, evtl. werden einstellbare Kippflügel vorgesehen. Müssen wegen starker Besetzung künstliche Lüftungseinrichtungen eingebaut werden, so geschieht das am besten wie bei Unterrichtsgebäuden, großen Versammlungsräumen, Hör- und anderen Sälen (s. die betreffenden Abschnitte). Die Lufterneuerung soll je Kopf und Stunde etwa 20 m³ oder das 2- bis 3fache des Rauminhaltes betragen.

An Orten mit sehr hohen Sommertemperaturen oder bei Bauten mit sehr großen Fensterflächen kommen für die Sommerzeit evtl. Kühlung der Zuluft unter Verwendung von kaltem Leitungs- oder Tiefbrunnenwasser und auch Kältemaschinen zur Anwendung, indem man das kalte oder künstlich gekühlte Wasser durch in den Luftweg eingeschaltete Kühlregister leitet oder mittels Streudüsen zerstäubt. Bei Vorhandensein einer Deckenheizung läßt sich diese im Sommer zur Raumkühlung mit Erfolg heranziehen. Wenn, wie zuvor gesagt, besondere Verhältnisse, wie starke Verunreinigungen der Außenluft oder ähnliches, das Öffnen der Fenster während des Betriebes ausschließen oder wenn es sich um die Belüftung und Beheizung von fensterlosen Innenräumen handelt, so wird man evtl. zur Vollklimatisierung eines Gebäudes übergehen.

Nicht selten versieht man z. B. in neuzeitlichen Bankgebäuden die dem Publikum zugänglichen Räume mit Drucklüftung, die den Luftinhalt gewöhnlich 2- bis 3mal in der Stunde erneuert und auch die Heizung wenigstens in der Hauptsache bestreitet, so daß nur wenig Heizkörper aufgestellt zu werden brauchen. Der architektonisch und gleichzeitig technisch einwandfreien Ausgestaltung der Luftzuführung ist Beachtung zu schenken.

Zur Einstellung und Erhaltung der gewünschten Zulufttemperaturen wird der Lufterhitzer zweckmäßig mit selbsttätiger Temperaturregelung versehen. Dient die Anlage nur zur Lüftung, so soll die Zulufttemperatur etwa 20 bis 22° C betragen, handelt es sich auch um Luftheizung, so braucht sie gewöhnlich 30 bis 35° C nicht zu übersteigen. Die Heizfläche muß so bemessen sein, daß an Orten mit −15° C niedrigster Außentemperatur der volle Frischluftwechsel beispielsweise bis ± 0° C aufrechterhalten werden kann, während bei tieferen Temperaturen die Zuluft entweder durch Verminderung der Umlaufzahl der Lüfter (polumschaltbare Motore) derart eingeschränkt oder durch Klappen- bzw. Schieberumstellung in dem Maße mit Umluft gemischt wird, daß die erforderliche Erwärmung gleichwohl zustande kommt.

Über die Lüftung der Tresorräume wurde das Notwendige bereits zuvor gesagt. Zur Lüftung der Tresorkabinen wird mit Vorteil Luft (z. B. durch Deckenrosetten) abgesaugt, während die Zuluft durch kleine, beispielsweise in den unteren Türhälften angebrachte Öffnungen von der mit Frischluft versorgten Kabinenhalle her zuströmt.

Für Aborte, Toiletten und Garderoben ist mechanische Ablüftung mit 5- bis 10facher stündlicher Lufterneuerung empfehlenswert. Lüfterbetrieb ist jedoch nur während der Bürostunden erforderlich. In den Zwischenpausen genügt der Auftrieb in den Abluftkanälen bzw. im Sommer Fensterlüftung. Sind die Aborte um einen Lichtschacht gruppiert und stehen durch die Fenster oder evtl. mit Klappen verschließbare Öffnungen mit demselben in Verbindung, so genügt es, diesen Schacht zu entlüften, so daß besondere Abluftkanäle gespart werden können.

Die Zuführung der Luft erfolgt in der Regel von den Fluren bzw. Vorräumen her.

Einer besonderen Erwähnung bedürfen in diesem Zusammenhang noch die Luftverhältnisse in den Wählerräumen von Post-Fernsprechämtern und Fernsprechzentralen großer Verwaltungsgebäude. Ähnliches gilt im übrigen auch für manche Meß- und Prüfräume, Rundfunksenderäume, Fernsprechvermittlung (Wählerraum) u. dgl. Die sehr verwickelten und empfindlichen Apparaturen können Störungen erleiden, wenn sie stark schwankenden Temperatur- und Feuchtigkeitsverhältnissen ausgesetzt sind. An die Luftbeschaffenheit in solchen Räumen werden deshalb besondere Anforderungen gestellt, vornehmlich an sicher arbeitende Befeuchtungseinrichtungen. Von einer Wasserzerstäubung ist im allgemeinen abzuraten, da sie nur eine ungenügende Staubreinigung ergibt. Verdunstungsapparate bekannter Bauart sind zur Grundbefeuchtung in kleineren Anlagen verwendbar, aber abhängig von der Aufstellung. Für Räume bis etwa 250 m³ kommen nur maschinelle Kleinanlagen (lüfterbetriebene Verdunstungsapparate) in Frage. Für sehr große Räume erfüllen nur Klimaanlagen einwandfrei die gestellten Forderungen. Die höheren Kosten für diese Anlagen lassen sich dadurch vertretbar gestalten, daß ihnen auch die Beheizung der Räume mit übertragen wird.

4,2 Markthallen, Warenhäuser.

4,21 Heizung.

Raumlufttemperaturen.

Markthallen	5 bis 8°C
Verkaufsräume	18°C
Büros, Pförtner, Ateliers	20°C
Erfrischungsräume	18°C
Eß- und sonstige Gemeinschaftsräume für Angestellte	18°C
Nebentreppenhäuser	10°C
Garderoben, Toiletten, Waschräume, Aborte	15°C
Versandraum	15°C
Lagerräume, Magazine je nach Art der Benutzung und der gelagerten Ware . . .	4 bis 15°C
Eingänge zur Verhinderung des Kaltlufteinfalls evtl. Überheizen	

Für die Beheizung von *Markthallen* kommt Dampf-, Heißwasser- oder Luftheizung in Frage. Da unter bestimmten Umständen, z. B. bei dichtbesetzten Hallen, hohe Oberflächentemperaturen der Heizkörper für die in der Nähe gelagerten Waren nachteilig sind, hat man vereinzelt auch Vakuumdampfheizung ausgeführt. Den gleichen Erfolg kann man mit der Heißwasserheizung erreichen, da die hohen Heizflächentemperaturen nur an sehr kalten Tagen eintreten und ferner der Stahlheizkörper für Heißwasser durch die Rippengestaltung ermäßigte Oberflächentemperaturen aufweist. Seine Wärmeabgabe erfolgt also mehr durch Wärmekonvektion (s. Abschn. 2,26). Die Strahlungsabschirmung erreicht man auch durch Konvektoren. Nachteilig ist zwar die bei längeren Stillstandszeiten eintretende Verschmutzung, deshalb wird man sie nicht über dem Fußboden aufstellen, sondern in erhöhter Lage unter den Fenstern. Die Büroräume wird man mit Warmwasserheizung ausrüsten. Ist eine Dampfkesselanlage oder ein Ferndampfanschluß vorhanden, so geschieht die Umformung wie üblich mittels Gegenstromapparaten bzw. bei Heißwasserfernleitung auch im Mischverfahren.

Große Hallen erhalten heute fast ausnahmslos Luftheizung, da sich mit dieser gleichzeitig die notwendige, wenn auch geringe Lüftung verbinden läßt. Je nach den vorliegenden Verhältnissen sind an den Hauptabkühlungsflächen zusätzlich örtliche Heizflächen anzuordnen (z. B. unter den Fenstern von Umgängen usw.). Stark abkühlende Dächer (Wellblech, Beton, Glas) sind möglichst zu vermeiden oder aus Gründen der Heizkostenersparnis gut gegen Wärmeverluste zu schützen.

Die Ausführung einer Sammel-Luftheizungsanlage verbietet sich meist wegen der umfangreichen und kostspieligen Luftverteilungskanäle und wegen der nicht einfachen architektonischen Eingliederung der Kanäle in den Baukörper.

Aus diesen Gründen wird die Beheizung bevorzugt durch eine größere Anzahl elektrisch betriebener Dampf- oder Heißwasserlufterhitzer vorgenommen, die entweder an den Wänden über den Windfangeinbauten, an Stützpfeilern oder auch frei stehend in der Mitte der Halle verteilt werden. Dadurch erreicht man nicht nur eine verhältnismäßig gute Wärmeverteilung, sondern auch eine bessere Anpassung an den jeweiligen Wärmebedarf. Steht Gas zu billigen Preisen zur Verfügung, so können auch Gaskessel oder Gaslufterhitzer mit der Abgasführung ins Freie erstellt werden. Auch Gasstrahlheizer können in Frage kommen, die man so ausrichtet, daß nur die Umgänge und Verkaufswege mit strahlender Wärme bestrichen werden. (Sinngemäß wäre auch bei Strahlplattenbändern mit Heißwasserbeheizung vorzugehen.) Befinden sich innerhalb der Halle auf den verschiedenen Lagerplätzen feststehende Händlerbüros, so ist für besondere Beheizung dieser Räume durch Einzelheizkörper zu sorgen.

Die Lüftung von Markthallen ist in der Regel dort einfach zu lösen, wo ohnehin eine Luftheizung vorgesehen ist, da sie dann ohne großen Mehraufwand mit dieser verbunden werden kann. Bei Großmarkthallen wird dies in der Regel der Fall sein. Hier genügt ein etwa 1- bis $1^1/_2$facher Luftwechsel/h, je nach Raumgröße und -höhe. Bei Kleinmarkthallen mit nur örtlicher Heizfläche ist wegen der Feuchtigkeitseinflüsse auf die Lebensmittel ohne besondere Zu- und Ablüftung nicht auszukommen. Empfehlenswert ist aber, auch für solche Räume nur einen Teil des Heizwärmebedarfs durch örtliche Heizfläche und den Rest durch Luftheizaggregate zu decken und mit den letzteren gleichzeitig die notwendige Lüftung vorzunehmen.

Eine einwandfreie Ent- und Belüftung müssen die Lagerkeller von Großmarktanlagen erhalten, insbesondere dann, wenn sie durch Autos befahren werden. Für die kältere Jahreszeit genügt für die Entlüftung oft schon die Wirkung einer ausreichenden Zahl von Abluftkanälen, die vom Keller durch den Markthallenverkaufsraum über Dach geführt werden. Sie muß jedoch an warmen Sommertagen durch mechanische Lüftung unterstützt werden.

Besondere Einrichtungen zur Luftkühlung der Markthallenverkaufsräume sind selten notwendig. Zur Kühlhaltung empfindlichen Verkaufsgutes, wie Fische, Geflügel, Milcherzeugnisse, Eier usw., werden mit den Markthallen heute durchweg Kühlräume verbunden, die sowohl Verkäufern als auch Käufern zur Verfügung stehen und nicht nur dem Eigenbedarf der Städte dienen, sondern auch zur vorübergehenden Lagerung von auf dem Transport befindlichen leicht verderblichen Lebensmitteln.

Für das *Warenhaus* kommen Warmwasser-, Heißwasser-, Niederdruckdampf- oder Luftheizung mit Lüfterbetrieb, bisweilen im gleichen Gebäude auch zwei oder drei Heizarten zur Anwendung.

Die Wahl der Heizung muß im Warenhaus sorgfältig überlegt werden. Es sollen weder zu rasch Übertemperaturen entstehen noch die Temperaturen bei abgestellter Heizung zu schnell abfallen. Im allgemeinen wird man deshalb heute der Pumpenwarm- und Heißwasserheizung (bis 110° C Vorlauftemperatur) den Vorzug geben. Sie sind zwar in den Anlagekosten teurer als Niederdruckdampf- oder Luftheizung, im Betrieb aber wirtschaftlicher und in der Bedienung einfacher. Wenn man keine mit Temperaturstufen betriebene Heißwasserheizung wählt, kann für die Beheizung von Nebenräumen, für die Warmwasserbereitung und den Betrieb von Lufterhitzern auch Niederdruckdampf in Frage kommen. Ob in solchen Fällen Warmwasser- *und* Niederdruckdampfkessel oder *nur* Niederdruckdampfkessel mit Gegenstromapparaten aufgestellt werden, hängt wesentlich von dem Verhältnis der zu erzeugenden Dampf- und Warmwassermenge ab.

Bereitet die Aufstellung von örtlichen Heizflächen besondere Schwierigkeiten, so wird man Luftheizung vorziehen, wie es oft, zwar mehr der billigen Anlagekosten halber, geschieht.

Dabei ist die warme Luft gut verteilt in die verschiedenen Stockwerke einzuführen. Die Um- bzw. Abluftgitter sind derart anzuordnen, daß unter dem Einfluß der entstehenden Luftströmung alle Räume gleichmäßig warm werden. Aus Reinlichkeitsgründen sollen sie keinesfalls in den Fußboden gelegt werden. Gewöhnlich wird die Luftmenge so groß bemessen, daß die Temperatur der Zuluft zur Deckung der Wärmeverluste des Raumes 30 bis 35° C nicht zu übersteigen braucht. Bei teilweiser Frischluftzuführung können diese Anlagen gleichzeitig zur Lüftung dienen.

In bestimmten Abteilungen des Warenhauses, wie z. B. in den Lebensmittelabteilungen, bei denen auf die Zuführung besonders reiner, staubfreier und einwandfrei erwärmter evtl. gekühlter Luft Wert gelegt werden muß, kann der Einbau einer Klimaanlage oder einzelner Klimageräte empfohlen werden. Man wird dann die Heizung und Lüftung der betreffenden Räume durch diese Anlagen gleichzeitig vornehmen. Durch den Fortfall besonderer örtlicher Heizflächen lassen sich sowohl die Anlage- als auch die Betriebskosten der Klimaanlagen in wirtschaftlich tragbaren Grenzen halten.

Im übrigen ist Luftbeheizung, insbesondere auch für die Eingänge[1], zu empfehlen. Hier genügt wegen des durch den dauernden Verkehr bedingten starken Kaltlufteinfalls eine normale Beheizung meist nicht. Wenn man auch durch Anwendung von Drehtüren und Luftschleusen die unangenehmen Verhältnisse an den Eingängen erheblich verbessern kann, so ist einer zu starken Abkühlung der Raumluft in der Nähe der Eingänge nicht nur durch große örtliche Heizflächen, sondern auch durch Entgegenblasen eines kräftigen Warmluftstromes abzuhelfen.

Mit Erfolg ist zur teilweisen Beheizung solcher Gebäude auch *Deckenstrahlungsheizung* verwendet worden. Die Bedenken bezüglich dieser Heizungsart scheinen zunächst in besonderem Maße gegen ihre Anwendung im Warenhaus zu sprechen. Durch die großen Fensterflächen ist ein solches Gebäude stark der Sonneneinwirkung ausgesetzt, wodurch in den Übergangszeiten eine erhebliche Beeinflussung der Innentemperatur entsteht. Die zeitweise große Zahl der Besucher kann weiter zu einem unerwünschten Temperaturanstieg führen. Die Deckenheizung muß daher in einer wärmeträgheitsgeringen Ausführung gewählt werden. Die sonstigen Bedenken gegen die Deckenheizung, wie Schwierigkeit der Änderung der Heizung, höhere Anlagekosten, fordern eine gewissenhafte Vorprüfung. Andererseits sind aber bei der bisherigen Ausführung dieser Heizungsart in Warenhäusern die betriebstechnischen Vorteile bestimmend gewesen, die vornehmlich in der Möglichkeit der Verwendung des Heizrohrsystems zur Raumkühlung, in dem Fortfall örtlicher Heizkörper und in der gleichmäßigeren Temperaturverteilung zu erblicken sind.

Schließlich kann für Kellerräume von Warenhäusern, in denen Angestellte ständig beschäftigt sind, wie in den Tresorräumen von Banken, Fußbodenheizung in Frage kommen.

Die Aufstellung der *Heizkörper* bereitet in Warenhäusern (wie in Verkaufsläden) der beschränkten Platzverhältnisse wegen Schwierigkeiten und ist deshalb

---

[1] RÖSSLER, J.: Türschleusen in Geschäftshäusern und Gaststätten. Heizg., Lüftg., Haustechn. Bd. 4 (1953) S. 77/78.

Berechnung der Heizung für den Eingang von Geschäfts- und Warenhäusern. Installation Bd. 24 (1952) S. 176/78.

mit Umsicht vorzunehmen, um so mehr, als die Gefahr naheliegt, daß sie mit Waren umstellt werden, wodurch Wärmeabgabe und Reinigungsmöglichkeit leiden. Die gewünschte gleichmäßige Temperaturverteilung wird außerdem noch durch zeitweise starke Menschenansammlungen beeinträchtigt. Bisweilen stellt man die Heizkörper an den Gebäudesäulen auf oder bringt glatte Rohre unter den Gestellen an. Werden davor Gitter vorgesehen, so ist dafür zu sorgen, daß sie leicht aufgeschlossen bzw. weggenommen werden können und gute Luft-umwälzungsmöglichkeit besteht. Wie in anderen Räumen sollen die Heizflächen nach Möglichkeit da angeordnet werden, wo die größte Abkühlung stattfindet, d. h. unter den Fenstern, bei den Eingängen und längs der Außenwände. Das letztere ist namentlich wünschenswert, wenn die Wände die Wärme gut leiten (z. B. in der Hauptsache aus Stahl, Beton und Glas bestehen).

Es werden die bei großen Heiz- und Lüftungsanlagen üblichen Kessel ver-wendet. Für eine entsprechende Unterteilung der Kesselanlage zur Sicherstellung der Reserve in Schadensfällen sowie für einfache Bedienung durch Anordnung von Kesselbedienungsbühnen usw. ist besondere Sorge zu tragen. Steht der Heizraum durch Türen mit Lagerräumen in Verbindung oder befindet er sich in nicht allzu großer Entfernung, so sind wegen der Feuergefährlichkeit des Lagergutes die entsprechenden feuerpolizeilichen Vorschriften (feuersichere Türen usw.) besonders zu beachten.

Bei Dampfheizung ist der Dampfdruck so niedrig wie möglich zu halten. Der Anschluß an eine evtl. vorhandene Städteheizung kann aus verschiedenen Gründen (u. a. Verminderung der Feuersgefahr, Raumersparnis) vorteilhaft sein.

In der Regel werden untere Verteilung und Verlegung der Steige- und Fall-leitungen in Mauerschlitzen vorgesehen. Die Verteil- und Sammelleitungen sind möglichst so anzuordnen, daß nachträgliche Erweiterungen bzw. Abänderun-gen an den Anlagen leicht vorgenommen werden können.

Es muß durch eine geschickte Anordnung vermieden werden, daß zuviel Nutzfläche für die Rohrleitung in Anspruch genommen wird und eine un-erwünschte Erwärmung von Lagerräumen eintritt. Eine besonders gute Iso-lierung der Kellerleitungen ist deshalb wünschenswert. In vielen Fällen ist sie in den Lagerräumen gegen Beschädigung durch Blechumkleidungen zu schützen.

Es empfiehlt sich, Gruppenunterteilungen nach den Himmelsrichtungen vorzusehen und besondere Heizstränge anzuordnen nach den Büros, der Pförtner-loge (evtl. -wohnung), den Oberlichtheizungen, den Hallen, den Lagerräumen, der Garage, der Warmwasserbereitung und den Heizapparaten der Lüftungs-anlagen, ähnlich wie das im vorstehenden Abschnitt für Bankgebäude dargelegt wurde.

Bei großen Bauten ist die Anordnung eines zentralen Verteiler- und Regel-raumes mit Schalttafeln usw. angebracht.

4,22 Warmwasserversorgung.

Hierfür gilt im allgemeinen das unter Abschn. 4,12 Gesagte.

Im Warenhaus ist bei Anlage und Bemessung der Warmwasserversorgung (Boiler und Leitungen) vornehmlich auf den Warmwasserbedarf der etwa vor-handenen Küchen, Spülküchen, Erfrischungsräume u. a. Rücksicht zu nehmen. Wird Warmwasser verschiedener Temperatur verlangt, z. B. 90- und 60grädiges Wasser, so empfiehlt sich bei großer Zapfstellenzahl zur Vermeidung von unnötigen Wärmeverlusten und Verschwendung von Wasser von 90° C eine Aufteilung der Warmwasserversorgung in ein Netz für 90grädiges Wasser und ein solches für Wasser von 60° C. Die Wassertemperatur von 90° C kann durch Nachwärmen von Wasser von 60°C, z.B. mittels sog. Nachwärme-Durchlauferhitzer erreicht werden.

Ist mit größeren Mengen Verpackungsmaterial als Abfall zu rechnen, dann kann es in einem Müllverbrennungsofen verbrannt und gleichzeitig zur Warmwasserbereitung ausgenutzt werden.

4,23 Lüftung und Kühlung.

Bei Warenhäusern in staubfreier und ruhiger Geschäftslage mit sehr hohen Räumen und guter Querlüftungsmöglichkeit ist evtl. mit Fensterzulüftung und Ablüftung durch Abluftschächte auszukommen. Meist liegen derartige Gebäude jedoch mitten im Stadtzentrum, also auch mitten im Verkehr, so daß einwandfreie Frischluft nicht oder nur selten zur Verfügung steht. Trotzdem findet man häufig, daß selbst mehrstöckige Warenhäuser keine mechanische Lüftung besitzen. Dem in diesen Gebäuden vorhandenen, durch mehrere Stockwerke sich ziehenden Lichthof oder Treppenaufgang fällt dann die Aufgabe zu, für den natürlichen Luftwechsel in den einzelnen Geschossen zu sorgen und den dadurch entstehenden Auftrieb zur Luftnachsaugung an Türen und Fenstern in den einzelnen Geschossen auszunutzen. Dadurch treten aber nicht nur an den Türen und Fenstern der unteren Geschosse erhebliche Zugbelästigungen für die Angestellten und das Publikum auf, sondern es wird auch durch die Zugwirkung der Ausbreitung eines etwa entstehenden Brandes Vorschub geleistet. Dabei ist keinesfalls die Entlüftung weiter zurückliegender Räume durch diese Lüftungsart sichergestellt. Bei großen Menschenansammlungen, insbesondere vor hohen Festtagen usw., tritt eine zusätzliche erhebliche Luftverschlechterung ein. Eine fühlbare Abhilfe kann nur durch Zwanglüftung erzielt werden. Diese darf sich wegen der sonst verstärkten Zugerscheinungen nicht auf reine mechanische Ablüftung beschränken. Die notwendige Zuluft muß je nach dem Zustand der Außenluft gereinigt, vorgewärmt und evtl. gekühlt werden, bevor sie in die Verkaufsräume eingeführt wird. Müssen die Waren vor zu großer Trockenheit bewahrt werden, so kann für die Verkaufsräume zeitweise Befeuchtung der zugeführten Luft erwünscht sein (insbesondere bei Luftheizung), während man die Luft in die Kellerräume möglichst trocken einführt, damit sie gleichzeitig die Trockenhaltung dieser Räume bewirkt.

Um dem Eindringen kalter Luft durch die Eingänge vorzubeugen, werden, wie schon erwähnt, Drehtüren, Windfänge (bisweilen doppelte) erstellt. Außerdem soll im Verkaufsraum durch die Lüftung bzw. Luftheizung Überdruck herbeigeführt werden: bei Luftheizung, indem durch Frischluftzusatz mehr Warmluft eingeblasen als Umluft zum Heizapparat zurückgenommen wird, und bei Lüftung, indem man die Abluft kleiner als die Zuluft hält bzw. die erstere in Hinsicht auf die zahlreichen natürlichen Undichtigkeiten in den Umfassungswänden ganz wegläßt.

Die Lüftungsanlage des Verkaufsraumes soll so ausgebildet sein, daß sie in den Übergangszeiten bei abgestellter unmittelbarer Heizung auch zum Heizen und bei großen Menschenansammlungen während der Weihnachtszeit und Ausverkäufen sowie bei hohen Außentemperaturen zur Kühlung dienen kann. Maschinelle Vorrichtungen zur Kühlung der Luft werden in unserem Klima der großen Auslagen und des seltenen Bedarfs wegen bei Warenhäusern gewöhnlich nicht vorgesehen.

Noch unerträglicher als in den Verkaufsräumen sind die Luftverhältnisse vielfach in den verschiedenen Nebenräumen bestehender Warenhäuser, z. B. in Speiseräumen, Küchen, Gefolgschaftsräumen, Warenannahmen usw. Diese liegen an sich meist schon ungünstig unter dem Dach oder im Keller. Reine Ablüftung kommt gewöhnlich nur für Aborte und Garderoben in Frage. Erfrischungsräume und ständig benutzte Kellerräume sonstiger Art sollen mit Zu- und Ablüftern versehen werden. Bei Erfrischungsräumen muß mindestens soviel Luft abgesaugt wie zugeführt werden, damit der Tabakrauch nicht in den Verkaufsraum dringt.

4,24 Beschlagen und Vereisen von Schaufenstern.

Das Beschlagen von Schaufenstern in Verkaufsläden tritt ein, wenn sich die Luft der Schaufensterauslage an der inneren Scheibenoberfläche auf den Taupunkt oder darunter abkühlt. Eisbildung entsteht, wenn der Taupunkt den Gefrierpunkt erreicht. Um also ein Beschlagen zu vermeiden, muß die Temperatur der inneren Scheibenoberfläche stets über dem Taupunkt liegen. Für verschiedene Außentemperaturen bei verschiedenen Lufttemperaturen in den Auslagen hat HOTTINGER[1] die Temperaturen der inneren Scheibenoberfläche angegeben, wobei er noch verschiedene Wärmeübergangszahlen α von der Scheibe an die Außenluft je nach den Windverhältnissen unterscheidet (sehr geschützte Lage des Schaufensters $\alpha = 10$ kcal/m²h° C, normale Lage $\alpha = 20$ kcal/m²h° C). In Tab. 18 sind diese Werte wiedergegeben. Aus der gleichzeitig beigegebenen Abb. 74 läßt sich der Taupunkt der Luft für verschiedene Feuchtigkeitsgehalte der Luft und verschiedene Temperaturen in der Auslage entnehmen. Mit beiden Hilfsmitteln kann man für jeden Fall das Beschlagen oder Vereisen vorher bestimmen.

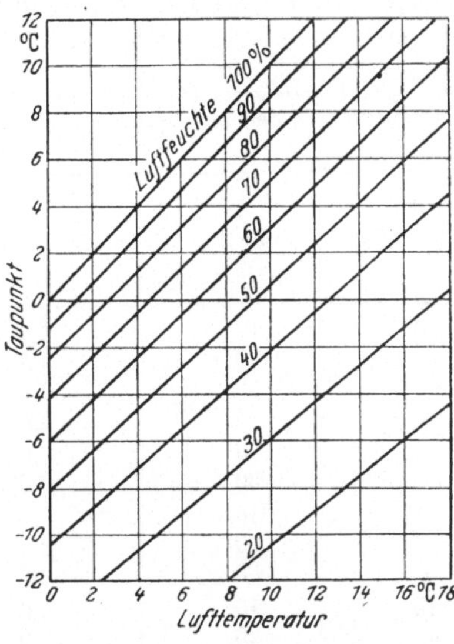

Abb. 74. Taupunkt der Luft in Abhängigkeit von der Lufttemperatur und Luftfeuchte.

In der Praxis werden eine Reihe von Wegen zur Beseitigung der Schwitzwasser- und Eisbildung an Schaufenstern angewandt:

a) das *Aufbringen von Anstrichmitteln*, z. B. Glyzerin, das erst bei $-40°$ C gefriert. Es hat aber den Nachteil, daß es sehr schnell durch die angesaugte Feuchtigkeit verdünnt wird und deshalb nur für wenige Grade unter Null geeignet ist. Außerdem leidet beim Auftragen in dickerer Schicht die Durchsichtigkeit der Scheibe.

b) *Beheizung* durch Anschluß der Auslage an die Zentralheizung oder durch einen längs des unteren Randes der Scheibe verlaufenden elektrischen Heizkörper. In beiden Fällen bleibt aber immer dieselbe feuchte Luft vorhanden. Bei starken Frösten erfüllt deshalb die Heizung oft nicht mehr ihren Zweck. Die Anlage- und Betriebskosten, vornehmlich bei elektrischer Heizung, sind dabei nicht unerheblich.

c) *Aufstellen* von Behältern mit *Chlorkalzium oder* anderen *hygroskopischen Chemikalien*. Nachteilig ist hier das öftere Umfüllen.

d) *Doppelverglasung*. Diese ist aber als durchaus sicherer Schutz ebenfalls nicht anzusprechen.

---

[1] HOTTINGER, M.: Die Verhinderung von Schwitzwasserbildung an Schaufenstern. Gesundh.-Ing. Bd. 65 (1942) S. 20/22.

e) *Natürliche Lüftung* durch obere und untere Öffnungen zur Erzeugung einer Luftbewegung zwischen dem Schaufensterraum und dem Freien. Dies ist theoretisch das einwandfreieste Verfahren, zumal wenn ein dichter Abschluß des Schaufensterkastens gegen den Ladenraum durch eine Trennwand erfolgt. Das letztere Verfahren besitzt aber den Nachteil, daß die Wirkung durch Wind und Sonnenbestrahlung stark beeinflußt wird, so daß der Erfolg oft unbefriedigend ist. Von anderer Seite ist deshalb vorgeschlagen worden[1], als ein bei allen Temperatur- und Feuchtigkeitsgraden zuverlässiges Hilfsmittel die Einschaltung eines Lüfters vorzunehmen. Hierbei wird die Außenluft durch ein Sieb unterhalb des Schaufensters angesaugt, durch ein Staubfilter gereinigt und durch viele Öffnungen aus einem am unteren Schaufensterrand entlang laufenden Rohr in den Auslageraum gepreßt. Die Innenluft wird durch Öffnungen über dem Schaufenster nach außen gedrängt. Der Stromverbrauch des Lüfters beträgt 60 Watt.

Tabelle 18. *Temperaturen der inneren Scheibenoberfläche von Schaufenstern bei verschiedenen Lufttemperaturen in den Auslagen und im Freien sowie verschiedenen Wärmeübergangszahlen α der Scheibe an der Außenluftseite.*

Außentemperatur °C	α kcal / $\mathrm{m^2\,h\ ^\circ C}$	Bei 0°	6°	12°	18°
		Lufttemperatur in der Auslage ist die Temperatur der inneren Scheibenoberfläche in °C			
+ 5	10	2,8	5,4	8,1	10,7
	20	3,5	5,3	7,1	8,9
	30	3,8	5,2	6,6	8,0
0	10	0,0	2,6	5,2	7,8
	20	0,0	1,8	3,6	5,4
	30	0,0	1,4	2,8	4,2
− 5	10	− 2,8	− 0,2	2,4	5,1
	20	− 3,5	− 1,7	0,1	2,0
	30	− 3,8	− 2,4	−1,0	0,5
−10	10	− 5,6	− 3,0	−0,4	2,2
	20	− 7,0	− 5,2	−3,5	−1,7
	30	− 7,7	− 6,2	−4,8	−3,4
−15	10	− 8,5	− 5,8	−3,2	−0,6
	20	−10,5	− 8,7	−6,9	−5,2
	30	−11,5	−10,0	−8,6	−7,3

4,3 Archive, Bibliotheken, Museen.

4,31 Heizung.

Raumlufttemperaturen.

Ausstellungs- und Museumssäle, je nach Art und Ansprüchen:
im Winter . . . . 10 bis 16°C
im Sommer womöglich nicht über . . . . 23 bis 25°C
Lese- und Vortragssäle, Büros usw. 18 bis 20°C
Zubereitungs- und Instandsetzungsräume, je nach Art . . . . 15 bis 20°C
Büchermagazine . . . . 15°C
Packräume, Korridore, Treppenaufgänge, Garderoben, Aborte usw. . . . . 12 bis 15°C
Oberlichter etwa Raumlufttemperatur.

Gefährlich sind große, rasch auftretende Temperaturunterschiede (z. B. wenn durch geöffnete Fenster kalte Luft einströmt). Bei Ölgemälden kann sich dadurch die Farbe von der Leinwand lösen.

---

[1] WUHRMANN, E.: Verhütung von Schwitzwasser an Schaufenstern. Schweiz. Bauztg. Bd. 118 (1941) S. 263/64.

Die Beheizung von *Museen* erfolgt am besten durch Klimaanlagon, deren Lufterhitzer an die für das übrige Gebäude zu erstellende Pumpenwarmwasserheizung angeschlossen werden können. Kommen Klimaanlagen aus Preisgründen nicht in Frage, so werden Heizkörper aufgestellt oder Fußboden- bzw. Deckenheizung angewendet. Niederdruckdampfheizung ist der hohen Heizflächentemperaturen wegen, nicht zu empfehlen. Dagegen findet man in großen Kunstmuseen außer Warmwasserheizung und Klimaanlagen bisweilen auch Niederdruckdampfheizung zur Oberlichtbeheizung, weil dabei Einfriergefahr ausgeschlossen ist. Bei Heizkörperaufstellung in den Ausstellungsräumen, insbesondere bei Dampfheizung, ist die Anordnung von Luftbefeuchtungsgeräten angezeigt. Bisweilen werden auch Heizkörper und Klimaanlagen gleichzeitig vorgesehen. Große Ausstellungshallen, in denen der Feuchtigkeitsgehalt der Luft keine wesentliche Rolle spielt, erhalten oft einfache Luftheizung, z. B. unter Verwendung von Einzellufterhitzern, wie sie für Großraumheizung üblich sind. Wenn mehrere städtische oder staatliche Gebäude, darunter auch Museen usw., nahe beisammenstehen, so kann Fernheizung zweckmäßig sein, bisweilen ist auch der Anschluß an eine Städteheizung möglich. Da hierbei die Feuerstellen nicht mehr in den Gebäuden liegen, lassen sich dadurch erhebliche Verminderungen der Versicherungsgebühren erzielen. Auch die Reinlichkeit im und um das Gebäude herum wird erhöht, weil Brennstoff-, Asche- und Schlackenbeförderung fortfallen. In großen Museen und Ausstellungsgebäuden erhalten die Hauswartwohnungen wie in Schulhäusern, eine von der übrigen Gebäudeheizung unabhängige Sammelheizung und Warmwasserversorgung.

Für *Archive* und *Bibliotheken* ist wegen der milden Wärmeabgabe und zur Wahrung einer gleichmäßigen Temperatur die Warmwasserheizung am geeignetsten. Zu trockene wie auch zu feuchte Luft sind für die Bücher ungünstig, aber ein gewisses Atmen ist vorteilhaft, das sich durch das Abklingen der Raumlufttemperatur bei über Nacht eingeschränktem Heizbetrieb und verknüpft mit einem leichten Anstieg der Feuchtigkeit von selbst einstellt. In den Lesesälen (Rauchverbot) ist Be- und Entlüftung notwendig, die aber nicht auf große Luftmengen abzustellen ist. Es genügt hierfür ein 2- bis 3facher Luftwechsel in der Stunde. Wenn sich örtliche Heizflächen in den Lesesälen wegen der aufzustellenden Bücherregale schlecht unterbringen lassen oder nicht zur Deckung des Wärmebedarfes ausreichen, dann ist die Lüftungsanlage mit teilweisem Umluftbetrieb zur Restdeckung der Heizwärme heranzuziehen. Zum raschen Aufheizbetrieb fährt man dann nur mit Umluft. In den Büchermagazinen, die heute öfters als Silos gebaut werden, d. h. mit wenigen oder gänzlich fehlenden Fenstern, sind möglichst auch örtliche Heizflächen bis zu $-5°$ C aufzustellen. Zur Ergänzung bei tieferen Außentemperaturen genügt die Umluftheizung, die man zweckmäßigerweise mit Frischluftanschluß versieht, um sie auch als Belüftungsanlage für einen 1- bis $1^1/_2$fachen Luftwechsel in Betrieb nehmen zu können. Für die Abluft genügen durch Überdruck öffnende Jalousien in den Fensterflügeln oder in Abluftschächten.

Werden in den Museumsräumen Heizkörper aufgestellt, so geschieht das am besten an den Fensterwänden, wobei auf die Wahl passender Bauarten zu achten ist. Bisweilen wird allerdings verdeckte Anordnung bevorzugt, indem die Heizkörper z. B. zwischen den inmitten der Säle aufgestellten Ruhebänken oder in Wandnischen untergebracht werden. Dabei ist zwecks müheloser Reinigungsmöglichkeit größtes Gewicht auf leichte Zugänglichkeit zu legen. Wenn Staub auf den Heizkörpern verschwelt, so sind Schwärzungen der Wände und Decken die Folge, ganz besonders bei hohen Heizflächentemperaturen, also Dampfheizung. Dasselbe ist der Fall bei Luftheizung unter Verwendung von Feuerluftöfen. Wird Luftheizung vorgesehen (in gemäßigteren Klimaten), so müssen auch die Luftwege leicht rein gehalten werden können. Außerdem ist dafür zu sorgen, daß keine Luftgitter in den Boden zu liegen kommen, durch die Staub und Schmutz von den Schuhen und beim Kehren der Böden in die Luftkanäle hinunterfallen.

Bei vorhandenen Oberlichtern ist zur Abhaltung von Zugerscheinungen und zum Abtauen des Schnees Oberlichtheizung erforderlich. Werden dazu mit Warmwasser erwärmte Heizrohre vorgesehen, so dürfen sie der Einfriergefahr wegen nicht ganz absperrbar sein. Bisweilen erfolgt die Oberlichtbeheizung und im Sommer die Kühlung auch durch aus den Räumen abgesaugte Abluft. Das schließt jedoch nicht aus, daß für den Winter gleichwohl Heizschlangen zwischen Gas- und Staubdecke angebracht werden, sofern die Lüftung nicht ständig im Betrieb ist. Für den Sommer sind, wenn Sonneneinstrahlung zu erwarten ist, trotzdem Sonnenvorhänge oder andere Schutzmaßnahmen vorzusehen, denn die Kühlluft verhindert das Eindringen der Wärme mit den Sonnenstrahlen ebensowenig wie Kaltwasserberieselung.

Hinsichtlich der vorzusehenden *Heizgruppen* kommt etwa folgende Unterteilung in Frage:

1. Ständig zu heizende Ausstellungsräume, unterteilt nach Himmelsrichtungen, unter Umständen auch nach den verschiedenen zur Anwendung gebrachten Heizarten, wie unmittelbar wirkender Warmwasserheizung einerseits und Warmwasserluftheizung andererseits.

2. Nicht ständig benutzte Räume, z. B. für vorübergehende Ausstellungen, Vorträge usw.

3. Unter Umständen vorhandene Klubräume, Lesezimmer usw.

4. Lufterhitzer der Lüftungsanlagen.

5. Korridore, Aborte und andere Räume, die in den Übergangszeiten zeitweise unbeheizt bleiben können.

6. Oberlichtheizung, bisweilen unterteilt in Untergruppen.

7. Hauswart- und Pförtnerwohnung (wie bereits erwähnt, manchmal für sich allein beheizt).

8. Warmwasserbereitung.

Bei Pumpenheizung sind die Gruppen 6 bis 7 für Schwerkraftbetrieb auszubilden, ebenso die Oberlichtheizung zwecks Ausschluß der Einfriergefahr und die Wohnungen nebst Warmwasserbereitung, damit volle Heizwirkung auch bei abgestellter Pumpe gesichert ist.

Wie in Geschäftshäusern, Unterrichtsgebäuden usw. so kommt auch in Kunstgebäuden und Museen die Erstellung von Warmwasserversorgungsanlagen zu Reinigungszwecken in Frage, wobei Zapfstellen (evtl. mit Steckschlüsseln) in jedem Stockwerk (z. B. in den Aborten) anzuordnen sind. Es kann zweckmäßig sein, dafür einen besonderen kleinen Heizkessel aufzustellen. Wird die Warmwasserversorgung nur an den Reinigungstagen in Betrieb gesetzt, so hat Anschluß der Wohnungen keinen Zweck. Auch sind in diesem Fall keine Umlaufleitungen erforderlich.

4,32 Klimatisierung, Lüftung.

Für die einwandfreie Erhaltung der Gegenstände in Kunstgebäuden, Museen, Archiven usw. ist die Innehaltung entsprechender Feuchtigkeitsgehalte der Raumluft besonders wichtig, vor allem wenn es sich um Stoffe aus tierischen oder pflanzlichen Fasern, um Ölgemälde u. dgl. handelt. Zu große Trockenheit führt zu Brüchigkeit und Rißbildungen, zu feuchte Luft beeinträchtigt die Festigkeit der Gegenstände und erzeugt leicht Schimmelbildungen, Papier wird wellig usw. Für die Ausstellungsräume ist es daher angezeigt, Klimaanlagen zu erstellen, mit denen es möglich ist, der Luft sowohl im Sommer als auch im Winter eine den Gegenständen zuträgliche Beschaffenheit zu verleihen. Werden in verschiedenen Ausstellungsräumen ungleiche Anforderungen an die Luftbeschaffenheit, beispielsweise an den Feuchtigkeitsgehalt, gestellt, so sind getrennte Zuluftwege mit besonderer Behandlung der Zuluft erforderlich, wenn man es nicht vorzieht, getrennte Anlagen zu erstellen. Zu beachten ist auch, daß in geschlossenen Schränken und Schaukästen die Luft wesentlich anders, z. B. feuchter sein kann als in den Räumen, wodurch trotz Klimaanlagen Papiere wellig werden oder sich sogar Schimmel bildet. Zur Abhilfe sind Öffnungen anzubringen, die Luftumlauf zwischen Raum und Kasteninnerem ermöglichen. Nötigenfalls können sie mit porigen Stoffen überdeckt werden, die als Filter wirken, wodurch eine Verstaubung der ausgelegten Gegenstände vermieden wird.

Die zu gewährleistenden Temperaturen und Feuchtigkeitsgehalte sind ungefähr die gleichen, wie sie für Versammlungssäle gefordert werden, so z. B. im Sommer bei 28 bis 30° C Außentemperatur und 65 bis 70% relativer Feuchtigkeit im Archiv 21 bis 22° C und 55 bis 65%, im Winter bei im Freien bis zu $-15°$ C und 90 bis 95% dagegen 17 bis 18° C und ebenfalls 55 bis 65% relative Feuchtigkeit.

Bei der Erstellung von Klima- und Luftheizanlagen ist die Lüftungsmöglichkeit der Räume durch Zuführung von Frischluft ohne weiteres gegeben. Werden Heizkörper aufgestellt, so begnügt man sich meist mit natürlicher Lüftung, unterstützt durch Fensterlüftung. Für stark besuchte Lese- und Vortragssäle kommen Lüftungs- oder Klimaanlagen wie für Unterrichtsgebäude in Frage. Ferner sind etwa Zubereitungs-, Lichtbild- und Röntgenräume, Schreiberwerkstätten und andere Arbeitsräume, z. B. Laboratorien usw. zu lüften, unter Umständen auch Vereins- und Klubzimmer, in denen geraucht wird. Dafür sind je nach Erfordernis Ab- und nötigenfalls auch Zuluftanlagen, möglichst mit Luftaufbereitung zu erstellen. Aus Aborten, Garderoben usw. soll die Abluft in üblicher Weise durch Abluftschächte, im Bedarfsfall unter Einbau von Lüftern über Dach geführt werden.

4,4 Fabriken und gewerbliche Betriebe.

4,41 Heizung.

Heizungs- und Lüftungsanlagen in Fabriken sind ebenso wie in Wohnungen oder sonstigen Aufenthaltsstätten in erster Linie auf den Menschen auszurichten, d. h. sie müssen hygienisch einwandfrei sein und damit die Gesundheit erhalten, die Arbeitsleistung ermöglichen und die Arbeitsfreude steigern. Zu diesen physiologischen Anforderungen treten die fertigungstechnischen Erfordernisse, wie z. B. gleichmäßige Raumlufttemperaturen und Reinheit der Luft in feinmechanischen Werkstätten, die neben der Hygiene unter wirtschaftlichen Gesichtspunkten erreicht werden sollen. Die Wirtschaftlichkeit obiger Anlagen wird von den Anlage-, Betriebs-, Erhaltungs- und Bedienungskosten bestimmt. Die Anlage- und Betriebskosten hängen vor allem von der Bauart und konstruktiven Bauausführung ab. Sie können durch ein zweckmäßiges Heizsystem, das z. B. günstige wärmephysiologische Verhältnisse nur im engeren Arbeitsbereich oder ständigen Arbeitsplatz schafft, wesentlich beeinflußt werden. Von weiterem starken Einfluß auf die Betriebskosten sind selbstverständlich die spezifischen Kosten der Wärmeenergie ($DM/10^6$ kcal), wobei die Energieart bei den Anlagekosten ebenfalls eine Rolle spielt. Auch die Bereitschaftszeit der Heizungsanlage ist ausschlaggebend, denn die Betriebskosten steigen mit längeren Anheiz- und Abklingzeiten[1]. Auf weitere Einzelheiten hierzu wird in den folgenden Abschnitten noch eingegangen. Einige erwähnenswerte allgemeine Punkte werden nachstehend noch wiedergegeben.

Die Heizungs- und Lüftungsanlagen sollen technisch einwandfrei, jedoch nicht teurer und verwickelter als nötig erstellt werden. Sondereinrichtungen, die den Wirkungsgrad etwas erhöhen sollen, im Betrieb aber nicht gehandhabt werden, sind fortzulassen. Sie schaden mehr, als sie nützen, ganz abgesehen von der dadurch bedingten Erhöhung der Anlagekosten. Andererseits ist aber das Bestmögliche zu leisten, um die sich jährlich wiederholenden Betriebsauslagen aufs äußerste zu beschränken. Es soll dabei bei der Errichtung der Anlagen nicht am unrichtigen Ort gespart werden.

Die Kesselanlagen sollen so erstellt und betrieben werden, daß der günstigste Wirkungsgrad erreicht wird. Um dies prüfen und auch das einwandfreie Arbeiten der übrigen Anlage überwachen zu können, sind Prüf- und Meßgeräte in ausreichender Menge und von guter Beschaffenheit vorzusehen. Hieran zu sparen, ist ein Fehler.

In vielen Fällen ist Unterteilung der Heizung in für sich abstellbare, z. B. nach Himmelsrichtungen angeordnete Gruppen von Vorteil. Ferner muß einer guten Wärmedämmung aller Leitungen und Apparate, die keine Wärme abgeben sollen, der Rückleitung des heißen Kondenswassers bei Dampfheizungen aus der ganzen Anlage und ähnlichen Vorkehrungen volle Aufmerksamkeit geschenkt werden.

Weitere Überlegungen sind auch in Hinsicht auf die Wirtschaftlichkeit der Lüftungsanlagen anzustellen.

Vor Beginn jeder Heizperiode müssen sodann alle Teile der Anlagen gründlich nachgesehen und Schäden behoben, die Feuerstellen sorgfältig gesäubert und nötigenfalls instand gesetzt werden usw. Während des Winters sollen Heizkörper oder Heizgruppen, die zeitweise außer Betrieb sein können, rechtzeitig abgestellt bzw. gedrosselt werden. Die Lüftung ist bei tiefen Außentemperaturen durch Schließen der Jalousieklappen bzw. langsameres Laufenlassen oder Abstellen der Lüfter einzuschränken. Weiter ist darauf zu achten, daß die Raumtemperaturen nicht unnötig hoch gehalten werden. In den Übergangszeiten ist unterbrochener Betrieb der Heizung am Platze, während es bei größerer Kälte angezeigt sein kann, über Nacht schwach durchzuheizen, weil bei allzu starker Auskühlung der Gebäude die Kessel am Morgen überbeansprucht werden müssen, was weder ihrem Wirkungsgrad noch ihrer Lebensdauer zuträglich ist. Über all diese Punkte sind dem Heizer genaue Betriebsvorschriften in die Hand zu geben.

Die Erstellung wirtschaftlicher Fabrikheizungen und -lüftungen bildet innerhalb der Heiztechnik ein Gebiet für sich. Wie aus den vorstehenden Erörterungen hervorgeht, muß jeder Einzelfall für sich behandelt werden, wobei evtl. in Aussicht stehenden späteren Betriebserweiterungen bzw. -umstellungen von Anfang an die nötige Aufmerksamkeit zu schenken ist, so daß die Anschlüsse bzw. Abänderungen zu gegebener Zeit leicht vorgenommen werden können.

Sind die Anlagen sachgemäß ausgeführt, so müssen sie auch in der vorstehend angedeuteten Weise richtig bedient und instand gehalten werden, wozu praktisch veranlagtes Personal erforderlich ist, das auch über die erforderlichen feuerungs-, heiz- und lüftungstechnischen Kenntnisse verfügt. Ungelernten Leuten darf

---

[1] LEDINEGG, M.: Durchlaufender und unterbrochener Betrieb bei Heizungsanlagen. Masch.-Bau u. Wärmewirtsch. Bd. 7 (1952) S. 97/101.

keinesfalls die Überwachung der Anlage womöglich ohne Kontrolle überlassen werden. Wesentliche Vorteile kann unter Umständen eine einfache, laufende Aufzeichnung über die Außen- und Raumtemperaturen, den täglichen Brennmaterialaufwand und bei großen Kesselanlagen die fortlaufende Aufnahme von Rauchgasanalysen und deren Auswertung bringen.

Wenn der Arbeitsvorgang von Temperatur und Feuchtigkeit der Raumluft unabhängig, d. h. lediglich das Wohlbefinden des Personals zu berücksichtigen ist, so müssen durch die Heizung folgende Raumlufttemperaturen erreichbar sein:

Bei schwerer Handarbeit (Montagehallen usw.), insbesondere wenn zeitweise Wärme durch den Fabrikationsvorgang entsteht (Gießereien, Schlossereien, Kesselschmieden usw.) . . . . 12°C
Räume, in denen durch den Arbeitsvorgang dauernd große Wärmemengen entstehen (Schmieden, Räume mit Schweiß-, Einsatz-, Glasöfen usw.), sind nicht bzw. nur in geringem Maße (z. B. am Morgen vor Arbeitsbeginn) zu heizen, dagegen unter Umständen mittels Lüftungsanlage zu kühlen.
Bei leichter Handarbeit (Drehereien usw.) sind erforderlich . . . . 16°C
Bei sitzender Beschäftigung (Uhrmacherwerkstätten usw.) . . . . 20°C
In Büros . . . . 20°C
In Bade- und Umkleideräumen . . . . 20 bis 22°C

Magazine, Lager usw. sind, wenn erforderlich, zu temperieren bzw. zu heizen.

Sind Temperatur und Feuchtigkeit dem Arbeitsvorgang anzupassen, so können für eine Reihe von Betrieben die Zahlenwerte der Tab. 6 als Anhalt dienen.

Ebenso wichtig wie die Innehaltung angemessener Temperaturen und Feuchtigkeitsgrade ist die Vermeidung von Zugerscheinungen. Hierauf ist ganz besonders zu achten, wenn sich die Arbeiter bei ihrer Beschäftigung nicht frei bewegen können (sitzend beschäftigt sind) oder wenn sie schwere Arbeit, womöglich noch in der Nähe industrieller Feuerungen (Glühöfen usw.) zu verrichten haben, die starkes Schwitzen mit sich bringt. Es ist zu unterscheiden zwischen Luftbewegung, die im allgemeinen zu begrüßen ist, und Zug (s. Abschn. 1), unter dem ein einseitig wirkender Luftzug bei niedriger Temperatur verstanden wird, der leicht zu Erkältungskrankheiten führt. Dabei kommt es in erster Linie auf den Temperaturunterschied zwischen bewegter und übriger Raumluft an. Unter Umständen wird ein Luftstrom, den man bei 20° C Raumlufttemperatur als angenehm oder vielleicht sogar als zu warm bezeichnen kann, unter anderen Verhältnissen als Zug empfunden.

Die Heizungs- und Lüftungsanlagen haben daher oft gleichzeitig mehrere Aufgaben zu erfüllen, z. B.:

1. die Wärmeverluste der Räume zu decken,
2. die verdorbene Raumluft durch reine zu ersetzen,
3. für einen entsprechenden Feuchtigkeitsgehalt im Raum zu sorgen,
4. dem Niedersinken kalter Zugluft von Fenstern, Decken usw. und
5. dem Einströmen kalter Luft durch offenstehende Türen und durch Undichtigkeiten in den Umfassungswänden (Fensterrahmen usw.) entgegenzuwirken.

Den Punkten 4 und 5 kommt besondere Bedeutung bei großen, hohen Hallen (Montagehallen) zu, namentlich wenn die Wände und Decken zur Hauptsache aus Glas und Beton bestehen.

Mögliche *Heizarten* sind:

1. bei einfachen Verhältnissen: Ofenheizung,
2. Dampfheizung (Niederdruck- oder Vakuumdampfheizung),

3. Warm- oder Heißwasserheizung,

4. Dampf- oder Heißwasser-Luftheizung mit Lüfterbetrieb:

a) unter Verwendung von Einzelheizapparaten,

b) mit zentraler Erwärmung der Luft,

5. Gas- oder Ölheizung, entweder durch Einbau von Einzelgasheizöfen in den Räumen, durch Gasstrahlheizer oder Sammelheizung mit Gas- bzw. Öl-feuerung,

6. elektrische Heizung evtl. in Verbindung mit einer der genannten Sammel-heizungen oder Infrarotstrahler (bei günstigem Strompreis).

7. zur Beheizung großer Fabrikanlagen: Dampf- oder Heißwasser-Fern-heizung, oft in Verbindung mit Abwärmeverwertung.

Bisweilen werden mehrere dieser Heizarten gleichzeitig zur Anwendung gebracht, z. B. erhalten die Werkstätten und Montagehallen eine Luftheizung nach 4a oder b, die Nebenräume örtliche Heizflächen mit Niederdruckdampf- oder Heißwasserbeheizung und die Büros eine Warmwasserheizung mit den Heizkörpern unter den Fenstern oder mit Deckenheizflächen.

Ferner werden öfters in den Fabrikhallen Niederdruckdampfheizkörper und außerdem Einzellufterhitzer aufgestellt.

Im einzelnen ist zu den vorstehend erwähnten Heizarten folgendes zu be-merken:

4,411 Ofenheizung.

Ofenheizung kommt in erster Linie für kleine Werkstätten in Form eiserner Öfen in Betracht, namentlich dann, wenn der Betrieb viel brennbare, in Öfen leicht, in Zentralheizkesseln dagegen schwieriger zu verfeuernde Abfälle ergibt. Auch selten benutzte Räume und Nebengebäude, deren Anschluß an eine Zentral-heizung sehr erhebliche Kosten verursacht, können mit Öfen wirtschaftlich be-heizt werden. Im übrigen entspricht die Ofenheizung kaum einer der eingangs gestellten Forderungen.

Die Ofenheizung ist zwar billiger in der Anschaffung, bei größeren Bauten dagegen meist teurer im Betrieb als Zentralheizung. Vor allem ist die Bedienung wesentlich umständlicher, und die vielen Einzelfeuerstellen führen leicht zu erheblichen Wärmeverlusten. Dazu kommt, daß die Öfen durch starke Wärme-strahlung und Staubversengung Belästigungen mit sich bringen. Die lästige Strahlung kann allerdings durch Ofenschirme gemildert werden. Weiter bringt die Bedienung der Öfen Schmutz mit sich, was in vielen Betrieben nicht tragbar ist. Außerdem können bei gewissen Windverhältnissen zeitweise Rauchgase in die Arbeitsräume zurückgedrückt werden. Das Vorhandensein der Feuerstellen, der Schornsteindurchführungen durch Decken und Dächer sowie das Auftreten von Undichtigkeiten an den Heizflächen bedeuten eine beträchtliche Feuers-gefahr, weshalb die Ofenheizung in Räumen, die zur Verarbeitung oder Lagerung von feuergefährlichen Stoffen dienen, nicht anwendbar ist.

Sollen die Räume auch gelüftet werden, so kommen Lüftungsöfen in Frage, denen durch Kanäle Frischluft von außen her zugeführt wird. Für die Abluft können Abluftkanäle dienen, die von unten abgehen und zwecks Erhöhung des Auftriebes neben die Kamine verlegt werden. Sowohl die Frisch- wie Abluftwege müssen abgeschlossen und leicht gereinigt werden können.

Unter Umständen kann auch in Werkstätten größeren Ausmaßes Einzel-ofenheizung mit Großraumöfen in Frage kommen[1]. Großraumöfen mit im oberen

---

[1] BÜHNE, W.: Neuzeitliche Werkstättenheizung mit Großraumofen. Gesundh.-Ing. Bd. 62 (1939) S. 137/38.

Teil eingebauten Schraubenlüftern ermöglichen eine zwangsläufige Luftum
wälzung von oben nach unten und verhindern durch die außen gelegene Luft-
kanalanordnung die lästige Wärmestrahlung. Dadurch bietet diese Ofenart Vorteile, die sonst nur Wandlufterhitzern eigen sind und macht sie insbesondere
auch für die Aufstellung in behelfsmäßigen Werkstätten geeignet. Da die Rauch-
gaszüge außen mit Rippen versehen sind, ergibt sich eine Heizfläche, die insgesamt fast dreimal so groß ist wie die Manteloberfläche. Die Wärmeausnutzung
dieses Ofens entspricht der eines eisernen Dauerbrand-Zimmerofens. Derartige
Öfen können mit festen Brennstoffen, Gas oder Öl gefeuert werden.

4,412 Dampfheizung.

Die *Dampfheizung* besitzt bekanntlich eine Reihe nachteiliger Eigenschaften
gegenüber der Warmwasserheizung, insbesondere die hohen Oberflächentemperaturen sowie das Fehlen einer generellen Regelung vom Kessel aus. Für Fabrikheizungen fallen diese Mängel wohl für kleinere und mittlere Werkstätten ins
Gewicht, nicht aber für große, luftige Räume. Die Dampfheizung hat gegenüber
Warmwasserheizung, außer der rascheren Anheizmöglichkeit, die Vorteile
größerer Billigkeit in der Anschaffung und geringerer Einfriergefahr.

Zur Vermeidung unnötig hoher Heizflächentemperaturen soll der Dampfdruck so niedrig wie möglich gehalten werden.

Die Festlegung des zu wählenden Dampfdruckes in der Fabrikheizungsanlage
wird von einer Anzahl von Gesichtspunkten bestimmt, und zwar:

1. von dem Dampfdruck einer evtl. schon vorhandenen Heizungsanlage,
2. von dem Dampfdruck des etwa benötigten Fabrikationsdampfes,
3. von dem Grad der Nutzbarmachung der Druckenergie in einer der Heizungsanlage vorgeschalteten Dampfmaschine oder -turbine,
4. von der bis zur Verbrauchsstelle zu überwindenden Entfernung,
5. von der Rohrleitungsführung,
6. von den entstehenden Anlagekosten usw.

Die unmittelbare Verwendung von Hochdruckdampf (Frischdampf) zu Heizzwecken ist in der Regel unwirtschaftlich. In Betrieben, die zum Antrieb ihrer
Arbeitsmaschinen Dampfmaschinen oder -turbinen eingebaut haben oder noch
einbauen, läßt sich dann, wenn Krafterzeugung und Wärmebedarf zeitlich und
der Menge nach einigermaßen übereinstimmen, mit Erfolg eine Kraft-Wärme-
Kupplung durchführen.

Dabei kann der aus der Arbeitsmaschine kommende Dampf in Form von
Entnahme-, Ab- oder Vakuumdampf zur Verfügung stehen.

Der Druck des Entnahmedampfes beträgt 1,0 bis 2,5 atü.

Der *Abdampf* hat einen Druck von etwa 1,05 bis 1,2 ata (entsprechend 100
bis 105° C). Er kann direkt ins Heiznetz geschickt werden. Dabei ist zu beachten,
daß der Abdampf von Kolbendampfmaschinen, Dampfhämmern und Dampfpumpen vorher sorgfältig vom mitgerissenen Schmieröl gereinigt werden muß,
weil sich sonst die Innenseiten der Heizflächen mit Öl beschlagen, was dem Wärmedurchgang hinderlich ist. Bei Dampfturbinen ist eine Reinigung des Abdampfes,
seiner Ölfreiheit wegen, dagegen nicht erforderlich. Besitzt der Abdampf zu
niedrige Spannung zum Betrieb einer unmittelbar wirkenden Niederdruckdampfheizung, so läßt er sich in gleicher Weise wie Rauchgaswärme, Abwärme von
Dieselmaschinen, Gasmotoren usw. zum Betrieb von Warmwasser- und Luftheizungen benutzen.

Fällt aus Dampfhämmern, Speisepumpen usw. der Abdampf stoßweise an,
so kann die Aufstellung von Speichern empfehlenswert sein.

Reicht die vorhandene Abdampfmenge nicht aus, so muß Frischdampfzusatz erfolgen. Mit Abdampfdrücken von 0,05 bis 0,2 atü können Niederdruckdampfheizungen normaler Art unmittelbar betrieben werden. Wenn für den Sommer keine weitere Abdampfverwertung besteht, so ist eine besondere Kondensationsanlage zu schaffen.

Wird der Dampf bis unter 1 ata entspannt, so kann der Abdampf zur Vakuumdampfheizung Verwendung finden. Der Dampf wird dabei vor dem Kondensator entnommen. Da hierbei die Druckenergie des Dampfes zunächst fast restlos zur Arbeitsleistung ausgenutzt wird, ist diese Art des Kraft-Heizbetriebes zweifellos die wirtschaftlichste. Durch Veränderung des Vakuums läßt sich die Heizdampftemperatur der Außentemperatur verhältnismäßig weitgehend anpassen (bis herunter zu etwa 50° C entsprechend 0,1 ata). Allerdings sind dem großen Dampfvolumen entsprechend die Rohrdurchmesser und die Heizkörperoberflächen größer als bei den übrigen Dampfheizungen. Wie schon in früheren Abschnitten angedeutet, sind Vakuumheizungen in Deutschland bisher nur vereinzelt ausgeführt, während sie in Amerika häufiger vorkommen. Die Dichthaltung eines größeren Rohrnetzes zur Erzielung eines gewünschten hohen Vakuums bereitet Schwierigkeiten.

Steht eine Hochdruckkesselanlage zu Kraft- und Heizzwecken nicht zur Verfügung, so kann eine Niederdruckdampfheizung mit eigener Kesselanlage zur Beheizung in Betracht kommen. Die Vorteile der Niederdruckdampfheizung gegenüber der Hochdruckdampfheizung bestehen darin, daß sie wie die Vakuumheizung nicht genehmigungspflichtig ist, störungsfreier und wirtschaftlicher arbeitet und geringere Oberflächentemperaturen aufweist.

In diesem Zusammenhang sei auch noch ein Sonderfall von Wärmeverwertung zu Heizzwecken erwähnt. Zur Trocknung des Fertiggutes in Papierfabriken werden große Warmluftmengen benötigt. In einem Fall hat man die dabei entstehende warme Feuchtluft in besonderen Lufterhitzern ihre Wärme an neue Trockenluft abgeben lassen und so einen erheblichen Wärmerückgewinn erzielt, der Heizzwecken nutzbar gemacht werden konnte. Damit soll gesagt sein, daß in Betrieben mit industriellem Wärmeverbrauch zu prüfen ist, ob nicht die Abwärme irgendwie anderweitig nutzbar gemacht werden kann.

Gegenüber Dampfheizung stellt sich *Warmwasserheizung* wegen ihrer leichteren Anpassungsfähigkeit an die Witterung billiger. Auch eignet sie sich, wie bereits angedeutet, gut zur Fernleitung von sonst nicht verwertbarer Abfallwärme.

Sie ist auch, wie schon öfter betont, wegen ihrer niedrigen Oberflächentemperaturen hygienischer als Dampfheizung. Infolge ihres großen Wasserinhaltes werden allerdings bei Fabrikheizungen die Anheizzeiten verhältnismäßig lang. Die Einfriergefahr der Warmwasserheizung ist außerdem größer als bei Dampfheizung, vornehmlich in sehr leicht gebauten Hallen. Der Einfriergefahr kann dadurch begegnet werden, daß sie bei kalten Außentemperaturen über die Feiertage schwach weiterbetrieben wird. Dabei kühlen die Räume zudem weniger stark aus, so daß das Anheizen zum Arbeitsbeginn leichter vorgenommen werden kann. Der Brennmaterialverbrauch ist dabei kaum größer als bei unterbrochenem Betrieb. Trotzdem empfiehlt es sich, Warmwasserheizung nur in vollwandigen Hallen und Gebäuden auszuführen.

4,413 Heißwasserheizung.

Betriebswirtschaftlich vorteilhaft ist die *Heißwasserheizung*, wobei man Wassertemperaturen über 100 bis 200° C bei entsprechenden Drücken anwendet. Mit ihr lassen sich sowohl Mängel der Dampf- wie der normalen Warmwasserheizung teilweise vermeiden. Verringerung der umlaufenden Wassermenge durch Erhöhung der Temperaturen und des Temperaturunterschiedes, Verkleinerung der Rohrleitungen und damit Senkung der Anlage- und Betriebskosten, generelle Regelbarkeit durch Rücklaufwasserbeimischung zum Vorlauf oder Anwendung von temperaturgeregelten Gegenstromapparaten sind die Vorteile dieses Heizverfahrens. Infolge der Wärmespeicherung in den Kesseln, die auch bei Abschaltung des Heizrohrnetzes erhalten bleibt, lassen sich sehr kurze Anheizzeiten erzielen.

Sofern es sich um umfangreiche Heißwasserheizanlagen handelt, kommt der richtigen Wahl der Vorlauftemperaturen im Hinblick auf den Stahlbedarf, der sich in den Anlagekosten auswirkt, und Brennstoffverbrauch besondere Bedeutung zu[1]. Bei Heizkraftwerken wird man unter Beachtung der Stromerzeugung niedrigere Vorlauftemperaturen, z. B. 90/70° C vorziehen, dagegen vom Standpunkt der Anlagekosten aus lieber mit hohen Vorlauftemperaturen und großen Temperaturdifferenzen rechnen. Wirtschaftliche Überlegungen weisen jedenfalls darauf hin, daß in allen solchen Fällen, bei denen eine Kraft-Wärme-Kupplung technisch überhaupt in Frage kommt und die Wärme lediglich zu Raumheizzwecken benötigt wird, die niedrigeren Vorlauftemperaturen zu bevorzugen sind. Manche wärmewirtschaftliche Aufgabe läßt sich im Fabrikbetrieb durch

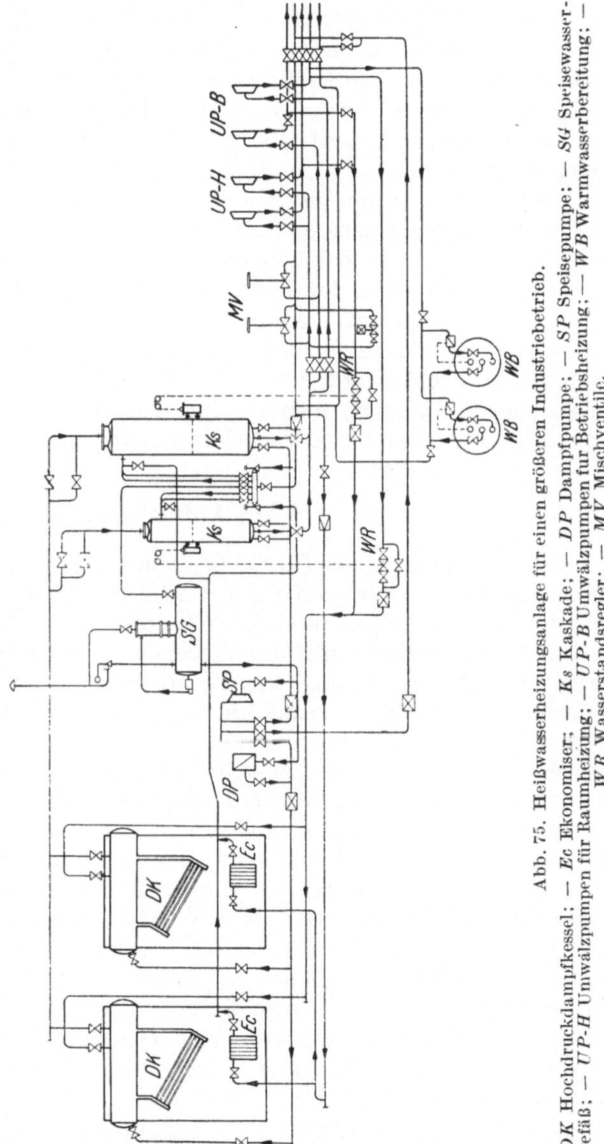

Abb. 75. Heißwasserheizungsanlage für einen größeren Industriebetrieb.
DK Hochdruckdampfkessel; — *Ec* Ekonomiser; — *Ks* Kaskade; — *DP* Dampfpumpe; — *SP* Speisepumpe; — *SG* Speisewassergefäß; — *UP-H* Umwälzpumpen für Raumheizung; — *UP-B* Umwälzpumpen für Betriebsheizung; — *WB* Warmwasserbereitung; — *WR* Wasserstandsregler; — *MV* Mischventile.

die Anwendung der Heißwasserheizung allein einwandfrei lösen[2], insbesondere dort, wo neben der üblichen Zentralheizung auch verschiedenartige Wärmeverbraucher angeschlossen werden müssen. Hier wird mit Vorteil die Mehrleiter-

---

[1] HENDRIKS, E.: Die Wahl der Vorlauftemperaturen von Heizkraftwerken im Hinblick auf den Stahl- und Kohlenbedarf. Heizg. u. Lüftg. Bd. 16 (1942) S. 4/5.

[2] OEHRL, W.: Wärmewirtschaftliche Probleme in der Industrie, ihre Lösung durch Heißwasserheizung. Haustechn. Rdsch. Bd. 46 (1941) S. 309/13. — W. FUHLENDORF: Hochdruck-

anordnung gewählt. Dem Bedarf der Verbrauchsstelle entsprechend kann das Heißwasser mittels Gegenstromapparaten in Warmwasser oder mittels Verdampfern in Dampf verschiedener Spannung umgeformt werden. Die Abb. 75 zeigt die Heißwasseranlage für einen größeren Industriebetrieb.

An Stelle von Großwasserraumkesseln als Heißwassererzeuger sind in den letzten Jahren auch die im Dampfkesselbetrieb seit langem bewährten Hochleistungskessel (Abb. 18) als Heißwasserkessel mit Erfolg verwendet worden, u. a. z. B. auch der bekannte La-Mont-Kessel[1].

Eine andere Bauart von Heißwassererzeugern, die heute steigend Anwendung findet, ist der Velox-Heißwassererzeuger[2]. Im Gegensatz zum La-Mont-Kessel, der mit Kohle gefeuert wird, ist er an flüssige oder gasförmige Brennstoffe gebunden.

Der vielseitigen Anwendungsmöglichkeit wegen hat sich die Heißwasserheizung in den verschiedensten Industrien eingeführt, z. B. u. a. auch bei der Holztrocknung, der Sperrholzherstellung, der Wellpappenherstellung, bei den Holzverzuckerungswerken, den Futterhefeanlagen, der Fettindustrie, den Textilfabriken, der Papierindustrie usw.[3].

Mit Rücksicht auf die größtmögliche Betriebswirtschaftlichkeit und Unabhängigkeit bei Reparaturen ist es sowohl bei größeren Dampf- als auch Heißwasserheizungen angezeigt, mehrere für sich abstellbare und bei Heißwasserheizung auch entleerbare, von Verteilern abzweigende Heizgruppen anzuordnen.

4,414 Luftheizung.

Die *Luftheizung* eignet sich für Großraumheizung, ist aber oft auch für kleinere Räume zweckdienlich, wenn diese gleichzeitig gelüftet werden sollen. Es kommen Anlagen mit verteilt aufgestellten Einzellufterhitzern oder zentral angeordneten Lüftern und Lufterhitzern mit anschließenden Warmluftverteilrohren in Frage.

Dabei ist es für die Planung wichtig, die verschiedenen Ausführungsarten zu kennen, die bestimmte Sonderanforderungen erfüllen. So saugen die Wandheizapparate in Kastenform in der Regel die Luft von unten an und blasen sie durch waagerechte Öffnungen aus. Ähnliche Bauarten werden an den Wänden in höheren Raumzonen angeordnet und saugen die oberen Raumluftschichten an und führen sie durch schräggestellte Mündungen gegen den Fußboden. Auch die an der Decke oder am Gebälk befestigten Luftheizgeräte finden vielfach Anwendung. Sie haben entweder runde oder quadratische Form und Motoranordnung über oder unter der Heizbatterie. Die Ausblasöffnungen sind nach unten gerichtet. Weitere Bauarten besitzen auch verstellbare und sogar langsam sich drehende Schürzenformen zur bestmöglichen Anpassung an die bestehenden Verhältnisse. Im letzteren Fall wird eine gute kreisförmige Luftverteilung erzielt. Durch geschickte Verteilung der Geräte im Raum kann man eine gleichmäßige Luftverteilung erzielen, auch für Industriegebäude in Leichtbauweise[4].

Heißwassererzeuger im Heiz- und Heizkraftbetrieb. Gesundh.-Ing. Bd. 61 (1940) S. 215/18. — E. Krebs: Fortschritte auf dem Gebiet der Werksheizung. Stahl u. Eisen Bd. 72 (1952) S. 1088/93; — Erfahrungen mit der Heißwasser-Fernheizung in einem Hüttenwerk. Heizg., Lüftg., Haustechn. Bd. 4 (1953) S. 187/89.

[1] Peters, H.: Der La-Mont-Heißwasserheizungskessel. Heizg. u. Lüftg. Bd. 14 (1940) S. 73/78.

[2] Roth, W.: Die Anwendung des Veloxkessels in Heizanlagen. Brown Boveri Mitt. Bd. 28 (1941) S. 89/97. — Velox-Heißwassererzeuger. Heizg. u. Lüftg. Bd. 16 (1941) S. 153.

[3] Fuhlendorf, W.: Hochdruck-Heißwasserversorgungsanlagen. Gesundh.-Ing. Bd. 62 (1941) S. 17/20.

[4] Vecco, G.: Heizung mit Luftheizgeräten. Heizg. u. Lüftg. Bd. 14 (1940) S. 69/70.

Die Luftheizungen haben in industriellen Betrieben folgende Vorteile:

1. Der Aufbau der Anlagen ist einfach.

2. Es wird weder bei der Aufstellung von Einzelheizapparaten noch bei zentraler Erwärmung der Luft und Verlegung von Luftverteilleitungen Stellfläche beansprucht.

3. Die Wärme kann ohne Schwierigkeiten an die Stellen im Raum gebracht werden, wo sie am nötigsten gebraucht wird.

4. Gewünschtenfalls können die Anlagen gleichzeitig zur zugfreien Lüftung der Räume benutzt werden, indem der Umluft Frischluft beigemischt oder ausschließlich mit Frischluft gearbeitet wird.

5. Sie weisen kurze Anheizzeiten auf.

6. Der Betrieb ist einfach und die Heizwirkung regelbar.

4,415 Strahlungsheizung.

Die Luftheizung hat in hohen Räumen ebenso wie die örtlichen Heizflächen unter den Fenstern den Nachteil, daß sich eine Luft-Temperaturschichtung von oben nach unten ergibt. Die an den Heizflächen erwärmte Luft steigt mehr oder weniger rasch nach oben und hängt dann unter der Dachfläche. Sie kühlt sich hier ab und fällt in gewissen Zeitabständen wieder nach unten. Die Folge sind erhöhte Wärmeverluste und stärkere Luftströmungen in der Halle, die wegen der Staubaufwirbelung wenig erwünscht sind. Man erreicht Lufttemperaturen unterhalb des Daches von 25° C, während über Fußboden nur 16° C gemessen werden. Das Bestreben muß aber sein, die Wärme nach unten zu bringen und auch möglichst ohne stärkere Luftbewegungen in den meist mit Staub geschwängerten Fabrikhallen auszukommen. Es bürgerte sich daher neben der Luftheizung die *Strahlplattenheizung*[1] (auch als Sunstripheizung bezeichnet) ein, bei der die Wärmeübertragung wie bei der Deckenheizung überwiegend durch Wärmestrahlung erfolgt. Die Strahlungswärme kommt unmittelbar dem Fußboden zugute, ohne erst die Raumluft zu erwärmen. Dadurch tritt die erwähnte Temperaturschichtung in viel geringerem Maße auf, und die Warme gelangt in die Aufenthaltszone des Menschen. Die Wärmeverluste werden geringer und ermöglichen Ersparnisse bis zu 15%. Die praktische Ausführung ist verhältnismäßig einfach. Über den unterhalb des Daches verlegten Heizrohren werden größere Stahlblechplatten in fortlaufenden Bändern gelegt und diese zwecks Verbesserung der Wärmeübertragung mit den Rohren durch Sicken im Blech, Schweißen oder Bügel verbunden.

Die Beheizung dieser Strahlplattenbänder erfolgt vorwiegend mit Heißwasser, aber auch Dampf ist möglich, wobei man bei mehreren nebeneinanderliegenden Rohren die Heizwärme den einzelnen Rohren gleichmäßig in einer Richtung zuführen muß, um keine Querspannungen durch ungleichseitige Erwärmung in den Blechbändern auszulösen.

Doch zu bemerken ist, daß eine derartige Strahlplattenheizung in den Anlagekosten über der Luftheizung liegt. Die wirtschaftliche Überlegenheit ließ sich jedoch in zahlreichen Anlagen nachweisen, die aus noch anderen Gründen[2] bis zu 30% Wärmeersparnisse zeitigen können. Die der Luftheizung zugeschriebenen

---

[1] BILDEN, G.: Bau und Betrieb der Strahlungsheizung und Strahlungskühlung. Heizg., Lüftg., Haustechn. Bd. 2 (1951) S. 5/9. — A. KOLLMAR: Die Berechnung einer Strahlplattenheizung. Heizg., Lüftg., Haustechn. Bd. 3 (1952) S. 147/52; — Neuere Entwicklungen und Gedankengänge der Strahlungsheizung. Gesundh.-Ing. Bd. 73 (1952) S. 105 bis 113.

[2] KOLLMAR, A.: Die Heizsysteme für Industrie- und Verwaltungsgebäude unter neueren heiztechnischen Erkenntnissen. Heizg., Lüftg., Haustechn. Bd. 4 (1953) S. 109/19.

Vorteile, wie einfacher Aufbau der Anlage, keine Wegnahme von Stellflächen im Raum, die Wärme kann dahin gerichtet werden, wo man sie braucht, kurze Anheizzeit, geringe Wärmeträgheit, einfacher Betrieb und gute Regelbarkeit liegen bei der Strahlungsheizung ebenfalls vor. Die Strahlplatten-, Elektro- und Gasstrahlerheizungen weisen den Vorteil auf, die Heizung einer Werk-halle nur auf die Arbeitsplätze beschränken zu können (Teilraumbeheizung).

4,416 Elektro- und Gasheizung.

In industriellen Betrieben wasserkraftreicher Länder sind schon wiederholt *Elektrowarmwasser-* und *Elektrodampfheizungen* mit Wärmespeichern erstellt worden. Das Aufladen der Speicher geschieht durch Widerstands- oder, bei un-mittelbarer Anwendung von Hochspannungsstrom, durch Elektrodenheizung, wobei die Elektroden in die Speicher eingebaut oder in besonderen, mit denselben in Verbindung stehenden Kesseln untergebracht sind. Normalerweise wird außer-dem eine Ergänzungs- und Reservekesselanlage für feste Brennstoffe vorgesehen.

Es werden auch Speicheröfen (z. B. in Werkstattbüros) angetroffen sowie unmittelbar wirkende elektrische Lufterhitzer in kleineren Luftheizungen und ge-wöhnliche elektrische Heizöfen, die in den zu heizende Räumen[1] untergebracht werden.

In Sonderfällen kann es angebracht sein, in großen Lagerhallen, bei denen örtlich nur eine kleinere Arbeitsfläche der Heizung bedarf, diese durch elektrische Strahlsofitten oder Voutenstrahler zu erwärmen. Die Vorteile dieser Infrarot-strahlungsheizung sind die augenblickliche Wärmewirkung, die sofortige Ab-stellmöglichkeit, die einfache Montage und verhältnismäßig billigen Gestehungs-kosten. Dagegen spricht, wie bei allen elektrischen Heizungsarten, der Preis für die Stromwärme. Deshalb kommt die elektrische Strahlungsheizung nur bei kleinerer Teilraumbeheizung in größeren Hallen oder bei nur gelegentlicher In-betriebnahme auf kurze Zeit in Frage. Der letztere Fall ist in Industriebetrieben weniger gegeben, jedoch bei Ausstellungshallen, Sporthallen u. ä.

Unmittelbare elektrische Heizung mit Rohrheizkörpern kommt namentlich für Räume zur Verwendung, in denen größere Temperaturschwankungen keine Rolle spielen, z. B. für Weinkeller von Großweinhandlungen, Bananenkeller von Südfrüchtehandlungen oder andere Lager und Magazine, in denen es nur darauf ankommt, daß gewisse Mindesttemperaturen nicht unterschritten werden. Die Heizkörper werden dann nur nachts und während anderen Niedertarifstunden (gewünschtenfalls selbsttätig) eingeschaltet, wodurch die Raumtemperatur steigt, während sie in den Zwischenzeiten wieder sinkt.

In Weinkellern z. B. liegt die nicht zu unterschreitende Temperaturgrenze bei 6 bis 8°C, weil tiefere Temperaturen den gelagerten Weinen schaden. Daß gerade hier elektrische Heizung sich als praktisch erweist, rührt daher, weil ihre bekannten Vorzüge (einfache Montage und Bedienung, leichte Regelbarkeit der Heizwirkung, Sauberkeit usw.) zur Geltung kommen und außerdem die Heiz-körper wegen ihrer Kleinheit und des bequemen Anschlusses besonders leicht an den zweckmäßigsten Orten aufgestellt und über den Sommer jeweils heraus-genommen werden können, damit sie die Reinigungs- und Einkellerarbeiten nicht hindern und beim Schwefeln der Fässer nicht leiden.

Die industriellen Betriebe, welche elektrisch heizen, verfügen in der Regel über eine eigene, nicht voll ausgenutzte Wasserkraft oder sind in der Lage, von auswärts besonders billigen Nacht- und Abfallstrom zu beziehen.

---

[1] SCHULZ, W.: Elektroraumheizung, 3. Aufl. Frankfurt a. M. 1953.

Einzelgasöfen in den Räumen oder *Gasfeuerung* zum Betrieb von Dampf-, Warmwasser- oder Luftheizungen, wie auch für Trocken- und andere technische Zwecke kommen in industriellen Betrieben bisweilen zur Anwendung, wenn selbsterzeugtes oder aus Fernversorgungsanlagen bezogenes Hochofen-, Generator- oder Koksofengas billig zur Verfügung steht, vornehmlich für solche Räume, deren Anschluß an die Sammelheizung aus betrieblichen Gründen schwierig ist oder die eine Sonderheizung benötigen, weil sie schon vor Arbeitsbeginn warm sein müssen. Das von den städtischen Gaswerken erzeugte Stadtgas ist für diese Zwecke zu teuer. Allerdings können Vorteile der Gasheizung, wie stete Betriebsbereitschaft, Einfachheit der Montage und der Bedienung, Sauberkeit, leichte Regelbarkeit der Heizwirkung, Ausschluß der Einfriergefahr, Wegfall des Bezuges und der Lagerung von festem Brennmaterial und des Wegschaffens von Asche und Schlacken, selbst bei etwas höheren Kosten ausschlaggebend für ihre Wahl sein. Bei der Aufstellung von Wirtschaftlichkeitsberechnungen ist bei Gasheizung (ähnlich wie bei der Elektroheizung) zu beachten, daß unter Umständen wesentlich höhere Wirkungsgrade erzielt werden können als bei Feuerungsanlagen mit festen Brennstoffen.

Wichtig ist, daß die Gasinstallation sachgemäß durchgeführt und dem Betrieb die nötige Aufmerksamkeit geschenkt wird, weil sonst Feuers- und Explosionsgefahr nicht ausgeschlossen sind.

Durch den geringeren Preis der Gaswärme (s. Abschn. 2,271) stellt sich die Gasstrahlungsheizung günstiger als die elektrische Strahlungsheizung. Die Gasstrahlheizer (s. Abschn. 2,412) sind für die Beheizung von Montagehallen, Lagerhallen u. a. schon vielfach angewendet worden. Die der Strahlungsheizung allgemein zuzuschreibenden Vorteile gelten ebenfalls für die Gasstrahlungsheizung. Für sehr hohe Hallen dürften die hochtemperierten Gasstrahler besonders geeignet sein, da man durch die Möglichkeit der höheren Aufhängung größere Heizgruppen von Einzelstrahlern zusammenstellen kann. Die Zündung der Gasstrahlheizer erfolgt entweder durch Dauerzündflammen ähnlich wie bei Straßenlaternen oder durch elektrische Fernzündung.

4,417 Abwärmeverwertung.

Für die Umsetzung der Abwärme[1] in nutzbare Wärme bestehen die verschiedensten Möglichkeiten. Allerdings ergeben sich oft Schwierigkeiten, wenn die Abwärme nicht regelmäßig und dazu nur in schwankender Menge verfügbar ist. Durch eine entsprechende Steuerung des Betriebes oder durch Anordnung von Wärmespeichern läßt sich jedoch in vielen Fällen der erforderliche Ausgleich herbeiführen. Als Beispiel für die Abwärmegewinnung im Dampfmaschinenbetrieb sei auf die Rückgewinnung der bei Kondensationsmaschinen an den Kondensator abgeführten Wärmemenge zu Heizzwecken hingewiesen. Der Wärmeverlust im Kondensator übersteigt 65% der gesamten Wärmezufuhr. Es steht hier Abwärme im Kondensat oder Kühlwasser zur Verfügung. Da man das Kondensat im allgemeinen wieder zur Kesselspeisung benutzt, bleibt zur Ausnutzung noch das zur Kondensation benötigte Kühlwasser, das zwar in der Temperatur meist zu niedrig liegt, aber z. B. durch Weitererwärmung mittels Entnahmedampf oder anderer Wärmequellen zu Heizzwecken nutzbar wird. In Amerika wird vielfach ein Rückgewinn von Kondensatwärme in Vakuumdampfheizungen herbeigeführt, wobei die Heizung praktisch als Kondensator dient.

---

[1] Milentz, F.: Abwärmeverwertung für Heizungsanlagen. Gesundh.-Ing. Bd. 64 (1941) S. 323/33; — Heizungsanlagen mit Vakuumabdampf-Verwertung. Halle (Saale) 1951.

Auch die Ausnutzung der Kühlwasserwärme von Gasmaschinen und Diesel-maschinen[1] zur Heizung wurde mehrfach mit Erfolg durchgeführt. Um das Temperaturniveau des Kühlwassers bei Gasmaschinen, das etwa bei 50°C liegt, zu heben und das Kühlwasser dadurch für Raumheizzwecke geeigneter zu machen, ist mehrfach schon die Heißkühlung angewandt worden, wobei Kühlwasser-temperaturen unter Druck bis 120°C ohne Bedenken für die Maschine angewendet werden konnten.

Weitere Abwärmequellen stehen in den Abgasen industrieller Feuerungen (wie Glühöfen, Brennöfen, Schmelzöfen usw.) zur Verfügung, wobei im allge-meinen eine Wirtschaftlichkeit erst gegeben ist, wenn die Rauchgastemperatur ständig höher als 300°C liegt.

4,42 Warmwasserversorgung.

In Fabriken ist Warmwasserbereitung unter Aufwendung von festen Brenn-stoffen, Gas oder Strom erforderlich zu Reinigungs- oder Betriebszwecken (z. B. in Färbereien, chemischen Fabriken, Großgaragen zum Reinigen der Wagen usw.), ferner zu Wasch- und Badezwecken für die Arbeiter und Angestellten. Sie dient dann zur Versorgung der Handwaschbecken in den Werkstätten, Toiletten der Bürogebäude, Brause- und Wannenbäder und evtl. zur Versorgung der Werksküche. Das Warmwasser muß somit in ausgedehnten Betrieben ferngeleitet werden. Nach Möglichkeit sollte die Warmwasserbereitung durch Abwärme ge-schehen. Jedoch ist in jedem Falle eine besondere Nachprüfung über die Wirt-schaftlichkeit der Abwärmeverwertungsanlage vorzunehmen. Nur dann, wenn die vielleicht höheren Anlagekosten gegenüber einer Warmwasserbereitung mit besonderer Kesselanlage durch erhebliche Brennstoffeinsparungen in möglichst kurzer Zeit (höchstens fünf Jahre) ausgeglichen werden, sollte sie ausgeführt werden. Bei größeren industriellen Badeanlagen empfiehlt sich die Aufstellung sog. Badeschaubilder. In diese werden die Badezeiten, der zu erwartende Warm-wasserbedarf für einen Tag sowie die Wärmezufuhr eingetragen. Gerade für in-dustrielle Anlagen ist dies verhältnismäßig genau möglich, weil die Badezeiten in der Regel mit der Zeit des Schichtwechsels zusammenfallen. Aus einem der-artigen Schaubild kann dann die notwendige Größe des Badewasserspeichers be-rechnet werden. Sie muß reichlich bemessen sein, damit die großen, plötzlich auftretenden Warmwasserbedürfnisse befriedigt werden können. Im übrigen weisen die Anlagen normale Ausführung auf.

Erfordert der Betrieb Warmwasser und steht Abwärme nicht oder nur in ungenügender Menge zur Verfügung, so kommen örtlich aufgestellte Warm-wasserbereiter unter Anschluß an eine Dampf- oder Heißwasserfernleitung oder an örtlich aufgestellte, mit festem Brennmaterial, Gas oder evtl. auch Elektrizi-tät betriebene Heizkessel in Frage. Auch können unmittelbar durch Kohle, Gas oder Elektrizität beheizte Warmwasserbereiter verwendet werden.

Wird an verschiedenen Stellen des Unternehmens Warmwasser von verschie-denen Temperaturen benötigt, so kann es zweckmäßig sein, Wasser von z. B. nur 50°C fernzuleiten und dieses dort, wo heißeres erforderlich ist, nachzuwärmen. In anderen Fällen sind schon Mischbatterien zur Anwendung gekommen. Steht in einem Betrieb z. B. mit Frischdampf angewärmtes, also verhältnismäßig teures Heißwasser von 90°C, ferner mit Abdampf angewärmtes Wasser von 50°C und außerdem viel Warmwasser von z. B. 30°C aus einem Oberflächen-kondensator zur Verfügung, so ist es angezeigt, das wertvolle 90grädige Wasser

---

[1] Ringenberg, H.: Die Verwertung der Abwärme von Dieselmaschinen. Techn. Rdsch. Sulzer Heft 3 (1952) S. 1/11.

nur dort zu verbrauchen, wo mit weniger warmem nicht auszukommen ist, während zur Herstellung von beispielsweise 40grädigem Wasser 50- und 30grädiges gemischt wird usw. Mischbatterien, in welche die verschiedenen Warmwasserleitungen und auch eine Kaltwasserleitung einmünden und von wo das gemischte Wasser abgezapft wird, können hierfür gute Dienste leisten.

Handelt es sich um große Unternehmungen mit Werksküche, so ist zum Betriebe der Dampfkochkessel usw. auch Dampf zu liefern, wofür mit Vorteil ebenfalls Abdampf verwendet wird, sofern er die nötige Spannung (0,5 bis 0,8 atü) aufweist. Sonst ist Zwischen- oder Frischdampf zur Verfügung zu stellen, wenn nicht vorgezogen wird, Gas- oder Elektroherde usw. zu verwenden. Die Kochkessel können auch an Heißwasser angeschlossen werden.

Für weitere Zwecke kann in industriellen Betrieben Dampf und daher eine Ferndampfversorgung erforderlich sein. Werden im Winter die Heizleitungen hierfür benutzt, so sind für den Sommer besondere Sommerleitungen kleineren Durchmessers zu erstellen, weil sonst die Wärmeverluste zu groß ausfallen. Nötigenfalls müssen Wirtschaftlichkeitsberechnungen darüber Aufschluß geben, ob eine solche Dampf- oder Heißwasserfernversorgung oder örtliche Erzeugung der erforderlichen Wärme, beispielsweise mittels Gas oder Elektrizität, billiger zu stehen kommt. In den meisten Fällen wird sich indessen ergeben, daß die erstgenannte Ausführungsart trotz der höheren Erstellungskosten und der Wärmeverluste der ständig unter Druck stehenden Leitungen den Vorzug verdient.

4,43 Lüftung.

Gerade das Gebiet der Lüftung von Arbeitsräumen in gewerblichen und industriellen Betrieben bedarf der besonderen Beachtung, denn Arbeitsleistung und Arbeitsfreudigkeit sind in hohem, bisher vielfach nicht genügend beachtteten Maße von einer einwandfreien Lüftung abhängig. Daß lüftungstechnische Anlagen entweder überhaupt fehlen oder größtenteils noch recht unvollkommen sind, ist einmal darauf zurückzuführen, daß die Lösung der Lüftungsaufgabe je nach der Betriebsart und der Bauweise des Gebäudes nicht immer einfach ist, zum anderen aber darauf, daß der Einbau solcher Anlagen oft erhebliche Kosten verursacht.

Für den Begriff der „guten Luft im Arbeitsraum", die zu gesundheitlich einwandfreien Arbeitsbedingungen gehört und auf die jeder Arbeitende ein Anrecht hat, gibt es keine allgemein zutreffenden, etwa auch zahlenmäßig belegbaren Forderungen, weil die Betriebsverhältnisse zu verschiedenartig sind und deshalb von Fall zu Fall betrachtet werden müssen. Wohl aber lassen sich gewisse Grundsätze für die Beurteilung des Einflusses guter Luft auf den tätigen Menschen aufstellen. In der Gewerbeordnung § 120a ist bis jetzt nur ganz allgemein festgelegt, „daß im besonderen für ausreichenden Luftraum und Luftwechsel, Beseitigung des bei dem Betrieb entstehenden Staubes, der dabei entwickelten Dünste und Gase sowie der entstehenden Abfälle Sorge zu tragen ist". Auch die sonstigen zur Zeit in Deutschland bestehenden gesetzlichen Vorschriften geben nur für einige Betriebe kleinerer Art (wie Buchdruckereien, Bäckeren usw.) Zahlen für den Mindestluftraum je Person an. In den letzten Jahren sind jedoch von verschiedenen Seiten Grundsätze und Regeln für die Beurteilung der Luft in Arbeitsräumen und Gestaltung von Lüftungsanlagen herausgegeben worden, die Anhaltspunkte für die weitere Bearbeitung von Einzelaufgaben bieten, z. B. die von amerikanischen Gewerbehygienikern aufgestellten Grundsätze[1], die vom Reichs-

---

[1] Amer. Publ. Heath Assoc. Year Book Bd. 26 (1935/36) Heft 3 (s. Kurzbericht im Gesundh.-Ing. Bd. 60 (1937) S. 375/76).

und Preußischen Arbeitsminister herausgegebenen 12 Lüftungsregeln[1], deren Beachtung den Gewerbeaufsichtsbeamten bei Bearbeitung von Baugesuchen zur Pflicht gemacht ist und schließlich die VDI-Richtlinien[2]. Wesentlich daran ist, daß in ihnen zunächst auf die Fragen der Baugestaltung ausführlich eingegangen wird; denn ganz zweifellos ist die Gebäudeart, vor allem die Höhe des zu lüftenden Raumes von großem Einfluß auf die Luftverschlechterung. Es ist Sache des Architekten, in frühzeitiger Zusammenarbeit mit dem Betriebsingenieur und dem Lüftungsfachmann diejenigen baulichen Maßnahmen zu treffen, die einerseits den Arbeitsraum gegen die Witterungseinflüsse schützen und andererseits den Rauminhalt, insbesondere also die Raumhöhe, auf den Arbeitsvorgang und die Zahl der im Raum Beschäftigten abstimmen. Zu hohe Räume erhöhen sowohl die Anlage- als auch die Betriebskosten (Unterhaltungs- und Heizkosten). In überhohen Räumen der im Sommer sich einstellenden übergroßen Hitze durch Lüftung entgegenzutreten, ist nur selten möglich und u. U. sehr kostspielig. Als vorbeugende Maßnahmen gegen zu starke *Sonneneinwirkung* kommen in Frage:

1. *Wärmedichte* Ausführung der *Wände* (1 bis $1^1/_2$ Stein) und vornehmlich der Dächer durch entsprechende Stärke oder durch Verwendung von Isolierbauweisen (Zellenbeton, Isolierbauplatten usw.).

2. Verwendung heller *Anstriche auf den Dächern*.

3. *Beschränkung der Fenstergröße* auf das für eine ausreichende Helligkeit notwendige Maß, insbesondere für die Ost- und Westseite. Nach Süden gelegene Fenster sind bezüglich der Sonneneinwirkung nicht so bedenklich, da infolge des hohen Sonnenstandes am Mittag der Einfallswinkel nur gering ist.

4. Anbringung eines möglichst außen gelegenen *Sonnenschutzes*, um auch eine Entlüftung zu ermöglichen. Ein blauer Anstrich auf Fenstern und Oberlichten verhindert nur die Blendung, jedoch nicht die Raumerwärmung.

In Fabriken genügt oft der natürliche Luftwechsel, sofern der Rauminhalt mit Rücksicht auf die Arbeiterzahl groß genug ist und keine die Raumluft in besonderem Maße verschlechternden Arbeitsvorgänge in Frage kommen. Wie auch in den verschiedenen Regeln betont, ist eine gute *natürliche* Lüftung zweifellos besser als eine unzulängliche künstliche.

Als natürliche Lüftung ist die Selbstlüftung eines Arbeitsraumes durch seine mehr oder weniger großen Undichtigkeiten zu betrachten. Je höher ein Raum, desto stärker wird diese Selbstlüftung infolge der steigenden Druckunterschiede zwischen Innen- und Außenluft. Für Werkstätten ist bei ruhiger Außenluft überschläglich mit etwa 1- bis $1^1/_2$fachem Luftwechsel zu rechnen. Erheblicher Windanfall kann diese Selbstlüftung vervielfachen, vornehmlich bei frei liegenden Gebäuden.

Ist zeitweilig eine geringe Erhöhung des durch die gegebenen Undichtigkeiten auftretenden Luftwechsels erwünscht, so kann dies durch Öffnen von Fenstern, Jalousieklappen und Klappfenstern oder Dachreitern, Dachhüten und bei Sägedachbauten auch durch Dachfirstklappen bewirkt werden. Dachreiter, Dachhüte, Saugköpfe und ähnliches sollen so gestaltet sein, daß der Wind keinen hemmenden, sondern einen fördernden Einfluß auf ihre Saugfähigkeit ausübt. Sie müssen gut instand gehalten werden, da sie den Witterungseinflüssen ständig ausgesetzt sind.

Muß ein bestimmter Luftwechsel garantiert werden, so sind mechanische Lüftungsanlagen erforderlich. Aber auch dann muß geprüft werden, ob bei den

---

[1] 12 Lüftungsregeln. Erlaß des Herrn Reichs- und Preuß. Arbeitsministers vom 3. 5. 1937 [s. a. Gesundh.-Ing. Bd. 60 (1937) S. 396].

[2] VDI-Richtlinien 2301: Lüftung von Arbeitsräumen in Gewerbe- und Fabrikbetrieben, 2. Ausg. 1950. Düsseldorf.

gegebenen Verhältnissen nicht mit einfachen Lüftungsanlagen, wie Decken- und Wandlüftern mit oder ohne Luftvorwärmung, auszukommen ist. Sollen die Anlagen jedoch, wie es oft der Fall ist, nicht nur hygienischen, sondern auch technischen Zwecken dienen, so reichen derartige einfache Anlagen nicht aus. In Webereien, Spinnereien, Tabakfabriken usw. ist die Raumluft z. B. feuchtzuhalten, was durch zentrale Befeuchtung der zugeführten Luft oder durch Zerstäubung von Wasser in den Räumen mittels Preßluft erreicht werden kann. In Textilfabriken, Schlachthöfen und ähnlichen Betrieben, in denen viel mit heißem oder gar siedendem Wasser hantiert wird, sind Entnebelungsanlagen erforderlich. Lagerräume, Kellerräume usw. müssen durch Lüftung im Sommer oft getrocknet, im Winter befeuchtet, andere gekühlt werden. Großgaragen sind zu lüften, weil die Raumluft durch die Auspuffgase der Autos verdorben wird und die Benzindämpfe Explosionsgefahr herbeiführen können, wenn sie nicht beseitigt werden. Dann wieder ist Lüftung zur Staubentfernung erforderlich, wie z. B. in Gußputzereien, Schwabbeleien, Schleifereien und Zigarettenfabriken.

Außerdem ist hinsichtlich der Lüftung großer Arbeitsräume zu unterscheiden zwischen hohen Räumen mit reichlichem Luftraum je Person und niedrigen, stark besetzten Räumen. Während in den erstgenannten Räumen am zweckmäßigsten Einzellüfter angeordnet werden, die je nach den Bedürfnissen auch eine Luftreinigung, -erwärmung und -befeuchtung ermöglichen und so hoch angebracht sein müssen, daß sie keine Zugerscheinungen verursachen, muß in der Regel bei niedrigen Räumen der zentralen Anlage mit entsprechenden Luftverteilungs- und -absaugekanälen der Vorzug gegeben werden.

4,431 Allgemeine Raumlüftung.

Diese Anlagen erhalten normalerweise einen Zulüfter mit Lufterhitzer zur Vorwärmung der Luft auf Raumtemperatur. Ablüfter sind meist nicht erforderlich, sondern nur Abluftöffnungen evtl. in Verbindung mit Abluftkanälen, die ziemlich eng gehalten werden können, weil die Erzielung eines gewissen Überdruckes in den Räumen zweckmäßig ist. Die Zu- und Abluftöffnungen sind so anzuordnen, daß die Räume, insbesondere die Aufenthaltszonen der Arbeiter, vom Luftstrom vollständig durchspült werden.

Je Person und Stunde sind mindestens 20 m³ Frischluft von etwas über Raumtemperatur einzuführen. Von $-5°C$ an ist (an Orten mit $-15°C$ niedrigster Außentemperatur) die Luftmenge einzuschränken, die erforderliche Erwärmung muß aber dennoch zustande kommen.

Bei Bauten mit Oberlichtern ist zu berücksichtigen, daß infolge der Sonneneinstrahlung in der Aufenthaltszone unangenehm hohe Temperaturen entstehen können. Zur Beseitigung helfen Lüftung und selbst Berieselung der durchsichtigen Glasflächen mit kaltem Wasser nur teilweise, weil die Wärmestrahlen (auch die dunklen) den Wasserschleier und die bewegte Luft in fast unvermindertem Maße durchdringen. Will man ihre Wärmewirkung von der Arbeitszone fernhalten, so muß dafür gesorgt werden, daß sie nicht bzw. nur zu einem kleinen Teil in die betreffenden Räume einzudringen vermögen.

Sollen außerdem die Dächer kühl gehalten werden, so sind gut isolierende Bauweisen und Kaltwasserberieselung angezeigt, wobei aber darauf zu achten ist, daß das Wasser nicht nur in einzelnen schmalen Wasserfäden über die Flächen hinunterfließt, sondern z. B. mittels Anwendung von Brausen, die Dächer gleichmäßig berieselt werden.

4,432 Absaugungsanlagen für die Beseitigung von Gasen, Dämpfen, Staub, Spänen usw.

Zur Beseitigung von Staub und Spänen ist möglichst nahe der Entstehungsquelle kräftig Luft abzusaugen, damit die Staub- und Späneteilchen vom Luftstrom mitgenommen werden. Dazu können entsprechend geformte Hauben und Mundstücke in Frage kommen, die an den Maschinen und anderen Betriebseinrichtungen oder in deren Nähe anzubringen sind.

Die Tab. 19 gibt für industrielle Absaugungsanlagen Anhaltswerte über die erforderlichen Luftgeschwindigkeiten.

Tabelle 19. *Luftgeschwindigkeiten für Absaugungsanlagen von Dämpfen und Gasen.*

	Art der Absaugung	Mittlere Luftgeschwindigkeit am Eintritt in m/sek
Aluminiumofen	Einseitig offene Haube	0,75 bis 1,0
	Ringhaube	1,0 „ 1,25
Beizbäder.	Haube	1,0 bis 1,25
	Seitenschlitze am Längskanal	4600 m³/h je m² Badfläche
Dampfbottiche	Haube	0,6 bis 0,9
Digestorien	Kasten mit Frontöffnung	0,5 bis 0,75
Elektroschweißen	Tragbare Hauben vorn offen	1,0 bis 1,25
	Vorn offene Kabine	0,5 „ 0,75
Entfettung	Ringhaube	0,75
	Seitenschlitze (5 bis 10 cm breit)	8 bis 1,0
Farbspritzen	Vorn offene Kabine	0,5 bis 0,9
Gummimischer	Haube	1,0 bis 1,25
	Seitenschlitze 5 bis 10 cm	10 „ 12
Gußputzerei	Abzug nach unten durch Gittertisch	1,25 bis 2,25
	Vorn offene Kabine	0,75 „ 1,0
Lackbehälter	Haube	1,1 bis 1,5
	Seitenschlitze 5 bis 10 cm	10 „ 12
Mehlstaub, auch Getreide- und Holzstaub	Ringhaube	2,5
	Seitenschlitze 7,5 bis 10 cm	10 bis 12
Messingofen	Einseitig offene Haube	1,0 bis 1,25
	Ringhaube	1,25 „ 1,5
Metallspritzverfahren.	Vorn offene Kabine	0,75 bis 1,0
Vernicklungsbäder	Haube	1,1 bis 1,25
	Seitenschlitze am Längskanal	4600 m³/h je m² Badfläche

In galvanischen Werkstätten versieht man z. B. je nach dem Arbeitsverfahren an den Bädern, Beizständen usw. die Absaugekanäle mit aufklappbaren Leitbrettern bzw. die Bäder oder Beizstände mit halb oder völlig geschlossenen Hauben (Abb. 76). Je geschlossener die Haube, desto geringer wird naturgemäß die abzusaugende Nebenluftmenge und desto restloser die Erfassung der Gase und Dünste. Die Anwendung geschlossener Hauben setzt jedoch voraus, daß der Arbeitsvorgang unter der Haube längere Zeit sich selbst überlassen bleiben kann. Bei häufigeren Arbeitseingriffen kommen die Leitbretter- und die halbgeschlossene Ausführung in Frage. In gewissen Fällen müssen die Absaugstutzen wegschwenk- oder teleskopartig verschiebbar sein, um die Arbeiter nicht zu behindern. Die aus Rohrleitung, Lüfter und z. B. Staubabscheider bestehende Gesamtanlage kann als Zentralanlage für mehrere Maschinen ausgeführt werden oder wie in neuerer Zeit entsprechend den Bestrebungen nach Einzelantrieb der Maschinen als Einzelabsaugungsanlage. Für die Ausführung von Staub- und Späneabsaug- sowie -transportanlagen und ähnlichen Einrichtungen werden zweckmäßig Spezialfirmen zugezogen, ganz besonders dann, wenn es sich um teilweise Wiedergewinnung der abgesaugten Produkte (z. B. von Benzin, Edelmetallstaub usw.) handelt. Die Auswahl der zweckmäßigsten Entstaubungsanlage und ihre richtige Bemessung erfordert Erfahrungen in den Werkstattverhältnissen, in den erzeugten Staubmengen und in den hierfür erforderlichen Luftmengen, die abzusaugen sind.

Bei den industriellen Lüftungsanlagen wird gewöhnlich von unten nach oben, bisweilen aber auch nach unten oder sowohl nach oben als auch nach unten gelüftet. Sind z. B. in Gießereien und Gußputzereien Bodenkanäle für die Staubabsaugung und Sandaufbereitung vorhanden, so wird ein Teil der Luft durch sie abgesaugt. Während der Zeit des Gießens und Auspackens der Sandformen empfiehlt sich, der dabei auftretenden starken Rauch- und Dampfentwicklung wegen, außerdem obere Absaugung.

Sind grobe Beimischungen, wie Staub, Späne und andere Schwebeteile in großen Mengen vorhanden, so dürfen sie nicht unmittelbar ins Freie geblasen, sondern müssen auf möglichst vollkommene und hygienische Weise beseitigt werden. Hierzu können Staubkammern, Staubfänger, Trocken- und Naßfilter sowie mit Öl benetzte Metallfilter dienen, ferner kommt Entstaubung der Luft durch Waschung, bei grobem Staub bzw. Spänen auch durch Zyklone in Frage und gegebenenfalls das Elektrofilter, insbesondere zur Wiedergewinnung wertvoller Schwebestoffe.

Zweckmäßige lüftungstech-

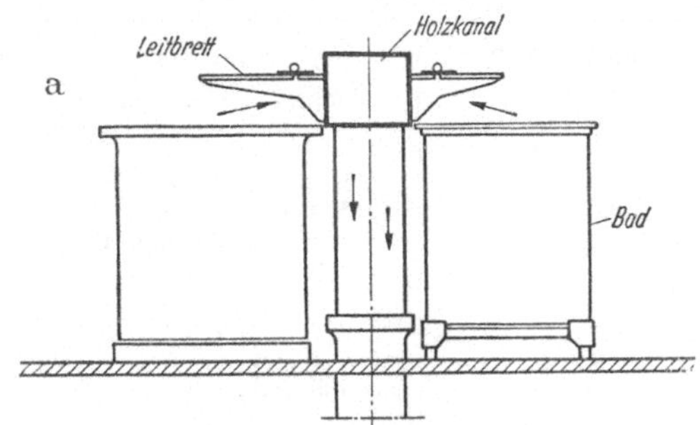

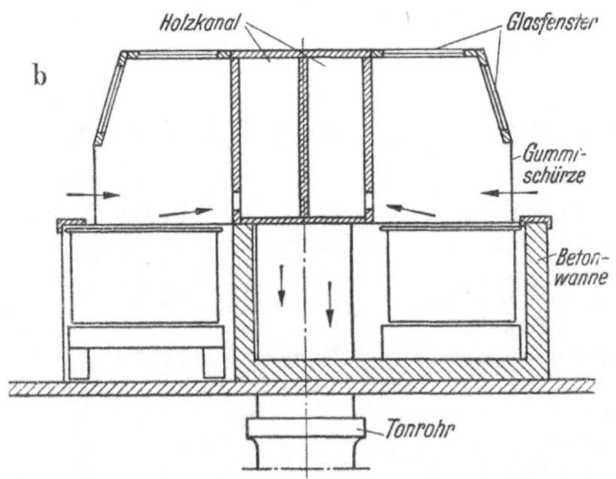

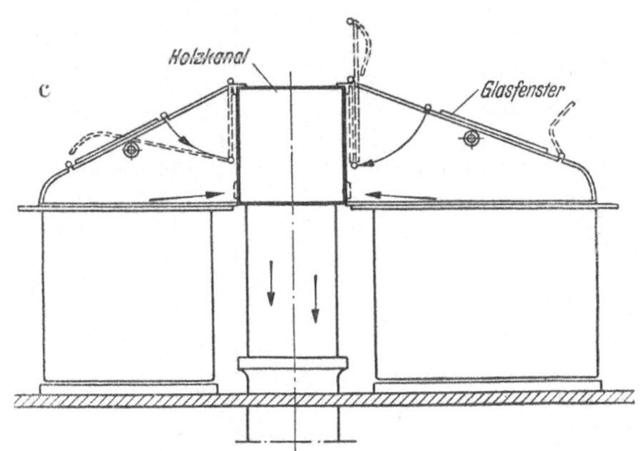

Abb. 76. Absaugekanal.
a mit aufklappbarer Haube; — b mit halbgeschlossener Haube; — c mit völlig geschlossener Haube.

nische Einrichtungen dieser Art, wie Absaugeanlage für Beizstände und galvanische Bäder, Auswaschanlage für die abgesaugten Gase und Dämpfe, Absauge- und Zuluftanlage für eine Spritzmalerei, Schleiferei, Blankpoliererei, Sandstrahlerei und zugehörige Staubabscheideanlagen findet man im diesbezüglichen Schrifttum[1].

[1] WEINHOLD, E., u. A. KOLLMAR: Lufttechnische Anlagen für Arbeitsräume mit Staub-, Gas- und Dämpfeentwicklung. Heizg. u. Lüftg. Bd. 11 (1937) S. 145/51. — R. NAGEL: Ent-

Tabelle 20. *Luftgeschwindigkeiten in Staub- und Späneabsaugeanlagen.*

w_1 = Ansauggeschwindigkeit am Haubenquerschnitt in m/sek
w_2 = Geschwindigkeit im Rohr in m/sek

Staubart und Staub-absaugestelle	w_1 m/sek	w_2 m/sek	Sauganschluß ⌀ mm	Bemerkungen
Elektrostaub				
Tellerschleifmaschinen .	15 bis 18	15 bis 18	80 bis 120	Explosions- und
Bandschleifmaschinen .	18 bis 20	16 bis 18	100 bis 120	Brandgefahr!
				Nur Naßab-
				scheidung
Farbstaub				
Lackspritzhauben . . .	0,5 bis 0,6	12 bis 14	225 bis 250	
			300 bis 450	
Lackspritzautomat . .	3 bis 5	12 bis 14	160 bis 200	
Glas-, Porzellan- und Keramikstaub				
Schleifbock	10 bis 12	12 bis 14	80 bis 100	
Rundschleifmaschinen .	12 bis 14	12 bis 14	80 bis 100	
Graphitstaub				
Fräsmaschinen	12 bis 14	14 bis 16	80 bis 140	
Bohrmaschinen	12 bis 14	14 bis 16	60 bis 100	
Drehbänke	12 bis 14	14 bis 16	80 bis 140	
Bandschleifmaschinen .	10 bis 12	12 bis 14	100 bis 140	
Kleine Tellerschleif-				
maschinen	10 bis 12	12 bis 14	80 bis 120	
Gummistaub		14 bis 16	120 bis 160 bis 200	
Feiner Holzstaub				
Bandschleifmaschine .	12 bis 14	12 bis 16	140 bis 160	Staubexplo-
Tellerschleifmaschine .	10 bis 12	12 bis 16	140 bis 160	sionsgefahr
Lochschleifmaschine .	14 bis 18	12 bis 14	120 bis 140	
Feine Holzspäne				
Kreissäge bis 400 mm ⌀	12 bis 14	14 bis 16	100 bis 120	
Kreissäge bis 700 mm ⌀	12 bis 14	14 bis 16	120 bis 140	
Pendelsäge	14	15	120	
Bandsäge	12	15	140	
Blockbandsäge	12 bis 14	14 bis 16	180 bis 200	
Fräsmaschinen	14 bis 17	16 bis 18	100 bis 120	
Abrichtmaschinen . .	14 bis 17	16 bis 18	140 bis 160	
Nut- und Spund-				
maschinen	14 bis 17	16 bis 18	120 bis 140	
Grobe Holzspäne				
Horizontalgatter . . .	16 bis 18	20	1 bis 2 Kehrlöcher	
Vertikalgatter je nach				
Größe	16 bis 18	20	180 bis 250	
Besäumsäge	18 bis 20	22 bis 25	120 bis 140	
Dickenhobelmaschinen .	16 bis 18	18 bis 20	160 bis 250	
Zinkenmaschinen . . .	16 bis 18	20 bis 22	120 bis 180	
Kehlmaschinen	18 bis 20	20 bis 22	2×120 bis 2×140	
			bzw. 4×140	
Kettenfräsen	16 bis 18	18 bis 20	100 bis 120	
Kehrloch	25	25 bis 30	140	
Kohlestaub		12 bis 14	140 bis 180	Staubexplo-
			bis 250	sionsgefahr

Tabelle 20. *Fortsetzung.*

Staubart und Staub-absaugestelle	w_1 m/sek	w_2 m/sek	Sauganschluß $\varnothing$ mm	Bemerkungen
Staub und Späne von Kunstpreß-Stoffen				Brandgefahr bei hohen Schnittge-schwindigkei-ten! Naßab-scheidung
Tischkreissägen	10 bis 12	12 bis 14	120 bis 140	
Fräsmaschinen	10 bis 12	10 bis 14	100 bis 120	
Bohrmaschinen	12 bis 14	12 bis 18	60 bis 80	
Drehbänke	12 bis 14	12 bis 18	60 bis 120	
Bandschleifmaschine .	12 bis 14	12 bis 14	120 bis 140	
Lederstaub				
Fräsmaschinen	10 bis 12	10 bis 14	80 bis 140	
Bimsmaschinen	10 bis 12	10 bis 14	80 bis 140	
Feiner Metallstaub				
Schleifbock	10 bis 12	14 bis 16	60 bis 80	
Flächenschleifmaschinen	12 bis 14	15 bis 18	80 bis 100	
Rundschleifmaschinen .	14 bis 16	14 bis 16	60 bis 100	
Lochschleifmaschinen .	18 bis 20	12 bis 14	60 bis 80	
Läppmaschinen	14 bis 16	10 bis 12	60 bis 80	
Sägenschärfmaschinen .	14 bis 16	10 bis 12	50 bis 80	
Bandschleifmaschinen .	12 bis 14	10 bis 12	100 bis 120	
Grober Metallstaub				
große Schleifböcke . .	14 bis 16	16 bis 18	100 bis 120	
Grobschleifmaschinen .	14 bis 16	16 bis 18	140 bis 180	
Diskusschleifmaschinen	14 bis 16	16 bis 18	140 bis 180	
Feine Metallspäne				
Tischkreissägen	15 bis 16	18 bis 20	100 bis 120	
Fräsmaschinen	16 bis 18	16 bis 20	80 bis 120	
Papierschnitzel und Streifen	8 bis 10	10 bis 12	120 bis 160	
Feiner Sandstaub				
Geschlossene Sandstrahlgebläse . .		12 bis 14	100 bis 120	
Drehtischgebläse . . .	2 bis 4	12 bis 14	2×140 bis 200	
Abstaubhauben	0,4 bis 0,6			
Gröberer Sand				
Trommelgebläse . . .		14 bis 16	140 bis 200	
Scheuertrommeln . . .		14 bis 16	100 bis 140	
Schwabbelstaub				
Stechzeuge	3 bis 5	18 bis 20	2×120	
Poliermaschinen . . .	3 bis 5	16 bis 18	120 bis 140	
Woll- und Baumwollfasern	6 bis 8	8 bis 10	120 bis 140	
Zellhornspäne				Große Brandge-fahr. Nur Naß-abscheidung Feuerschutz-vorschriften be-achten
Tischkreissägen	10 bis 12	12 bis 14	120 bis 140	
Fräsmaschinen	10 bis 12	10 bis 14	100 bis 120	
Bohrmaschinen	12 bis 14	12 bis 18	60 bis 80	
Drehbänke	12 bis 14	12 bis 18	60 bis 120	

Näher auf die verschiedenen Möglichkeiten und ihre Eignung für die einzelnen Fälle einzugehen, verbietet der verfügbare Raum. Es handel sich hierbei um ein ausgesprochenes Sondergebiet, so daß bei Erstellung derartiger Einrichtungen der Rat des erfahrenen Fachmannes doch nicht entbehrt werden kann.

Die abzusaugende Luftmenge richtet sich nach der zu erzielenden Wirkung. Die Luftmenge ist, wenn es sich um unmittelbare Absaugung aus Maschinen, Kochgefäßen usw. oder durch gut angepaßte Mundstücke bei Holzbearbeitungsmaschinen, Schleif- und Schmirgelscheiben, Textil- oder Zigarettenmaschinen handelt, verhältnismäßig klein. In Gußputzereien werden in den Werktischen Abluftgitter angebracht. In den Mischräumen von Zigarettenfabriken ordnet man die Luftabsaugstellen über den Plätzen an, wo das Aufwerfen der Tabakblätter erfolgt. Die beiden letzteren Fälle erfordern größere Luftmengen (unter Umständen bis zum 30fachen des Rauminhaltes je Stunde und mehr). Räume, in denen giftige Gase entstehen, müssen besonders kräftig gelüftet werden. Dabei hat man, um den Unterdruck in den Räumen nicht zu groß werden zu lassen oder sogar noch einen Überdruck zu erreichen, wie er für bestimmte Betriebe (z. B. Spritzmalereien) notwendig ist, auch für Zuführung angewärmter, gereinigter und nötigenfalls befeuchteter Frischluft von außen zu sorgen, was ebenfalls unter Zuhilfenahme von Lüftern geschieht. Trifft man hierfür keine Maßnahmen, so sind infolge des Unterdruckes, die Türen schwer bedienbar und durch alle Öffnungen in den Umfassungsmauern treten scharfe Luftströmungen auf, die Zug und andere Übelstände (starke Verschmutzung der Räume) zur Folge haben.

Selbstverständlich müssen bei Staub- und Späneabsaug- und -förderanlagen sowohl in den Mundstücken als auch in den Leitungen entsprechend große Luftgeschwindigkeiten herrschen, damit die festen Teilchen mitgenommen werden (Tab. 20).

4,433 Lüftung zur Regelung der Temperatur.

Von besonderem Wert kann in Fabriken aber auch die Lüftung in ihrer Eignung zur Kühlung von Arbeitsräumen, gewissen Lägern, Kühlhäusern usw. sein, wenn durch die Arbeitsvorgänge große Wärmemengen frei werden oder im Sommer die Sonne eine zu hohe Erwärmung herbeizuführen droht.

So können z. B. ohne wirksame Abhilfemaßnahmen vorkommen: in Hüttenwerken an manchen Betriebsstellen bis 65°C, neben Ziegel- und Porzellanbrennöfen beim Entleeren 50 bis 80°C, in Bäckereien 30 bis 40°C, neben Glasschmelzöfen 60°C und mehr, in Schiffsheizräumen 45 bis 60°C. Das sind selbstverständlich unhaltbare Zustände.

Dem Eindringen der Wärme von außen, z. B. infolge Sonnenstrahlung, kann, wie zuvor bereits bemerkt wurde, durch wärmeschützende Bauweisen und Anbringen von Streudüsen, welche die Dächer mit kaltem Wasser besprengen, bis zu einem gewissen Grade begegnet werden. Außerdem ist es in vielen Fällen angezeigt, eine gewisse kühlende Wirkung durch Luftbewegung, z. B. Dauerbetrieb vorhandener Lüftungsanlagen (ohne besondere Kühlung der Luft) oder Fächer-, Tisch- und Deckenlüfter, herbeizuführen. Bisweilen muß aber auch mit Kaltwasser oder Kältemaschinen gekühlte Luft eingeblasen werden.

---

staubungs- und Lüftungsfragen in der Werkstatt. Berlin 1934. — K. GUTHKNECHT: Lüftungsprobleme in der Spritzlackiererei. Gesundh.-Ing. Bd. 70 (1949) S. 152/54. — A. KOLLMAR u. B. KREGLEWSKI: Absaugungs- und Niederschlagsverfahren schädlicher Gase und Dämpfe. Installation Bd. 21 (1949) S. 223/29. — Absaugungs- und Belüftungsanlagen in der Industrie. Schweiz. Bl. Heizg. u. Lüftg. Bd. 17 (1950) S. 13/24. — W. LIESE: Die Raumluftfrage in der Industrie. Gesundh.-Ing. Bd. 73 (1952) S. 7/15. — E. WALTER: Die Teilraumbelüftung geräumiger Spritzkabinen. Gesundh.-Ing. Bd. 74 (1953) S. 5/9.

Handelt es sich um bestimmte Wärmeentwicklungsherde, so wird mit Vorteil direkt an diesen die heiße Luft abgesaugt und dafür kühle evtl. unter Verwendung von Anemostaten zugeführt.

Das bei anderen Gebäudearten wiederholt empfohlene Laufenlassen der Lüfter während der Nacht zur Auskühlung der Gebäudemauern hilft bei Fabrikbauten wenig, wenn, wie das meist der Fall ist, keine beträchtlichen Mauermassen, die als Wärmespeicher dienen könnten, vorhanden sind und die Wärmeerzeugung tagsüber erheblich ist.

Viel zu wenig Beachtung wird oft auch der zweckmäßigen und ausreichenden Wärmeabdämmung, z. B. von Härteöfen und sonstigen wärmeabstrahlenden Geräten geschenkt. Manchmal gibt auch der Übergang von der Handarbeit zur Mechanisierung, z. B. in Gießereien und Farbspritzereien, oder die Einführung von Strahlungsschutzeinrichtungen in Schweißereien, Walz- und Martinwerken die Möglichkeit, den Arbeiter vor der unmittelbaren Einwirkung der Hitzequelle zu schützen. Wo alle Bestrebungen zur Beseitigung der Luftüberwärmung durch lüftungstechnische Maßnahmen oder durch Abkapselung fehlschlagen, muß gegebenenfalls eine teilweise oder völlige Änderung der Arbeitsverfahren selbst durchgeführt werden.

Wird von der Lüftungsanlage eines Fabrikraumes verlangt, daß sie außer der Reinigung und Vorwärmung auch noch eine Be- und Entfeuchtung und eine Kühlung der Luft ermöglichen kann, so hat man es mit einer Luftbehandlung im eigentlichen Sinne zu tun, also mit einer Klimatisierung.

4,434 Befeuchtung der Raumluft.

Luftbefeuchtung soll ein Austrocknen von Waren, die ausreichend feucht in den Raum kommen, verhindern oder hygroskopische Ware zur Feuchtigkeitsaufnahme aus der Luft veranlassen. Sofern eine künstliche Lüftung hiermit nicht oder nur in geringem Grade verbunden zu sein braucht, läßt sich die Befeuchtung auf verschiedene, einfache Arten durchführen, und zwar a) durch direkte Dampfeinblasung; b) durch Druckluftwasserzerstäubung; c) durch Druckwasserzerstäuber.

Zu a. Diese Befeuchtung stellt die einfachste Art der Luftbefeuchtung dar und erfolgt durch *Einblasen von Dampf mittels Düsen* unmittelbar in den Betriebsraum. Sind die Düsenöffnungen zu groß, so entsteht an der Austrittsstelle leicht eine Übersättigung der Luft und damit Nebel- und auch Tropfenbildung.

Zu b. Die Druckluft-Wasserzerstäubung ist an sich nicht neu und im Prinzip auch sonst vielfach angewendet (Inhalierapparat, Blumenspritze, Dampfstrahlinjektor). Bei einwandfreier Ausführung und guter Instandhaltung der Düsen entsteht eine sehr feine Zerstäubung mit restloser Verdunstung ohne Wassertropfenbildung. Die Anordnung im Raum erfolgt entweder in Form von Einzeldüsen oder sog. Düsenköpfen mit zwei bis vier Düsen. Der Anschluß der Düsen an die oben gelegene Druckluftleitung und die unten gelegene Wasserleitung geschieht mittels Absperrhähnen, die durch einen Kettenzug betätigt werden. Zur Erzeugung der Druckluft sind besondere Elektrogebläse erforderlich. Die öfter vertretene Ansicht, daß der Druckluftzerstäuberbetrieb eine Lüftung der Räume unnötig mache, ist falsch. Das geht aus der einfachen Feststellung hervor, daß zur Zerstäubung von 1000 g Wasser nur 1,8 m³ Luft notwendig sind, während zur Befeuchtung von 1 m³ Luft im Winter 6 bis 10 g, im Sommer 2 bis 4 g Wasserdampf benötigt werden. Des öfteren werden Druckluftzerstäuberdüsen vor der Ausblaseöffnung von Lufterhitzern oder vor denen einer zentralen Luftverteilung angeordnet. Durch den künstlichen Luftstrom soll erreicht werden, daß die Luftbefeuchtung gleichmäßiger gestaltet wird. Auch ist die Überprüfung der Düsen einfacher als bei den vielen im Raum verteilten Einzeldüsen.

Zu c. Die Wasserzerstäubung durch *Druckwasserdüsen* bietet den Vorteil, daß sie ohne das Hilfsmittel Druckluft auskommt, also lediglich Anschluß an die Druckwasserleitung erfordert. Die Druckwasserzerstäubung ist wohl die am meisten ausgeführte Befeuchtungsart. Ein derartiges Gerät besteht z. B. aus einer Hochdruckzerstäuberdüse im Innern eines runden Blechgehäuses und einer größeren Auffangschale für gröbere Wassertropfen. Die Wirkung beruht darauf, daß durch den zerstäubten Wasserstrahl eine Saugwirkung ausgeübt wird, durch welche Luft von oben in das Gehäuse gesaugt wird, um dann zwischen Gehäuse und Auffangschale wieder auszutreten. Hierbei werden vom Luftstrom lediglich die feinsten Wassertropfen mitgerissen. Die Leistung eines solchen Gerätes beträgt stündlich rd. 10 Liter Wasser.

Eine andere Bauart ist der *Schleuder-Einzelzerstäuber*. Die Geräte bestehen im wesentlichen aus einem Elektromotor mit senkrechter Welle, auf der sich gleichzeitig ein Ventilator und ein scheibenförmiger Zerstäuber über einer größeren Auffangschale befinden. In Fortfall kommen hier also die Düsen und die Wasserrückleitungen. Hinzu kommen dafür die elektrischen Zuleitungen und die Elektromotoren. Die Wirkung dieses Zerstäubers beruht darauf, daß beim Umlauf der Zerstäuberscheibe in der Auffangschale das darin befindliche Wasser herumgeschleudert und durch Schlagstifte zerstäubt wird.

Abb. 77. Luftverteilungsleitungen einer Klimaanlage in einer Papierfabrik

Ist eine mechanische Lüftungsanlage in Arbeitssälen, Lagerräumen usw. neben der Erhaltung bestimmter Luftfeuchtigkeitsgrade erforderlich, so verwendet man heute vielfach sog. *Schleuderluftwäscher* in Form von Wandapparaten, deren Wirkung darauf beruht, daß Außen- oder Raumluft von einem Lüfter über einen Lufterhitzer angesaugt wird. In dem Luftstrom wird Frischwasser dadurch zerstäubt, daß das Wasser zu einer auf der Nabe des Ventilatorrades sitzenden Zerstäuberscheibe gelangt, die es gegen Plättchen schleudert und so sehr fein verteilt. In dem anschließenden Austrittsstutzen erfährt die so angefeuchtete Luft einen Richtungswechsel, wodurch die Ausscheidung gröberer Wasserteilchen, die durch eine Rückleitung abgeführt werden, veranlaßt wird. Schließlich sind als die heute sehr gebräuchlichen Luftbefeuchter die *Luftwäscher mit Berieselungsflächen* zu nennen. Ihr Aufbau aus Füllkörperschichten, die mittels Düsen beregnet werden, kann als bekannt vorausgesetzt werden. Durch die großen benetzten Oberflächen findet bei kleinem Rauminhalt eine innige Berührung von Luft und Wasser statt. Sie sind einfach, geben eine gute Luftreinigung und ermöglichen eine Beseitigung von Gerüchen. Nachteilig ist die Gefahr von Undichtigkeiten, bei Aufstellung im Keller auch die Schwierigkeit der Abwasserentfernung.

Die Luftwäscher mit Füllkörperschichten oder Düsenkammern bilden im übrigen einen wesentlichen Bestandteil der *Klimaanlagen*. In Form der Klimaanlagen werden die Luftwäscher dann verwendet, wenn, wie schon Ende des vorigen Abschnittes betont, außer der Vorwärmung und Reinigung auch eine Be- und Entfeuchtung sowie die Kühlung verlangt werden. Die Industrie macht heute bereits in weitestem Maße von der Anwendung der Klimageräte Gebrauch, wobei es sich in der Hauptsache um die Einhaltung bestimmter Feuchtigkeitswerte und Temperaturgrade handelt. Eine der heute vorherrschenden Bauarten des Gerätes ist die Kastenform. Wenn auch die äußere Form der Geräte bei den verschiedenen Firmen als ausgereift angesehen werden kann, so bedingt doch die gezeigte Bauart eine besondere Ausbildung für jeden Fall. Im Anschluß an amerikanische Bestrebungen zur Vereinheitlichung dieser Geräte sind auch in Deutschland Klimageräte in Baukastenformat ausgebildet worden, die aus einer Reihe genormter Teile bestehen und je nach den gestellten Forderungen beliebig zusammengestellt werden können. Serienmäßige Herstellung, Auswechselbarkeit, Ersparnis an Kanal- und Baukosten, leichte Montage, geringer Platzbedarf, Wiederverwendbarkeit bei Umbauten usw. sind die Vorteile dieser Geräte; den Ersparnissen an Kanalkosten steht jedoch der höhere Preis der mehrfachen Geräte gegenüber.

Die Tab. 6 zeigt die für einige Industriebetriebe einzuhaltenden relativen Feuchtigkeitsgehalte, die sich nur durch Klimageräte einwandfrei erzielen lassen. Die Zahl der Betriebe, die deshalb heute Klimageräte zu diesem Zwecke verwenden, ist sehr groß, so z. B. die Papier- und Druckereibetriebe (Abb. 77), die Tabakindustrie, die Lebensmittelindustrie, die Sprengstoff- und Feuerwerkindustrie usw.

4,435 Entnebelung der Räume.

Umgekehrt wird in Textil-, Papier- und chemischen Fabriken, Schlachthöfen usw. oft zuviel Feuchtigkeit frei, die eine Durchfeuchtung der Mauern und Decken, Rosten der Eisenteile, unerwünschte Tropfenbildung und Undurchsichtigkeit der Luft zur Folge hat. In solchen Fällen benutzt man die Lüftung in gleicher Weise wie bei Koch- und Waschküchen auch zur Entnebelung der Räume, indem im Sommer mittels Lüfter kräftig gelüftet, im Winter bei den Dampfentstehungsorten Frischluft von 30 bis 50°C eingeblasen wird, welche infolge ihrer großen Trockenheit die Dämpfe aufsaugt. Außerdem wird gewöhnlich aus den oberen Teilen solcher Räume Luft abgesaugt, oder es sind wenigstens Öffnungen vorhanden, durch welche die Abluft entweichen kann. Dabei ist eine Lufterneuerung bis zum etwa 10fachen des Rauminhaltes erforderlich. Im Sommer genügt, wie erwähnt, kräftige Lüftung bis zum 25fachen ohne Vorwärmung der Frischluft.

Ist die Luft der zu entnebelnden Räume mit Säuredämpfen durchsetzt, so sind die Luftleitungen nicht aus verzinktem Eisenblech, sondern aus Holz oder verbleitem Blech herzustellen. In letzterem Falle ist es angezeigt, sie mit einem säurefesten Lack zu bestreichen.

Ob in den Räumen mittels der Lüftung Über- oder Unterdruck erzeugt werden soll, hängt davon ab, ob Zugerscheinungen durch Fenster und Türen auszuschließen sind, oder ob es wünschenswert ist, das Austreten von Luft nach den Nebenräumen zu verhindern.

Statt Entnebelungsanlagen zu erstellen, werden die entstehenden Dämpfe bisweilen auch über den Entstehungsherden durch Lüftungshauben abgefangen oder direkt aus den mit Deckeln versehenen Bottichen, Kochgefäßen usw. abgesaugt.

Außer Entnebelungs- sind bisweilen auch Anlagen zu erstellen, die nur dazu dienen sollen, den Feuchtigkeitsgehalt der Raumluft nicht zu hoch ansteigen zu lassen. Das kann z. B. in Magazinen der Fall sein, in denen Waren gelagert werden, die bei hoher Feuchtigkeit leiden. Im Winter kann der gewünschte Luftzustand durch die Heizung leicht herbeigeführt werden, für den Sommer dagegen sind besondere Vorkehrungen zu treffen, z. B. indem man die Raumluft umwälzt und dabei unterkühlt, so daß sie Wasser ausscheidet, worauf sie bei der Wiedererwärmung den gewünschten Trockenheitsgrad annimmt, oder indem man sie über Silikagel (Kieselsäure-Gel, hergestellt aus Natronwasserglas und Salz- oder Schwefelsäure) leitet, das sehr hygroskopisch ist und daher die Feuchtigkeit aus der Luft begierig aufnimmt. Die Regeneration des Gels erfolgt, indem man es während etwa $1^{1}/_{2}$ Stunden auf 200 bis 300°C erhitzt, worauf es ohne weiteres wieder verwendbar ist.

Silikagel wird bereits in großem Maßstab zum Trocknen von Gebläseluft verwendet.

Schrifttum.

SILBERBERG, L.: Luftbehandlung in Industrie- und Gewerbebetrieben. Berlin 1932.

OPITZ, H.: Entnebelungsanlagen in Industriebetrieben. Zbl. Gew.-Hyg. Bd. 26 (1939) S. 196 bis 198.

HOTTINGER, M.: Entnebelungsanlagen. Gesundh.-Ing. Bd. 63 (1940) S. 169/76.

RANZI, L.: Aufbau und Entwicklung von Entnebelungsanlagen in der Färberei. Gesundh.-Ing. Bd. 63 (1940) S. 590/95.

MÜLLER, C. E.: Die Grundlagen der Entnebelung und Lüftung in Schwadenbetrieben, insbesondere in Färbereien. Melliand-Textilber. Bd. 32 (1940) Lfg. 3 S. 145/47 u. Lfg. 4 S. 201/02.

HILLE, H.: Entnebelungsanlagen in Naßbetrieben. Gesundh.-Ing. Bd. 64 (1941) S. 603/07.

PLANK, R.: Klimaanlagen in Bergwerken. Z. VDI Bd. 83 (1939) S. 1021/29.

GLÜCKLICH, E.: Die Bedeutung lufttechnischer Anlagen in Molkereibetrieben. Haustechn. Rdsch. Bd. 45 (1940) S. 333/34.

WIETFELD, W.: Lüftungs- und Klimaanlagen in der Textilindustrie. Wärme- u. Kältetechn. Bd. 42 (1940) S. 149/53.

ZÜBLIN, C.: Der Kälte- und Wärmebedarf in Brauereien. Wärme Bd. 63 (1940) S. 308/09.

MÜLLER, E.: Die wirtschaftliche Heizung bzw. Klimatisierung von Spinnerei- oder Webereisheds in Abhängigkeit von der Bauweise. Textilpraxis Bd. 2 (1947) S. 282 u. 312; Bd. 3 (1948) S. 121 u. 152.

OLDENHAGE, O.: Raumluftfrage in der Industrie, 2. Aufl. München 1951.

4,5 Badeanstalten.

4,51 Heizung.

Raumlufttemperaturen.

Warteräume	18°C
Gänge vor den Badezellen und Brausebädern	20°C
Umkleideräume	22°C
Wannen- und Brauseräume	20 bis 22°C
Schwimmhallen (rd. 2°C über Wassertemperatur)	22 bis 25°C
Römisch-irische Bäder:	
Umkleide- und Nachschwitzraum)	22°C
Erster Schwitzraum (Tepidarium)	40 bis 50°C
Zweiter Schwitzraum (Sudatorium)	50 bis 80°C
Wasch- und Brauseraum (Lavacrum)	25°C
Heilbadruheraum	24°C
Büros	20°C
Treppenhäuser, Aborte usw.	18°C
Gymnastikräume	18°C
Restaurationsräume	18°C

Da die Art der Wärmeversorgung von Badeanstalten nicht nur infolge der meist hohen Anlagekosten der wärmetechnischen Einrichtungen, sondern auch wegen der erheblichen Betriebskosten dieser Einrichtungen die Wirtschaftlichkeit des Gesamtbetriebes wesentlich beeinflußt, müssen die Größe der zu errichtenden Badeanstalt und vor allem die Auswahl der Wärmequelle sehr gewissenhaft geprüft werden.

Als Wärmeträger sind in besonderen Fällen Hochdruckdampf, im allgemeinen Niederdruckdampf, Heißwasser und Abwärme in Betracht zu ziehen. Von diesen können Dampf und Heißwasser in eigener Anlage erzeugt werden. Hochdruckdampf, Heißwasser und Abwärme können auch aus einem fremden Betrieb bezogen werden. Heizung, Lüftung und Warmwasserbereitung benötigen den größten Teil der erzeugten Wärme.

In der Regel wird die Wärmeerzeugung in eigener Kesselanlage in Frage kommen, denn der Fernbezug der Wärme ist an die Voraussetzung geknüpft, daß die Badeanstalt in nicht allzu großer Entfernung des Fernwärmelieferanten liegt. Da als Lieferant nur öffentliche Versorgungs- oder industrielle Betriebe (Gas- oder Elektrizitätswerke) oder Krankenanstalten in Betracht kommen, die zumeist außerhalb des stark bebauten Stadtgebietes liegen, würde die Badeanstalt bei Anschluß an den Versorgungsbetrieb ungünstig liegen. Man wird also nur bei besonders günstigem Wärme- und Wasserpreis sowie nicht allzu großer Entfernung vom Heizkraft- oder Heizwerk den Fernbezug vorziehen. Die Ausnutzung von Abwärme für Badeanstalten ist wegen der besonderen Preisgünstigkeit und anderer Vorteile schon wiederholt durchgeführt worden. Als fernbeheizte neuere Hallenbäder seien hier genannt: Chemnitz, Düsseldorf, Kassel und Leipzig (Stadtbad Mitte und Westbad).

Da in den Badeanstalten die Wärme in der Hauptsache bei niederen Temperaturen erforderlich ist und die Badeanstalten zudem während des ganzen Jahres Wärmeabnehmer sind, stellen sie eine günstige Gelegenheit zur Verwertung von Abfallwärme dar. Abdampf und heißes Wasser sind unmittelbar verwendbar, aber auch Wasser von z. B. nur 20 bis 25°C, etwa das Kühlwasser aus der Dampfturbinenanlage eines Kraftwerkes, ist wertvoll, weil man es in einer eigenen Kesselanlage oder mittels Ferndampf durch geringe Aufwärmung auf die erforderliche Temperatur bringen kann.

Wenn Fernbezug von Wärme oder Abwärme nicht in Betracht kommt, so ist zwischen einer Niederdruckdampf- oder Heißwasserkesselanlage zu entscheiden. Ältere Anlagen besitzen durchweg eine Hochdruckdampfkesselanlage (Dampfdruck meist 6 atü). Diese bedingt ein eigenes Kesselhaus mit besonderem Dach, einen hohen Schornstein, eine ständige Bedienung bis Betriebsschluß, also hohe Anlage- und Bedienungskosten. Ihre Errichtung ist nur dann zweckmäßig, wenn Dampf von höherer Spannung für die Antriebsmaschinen von Eigenstromerzeugern, Pumpen u. a., ferner für den Betrieb einer eigenen Wäscherei (Waschmaschinen und Dampfmangeln) verlangt und die Dampfwärme nach der Entspannung für die Heizung und Warmwasserbereitung ausgenutzt wird.

Heute liegt jedoch keine zwingende Notwendigkeit für eigene Stromerzeugungsanlagen mehr vor, da eine günstigere Tarifgestaltung den Fremdstrombezug mehr als früher ermöglicht. Ähnliches gilt für die Eigenwasserversorgung mittels Brunnen und Dampfpumpen, zumal bei neuen Anlagen von Tiefbrunnen elektrisch angetriebene Unterwasserpumpen bevorzugt werden. Auch wird von der Angliederung eigener Wäschereien Abstand genommen werden können, da die Wirtschaftlichkeit durch ungenügende Ausnutzung der erforderlichen Anlage oft nicht gegeben und die ihnen zufallende Aufgabe von leistungsfähigen Privat- oder öffentlichen Wäschereien (z. B. in Krankenanstalten) zu annehmbaren Preisen übernommen werden kann.

Aus diesen Gründen sind seit etwa 1930 Badeanstaltsbetriebe fast durchweg mit *Niederdruckdampfkesselanlagen* erstellt worden. Dabei handelt es sich nicht nur

um kleinere und mittlere, sondern auch um größere Anlagen, z. B. Berlin Stadtbad Mitte, Berlin-Schöneberg (1930), Zentralbad Bremen (1952). Solche Anlagen
werden auch künftig nur mit Niederdruckdampf betrieben, um so mehr, als in
den gußeisernen Gliederkesseln Koks wirtschaftlich verfeuert werden kann. Die
gußeisernen Niederdruckkessel sind außerdem billig, erfordern nur vorübergehende Bedienung, sind raumsparend, lassen sich beliebig unterteilen und können unter bewohnten Räumen aufgestellt werden. Der Nachteil, die Kessel ver-
tieft aufstellen zu müssen, wird den genannten Vorzügen gegenüber in Kauf
genommen. Die geringe Überlastbarkeit der Kessel muß durch Anordnung ausreichender Warmwasserspeicher, die in verkehrsarmen Stunden aufgeheizt werden, ausgeglichen werden. Der Speicherinhalt muß so bemessen sein, daß der
Wärmebedarf für mindestens eine halbe Stunde voll gedeckt ist, wobei mit der
Wassertemperatur nicht über 60°C gegangen werden sollte. Ebenso muß evtl.

Abb. 78. Niederdruckdampfkesselanlage im Stadtbad Hagen-Haspe, bestehend aus drei
Gasheizkesseln für eine Leistung von je 600000 kcal/h.

bei ausgedehnten Heizanlagen mit natürlichem Kondenswasserzulauf zum Kessel
durch Einbau von Wasserausgleichsbehältern hinter den Kesseln dafür gesorgt
werden, daß zu starke Wasserstandsschwankungen in den Kesseln vermieden
werden. Der zu wählende Dampfdruck soll mindestens 0,1 atü betragen.

Es können auch mit Gas gefeuerte Niederdruckdampfkessel (Abb. 78) zur
Aufstellung kommen, wie es schon in einigen Fällen ausgeführt wurde. Das
gleiche gilt für die Ölfeuerung. Jedoch ist der Gaspreis von ausschlaggebender
Bedeutung.

Wie aus den vorhergehenden Abschnitten der einzelnen Gebäudearten bereits zu erkennen war, löste die Heißwasserheizung vielfach die Niederdruckdampfheizung ab. Das gleiche gilt auch für die Badeanstalten, insbesondere für
größere Anlagen. Es entfällt hierdurch die Kondensatwirtschaft, in der Rohrführung ist man ungezwungen, verschiedene Temperaturstufen für Heizzwecke
lassen sich leicht bewerkstelligen, die Rohrabmessungen werden geringer, und
damit sind deren Wärmeverluste auch kleiner, und die Bedienung wird einfacher.

Mit den neueren Kesseltypen (s. Abschn. 2,31) kann man bei wenigen Einheiten große Wärmeleistungen aufbringen.

Zur Beheizung von Badeanstalten können Dampf-, Heiß- oder Warmwasserheizung dienen. Hochdruckdampfheizung, die früher üblich war, wird heute kaum noch angewendet, es sei denn zum Betrieb von Lufterhitzern, der Warmwasserbereitung u. a. Die hohen Oberflächentemperaturen gefährden die Badegäste. Aus dem gleichen Grunde müssen bei Anwendung der Niederdruckdampf- oder Heißwasserheizung die Heizkörper an nicht gefahrbringenden Stellen angeordnet oder zweckmäßig verkleidet werden. Wenn aber für die der Badeanstalt angegliederten Nebenräume, wie Büros usw., Warmwasserheizung gewählt wird, so sollte man auch die Heizkörper in der Schwimmhalle (in Umgängen, auf den Galerien, in den Umkleideräumen) an die Warmwasserheizung anschließen, damit jegliche Verbrennungsgefahr für die Badegäste ausgeschlossen ist.

Als örtliche Heizflächen kommen leicht reinigungsfähige Gliederheizkörper in Frage. Von Verkleidung ist jedoch zur besseren Sauberhaltung möglichst abzusehen. Die Aufstellung der Heizkörper soll nach Möglichkeit an den Stellen größter Abkühlung erfolgen.

Wichtig ist, daß die Fußböden der Halle warm gehalten werden, Sofern sie nicht durch darunterliegende beheizte Räume genügend erwärmt sind, ist Fußbodenheizung vorzusehen. Dies geschieht zweckmäßig mit einbetonierten Stahlrohren.

Soweit es irgendwie möglich ist, empfiehlt sich allgemein die Strahlungsheizung, wobei man jedoch von der Aluminiumlamellendecke wegen der Feuchtigkeit absehen und allein die Rohrdeckenheizung mit einbetonierten Rohren anwenden soll[1].

Der Wärmebedarf, insbesondere der Schwimmhallen, ist nicht gänzlich durch Fensterheizkörper, Fußboden- und Deckenheizfläche (auch evtl. seitliche Wandheizfläche) zu decken. Die Restwärme ist durch Luftheizung in Verbindung mit der Lüftung aufzubringen. Dies ist insofern zweckmäßig, als hierdurch die Lüftung zwangsläufig gegeben ist. Die Luftheizungs- bzw. Lüftungsanlage ist für Frischluft- und Umluftbetrieb einzurichten. Durch ausreichende Unterteilung der lüftungstechnischen Anlagen kann die Betriebsdauer der Einzelanlagen den Erfordernissen weitgehend angepaßt und die Wirtschaftlichkeit verbessert werden. Besondere Beachtung ist jedoch einer ausreichenden Reinigung der Luft zu schenken, da sonst eine schnelle Verschmutzung von Wänden und Decken unvermeidlich ist.

Derartige Anlagen erfordern wenig Raum und haben eine nur verhältnismäßig geringe Stromaufnahme. Beispiele hierfür bieten die in den letzten Jahren erstellten Hallenbäder in Bochum, Bremen, Hamburg-Harburg.

Zusammenfassend läßt sich sagen, daß die Anwendung der verschiedenen Heizarten in einem größeren Badeanstaltsbetrieb heute etwa wie folgt zu empfehlen ist:

1. Schwimmhalle: Örtliche Warmwasserradiatoren unter den Fenstern oder mit dem Vorteil der schnelleren Aufheizmöglichkeit Niederdruckdampf- bzw. Heißwasserradiatoren 110/80°C, wenn die Heizflächen vor Berührung geschützt werden, in Verbindung mit Fußboden- sowie möglichst Deckenheizung und zusätzliche Luftheizung mit Dampf- oder Heißwasserlufterhitzern.

Heizwassertemperaturen bei der Fußbodenheizung 40/30°C, bei der Deckenheizung 60/50°C. Be- und Entlüftungsanlage mit Lufterwärmung und der Möglichkeit des Umluftbetriebes.

---

[1] Sonderdruckschrift: Hallenbad der Stadt Zürich. Verfaßt vom Städtischen Hochbauamt unter Mitwirkung des Gesundheitsinspektorats und des Heizamtes. Zürich, April 1941.

2. Wannenbäder, medizinische Bäder, Umkleideräume, Verwaltungsräume, Kassenhalle, Wäscherei, Dienstwohnung und Restaurationsbetrieb: Örtliche Warmwasserradiatoren möglichst unter den Fenstern. Bei den Bade- und Umkleideräumen sowie größerem Restaurationsbetrieb ist eine Be- und Entlüftungsanlage erforderlich.

3. Heiß-, Warmluft- und Dampfbäder: Die Heiß- und Warmluft dient gleichzeitig zur Raumerwärmung. Im Dampfbad durch örtliche Niederdruckdampf- oder Heißwasserradiatoren.

Vorhandene Oberlichter sind durch Heizschlangen zu beheizen.

Gewöhnlich findet ununterbrochene Umwälzung des Wassers (einmal in 4 bis 8 Stunden) statt, wobei es in Filter- und Chlorieranlagen gereinigt, entkeimt und gleichzeitig, falls erforderlich, nachgewärmt wird. Beim Umwälzverfahren spart man an Wasser und Wärme, außerdem sind die durchflossenen Rohrleitungen dem Verkalken und der Korrosionsgefahr weniger ausgesetzt, so daß sich die erforderlichen maschinellen Einrichtungen doch bezahlt machen. Etwa alle zwölf Wochen ist der Beckeninhalt mit Frischwasser zu erneuern, die laufenden Wasserverluste (etwa 5%) werden täglich ersetzt.

Vollbadeanstalten erhalten neben der einen bzw. zwei *Schwimmhallen* mit besonderen Umkleideräumen und der Halle vorgelagerten Vorreinigungsräumen weiterhin *Reinigungsbäder* mit Wannen und Brausen sowie Abteilungen für *medizinische* Bäder, wie Zusatzbäder, Sauerstoff-, Kohlensäurebäder usw. ferner Schwitzbäder und elektrische Voll- und Teillichtbäder. Zu den medizinischen Abteilungen gehören neben ausreichenden Umkleideräumen Ruheräume sowie Massageräume. Größere Bäder erhalten oft Gymnastikräume und gegebenenfalls in Verbindung mit der Schwimmhalle Luft- und Sonnenbäder. Die Zweckmäßigkeit des Einbaues einer Wäscherei ist sorgfältig zu prüfen, dagegen erhöhen angeschlossene Wirtschaftsbetriebe, wie Erfrischungsräume, Friseurläden oder dgl. im allgemeinen die Wirtschaftlichkeit des gesamten Betriebes. Wohnungen für den Leiter und Maschinenmeister bzw. Heizer und Maschinisten des Bades sind zumeist erwünscht.

Die Abb. 79 zeigt die gesamten betriebstechnischen Anlagen des Züricher Hallenbades, bei dem sowohl für die Raumheizung als auch für die Warmwasserbereitung eine Wärmepumpenanlage erstellt wurde. In Abb. 80 ist das Schema der Anlage wiedergegeben.

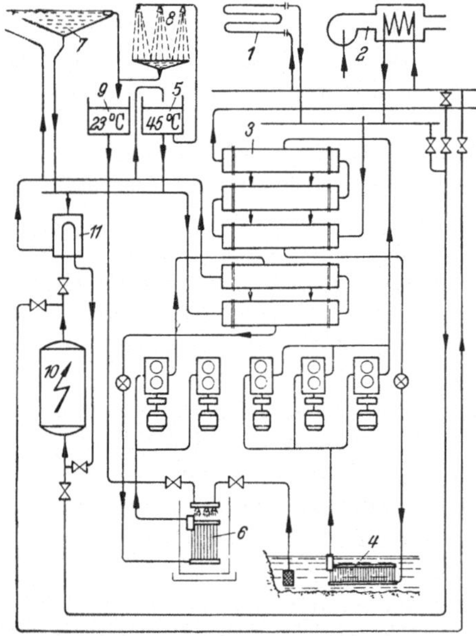

Abb. 80. Schema der Heizanlage im Zürcher Hallenbad.

I und *II* Wärmepumpen für Beheizung von Schwimmbad und Duschen; — *III*, *IV* und *V* Wärmepumpen für die Raumheizung.

1 Strahlungsheizung; — *2* Luftheizung; — *3* Kondensatoren; — *4* Steilrohrverdampfer der Wärmepumpen *III* bis *V*; — *5* Heißwasserspeicher; — *6* Steilrohrverdampfer der Wärmepumpen *I* und *II*; — *7* Schwimmbad; — *8* Duschen; — *9* Abwasserspeicher; — *10* Elektrokessel; — *11* Wärmeaustauscher.

4,52 Warmwasserversorgung.

In der Badeanstalt muß Warmwasser für die Schwimmbecken, die Wannen-, Brause- und übrigen Bäder erzeugt werden. Die erforderlichen Warmwassermengen und -temperaturen gehen aus Tab. 21 hervor.

Zur Berechnung des stündlichen Warmwasserbedarfs ist anzunehmen, daß in Volksbädern bei Vollbetrieb ein Brausebad in der Stunde etwa 250 bis 300 l, ein Wannenbad etwa 600 l erfordert.

Tabelle 21. *Wassermengen und -temperaturen für Badeanstalten.*

Badeart		Wassermenge in l	Wassertemperatur in ° C
Reinigungsbäder			
Brausebäder, je Bad		100 ⎫ einschl. des	35 bis 40
Wannenbäder, je Bad		300 ⎪ Wassers	35 bis 40
		⎪ zum	
Medizinische Bäder, je Bad . . .		400 ⎭ Reinigen	60
Schwimmbecken		~ 600 bis 800 m³ Gesamtinhalt, täglicher Verlust ~ 5%. Leistung der Umwälzanlage: Inhalt einmal in 4 bis 8 Stunden. Völlige Erneuerung in ca. 12 Wochen	22 bis 23
Abmessungen	Wassertiefen		
für Sportbecken:			
25×12,5 m	0,90 m bis		
bis 25×25 m	3,50 m*		
für Lehrbecken:			
8×16,66 m	0,60 m bis		
bis 8×20 m	1,20 m		
Vorreinigungsräume für Männer und Frauen getrennt mit je etwa 15 Brausen		s. o.	35 bis 40

* Ausreichend für 3 m Sprungbrotter. Bei 5 m Plattform Wassertiefe von 3,80 m erforderlich.

Die Erwärmung des Gebrauchswassers kann erfolgen:

1. unmittelbar in feuerbeheizten, mit Wasser gefüllten Kesseln[1]. Diese Art der Erwärmung wird nur selten angewendet;

2. in Gegenstromapparaten mit nachgeschalteten Sammelbehältern.

Um Wärmeverschwendung und Verbrühungen im Brausebadbetrieb auf jeden Fall zu vermeiden, sollte das Einstellen der Brausewassertemperatur durch zentral eingestellte, selbsttätig arbeitende Temperaturregler (z. B. Kuglostat) vorgenommen werden. Bei Warmwassertemperaturen über 40°C sind Sicherheitsmischbatterien vorgeschrieben.

Die Erstellung eines besonderen Apparate- und Verteilerraumes ist bei Badeanstalten zweckmäßig. Außer den verschiedenen Verteilern für Heiz-, Warm- sowie Kaltwasser und den Pumpen können in ihnen auch die erforderlichen Gegenstromapparate und die Schalttafel mit sämtlichen Motoranlassern, Klappenstellern, Meß- und Kontrollinstrumenten usw. untergebracht werden. Die Anordnung muß sich durch möglichst einfache Bedienung und gute Übersichtlichkeit auszeichnen. Alle Teile sind durch Schilder deutlich zu bezeichnen.

---

[1] TRONSER, G.: Erfahrungen aus der Praxis über die Verbesserung der Wärmewirtschaft eines Hallenbades. Arch. Badewesen Bd. 5 (1952) S. 113.

4,53 Lüftung.

In Badeanstalten ist der Wasserdampf- und Geruchbildung wegen für besonders ausgiebige Lüftung zu sorgen, insbesondere deshalb, um den mit der Feuchtigkeitsanreicherung der Luft verbundenen unangenehmen Nebenerscheinungen, wie Nebelbildung oder Tropfenbildung an Oberlichtern und Seitenfenstern sowie den Mauerdurchfeuchtungen entgegenzuwirken. Die eingeblasene Luft ist trocken und daher in hohem Maße wasseraufnahmefähig. Trotzdem empfiehlt es sich, die nach außen liegenden Teile der Umfassungswände und Decken wärmetechnisch gut zu isolieren. Lüftung kommt in Betracht für sämtliche zu Badezwecken benutzten Räume einschl. Umkleide- und Ruheräume.

Bei den Schwimmhallen muß durch das Einblasen warmer Luft Überdruck erzeugt und dadurch dem Eindringen kalter Außenluft entgegengewirkt werden. Selbstverständlich ist die Zuluft sorgfältig anzuwärmen und dafür zu sorgen, daß die Badenden von dem eintretenden Luftstrom nicht unmittelbar getroffen werden. Kommen ausfahrbare Glasoberlichter zur Anwendung, um das Hallenbad im Sommer zum Freibad machen zu können, so ist Doppelverglasung angezeigt, ebenso bei den Seitenfenstern. Wie eingangs bemerkt, sollen diese Glasflächen nicht größer als nötig gehalten werden, auch dann noch bedingen sie in der Regel bedeutende Abkühlungsverluste. Die Oberlichter sind möglichst so zu stellen, daß ein Abtropfen des zeitweise evtl. doch auftretenden Schwitzwassers ausgeschlossen ist. Das den Glasflächen (Oberlichtern und Seitenfenstern) entlang laufende Schwitzwasser muß sachgemäß abgeleitet werden. Wie schon beim Abschnitt Heizung betont, läßt sich die Lüftung der Schwimmhalle in der Regel mit der Luftheizung verbinden. Auch ältere Schwimmhallen waren vielfach mit Lüftungsanlagen versehen. Daß sie oft stillgelegt wurden, ist hauptsächlich darauf zurückzuführen, daß die angesaugte und erwärmte Frischluft nicht gefiltert wurde und in Verbindung mit der Feuchtigkeit der Luft die Hallen stark verschmutzte. Eine Luftreinigung durch Ölfilter ist also in jedem Falle erforderlich. Die Anordnung derartiger Filter ist auch bei Einzelluftheizapparaten ohne weiteres möglich. Bei Schwimmhallen ist, wenn sie in offener Verbindung mit den Brauseräumen stehen, für einen 2- bis 5fachen Luftwechsel je Stunde zu sorgen. Es genügt aber meist ein $1^1/_2$- bis 2facher Luftwechsel, wenn eine räumliche Trennung der Brauseräume von den Schwimmhallen vorgenommen wird, was bei den neuesten Anlagen auch meist durchgeführt ist.

Wannen- und Brausebäder sind ebenso wie die Hallen zu be- und entlüften. Reine Abluftanlagen, wie sie in diesen Räumen oft vorzufinden sind, befriedigen nicht, da sie Unterdruck im Raum und damit Zugerscheinungen erzeugen.

Für Brauseräume sowie reine Brausebadanlagen ist ein 15facher, bei Umkleideräumen ein etwa 10facher, bei Wannenbädern ein etwa 5facher Luftwechsel erforderlich. Dieser Luftwechsel ist bei tiefen Außentemperaturen entsprechend einzuschränken.

Dampfbäder sind mit heißer Luft zu heizen und zwecks Vermeidung von Tropfwasserbildung mit einem Heißluftisoliermantel zu umgeben.

Ist mit der Badeanstalt eine Wäscherei verbunden, so gilt bezüglich Lüftung und Entnebelung das unter Abschn. 3,25 Gesagte und bezüglich evtl. Restaurationsräumen sei auf Abschn. 5,2 verwiesen.

4,54 Freibäder.

Auch Freibäder werden mitunter mit warmem Wasser gespeist, z. B. wenn Abdampf oder warmes Kühlwasser aus Großkraftwerken oder Fabrikbetrieben kostenlos zur Verfügung steht. Damit lassen sich außerdem die Umkleidezellen heizen, so daß solche Freibäder auch in den Übergangszeiten benutzbar sind. Wie früher bemerkt, kann die Länge der Zuleitung allerdings die Wirtschaftlichkeit in Frage stellen, weshalb in jedem Falle eingehende Wirtschaftlichkeitsberechnungen anzustellen sind. Unter Umständen ist es richtiger, statt kostenlos zur Verfügung stehende Abwärme aus großer Entfernung zuzuleiten, solche aus der Nähe gegen Entgelt zu beziehen oder die Wärme in eigener Kesselanlage zu erzeugen.

Man hat auch schon versucht, die Sonnenwärme zur Anwärmung des Wassers in erhöhtem Maße durch Vorwärmebecken nutzbar zu machen, doch erfüllen derartige Becken diesen Zweck in völlig unzulänglicher Weise. Billige Ausnutzung der Sonnenwärme würde also hohe Anlagekosten bedingen und dabei doch von der Sonnenscheindauer abhängig sein (s. Abschn. 2,225).

Schrifttum.

RIEDLE, H., u. E. PH. STRADEMEYER: Freischwimmbäder für Land und Stadt. Gesundh.-Ing. Bd. 63 (1940) S. 501/08.

OHLWEIN, W.: Das Nordbad der Stadt München. Dtsch. Badewesen Bd. 9 (1941) S. 175/76.

KONWIARZ, R.: Grundsätzliches zum Bau von Hallen- und Sonnenbädern. Dtsch. Badewesen Bd. 10 (1941) S. 7/8.

SAMTLEBEN, C.: Das neue städtische Nordbad in München. Heizg. u. Lüftg. Bd. 16 (1942) S. 46/50.

HÄRTEL, H.: Das neue Kurmittelhaus des Preußischen Staatsbades Salzbrunn in seinen gesundheitstechnischen Anlagen. Gesundh.-Ing. Bd. 65 (1942) S. 113/19.

HERTER, H.: Das Hallenbad der Stadt Zürich. Gesundh.-Ing. Bd. 65 (1942) S. 129/38.

MENGERINGHAUSEN, M.: Die Gestaltung von Gesundheitszellen. Heizg. u. Lüftg. Bd. 16 (1942) S. 131/39.

SCHÄFER, W.: Vorbildliche Werk-Hallen-Schwimmbäder. Dtsch. Badewesen Bd. 10 (1942) S. 8/10.

WOLLMANN, E.: Die Heilbäder Japans. Dtsch. Badewesen Bd. 10 (1942) S. 81/83, 97/100 u. 112/14.

JANICH, E.: Das Stangerbad und die Technik seiner Anwendung. Dtsch. Badewesen Bd. 10 (1942) S. 138/40.

SCHONG, M. J.: Eine gasbeheizte Badeanstalt. Dtsch. Badewesen Bd. 10 (1942) S. 140/43.

RANZI, L.: Die Beheizung und Wasserversorgung von Freiluftschwimmbädern. Gesundh.-Ing. Bd. 66 (1943) S. 273/75.

OHLWEIN, W.: Warmwassertemperaturen in Hallenbädern. Dtsch. Badewesen. Bd. 11 (1943) S. 10.

NYCANDER, S. H.: Die finnische Sauna vom technischen Gesichtspunkt. Installation Bd. 19 (1947) S. 42/49.

SPICHAL, W.: Spezifische Zahlen eines Stadtbades. Gesundh.-Ing. Bd. 70 (1949) S. 341/44.

MIEDDELMANN, F.: Technische Anlagen und Installationen von Badeanstalten. Installation Bd. 22 (1950) S. 122/27.

SCHÄFER, W.: Neue Wege im Hallenbäderbau. Sanitäre Techn. Bd. 15 (1950) Heft 1, 2, 3, 4, 5, 8 u. 9.

FUCHS, B.: Über Badeeinrichtungen in öffentlichen Anstalten. Gesundh.-Ing. Bd. 72 (1951) S. 197/99.

KÜSTNER, W.: Die Sauna und ihre Beheizung. Gesundh.-Ing. Bd. 73 (1952) S. 261/69.

Fachtechnischer Ausschuß der Deutschen Gesellschaft für das Badewesen e. V. Richtlinien für den Bau von Hallen- und Freibädern. Gladbeck i. W. 1952.

4,6 Gaswerke.

Raumlufttemperaturen.

Büros	20°C
Laboratorien	20°C
Apparatesaal	18°C
Werkstätten	15°C
Reinigeranlage	10°C
Einstellraum für Kraftwagen	nicht unter 5°C
Baderäume	20 bis 22°C

Die Gaswerke sind zu den Fabriken zu rechnen. Daher kann bezüglich der Fernlieferung der Wärme, Heizung und Lüftung in den einzelnen Gebäuden sowie auch Warmwasserversorgung für Wasch-, Bade- und Reinigungszwecke auf das unter den Abschn. 4,41 und 4,42 Gesagte verwiesen werden.

Als Besonderheit kommt jedoch die Beheizung der Teleskopbehälter hinzu, die durch Erwärmung des Wassers in den Teleskoptassen und im Becken gegen das Einfrieren zu schützen sind. Die Inbetriebnahme des Gasbehälterheizstranges ist erforderlich, sobald die Außentemperatur gegen 0°C sinkt.

Der Wasserinhalt des schmiedeeisernen Beckens wird in der Regel durch einen normalen Warmwasser-Gliederheizkessel erwärmt, und zwar in der gleichen Weise, wie es bei einer gewöhnlichen Warmwasserheizung geschieht. Dagegen erfolgt die Beheizung der einzelnen Teleskoptassen in der Regel mittels Dampf. Hierbei werden gewöhnlich in den Ringraum der Tassen einige Dampfstrahlapparate eingebaut. Durch den strömenden Dampf wird das Wasser in den Tassen angesaugt, erwärmt und in Umlauf versetzt. Wenn, wie es auch vorkommt, Heizwasser statt Dampf zur Aufwärmung der Tassen benutzt wird, so werden zur Erzeugung eines Wasserumlaufes Düsenapparate verwendet. Wenn diese Einrichtungen auch für einfach teleskopierte, kleinere Gasbehälter verhältnismäßig einfach und betriebssicher sind, so bereiten sie bei großen, mehrfach teleskopierten Behältern doch auf die Dauer Schwierigkeiten. Da die Höhenlage der Tassen von ihrem jeweiligen Gasinhalt abhängig ist, müssen die Dampfzuleitungen den Auf- und Abbewegungen der Tassen nachkommen. Aus diesem Grunde sind die Dampfstrahlapparate mittels Gelenkrohren oder Metallschläuchen mit Rollenführungen und Gegengewichten an die Zuleitung anzuschließen. Die Gelenke können jedoch leicht undicht werden, während die Metallschläuche sich in kurzer Zeit stark abnutzen. Hinzu kommt als Nachteil der Dampfbeheizung der ständige, unvermeidbare, große Wärmeverlust durch die bei hohen Behältern langen, nicht isolierfähigen Dampfschläuche. Die infolgedessen sich bildenden erheblichen Mengen von Niederschlagwasser in den Dampfsteigeleitungen sind außerdem betrieblich unangenehm.

Das verdunstende Wasser ist zu ersetzen, was bei Beheizung mittels Dampfstrahlapparaten zwar selbsttätig erfolgt, indem das aus dem zugeführten Heizdampf sich bildende Niederschlagswasser die notwendige Wasserergänzung liefert; dabei entsteht jedoch allmählich sogar ein Wasserüberschuß, der abgeleitet werden muß, weil das sonst überlaufende Tassenwasser am Behälter festfrieren und dessen Beweglichkeit stark hemmen kann. Da ferner bei Beheizung mit Dampfstrahlapparaten leicht dadurch eine Wärmevergeudung entstehen kann, daß das Wasser höher als notwendig erwärmt wird, wird zur Vermeidung aller Nachteile der Dampfbeheizung manchmal die Beheizung mittels Warmwasser vorgezogen. Dabei wird Heizwasser durch eine Pumpe der obersten Tasse zugedrückt. Dieses fällt dann durch eine Reihe von Überlaufrohren, die außen an jeder Tasse angebracht sind, von Tasse zu Tasse, bis es in den unteren Behälter und von dort wieder durch ein Überlaufrohr zur Pumpe zurückgelangt und den Kreislauf von neuem beginnt. Das Warmwasserzuführungsrohr wird nicht bis zur obersten Tassenstellung hinauf fest eingebaut, sondern nur bis etwa zur Mitte zwischen der Oberkante des unteren Behälters und der höchsten Stellung der Tasse; die Verbindung mit der obersten Tasse wird durch einen Gummischlauch hergestellt. Damit auch bei tiefster Stellung der Tassen Heizwasser in den unteren Behälter gelangt, wird vom Steigerohr eine Warmwasserabzweigleitung unmittelbar zum Behälter geführt. Die Wiedererwärmung des Wassers nach Vollendung des Kreislaufes erfolgt in der Regel durch dampfbeheizte Gegenstromapparate.

Diese Heizart ermöglicht die Zusammenlegung aller laufend zu bedienenden Einrichtungen, wie Pumpe, Gegenstromapparate u. dgl. in der Maschinenzentrale, was eine wesentliche Erleichterung bedeutet. Die Überwachung dieser Anlage ist auch insofern verhältnismäßig leicht, als lediglich bei zurückgehender Temperatur des Rücklaufwassers eine entsprechende Regelung der Dampfzufuhr zum Gegenstromapparat zu erfolgen hat. Auf diese Weise ist einer Wärmeverschwendung, die bei Dampfbeheizung unvermeidbar ist, gesteuert. Auch bietet das Vorhandensein der Pumpe und der Rohrverteilungsleitungen die Möglichkeit, das im Sommer aus den Tassen verdunstete Wasser schnell und einfach zu ergänzen. Außer dem durch Dampf erzeugten Warmwasser steht in vielen Fällen auch warmes Wasser von etwa 25°C aus Kühlern, Benzolanlagen usw. für die Beheizung des Gasbehälters zusätzlich zur Verfügung.

Da bei den nassen Gasbehältern die für die sichere Abdichtung gegen den geringen Gasdruck von etwa 220 mm WS und die zur Verhinderung des Einfrierens anzuwendenden umfangreichen Maßnahmen und großen Mittel (große Wassermenge, Aufheizung, starke Fundamente, große Wandstärken für die Behälterbleche) in keinem Verhältnis zu dem erzielten Zweck standen, werden neuerdings fast allgemein nur noch die *wasserlosen* Gasbehälter bis zu den größten Abmessungen gebaut.

Der Wärmebedarf für Heizung ist in den Gaswerken bei über 0°C liegenden Außentemperaturen verhältnismäßig gering; er wächst aber bei Werken mit nassen Gasbehältern plötzlich stark an, sobald die Gasbehälterheizung in Betrieb genommen werden muß. Setzt man den Heizwärmebedarf bei $+10°C$ Außentemperatur beispielsweise gleich 1, so kann er z. B. bei $+5°C$ auf das 1,6fache, bei 0°C auf das 3,5fache, bei $-10°C$ auf das 8fache und bei $-20°C$ sogar auf das 13fache und höher ansteigen, während er bei gewöhnlichen Raumheizungen mit steigendem Temperaturunterschied zwischen innen und außen angenähert gleichmäßig ansteigt.

Zum Heizungsbedarf kommt noch der beträchtliche Wärmebedarf für technische Zwecke in Form von Dampf und Heißwasser hinzu. Die Gaswerke verfügen jedoch über sehr viel Abwärme, so daß bei vollständiger Ausnutzung in der Regel der gesamte Wärme-, bei Erzeugung von Hochdruckdampf auch der Kraftbedarf gedeckt und sogar noch Dampf, Warmwasser oder elektrischer Strom verkauft werden können. Es fragt sich in solchen Fällen nur, ob entsprechende Abnehmer zu finden sind.

Für die Wärmebelieferung kommen in Frage: Bäder, Schwimmhallen, Wäschereien und Schlachthöfe. Eine Verbindung mit Elektrizitätswerken kann ebenfalls von wirtschaftlichem Erfolg sein, wie sich in verschiedenen Fällen gezeigt hat.

Die Verhältnisse liegen allerdings insofern nicht einfach, als der Wärmebedarf der Gaswerke stark schwankt und die Käufer gewöhnlich zu den gleichen Zeiten Abnehmer wären, wenn der größte Eigenbedarf vorliegt. Energiespeicher in verschiedenen Formen können dabei unter Umständen gute Dienste leisten.

Bei der nutzbaren Abwärme handelt es sich um die Verwertung der Rauchgase, welche die Retortenöfen gewöhnlich mit etwa 1000°C verlassen, ferner um die im glühenden Koks enthaltene, durch trockene Kokskühlung gewinnbare Wärmemenge. Die Kokskühlanlagen bieten außer dem Wärmegewinn wesentliche Vorteile betreffend Koksgüte und Betriebshygiene. Andererseits sind sie sehr teuer.

Die Gaswerke verfügen auch stets über erhebliche Kohlen- und Koksabfälle, deren Verwendung in Dampfkesseln mit entsprechenden Feuerungen ebenfalls eine billige Dampferzeugung ermöglicht.

In jedem Fall müssen daher genaue Wirtschaftlichkeitsberechnungen durchgeführt werden.

Schrifttum.

DERINGER, H.: Gasbehälterheizung mit Grundwasser statt mit Dampf. Monatsbull. schweiz. Ver. Gas- u. Wasserfachm. Bd. 20 (1940) S. 187/88.

UCHETEN, O. VAN: Elektrische Beheizung von nassen Gasbehältern. Het Gas Bd. 73 (1953) S. 77/82 u. 105/110 (s. a. Kurzbericht Gas- u. Wasserfach Bd. 94 (1953) S. 314 Gas).

4,7 Schlachthöfe.

Raumlufttemperaturen.

Büroräume, Labors . . . . 20°C
Schlachthallen im Winter . . . . 10 bis 12°C
Pökelräume . . . . 7 bis 9°C
Vorkühlräume für Groß- und Kleinvieh . . . . 6 bis 8°C
Kühlhallen (bei 85% Luftfeuchtigkeit) . . . . 2 bis 4°C
Kühlräume für sonstige Nahrungsmittel . . . . 0°C
Gefrierräume für sonstige Nahrungsmittel
 (bei 90 bis 92% rel. Luftfeuchtigkeit) . . . . − 5°C
Eislager . . . . − 2°C
Gefrierräume für finnige Tiere . . . . −12 bis −15°C

4,71 Heizung.

Je nach der Art und der Benutzungsweise der einzelnen Räume können fast sämtliche Heizarten in Schlachthöfen Anwendung finden.

Die Anzahl und der Umfang der Räume, für welche eine ausgesprochene *Dauerheizung* in Frage kommt, sind in Schlachthöfen gering. In der Hauptsache handelt es sich dabei um die Verwaltungsbüros, Untersuchungs-, Aufenthalts- und Waschräume, Wohnungen usw. Diese Räume erhalten heute durchweg Warmwasserheizung. Für nur zeitweise, z. B. während einzelner Schlacht- oder Viehmarktstage in der Woche benutzte Verwaltungs-, Kassen-, Gaststättenräume, Treppenhäuser, Kleiderablagen usw. wird zweckmäßig Dampfheizung angewendet. Eine besondere Beheizung der übrigen großen Arbeitsräume, wie z. B. der Schlachthallen ist nicht unbedingt erforderlich, da der einzelne Metzger sich nur während weniger Stunden hier aufhält. Hinzu kommt, daß kühlere Schlachträume ein leichteres Durchkühlen und eine bessere Haltbarkeit des Fleisches gewährleisten. Wenn trotzdem heute in größeren, durchgehend betriebenen Schlachthöfen eine Beheizungsmöglichkeit der Schlachthallen vorgesehen wird, so deshalb, weil immer mehr von der kurzzeitigen Schlachtung einzelner Metzger zur industriell ausgerichteten Schlachtung mit längeren Arbeitszeiten übergegangen wird. Das bedingt nicht nur ein leichtes Anheizen der großen, stark ausgekühlten Hallen nach längeren Betriebspausen, sondern auch eine Herabsetzung des bei längerem Betrieb auftretenden hohen Luftfeuchtigkeitsgehaltes, der einen schädlichen Einfluß auf das Frischfleisch ausübt. Die zweckmäßigste Beheizungsart der Schlachthallen stellt die Warmluftheizung dar. Sie wird entweder in der Form der Zentralanlage mit einem entsprechenden Luftrohrverteilungsnetz errichtet oder, was für die meisten Fälle empfehlenswert ist, es werden ähnlich wie zur Beheizung von Fabrikhallen Einzelluftheizaggregate mit elektrischem Antrieb angeordnet. Diese ermöglichen nicht nur ein schnelles Anheizen, sondern auch bei entsprechender Luftleistung und Luftvorwärmung eine einwandfreie Lüftung und Entnebelung der Räume. Durch Erzeugung von Überdruck kann man außerdem dem Eindringen kalter Außenluft entgegenwirken. Dabei können die Lufterhitzer entweder durch Dampf oder Heißwasser

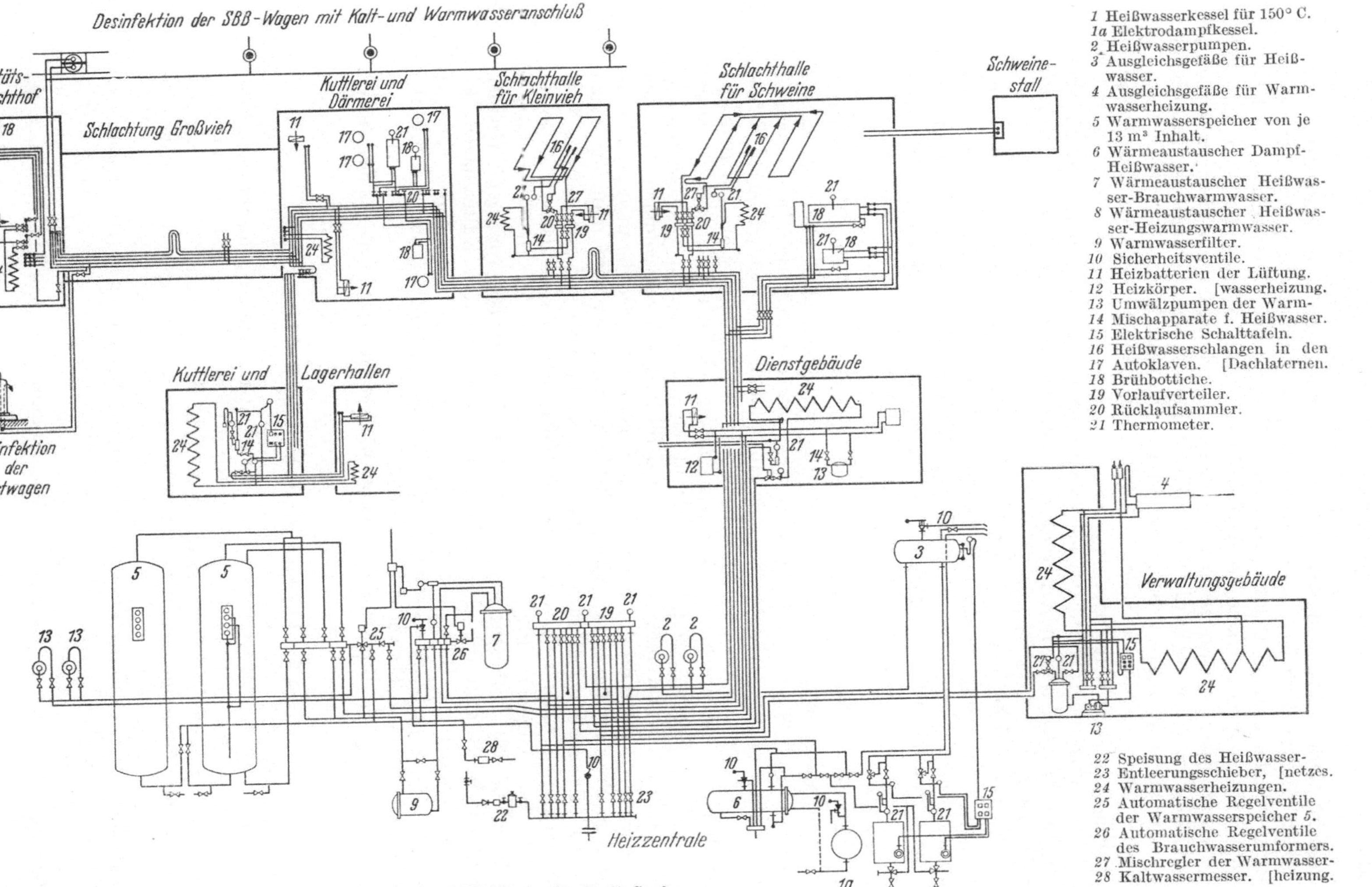

Abb. 81. Schaltbild der wärmetechnischen Anlagen des Schlachthofes der Stadt Genf.

gespeist werden. Wo außerdem in Arbeitsräumen, die dem Schlachtvorgang dienen, örtliche Heizflächen sich ausnahmsweise als notwendig erweisen, sind leicht reinigungsfähige Heizkörpermodelle zu verwenden. Ebenso muß für eine gute Reinigungsmöglichkeit des Fußbodens und der Wände unter und hinter den Heizkörpern gesorgt werden. Zu diesem Zweck stellt man die Heizkörper auf Konsolen und versieht die Wände hinter ihnen mit Plattenbelag, so daß Abspritzmöglichkeit mit dem Schlauch besteht. Die Unterbringung örtlicher Heizflächen wird meist in der Nähe der Eingänge in Betracht kommen, damit etwa eindringende Außenluft angewärmt wird.

Zur Fernleitung der Heizwärme vom Kesselhaus aus kann entweder Dampf oder Heißwasser Verwendung finden, wobei dem Heißwasser der Vorzug zu geben ist.

Die vor einigen Jahrzehnten gebauten Schlachthöfe wurden fast durchweg mit Hochdruckdampfkesseln und Dampfmaschinen mit direktem Antrieb oder Riemenscheibenantrieb für die maschinelle Kühlung und Eigenwasserversorgung gebaut. Hierbei fiel der Abdampf an, der nutzbringend für die Warmwasserbereitung und im Winter auch noch für die Heizung verwertet werden konnte; soweit dieser nicht ausreichte, wurde Frischdampf zugesetzt. Mit der Elektrifizierung und damit billigeren Stromkosten ging man auf Einzelmotorenantrieb bei den Kältemaschinen und den Tiefbrunnenpumpen über. Die Kesselanlage war aber gegeben und wurde damit zu einem reinen Heizbetrieb. Erst in neuerer Zeit fand auch die Heißwasserheizung Anwendung, nachdem genügend Erfahrungen vorlagen. Die Kesselanlage blieb dabei zunächst als Dampfkesselanlage erhalten, und nur einzelne mit Wärme zu versorgende Teile erhielten Heißwasserheizung mit Kaskadenumformern. Damit konnte weiterhin noch Dampf zur unmittelbaren Erwärmung der Brüh- und Siedebottiche entnommen und auch gegebenenfalls die Lufterhitzer für die Entnebelungsanlagen daran angeschlossen werden. Bei umzubauenden, älteren Schlachthofanlagen wird man der hohen Umbaukosten wegen bei dieser Handhabung verbleiben, und erst mit der Neuanlage eines Schlachthofes oder Ersetzung der Dampfkesselanlage ist es angebracht, zur völligen Heißwasserwärmewirtschaft (Abb. 81) mit Heißwassertemperaturen bis 150°C überzugehen, für die keine Hindernisse vorliegen[1]. (In der Kältewirtschaft geht die Entwicklung zu dezentralisierten Kälteanlagen. Es fallen hierdurch die Geländesoleleitungen fort.) Hinsichtlich der Kesselanlage, des Apparate- und Verteilerraumes und der Rohrleitungen kann auf die Abschnitte 3,212 bis 3,214 verwiesen werden.

Die Abb. 81 zeigt das Schaltschema der wärmetechnischen Anlagen des Genfer Schlachthofes.

4,72 Lüftung, Entnebelung, Kühlung.

Eine Reihe von Arbeits- und Viehaufenthaltsräumen in Schlachthöfen sind mit ausreichender Lüftung zu versehen. Nicht immer muß es sich dabei um verwickelte, mechanische Lüftungsanlagen handeln. In manchen Fällen genügt die Entlüftung durch gut verteilte Fenster- und Dachentlüftungen, vornehmlich in Viehaufenthaltsräumen. In Räumen mit starker Wasserdampfbildung, z. B. in Kutteleien, Schweineschlachthallen usw. sind Entnebelungsanlagen unerläßlich. Sie lassen sich bei Vorhandensein einer Luftheizung mit dieser verbinden, wie bereits im vorigen Abschnitt angedeutet. Dabei soll die Warmluft möglichst in der Nähe der Entstehungsstelle des Wasserdampfes eingeblasen werden, z. B.

---

[1] ZEHNDER, H.: Die wärmetechnischen Anlagen des neuen Schlachthofes der Stadt Genf. Heizg., Lüftg., Haustechn. Bd. 4 (1953) S. 79/82.

über den Brühbottichen in den Schweineschlacht- oder den Kuttlerhallen, während die feuchte Abluft durch Dachaufsätze oder Jalousiefenster unter Dach, evtl. unter Zuhilfenahme besonderer Lüfter abgeführt wird. Aber selbst wenn man die Warmluft durch besondere Luftverteiler oder sog. Anemostate über den Brühkesseln gleichmäßig verteilt austreten läßt, ist unbedingte Zugfreiheit nicht immer zu gewährleisten. Zugerscheinungen und ein zu hoher Temperaturanstieg müssen hier weitgehend vermieden werden, da erfahrungsgemäß die Arbeitskräfte an diesen Plätzen besonders empfindlich sind. Aus diesem Grunde ordnet man die Warmluftöffnungen besser nicht unmittelbar über den Brühbottichen, sondern gut verteilt an den Umfassungswänden in etwa 3,5 m Höhe und unter der Decke an und saugt die Abluft teils durch Dunsthauben über den Brühkesseln, teils durch Öffnungen an der Decke mittels besonderer Lüfter ab. Es hat sich nämlich gezeigt, daß die alleinige Abführung der Abluft an der Decke trotz reichlicher Luftvorwärmung leicht zu einer Durchfeuchtung der Decke und nachträglicher Schwammbildung führen kann. Der Hauptabzug der Abluft durch die Dunsthauben dagegen ermöglicht bei gleichzeitiger guter Warmluftverteilung im Raum das Zustandekommen einer Warmluftschicht an der Decke und damit deren Trockenhaltung.

Darmschleimereien müssen in ähnlicher Weise be- und entlüftet werden wie die eigentlichen Kutteleiräume. Wenn in der Darmschleimerei eine Reihe von einzelnen Arbeitsabteilungen vorgesehen ist, so muß für eine gleichmäßige Verteilung der Warmluft gesorgt werden, was durch Verlegen eines Hauptwarmluftrohres über den Einzelräumen und Anordnung von regelbaren Abzweigleitungen bzw. -öffnungen in jeder Abteilung erreicht werden kann. Für die Abführung der Abluft müssen entsprechende Einzelöffnungen im unteren Teil der Arbeitskammern vorgesehen werden.

In allen derartigen Räumen müssen die Zu- und Abluftmengen so aufeinander abgestimmt werden, daß ein gewisser Überdruck zur Verhinderung eines Kaltlufteinfalls gewährleistet ist.

Um den stark schwankenden Betriebsverhältnissen während der Schlachttage und in den verschiedenen Jahreszeiten nachkommen zu können, ist durch entsprechende Unterteilung der Luftheizanlagen und Einzelerhitzer eine Änderung der Luftmengen und -vorwärmung zu ermöglichen. Auch müssen alle Teile dieser Anlagen leicht gereinigt werden können.

Im Sommer ist eine 20- bis 25fache Lufterneuerung in der Stunde *ohne* Vorwärmung der Zuluft erforderlich, während im Winter der Luftwechsel z. B. auf das 10- bis 12fache des Rauminhaltes vermindert werden kann, wobei die Zuluft jedoch auf 30 bis 50°C zu erwärmen ist. In der Regel wird bei derartigen Luftwechselzahlen gleichzeitig auch eine Beseitigung der auftretenden Gerüche erreicht.

Statt solche Entnebelungsanlagen einzurichten, wird es bisweilen vorgezogen, die entstehenden Dämpfe nicht erst in den Raum austreten zu lassen, sondern die Brühbottiche und Kuttelküchen mit leicht bedienbaren Deckeln zu versehen und die Dämpfe direkt aus den Gefäßen durch Rohre abzuleiten. Diese Lösung ist billiger und bietet zudem den Vorteil, daß die Dämpfe zur Wassererwärmung nutzbar gemacht werden können. Solche Deckel oder Hauben können allerdings nicht immer angebracht werden, so daß sich die Erstellung von Entnebelungsanlagen in vielen Fällen nicht umgehen läßt.

Besondere Schwierigkeiten für die Umgebung bereiten nicht selten auch die aus Ablagerungsstätten für Stalldung und Wampendünger und aus den Viehmarkthallen sich verbreitenden Gerüche. Sofern nicht durch Änderung der Betriebsverhältnisse, wie schnelle Abholung und Verarbeitung des Dungs oder durch

Verlegung der Viehmarkthallen bzw. der Dungstätten, eine grundsätzliche Abhilfe geschaffen werden kann, muß unter Umständen zu außergewöhnlichen Mitteln gegriffen werden.

Dabei wird die Luft oberhalb der Geruchsherde abgesaugt und einer Luftreinigungsanlage zugeführt, in welcher sie durch Wasser ausgewaschen und anschließend durch ein Filter getrocknet und durch ein weiteres Filter chemisch gereinigt wird. Die so entstänkerte Luft wird dann ins Freie geblasen.

Die zweifellos wichtigste Aufgabe im Schlachthof fällt der Lüftung der Kühlräume zu. Die Haltbarmachung des Fleisches kann einwandfrei nur durch Luftkühlung erreicht werden. Die ausschließliche Kühlung der Fleischkühlräume durch örtliche Kühlflächen (Berohrung) ist unzureichend. Vielmehr ist eine gleichzeitige und beliebig einstellbare Regelung der Temperatur und Feuchtigkeitsverhältnisse in den Kühlräumen notwendig. Nur durch Anwendung tiefer Temperaturen und geringer Feuchtigkeitsgehalte kann das Bakterienwachstum unterbunden werden.

Die Luftkühlung gestattet die Ausscheidung der Luftfeuchtigkeit außerhalb der eigentlichen Kühlräume, was für die Entkeimung der Kühlraumluft besonders wichtig ist. Der Aufbau der Luftkühlanlagen entspricht bei den gestellten Bedingungen praktisch denen von Klimaanlagen ohne Luftvorwärmung. Aber auch eine solche kann vorgesehen werden, wenn mit der Anlage z. B. gelegentlich Gefrierfleisch allmählich aufgetaut werden soll. Mit Luftkühlanlagen sind die Vorkühlhallen, die Kühlhallen, die Eislager und Gefrierräume auszurüsten. Die für die Lufterneuerung in den Kühlräumen notwendige Frischluft soll möglichst über Dach angesaugt werden. Ist trotzdem die Luft stark verunreinigt, so muß sie vor Einführung in die Luftkühlanlage besonders gefiltert werden.

Wenn in Verbindung mit den Kühlräumen Pökelräume vorhanden sind, was bei größeren Schlachthöfen des öfteren der Fall ist, so ist dafür Sorge zu tragen, daß eine Luftbewegung zwischen den Kühlhallen und den Pökelräumen vermieden wird. Zur Kühlung der Pökelräume werden in der Regel örtliche Kühlflächen (Solekühlung) verwendet. Zur Lufterneuerung sind besondere Frischluftrohre in den Pökelräumen vorzusehen.

4,73 Warmwasserversorgung.

In Schlachthöfen ist die Fern-Warmwasserversorgung zweckmäßig. Hierzu sind genügend große, gut isolierte Warmwasserbereiter bzw. Gegenstromapparate und besondere Speicher vorzusehen, die den oft sehr beträchtlichen augenblicklichen Anforderungen an Warmwasser gerecht zu werden vermögen. Der Hauptwarmwasserverbrauch findet beim Reinigen der Gebäude statt. Durch Aufstellung von mindestens zwei Warmwasserbereitern ist dafür zu sorgen, daß jederzeit, d. h. auch wenn vorübergehend ein Warmwasserbereiter außer Betrieb gesetzt werden muß, Warmwasser zur Verfügung steht. Die Temperatur des Wassers soll nicht unter 80°C betragen. Mittels Umwälzpumpe ist es bis in die Nähe der Zapfstellen in stetem Umlauf zu halten.

Es ist zweckdienlich, in den Schlachthallen zahlreiche Kalt- und Warmwasserhähne vorzusehen, an die zu Reinigungszwecken Schläuche angeschlossen werden können. Ferner sind sämtliche Spültröge usw. mit Warmwasser zu versorgen.

In den Brühbottichen der Schweineschlachthallen und Großkutteleien, die dauernd 70grädiges und den Siedebottichen der Großkutteleien, die 100grädiges Wasser erfordern, wird das Warmhalten am besten durch eingebaute, an den Böden angebrachte Dampfstrahlapparate bewirkt, wobei der ausströmende Dampf gleichzeitig eine Bewegung des Wassers hervorruft und sein Kondensat den Wasserverlust infolge Verdampfung ersetzt. Es können jedoch auch besondere Heißwasserbereiter für diese Zwecke vorgesehen werden.

An allen Orten, wo man mit niedrigerer Wassertemperatur als derjenigen des ferngeleiteten Wassers auskommt, ist es im Interesse eines geringen Warmwasserverbrauches angezeigt, einfach zu bedienende Mischventile anzubringen. Zu dem gleichen Zweck werden die Schläuche auch etwa mit Mundstücken versehen, die sich nach dem Gebrauch automatisch schließen. Trotz solcher Vorkehrungen ist in Schlachthöfen mit einem großen Warmwasserverbrauch zu rechnen.

4,74 Viehwagenreinigung und -desinfektion, Abdeckerei.

Die Viehwagen sind nach dem Transport zu reinigen und zu desinfizieren, was durch Kalt- und Warmwasser sowie Dampf mittels Schläuchen an Hydranten erfolgt. Dem Dampfstrahl kann gegebenenfalls Formalin oder ein anderes Desinfektionsmittel zugesetzt werden. An Seuchen verendete Tiere werden in kleineren Schlachthöfen in Abfallverbrennungsöfen vernichtet, deren Nachteil jedoch die Geruchsbelästigung der Umgebung ist. Bei größerem Anfall von Tieren können Tierkörperverwertungsanlagen wirtschaftlich betrieben werden. Für die Errichtung und den Betrieb solcher Abdeckereien sind die diesbezüglichen Gesetzesvorschriften zu beachten.

Schrifttum.

Lier, H.: Entnebelungsanlagen in Schlachthöfen. Schweiz. Bl. Heizg. u. Lüftg. Bd. 7 (1940) S. 43/46.

Weeber, L.: Verwertung von Schlachthofkehricht im Stuttgarter Vieh- und Schlachthof. Z. VDI Bd. 84 (1940) S. 283/85.

Hottinger, M.: Entnebelungsanlagen. Gesundh.-Ing. Bd. 63 (1940) S. 169/76.

Hille, H.: Entnebelungsanlagen in Naßbetrieben. Gesundh.-Ing. Bd. 64 (1941) S. 603/07.

Züblin, C.: Eine neuzeitliche Schlachthofanlage. Gesundh.-Ing. Bd. 66 (1943) S. 123/28.

Lier, H.: Der Wärmehaushalt im Schlachthofbetrieb. Schweiz. techn. Z. Bd. 48 (1951) Heft 39.

Weise, A.: Verbesserte Wärmewirtschaft eines Schlachthofes. Dtsch. Schlacht- u. Viehhofztg. Bd. 51 (1951) Heft 4.

Wagemann, H.: Neuzeitliche Schlachthoftechnik. Frankfurt a. M. 1954.

4,8 Bedürfnisanstalten.

Werden Bedürfnisanstalten in einem Bahnhofsgebäude oder in einem sonstigen allgemein zugänglichen Gebäude errichtet, dann erhalten sie Anschluß an die bestehende Heizungsanlage. Bei im Kellergeschoß oder unter Erdreich liegenden Räumen ist eine Entlüftungsanlage und bei größeren Anlagen gegebenenfalls auch eine Belüftungsanlage mit erwärmter Frischluft notwendig.

Für sich stehende ober- oder unterirdische Bedürfnisanstalten erhalten kleine Warmwasserheizungen (Stockwerksheizung) mit Koks- oder Gaskessel. Der Schornstein oder Abgasschacht ist bei unterirdischen Anlagen in einer zweckmäßigen Form in der Umfriedung des Eingangs anzuordnen. Liegt die Anlage an einem gärtnerisch gestalteten Platz, so kann der nur wenig über das Straßenniveau reichende Kamin durch Bepflanzung kaschiert werden. Der Aufenthaltsraum der Wartefrau und der Waschraum sind auf 20°C zu erwärmen. Der eigentliche WC-Raum wird auf 15°C geheizt und der Pissoirraum nur frostfrei gehalten. Die örtliche Heizfläche ist bei reiner Entlüftungsanlage für die Erwärmung der nachströmenden Frischluft auszulegen.

5 Die Heizungs-, Lüftungs- und Warmwasserversorgungsanlagen in täglich oder zeitweilig nur mehrstündig benutzten Gebäuden.

5,1 Schulgebäude, Turnhallen.

5,11 Heizung.

Raumlufttemperaturen.

Unterrichtszimmer, Hörsäle usw.	18°C
während des Unterrichts:	
im Winter möglichst nicht über	20°C
im Sommer möglichst nicht über	24°C
Gänge, Treppenaufgänge und Aborte	15°C
Lehrer- und Amtszimmer	20°C
Hauswartwohnung wie Wohnungen im allgemeinen.	
Turnhallen bei ausschließlicher Verwendung zum Turnen	15°C
wenn auch als Versammlungs-, Vortrags- und Theatersäle benutzt	18°C
Bade- und Ankleideräume	20 bis 22°C
Handfertigkeitsräume, Lehrwerkstätten, Laboratorien usw., je nach Art der Beschäftigung	15 bis 18°C
Schulküchen	15°C
Sammlungen	15°C

In Unterrichtsräumen, Hörsälen, Versammlungssälen usw. steigt die Temperatur bei starker Besetzung der Räume rasch an, sofern die Fenster wegen Schallübertragung oder Zugerscheinungen geschlossen gehalten werden müssen und keine Lüftungsanlage besteht, mit der die überschüssige Wärme beseitigt werden kann. In derartigen Fällen soll die Anfangstemperatur nicht über 18°C betragen, damit die Umfassungswände die Möglichkeit besitzen, Wärme aufzunehmen. Zu hohe Temperaturen vermindern die körperliche und geistige Leistungsfähigkeit der Rauminsassen.

Die Gänge sollen gegenüber den Unterrichtszimmern keine allzu großen Temperaturunterschiede aufweisen, insbesondere dann nicht, wenn sie bei schlechtem Wetter den Schülern während der Pausen als Aufenthaltsräume dienen müssen. In ländlichen Schulhäusern mit Ofenheizung sind sie allerdings meist unbeheizt und dann oft sehr kalt.

Das Anbringen von im Flur ablesbaren Thermometern in den Schulräumen zur Kontrolle der Raumtemperaturen ist bei der generell zu regelnden Warmwasserheizung und normaler Klassenbesetzung nicht erforderlich, wenn der Heizer sich nach den vorgeschriebenen Heizwassertemperaturen richtet. Es genügen einfache Thermometer. Die Thermometeranzeige wird fast nur zum Nachweis der zu geringen Erwärmung vorgebracht, doch selten bei Übererwärmung, bei der dann die Fenster geöffnet werden.

Bei größeren Schulen empfiehlt es sich, im Heiz- oder Apparateraum eine Fernthermometeranlage anzuordnen, damit der Heizer auch ohne Rundgänge sich von dem Erwärmungszustand der Räume jederzeit überzeugen kann. Es genügt, wenn diese Anlage je eine oder zwei Meßstellen in jedem Geschoß und außerdem eine Meßstelle für die Außentemperatur besitzt. Den Einbau einer selbsttätigen Regelanlage für die Kesselanlage sollte man vornehmen, da der Heizer auch noch Nebenarbeiten im Hause zu erledigen hat.

In älteren und kleinen ländlichen Schulhäusern ist noch bisweilen Ofenheizung anzutreffen, manchmal deswegen, weil sie von früher her besteht und die Mittel für den Einbau von Sammelheizung nicht zur Verfügung stehen oder weil Gemeindeholz, das sich in Öfen leichter als in Heizkesseln verfeuern läßt, als Brennstoff verwendet werden soll.

Bei Ofenheizung wird es sich in der Regel um eiserne Öfen handeln. Manchmal werden auch sog. Lüftungsöfen aufgestellt, die mit Kanälen versehen sind, denen von außen her Frischluft zuströmt. Sie erwärmt sich in den Öfen, steigt auf und tritt oben in die Räume aus. Die verbrauchte Raumluft entweicht durch Abluftöffnungen, die für den Winterbetrieb am besten in den unteren Raumteilen angebracht werden und mit über Dach oder in den unbenutzten Dachboden hinaufführenden Schächten in Verbindung stehen. Die Größe der auf diese Weise bewirkten Lufterneuerung ist von der Witterung (dem Temperaturunterschied zwischen innen und außen, der Windrichtung, Windstärke und anderen Einflüssen) abhängig. Von Nachteil ist die meist ungenügende Reinigungsmöglichkeit der Luftwege.

Die *Ofenheizung* ist immer mehr im Schwinden begriffen, weil sie örtliche Bedienung notwendig macht, der Kohle- und Aschetransport in den Klassen und im übrigen Schulgebäude starke Verschmutzung verursacht und die Bedienung einer größeren Zahl von Öfen erheblichen Zeitaufwand erfordert. Wo sie dennoch auch heute gelegentlich zur Anwendung kommt, ist nach dem Vorhergesagten zu beachten, daß nur solche Öfen aufgestellt werden, die sich in kurzer Zeit regeln lassen und eine mehrstündige Unterbrechung ermöglichen. Als solche können die eisernen irischen Ofenbauarten mit oder ohne Aufsatz angesehen werden. Kachelöfen mit Wärmespeicherung ohne Vorrichtungen zur Regelung der Wärmeabgabe sind also für Schulzwecke nicht geeignet[1].

Im Betrieb ist die Einzelofenheizung meist teurer, weil der Heizer oft die der jeweiligen Außentemperatur entsprechende Brennstoffmenge nicht richtig abzuschätzen vermag und darum mehr Brennstoff aufwirft, als notwendig ist, um irgendwelchen Vorwürfen wegen nicht ausreichender Beheizung aus dem Wege zu gehen. Die Folge ist, daß die Klassen überheizt oder die Öfen noch lange nach Schulschluß in Glut sind.

Die *Hauswartwohnung* erhält, auch wenn das Gebäude mit Sammelheizung versehen ist, bisweilen doch einen oder mehrere Öfen, damit bei eingestelltem Schulbetrieb der Heizkessel nicht gefeuert zu werden braucht. Sind außer der Hauswartwohnung noch andere Räume ständig zu heizen und muß an Sonnabendnachmittagen und in den Ferien Warmwasser zu Reinigungszwecken bereitet werden, so ist es angezeigt, mindestens zwei Kessel aufzustellen und die Größe eines Kessels so zu bemessen, daß die genannten Verbrauchsstellen mit Wärme versorgt werden können, ohne daß deswegen die übrige Anlage mit beheizt werden muß. Das hierfür in Frage kommende Leitungsnetz ist für Schwerkraftumlauf auszubilden, auch wenn es sich im übrigen um Pumpenheizung handelt. Liegt die Hauswartwohnung weit von den Kesseln entfernt, so versieht man sie mit einer eigenen kleinen Sammelheizung unter Aufstellung des Kessels in der Wohnung bzw. im Wohnungskeller.

Man hat die Heizkörper der Hauswartwohnung auch schon besonders groß bemessen, damit genügend Heizwirkung besteht, selbst wenn die Schulhausheizung während der Winterferien sowie an Sonn- und Feiertagen mit niedrigeren Vorlauftemperaturen, als sie entsprechend den Außentemperaturen zur vollen Beheizung der Schulzimmer erforderlich wären, betrieben wird. Diese Lösung ist

---

[1] KÄMPER, H.: Die Heizungs-, Luftungs- und Badeanlagen für Schulen. Dtsch. Bauztg. Bd. 74 (1940) S. 520/25.

aber wenig zweckmäßig, weil die Wohnräume bisweilen auch während der Herbst-
und Frühjahrsferien beheizt werden müssen, wenn für das übrige Schulhaus
überhaupt kein Heizbedürfnis besteht und außerdem weil dadurch während der
Heizzeit bei nicht ganz sorgfältiger Bedienung der Heizkörper die Wohnräume
überwärmt werden.

Hat der Hauswart die Kosten der Beheizung seiner Wohnung ganz oder teilweise selber zu tragen, so wird er der hohen Auslagen wegen oft weder den Anschluß an die Schulheizung noch die Erstellung einer besonderen Stockwerksheizung wünschen, sondern sich mit Öfen begnügen. In diesem Fall ist für die
Anordnung einer genügenden Zahl von Schornsteinen zu sorgen.

In frei stehenden *Turnhallen* trifft man, selbst wenn das Schulhaus mit Sammelheizung versehen ist, ebenfalls bisweilen Öfen an, weil die Halle dadurch
benutzt werden kann, auch wenn das Schulhaus nicht beheizt wird und zudem
Einfriergefahr ausgeschlossen ist. Als Ofenbauart kommt hier ebenfalls der
irische Ofen in Frage, meist in Form der sog. Aufsatzöfen. Für abseits liegende
Turnhallen werden auch eigene Niederdruckdampf- oder Feuerluftheizungen
ausgeführt, weil für sie die Einfriergefahr ebenfalls praktisch ausgeschlossen ist.
Das gleiche gilt für die Beheizung solcher Turnhallen mit Gaseinzelheizung, die
deshalb des öfteren angewendet wird. Meist wird indessen ein Anschluß an die
gemeinsame Warmwasserheizung vorgesehen, insbesondere wenn die Turnhalle
ans Hauptgebäude an- oder in dasselbe eingebaut ist.

Nicht selten werden die Turnhallen auch als Versammlungs-, Vortrags- und
Theatersäle benutzt. Hier kann die Luftheizung mit Lüfterbetrieb angezeigt
sein, die rasches Aufheizen der Halle ermöglicht und auch zur Lüftung benutzt
werden kann. Der Lufterhitzer läßt sich ebenfalls an die gemeinsame Kesselanlage anschließen. Lüftungsmöglichkeit ist besonders wertvoll, wenn die Fenster
bei Lichtbildvorführungen infolge dicht schließender Verdunklungsvorrichtungen
nicht geöffnet werden können. Günstiger ist jedoch die Lösung, zur dauernden Erwärmung der Halle auf 10°C örtliche Heizkörper aufzustellen und die Luftheizung
nur kurz vor und während der Benutzung der Halle in Tätigkeit zu setzen. Auf
diese Weise erreicht man bei größter Wirtschaftlichkeit rasche Aufheizmöglichkeit
und eine angenehme Durchwärmung der Wände. Dasselbe gilt auch für große
Hör-, Sing- und Festsäle. Frei stehende Turnhallen, Hörsaalgebäude u. ä. Hallen-
gebäude sind besonders dem Windangriff ausgesetzt, und dadurch ergeben sich
bei größeren Fenstern, die vielfach doch nicht völlig dicht sind, Zugerscheinungen,
denen mit reiner Luftheizung nicht begegnet werden kann. Fensterheizkörper
sind daher immer empfehlenswert. Gegebenenfalls kann man bei nur kurzzeitiger
Benutzung derartiger Gebäude statt der Heizkörper Warmluftaustritte unter den
Fenster vorsehen, wobei die Warmluft mit größerer Geschwindigkeit nach oben
zu blasen ist. Die Luftdüsen sind wegen der evtl. Saalverdunkelung und um das
Abdrängen der herabfallenden Kaltluft am Fenster in das Saalinnere zu verhindern mit genügendem Fensterglasabstand anzuordnen. Die Luftfilterung darf
nicht fehlen.

Früher wurde die *Niederdruckdampfheizung* bei Schulneubauten, der geringeren Einfriergefahr, der kürzeren Anheizzeit und der geringeren Anlagekosten
wegen eingebaut. Diesen wenigen Vorteilen der Dampfheizung stehen jedoch
wirtschaftliche und hygienische Nachteile gegenüber, so daß sie heute als Schulhausheizung abzulehnen ist. Die Niederdruckdampfheizung stellt sich im Betrieb
teurer als die Warmwasserheizung, weil die Schulzimmer wegen der geringen
Anpassungsfähigkeit der Niederdruckdampfheizung an die jeweilige Außentemperatur leicht überheizt werden, ferner sind die Leitungsverluste größer und
die Dampfkessel arbeiten gegenüber den Warmwasserkesseln weniger wirtschaft-

lich. Wärmevergeudung infolge überheizter Räume kann zwar durch Anwendung selbsttätiger Temperaturregler vermieden werden, doch bedingen diese wieder erhebliche Mehrkosten, wodurch der Vorteil gegenüber Warmwasserheizung unter Umständen mehr als aufgehoben wird. Und zudem erfordern solche Regleranlagen aufmerksame Wartung der Niederdruckdampfkessel, wenn sie dauernd befriedigen sollen.

Die Dampfheizung widerspricht unseren heutigen hygienischen Anschauungen. Denn abgesehen davon, daß die hocherhitzten Dampfheizflächen eine lästige Strahlung besitzen, verschwelt der gerade in Schulhäusern reichlich vorhandene Staub weit stärker als an den Warmwasserheizkörpern, was zu unangenehmen und ungesunden Luftverhältnissen führt. Die oft laut werdenden Klagen der Lehrer über Unbehagen, Heiserkeit usw. während der Heizzeit sind bei Dampfheizung besonders berechtigt. Aber auch im Hinblick auf die Schüler ist an die Forderungen der Gesundheitslehre zu denken. Den in voller körperlicher und geistiger Entwicklung begriffenen jungen Menschen,

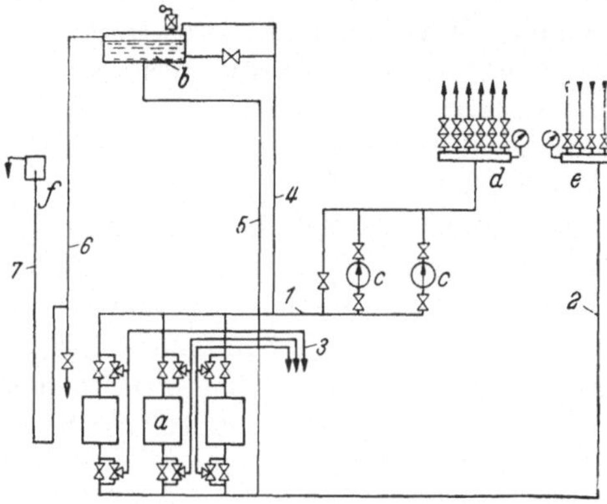

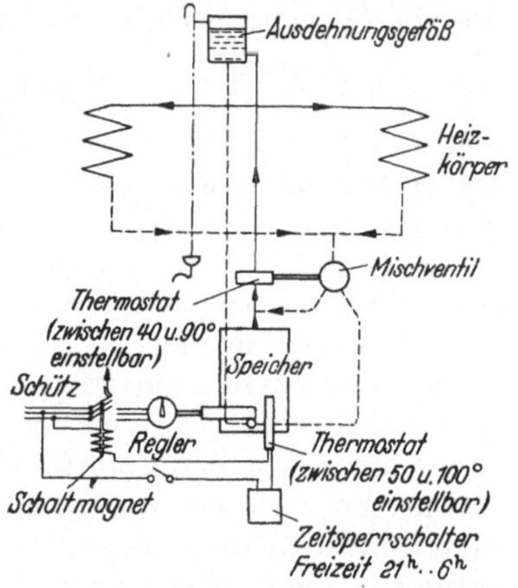

Abb. 82. Schaltschema einer Heißwasserheizungsanlage mit 110° C Vorlauftemperatur für eine Handwerkerlehrstätte.

1 Vorlaufleitung; — 2 Rücklaufleitung; — 3 Entleerungsleitung; — 4 Vorlaufleitung zum Ausdehnungsgefäß; — 5 Rücklaufleitung zum Ausdehnungsgefäß; — 6 Überlaufleitung bzw. Anschlußleitung zum Sicherheitsstandrohr; — 7 Standrohrleitung; — a Heißwasserheizkessel; — b Ausdehnungsgefäß; — c Umwälzpumpen; — d Vorlaufverteiler; — e Rücklaufverteiler; — f Standrohrausschüttopf.

die einen großen Teil der Tageszeit in den Schulräumen verbringen müssen, sollte nach bester Möglichkeit ein gesundes Raumklima geboten werden.

Am fortschrittlichsten wäre die *Klimaanlage* zur gleichzeitigen Beheizung und Belüftung von Schulen, insbesondere in solchen Großstädten, wo umfangreiche Wohnviertel in nächster Nähe von Betrieben liegen, die in erheblichem Maße Staub und Rauch verbreiten und wo eine Verlegung der Wohnbezirke nicht in Frage kommt. Wenn eine Schule in einer derartigen Umgebung notgedrungen gebaut werden muß, dann müssen der Atmungsluft vor Eintritt in die Klassenräume auch alle schädlichen staubigen und gasigen Bestandteile entzogen werden. Dies setzt nicht nur den Einbau von Luftfiltern oder Wäschern, sondern auch den dichten Abschluß der Fenster voraus. Daß in solchen Fällen auch das sonst unvermeidlich erscheinende Öffnen der Fenster ohne Schädigung der Gesundheit, im Gegenteil zum Nutzen der Insassen unterbleiben kann, hat sich z. B. bei voll klimatisierten Bürogebäuden in der Praxis erwiesen.

Abb. 83. Selbsttätig geregelte elektrische Speicherwarmwasserheizung. Regler schaltet den ganzen Hauptstrom. Vorlauftemperatur wird selbsttätig auf gewünschte Höhe geregelt.

Allgemein ist für Unterrichtsgebäude die *Warmwasserheizung* die geeignetste Sammelheizung, denn sie erfüllt die an eine Schulheizung zu stellenden Anforderungen am weitgehendsten. Handelt es sich um ausgedehnte Bauten oder um die Mitbeheizung von Turnhallen und anderer Nebengebäude oder um auf gleicher Höhe mit dem Kesselraum gelegene Kellerräume, die Badezwecken oder dem Handfertigkeitsunterricht usw. dienen sollen, so ist *Pumpenheizung* vorzusehen. Auch die Heißwasserheizungsanlage mit einer Vorlauftemperatur von 110°C kann man bei handwerklichen Berufsschulen gegebenenfalls ausführen, da hier die handwerklichen Räume überwiegen. Die Abb. 82 zeigt das Schaltschema einer derartigen Heißwasserheizungsanlage.

Ausnahmefälle bilden *Elektrowarmwasserheizungen*, wie sie in der Schweiz z. B. in einigen Schulhäusern unter Verwendung großer Wasserwärmespeicher zur Ausnutzung von Nachtstrom erstellt worden sind (Abb. 83). Noch seltener ist unmittelbar wirkende elektrische Heizung mittels in den Schulräumen aufgestellter Heizöfen.

Gasheizung hat in Schulhäusern ebenfalls Eingang gefunden, und zwar sowohl unter Verwendung von in den Räumen aufgestellten Einzelgasheizöfen als auch in Form von gasbefeuerten Warmwasserheizungen.

Die *Gaseinzelheizung* scheint zunächst in besonderem Maße auch als Schulheizung[1] geeignet zu sein. Sie besitzt in der Regel bei geringeren Anlagekosten gegenüber der Sammelheizung weitere bestimmte Vorteile, wie Sauberkeit des Betriebes, einfache und bequeme Handhabung, jederzeitige Betriebsbereitschaft, hohe Brennstoffausnutzung und große Anpassungsfähigkeit an den jeweiligen Wärmebedarf. Deshalb empfiehlt sie sich besonders für kurzzeitig benutzte Schulen oder als Zusatzheizung für Schulraumgruppen, die auch außerhalb der normalen Schulzeit vorübergehend in Anspruch genommen werden, wie Direktor-, Lehrer- und Konferenzzimmer. Erfordert der Schulbetrieb eine länger andauernde Heizung, so verbietet sich die Anwendung der Gaseinzelheizung in vielen Fällen wegen der meist zu hohen Gaskosten, es sei denn, daß die vorerwähnten Vorteile im Einzelfall von besonderer oder gar bestimmender Bedeutung sind. Im übrigen siehe hierzu das über Gaseinzelheizung im Abschn. 3,114 Gesagte. Einzelgasheizöfen werden hie und da auch neben Warmwasserheizung zu Aushilfszwecken in der Hauswartwohnung aufgestellt. Unter Umständen kann sich auch die Verbindung von Elektroheißwasserspeichern mit ölbefeuerten Kesseln oder von öl- bzw. gasbefeuerten mit Kokskesseln als zweckmäßig erweisen.

5,111 Heizkörper.

In den *Schul- und Lehrerzimmern, Sammlungen* usw. werden unter den Fenstern am besten unverkleidete und leicht zu reinigende Heizkörper oder an den Außenwänden entlang Heizplatten oder -rohre angebracht. Die Regelventile sind mit Steckschlüsseln zu versehen, damit nur der Hauswart bzw. Heizer und vielleicht die Lehrer, keineswegs aber die Schüler, in der Lage sind, sie zu verstellen. In größeren Schulen bleibt der Steckschlüssel am besten in der Hand der die Heizung bedienenden Person, da sie nur dann für die Erwärmungsverhältnisse wirklich verantwortlich gemacht werden kann.

In Baderäumen ist der Anordnung der Heizkörper besondere Aufmerksamkeit zu schenken, weil hier Zugerscheinungen von kalten Fenstern und Wänden unbedingt vermieden werden müssen. Liegen die betreffenden Räume, wie auch Handfertigkeits- und andere benutzte Kellerräume auf gleicher Höhe mit der Kesselanlage, so ist, wie schon bemerkt, Pumpenheizung anzuordnen oder der Kesselraum tiefer zu legen.

In den Turnhallen werden die Heizkörper meist ebenfalls unter den Fenstern oder in Wandnischen angeordnet, jedoch so, daß sie nicht vorspringen und den Turnbetrieb hindern.

---

[1] KAISER, F.: Ist Gas-Einzelheizung in Schulen wirtschaftlich? Bd. 73 (1952) S. 385/87 mit 11 Schrifttumsangaben. — H. U. TODT: Gaseinzelheizung in einer Schule. Gas- u. Wasserfach Bd. 94 (1953) S. 113/18.

Verdunstungsschalen zur Befeuchtung der Luft haben in Schulhäusern (namentlich bei Warmwasserheizung) keinen Zweck.

Reine *Fußbodenheizung* ist für Schulräume nur geeignet, wenn die Oberflächentemperatur niedrig gehalten werden kann und dabei die Wärmeträgheit gering ist. Als Zusatzheizfläche in kalten, über dem Erdreich liegenden Erdgeschoßräumen und in den Eingangshallen kann sie ohne Bedenken angewandt werden, ebenso in den Baderäumen des Kellergeschosses. *Deckenheizung* wurde schon vielfach für Schulen ausgeführt, und zwar sowohl als Rohr- wie als Lamellendeckenheizung. Des weiteren erhielten Turnhallen und Klassenräume auch schon Strahlplattenheizung mit sichtbaren Platten an der Deckenoberfläche, die handwerklich gut und architektonisch in den Raum passend ausgeführt wurden. Grundsätzlich ist jede Deckenheizung geeignet, wenn sie mit zusätzlicher Fensterbrüstungsheizfläche — insbesondere bei großen Fenstern, kalten Gegenden und starkem Windanfall ausgesetzten Außenwänden — und mit *milden* Deckenoberflächentemperaturen ausgeführt wird. Auch ist es günstig, wenn sie gleichzeitig als schwache Fußbodenheizung wirkt, so daß die Böden, ohne stark erwärmt zu werden, doch nicht fußkalt sind. Die Anlagekosten sind bei Deckenheizung höher als bei Heizkörperheizung, der Brennstoffverbrauch wird bei geringer Wärmeträgheit der Heizungsanlage und aufmerksamer Bedienung etwas kleiner, ferner sind die Luftverhältnisse bei Deckenheizung angenehmer. Im übrigen ergeben sich keine nennenswerten Unterschiede.

In einigen Schulen hat man auch Flächenheizkörper unter Verwendung der flachen Rayrad-Heizkörper (s. Abschn. 2,32) an den Decken und Seitenwänden angebracht.

5,112 Gruppenunterteilung und Kesselanlage.

An Heizgruppen sind in Schulhäusern vorzusehen:

1. Schulzimmer, unterteilt in Untergruppen nach Himmelsrichtungen, so daß z. B. die ganze Südfront des Gebäudes bei Sonnenschein abgestellt oder mit niedrigerer Temperatur betrieben werden kann.

2. Korridore und Aborte, die in den Übergangszeiten unbeheizt bleiben können.

3. Hauswartwohnung, die auch in den Winterferien sowie an Sonn- und Festtagen, wenn das übrige Gebäude nicht geheizt zu werden braucht, Heizung erfordert.

4. Warmwasserbereitung für Bade- und Reinigungszwecke.

5. Bade- und Ankleideräume, die nur zeitweise gebraucht werden.

6. Turnhalle, namentlich wenn sie außer der Schulzeit, abends, sonntags und während der Schulferien, sei es als Turn-, Versammlungs-, Vortrags- oder Festsaal, gebraucht wird.

7. Räume im Unterrichtsgebäude, die außerhalb der gewöhnlichen Schulzeit benutzt werden, z. B. Direktor- und Lehrerzimmer, Handfertigkeitsräume, Schulküchen usw.

8. Säle, die nur bei festlichen Anlässen benutzt werden.

Eine wesentliche Erleichterung bei der Regelung der den einzelnen Heizgruppen gleichzeitig zuzuführenden verschieden großen Wärmemengen bringt die Anordnung eines Beipasses, der die Zuführung kälteren Rücklaufwassers in die Vorlaufheizgruppen und damit eine beliebige Herabsetzung der Heizwassertemperatur ermöglicht. Zu beachten ist, daß zur einwandfreien Übersicht über den Temperaturverlauf im Heizwasserkreislauf die einzelnen Rücklaufgruppen vor ihrem Eintritt in den Rücklaufsammler mit je einem Thermometer zu ver-

sehen sind, ebenso die Vorlaufgruppen bei Vorhandensein der Rücklaufwasserbeimischung.

Die Kesselanlagen sind gleich auszuführen wie in anderen ähnlichen Gebäuden,
so daß hierüber nicht viel zu sagen ist. Erwähnt sei nur, daß bei Verwendung
gußeiserner Gliederkessel auf eine zweckmäßige, aber auch nicht zu weitgehende

Abb. 84. Apparate- und Verteilerraum der Heizunterstation im Hauptgebäude der
Technischen Universität Berlin-Charlottenburg.

Abb. 85. Schaltwarte für die Heizungs- und Lüftungsanlage im Hauptgebäude der
Technischen Universität Berlin-Charlottenburg.

Unterteilung der Kesselanlage zur Bereitstellung der notwendigen Reserve bei
Ausfall eines Kessels zu achten ist.

In technischen Hochschulen und Brauerei-Hochschulen werden bisweilen
Heizkraftwerke zur Erzeugung der benötigten Energie erstellt, die außerdem zu
Lehr- und Versuchszwecken dienen und deren Abwärme zu Heizzwecken verwendet wird. Das bedingt selbstverständlich entsprechend große Hochdruck-
kessel. Daraus können umfangreiche Anlagen entstehen, die nicht nur den ver-

schiedenen Hochschulgebäuden dienen, sondern zu eigentlichen Fern- und Stadt-heizwerken werden. Stromüberschuß wird in solchen Fällen gewöhnlich ins städtische Netz geliefert.

Die Abb. 84 zeigt den Apparate- und Verteilerraum der Heizunterstation für das Hauptgebäude der Technischen Universität Berlin-Charlottenburg. Neben diesem Raum liegt die Schaltwarte für die Heizungs- und Lüftungsanlagen des gleichen Gebäudes (Abb. 85).

5,12 Warmwasserversorgung.

In neuzeitlichen Schulhäusern wird gewöhnlich Warmwasserbereitung für Bade- und Reinigungszwecke vorgesehen.

Die in den verschiedenen Stockwerken, meist in den Aborten, angebrachten Zapfstellen erhalten in der Regel Absperrungen mit Steckschlüsseln, damit sie nur vom Hauswart bzw. dem Reinigungspersonal bedient werden können. Außerdem sind Warmwasserzuleitungen nach dem Schulbad und einer unter Umständen vorhandenen Schulküche vorzusehen (u. U. genügt für Schulküchen auch die Anordnung von Gasapparaten zur örtlichen Warmwassererzeugung), während ein Anschluß der Hauswartwohnung nur geringen Wert hat, weil die Warmwasserversorgung doch nur an den Bade- und Reinigungstagen in Betrieb steht. Umlaufleitungen sind in Schulhäusern nicht erforderlich.

Die Schulbäder werden meist als Fuß- und Brausebäder ausgebildet. Fußbäder sind zweckmäßig, um im Sommer ein Abwaschen der Füße nach dem Turnunterricht im Freien zu ermöglichen. Brausebadanlagen werden entweder als Sammelbrausebadanlagen oder besser als Anlagen mit Einzelbrausen zur Vermeidung der Wasservergeudung ausgeführt. Auf sorgfältige und gefällige Montage der gesamten Installationen ist besonderer Wert zu legen.

Größere Brause- und Badeanlagen wird man heute in Schulen nicht mehr vorsehen (Ausnahme sind Internate), weil im heutigen Wohnungsbau die Wohnungen fast durchweg eine Badegelegenheit erhalten. Die Fußwaschrinnen und Brauseräume sind bei den Turnhallen anzuordnen und nach den Geschlechtern zu trennen.

Zur Einstellung der gewünschten Wassertemperatur für die Brausen ist eine Mischbatterie (zur Mischung von heißem und kaltem Wasser) mit Thermometer anzubringen. Verteiler und Mischbatterie werden zweckmäßig unmittelbar im Baderaum angeordnet, und zwar möglichst so, daß sowohl der Baderaum als auch die Umkleideräume von der betreffenden Stelle aus überblickt werden können.

Als zweckmäßig haben sich z. B. Brauseköpfe aus Messingguß mit abschraubbarem Boden und Einstellvorrichtung erwiesen. Letztere muß sich auch während des Betriebes betätigen lassen. Eine Wölbung des Brausebodens ermöglicht eine gute Streuung der Brause, eine nach innen gelegene kegelförmige Erweiterung der Löcher im Boden erleichtert die Beseitigung etwaiger Verstopfungen, ein geringer Wasserinhalt des Brausekopfes verhindert ein längeres Nachtropfen der Brausen. Der Brausekopfdurchmesser ist im allgemeinen mit 120 mm Durchmesser und mit einem Wasserverbrauch von 10 l/min zu wählen. Wichtig ist, daß der Hauswasseranschluß, das Kaltwassergefäß, die Warmwasserbehälter und ihre Heizflächen so reichlich bemessen sind, daß sie den Spitzenanforderungen genügen.

Die Badewassertemperatur soll bei Brausebädern im Winter 30 bis 40°C, im Sommer 30 bis 35°C betragen. Für Reinigungszwecke muß das Wasser, wie in Wohnhäusern, mit mindestens 45 bis 50°C zur Verfügung stehen.

Die lichte Höhe des Brausebadraumes soll mindestens 2,80 m betragen, die Höhe von Unterkante Brausekopf bis Muldenfußboden 2,10 bis 2,30 m, die Trennwände bis zu 1,50 m Höhe, die Umgänge und die Bodenmulde werden zur bequemeren Sauberhaltung am besten gefliest. Der obere Teil der Wände und die Decken soll dagegen Leimfarbenanstrich erhalten, um eine gewisse vorübergehende Feuchtigkeitsaufnahmefähigkeit sicherzustellen.

5,13 Lüftung.

5,131 Schulzimmer.

Für die Lüftung der Schulräume[1] genügt bei normaler Schülerzahl das Öffnen der Fenster in den Pausen, nötigenfalls unterstützt bei milderen Außentemperaturen durch eine mäßige Fensterlüftung während des Unterrichts.

Vielfach wird unter Hinweis auf das Versagen künstlicher Lüftungsanlagen oder die nach der Erfahrung zu hohen Betriebskosten die Fensterlüftung als allein richtig und ausreichend bezeichnet. Zweifellos entspricht Fensterlüftung mehr unserem natürlichen Gefühl. Auch vermag sie der Grundforderung, dem Raum frische, reine Luft zuzuführen, gerecht zu werden, jedoch nur unter ganz bestimmten und sehr beschränkten Voraussetzungen. Das ist der Fall, wenn das Schulgebäude fern von Straßen- und Industriestaub und -lärm liegt oder durch hinreichende Frei- und Grünflächen vor diesen Einflüssen einigermaßen geschützt ist. Eine solche Lage bzw. Anordnung der Schulgebäude ist stets anzustreben. Zweckmäßig ist dabei die Verwendung von Klappflügeln usw., die so gebaut sind, daß die Rauminsassen von der einströmenden Luft nicht unmittelbar getroffen werden. Aber selbst bei Anordnung derartiger Lüftungsfenster ist im Hinblick auf Wind-, Regen- und Kälteeinwirkung eine Dauerlüftung nicht durchführbar. Eine kurze stündlich stattfindende Durchlüftung ist bei Überbesetzung der Klassen nicht immer ausreichend. Ein rücksichtsloses Öffnen der Fenster bei nassem, kalten und windigen Wetter während des Unterrichts hat zur Folge, daß die einströmende kalte Luft nicht nur in unmittelbarer Nähe Zugerscheinungen hervorruft, sondern sich über den ganzen Boden ergießt. Das trifft auch bei Deckenheizung zu. Die Lehrer, die sich bewegen können und gewöhnlich weniger empfindlich gegen Erkältungen sind als die Kinder, sind diesen Einflüssen in vermindertem Maße ausgesetzt.

Aus diesen Gründen waren die älteren Bestrebungen, die Lüftung zu steigern und gleichzeitig die unangenehmen Erscheinungen zu beseitigen, verständlich. So wurden z. B. nach dem Dachboden hinaufführende Abluftkanäle erstellt, deren Wirkung je nach den Temperaturverhältnissen aber sehr ungleich ist. Zudem erzeugen sie in den Räumen im Winter Unterdruck und daher in vermehrtem Maße Zugerscheinungen. Durch die schon erwähnten bei einfachen Verhältnissen etwa verwendeten Lüftungsöfen, welche gestatten, die Luft vorgewärmt in die Räume eintreten zu lassen, kann dem begegnet werden. Das ist jedoch eine recht dürftige Einrichtung. Bei Sammelheizung sind früher oft hinter einzelnen der Fensternischenheizkörper unmittelbar ins Freie führende, mit Gittern und Klappen versehene Öffnungen in den Mauern erstellt worden, was sich indessen der Schallübertragung sowie des Eindringens von Staub und Insekten wegen nicht bewährt hat. Außerdem sind solche Heizkörper, wenn es sich um Warmwasserheizung handelt, in hohem Maße der Einfriergefahr ausgesetzt. Auch erwärmt sich die Luft, namentlich bei Windanfall, beim Durchströmen der Heiz-

---

[1] LIESE, W.: Bemessung der Luftrate bei Lüftungsanlagen. Gesundh.- Ing. Bd.74 (1953) S. 254/55.

körper oft ungenügend, so daß trotzdem Zugerscheinungen auftreten und sich die Raumluft über dem Boden stark abkühlt. Um dies zu vermeiden, können Heizkörperverkleidungen angebracht werden, welche die Luft nötigen, am Heizkörper hochzusteigen, sich dabei richtig zu erwärmen und oben auszuströmen. Seit längerer Zeit werden in Amerika in Schulen auch die sog. „Unit Vents" verwendet. Sie bestehen aus einem in die Fensternische eingebauten Kasten mit Lufterhitzer und Lüfter (s. Abschn. 2,44), der die Luft von außen her über ein Filter ansaugt und vorgewärmt lotrecht nach oben ausbläst, so daß die Rauminsassen vom Luftstrom nicht getroffen werden. Diese Geräte haben die Vorteile, daß eine genügende Lüftung gesichert ist, lange Kanäle gespart werden können und jeder Raum nach Belieben für sich lüftbar ist. In den Vereinigten Staaten haben sie außer in Schulen auch in Hochhäusern große Verbreitung gefunden, weil es dort nicht immer möglich ist, Lüftungsanlagen mit Luftkanälen zu erstellen.

Zu beachten ist, daß die Frischluft bei allen Lüftungseinrichtungen auf Raumtemperatur anzuwärmen ist. Geschieht dies nicht durch besondere Lufterhitzer oder Heizkörper *vor* ihrem Eintritt, so erfolgt die Anwärmung nachträglich im Raum selber, allerdings oft erst, nachdem die Luft belästigende Zugerscheinungen hervorgerufen hat. Gespart kann dadurch nicht viel werden, denn im letztgenannten Fall sind die Raumheizkörper und Rohrleitungen entsprechend größer zu bemessen, damit sie in der Lage sind, den Mehrbedarf an Wärme zu decken. Befriedigende Lüftungsverhältnisse lassen sich nur durch Verwendung von Fliehkraftlüftern erzielen. Wenn trotzdem gerade derartige Anlagen in Schulen vielfach stillgelegt wurden, so ist dies, von schlecht ausgeführten Anlagen abgesehen, meist Fehlern in der Bedienung zuzuschreiben. Bequemlichkeit der Heizer oder Hausmeister, die sich Arbeit und Beschwerden ersparen möchten und die Absicht der Schulverwaltung, Strom- und Brennstoffkosten einzusparen, sind gewöhnlich die Ursachen der Stillegung. Deshalb sollte grundsätzlich auch vor der Entscheidung über die Ausführung mechanischer Lüftungsanlagen die Sicherstellung der notwendigen Betriebskosten gefordert werden, anderenfalls soll man von vornherein von ihrem Einbau absehen. Wenn eine Lüftungsanlage vorgesehen wird, so darf von sachgemäß erstellten Abluftschächten nicht Abstand genommen werden.

5,132 Hör-, Sing- und Festsäle.

Sollen große Hör-, Sing- und Festsäle mit Lüftungsanlagen versehen werden so ist sowohl eine Zu- als auch eine Abluftanlage zu erstellen. Die Zuluft wird zweckmäßig oben in die Räume eingeblasen. Ob die Abluftöffnungen am besten oben, unten oder oben und unten bzw. bei ansteigendem Boden in den lotrechten Teilen der Stufen angebracht werden, ist von Fall zu Fall zu untersuchen.

In Abb. 86 ist die Lüftungsanlage im neuen Teil des Physikgebäudes der E.T.H. in Zürich dargestellt. Die von außen entnommene Luft wird gefiltert, im Winter erwärmt und befeuchtet, im Sommer gekühlt und von einem Lüfter durch Kanäle und Anemostaten von oben her in den eingebauten, d. h. fensterlosen Hörsaal eingeblasen. Ein anderer Zuluftkanal führt nach dem Hochspannungsraum, wo die Luft unter der Decke waagerecht einströmt. Die Abluft wird aus dem Hörsaal unter den Sitzen, aus dem Hochspannungsraum durch oben und unten in den Wänden und aus dem Maschinenlaboratorium durch in halber Höhe an der Innenwand angebrachte Gitter nach einer Abluftsammelkammer abgesaugt und von dort mittels eines Lüfters über Dach bzw. zum Teil als Umluft zur Luftaufbereitungskammer zurückgeleitet.

Werden nur hier und da gebrauchte Säle mit Luftheizung (bzw. teilweise mit Heizkörper-, teilweise mit Luftheizung) versehen, so lassen sich Luftheizung und Lüftung in einfachster Weise miteinander verbinden.

Für solche Räume soll die stündliche Frischluftmenge je Sitzplatz 20 bis 30 m³ bzw. das 3- bis 5fache des Rauminhaltes betragen.

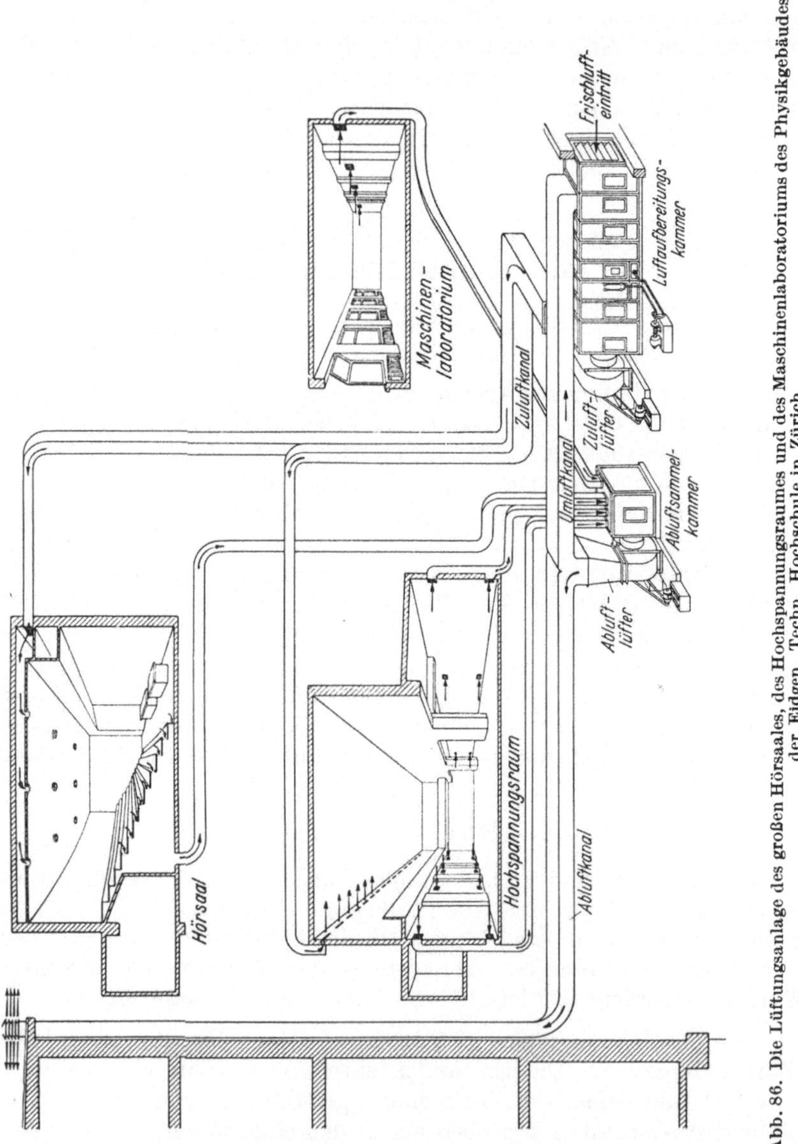

Abb. 86. Die Lüftungsanlage des großen Hörsaales, des Hochspannungsraumes und des Maschinenlaboratoriums des Physikgebäudes der Eidgen. Techn. Hochschule in Zürich.

5,133 Schulküchen.

Größere stark benutzte Schulküchen sind in gleicher Weise zu lüften wie die Küchen von Gaststätten, d. h. es ist möglichst über dem Herd Luft abzusaugen und über Dach zu blasen. Die Luftmenge muß von Fall zu Fall bestimmt werden. Sie richtet sich nach der Feuerungsart des Herdes sowie nach der Belastung,

Raumgröße und Lage der Küche. Bei Schulküchen genügt es in der Regel, wenn die abgesaugte Menge das 10- bis 15fache des Rauminhaltes beträgt. Zuluftanlagen mit Lüfterbetrieb sind nur bei größeren Internatsküchen oder Mensaküchen erforderlich. Es kann hierzu auf die Ausführungen in Abschn. 3,24 verwiesen werden. Bei kleineren Küchenanlagen genügt es, wenn die Einströmmöglichkeit vorgewärmter Frischluft gegeben ist, sei es aus den Nebenräumen, indem in den Türen unten über die ganze Breite Schlitze von einigen Zentimetern Höhe offen gelassen bzw. Gitter in die unteren Türfüllungen eingesetzt werden. Die Frischluft ungewärmt durch geöffnete Fenster, Klappflügel usw. einströmen zu lassen, ist der dabei auftretenden Zugerscheinungen und Nebelbildungen wegen nicht zweckmäßig. Wird die Luft von den Nebenräumen her angesaugt, so sind daselbst die Heizflächen entsprechend reichlich vorzusehen. Selbstverständlich darf der in den Küchen erzeugte Unterdruck nicht so groß sein, daß durch die Abzugsrohre der Herde Luft heruntergesaugt wird und die Verbrennungsgase dadurch, statt richtig abzuziehen, in die Küche austreten. Werden bei Gasherden die Verbrennungsgase nicht unmittelbar ins Freie abgeführt, sondern in die Küche austreten gelassen, dann muß durch eine Be- und Entlüftungsanlage die Anreicherung der Luft durch die Kohlensäure des verbrannten Gases vermieden werden. Zulässig sind etwa $1{,}5\ \text{l}\ CO_2/\text{m}^3$ Raumluft. Bei der Verbrennung von $1\ \text{m}^3$ Gas entstehen etwa $0{,}5\ \text{m}^3\ CO_2$. Bei z. B. $12\ \text{m}^3/\text{h}$ verbranntem Gas sind demnach $12 \cdot 0{,}5/0{,}0015 = 4000\ \text{m}^3$ Frischluft notwendig, das ergäbe bei einem Küchenrauminhalt von $350\ \text{m}^3$ einen rd. 12fachen Luftwechsel.

Auf die leichte Reinigungsmöglichkeit der Abluftkanäle ist bei Küchenlüftungen ganz besonders zu achten, weil die abströmende Luft erfahrungsgemäß fettige Ablagerungen hinterläßt. Aus diesem Grunde müssen sie auch feuersicher erstellt werden. Die waagerechten Teilstücke werden mit Vorteil so ausgebildet und befestigt, daß sie leicht heruntergenommen und im Freien gereinigt werden können. Ferner ist wasserdichte Ausführung empfehlenswert, weil sonst Durchfeuchtungen der Kanalwände vorkommen können.

5,134 Schulbäder, Aborte, Labors.

Zur Lüftung der Schulbäder kann Luft aus den Baderäumen abgesaugt werden, wobei gegebenenfalls die Zuluft aus den danebenliegenden Umkleideräumen zuströmen kann und dadurch gleichzeitig auch diese gelüftet werden. Ihnen kann die Zuluft meist von den warmen Korridoren her zugeleitet werden. Die Lufterwärmung durch Luftheizapparate ist jedoch bei größeren Anlagen stets vorzuziehen.

Der Mehrbedarf an Wärme zufolge der Lüftung ist natürlich auch im ersteren Fall durch entsprechend große Bemessung der Heizkörper zu decken. Daß in den Baderäumen auf die Vermeidung von Zugerscheinungen ganz besonders zu achten ist, wurde bereits erwähnt. Die Abluftöffnungen sind im oberen Teil der Räume anzubringen und die feuchte Abluft ist unmittelbar über Dach, keinesfalls in den Dachboden, auszublasen. Die stündlich abgesaugte Luftmenge soll etwa das 10fache des Rauminhaltes betragen.

Zur Lüftung der Aborte begnügt man sich vielfach mit Fensterlüftung. Besser ist es, wenn über Dach führende, nötigenfalls mit Lüftern versehene Abluftschächte vorgesehen werden. Bei großen Gebäuden faßt man sie oft im Dachboden in Sammelkanälen zusammen und bringt an ihnen die Lüfter an. Die Zuluft kann den Aborten durch Öffnungen in den unteren Türhälften von den Vorräumen her zugeführt werden. Bei Lüftung mit Lüfterbetrieb hat die stündlich abgesaugte Luftmenge je nach den Ansprüchen das 5- bis 10fache des Rauminhaltes zu betragen.

Laboratorien (z. B. chemische in Hoch- und Mittelschulen) sind in gleicher Weise wie die Aborte zu lüften, wobei es jedoch angezeigt ist, vorgewärmte Zuluft in die betreffenden Räume einzuführen. Ob dies durch Ansaugen der Luft vom Flur oder Nebenräumen geschehen kann oder ob dazu Lüfter mit Lufterhitzern erforderlich sind, muß von Fall zu Fall entschieden werden. Die Größe der stündlichen Lufterneuerung hat sich nach dem Zweck, dem das Laboratorium dient, zu richten. Bisweilen kommt man mit dem 5fachen des Rauminhaltes aus, während bei chemischen Laboratorien die Menge auf das 10- und noch Mehrfache zu steigern ist.

Wichtig ist, daß die Digestorien der chemischen Laboratorien abgesaugt werden. Die Verwendung von Lüftern ist notwendig, wobei die Lüfter und das Lüfterrad innen zu verbleien und die Kanäle aus säurefesten Stoffen herzustellen sind.

Schrifttum.

EIGENMANN, A.: Heizung und Lüftung für Schulhäuser. Installation Bd. 22 (1950) S. 116/17.

FISCHER, L. J.: Die Schulheizung in England nach dem Kriege. Gesundh.-Ing. Bd. 72 (1951) S. 319/22.

5,2 Kinos, Theater.

5,21 Heizung, Lüftung und Kühlung.

Raumlufttemperaturen.

Zuschauerraum vor Beginn der Vorstellung . . . . 18°C
  Während der Benutzungszeit . . . . nicht über 22°C
Garderoben . . . . 18°C
Foyers, Umgänge, Übungs-, Ankleide- und Solistenzimmer sowie alle anderen von den Besuchern und dem Personal während der Vorstellungen, Pausen und Proben benutzten Räume . . . . 20°C
Bühnenhaus . . . . 18°C
Büros . . . . 20°C
Vorplätze, Treppenhäuser usw. . . . . 15°C
Restaurationsräume s. Abschn. 5,3.

Zu der während der Benutzungszeit im Zuschauerraum nicht zu überschreitenden Temperatur von 22°C ist zu bemerken, daß sie sich ebenso wie die übrigen Temperaturangaben auf die Winterzeit bezieht. Es wäre nicht angängig, an besonders warmen Sommertagen und -abenden bei etwa 30°C Außentemperatur die Temperatur des Zuschauerraumes auf 20 bis 22°C zu halten, da der zu starke Temperaturunterschied zwischen außen und innen unweigerlich Erkältungserscheinungen bei den Zuschauern zur Folge haben würde. Eine um etwa 6°C gegenüber der Außentemperatur niedriger liegende Raumtemperatur kann als am zuträglichsten bezeichnet werden.

Für die Auswahl der Heiz- und Lüftungsanlagen ist zu unterscheiden zwischen Opern- und Schauspielhäusern und Kinos ohne Bühnenhaus.

Bei eigentlichen Theatern ist ferner zu beachten, ob es sich um die Beheizung und Belüftung des Zuschauerraumes, des Bühnenhauses, der Nebenräume und der evtl. im Gebäude vorhandenen Restaurationsräume, Büros, Verkaufsläden, Wohnungen usw. handelt.

Die an den Zuschauerraum und das Bühnenhaus in heiz- und lüftungstechnischer Hinsicht zu stellenden Anforderungen sind sehr vielseitig. Sie lassen sich etwa folgendermaßen zusammenfassen:

In beiden Räumen muß zu Beginn der Vorstellung möglichst Temperaturgleichheit bestehen, damit nach dem Hochziehen des eisernen Vorhanges keine unangenehmen Luftströmungen nach dem Zuschauerraum oder in entgegengesetzter Richtung entstehen. Der Temperaturanstieg im Zuschauerraum während der Vorstellung darf nur gering sein und möglichst nicht mehr als 3°C betragen. Störende Wärmestauungen dürfen an keiner Stelle des Theaters, auch nicht unter Balkonen, auftreten.

Um das Absinken kühler Luft aus dem oberen Teil der Bühne auf die Spielbühne zu vermeiden, muß das Bühnenhaus oben höher beheizt werden als die Spielbühne (s. Abb. 87).

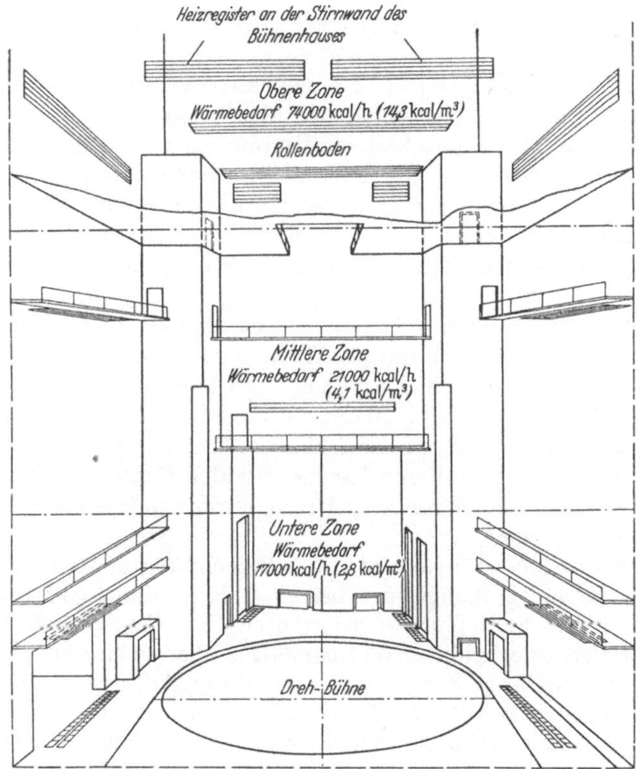

Abb. 87. Anordnung der Heizflächen in einem Bühnenhaus. Höhe des Bühnenhauses etwa 32 m, Breite etwa 26 m, Tiefe etwa 26 m.

Zugluft, Geruchsbelästigung und Lüftergeräusche dürfen nicht auftreten.

Die Erfüllung dieser Forderungen setzt nicht nur einwandfreie heizungs- und lüftungstechnische Einrichtungen voraus, sondern auch eine gute, fachkundige Bedienung. Trotzdem werden Klagen der Zuschauer nicht immer ganz vermieden werden können, da die Empfindlichkeit gerade der Theaterbesucher je nach Geschlecht und Bekleidung eine außerordentlich verschiedene ist.

Normalerweise wird der Zuschauerraum mit Luftheizung versehen, die gleichzeitig als Lüftungsanlage dient. Ist er vollständig eingebaut (d. h. von Umgängen und anderen beheizten Räumen umgeben), so ist es zulässig, von der Aufstellung örtlicher Heizkörper abzusehen. Dagegen ist die Anordnung von örtlicher Heizung im Bühnenhaus zweckmäßig. Auch in den Orchesterräumen werden meist einzelne Heizkörper aufgestellt, weil die Temperatur dort in der Regel niedriger ist als im übrigen Theaterraum. Es ist auch zu beachten, daß diese Räume nicht nur während der Vorstellung, sondern auch bei den Proben beheizt sein müssen. Die Bühnenheizkörper oder Heizrohrregister werden entweder an den Wänden oder, wenn sie dort stören, unter dem Bühnenfußboden angeordnet. Dabei läßt man die an den Heizkörpern erwärmte Luft der Bühne durch Wandgitter zuströmen. Auf leichte Reinigungsmöglichkeit der Heizkörper und evtl. Kanäle ist zu achten. Zur Vermeidung der nachteiligen Deckenabkühlung ist es, wie bereits zuvor betont, außerdem erforderlich, reichliche Heizfläche im oberen Teil des Bühnenhauses, z. B. unter dem Schnürboden, den Arbeitsgalerien oder unter dem ausschiebbaren Dach, anzubringen, während über dem Zuschauerraum meist eine Doppeldecke vorhanden ist, deren Hohlraum von unten her gewärmt wird, so daß von hier aus, auch ohne örtlich angebrachte Heizkörper, Zugbelästigungen nicht zu befürchten sind.

Schwierigkeiten in der Beheizung des Bühnenhauses entstehen, wenn die sog. Schleuse zwischen Bühne und Kulissenmagazin nicht ausreichend beheizt ist, da dann bei offenstehenden Türen eine kalte Luftströmung von dem üblicherweise niedriger erwärmten Kulissenraum zur Bühne hin einsetzt. Deshalb muß diese Schleuse, ähnlich wie die Eingänge von Warenhäusern, mit reichlichen örtlichen Heizflächen versehen werden, oder es muß, wenn deren Anordnung nicht möglich ist, durch einen kräftigen Warmluftstrom dem Kaltlufteinfall entgegengewirkt werden.

In der Regel steht das Bühnenhaus auch durch eine große Zahl von Türen mit den Nebenräumen, vornehmlich mit den Treppenhäusern in Verbindung, die den Zugang zu den einzelnen Arbeitsgalerien ermöglichen. Sind die Nebenräume und Treppenhäuser niedriger erwärmt als das Bühnenhaus, so können ebenfalls sehr erhebliche Zugerscheinungen auf der Bühne auftreten. Es muß deshalb für möglichste Temperaturgleichheit dieser Räume mit der Bühne gesorgt werden. Die in den Zuschauerraum eingeblasene Luftmenge soll mindestens 20 bis 30 m^3 je Kopf und Stunde betragen.

Bei eingebauten Zuschauerräumen wird die Berechnung meist ergeben, daß diese Luftmenge vollständig genügt, um bei einer Erwärmung auf etwa 20°C auch den gesamten Wärmebedarf, selbst bei größter Winterkälte, zu decken, weil ja auch von den Besuchern erhebliche Wärmemengen abgegeben werden. Ist dies bei anderer Bauweise nur bis z. B. —5 oder —10°C der Fall, so muß von dieser Außentemperatur an teilweise mit Umluft geheizt werden. Die ausführende Firma hat dem Heizer ein Schema darüber auszuhändigen, wie er, je nach Außentemperatur und Besetzung des Theaters, die Anlage zu handhaben hat.

Die Bühne ist so zu heizen, daß sich gleiche Temperaturen und Luftdrücke vor und hinter dem Vorhang einstellen. Es darf nicht vorkommen, daß beim Heben des Vorhanges ein Luftstrom kälterer Temperatur von der Bühne nach dem Zuschauerraum oder umgekehrt entsteht oder in geschlossenem Zustand ein Ausbauchen des Stoffvorhanges stattfindet. Ferner müssen die Zu- und Abluftöffnungen im Zuschauerraum so angeordnet werden, daß sich eine möglichst gleichmäßige Temperaturverteilung ergibt. Die größten Unterschiede zwischen Parkett und Galerien sollen selbst bei vollbesetzten Häusern 2°C nicht übersteigen. Um nicht allzu große Luftmengen anwärmen und in die Räume einführen zu müssen, ist es wichtig, daß die Umfassungswände und Decken der Theater (namentlich auch der hohen, wie Kamine wirkenden Bühnenhäuser) luft- und wärmedicht erstellt werden. Aus demselben Grunde sollen auch die für Brandfälle gesetzlich verlangten Rauchabzugsklappen im Bühnenhaus sowie die Außentüren und Fenster dicht schließen. Die Rauchabzugsklappen müssen sich aber trotzdem leicht öffnen lassen. Ihre Größe hat den feuerpolizeilichen Vorschriften des betreffenden Ortes zu entsprechen. Die Luftheizungs- und Lüftungsanlagen für die Zuschauerräume und Bühnen werden vorteilhaft sowohl mit Zu- als auch mit Ablüftern versehen, wobei es zweckmäßig ist, daß die Ablüfter höchstens zwei Drittel der Luftmenge der Zulüfter fördern, damit im Theater- innern ein geringer Überdruck entsteht und bei offenstehenden Türen Luft aus- und nicht eintritt. Auf diese Weise gelingt es, Zugerscheinungen zu verhüten, auch wenn nicht, wie das jetzt bei vielen Theatern der Fall ist, zwischen dem Freien und dem Zuschauerraum bis zu vier und mehr Türabschlüsse vorgesehen werden. Bei sehr niedrigen Außentemperaturen kann der Ablüfter für Zuschauer- raum und Bühne unter Umständen abgestellt und es der Luft überlassen werden, ihren Weg ins Freie durch die Türen und Undichtigkeiten der Umfassungswände selber zu finden. Den Ablüfter wegzulassen und statt dessen nur senkrecht nach oben führende Abluftkanäle zu erstellen, empfiehlt sich nicht (obschon diese Bau- art wiederholt angewendet worden ist), weil in diesem Falle die Abluftgitter und -kanäle bedeutend größer zu halten sind und eine unnötig starke Auskühlung des Theaters eintreten kann, wenn die Abluftklappen nicht rechtzeitig geschlossen werden, vor allem aber, weil damit bei hohen Außentemperaturen (Sommer- betrieb) keine genügende Durchlüftung mehr möglich ist. Weder die Anlage- noch die Betriebskosten werden durch den Einbau von Ablüftern übermäßig erhöht, wie das vielfach befürchtet wird. Durch Aufstellung von Zu- und Ablüftern, die für sich allein betrieben werden können, hat man die Anlagen vollständig in der Hand.

Zur Erzielung möglichster Geräuschlosigkeit und Übersichtlichkeit werden die Lüfter am besten im Keller untergebracht. Sie sollen so langsam laufen (wie schon früher angegeben mit höchstens 12 m/sek Umfangsgeschwindigkeit) und derartig sorgfältig gelagert werden, daß in keinem der benutzten Räume ein störendes Geräusch hörbar ist. Auch in dieser Hinsicht wird auf das in Abschn. 2,38 über Lärmminderung Gesagte verwiesen. Sind zwingende Gründe für die Auf- stellung der Lüfter im oberen Teil des Gebäudes vorhanden, so ist besondere Sorgfalt auf die Erzielung geräuschlosen Ganges und die Verhinderung der Über- tragung von Erschütterungen auf das darunterliegende Stockwerk zu verwenden.

Legt man Hauptfrisch- und -abluftkanal nebeneinander, so ist es durch eine einzige Klappenumstellung möglich, die Anlage von Frisch- auf Umluftbetrieb sowie auf jedes beliebige Mischungsverhältnis von Frisch- und Umluft umzu- stellen.

Der Austritt der Zuluft in den Zuschauerraum sowie der Eintritt der Abluft in die Abluftkanäle kann auf verschiedene Weise erfolgen, hauptsächlich in der Form als sog. Aufwärtslüftung von unten nach oben oder als sog. Abwärtslüftung von oben nach unten. Welcher Art der Luftführung der Vorzug gegeben wird, hängt bis zu einem gewissen Grade von der Bauart des Zuschauerraumes ab. Jede der beiden Arten hat ihre Vor- und Nachteile[1]. Bei der Aufwärtslüftung läßt man die Zuluft unter den Sitzen des Parketts austreten, wobei die Gitter aus hygienischen Gründen aber nicht in den Boden, sondern senkrecht, z. B. an den Bankstützen, angeordnet werden sollen. Die Abluft wird an der Decke und evtl. durch obere Öffnungen in den Seitenwänden abgezogen. Diese Zuführung hat den Vorteil, daß die Luft den Besuchern im Parkett unmittelbar zuteil wird, andererseits sind sie aber auch den Unannehmlichkeiten zu hoher oder zu niederer Erwärmung der Zuluft sowie gegebenenfalls der Staubaufwirbelung direkt aus- gesetzt. Dazu sind die Zuschauer der oberen Ränge bei Fehlen von Zuluftöff-

---

[1] POHL, W.: Die Luftführung beim Klimatisieren von Theatern und Lichtspielhäusern. Heizg., Lüftg., Haustechn. Bd. 2 (1951) S. 43/6. — W. POHL: Die Lüftung von Lichtspiel- theatern. Gesundh.-Ing. Bd. 73 (1952) S. 353/59.

nungen in diesen Rängen dem von unten aufsteigenden Strom teilweise verbrauchter Luft ausgesetzt.

Bei der Abwärtslüftung wird die Luft durch Deckenöffnungen dem Raum zugeführt, während die Ab- bzw. Umluft durch die Stufen des Parketts und der Ränge sowie an den Seitenwänden über Boden und im Orchesterraum abzieht.

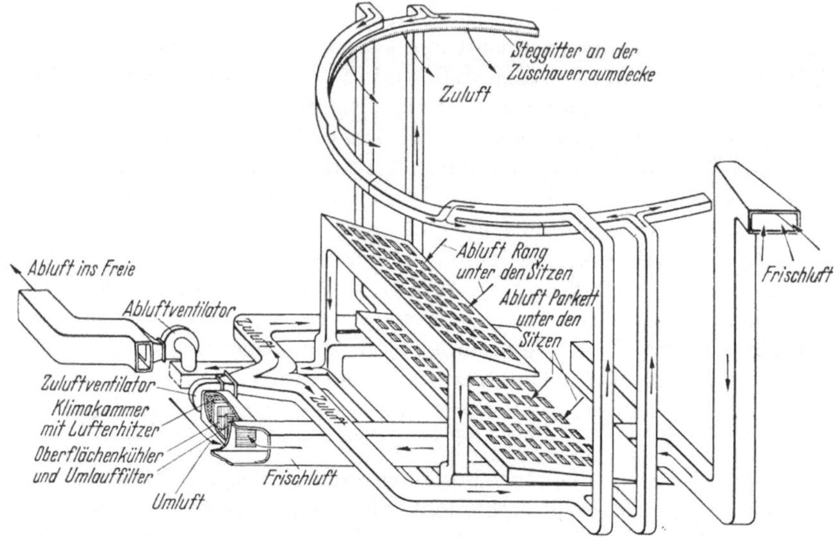

Abb. 88. Schematische Darstellung der Klimaanlage für den Zuschauerraum eines Theaters.

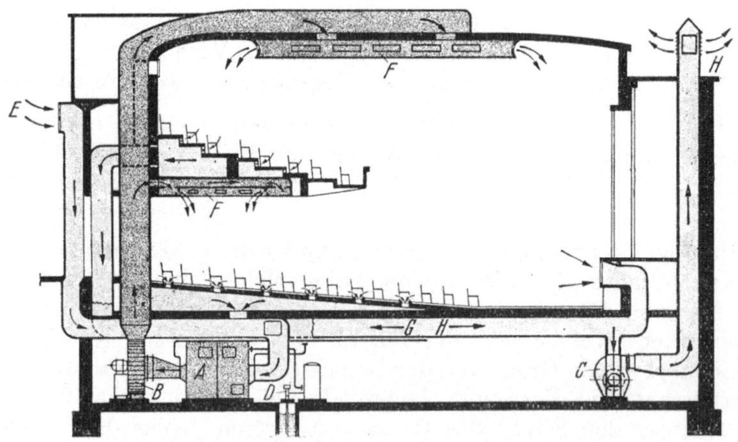

Abb. 89. Ausgeführte Klimaanlage für ein Lichtspieltheater.
A Wetterbereiter; — *B* Elektro-Zuluftlüfter; — *C* Elektro-Abluftlüfter — *D* Kühlwasserpumpe; — *E* bewetterte Zuluft; — *G* Rückluft; — *H* Abluft.

Die Abb. 88 zeigt ein Kanalsystem für eine derartige Luftführung in einem Theater. In Abb. 89 ist die gleiche Luftzuführungsart für ein Lichtspieltheater wiedergegeben, jedoch in Verbindung mit dem Kinogebäude. Hierdurch kann die Abführung der überschüssigen Wärme unter Umständen schneller erfolgen, da die Zuluft, weil sie nicht unmittelbar unter den Sitzen der Zuschauer einströmt, mit etwas geringerer Temperatur als bei der Aufwärtslüftung in den Zuschauerraum eingeführt werden kann. Bei guter gleichmäßiger Durchströmung der Luft von oben nach unten ist außerdem für die Zuführung der Frischluft in die Atemzone aller Zuschauer, nicht nur der des Parketts, größere Gewähr gegeben. Allerdings sind bei Einführung zu kühler Luft die auftretenden Zugerscheinungen recht unangenehm. Um dieser Gefahr aus dem Wege zu gehen, wird in manchen Theatern nur während der Pausen durchgelüftet. Eine wenn auch vielleicht eingeschränkte Dauerlüftung während der Vorstellung muß aber zur Vermeidung von Wärmestauungen bei besetztem Haus unter allen Umständen durchgeführt werden.

Eine andere Möglichkeit der Lufteinführung, die vornehmlich auch in Lichtspieltheatern angewendet werden kann, besteht in der Anordnung der Zuluftöffnungen an den Seitenwänden mindestens $2^1/_2$ bis 3 m über dem Fußboden, z. B. unter der ersten Galerie.

In jedem einzelnen Falle ist von den vielen bestehenden Möglichkeiten die mit Rücksicht auf die bauliche Ausführung und die gestellten Forderungen zweckmäßigste Anordnung zu wählen, wobei vornehmlich darauf Bedacht genommen werden muß, daß die frische Luft insbesondere in die Aufenthaltszone der Besucher gelangt, damit vollkommene Lüftung und gleichmäßige Temperaturverteilung gesichert sind.

Die Reinigung der Luft durch Saalfilter ist stets vorzusehen. Hierfür werden heute fast ausnahmslos ölbenetzte Saalfilter benutzt.

Ebenso wichtig wie das Heizen ist in Theatern, Varietés, Kinos usw. das Kühlhalten des Zuschauerraumes. Besonders die hochgelegenen Raumteile (Galerien) sind der Übererwärmung ausgesetzt. Daher muß hier kräftig warme Luft abgesaugt und frische zugeführt werden. In Theatern mit eingebauten Zuschauerräumen ist eine Übererwärmung besonders leicht möglich, weil bei starker Besetzung von den Besuchern große Wärmemengen abgegeben werden, durch die Umfassungswände aber nur wenig Wärme abgegeben wird und, wie früher bemerkt, die Zuluft zur Verhütung von Zugerscheinungen während der Anwesenheit der Besucher nicht kälter als etwa 6°C unter Raumtemperatur eintreten darf. Im Winter ist das Kühlhalten der Zuluft einfach, indem die von außen entnommene Frischluft nicht höher als erforderlich erwärmt wird. Im Sommer dagegen ist das Kühlen umständlich und teuer. Es ist übrigens zu beachten, daß in unserem Klima für die Abendvorstellungen oft auch in den Sommermonaten genügend kühle Außenluft zur Verfügung steht, indem nach Sonnenuntergang in der Regel ein merkliches Sinken der Lufttemperatur stattfindet. Allerdings gibt es auch warme Nächte, in denen selbst kräftigste Lüftung nur wenig Erfrischung bringt. Dieser Zustand ist besonders unangenehm, wenn die Luft außerdem feucht ist. In Ländern, wo solche Verhältnisse oft auftreten, ist die Aufstellung von Kältemaschinen angezeigt (sofern die Theater über die heißeste Zeit nicht geschlossen sind).

Vollklimaanlagen sind für unsere Zone normalerweise in Theatern nicht erforderlich. Es ist aber wünschenswert, für besonders warme Tage eine einfache Luftkühlungsmöglichkeit durch Einbau eines Luftkühlers (unter Verwendung von Tiefbrunnen- oder Leitungswasser) vorzusehen. Dabei empfiehlt es sich, eine Auskühlung des Zuschauerraumes und der ihn umgebenden Mauermassen vor Beginn der Vorstellung durch Umluftbetrieb vorzunehmen. Die Luft kann man in solchem Falle beliebig kalt eintreten lassen, weil man, solange keine Besucher anwesend sind, auch keine Rücksicht auf Zugerscheinungen zu nehmen hat. Anders verhält sich die Sache erst, wenn die Theaterbesucher erscheinen. Ein solches anfängliches Kühlhalten der Zuschauerräume (in unserem Klima auf z. B. 18°C im Winter und 20 bis 22°C je nach der Außentemperatur im Sommer) ist übrigens stets angezeigt, wenn mit starker Besetzung gerechnet werden muß. Die Mauermassen dienen auf diese Weise zur Wärmespeicherung und vermögen

bei ihrer allmählichen Erwärmung während der Vorstellung beträchtliche Wärmemengen aufzunehmen, so daß die erwähnte geringe zulässige Untertemperatur
der Zuluft während der Vorstellung in den meisten Fällen genügt, um erträgliche
Zustände aufrechtzuerhalten. Auch dabei muß aber, wie betont wurde, sorgfältig darauf geachtet werden, daß die Besucher vom Zuluftstrom nicht in be-
lästigender Weise getroffen werden.

Wenn auch in mancher Hinsicht Kinos ohne bzw. mit kleinen Bühnen bezüglich der Heizart und Luftführung ähnlich behandelt werden können wie
Saalbauten und Theater, so ergeben sich andererseits aus ihrer Bauweise und
Benutzungsart doch wesentliche Unterschiede vor allem hinsichtlich des Grades
der Luftverschlechterung und der zu ihrer Beseitigung zu ergreifenden Maßnahmen. Zunächst beträgt der auf den einzelnen Besucher beim Lichtspieltheater
entfallende Luftraum in der Regel nur einen Bruchteil desjenigen der sonstigen
Theater. Ferner erfolgt die Filmvorführung in der Regel pausenlos vom Früh-
nachmittag bis in die Nacht. Schließlich legen die meisten Besucher des Kinos
während der Vorführungen ihre Überkleider nicht ab. Aus diesen Gründen erfordert die Lüftung des Lichtspieltheaters wenigstens bei der bisher vorherrschenden Bauweise eine besonders hochwertige Luftbehandlung, so daß für
Kinos der Einbau von Klimaanlagen insbesondere zur Erwärmung und Entfeuchtung der Luft in vielen Fällen geraten erscheint.

Die Erzeugung der Warmluft für Kinos oder Theater wurde früher des öfteren
durch Feuerluftheizungen vorgenommen. Auch in neuerer Zeit wird sie hin und
wieder empfohlen. Wenn auch zuzugeben ist, daß bei sachgemäßer Ausführung
diese Heizungsart sich durchaus bewähren kann und die oft gehörten Bedenken
bezüglich einer ungleichmäßigeren Temperaturverteilung gegenüber anderen
Luftheizungsarten nicht berechtigt sind (durch Lüfterbetrieb und gute Anordnung
der Luftöffnungen lassen sich in beiden Fällen gleichgute Ergebnisse erzielen),
so besteht bei Feuerlufterhitzern doch die erhöhte Gefahr des Undichtwerdens
und damit des Eindringens von Rauchgasen in die Luftkanäle und den Zuschauerraum.

Praktisch kommt hauptsächlich für die Vorwärmung der Luft des Zuschauerraumes Niederdruckdampf von 0,1 atü in Frage. Ebenso eignet sich Niederdruckdampf im besonderen für die Beheizung aller derjenigen Räume des Theaters,
die nur während der Vorstellung, also nur kurze Zeit am Tage, benutzt werden.
Dampf ermöglicht ein schnelles Aufheizen der Heizflächen und eine schnelle Abkühlung nach dem Abstellen. Das ist wichtig, damit man der Wärmeentwicklung
der Besucher schnell und wirksam entgegenarbeiten kann.

Foyers, Umgänge, Garderoben, Treppenaufgänge, Vestibüle, Aborte usw.
werden, wie gesagt, ihrer kurzzeitigen Benutzung wegen oft mit Niederdruckdampf, jedoch auch mit Warm- oder Heißwasserheizung versehen, während für
Übungs- und Solistenzimmer, Ankleideräume, Büros, Wohnungen, Verkaufsläden usw. ausschließlich Warmwasserheizung zur Anwendung kommen soll.

Aus architektonischen Gründen ist auf die Wahl geeigneter Heizkörpermodelle zu achten. Freie Aufstellung ist auch hier, wenn immer möglich, vorzuziehen.

Die Garderoben, Aborte, Toiletten, Ankleideräume und in Kinos die Vor-
führkabinen werden mit Vorteil durch besondere über Dach mündende Abluftanlagen gelüftet, welche den Luftinhalt dieser Räume durch Absaugen 5- bis
10mal in der Stunde erneuern. Die Zuluft soll von den Gängen, Vestibülen und
anderen Vorräumen, den Projektionskabinen evtl. von dem dahinführenden
Treppenhaus oder vom Freien her zuströmen. Eine direkte Verbindung zwischen
Projektionskabine und Zuschauerraum darf aus feuerpolizeilichen Gründen an

vielen Orten nicht hergestellt werden. Außerdem empfiehlt es sich, die Kinoapparate durch Abzugsrohre mit dem Abluftkanal oder evtl. einem besonderen kleinen Lüfter zu verbinden und dadurch die entstehenden großen Wärmemengen zum Teil unmittelbar abzuleiten.

Die Ablüfter für diese Räume werden meist im Dachboden aufgestellt und entsprechend sorgfältig gelagert. Sie wegzulassen und nur Abluftschächte für den selbsttätigen Auftrieb der Luft zu erstellen, empfiehlt sich, wie bereits erwähnt, nicht.

In eingebauten Garderoben ist die Aufstellung örtlicher Heizflächen nicht unbedingt erforderlich, wenn die Gänge, aus denen die Luft angesaugt wird, genügend beheizt sind. Oft sind jedoch mit Rücksicht auf das Bedienungspersonal besondere Heizkörper in den Garderobennischen anzuordnen.

Auch empfiehlt sich in ähnlicher Weise wie bei Warenhäusern, dem Windfang des Theaters in der Zeit von der Öffnung der Außentüren bis zum Beginn der Vorstellung vorgewärmte Luft zuzuführen, um der sonst einströmenden Kaltluft entgegenzuwirken.

Für die Restaurationsräume gilt das unter 5,3 Gesagte.

Gewöhnlich wird bei Theatern der gesamte Wärmebedarf durch eine Niederdruckdampfkesselanlage gedeckt, wobei diese außer den örtlichen Heizkörpern auch die Lufterhitzer der Luftheizung, evtl. einen Gegenstromapparat für die Warmwasserheizung und den Boiler der Warmwasserversorgung bedient. Nimmt die Warmwasserheizung großen Umfang an, so kann die Aufstellung von Warmwasserheizkesseln neben den Dampfkesseln angebracht sein.

Der Dampfdruck ist so niedrig wie möglich (z. B. 0,05 bis 0,1 atü) zu halten und das Kondenswasser, wenn angängig, auf selbsttätigem Wege in die Kessel zurückzuleiten.

In den Fällen, in denen Hochdruckdampf aus Fernleitungen zur Verfügung steht, wird er je nach dem vorhandenen Druck entweder unmittelbar oder auf 0,5 atü reduziert für Bühnendampf, Lufterhitzer, Gegenstromapparate usw. verwendet. Für die örtlichen Heizflächen in den Räumen wird eine weitere Druckminderung auf 0,05 bis 0,1 atü vorgenommen.

In einem besonderen *Apparate- und Verteilerraum* sind sämtliche zur Bedienung und Überwachung der Anlage erforderlichen Vorrichtungen und Instrumente unterzubringen. Da die einzelnen Teile eines Theatergebäudes ungleiche Ansprüche an die Heizung stellen, ist es angezeigt, Gruppenunterteilung, z. B. wie folgt, vorzusehen:

1. Lufterhitzer für die Luftheizungs- und Lüftungsanlage des Zuschauerraumes und der Bühne, unterteilt in mehrere Gruppen. Inbetriebnahme nur vor und während der Vorstellungen sowie erforderlichenfalls bei Proben.

2. Örtliche Heizflächen der übrigen Theaterheizung, die auch tagsüber betriebsbereit sein müssen, in den Übungs- und Solistenzimmern, Ankleideräumen, Büros, Wohnungen, der Kasse, Eingangshalle usw.

3. Örtliche Heizflächen der Foyers, Umgänge, Treppenaufgänge, Vestibüle, Aborte usw., die in den Übergangszeiten bei warmen Außentemperaturen abgestellt bleiben können.

4. Sonderheizung Windfang.

5. Warmwasserbereitung.

Je nach Größe der einzelnen Heizgruppen sind evtl. noch entsprechende Unterteilungen vorzunehmen.

Die Schalttafel soll enthalten:

a) die erforderlichen Regelgeräte für die Steuerung der Anlage;

b) Schalter und Regelanlasser für die Lüfter und bei Pumpenheizung auch für die Umwälzpumpe;

c) Anzeigegeräte für Klappenstellungen von Frischluft, Abluft und die Umstellung von Frisch- auf Umluftbetrieb;

Abb. 90. Verteilerraum und Kondensatmeßstation eines Hochdruckdampffernanschlusses für ein Theater.

d) Anzeigeinstrument und Tastenschalter der Fernthermometeranlage für:

α) Außentemperatur — β) Warmluftkanal — γ) verschiedene Stellen im Zuschauerraum (Parkett, Galerie usw.) — δ) Bühne — ε) verschiedene Räume der vorstehend genannten Gruppen 2 bis 4;

e) je ein Amperemeter oder ein gemeinsames mit Umschalter für die Lüfter und bei Pumpenheizung für die Pumpe;

f) evtl. ein Zugmesser zur Kontrolle des Kaminzuges;

g) bei großen Theatern eine Uhr;

h) Signallampe und -glocke zum Anzeigen der Pausen;

i) Haustelefon.

Bisweilen werden auch die Apparate der elektrischen Installation auf der gleichen Schalttafel angebracht.

Weiter ist es zweckmäßig, im Regelraum ein Schreibpult mit aufliegendem Betriebsbuch und eine Wandtafel zum Anheften des Spielplanes vorzusehen.

Die Abb. 90 zeigt den Verteilerraum eines Theaters[1]. Die in diesem Bild links noch sichtbare Schalttafel ist in Abb. 91 in Verbindung mit der Gesamtregelanlage schematisch dargestellt.

---

[1] KRÜGER, W.: Die Heizungs- und Lüftungsanlagen im Berliner Schiller-Theater. Gesundh.-Ing. Bd. 73 (1952) S. 217/23.

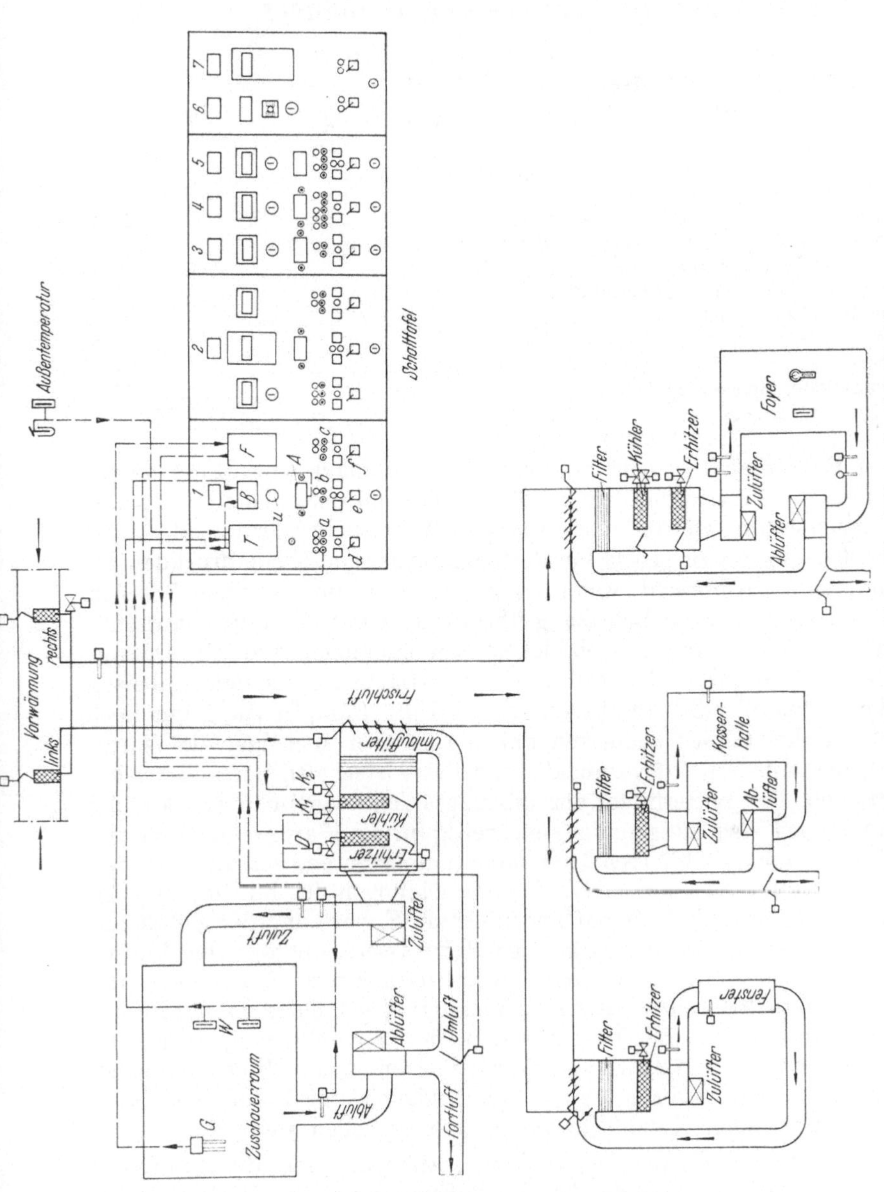

Abb. 91. Regelanlage mit schematischer Darstellung der Schalttafel.

1 Schaltfeld Zuschauerraum; — *2* Schaltfeld Foyer; — *3* Schaltfeld Fensterheizung; — *4* Schaltfeld Kassenhalle; — *5* Schaltfeld Vorwärmung; — *6* Temperatur-Meßanlage; — *7* Sechsfarbenschreiber. Einzelteile der Klimaanlage für den Zuschauerraum: T Temperaturregler; — B Begrenzungsregler; — F Feuchtigkeitsregler; — U Umschalter für Regler- oder Handsteuerung; — A Anzeiger für Stellung der Umluft-Fortluftklappe. Druckknopfsteuerung mit Kontrollampen für: a Zulüfter; — b Umlauffilter; — c Ablüfter. Steuerschalter, Strommesser und Kontrollampen für: d Kühlwasserventil K_1; — e Dampfventil D; — f Kühlwasserventil K_2.

5,22 Warmwasserversorgung.

Warmwasser ist im Theater für die Wannen- und Brausebadanlagen der Künstler und des sonstigen Personals, für die Künstlergarderoben, zur Hausreinigung und evtl. für die Büroräume erforderlich. Durch eine Umlaufleitung und eine Umlaufpumpe in weitverzweigten Rohrnetzen ist dafür zu sorgen, daß jederzeit heißes Wasser an den Zapfstellen fließt.

5,3 Restaurants, Kaffee- und Teehäuser, Gesellschafts- und Vereinsräume.

5,31 Heizung, Warmwasserversorgung.

Raumlufttemperaturen.

Restaurants, Kaffeehäuser, Teestuben usw. . . . . 18°C
Gesellschaftsräume, Versammlungslokale vor Beginn der Veranstaltung:
   bei zu erwartender starker Besetzung . . . . 15°C
   bei zu erwartender schwacher Besetzung . . . . 18°C
   während der Benutzung nicht über . . . . 22°C
Personalräume . . . . 18°C
Korridore, Aborte . . . . 15°C
Küche, Abwaschküche, Speiseausgabe . . . . 15°C
Weinkeller . . . . 6 bis 8°C

Die obigen Räume sind zumeist in einem Geschäftshaus oder Hotel untergebracht. In diesem Fall wird die Heizung der der Gesamtanlage entsprechen und demnach bei neuerstellten Gebäuden die Pumpen-Warmwasserheizung oder auch die Heißwasserheizung bis zu 110°C Vorlauftemperatur sein. Niederdruckdampfheizung ist nur dann angebracht, wenn der Betrieb sich nur auf einige Tage in der Woche beschränkt und die Beheizung überwiegend mit der Lüftungsanlage, die gleichzeitig als Luftheizung ausgebildet ist, vorgenommen wird. Die Dampfheizkörper stehen dann nur an den größeren Fensterflächen. Nach dem Anheizen und inzwischen erfolgter stärkerer Besetzung wird die Dampfheizung nur noch stoßweise geheizt. Bei täglich benutzten Lokalen ist aber auch hier die Warmwasserheizung der milderen Wärmeabgabe und des wirtschaftlicheren Betriebes wegen vorzuziehen. Die Lufterhitzer der Lüftungsanlage wird man zweckmäßig an einen besonderen Kessel hängen, der gleichzeitig für die Warmwasserbereitung zu dienen vermag, um mit höheren Heizwassertemperaturen, vor allem in den Übergangszeiten, fahren zu können. Die Zugerscheinungen der Lüftungsanlagen in Restaurants und Cafés sind oft auf ungenügende Erwärmung der Zuluft zurückzuführen und haben eben die zu geringe Heizwassertemperatur bei Warmwasserlufterhitzern zur Ursache, wenn es nicht übertriebene Sparsamkeit ist. Hinzu kommt dann vielfach noch die unzweckmäßige Regelanlage mit der Raumtemperatursteuerung, die beim Überschreiten der Raumlufttemperatur die Wärmezufuhr unterbricht und damit kalte Luft einströmen läßt. Hier muß neben der Raumtemperaturregelung die weitere Abhängigkeit der Zuluft von einer nicht zu unterschreitenden Kanallufttemperatur vorgesehen werden.

Aborte, Toiletten und Garderoben sind zu entlüften, wobei die Zuluft aus den Nebenräumen entnommen werden kann. Die Eingänge zu den Restaurationsräumen sind mit beheizten Windfängen oder Drehtüren zu versehen.

Warmwasser wird nur in der Küche, Abwaschküche und zu Reinigungszwecken, bei größeren Restaurationsbetrieben auch für die Personalwaschräume benötigt. Die Warmwasserbereitung erfolgt am zweckmäßigsten durch einen an die Sammelheizung angeschlossenen Warmwasserboiler. Das heiße Wasser für die Geschirrspülmaschine wird am besten örtlich durch Gaswasserheizer erzeugt. Die Kochküche mit Gas- oder elektrischer Beheizung wird heute vorgezogen. Die Dampfkochküche eignet sich mehr für Krankenhäuser und Kasernen, die nicht die Reichhaltigkeit der Speisekarte von Restaurationen aufweisen. Für die Lüftungsanlage der Küchen in Restaurationsbetrieben gilt sinngemäß das gleiche wie bei den Krankenhäusern und Schulküchen (s. die Abschn. 3,24 und

5,133), doch hat man es hier im allgemeinen mit verhältnismäßig niedrigen Räumen zu tun. Aus diesen Gründen kann es angebracht sein, den Luftwechsel zu erhöhen.

Zweifellos ist die Erfüllung der Forderung bezüglich des Luftwechsels bei kleinen Küchen außerordentlich schwierig, wenn gleichzeitig zugfreie Einführung gewährleistet sein soll. Beim Neubau sollte deshalb durch größere Räume die Vorbedingung für eine praktisch einwandfreie Lösung der Lüftungsfrage geschaffen werden. Das erfordert aber die frühzeitige Einflußnahme des Lüftungsfachmannes auf die Baugestaltung dieser Räume.

Eigene Waschküchen und Plättereien findet man fast nur in größeren Restaurationsbetrieben. Werden sie verlangt, so gilt hierfür das unter Abschn. 3,25 Gesagte.

5,32 Lüftung.

Eine einwandfreie Erneuerung der durch Speisegerüche, Tabakrauch, Ausatmungs- und Ausdünstungsprodukte verunreinigten bzw. zu hoch erwärmten und feuchten Luft ist besonders wichtig, weil diese Verunreinigungen bzw. die unzulässig hohe Erwärmung von den Besuchern als belästigend empfunden werden und auch, weil sie bei der außerordentlich großen Zahl der in diesen Betrieben Beschäftigten als Maßnahme zur hygienischen Verbesserung der Arbeitsstätte dringend notwendig ist.

Bei einfachen Verhältnissen, aber auch häufig in Gaststätten, die sich eine bessere Einrichtung leisten könnten, findet man oft in die Wände oder Fenster eingesetzte Lüfter, die nur Luft absaugen und unmittelbar ins Freie blasen. Die Zuluft strömt dabei durch die Undichtigkeiten der Umfassungswände, die Aufzugsschächte bzw. Durchsichten, aus der Küche und bei aufgehenden Türen aus dem Freien bzw. von den Vorräumen her zu. Eine derartige Lüftung ist mangelhaft, weil die einströmende Luft Küchen-, evtl. auch Abort- und andere Gerüche mitbringt, Zugerscheinungen auftreten, die Lüfter meist unwillkommenen Lärm verursachen und nicht selten die übelriechende Abluft den Nachbarn in die Fenster blasen.

In derart ungenügend oder überhaupt nicht gelüfteten Gaststätten herrschen oft bedenkliche Luftverhältnisse, und zudem beschlagen im Winter die Fenster und Wände leicht mit Feuchtigkeit, was die Behaglichkeit nicht steigert.

Die Mindestanforderungen an die Lüftungsanlage eines Versammlungsraumes sind nach den „VDI-Regeln"[1] kurz folgende:

1. Als Mindestzuluftmenge (Luftrate) je Kopf und Stunde gilt für Räume mit Rauchverbot 20 m³, für Räume, in denen geraucht wird, 30 m³.

2. Die Zuluft soll bei Temperaturen über $\pm 0°$C in vollem Umfange aus dem Freien angesaugt werden, unter $\pm 0°$C mindestens bis zur Hälfte der festgesetzten Luftrate.

3. Die Zuluft muß zugfrei in den Raum eingeführt werden.

4. Luftweg und Luftverteilung müssen im Raum so gewählt sein, daß tote Räume vermieden werden.

5. Die Luftkanäle müssen gut zugänglich und reinigungsfähig sein.

6. Zu- und Abluftgitter dürfen nicht an waagerechten begehbaren Stellen des Bodens liegen.

---

[1] Lüftungsgrundsätze für Bauherrn, Architekten und Lüftungsfachleute, 2. Aufl. Düsseldorf 1950 und DIN 1946 VDI-Lüftungsregeln, 2. Ausg., Berlin 1951, Lüftung von Versammlungsräumen.

7. Zur Verringerung der Kanalverschmutzung muß die Außen- und Umluft gereinigt werden.

8. Die Lüftungsanlage muß so ruhig arbeiten, daß ihr Betrieb weder im Saal noch im sonstigen Gebäude als störend empfunden wird. Schwingungs- und körperschalldämpfende Aufstellung des Lüfters und des Motors sind Voraussetzung hierzu.

Diese Forderungen lassen sich selbstverständlich nur durch vollwertige Lüftungsanlagen erfüllen. Die bereits beschriebene einfache Entlüftung mittels Schraubenlüfter in der Raumwand kann aber nur als *Lüftungsbehelf* bezeichnet werden.

Zum mindesten muß in kleineren Gaststätten und Versammlungsräumen, bei denen die Anlagekosten nicht hoch ausfallen dürfen und deshalb auf eine mechanische Zuluftanlage verzichtet werden muß, durch Aufstellung besonderer Heizkörper, z. B. über dem Windfang, dafür gesorgt werden, daß die infolge des Unterdruckes eingesaugte Frischluft vor dem Einströmen in den Raum genügend vorgewärmt wird. Man muß wissen, wo diese Luft herkommt und dafür sorgen, daß sie, ohne Zugerscheinungen hervorzurufen, die Gaststätte gut durchlüftet. Öffnungen hinter Heizkörpern in der Außenwand sind nicht angebracht.

Bei großen, stark besuchten Gaststätten ist jedoch auch ein Zulüfter mit Lufterhitzer und Luftreinigung sowie entsprechenden Luftverteilkanälen, Luftgittern usw. erforderlich. Sollen auch Temperatur und Feuchtigkeit der Raumluft in ganz bestimmten Grenzen gehalten werden, was in vielen Fällen notwendig erscheint, so muß eine Klimaanlage zum Einbau kommen.

Es ist angezeigt, die Zuluftmenge größer zu halten als die vom Ablüfter beseitigte Luftmenge, damit im Raum ein gewisser Überdruck entsteht und bei sich öffnenden Außentüren sowie durch die Schächte der Speiseaufzüge Luft abströmt. Liegen neben den Restaurationsräumen Gesellschaftszimmer, in welche die Restaurationsluft nicht übertreten soll, so ist von diesem Grundsatz allerdings abzugehen.

Vereinszimmer, Klublokale usw. sind zu behandeln wie Restaurants. Da hierin geraucht wird, muß die Luftmenge ebenfalls mindestens 30 m³ je Kopf und Stunde oder bei einem Mindestluftraum von 2,5 m³ je Person das 12fache des Rauminhaltes betragen, sofern man die Raumluft wirklich einwandfrei zu halten wünscht.

Für Kaffee- und Teeräume in Konditoreien sowie Tanzlokale gelten ebenfalls diese Werte.

Wird ein Zulüfter mit Lufterhitzer vorgesehen, so ist selbsttätige Temperaturregelung zur Einhaltung der Zulufttemperatur, namentlich bei Beheizung mit Dampf, vorzusehen. Es ist dabei ratsam, die Heizfläche in zwei bis drei für sich absperrbare Gruppen zu unterteilen.

Lüftung von oben nach unten kann für Tanzsäle und andere Räume, in denen nicht geraucht wird, in Frage kommen; überall, wo geraucht wird, soll dagegen der Rauch durch die Luftströmung nicht in die Zone der Besucher heruntergeholt, sondern in seinem natürlichen Bestreben aufzusteigen unterstützt werden. Bei oberem, waagerechtem oder schwach nach oben gerichtetem Einströmen der Zuluft kann mit der Austrittsgeschwindigkeit unbedenklich auf drei und mehr m/sek gegangen werden.

5,4 Fest- und Messehallen, Sporthallen, Saalbauten, Konzerthäuser.

5,41 Heizung, Warmwasserversorgung.

Raumlufttemperaturen.

Ausstellungshallen, Messehallen . . . . 15°C
Festhallen, Saalbauten . . . . 18°C
Sporthallen . . . . 12 bis 15°C
Konzertsaal, Vestibul . . . . 18°C
Garderoben und Vorräume der Säle . . . . 18°C
Eingangshalle, Treppenhäuser . . . . 15°C
Aborte, Toiletten . . . . 15°C
Restaurationsräume (s. Abschn. 5,3)
Hauswartwohnung (s. Abschn. 3,1).

Die obigen Gebäudearten sind unter dem Gesichtspunkt der nur zeitweiligen Heizung oder des täglich nur einige Stunden dauernden Heizbetriebs zu betrachten. Fest-, Messe-, Ausstellungs- und Sporthallen sind fast ausschließlich eine Domäne der Luftheizungen, wozu in neuerer Zeit die Gasstrahlungsheizung mit den *Schwank*-Oberkopfstrahlern kommt. Dies gilt insbesondere für die letzteren drei Hallenarten. Die Luftheizungen werden dabei entweder mit Niederdruckdampf oder Gas beheizt. Im ersteren Fall ist es möglich, noch örtliche Heizflächen unter den Fenstern und in den Nebenräumen anzuordnen, was auch durch örtliche Gasheizkörper geschehen kann. Die Anlagekosten stellen sich mit örtlichen Lufterhitzern billiger als mit Zentralluftheizanlagen, die jedoch das architektonische Bild des Raumes weniger stören, da die Anlage in Neben- oder Kellerräumen untergebracht werden kann und die Warmluft gegebenenfalls im Fußbodenkanal zu den Ausblasestellen zu leiten ist. Dies erweist sich als zweckmäßig, wenn z. B. in einer Ausstellungshalle noch Wasserzuleitungen und Abflußleitungen benötigt werden, an die vorzuführende Apparate und Maschinen anzuschließen sind[1].

Neuerdings kam auch eine elektrische Infrarot-Strahlungsheizung in der Halle D des Hamburger Ausstellungsgeländes Planten und Blomen zur Ausführung mit einem Gesamtanschlußwert von 578 kW[2]. Ausschlaggebend war für diese Heizungsart die geringe Benutzungszeit, die bei jährlich nur 200 bis 300 Stunden liegt. Bei größerer Benutzungsdauer hängt die Anwendung des elektrischen Stromes ausschlaggebend von den Stromkosten ab. Entsprechend dem geringeren Wärmepreis für Gas (s. Abschn. 2,271) wird es sich bei höheren Betriebsstundenzahlen günstiger stellen und darüber hinaus dann die koksbeheizte Niederdruckdampf-Luftheizung betriebswirtschaftlich günstiger sein. Die Anlagekosten der elektrischen Infrarotstrahlungsheizung sind nennenswert geringer als bei den üblichen Sammelheizungsanlagen unter Einbeziehung der baulichen Nebenkosten.

Für täglich benutzte Saalbauten und Konzerthäuser tritt die Heißwasserheizung mit 110°C Vorlauftemperatur in Wettbewerb. Hier wird man die Luftheizung oder Lüftungsanlage mit dieser Temperatur betreiben und die Vorlaufwassertemperatur der örtlichen Heizflächen durch Rücklaufwasserbeimischung auf 90°C ermäßigen. Die Vorlauftemperaturen sind dann mit der Außentemperatur zu verändern.

---

[1] KOLLMAR, A.: Über die Heizung und Lüftung von Großräumen. Halle (Saale) 1943.
[2] HAASE, H., u. M. MAURER: Neuartige Heizung und Lüftung einer Ausstellungshalle. Bauwelt Bd. 44 (1953) S. 685/88.

Für größere Bauten ist an die Gruppenunterteilung zu denken. Man wird z. B. vorsehen:
1. Luftheizung des Saales; — 2. örtliche Heizflächen des Saales; — 3. Vestibül, Windfänge, Gänge, Aborte; — 4. Büro, Restaurationsbetrieb, Übungszimmer u. dgl.; — 5. Wohnung (zweckmäßiger durch eine kleine Stockwerksheizung zu beheizen).

Die Anordnung eines eigenen Apparate- und Verteilerraumes dürfte selbstverständlich sein.

Warmwasserversorgung wird gewöhnlich nur in Saalbauten mit Restaurationsbetrieb erstellt (s. die früheren Abschnitte), sofern nicht wenige Zapfstellen für Reinigungszwecke notwendig sind.

5,42 Lüftung und Kühlung.

Für Säle sind meist sowohl Zu- als auch Abluftanlagen vorzusehen. Die Luft muß dabei in guter Verteilung eingeblasen werden und die Räume, insbesondere die Aufenthaltszone der Besucher, vollständig durchspülen.

Bezüglich der notwendigen Luftraten je Kopf und Stunde zur Schaffung wirklich einwandfreier Luftverhältnisse gelten, wie bereits im vorhergehenden Abschnitt besprochen, mindestens 20 m³ für Räume mit Rauchverbot und mindestens 30 m³ für Räume, in denen geraucht wird. Da jedoch diese Werte nur als untere Grenzen gelten dürfen, empfiehlt sich, diese Luftwechselzahlen um etwa 10 m³ je Kopf und Stunde zu erhöhen. Die Zuluft ist auf mindestens 20°C vorzuwärmen. Bei kälteren Außentemperaturen soll die Frischluftmenge durch langsameres Laufenlassen der Lüfter oder Klappenumstellungen in dem Maße eingeschränkt werden können, daß die erforderliche Erwärmung trotzdem zustande kommt. Bei Dampfheizung sind die Lufterhitzer in mehrere Gruppen zu unterteilen und mit selbsttätiger Temperaturregelung zur Einhaltung der Zulufttemperatur zu versehen. Die Lüfter müssen zwecks Vermeidung störender Geräusche langsam, d. h. nicht mit über 12 m/sek Flügelumfangsgeschwindigkeit laufen und gut gelagert sein.

Die Wichtigkeit der Schalldämpfung bei Lüftungsanlagen für die Ermöglichung eines störungsfreien Dauerbetriebes in Versammlungsräumen zwingt zur Beseitigung *aller* nur erfaßbaren Störungsquellen.

Ob in den Sälen Über- oder Unterdruck erzeugt bzw. gleichviel Luft eingeblasen wie abgesaugt werden soll, hängt davon ab, ob bei offen stehenden Türen Luft aus- oder eintreten darf bzw. ob keines von beiden erwünscht ist. Im allgemeinen erweist es sich als zweckmäßig, dem Eindringen kalter Zugluft durch die Türen, Undichtigkeiten in den Fensterrahmen usw. mittels eines gewissen Überdruckes entgegenzuwirken. Wird geraucht, so ist von diesem Grundsatz, wie in früheren Abschnitten bemerkt, allerdings unter Umständen abzuweichen, wenn man vermeiden will, daß der Rauch in die Nebenräume hinausgedrückt wird. Jeder der erwähnten Zustände ist leicht einstellbar, wenn die Zu- und Ablüfter gleich groß gewählt und mit Luftmengenregelung versehen werden, so daß man es in der Hand hat, jeden beliebig viel Luft fördern zu lassen.

Befindet sich unmittelbar über dem Saal der Dachboden, so kann die Abluft durch verschließbare Deckenöffnungen ohne Lüfter dahin und weiter durch Aufsätze oder Fenster ins Freie abgeleitet werden, sofern der notwendige Überdruck im Raum vorhanden ist. Bei sehr großen, hohen Sälen kann der vielen natürlichen Undichtigkeiten wegen bisweilen auf besondere Abluftöffnungen überhaupt verzichtet werden.

Dasselbe ist auch zulässig, wenn die Turnhallen ländlicher Orte gelegentlich als Vortrags- und Theatersäle benutzt werden sollen und z. B. Warmwasser-

oder Dampf-Luftheizung mit Lüfterbetrieb ausgeführt wird. Dabei genügt es, die Anlagen zum Aufheizen der Säle mit Umluft zu betreiben, während der Benutzung dagegen den Umluftweg zu drosseln bzw. ganz abzustellen und gleichzeitig den Frischluftkanal entsprechend zu öffnen, was bei geschickter Anordnung durch Betätigung einer einzigen Stellvorrichtung erreicht werden kann.

Beim nachträglichen Einbau von Lüftungs- und Klimaanlagen in vorhandene Saalbauten und sonstige Räume wird man versuchen, ein Übermaß an Luftverteilungskanälen zu vermeiden. Auch steht für die Unterbringung der übrigen technischen Einrichtungen meist nur sehr begrenzter Raum zur Verfügung; deshalb sind in den letzten Jahren Einzelklimageräte auf den Markt gebracht worden, deren Einfügung in vorhandene Baukörper, aber auch in Neubauten in vielen Fällen weit geringere Schwierigkeiten bereitet als die zentraler Lüftungs- und Klimaanlagen. Diese nach dem Baukastensystem entwickelten Geräte lassen sich in beliebiger Form und Größe zusammenbauen. Je nach den Anforderungen können sie als Teilklimageräte, d. h. z. B. nur für Lufterwärmung oder nur für Luftkühlung mit oder ohne Umluft oder auch als Vollklimageräte zusammengestellt werden. Diese Bauart ermöglicht auch in besonders einfacher Weise den späteren Einbau in bestimmte Räume, z. B. in einzelne Sitzungszimmer usw. Ihre serienmäßige Herstellung, Auswechselbarkeit, leichte Montage und Bedienung sowie ihre Wiederverwendbarkeit bei Umbauten sind weitere Vorzüge. Die Beantwortung der Frage nach der zweckmäßigsten Lüftungsart hängt mit der Benutzungsart des Saales, seiner Bauausführung und den gestellten Ansprüchen zusammen.

Bei Anbringung der Zuluftgitter ist evtl. die Art der Saalbestuhlung von Wichtigkeit, d. h. ob sie fest oder lose ist. Im ersten Fall können die Gitter, außer an den Raumwänden, auch an den senkrechten Stützen der Bänke und bei stufenförmiger Ausbildung des Bodens längs den Tritten angeordnet werden. Sie in den Boden zu legen, ist zu verwerfen, weil sonst von den Schuhen und beim Kehren des Bodens Staub und Schmutz in die Luftkanäle gelangen. Bei loser Bestuhlung sind sie an den Saalwänden, Pfeilern, Galerien usw. unterzubringen. An den Galerien, Lagern usw. sind ebenfalls Zuluftöffnungen vorzusehen.

Befinden sich die Austrittsstellen in der Zone der Besucher, so darf die Geschwindigkeit der austretenden Luft 0,3 m/sek nicht übersteigen, weil sonst auch bei Vorwärmung der Luft von empfindlichen Personen über Zug geklagt wird. Selbst bei kleinen Austrittsgeschwindigkeiten sollen sich möglichst keine Sitzplätze unmittelbar neben den Luftgittern befinden, außer wenn die Luft dicht über dem Boden eingeführt wird. Die Verhältnisse liegen in dieser Hinsicht ganz ähnlich wie bei Gaststätten.

Es gibt auch Säle (namentlich hohe), bei denen die Luft oben zugeführt wird. Dabei soll sie, wenn immer möglich, waagerecht oder schwach nach oben gerichtet austreten, damit die Besucher nicht durch niedersinkende Luftströmungen getroffen werden. Wird hierauf die nötige Rücksicht genommen, so sind Austrittsgeschwindigkeiten bis zu mehreren m/sek zulässig. Strömt die Luft dagegen durch Deckenöffnungen senkrecht nach unten, so sind gute Verteilung, kleine Geschwindigkeiten und sorgfältige Vorwärmung unerläßlich. Selbstverständlich ist die Gefahr von Belästigungen um so geringer, je höher der Saal ist. Bei kleinen Abständen zwischen den Deckenöffnungen und den sich darunter aufhaltenden Besuchern sind dagegen besondere Vorkehrungen zu treffen, z. B. die bereits früher erwähnten Leitflächen unter den Öffnungen anzuordnen, damit die Luft nicht unmittelbar hinunterfallen kann, sondern nach den Seiten hin abgelenkt wird.

Nicht selten werden heute Zu- und Abluftöffnungen in einem Raum an einer Stelle an der Decke vereinigt und dann als Deckenrosette und seitlichem ringförmigen Zuluftaustritt und unterem Ablufteintritt in der Mitte der Rosette ausgebildet. Größere Räume erhalten mehrere derartige Rosetten. Tritt durch die Deckenrosetten nur Zuluft aus, so läßt sich durch Verbindung der Zuluftrosette mit der Deckenbeleuchtung oft eine schöne und doch unauffällige Anordnung gestalten.

Ferner gibt es Anlagen mit Lüftung aus mittlerer Höhe nach oben und unten und solche, bei denen die Luftströmung von oben nach oben oder von unten nach unten stattfindet. In diesem Falle ist die zweckmäßigste Anordnung ausfindig zu machen. Geschickten Architekten gelingt es bei rechtzeitiger Zusammenarbeit mit dem Heiz- und Lüftungsfachmann in der Regel, Lösungen zu finden, die sowohl vom ästhetischen als auch vom technischen Standpunkt aus befriedigen.

Wird geraucht, so ist Lüftung von unten nach oben erforderlich, weil sonst der aufsteigende Tabakrauch wieder in die Zone der Besucher heruntergeholt wird.

Besonders schwierig ist die Sicherstellung der Zugfreiheit bei Lüftungsanlagen, die zeitweilig auch zur Kühlung benutzt werden sollen. Hierbei muß mit besonderer Umsicht verhütet werden, daß die Besucher von der austretenden Luft unmittelbar getroffen werden. Auch darf die Temperatur der Zuluft diejenige der Raumluft um nicht mehr als etwa 6°C unterschreiten. Die Abkühlung der Luft kann durch Tiefbrunnen- oder kaltes Leitungswasser (nicht über 12°C) bewirkt werden. Ist die Wassertemperatur nicht niedrig genug, so sind zur Abkühlung Kältemaschinen erforderlich, was aber zu teuren und verwickelten Anlagen führt. In Gegenden mit kühlen Nächten ist eine gewisse Wirkung dadurch erreichbar, daß man die Lüfter während der Nachtstunden mit langsamen Drehzahlen laufen und dadurch die Mauermassen auskühlen läßt, so daß sie tagsüber wärmespeichernd wirken.

Bei Sälen mit großen Oberlichtern ist zu beachten, daß sich infolge der Sonneneinstrahlung unangenehme Verhältnisse ergeben können und der Wärmewirkung dieser Einstrahlung weder durch reichliche Lüftung noch Kaltwasserberieselung des Glasdaches wirksam begegnet werden kann, weil die Wärmestrahlen (auch die dunkeln) in fast unvermindertem Maße durch die bewegte Luft und die Wasserschicht hindurchgehen und die Besucher belästigen.

Zur Abdämmung gegen die strahlende Sonne sind weiße Farbe, weißer Kalk und weiße Stoffe zweckmäßig, da sie ein hohes Reflektionsvermögen für kurzwellige Wärmestrahlen besitzen. Daß diese Farbanstriche gleichzeitig für Lichtstrahlen durchlässig sind, erhöht ihre Brauchbarkeit als Oberflächenanstrich für Glasoberlichter, da eine Verdunklung des Raumes durch den Anstrich vermieden werden muß. Auch sind Anstriche im allgemeinen Abblendvorhängen vorzuziehen, weil deren Bedienung umständlich ist und daher nicht immer einwandfrei vorgenommen wird.

Ist es außerdem erwünscht, die Saaldecke kühl zu halten, so kann Kaltwasserberieselung des Glas- und übrigen Daches in Frage kommen, wobei aber dafür zu sorgen ist, daß das Wasser nicht nur in einzelnen, schmalen Wasserfäden über die Flächen hinunterläuft, sondern, z. B. durch Anwendung von Brausen, dieselben vollständig bedeckt. Der Wasserbedarf ist zwar bei einer wirksamen Kühlung nicht unbeträchtlich und kann bis zu 1 m³/m² Glasfläche und Tag betragen. Besser als durch Berieselung gelingt das Kühlhalten in bestimmten Fällen jedoch, wenn man die etwa 20grädige Abluft des Saales vor dem Austritt ins Freie den zwischen Oberlicht und Glasdach befindlichen Hohlraum durchströmen läßt. Dadurch kann die Saaldecke im Winter gleichzeitig warm gehalten werden, so daß man gegebenenfalls auf die besondere Oberlichtheizung verzichten kann.

Die Lüftung der Aborte, Toiletten, Garderoben ist, wie schon mehrfach ge-schildert, auszuführen.

Schrifttum.

REICHOW, G.: Zur Heizung und Lüftung großer Versammlungsräume. Gesundh.-Ing. Bd. 74 (1953) S. 209/15.
SCHWANK, G.: Großraumheizung durch Gasglühkörper. Gesundh.-Ing. Bd. 74 (1953) S. 215 bis 217.
LOHAUSEN, K. A.: Fortschritte in der Infrarot-Technik. Z. VDI Bd. 94 (1952) S. 792/96.
Luftheizungs- und Lüftungsanlage für die Messehalle 10 in Hannover. Heizg., Lüftg., Haus-techn. Bd. 4 (1953) S. 192.

5,5 Kirchen, Kapellen.

5,51 Heizung.

In *dauernd* beheizten Kirchen begnügt man sich zur Erzielung geringer Be-triebskosten meist mit 8 bis 10°C Raumtemperatur und steigert sie nur auf die Gottesdienste hin auf etwa 12 bis 15°C.

In *nicht dauernd* beheizten Kirchen kommen zur Anwendung:

Bei Fußbankheizung und gleichzeitiger Anordnung von Heizkörpern unter den Fenstern zur Abhaltung von Zugerscheinungen 12 bis 15°C.

Bei Öfen und verteilt im Raum aufgestellten Heizkörpern sowie bei Luft-heizung 10 bis 18°C.

Sollen nicht dauernd beheizte Kirchen, außer für die sonntäglichen Gottes-dienste, auch zu Proben, Konzerten und Vorträgen während der Woche dienen, so sind Temperaturen von 15 bis 18°C erforderlich, die letztere Temperatur des-wegen, weil die Vortragenden in der Regel die Überkleider ablegen.

Häufig benutzte Kirchen, Kapellen und religiösen Zwecken dienende Ver-sammlungssäle werden bisweilen durch ständig im Betrieb gehaltene Warm-wasserheizkörper dauernd auf 8 bis 10°C temperiert und vor Benutzung unter Anwendung höherer Vorlauftemperaturen des Heizwassers durch das Einschalten weiterer Heizkörper oder durch die Inbetriebnahme einer Luftheizung auf 15 bis 18°C hochgeheizt.

Die Berechnung des *Wärmebedarfs* der Kirchen läßt sich bekanntlich nicht nach den für normale Räume geltenden Regeln DIN 4701 vornehmen, da die Art und Benutzungsweise der Kirchenräume wesentlich von der der üblichen Räume abweichen. Große Höhe, hohe und zahlreiche Fenster, erhebliche Grundfläche, dicke Wände, vom Fenster bis zur Decke durchgehende Pfeiler, stark abkühlende Decken sind im allgemeinen die besonderen Kennzeichen der Kirchenbauart. Kurzzeitige, meist nur stundenweise Benutzung an ein bis zwei Tagen der Woche bilden die Merkmale des Heizbetriebes bei Kirchen. Zur Ermittlung des Wärme-bedarfes derartiger Räume mit sehr langen Betriebsunterbrechungen sind des-halb verschiedentlich Kirchenformeln aufgestellt worden, und zwar von FISCHER, RIETSCHEL, KORI, METZKOW, WIERZ und GRÖBER-SIELER. Die neuere Formel von GRÖBER-SIELER[1] wird den wirklichen Abkühlungsverhältnissen besser ge-recht unter Zugrundelegung einer normalen Anheizzeit von drei bzw. sechs Stunden. Die älteren Formeln ergeben niedrigere, außerdem stark voneinander abweichende Wärmebedarfe und damit auch geringere Anlagekosten. Sie setzen

---

[1] SIELER, W.: Wärmebedarfsbestimmung von Kirchen. (Eine neue Kirchenformel.) Beiheft zum Gesundh.-Ing. Reihe 1,38. München 1939.

aber zur Erzielung der gewünschten Heizwirkung längere Anheizzeiten und damit ständig höhere Betriebskosten voraus. Da die Anheizdauer den laufenden Brennstoffverbrauch sehr erheblich beeinflußt, ist es kurzsichtig, der geringeren Anlagekosten wegen eine Heizanlage einzubauen, deren Anheizdauer dann zwangsläufig ungewöhnlich lang sein muß. Um die Anheizdauer insbesondere auch bei großen Kirchen richtig zu wählen, empfiehlt sich deshalb, Anlage- und Betriebskosten der Heizanlage bei verschiedenen Anheizzeiten festzustellen.

Zur *Verringerung des Wärmebedarfes* können sowohl beim Neubau als auch bei bestehenden Bauten *bauliche* Vorkehrungen getroffen werden. Die *baulichen* Vorkehrungen bestehen in weitgehendster Vermeidung allzu kalter Abkühlungsflächen, wodurch auch der unangenehmen Schwitzwasserbildung entgegengewirkt wird, in guter Abdichtung bzw. Isolierung der Decken zur Verhütung starker Luftabwärtsbewegungen, im Anbringen von Doppel-Drehtüren bzw. Windfängen, um der Kaltlufteinströmung möglichst zu begegnen, und in der Anordnung von Doppelverglasung oder Doppelfenstern, insbesondere wenn die Hauptfenster in Bleiverglasung ausgeführt sind, die auf die Dauer infolge des Winddruckes undicht werden kann. Die Doppelfenster sind allerdings nur dann wirtschaftlich von Vorteil, wenn es sich um dauernd beheizte Kirchen handelt, während bei nur von Zeit zu Zeit aufgeheizten Kirchen der dadurch erzielbare Gewinn die Verzinsung und Abschreibung der oft hohen Anschaffungskosten nur in seltenen Ausnahmefällen zu decken vermag.

Die durch die Einfachfenster hervorgerufenen Zugerscheinungen sind durch richtige Wahl und Anordnung der Heizkörper bzw. durch die Warmlufteinführung oder Kaltluftabsaugung zu vermeiden.

Dagegen ist der Einbau von Doppelfenstern im Altarraum zu empfehlen, weil sich dort im allgemeinen aus architektonischen Gründen die Aufstellung von Heizkörpern oder der Einbau von Luftkanälen bzw. die Anordnung von Luftöffnungen verbietet und dann nur durch Doppelfenster sich die auftretenden Zugbelästigungen verringern lassen.

Die Wahl der richtigen Kirchenheizung erfordert vor allem neben gewissen theoretischen Erkenntnissen praktische Erfahrungen, sind doch außer der Einhaltung vorgenannter Raumtemperaturen und der Anordnung vorbeugender baulicher Maßnahmen eine Reihe von Forderungen hygienischer und architektonischer Art zu berücksichtigen, wie: Vermeidung von Zugerscheinungen, gleichmäßige Wärmeverteilung sowohl in waagerechter als auch in senkrechter Richtung, ausreichende Oberflächenerwärmung der Umfassungswände, Freihalten des Kircheninnern von störend wirkenden Raumheizflächen, Einhaltung eines wirtschaftlichen Heizbetriebes.

Die Schwierigkeit in der Beheizung besteht eben in der Tatsache, daß gerade bei beginnender Erwärmung des Kirchenraumes erst jene unangenehmen Zugerscheinungen auftreten, die nachteiliger sein können als in einer ungewärmten Kirche. Es ist deshalb notwendig, sich über die Entstehung dieser Zugerscheinungen Klarheit zu verschaffen, um die entsprechenden heiztechnischen Vorkehrungen zu treffen.

Unter der Voraussetzung völliger Temperaturgleichheit der Innen- und Außenluft sowie der Raumoberflächen befindet sich die Luft in völliger Ruhe, ein Zustand, der praktisch zwar kaum eintritt. In einer Kirche, die längere Zeit unbeheizt und unbesetzt war, wird er aber annähernd erreicht. Sinkt die Außentemperatur unter Raumtemperatur, so kühlen sich zunächst die Fenster stärker ab, während die Wände, Decken usw. langsamer folgen. Die Folge ist, daß an den kälteren Außenflächen, vornehmlich also den Fenstern, die Innenluft sich abkühlt und abwärts gerichtete Luftströme entstehen, die um so stärker in Erscheinung treten, je höher die Fenster bzw. die Wände sind. Wird nun eine ungeheizte Kirche besetzt, so strömt die durch die Wärmeabgabe der Menschen angewärmte Luft aufwärts. Diese vom Gestühl nach oben gerichtete Warmluftströmung hat aber ein Nachströmen kalter Luft von den Abkühlungsflächen über Fußboden zum Gestühl zur Folge, so daß die Zugerscheinungen und damit die Fußkälte zunehmen. Nun ist man vielfach der Meinung, daß es zur Behebung dieses Mangels genüge, eine Fußbankheizung anzuordnen. Denn die künstliche Wärmezufuhr findet an der Stelle statt, wo sie offensichtlich am dringendsten benötigt wird, nämlich im Gestühl. Man wird aber schon bald nach Inbetriebnahme der Fußbankheizung feststellen müssen, daß, sofern sie ohne Aufstellung weiterer Heizkörper an den Hauptabkühlungsflächen eingebaut worden ist, die Fußkälte zwar behoben ist, dafür aber die Zugerscheinungen noch weiter zugenommen haben. Das ist auch erklärlich, da die Gestühlheizung den Auftrieb der Warmluft noch erhöht und gleichzeitig die schwerere Kaltluft von den Fenstern und Wandflächen über Fußboden im gleichen Maße nachströmt. Es ist deshalb ein grundlegender Irrtum, wenn die Fußbankheizung allein als ausreichende und billige Beheizungsart für Kirchen angeboten wird. Eine in dieser Hinsicht mangelhafte Anlage kann

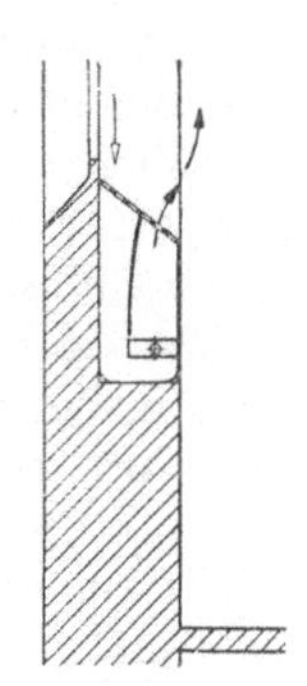

Abb. 92. Heizkörperaufstellung in den Fensternischen.

nur benutzungsfähig gestaltet werden, wenn, wie schon angedeutet, Zusatzheizflächen an den Entstehungsstellen der Kaltluftströme (Fenstern, Türen, kalten Mauern) angeordnet werden oder die niedersinkenden Kaltluft-

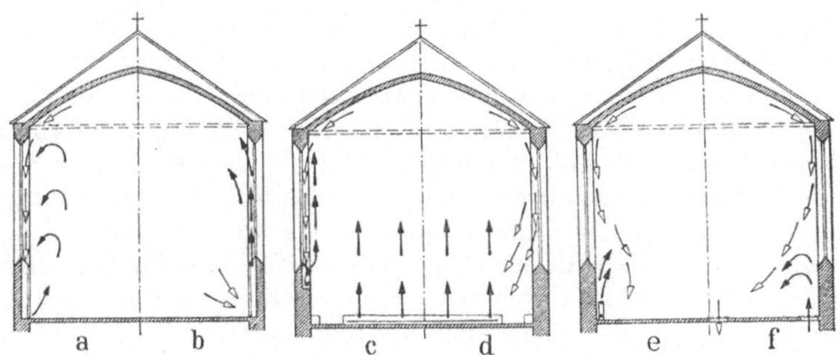

Abb. 93. Darstellung verschiedener Kirchenheizarten.

Richtige Lösungen:

a Luftabsaugung unmittelbar unter den Fenstern, damit keine Kaltluftströmungen in die Kirche hinausgelangen.

b Kräftiges Einblasen warmer Luft unter den Fenstern, um die Entstehung von Kaltluftströmungen zu verhindern.

c Fußbankheizung unter gleichzeitiger Aufstellung von Heizkörpern in den Fensternischen zwecks Vermeidung von Kaltluftströmungen.

Unrichtige Lösungen:

d Fußbankheizung ohne Fensternischenheizkörper, wodurch von den Fenstern her starke Kaltluftströmungen auftreten.

e und f Ungenügende Warmluftzufuhr unter den Fenstern, links durch Heizkörper, rechts durch Warmlufteinströmung, z. B. einer Schwerkraft-Warmluftheizung. Die von oben kommenden Kaltluftströmungen werden dadurch nicht aufgehoben, sondern erst recht ins Kircheninnere hinausgedrängt; bei f um so mehr, als die Umluft mitten in der Kirche durch den Fußboden abströmt, was auch aus Sauberkeitsgründen vermieden werden sollte.

ströme abgeleitet werden. Auch hohe Pfeiler bilden evtl. Abkühlungsflächen, namentlich, wenn sie hohl sind und ihr Inneres mit dem Dachraum in offener Verbindung steht, was vermieden werden sollte.

Sind hohe, einfache Fenster vorhanden, so ist ganz besonders dafür zu sorgen, daß die an ihnen niedersinkende kalte Luft unschädlich gemacht wird, sei es durch unmittelbares Absaugen am unteren Ende oder indem in den Fensternischen Heizkörper derart aufgestellt werden, daß die niedersinkende Luft dahinter hinunterströmen kann, während davor ein Warmluftschleier hochsteigt

(Abb. 92). Statt dessen kann an solchen Fenstern auch warme Luft kräftig von unten oder von den Seiten her eingeblasen und dadurch die Entstehung von Kaltluftströmungen überhaupt verhindert werden. Derartige Vorkehrungen sind ganz besonders am Platze, wenn es sich um Kirchen handelt, die zur Hauptsache aus Glas und dünnen Betonwänden bestehen. Rechtzeitige Zusammenarbeit von Architekt und Heizungsfachmann ist in solchen Fällen unbedingtes Erfordernis, wenn nachträglich schwierige und mit großen Kosten durchzuführende Bauarbeiten und vielleicht trotzdem technisch unbefriedigende Lösungen vermieden werden sollen.

Im Gegensatz zu den sachgemäßen Ausführungen Abb. 93a bis c veranschaulichen Abb. 93d bis f unbefriedigende Lösungen. Abb. 93d bezieht sich auf Fußbankheizung ohne Fensternischenheizkörper, wobei die von den Fenstern niedersinkenden Kaltluftströme starke Zugerscheinungen hervorrufen. Auch bei den Ausführungsarten e und f ist dies der Fall, wenn die aufgestellten Heizkörper oder die z. B. durch Schwerkraftluftheizung bewirkte Warmluftzufuhr ungenügend ist, um den Kaltluftströmungen entgegenzuwirken, und sie dadurch vielleicht erst recht ins Kircheninnere hinausgedrängt werden. Das ist besonders bei Ausführung f der Fall, weil hier die Umluft mitten aus der Kirche abgenommen wird. Diese Ausführung ist außerdem zu beanstanden, wenn die Luftgitter an stark begangenen Stellen des Bodens liegen.

Um dem Eindringen kalter Außenluft durch Türen, undichte Fenster usw. möglichst zu begegnen, wird bei Luftheizung mit Lüfterbetrieb oft auch vorgewärmte Frischluft in die Kirchen eingeblasen und dadurch Überdruck erzeugt. Bei starkem Windanfall ist dieses Mittel allerdings unzulänglich, weil der Winddruck größer ist als der im Kircheninnern erzielbare Überdruck. Die Möglichkeit, Frischluft einblasen zu können, ist übrigens auch im Sommer zur Lüftung oft willkommen, insbesondere bei den eben erwähnten neuzeitlichen Kirchen.

In jedem besonderen Fall sind aber sorgfältige Überlegungen erforderlich, wenn man in baulicher, heiztechnischer und wirtschaftlicher Beziehung die geeignetste Lösung zur Ausführung bringen will. Für Stadtkirchen werden sowohl hinsichtlich der innezuhaltenden Raumtemperatur als auch der zu wählenden Heizart gewöhnlich höhere Anforderungen gestellt als für Landkirchen. Immerhin darf man sich auch hier nicht durch anfänglich bescheidene Forderungen der Gemeindemitglieder verleiten lassen, allzu knappe oder im Betrieb zu teure Heizanlagen zu erstellen. Wenn von einer Landgemeinde Geld für die Beheizung der Kirche ausgegeben wird, so lehrt die Erfahrung, daß später eine für ländliche Verhältnisse genügend warme Kirche und ein nicht zu teurer Betrieb verlangt werden.

Weiter kommt es darauf an, ob es sich um dauernd oder um selten und nur für kurze Zeit zu heizende Kirchen, ferner um Neu- oder bestehende Bauten handelt. Auch ist zu beachten, ob das Kircheninnere Saalform oder verwickelte Grundrißgestaltung mit Seitenschiffen, Emporen usw. aufweist und ob die Kirche klein, groß, niedrig, hoch, in massivem Mauerwerk mit gut abgedichteter Decke oder aber für Wärme und Luft leicht durchlässig gebaut ist. Weiter spielt eine Rolle, ob sie feste oder lose Bestuhlung aufweist, unterkellert ist, wie sich die baulichen Verhältnisse hinsichtlich Kesselraum, Schornstein usw. gestalten, ferner wie die Kohlen-, Elektrizitäts-, Gas- und vielleicht auch die Holzpreise an dem betreffenden Orte sich zueinander verhalten und, wenn elektrische Heizung in Frage kommt, ob die elektrischen Leitungen, Transformatoren usw. den Anforderungen genügen. In die wirtschaftlichen Überlegungen ist auch die Bedienungsfrage mit einzubeziehen, d. h. zu beachten, daß elektrischer Betrieb, Gas- und Ölfeuerung sehr wenig Arbeit erfordern und daher vom Küster ohne weiteres im Nebenamt besorgt werden können, während die Verfeuerung fester Brennstoffe erheblich mehr Arbeit verursacht, so daß hierfür bei großen Anlagen unter Umständen ein besonderer Betrag für Heizerlohn in den Kostenvergleich einzusetzen ist.

Bei der Wahl der Heizart kann es sich z. B. um Öfen bzw. im Raum verteilt aufgestellte elektrische Warmwasser- oder Dampfheizkörper handeln. Dabei geht jedoch der größte Teil der frei werdenden Wärme mit der aufsteigenden Luft zuerst an die Decke hinauf, weshalb die Kirche langsam von oben nach unten aufgeheizt wird. Das bedingt lange Anheizzeiten und dementsprechend großen Brennstoffaufwand, weil dabei mehr Wärme durch die Fenster ins Freie verlorengeht und sich die Mauern, Decken, Böden, Pfeiler usw. unnötig tief erwärmen. Ähnlich liegen die Verhältnisse bei Schwerkraftluftheizung mit ihrem schleichenden Luftumlauf, während bei Luftheizung mit Lüfterbetrieb, der kräftigen Luftumwälzung wegen, das Anheizen bedeutend rascher vor sich geht und zudem eine gleichmäßigere Temperaturverteilung erzielt wird. Zur möglichsten Verminderung des Eindringens von Wärme in die Wände leisten auf der Innenseite der Mauern angebrachte Abdämmschichten gute Dienste.

Eine unangenehme Erscheinung ist das Verstimmen der Orgeln[1], das in nur sonntags beheizten Kirchen in stärkerem Maße auftritt als in den ständig und daher gleichmäßiger erwärmten. Am günstigsten liegen die Verhältnisse in unbeheizten Kirchen. Auch sonst machen sich daselbst am wenigsten Störungen bemerkbar, vorausgesetzt, daß das Kircheninnere nicht feucht ist. Im Gegensatz dazu ist die Luft in ständig beheizten Kirchen meist zu trocken, wodurch Veränderungen der aus Holz bestehenden Orgelteile und dadurch Störungen herbeigeführt werden. Man kann dieser Erscheinung durch Aufstellen von Verdunstungsgeräten in den Orgelgehäusen oder durch Befeuchtung der Zuluft bei Luftheizung etwas begegnen. Auch sind im Kircheninnern schon z. B. elektrisch betätigte Befeuchtungsgeräte verwendet worden, was insbesondere am Platze sein kann, wenn außer der Orgel noch andere Teile, z. B. wertvolle alte Holzschnitzereien usw. gegen zu große Trockenheit geschützt werden sollen. In den nur sonntags benutzten Kirchen liegen die Verhältnisse anders. Hier haben Befeuchtungseinrichtungen keinen Zweck, können bei den großen auftretenden Temperaturunterschieden sogar zu sehr unliebsamen Feuchtigkeitserscheinungen führen. Das starke Verstimmen der Orgeln in diesen Kirchen ist in der Hauptsache darauf zurückzuführen, daß sich die im Orgelgehäuse eingeschlossene Luft während der verhältnismäßig kurzen Aufheizzeiten bedeutend weniger erwärmt als diejenige im Kirchenraum. Dadurch werden die Orgelpfeifen im „Schwellkasten" langsamer warm als die offen stehenden, wodurch die beiden Manuale nicht bzw. erst nach Stunden zusammenstimmen. Es sind schon Unterschiede bis zu 10°C zwischen Kirchen- und Orgelinnerm festgestellt worden. Zur bestmöglichen Behebung dieser Übelstände ist es zweckmäßig, an geeigneten Stellen Öffnungen zwischen Kirchenraum und Orgelgehäuse vorzusehen, um Luftumlauf und dadurch eine raschere Beheizung des Orgelgehäuses zu erzielen. Ferner ist bei Luftheizung möglichst Umluft aus dem Orgelgehäuse abzusaugen, wodurch der Temperaturausgleich beschleunigt wird.

Zufolge der erwähnten großen Temperaturunterschiede treten oft auch unangenehme Zugerscheinungen in der Nähe der Orgeln auf. Das ist in noch vermehrtem Maße der Fall, wenn das Orgelgebläse die Luft aus einem unbeheizten Nebenraum ansaugt und daher den Pfeifen kalte Luft entströmt. Zur Abhilfe

---

[1] JUNKER, H.: Ungünstige Klimaeinflüsse auf Kirchen- und Konzertorgeln. Heizg. u. Lüftg. Bd. 17 (1943) S. 36/44.

empfiehlt es sich, die Gebläseluft aus dem Kircheninnern anzusaugen oder sie (z. B. auf elektrischem Wege) entsprechend zu erwärmen. Diese Maßnahme trägt außerdem dazu bei, die unwillkommenen Temperaturunterschiede im Orgelinnern weiter ausgleichen zu helfen.

Hinsichtlich der Kesselanlage und Feuerungsart sind keine besonderen Bemerkungen zu machen. Es kommen in üblicher Weise je nachdem Dampf- oder Warmwasserkessel, Feuerluftöfen, mit Dampf oder Warmwasser beheizte Lufterhitzer usw. zur Aufstellung. Bemerkt sei jedoch, daß man sich keinesfalls, wie das schon geschehen ist, verleiten lassen sollte, Nebengebäude, wie z. B. Kirchengemeindehäuser, mit Dampfheizung zu versehen, nur weil die Kirche Dampfheizung oder Dampfluftheizung erhalten soll. Das schließt selbstverständlich nicht aus, daß neben den Dampfkesseln für die Kirche auch Warmwasserkessel für die Nebengebäude aufgestellt oder unter Umständen Gegenstromapparate zur Anwendung gebracht werden.

Zu den einzelnen Heizarten sei noch folgendes bemerkt:

5,511 Ofenheizung.

Ofenheizung ist in kleinen und einfachen, ländlichen Kirchen unter Verwendung eiserner Öfen mit Schüttfeuerung, in denen Koks, Kohle oder Holz verfeuert werden kann, oft anzutreffen. Bei günstigen Bauverhältnissen und mäßigen Ansprüchen lassen sich mit einem einzigen Ofen Rauminhalte bis zu etwa 2500 m³ beheizen. Voraussetzung für die erfolgreiche Anwendung der Ofenheizung ist, daß der Kirchenraum möglichst nicht zu hoch ist und daß er eine Balkendecke, niedrige Fenster und annähernd quadratischen Grundriß besitzt. Selbst dann wird die Wärmeverteilung in senkrechter Richtung nicht besonders günstig sein.

Ofenheizung ergibt einen billigen Betrieb, namentlich wenn Gemeindeholz zur Verfügung steht. Andererseits hat man sich dabei mit den bekannten Übelständen abzufinden, deren hauptsächlichste sind: Platzinanspruchnahme im Kircheninnern, Beeinträchtigung des Raumbildes, Abhängigkeit der Ofenstellung vom Schornstein, sofern lange, unschön wirkende Ofenrohre vermieden werden sollen, Beschmutzung des Fußbodens durch Asche usw., Austritt von Rauchgasen ins Kircheninnere bei schlechten Zugverhältnissen oder Windstößen, lästig wirkende Wärmebestrahlung von in der Nähe der Öfen sitzenden Personen, Einsaugen der erforderlichen Verbrennungsluft durch die Undichtigkeiten der Umfassungswände, Türen usw., wodurch Kaltluftströmungen, besonders über dem Fußboden, entstehen. Gemildert werden diese Nachteile durch die Verwendung von *Mantelöfen*, die eine ofenschirmähnliche Wirkung haben, d. h. die Wärmestrahlung ist geringer und in der Nähe befindliches Holzwerk leidet nicht. Dagegen zwingen sie den warmen Luftstrom sogleich nach oben, heizen und schwärzen die Decke und überheizen leicht die Orgelempore. Die Aufstellung der Öfen erfolgt in der Regel an der den Altarstufen nahe liegenden Trennwand. Diese Stellung ergibt sich zwangsläufig aus der dort meist allein möglichen Lage des Schornsteins und der Forderung, längere Ofenrohre zu vermeiden. Als Ofenart sind die niedrigen, rechteckigen Bauweisen den hohen, runden gegenüber zu bevorzugen, da sie sich räumlich besser einfügen und auch in hygienischer Hinsicht mehr befriedigen. Selbstverständlich muß von einer Aufstellung des Ofens unter der Empore abgesehen werden, weil sonst Wärmestauungen unvermeidbar sind, die gleichmäßige Aufheizung in Frage gestellt und etwaiges Holzwerk auf die Dauer gefährdet ist. Ist infolge eines langgestreckten Kirchengrundrisses die Aufheizung mit einem Ofen nicht ausreichend, so wird ein zweiter Ofen meist an der dem Altarraum gegenüberliegenden Wand aufzustellen sein. An dieser

Stelle wird aber die Schornsteinausmündung fast stets unter den Einfluß des Turmes geraten, wodurch zeitweise unangenehme Zugstörungen eintreten können. In solchen Fällen muß ernsthaft eine andere Art der Beheizung gewählt werden.

Selbstverständlich soll das Kircheninnere ebensowenig durch unpassende Öfen wie durch auffallende Heizkörper oder Luftgitter verunstaltet werden. Auch ist durch geeignete Maßnahmen das unschöne Schwärzen der Wände zu vermeiden. Werden Ofenschirme oder andere Verkleidungen angebracht, so sind sie der Raumgestaltung anzupassen und so auszubilden, daß die Lufbewegung an den Heizflächen nicht unterbunden wird und die letzteren zu Reinigungszwecken leicht zugänglich sind.

Eine Mittelstellung zwischen gewöhnlicher Ofen- und Warmluftheizung nehmen die *Kachelofen-Warmluftheizungen* ein, die in kleinen Kirchen und Kapellen schon wiederholt erstellt worden sind. Dabei wird der der Raumgestaltung anzupassende Kachelofen mit einem gußeisernen Feuerungseinsatz versehen, der leicht herausnehmbar sein soll, ohne daß der Kachelaufbau deswegen abgebrochen werden muß. Selbstverständlich ist auch auf vollständige Dichtigkeit und leichte Reinigungsmöglichkeit der Feuereinsätze zu achten. Die Bedienung kann je nachdem von dem zu beheizenden Raum oder einem Nebenraum aus erfolgen. Die unten in den Ofen eintretende Luft steigt zwischen Feuerungseinsatz und Kachelummantelung hoch und tritt oben wieder in den Raum aus. Gewünschtenfalls kann ihm durch Kanäle auch die von nahegelegenen Fenstern niedersinkende kalte Luft zugeleitet und dadurch Zugerscheinungen entgegengewirkt werden. Solche Feuerungseinsätze werden für Wärmeleistungen bis zu 70000 kcal/h hergestellt. Es kann sich dabei um unterbrochenen oder Dauerbetrieb handeln.

5,512 Gaseinzelheizung.

Die Anwendung von Gasheizöfen für Kirchenheizung fand schon vor fast fünfzig Jahren erstmalig statt. Wegen der seinerzeit fehlenden Abgasführung hatten Orgelpfeifen und Gemälde unter den frei in den Raum tretenden Abgasen erheblich zu leiden. Man führte auf Grund dieser Erfahrungen die Abgase dann durch besondere Abzugsrohre in den Dachboden, wo aber durch die Abkühlung eine erhebliche Kondensation des Wasserdampfes und damit eine Durchfeuchtung des Gebälks eintrat. Außerdem wirkten die Abgasleitungen sehr störend. Mit den heutigen Mitteln der Abgastechnik sind diese Mängel durchweg zu beheben. Abgesehen von der ansprechenderen, dem Heizkörper der Zentralheizung angepaßten äußeren Form werden Zugstörungen durch Anbau von Zugunterbrechern und Rückstausicherungen vermieden. Wenn man die übrigen Vorteile der Gasheizung, wie schnelle Betriebsbereitschaft und Heizwirkung, bequeme und einfache Bedienung hinzurechnet, so tritt die Gaseinzelheizung heute durchaus in Wettbewerb, vornehmlich für periodisch zu heizende Kirchen. Es ist aber in jedem Fall zu prüfen, ob der Gaspreis so niedrig liegt, daß die Betriebskosten sich in erträglichen Grenzen halten. Im allgemeinen liegen die Verhältnisse hier nicht immer günstig. Diesen Nachteil sucht man bei Bemessung der Gaseinzelheizung durch Zugrundelegung zu kurzer Anheizzeiten von 1,5 bis 2 h wieder auszugleichen, während bei sonstigen Heizarten 3 bis 6 h, wie bereits erwähnt, für die Berechnung gewählt werden. Das bedeutet, daß in so kurzer Zeit zwar eine ausreichende Lufterwärmung erreicht werden kann, nicht aber eine Wanderwärmung, bei der Zugerscheinungen vermieden werden. Auch bildet die hohe Oberflächentemperatur der Gasheizöfen insofern einen hygienischen Nachteil, als bekanntlich der auf ihnen abgelagerte Staub versengt und in der Nähe befindliche Holzteile Schaden leiden können. Handelt es sich ferner um besonders hohe Kirchenräume, die wegen der großen Deckenabkühlung die Anordnung hochliegender Heizflächen auf Umgängen usw. erfordern, so ist hier die Aufstellung von Gasöfen aus betrieblichen und oft auch aus ästhetischen Gründen nicht möglich.

Neben den Gaseinzelöfen fand neuerdings auch die Gasstrahlungsheizung mit Oberkopf- und Schrägstrahlern (s. Abschn. 2,412) Anwendung. Von Vorteil ist das augenblickliche Wärmeempfinden, jedoch gilt hinsichtlich der evtl. auftretenden, schleichenden Kaltluftströmungen und hinsichtlich der Abgase, sofern sie in den Kirchenraum austreten, das bereits zuvor Gesagte. Auch auf die ästhetische Wirkung im Raum ist zu achten. Deshalb ist die Anordnung dieser Gasheizstrahler nur im Benehmen mit dem Architekten zu treffen. In den Erstellungskosten wird diese Anlage neben der ebenfalls möglichen Elektrostrahlungsheizung mit Infrarotstrahlern in Vouten, die an den Seitenwänden, an der Decke evtl. freihängend oder an den Gesimsen angeordnet werden, am billigsten. In Klimaten mit nicht zu tiefen Außentemperaturen dürften diese beiden Strahlungsheizungen vorteilhaft sein und auch in den Betriebskosten wirtschaftlich liegen.

5,513 Elektroheizung.

Die Heizung der Kirchen durch elektrische Einzelheizkörper mit konvektiver Wärmeabgabe im Gegensatz zu der strahlenden Wärmeabgabe der Voutenstrahler, wie zuvor erwähnt, ist eine besonders interessante Aufgabe, denn sie bietet wie kaum eine andere Heizungsart die Möglichkeit, die Heizflächen beliebig im Raum zu verteilen und, was für bestehende Kirchen besonders ausschlaggebend ist, sie äußerlich nicht in Erscheinung treten zu lassen, so daß die Harmonie des Bauwerks nicht gestört wird. Im allgemeinen entsteht der Bedarf an Heizstrom auch nur an den belastungsschwachen Sonntagen und Sonnabendnachmittagen, so daß er von seiten des Elektrizitätswirtschaftlers durchaus begrüßt wird[1]. Selbstverständlich kann es sich bei dieser Art der Beheizung nicht um eine Vollraumheizung handeln, da in den meisten Fällen die Gebäude eine sehr starke Wärmespeicherung besitzen und der Betrieb sehr kostspielig werden würde. Man beschränkt sich deshalb in der Regel bei elektrischer Heizung auf eine Ergänzung und Verbesserung bestehender Anlagen durch Anordnung von Rohrheizkörpern unter den Fußleisten der Bänke, am Altar durch Heizteppiche, auf der Kanzel durch Holzrostfußwärmer und an der Orgel durch Strahlheizkörper sowie durch Einbau von Fensteröfen (Rohrheizkörper oder Umluftöfen) zwecks Abriegelung des Kaltlufteinfalls. Auf eine zweckmäßige Verteilung der elektrischen Heizflächen ist besonders zu achten, vor allem, wenn nur ein teilweiser Ausbau erfolgt, damit nicht unangenehme Zugerscheinungen auftreten.

Neuerdings werden Rohrheizkörper in Sonderausführung[2] verwendet. Diese Eisenrohre haben 38 bis 60 mm äußeren Durchmesser und enthalten blanke Heizleiter. Die Stromaufnahme beträgt etwa 250 bis 300 Watt/m, die Oberflächentemperatur je nach Rohrdurchmesser 75 bis 120°C. Die Ausführung wird aber auch so gewählt, daß für Anheizbetrieb die Stromaufnahme bis zu 500 Watt beträgt und für das Weiterheizen eine Umschaltung auf 250 Watt/m erfolgt. Die Umschaltung auf verminderte Heizwirkung kann bei Drehstrom in einfachster Weise durch den Übergang von Dreieck- auf Sternschaltung erfolgen. Werden

---

[1] Fischmeister, V.: Anwendung der elektrischen Raumheizung. Heizg. u. Lüftg. Bd. 16 (1942) S. 15/20.

[2] Schulz, W.: Elektro-Raumheizung, 3. Aufl. Frankfurt a. M. 1953. — W. Henne: Elektrische Kirchenheizung. Elektrowärme-Technik. Bd. 4 (1953) S. 23.

mehrere Stromkreise vorgesehen, so ist eine Unterteilung in drei Stufen möglich, was aber nur in täglich benutzten Kirchen Vorteile bietet, während bei den ausschließlich sonntags benutzten der Regelmöglichkeit durch Unterteilung der Anlagen in mehrere Gruppen und zweifache Abstufung jeder Gruppe genügend Rechnung getragen ist. Bei Verwendung von Dreiphasenwechselstrom muß die Belastung in jedem Fall und bei jeder Schaltung gleichmäßig auf die drei Phasen verteilt sein.

Die Gruppenunterteilung erfolgt z. B. in folgender Weise:

1. Vordere Bankreihen des Mittelschiffs. — 2. Hintere Bankreihen und vielleicht Seitenplätze des Schiffs. — 3. Chor. — 4. Fensternischen und weitere zur Abhaltung von Zugerscheinungen aufgestellte Heizkörper. Es ist angezeigt, die letzgenannte Gruppe mit mechanischer Verriegelung zu versehen, so daß sie nur während des Gottesdienstes in Betrieb genommen werden kann. Auf diese Weise steht während des Aufheizens der Kirche der oft nicht allzu reichlich bemessene Anschlußwert in vollem Maße für die Fußbankheizung zur Verfügung.

Zufolge einer derartigen Gruppenunterteilung ist es möglich, die vordersten Bankreihen des Schiffes für sich in Betrieb zu nehmen und dadurch bei Hochzeiten, Beerdigungen usw. mit sehr wenig Energie auszukommen. Bei kleinen, nicht übermäßig stark ausgekühlten Kirchen bewährt sich diese Maßnahme erfahrungsgemäß gut.

Die Emporen kleinerer Kirchen heizt man oft nicht besonders, weil der obere Teil des Kircheninnern auch so warm genug wird. Wenn die Emporen dagegen zu Proben während der Woche benutzt werden sollen, so ist eine Beheizung, ebenfalls als besondere Gruppe, am Platze, wobei beachtet werden muß, daß das Aufheizen der Emporen ausgekühlter Kirchen reichliche Heizkörper und viel Energie erfordert, weil offene Verbindung mit dem Kircheninnern besteht und daher nicht nur die Empore, sondern der ganze obere Kirchenteil hochgeheizt werden müssen. Soll die Benutzung an Werktagen stattfinden, so können sich auch Schwierigkeiten ergeben, wenn die zum Aufheizen erforderliche Energie tagsüber nicht oder nur zu hohen Preisen zur Verfügung steht. Die Anordnung des Rohrheizkörpers kann vor der Kniebank oder unter dem Fußrastenbrett getroffen werden. Ein Nachteil der Fußbankheizung bleibt, daß die Staubaufwirbelung dadurch gefördert wird. An Stelle von Rohrheizkörpern baut man wohl auch Strahlsoffitten unter der Fußraste ein (1 kW auf 2 m Länge), deren Wärmestrahlung gerichtet ist und eine übermäßige Erwärmung der Füße, wie sie bei Rohrheizkörpern eintreten kann, vermeidet. Da die katholischen Kirchen an jedem Tag und vornehmlich auch morgens benutzt werden, also zu Zeiten besonderer Belastung der Elektrizitätswerke, sind gelegentlich auch Fußrastenheizungen mit Speicherung ausgeführt worden, um den preiswerteren Nachtstrom noch für die Heizung in den Morgenstunden nutzbar machen zu können. Dies wird durch Rohrheizkörper von rd. 100 mm Durchmesser erreicht, die zwischen Heizleiter und Eisenrohr einen Schamottemantel erhalten, in welchem die Speicherung vorgenommen wird. Dieser Schamottemantel strahlt seinerseits die aufgenommene Wärme über Rippen an das Eisenrohr ab.

Vor der Erstellung elektrischer Kirchenheizungen hat man sich zu vergewissern, ob genügend Strom erhältlich und seine Benutzung zu den gewünschten Zeiten möglich ist. Ist der erforderliche Anschlußwert, etwa infolge zu knapper Bemessung der Transformatorenanlage des betreffenden Ortes, nicht vorhanden und kommt eine Vergrößerung der Kosten wegen nicht in Frage, so ist eine andere Heizart zu wählen. Keinesfalls sollte man in solchen Fällen Notbehelfe wie Wärmespeicher, lange Anheizzeiten und ähnliche unbefriedigende Hilfsmittel heranziehen.

Zum Ein- und Ausschalten der Heizgruppen sind die nötigen Schalter auf einer übersichtlichen Schalttafel anzubringen. Bisweilen wird auch ein Zeitschalter angebracht, der die Heizung selbsttätig zu jeder gewünschten Zeit ein- und ausschaltet. Namentlich das nächtliche Einschalten ist vom bedienungstechnischen Standpunkt aus wertvoll, weil dadurch der Küster nicht genötigt ist, mitten in der Nacht in die Kirche zu gehen. Die Sperrschalter sind verstellbar, so daß der Zeitpunkt des selbsttätigen Einschaltens und damit die Dauer der Anheizzeit der jeweiligen Witterung angepaßt werden kann.

5,514 Sammelheizung.

Die einst in Kirchen verbreitet gewesene *Kanalheizung*, bei der die Feuergase Bodenkanäle durchzogen und die darüberliegenden Bodenflächen erwärmten, sind, ihrer mancherlei Übelstände wegen, verlassen worden.

Fußbodenheizung mittels Warmwasser oder billig erhältlicher elektrischer Energie kann unter Umständen für dauernd zu heizende Dome mit loser Bestuhlung in Frage kommen, während für nur sonntags beheizte Kirchen auch sie sich nicht eignet, weil die Heizwirkung träge ist, was lange Anheizzeiten und dadurch großen Brennstoffverbrauch zur Folge hat. Zudem entstehen, des gesteigerten Luftauftriebes wegen, unangenehme Zugerscheinungen, wenn nicht unter den Fenstern außerdem Heizkörper aufgestellt werden. Das ist natürlich auch bei dauernd benutzten, mit Fußbodenheizung versehenen Kirchen zu berücksichtigen, obgleich hier, der niedrigeren Bodentemperaturen wegen, der Auftrieb geringer ausfällt. Außerdem ist bei allen Fußbodenheizungen auch lästig, daß der von den Besuchern an den Schuhen hereingebrachte Staub, Schmutz und Schnee mit der beheizten Bodenfläche in Berührung kommt und dadurch ungünstige Luftverhältnisse entstehen. Ferner stellen sich die Baukosten verhältnismäßig hoch, nicht nur des Unterbringens der Heizrohre wegen, sondern weil zur Vermeidung großer Wärmeverluste guter Wärmeschutz nach unten erforderlich ist.

Aus all diesen Gründen ist von Kanal- und Bodenheizung für Kirchen in der Regel abzuraten.

Die *Perkins-Heizung* wurde in früheren Zeiten vielfach angewendet. Man findet sie noch häufig in älteren Kirchen Norddeutschlands. Sie arbeitet mit Heißwassertemperaturen von 150 bis 180°C und entsprechenden Betriebsdrücken von 5 bis 10 atü, Drücke, die beim Abdrücken der Anlage und beim Anheizen sehr erheblich überschritten werden. Als Leitungsmaterial wurde dickwandiges Perkinsrohr verwendet.

Die Vorteile dieser Heizart bestehen in der Möglichkeit, die Rohre in Form von Rohrschlangen ohne Rücksicht auf Gefälle waagerecht verlegen und sie damit leicht in bestehenden Gebäuden, insbesondere im Gestühl der Kirchen unterbringen zu können. Sie ist deshalb auch durchweg als Fußbankheizung ausgeführt. Ihre Wärmewirkung ist rasch, der Betrieb einfach, die Anlagekosten sind verhältnismäßig gering. Auf Grund dieser Eigenschaften fand diese ältere Heißwasserheizung früher in nicht zu großen Kirchen, bei beschränkten Geldmitteln oder bei solchen Kirchen Anwendung, in denen bauliche Änderungen und Störungen im Kirchenbesuch soweit wie möglich vermieden werden sollten. Trotz dieser Vorzüge kommt die Perkinsheizung heute nicht mehr in Frage. Ihre Ausführung, Inbetriebnahme nach längerem Stillstand und Instandsetzung konnte nur besonders sachkundigen Firmen anvertraut werden, da wegen der in der Anlage herrschenden hohen Drücke Zerknallgefahr besteht. Die hohen Temperaturen der Heizflächen sind außerdem unhygienisch. Auch ermöglicht dieses

Heißwassersystem nur eine geringe Wärmeregelung in den Räumen und an der Feuerung. Schließlich ist sie leicht dem Einfrieren ausgesetzt.

Für dauerbenutzte Kirchen kann aber die neuere *Heißwasserheizung* mit Vorlauftemperatur bis 110°C und 30°C Temperaturgefälle in Erwägung gezogen werden. Durch die Möglichkeit der Veränderung der Heizwassertemperatur mit der Außentemperatur ist sie wirtschaftlich. In den Anlagekosten ist diese Heißwasserheizung nicht teurer als die Niederdruckdampfheizung, vermeidet aber deren Nachteile, wie sie in den vorhergehenden Abschnitten bereits geschildert wurden. Die Heißwasserheizung ist demnach der Niederdruckdampfheizung vorzuziehen.

In Kirchen hat die *Niederdruckdampfheizung* in der Vergangenheit vielfach Anwendung gefunden, weil sie eine ziemlich große waagerechte Ausdehnung der Anlage, eine gleichmäßige Wärmeverteilung und ein schnelles Anheizen gestattet und verhältnismäßig geringe Anlagekosten ergibt. Auch ist die Einfriergefahr bei Dauerheizbetrieb praktisch ausgeschlossen. Der Einbau dieser Heizungsart kommt im allgemeinen jedoch nur in Frage, wenn es sich um Neubauten oder Erneuerungsbauten handelt, weil ihre Verlegung meist größere bauliche Nebenarbeiten erfordert, die sich nur beim Neubau ohne Schwierigkeit und ohne erhebliche Kosten durchführen lassen, wie die Herrichtung des Kesselraumes, der Kanäle im Kirchenfußboden für die Dampf- und Kondensrohrleitungen, der Wandnischen für die Heizkörper, der Mauerschlitze für Rohrleitungen usw. Auch bedarf es eines besonderen Geschicks, um die mit Steigung und Gefälle zu verlegenden Dampf- und Kondensleitungen sowie die Entwässerungsschleifen und die örtlichen Heizflächen möglichst unsichtbar für das Auge anzuordnen. Die Niederdruckdampfheizung der üblichen Ausführung mit geschlossener Kondensleitung erfordert im allgemeinen einen verhältnismäßig tief unter Kirchenfußboden gelegenen Kesselraum. Dieser Anordnung stehen oft die Grundwasserverhältnisse oder andere bauliche Schwierigkeiten entgegen, so daß sich in solchen Fällen der Einbau einer Niederdruckdampfheizung verbietet, sofern man nicht aus besonderen Gründen zur offenen Kondensleitung übergeht, also das Kondensat in einem Behälter sammelt und zum Kessel zurückpumpt. Eine tiefer als Kirchenfußboden liegende Grube zur Aufnahme des Kondenswasserbehälters und der Pumpe ist aber auch bei dieser Ausführungsart noch erforderlich. Zu beachten für die Wahl der Niederdruckdampfheizung ist schließlich noch der Umstand, daß der Betrieb nicht als unbedingt geräuschlos bezeichnet werden kann. Selbst bei sorgfältigster Leitungsverlegung können infolge Gebäudesetzungen, vornehmlich in bergbaulichen Gebieten, Rohr- oder Heizkörperverlagerungen eintreten, die zu Wassersackbildungen und damit zu Wasserschlägen führen können.

Um den letztgenannten Schwierigkeiten aus dem Wege zu gehen, kann man neben der zuvor erwähnten Heißwasserheizung natürlich auch *Warmwasserheizung* mit Schwerkraft oder Pumpenbetrieb zur Anwendung bringen. Sie ermöglicht ebenso wie die Heißwasser- und Niederdruckdampfheizung eine Verteilung der örtlichen Heizflächen im Raum, an den Außenwänden und auch in Form von Rohrschlangen unter den Fußbänken. Aber auch hier gilt bis zu einem gewissen Grade das bei der Niederdruckdampfheizung Gesagte, das mit Steigung und Gefälle zu verlegende Rohrnetz möglichst unsichtbar unterzubringen. Hinzu kommt, daß Warmwasserheizungen zur Vermeidung der Einfriergefahr bei größerer Kälte, auch bei nur sonntags benutzten Kirchen, dauernd schwach zu betreiben sind, was jedoch keine allzu große Auslage bedeutet, weil scharfe Kälte meist nur kurze Zeit anhält. Bei oft benutzten Kapellen oder religiösen Zwecken dienenden Versammlungssälen, die mit bewohnten Gebäuden, z. B. dem Pfarrhaus oder einem Kirchengemeindehaus, von einer gemeinsamen Kesselanlage aus beheizt werden, kann man die Kirchenheizung auch als besondere, nicht ganz abstellbare Gruppe ausbilden, wodurch die Einfriergefahr ohnehin ausgeschlossen ist.

Wenn Sammelheizung zur Beheizung von Kirchen in Frage kommt und alle sichtbaren Rohre und Heizkörper vermieden werden sollen, so bevorzugt man heute auch für größere Kirchen aus wirtschaftlichen und Behaglichkeitsgründen die *Luftheizung* unter Verwendung von Zu- und Umluftkanälen. Ob ein Lüfter eingebaut werden soll, ist von Fall zu Fall zu entscheiden. In dauernd benutzten Kirchen ist das Bedürfnis danach nicht groß, sofern die Luftkanäle mit genügenden Querschnitten ausgeführt und die Heizräume tief genug gelegt werden können, so daß zur Erzielung des natürlichen Luftauftriebes keine zu hohen Lufttemperaturen angewendet werden müssen. Luftheizungen, die mit Warmlufttemperaturen von $60°C$ und sogar bis $80°C$ betrieben werden müssen, führen zu ungleichen Temperaturen im Raum, hohen Wärmeverlusten, Schwärzen der Wände, Zugerscheinungen und unangenehmen Luftverhältnissen. Aber auch bei Luftheizungen, die im Höchstfall Zulufttemperaturen von nicht über 50 bis $55°C$ aufweisen, kann eine zeitweilige Beschleunigung des Luftumlaufes durch einen Lüfter und damit eine Steigerung der Heizwirkung erwünscht sein. Besonders kommen die dadurch erzielbaren Vorteile in nur sonntags beheizten Kirchen zur Geltung, weshalb in solchen wiederholt sogar nachträglich noch Lüfter in Schwerkraftanlagen eingebaut worden sind. Außer einer wesentlichen Verkürzung der Anheizzeit und dadurch einer günstigen Beeinflussung des Brennstoffverbrauches erreicht man dadurch, wie schon bemerkt, auch eine gleichmäßigere Verteilung der Temperatur im Raum und kann beim Einblasen von erwärmter Frischluft bis zu einem gewissen Grade Zugerscheinungen durch die Undichtigkeiten in den Umfassungswänden, durch aufgehende Türen usw. entgegenwirken.

Zur Erwärmung der Luft dienen sowohl Feuerluftöfen als auch mit Warmwasser oder Dampf betriebene Lufterhitzer, wie sie bei Lüftungsanlagen und Luftheizungen allgemein gebräuchlich sind. Die Feuerluftöfen werden meist mit Koks, in der Schweiz auch mit Öl und bisweilen mit Holz befeuert. Außerdem verwendet man für dauernd beheizte Kirchen die seit langem gebräuchlichen Perretöfen oder ähnliche Bauarten zur Verfeuerung von Kohlenstaub, Koksgrieß usw. Da diese Brennstoffe billig erhältlich sind, stellen sich die Heizkosten unter Verwendung solcher Öfen besonders niedrig. Die Perretöfen eignen sich jedoch nur für Dauerbrand, d. h. für ständig benutzte Kirchen, weil das Anfeuern jedesmal viel Holz und Mühe erfordert. Gewöhnlich werden sie im Spätherbst angeheizt und bis zum Frühjahr ununterbrochen weiterbetrieben. Sie bestehen aus mehreren übereinanderliegenden Rosten aus Schamotte. Der feinkörnige Brennstoff wird auf den obersten Rost eingefüllt und fällt beim Schüren allmählich auf die unteren, bis zuunterst nur noch Asche ankommt. Ein solcher Ofen von beispielsweise $50\ m^2$ Heizfläche weist eine Leistung von rd. $120000\ kcal/h$ auf und genügt zur Beheizung eines Kircheninhaltes von 8000 bis $9000\ m^3$. Der durchschnittliche Verbrauch an Feinanthrazit beträgt für Orte mit mittleren Tieftemperaturen von $-15°C$ rd. 2 t je $1000\ m^3$ Rauminhalt. Zum Anfeuern sind je nach der Größe des Ofens außerdem 1,5 bis 3 Raummeter trockenes Weichholz und ein Tag Arbeit erforderlich. Nachteilig ist, daß beim Abladen von Feinkohle viel Kohlenstaub entsteht und die Öfen beim Schüren eine große Hitze ausstrahlen, wodurch sich diese Arbeit ziemlich mühsam gestaltet.

Außer durch feste Brennstoffe wird die Luft bei Luftheizungen bisweilen auch durch elektrische Energie oder Gas erwärmt, sei es, daß elektrische Widerstandsheizkörper in die Zuluftwege eingebaut bzw. in elektrisch oder mit Gas betriebenen Kesseln Warmwasser oder Dampf zur Lufterwärmung erzeugt wird. Weiter stehen mit Gas zu heizende Feuerluftöfen zur Verfügung.

Wird Warmwasser- oder Dampfluftheizung erstellt, so kann natürlich jede für Heizkessel in Frage kommende Feuerungsart, zwecks Verminderung der Bedienungsarbeit, also auch Ölfeuerung verwendet werden. Handelt es sich um Anlagen zur Beheizung großer Kirchen und Dome oder um die gleichzeitige Mitbeheizung anderer Gebäude, so kommen auch Kessel für Feinanthrazitfeuerung in Betracht. Bisweilen wird die gleiche Kesselanlage während der Woche zur Beheizung anderer Gebäude, am Sonntag zum Betrieb der Kirchenheizung benutzt.

Der Anordnung und Ausbildung der Luftheizungen in Kirchen ist, wie schon angedeutet wurde, größte Aufmerksamkeit zu schenken, wenn sie hinsichtlich Zugfreiheit, Geräuschlosigkeit, Wirtschaftlichkeit usw. befriedigen sollen. In dauernd beheizten Kirchen läßt man die Warmluft bei Anlagen ohne Lüfterbetrieb vielfach durch den Boden des Chors (wo kein Verkehr herrscht) oder durch die Stirnseiten der nach dem Chor führenden Stufen eintreten und nimmt die Umluft über dem Boden des Schiffes zurück. Wird die Luft mittels Lüfter eingeblasen, so geschieht es oft waagerecht in einer Höhe, die ausschließt, daß die anwesenden Personen vom Luftstrom unmittelbar getroffen werden, während auch hierbei die Umluft möglichst über dem Boden des tiefstliegenden Teiles der Kirche abgesaugt wird. Will man gleichzeitig Kaltluftströmungen von den Fenstern herunter entgegenwirken, so kann, wie bereits erwähnt, entweder Raumluft unter den Fenstern abgesaugt oder ebendaselbst kräftig warme Heißluft eingeblasen werden. Die Zu- und Umluftöffnungen sind, wenn immer möglich, an den Seitenwänden, der vordersten Abschlußwand des Gestühles oder anderen senkrecht stehenden Flächen anzuordnen bzw. nur an Stellen in den Boden zu leiten, wo kein Verkehr herrscht und auch keine Gefahr besteht, daß beim Kehren des Bodens Schmutz in die Kanäle hinunterfällt. Bei in den Boden des Chores verlegten Zuluftöffnungen werden die Gitterstäbe mit Vorteil schiefliegend angeordnet, damit die Luft nicht senkrecht nach oben, sondern nach der Seite zu ausgeblasen wird. Bei Kirchen ist u. a. auch darauf zu achten, daß durch die Luftbewegung kein Flackern der Altarkerzen herbeigeführt wird.

Ferner ist es angezeigt, die Kanalführung so kurz wie möglich zu halten. Sind, um die Luft an bestimmten, der Wärmeverteilung besonders günstigen Orten austreten zu lassen, lange Kanäle erwünscht, so müssen sie zum mindesten so angeordnet und nötigenfalls abgedämmt werden, daß möglichst wenig Wärme nach dem Erdboden oder dem Freien verlorengeht. Insbesondere sind der Kanalboden und die Seitenwände gut gegen Wärmeverluste zu schützen, während die durch die Kanaldecke abströmende Wärme nicht verloren ist, sondern dem Kirchenboden zugute kommt, was nicht nur keinen wirtschaftlichen Nachteil, sondern für die darübersitzenden Kirchenbesucher eine willkommene Annehmlichkeit bedeutet.

Die Erfahrung lehrt, daß bei Luftheizung, insbesondere bei Erzeugung von Überdruck im Kircheninnern weit weniger Zugerscheinungen auftreten als bei Fußbankheizung mit ihrem starken Luftauftrieb im Kern der Kirche. Trotzdem ist bei hohen Fenstern auch bei Luftheizung Vorsicht geboten. Auch kommt es bei Kirchen mit Seitenemporen vor, daß es auf den letzteren zieht, wenn die warme Luft nur ins Mittelschiff ausgeblasen wird und hier hochsteigt, weil dabei kalte Luft an den Außenwänden niedersinkt und durch die unteren Teile der Emporen dem Mittelschiff zuströmt. Wird die warme Luft unter den Fußschemeln der Sitzbänke ausgeblasen, so gestalten sich die Verhältnisse, einerseits in bezug auf die Annehmlichkeit, warme Füße zu haben, andererseits aber auch auf die lästigen Zugerscheinungen von den Seitenwänden, insbesondere den Fenstern herunter, ganz ähnlich wie bei Fußbankheizung unter Verwendung von Heizrohren.

Soll die Kesselanlage von Kirchen gleichzeitig zur Beheizung von Nebengebäuden dienen, so ist zu untersuchen, ob sie besser in diese oder in die Kirche verlegt wird. Es muß bequeme Zufahrtsmöglichkeit für Brennstoff-, Asche- und Schlackenbeförderung bestehen, ferner sind die räumlichen Verhältnisse der Keller sowie die Schornsteinfrage zu prüfen.

Werden Heizanlagen dauernd beheizter Kirchen mit Ölfeuerung versehen, so ist es angezeigt, die Vorlauftemperatur des Heizwassers in üblicher Weise der Außentemperatur entsprechend zu regeln, außerdem einen Regler anzubringen, der die Raumtemperatur auf der gewünschten Höhe hält. Die Einrichtung kann bei vollselbsttätigen Anlagen auch so erfolgen, daß vor dem Gottesdienst höher geheizt wird, ohne daß der Küster mit der Bedienung irgend etwas zu tun hat.

Im Gegensatz zu so weitgehenden Ausführungsarten kann man bei beschränkten Geld- und Platzverhältnissen aber auch sehr einfache Luftheizungen, etwa unter Anwendung von Einzelheizgeräten, zur Anwendung bringen. Da diese Geräte entweder in oder doch unmittelbar neben dem Kirchenraum untergebracht werden, so ist auf geräuschlosen Gang der Lüfter besonderes Gewicht zu legen, sofern sie auch während des Gottesdienstes laufen sollen. Werden keine großen Ansprüche an die Temperatur gestellt, so können die Lüfter bei nicht dauernd beheizten Kirchen auch nur zum Aufheizen benutzt und vor Beginn des Gottesdienstes abgestellt werden. Wiederholt gemachte Beobachtungen haben allerdings ergeben, daß die Temperatur in derart hochgeheizten Räumen nach dem Abstellen der Luftheizung rasch wieder sinkt.

Warmwasser-Luftheizungen weisen den Feuer-Luftheizungen gegenüber verschiedene Vorzüge auf, wie niedrigere Heizflächentemperaturen und daher angenehmere Luftverhältnisse, die Sicherheit, daß keine Rauchgase in die Kirche gelangen, wie das bei undichten Feuerluftöfen der Fall sein kann usw. Andererseits sind sie teurer in der Anschaffung, und auch die Betriebskosten stellen sich nach den gemachten Erfahrungen vielfach um 10 bis 20% höher, namentlich wenn zwischen Heizkesseln und Lufterhitzern lange Leitungen erforderlich sind oder sonst größere Wärmeverluste auftreten. Ferner besteht in nicht dauernd benutzten Kirchen die Gefahr des Einfrierens der Lufterhitzer und des sehr kleinen Wasserinhaltes wegen bei allen Warmwasser-Luftheizungen, an die keine weiteren Heizkörper angeschlossen sind, bei unachtsamer Bedienung die Möglichkeit des Leerkochens der Kessel, wodurch schon wiederholt Kesselauswechslungen erforderlich geworden sind.

5,515 Anheizzeit. Zahl der jährlichen Heiztage und durchschnittlicher Brennstoffverbrauch.

In nicht dauernd beheizten Kirchen kommt man bei entsprechend wirksamen Heizanlagen auch bei größter Kälte mit 5 bis 7 Stunden *Anheizzeit*, bei guter Bauausführung und geschützter Lage mit weniger aus. In den Übergangszeiten genügen oft 1 bis 2 Stunden. Unter Abschn. 5,57 wurde bereits darauf hingewiesen, daß die Anlagen um so wirtschaftlicher arbeiten, je kürzer die Anheizzeit ist. Andererseits ergibt eine etwas längere Anheizdauer, außer geringerer Orgelverstimmungen, angenehmere Verhältnisse infolge besserer Erwärmung der Umfassungswände, wodurch weniger Kaltluftströmungen auftreten und auch die Wärmeabstrahlung des Körpers nach den Wänden kleiner ausfällt.

Mit wieviel *Heiztagen* zu rechnen ist, hängt davon ab, wie lange an dem in Frage kommenden Ort die Heizzeit dauert. Umfaßt sie z. B. für auf 15°C beheizte Räume 180 Tage und wird die Kirche jedoch wöchentlich nur einmal benutzt, so ergeben sich für diese rd. 25 Heiztage. Unter Berücksichtigung der Feiertage und gelegentlicher Veranstaltungen während der Woche fällt die Zahl aber höher aus, ebenso bei längeren Heizzeiten.

Tabelle 22. *Durchschnittlicher jährlicher Brennstoffverbrauch von nicht dauernd beheizten Kirchen bei 25 Heiztagen je Winter, 12° C Innentemperatur und im Höchstfalle sechsstündiger Anheizzeit (nach* HOTTINGER*).*

Beheizter Rauminhalt	Sammelheizung bei Aufstellung von Heizkörpern an den Wänden und bei Luftheizung	Sammelheizung mit gut verteilter Heizfläche, z. B. Fußbankheizung	Einzel-Gasheizöfen	Elektrische Fußbankheizung	Ofenheizung oder Luftheizung unter Verwendung von Feuerluftöfen
	Koksverbrauch	Koksverbrauch	Gasverbrauch	Energieverbrauch	Verbrauch an Hartholz in Raummeter
m³	kg	kg	m³	kWh	
500	810	440	600	1700	3,8
1000	1190	690	1100	3100	5,6
2000	2030	1150	2000	5250	9,5
4000	3250	1840	3600	8500	15,2
6000	4300	2440	5000	11200	—
8000	5030	3030	6200	13500	—
10000	6150	3500	7300	15500	—
15000	8210	4670	9900	—	—
20000	9900	5620	12400	—	—

Für dauernd auf etwa 8°C während der Woche und 12°C während der Gottesdienste beheizte Kirchen hat man an Orten mit mittleren Tiefsttemperaturen von —15°C mit durchschnittlich 120 bis 140 Heiztagen zu rechnen.

In Tab. 22 sind einige Ergebnisse unter Beifügung weiterer Angaben über Holzfeuerung enthalten. In vielen Fällen wird der Brennstoffverbrauch jedoch bis zum Mehrfachen der angegebenen Bedarfe betragen, insbesondere wenn verlangt wird, daß die Kirche auf 15 oder gar 18°C, statt, wie zugrunde gelegt, auf 12°C erwärmt wird, wenn sie nicht nur an 25 Sonntagen, sondern auch öfter an Werktagen für Hochzeiten, Beerdigungen, Konzerte und andere Veranstaltungen geheizt wird, wenn sie starkem Windanfall ausgesetzt ist, wenn die Umfassungswände z. B. infolge großer und vielleicht nicht dicht schließender Fenster oder undichter Decken in besonderem Maße wärmedurchlässig sind oder wenn zufolge knapper Bemessung der Heizungen längere Anheizzeiten, als sie angenommen wurden, benötigt werden. Solche Umstände bedingen natürlich eine Steigerung des Brennstoffverbrauches bei allen Heizarten, nur fallen sie bei den Brennstoffen mit hohen Wärmepreisen, also in der Regel bei Verwendung von elektrischer Energie und Gas, mehr ins Gewicht als bei den anderen.

Tabelle 23. *Durchschnittlicher jährlicher Brennstoffverbrauch von dauernd beheizten Kirchen für je 1000 m³ beheizten Rauminhalt bei 120 bis 140 Heiztagen sowie Innentemperaturen von rd. 8° C während der Woche und 12° C während des Gottesdienstes bei Warmwasserluftheizung und Perretöfen für Feinanthrazitfeuerung (nach* HOTTINGER*).*

Feuerungsart	Verbrauch
Öl	1,4 t
Koks	2,6 t
Feinanthrazit	2,0 t
Buchenholz	9,0 Raummeter

Für dauernd auf etwa 8°C und während der Gottesdienste auf 12°C beheizte Kirchen an Orten mit —15°C mittlerer Tiefsttemperatur, ferner bei Verwendung von Warmwasser-Luftheizung oder den schon erwähnten Perretöfen sind in Tab. 23 (S. 293) die ungefähren durchschnittlichen Brennstoffverbrauche für je 1000 m³ beheizten Rauminhalt angegeben. Vorstehend wurde bereits darauf hingewiesen, daß diese Verbrauche bei unmittelbarer Feuerluftheizung unter Verwendung der üblichen eisernen Feuerluftöfen um vielleicht 10 bis 20% kleiner angenommen werden können. Bei vollselbsttätiger Öl-Luftheizung sollen sogar wiederholt noch größere Minderverbrauche festgestellt worden sein.

Rechnet man auf Grund dieser Mengen, unter Einsetzung mittlerer Heizwerte und durchschnittlicher Wirkungsgrade die verfügbaren Nutzwärmen aus, so ergibt sich, daß sie bei Koks- und Feinanthrazitfeuerung etwas größer als bei Öl- und Holzfeuerung sind. Das entspricht indessen den praktischen Verhältnissen, indem bei Koks- und Anthrazitfeuerung der Einfachheit halber auch an Tagen (insbesondere während der Übergangzeiten) durchgeheizt wird, an denen eigentlich kein Heizbedürfnis besteht, während sich die mühelos bedienbaren Ölfeuerungen dem Wärmebedarf besser anpassen lassen. Allerdings treten bei Ölfeuerung mit stoßweisem Betrieb auch beträchtliche Wärmeverluste auf, indem bei abgestellter Feuerung die durchströmende Luft große Wärmemengen in den Schornstein entführt. Daß der Wärmewert bei Holzfeuerung kleiner ausfällt, ist begreiflich, weil man hierbei der Mühe wegen sowieso nicht mehr als unbedingt notwendig heizt.

Zu beachten ist auch, daß die Verbrauchszahlen bei kleinen Kirchen mit unter 1000 m³ Inhalt in der Regel etwas höher, bei großen mit über 10000 m³ Inhalt dagegen kleiner, als angegeben, sein werden und daß den betreffenden Werten nicht Allgemeingültigkeit zukommt. Bei den dauernd beheizten Kirchen fallen Bauweise, Lage usw. sogar noch stärker ins Gewicht als bei den nur sonntags beheizten, und zudem kommt dabei der Verlauf der Außentemperatur in weit höherem Maße zur Geltung. Wird z. B. während der Woche eine Innentemperatur von 8°C und während der Gottesdienste von etwa 12°C verlangt, so weicht der Brennstoffbedarf solcher Kirchen nach Feststellungen, die HOTTINGER an Hand der Gradtage für die Schweiz durchgeführt hat, in den verschiedenen Wintern leicht bis zu $\pm 50\%$ und mehr vom Durchschnitt ab.

5,52 Warmwasserversorgung.

In großen Kirchen werden zu Reinigungszwecken ausnahmsweise Warmwasserbereitungsanlagen erstellt, wobei das warme Wasser auch in die Emporen hinaufzuleiten ist. Die Wassererwärmung kann vom Heizkessel bzw. einem besonderen kleinen Kessel aus erfolgen. Gas- oder Elektrowarmwasserbereitung ist bei günstigem Energiepreis ebenfalls möglich.

5,53 Lüftung.

Im Winter ist künstliche Lüftung der Kirchen ihres im Verhältnis zur Besucherzahl großen Rauminhaltes sowie des beträchtlichen natürlichen Luftwechsels wegen nicht erforderlich, namentlich wenn aufschließbare Fensterflügel vorhanden sind, die in jedem Falle, auch bei Ausführung von Luftheizung mit Frischluftzufuhrmöglichkeit, ausgeführt werden sollten. Im Sommer kann dagegen eine Durchlüftung mittels Lüfter oft nicht schaden, insbesondere wenn es sich um Bauweisen handelt, die zufolge großer Fenster und dünner Betonwände zu hohen Raumtemperaturen Veranlassung geben. Wird Luftheizung mit Lüfterbetrieb erstellt, so können die gleichen Anlagen auch zur Zuführung der

Frischluft dienen. Außerdem ist es unter Umständen erwünscht, durch Deckenöffnungen, die im Winter der sonst auftretenden Wärmeverluste wegen allerdings
gut verschließbar sein müssen, Luft absaugen zu können. Soll außerdem eine gewisse Kühlung des Rauminnern erzielt werden, so ist es angezeigt, die Lüfter
hierzu mit kleinen Umlaufzahlen während der kühlen Nachtstunden zu betreiben.
Groß ist die dadurch erzielbare Kühlwirkung allerdings nicht, um so weniger,
als neuzeitliche Kirchen keine bedeutenden Mauermassen, die speichernd wirken
würden, mehr besitzen. Andererseits lassen sie sich im Frühjahr, wenn es im
Freien wärmer als in der Kirche ist, auch zum Heizen verwenden, ohne daß die
angesaugte Frischluft besonders erwärmt wird. Dabei ist allerdings Vorsicht am
Platze. Wenn sich die eingeblasene Luft in der Kirche unter den Taupunkt abkühlt, so scheidet sie Wasser aus, wodurch Feuchtigkeitserscheinungen auftreten,
während sich im Winter durch Einblasen vorgewärmter Frischluft umgekehrt
feuchte Kirchen austrocknen lassen. Daß es mit solchen Anlagen, die gestatten,
Frischluft einzublasen und dadurch Überdruck im Kircheninnern zu erzeugen,
zudem möglich ist, bis zu einem gewissen Grade Zugerscheinungen entgegenzuwirken, wurde bereits erwähnt.

5,6 Krematorien, Leichenhäuser.

In den Städten besteht die Vorschrift, daß die Verstorbenen bis zu ihrer Bestattung aus hygienischen wie aus allgemein menschlichen Gründen nicht in den
Trauerhäusern verbleiben dürfen. Diese Maßnahme ist auch mit Rücksicht auf
die meist beschränkten Platzverhältnisse in den Wohnungen durchaus notwendig.
Insbesondere muß für eine gefahrlose Unterbringung infektiöser und Fundleichen Sorge getragen werden. Zur Aufbewahrung der Leichen dienen besondere
Leichenhäuser auf den Friedhöfen. Dabei müssen infektiöse Leichen getrennt
aufbewahrt werden.

Die Leichenaufbewahrungsräume müssen gelüftet und möglichst auch gekühlt werden können. Die Kühlung des gesamten Leichenhauses ist allerdings
praktisch nur durchführbar, wenn es sich um nicht zu große Baukörper handelt.
An größeren Orten, wo die zwangsweise Unterbringung sämtlicher Leichen in
den Leichenhäusern besteht, sind oft 100 und mehr Einzelzellen vorhanden.
In solchen Fällen ist es angebracht, diese Zellen lediglich zu lüften, daneben aber
einen gekühlten Sammelraum für mehrere Leichen und einen solchen für infektiöse Leichen, außerdem eine Reihe gekühlter Einzelzellen vorzusehen. In den
Kühlräumen werden während des Sommers lediglich die Leichen mit starker
Geruchsbildung untergebracht. Zur besseren Raumausnutzung ist in den Sam-
melkühlräumen von dem Einbau gemauerter Leichenpritschen abzusehen. Besucher dürfen nur die Einzelzellen betreten, nicht aber die Sammelkühlräume.
Pietätvoller ist es jedoch, die eingesargte Leiche vor der Bestattung in einem
besonderen Schauraum, der durch eine Glaswand von dem Besucherraum getrennt ist, für den letzten Besuch der Angehörigen aufzubahren. Die Temperatur
der Kühlräume für Normalleichen soll etwa $+2°C$ betragen. Die Räume für infektiöse Leichen müssen tiefer gekühlt werden, etwa auf $-5°C$. Stark in Verwesung übergegangene Fundleichen werden in der Regel in besonderen Tiefkühl-
schränken eingefroren.

In dem Leichenaufbewahrungsraum ist ein Wasserhahn mit Schlauchanschluß sowie ein Fußbodenablauf notwendig, um den Raum zur Reinigung aus-
spritzen zu können.

Zur Beseitigung des Leichengeruches in den Kühlräumen muß die Möglichkeit gegeben sein, ständig einen Teil der Umluft entweichen zu lassen und dafür eine entsprechende Menge Frischluft beizumischen. Selbstverständlich soll in den Hallen bzw. Zellen von der Lüftungs- und Kühlanlage möglichst nichts zu sehen und zu hören sein. Die Wände der gekühlten Leichenräume sowie die Luftkanäle sind aufs beste gegen Kälteverluste zu schützen. Wenn eben möglich, sollten die Kühlräume im Kellergeschoß des Leichenhauses untergebracht werden. Gut bewährt hat sich die Anordnung eines Bedienungsganges auf der einen und eines Besucherganges auf der anderen Seite der Zellen, und zwar sowohl aus isolier- als auch betriebstechnischen Gründen. Auch ist dadurch der Temperatur-

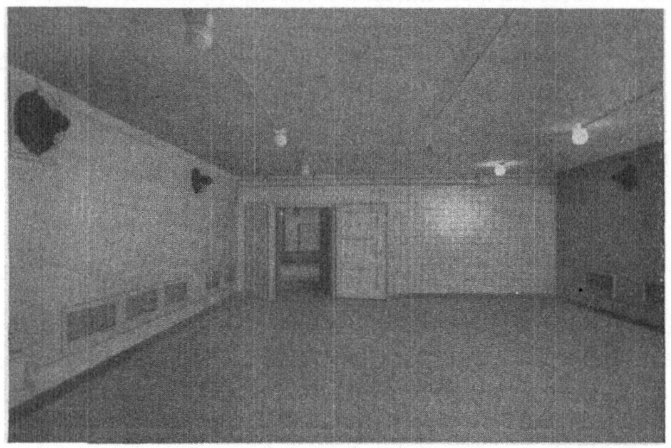

Abb. 94. Leichenkühlraum einer großen Krankenanstalt mit Luftkühlung.

übergang für die Besucher ein allmählicher, weil sie vom Freien zuerst einen Vorraum, dann den durch die Zellen stärker gekühlten Besuchergang und schließlich die Zellen selber betreten.

In ähnlicher Weise wie auf Friedhöfen sind Leichenaufbewahrungsräume auch in großen Krankenanstalten (Abb. 94) und in Altersheimen vorzusehen, doch genügt bei den letzteren ein einfacher, kühler Kellerraum, da die Verstorbenen hier nur kurzzeitig bis zu ihrer Überführung nach dem Friedhof verbleiben.

Eine besondere Entwicklung hat das *Feuerbestattungswesen* in den letzten Jahren genommen, insbesondere soweit es sich um den eigentlichen Einäscherungsvorgang und die Bauart der Öfen handelt. Während unter dem Einfluß rein vernunftmäßigen Denkens anfangs Ofenformen entstanden, die sowohl in ihrem äußeren Aufbau als auch in der Ausgestaltung des inneren feuerungstechnischen Teiles mehr industriellen Feuerungen glichen, dringt doch immer mehr die Erkenntnis durch, daß nicht die brennstoffwirtschaftliche Seite bestimmend für die Gestaltung der Öfen sein darf, da die Brennstoffkosten nur einen verhältnismäßig geringen Anteil an den Gesamtbestattungskosten ausmachen, sondern daß es auf eine möglichst würdige Gestaltung des Ofens wie des gesamten Einäscherungsvorganges ankommt. Die Abb. 95 zeigt die Vorderansicht zweier gasbeheizter Einäscherungsöfen, und in Abb. 96 ist die Rückseite dieser Öfen wiedergegeben. Wenn sich damit gleichzeitig Verbesserungen und Einsparungen auf der Brennstoffseite ergeben — und das ist möglich, wie die Entwicklung gezeigt hat —, so ist das nur zu begrüßen. So ist ein Übergang zur Gas- und Elektrobeheizung festzustellen, da die Verfeuerung von Koks und Kohle nicht nur eine

Verschmutzung der Räume und Flugaschenbildung, sondern auch eine erhöhte und geräuschvollere Bedienung mit sich bringt, vor allem aber, weil sich bei Gasbeheizung eine weißere Knochenasche ergibt als bei Koks- und Kohlefeuerung.

Abb. 95. Vorderansicht zweier gasbeheizter Leichenverbrennungsöfen mit mechanischer Sargeinführung

Abb. 96. Rückansicht der in Abb. 95 dargestellten gasbeheizten Leichenverbrennungsöfen mit verdeckt liegender Gas- und Luftzuführung.

Die Brennstoffkosten je Verbrauch sind im übrigen bei Gas in der Regel billiger als bei Koksfeuerung. Mit elektrischem Strom stellen sich die Kosten jedoch teurer.

Schrifttum.

STENGER, H.: Ergebnisse mit einem gasbeheizten Einäscherungsofen neuer Bauart. Gesundh.-Ing. Bd. 62 (1939) S. 17/18.

HEINEMANN, F.: Ein neuer Verbrennungsofen für Friedhofabraum. Gesundh.-Ing. Bd. 63 (1940) S. 189/90.

KRESIMENT, M.: Fragen des ländlichen Bestattungswesens. Gesundh.-Ing. Bd. 63 (1940) S. 508/12.

KÄMPER, H.: Der Umbau der Leichenverbrennungsöfen und die Einrichtung von Leichen-
kühlräumen auf dem Hauptfriedhof der Stadt Dortmund. Gesundh.-Ing. Bd. 64 (1941)
S. 171/76.
JACOBSKÖTTER, R.: Die Entwicklung der elektrischen Einäscherung bis zu dem neuen elek-
trisch beheizten Heißluft-Einäscherungsofen in Erfurt. Gesundh.-Ing. Bd. 64 (1941)
S. 579/87.

5,7 Zelte.

Großzeltbauten, wie diese für Zirkusse, politische oder kirchliche Versamm-
lungen und auch Ausstellungszwecke Verwendung finden, lassen sich mit der
Luftheizung im Frischluftbetrieb bei nicht zu tiefen Außentemperaturen (bis
zu $-5°$C) vor Beginn der Veranstaltung in verhältnismäßig kurzer Zeit erwärmen.
Man verwendet hierzu fahrbare Heizkesselanlagen[1], die aus dem Fahrzeug, der
aufmontierten Kesselanlage, mit Speisewasserbehälter und Speisepumpe bei
Dampfheizung, einem Lufterhitzer mit Ventilator und Motor sowie dem An-
schlußstutzen für den Warmluftschlauch aus Segeltuch bestehen. Die Warm-
luftschläuche mit Stahlringen zur Versteifung bei Durchmessern von 30 bis
50 cm sind wasser- und luftdicht und lassen sich leicht verlegen sowie nach der
Verwendung wieder zusammenlegen. Die Warmluft wird am Lufterhitzer bis
zu $70°$C erwärmt und tritt an den Austrittsöffnungen mit etwa 30 bis $40°$C aus.
Bei größeren Zelten sind 2 bis 3 derartige Heizwagen erforderlich. Für die Kesselanlage ist die Ölfeuerung besonders geeignet. Bei kleineren erforderlichen Wärmeleistungen kann gegebenenfalls auch der elektrische Lufterhitzer Anwendung
finden. Es liegt auf der Hand, daß der fahrbare Heizwagen auch zur sonstigen
gelegentlich erforderlichen Beheizung von Hallen und auch für Gebäude dienen
kann, wenn in letzterem Falle die Anschlußrohrleitung aus üblichem Stahlrohr
verlegt wird.

6 Die Heizungs- und Lüftungsanlagen
für Sonderzwecke.

6,1 Stallungen, Tierhäuser.

6,11 Lüftung in Stallungen.

Raumlufttemperaturen.

Rinderställe
    Masttiere . . . . $10°$C
    Arbeitstiere . . . . $12°$C
    Kühe und Kälber . . . . $14°$C
Schweineställe
    Mastschweine . . . . $13°$C
    Ferkel, Jung- und Mutterschweine . . . . $16°$C
Pferdeställe
    Arbeitspferde . . . . $10°$C
    Rennpferde, säugende Stuten, Fohlen . . . . $12°$C

---

[1] ZIMMERMANN, W.: Fahrbare Dampferzeugungs- und Heizungsanlagen für alle Zwecke,
ein heute dringend notwendiges Hilfsmittel in der Wärmewirtschaft. Schweiz. Bl. Heizg. u.
Lüftg. Bd. 20 (1953) S. 22/36. — E. WAKEFORD: Hippodrome centraly heated by Gas.
Industrial Gas (The Gas World) Bd. 21 Nr. 5, S. 15/18 [s. a. GWF Bd. 80 (1949) S. 387/88].

Schafställe
  ungeschorene Schafe . . . . 10°C
  geschorene Schafe . . . . 14°C
Ziegenställe . . . . 14°C
Geflügelhäuser . . . . 9°C

Die Regelung der Stalltemperatur geschieht im Winter durch entsprechende Einschränkung der Lüftung[1]. Bei feuchter Stalluft müssen die Temperaturen höher sein als oben angegeben. Dabei ist festzuhalten, daß die Tiere normalerweise tiefere Temperaturen besser aushalten als zu hohe, weil durch letztere eine Erschwerung der Atmung und Ausdünstung eintritt.

Eine Beheizung der Stallungen im Winter braucht nicht zu erfolgen, da durch die Wärmeabgabe der Tiere der Wärmeverlust, der durch die Wände und die abziehende Lüftungsluft entsteht, ausreichend gedeckt wird. Die trockene Wärmeabgabe bei Stallruhe beträgt etwa für ein Rind oder Pferd 600 kcal/h, für ein Mastschwein 230 kcal/h, für ein Mutterschaf 100 kcal/h und für ein Huhn 10 kcal/h. In zu warmen Ställen kommen die Tiere zum Schwitzen und werden dadurch bei der geringsten Abkühlung empfindlich. Die in Stallgebäuden eintretende Luftverschlechterung entsteht vornehmlich durch folgende Umstände:

a) Atmung und Ausdünstung der Tiere. Dadurch werden Wärme, Kohlensäure, Wasserdampf, Riech- und Ekelstoffe frei;

b) teilweise Verdunstung des Harns und des oft längere Zeit liegenbleibenden Kotes;

c) Verfütterung von nicht einwandfreiem Sauerfutter;

d) durch mögliches Eindringen von Gärgasen aus der Jauchegrube in den Stall.

Es ist also Aufgabe der Stallüftung, für Abführung aller schädlichen Gase, des Wasserdampfes und der Riech- und Ekelstoffe sowie für dauernde zugfreie Zuführung ausreichender Frischluftmengen zu sorgen. Mit der Stallüftung wird ein zu hohes Ansteigen der Temperatur, der Luftfeuchtigkeit und des Kohlensäuregehaltes der Stalluft verhindert.

Zur einwandfreien Senkung des meist hohen Luftfeuchtigkeitsgehaltes trägt die äußere Mauerfläche sehr wesentlich bei (nach CAMMERER[2] etwa 300 g/m² Wandfläche und Tag bei den üblichen Baustoffen). Deshalb soll die Mauer am besten beiderseits unverputzt bleiben. Außerdem muß für eine werkgerechte Fugenausbildung bei Verfugung mit Kalk-, nicht mit Zementmörtel, Sorge getragen werden. Die Lüftung hat also nur einen Teil des entstehenden Wasserdampfes abzuführen. CAMMERER fordert aber zur Einschränkung der Schwitzwasserbildung weiterhin einen besseren Wärmeschutz als in Wohngebäuden und gibt beispielsweise an, die Backsteinmauer mit 42 cm Dicke, anstatt mit 35 cm zu errichten. Die Decken sind besonders wärmedicht auszuführen, da die wärmste und feuchteste Raumluft sich an der Decke befindet. Das besonders stark auftretende Schwitzwasser ist einwandfrei abzuführen.

Zur Minderung der Riech- und Ekelstoffe müssen die Jaucheableitungen mit Dunstrohren versehen werden. Aborte sollen außerhalb der Ställe liegen. Der Harn der Tiere muß in Schlitzrinnen schnell abgeleitet werden; ferner muß für trockene Streu, öfteres Weißen der Wände, Streuen von Gips, Ätzkalk oder Steinmehl gesorgt werden.

---

[1] POEHLMANN, H.: Die notwendige Frischluftmenge in geschlossenen Tierstallungen. Gesundh.-Ing. Bd. 75 (1954) S. 113/16.

[2] CAMMERER, J. S.: Über die Feuchtigkeitswanderung in den Wänden von Ställen. Gesundh.-Ing. Bd. 62 (1939) S. 306/09.

Bei den Stallungen erfüllt nnr eine geringe Zahl die für eine wirkungsvolle Tierzucht notwendigen baulichen und lüftungstechnischen Voraussetzungen. Durchfeuchtetes Mauerwerk in den Außenwänden, starke Schwitzwasserbildung an den Innenwänden, stickige oder schwüle Stalluft sind die äußeren Kennzeichen derartiger Stallungen. Minderleistungen der Tiere sind eine weitere Folge. Und doch gibt es schon seit langen Zeiten Stallbauweisen, die auch heutigen Ansprüchen genügen. Sie sind aber nur auf wenige Gegenden beschränkt, so die alten aus Holz in Blockbauweise errichteten Ställe im Alpenvorland und in den Schwarzwaldtälern, die meist trocken sind, einen guten Wärmeschutz bieten und besondere Lüftungseinrichtungen infolge der Atmungsfähigkeit des Holzes sowie der Undichtigkeiten der Bauweisen nicht erforderlich machen. Hinzu kommen im Sommer ein langzeitiger Weidegang und im Winter ein tägliches Austreiben des Viehes zum Tränken. Auch der niedersächsische Bauernhof, bei dem die Vieh-

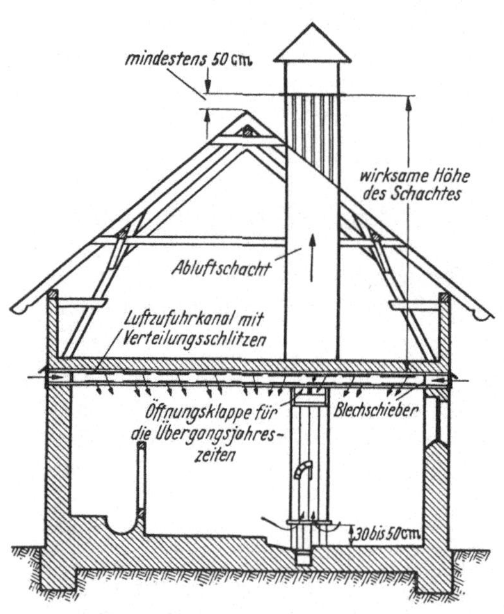

Abb. 97. Darstellung einer Stallüftung.

stände in unmittelbarer Verbindung mit der weiträumigen Diele stehen, benötigen keine besondere Lüftungseinrichtung. Das starke Holzfachwerk stellt einen guten Wärmeschutz dar, und die unvermeidbaren Undichtigkeiten des Gesamtbauwerkes sorgen für ausreichende Frischluftzufuhr. Dort, wo noch ein offenes Herdfeuer oder die zugehörige Esse vorhanden ist, wird auch die verbrauchte Luft in ausreichendem Maße abgeführt.

Anders liegen jedoch die Verhältnisse im neuzeitlicheren Stallbau, seitdem man unter Beachtung der Bauvorschriften bezüglich Festigkeit und Feuersicherheit allgemein zum Massivbau überging, d. h. zu einer Bauweise, die dichtere und kältere Ställe zur Folge hatte. Man versuchte, durch Lüftungsbehelfe mannigfacher Art die nun eintretenden schlechten Lüftungsverhältnisse abzustellen, und zwar etwa durch einfache Öffnungen unter der Stalldecke, die im Winter meist nur zum Kaltlufteinfall führen und deshalb geschlossen werden müssen oder durch meist viel zu enge, hölzerne oder gemauerte Schächte, die an der Stalldecke beginnen und gleich über Dach enden. Auch die Verwendung von mehrteiligen Luftschächten zur gleichzeitigen Luftzu- und -ableitung führte in der Regel zu keinem Erfolg, da derartige Schächte meist nur als Abluftschächte wirken und deshalb Frischluft nur durch Fenster und Türen nachziehen. Schließlich sind noch die Vielzahl von Wand-, Wind- oder Fensterlüftern aus Blech zu nennen, die im Handel angeboten und auch vielfach eingebaut wurden, weil sie billig waren und einen einfachen, vor allem nachträglichen Einbau ermöglichten. Diese meist aus Luftleitblechen bestehenden Fenster- oder Wandeinsätze sollten bei Windanfall im unteren Teil Zuluft dem Stall zuführen und durch den oberen Teil Abluft ausströmen lassen. Eine eingehende Prüfung derartiger Lüfter führte zu der Erkenntnis, daß sie im Hinblick auf die ungenügende Luftförderung, die mangelnde Tiefenwirkung und Zuggefahr infolge viel zu grob verteilter Einführung der Frischluft zur Anschaffung nicht zu empfehlen sind, es sei denn als äußerster Notbehelf. Um den geschilderten Übelständen allgemein abzuhelfen, stellte im Jahre 1941 die Arbeitsgemeinschaft zur Förderung des landwirtschaftlichen Bauwesens ein Normblatt DIN 11650 „Lüftungsanlagen für Viehställe" auf[1]. Durch eingehende Untersuchungen waren ferner die Wärme- und Wasserdampfabgabe sowie der Frischluftbedarf der verschiedenen Tierarten festgestellt worden. Der hier insbesondere interessierende Frischluftbedarf beträgt danach für jede Tiereinheit (TE) = 500 kg Tiergewicht rd. 60 m³/h.

Die Ausführung der Stalllüftungen erfolgt nun durchweg als Schwerkraftlüftung; denn mechanisch betätigte Lüftungsanlagen kommen für gewöhnliche Ställe sowohl der Anschaffungs- wie Betriebskosten wegen nicht in Frage. Nur für Schweineställe müssen sie u. U. ausgeführt werden, wenn etwa die am Ort herrschenden klimatischen Verhältnisse (zeitweise drückende Hitze oder Föhn) zum Versagen der Abluftschächte und damit zu besonders starken Geruchsbelästigungen führen. Die in den Richtlinien empfohlene und bewährte Schwerkraft-Lüftungsart ist in Abb. 97 dargestellt. Die Zuführung der Frischluft (Abb. 98) erfolgt durch eine Art Rieseldecke, d. h. durch schmale Schlitze in Deckenkanälen, wobei je nach der Tierzahl

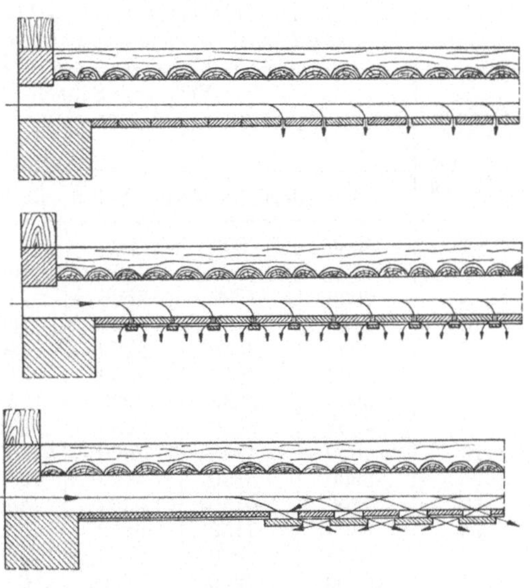

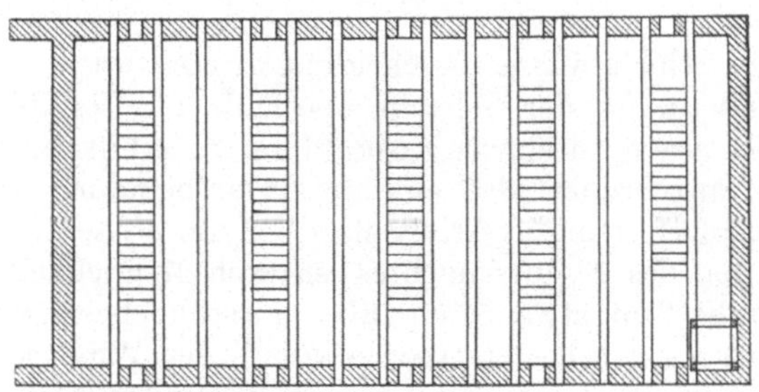

Abb. 98. Zuführung der Frischluft bei Stallüftungen (nach v. SYBEL und OBER).
Oben: Verschiedene Ausführungen der Unterschalung von Zuluftkanälen bei Holzbalkendecken; unten: Einteilung der Zuluftkanäle in einer Balkenlage über dem Stall.

mehrere solcher Kanäle über die Stalldecke verteilt werden. Die herabrieselnde kalte Frischluft soll sich in fein verteilter Form mit der von den Tierkörpern hochsteigenden Warmluft vermischen. Die Fortführung der Abluft dagegen erfolgt über dem Boden mittels eines besonderen Abluftschachtes, der für Sommerlüftung noch eine an Stalldecke befindliche verschließbare Öffnung besitzt. Tab. 24 enthält die freien Abluftschacht-Querschnitte in cm² bei einer Tierbelegung von 4 bis 50 Tiereinheiten und die wirksamen Schachthöhen von 5 bis 30 m bei einem Temperaturunterschied zwischen innen und außen von 4° C. Für niedrigere Temperaturunterschiede erübrigt sich die Angabe, da für diese Fälle eine Öffnung der Fenster und Türen möglich ist. Bei höheren Temperaturunterschieden steigt der Luftwechsel u. U. erheblich. Ein zu starker

---

[1] Siehe Techn. i. d. Landw. Bd. 22 (1941) S. 186/90.

Luftwechsel ist aber wegen der Stallauskühlung unerwünscht und ist durch die im Schacht anzuordnende Klappe oder den Schieber abzudrosseln. Schachtquerschnitte über 1 m² sollte man wegen des sonst möglichen Frischlufteinfalles nicht wählen, sondern dann zwei oder mehrere Schächte anordnen.

Tabelle 24. *Erforderliche freie Abluftschacht-Querschnitte in cm² bei einem Tierbelag von 4 bis 50 Tiereinheiten, wirksame Schachthöhen von 5 bis 30 m und einem Temperaturunterschied zwischen innen und außen von 4 grd.*

Anzahl der Tier-einheiten zu 500 kg	Wirksame Schachthöhe in m					
	5	7	10	15	20	30
	Erforderlicher freier Abluftschacht-Querschnitt in cm²					
4	1050	900	800	700	650	600
6	1500	1300	1150	1000	950	850
8	2000	1700	1500	1300	1200	1050
10	2450	2100	1850	1600	1450	1300
12	2950	2550	2200	1900	1700	1500
14	3400	2950	2550	2150	1950	1750
16	3900	3350	2900	2450	2200	1950
18	4350	3750	3250	2750	2500	2200
20	4850	4150	3600	3050	2750	2400
25	6000	5150	4450	3800	3400	3000
30	7200	6150	5350	4500	4050	3550
35	8350	7150	6250	5250	4700	4100
40	9550	8200	7100	6000	5350	4700
45	10700	9200	8000	6700	6000	5250
50	—	10200	8850	7400	6650	5800

Um Schwitzwasserausscheidung aus der warmen Stalluft im Abluftschacht zu verhindern, ist der Schacht oberhalb der Stalldecke mit einer Wärmedämmschicht gegen zu starke Auskühlung zu schützen. Der Abluftschacht ist so im Raum anzuordnen, daß eine gute Durchspülung des Raumes durch die Frischluft erfolgen kann, in Großviehställen am besten in der Nähe des Mistganges. Ein Schleifen des Abluftschachtes ist nach Möglichkeit zu vermeiden. Der Schacht soll außerdem etwa 50 cm über First hochgezogen werden und ist mit einer Abdeckung, am besten einer gewöhnlichen Windschutzhaube zu versehen, um zu verhindern, daß die Saugwirkung gemindert wird und Regen und Schnee eindringen.

Schließlich ist noch darauf zu verweisen, daß zwischen Stallraum und Jauchegrube unbedingt ein Geruchverschluß anzuordnen ist, da sonst durch die offenen Abflußleitungen der Jauche die üblen Grubengase, die durch die Lüftungsanlage nicht entfernt werden können, in den Stall treten.

Eine *Klimatisierung* von Viehställen, wie sie zur Leistungssteigerung ebenfalls vorgeschlagen wurde, ist über Versuchsanlagen für Sonderfälle nicht hinausgekommen und dürfte wegen der damit verbundenen besonders hohen Kosten praktisch vorläufig nur auf Einzelfälle beschränkt bleiben.

6,12 Tierhäuser.

In *Hühnerbrut-* und *Hühneraufzuchtanstalten* hat die Temperatur der Brutställe 18° C zu betragen. Die Temperatur der Brutwärme ist 39,5° C. Andauernde größere Abweichungen haben eine Schwächung oder ein Absterben der Keime im Ei zur Folge, daher ist selbsttätige Temperaturregelung anzuwenden. Die Wärmezufuhr soll von oben erfolgen. Ferner sind ein genügendes Einströmen frischer Luft und eine Regelung des Luftfeuchtigkeitsgehaltes notwendig. Die Brutzeit für Hühner beträgt 21 Tage.

Als Heizart empfiehlt sich Warmwasser- oder elektrische Heizung. Die Heizkörper werden gewöhnlich in Form von Heizröhren vorgesehen. Bei Warmwasserheizung ist der Heizkessel in einem Nebenraum aufzustellen.

Die Aufzucht der Kücken erfolgt im kleinen in Wärmekästen mit Heizung, so daß die Kücken Ersatz für die mütterliche Wärme finden. Ein vergitterter Auslauf muß ihnen den erforderlichen Tummelplatz gewähren. Im großen werden Aufzuchthäuser mit Warmwasser-Sammelheizungen erstellt. Auch die Strahlungsheizung mit Elektro- oder Gasstrahlern findet Anwendung. Die Tiere sollen sich nicht ständig unter den Wärmestrahlen aufhalten, deshalb ist die Fütterung außerhalb der Wärmestelle vorzunehmen.

Für die Brutställe ist die Warmwasser- oder Elektroheizung am besten geeignet.

Zum Einkühlen von Eiern sind Temperaturen zwischen plus und minus 5° C und Luftfeuchtigkeitsgrade von 80 bis 85% innezuhalten.

In *Raubtierhäusern* ist die Temperatur der Tierart anzupassen. Im allgemeinen hat sie mindestens 20° C zu betragen. Als Heizart ist Warmwasserheizung zweckmäßig und als Lüftungssystem Drucklüftung, die bei abgestelltem Lüfter in eingeschränktem Maße auf natürlichem Wege weiter wirken soll. Wichtig ist, daß die Käfigfußböden warm gehalten, die Heizkörper jedoch gegen Spritzwasser beim Reinigen der Käfige geschützt werden. Daher empfiehlt sich die Aufstellung unter den Käfigen, ferner Führung der frischen Luft über diese Heizkörper nach dem Besucherraum, von wo sie durch die Käfige oder vor denselben nach oben abströmen soll, so daß die Ausdünstung der Tiere vom Publikum abgehalten wird. Auf das Fernhalten kalter Zugluft von den Tieren ist besonders zu achten.

In *Reptilienhäusern* sind die Publikumsgänge nur zu temperieren, während die Temperatur in den Käfigen 24 bis 30° C betragen muß. Am besten eignen sich elektrische Heizkörper, die in die Mauern und Felsen der Höhlen sowie in die Wasserbehälter eingebaut werden. Man wendet jedoch wegen des zu hohen Strompreises meist die Warmwasserheizung an. Die selbsttätige Temperaturregelung ist auch hier empfehlenswert, ferner das Einfallenlassen von natürlichem oder künstlichem Licht in die Höhlen oder Käfige.

Schrifttum.

Sybel, H. v., u. J. Ober: Lüftung in Viehställen. Z. VDI Bd. 81 (1937) S. 414/15.

Schweighäuser. F.: Lüftung und Belichtung von Stallungen. Heizg. u. Lüftg. Bd. 12 (1938) S. 177.

Weise, R.: Bemessung von Lüftungsschächten für Viehställe. (Nach Untersuchungen der RKTL-Forschungsstelle für Wärmewirtschaft im Landbau, Jena.) Heizg. u. Lüftg. Bd. 12 (1938) S. 3/7.

Mulder, L. J.: Die Lüftung der Kuhställe der Bauerngehöfte in dem niederländischen Wieringermeer-Polder. Gesundh.-Ing. Bd. 62 (1939) S. 417/23.

Cammerer, J. S.: Der Mindestwärmeschutz im ländlichen Wohn- und Stallbau. Kältetechn. Bd. 41 (1939) S. 109/16.

Barott, H. G.: Angaben über die Wärmeverhältnisse in Geflügelfarmen. Heat. & Vent. Bd. 36 (1939) S. 27/29 (s. Kurzbericht in Gesundh.-Ing. Bd. 63 (1940) S. 71).

— Luftbewetterung und ihre Bedeutung bei der Geflügelzuchtuntersuchung. Heat. & Vent. Bd. 36 (1939) S. 23/25 (s. Kurzbericht in Gesundh.-Ing. Bd. 63 (1940) S. 130/31).

Weise, R.: Prüfung der Lüftungsanlagen im neuen Mastprüfungsstall Ruhlsdorf und in einem Kuhstall auf dem Koppehof. Heizg. u. Lüftg. Bd. 14 (1940) S. 85/88.

Hottinger, M.: Stallüftung. Gesundh.-Ing. Bd. 63 (1940) S. 269/76.

Sybel, H. v., u. J. Ober: Lüftungstechnik im Viehstall. (Ein Rückblick auf 5 Jahre Forschung, Prüfung und Planung.) Gesundh.-Ing. Bd. 64 (1941) S. 155/63.

Schneider, A.: Erstprüfung der Stall-Lüftungsanlage mit vereinfachter Frischluftzuführung (System Ober). Heizg., Lüftg., Haustechn. Bd. 2 (1951) S. 79/84.

— Prüfung der Gruber Stallüftung (System Ober) in verschiedenen Stallungen. Heizg.,
   Lüftg., Haustechn. Bd. 3 (1952) S. 155/58.
SCHÜLE, W., H. SCHÄCKE u. H. PÖHLMANN: Stallklima und Lüftung. Wärme-, feuchtigkeits-
   und lüftungstechnische Überlegungen. Gesundh.-Ing. Bd. 73 (1952) S. 40/45. Klimatech-
   nische Untersuchungen an Stallüftungen ohne und mit Wärmetauscher. Gesundh.-Ing.
   Bd. 73 (1952) S. 45/51.
OBER, J.: Die Leistung von Abluftschächten in Viehställen. Gesundh.-Ing. Bd. 73 (1952)
   S. 51/55.
SCHÄCKE, H.: Mindestwerte des Wärmeschutzes von Stall-Außenwänden. Gesundh.-Ing.
   Bd. 75 (1954) S. 179/81.

6,2 Gewächshäuser, Vermehrungen, Treib- und Frühbeete, Blumenfenster.

6,21 Heizung.

Zur richtigen Ermittlung des Wärmebedarfes müssen je nach dem späteren
Außenschutz der Gewächshäuser während des Winters zunächst die tiefsten
Außenlufttemperaturen festgelegt werden. Im allgemeinen kann man dafür an-
nehmen:

Bei Gewächshäusern mit Abdeckung durch Strohmatten od. dgl.
   in klimatisch ungünstigeren Gegenden mit . . . . −15°C
   in klimatisch günstigeren Gegenden mit . . . . −10°C
bei Gewächshäusern, die ungedeckt bleiben, mit . . . . −20°C

Innenlufttemperaturen.

Kalthäuser . . . . 3 bis 6°C
Temperierte Häuser . . . . 10 bis 15°C
Warmhäuser . . . . 20°C
Warmhäuser mit Vermehrungen . . . . 25°C
Palmenhäuser . . . . 15°C
Häuser für Wasserpflanzen . . . . 25°C
Häuser für Sonderkulturen (Orchideen) . . . . 17°C
Häuser für Azaleen, Camelien . . . . 5°C
Häuser für Chrysanthemen . . . . 2°C
Gurkenhäuser (−15°C) . . . . 20°C
Traubengewächshäuser . . . . 20 bis 25°C u. m.
Tomatenhäuser (−10°C) . . . . 18°C
Gemüsehäuser (−10°C) . . . . 6°C
Gemüsehäuser (Salat) (−10°C) . . . . 15°C
Anzuchthäuser . . . . 25 bis 28°C
Treibbeete:
   temperieren, damit Frostgefahr ausgeschlossen ist . . . . 5 bis 8°C
   wenn als Frühbeete zum Treiben von Gemüsen usw. benutzt, je nach Pflanzen-
   art . . . . 12 bis 15°C
Wintergärten . . . . 18°C
Pflanzenkeller . . . . nicht unter 5°C
Blumenfenster . . . . 10 bis 15°C

Beheizte, im Freien liegende Teiche: Wassertemperatur zum Ziehen tropischer
Seerosen (Victoria regia) usw. 30° C. Im Winter wird der Teich entleert. Bei der
Berechnung des Wärmebedarfes ist zu berücksichtigen, daß Wärme erforderlich
ist 1. zur Deckung des Wärmeentzuges infolge Wasserverdunstung, 2. zur Deckung
des Wärmeverlustes durch Leitung ans Erdreich und an die Luft, 3. zur Anwärmung des nachfließenden Wassers. Hiervon ergibt 1 den weitaus größten
Betrag.

Beheizte Freilandkulturen: Temperieren des Bodens durch in die Erde gelegte
Heizrohre[1] oder Wärmebestrahlung von oben; nur wirtschaftlich, wenn die Heiz-

---

[1] ZIMMERMANN, W.: Die Beheizung des Kulturbodens im Freiland und im Gewächshaus.
Gesundh.-Ing. Bd. 71 (1950) S. 47/50.

wärme in Form von Abwärme kostenlos zur Verfügung steht. Wenn Nachtfröste drohen, werden Weinberge und Obstkulturen bisweilen durch örtliche Feuerstellen mit starker Rauchentwicklung in Richtung der Kulturen geschützt. Der Erfolg ist jedoch bei stärkeren Frösten gering.

Wegen der Wichtigkeit bei der Bemessung der Gewächshausanlage seien einige für die Wärmebedarfsrechnung zugrunde zu legende Wärmedurchgangszahlen angegeben:

Betonfußboden auf Erdreich	$k = 2{,}0$ kcal/m²h°C
Mauersockel an die Außenluft je nach Mauerdicke	$k = 2$ bis 3 ,,
Mauersockel an Erdreich	$k = 2$,,
Einfache Verglasung der Stehfenster in Holz	$k = 5{,}0$,,
Einfache Verglasung der Stehfenster in Stahl	$k = 6{,}0$,,
Doppelte Verglasung der Stehfenster in Holz	$a = 3{,}5$,,
Doppelte Verglasung der Stehfenster in Stahl	$k = 3{,}8$,,
Glasdachflächen einfache Verglasung in Holz	$k = 5{,}0$,,
Glasdachflächen einfache Verglasung in Stahl	$k = 5{,}3$,,
Glasdachflächen doppelte Verglasung in Holz	$k = 2{,}5$,,
Glasdachflächen doppelte Verglasung in Stahl	$k = 3{,}5$,,
Lose Verglasung für einfache Glasfenster	$k = 7$,,
Lose Verglasung für Doppelfenster	$k = 3{,}5$,,
Außentür aus Holz	$k = 3$,,
Innentür aus Holz	$k = 2$,,
Innentür mit Glasfüllung	$k = 3$,,
Teerpappdach der Vorhäuser auf Schalung	$k = 2{,}1$,,
Wellblechdach der Vorhäuser ohne Schalung	$k = 10{,}4$,,
Asbestschieferzementdach 10 mm stark	$k = 2{,}3$,,

Die *Gewächshausheizung* muß folgende besondere Anforderungen erfüllen:

1. Die genannten Innentemperaturen für die einzelnen Gewächshausarten müssen mit Sicherheit erreicht werden.

2. Gleichgeartete Häuser müssen gleichmäßig erwärmt werden.

3. Die Luft in den Gewächshäusern darf durch die Heizung nicht in irgendeiner Weise verschlechtert werden.

4. Die Heizungsanlage soll einfach sein, leicht geregelt werden können und keine Schwierigkeiten oder Gefahren im Betrieb ergeben.

Unter diesen Gesichtspunkten kommt die früher oft angewandte *Feuerluftheizung* mit Rauchkanalführung im Gewächshaus nicht in Frage, weil die aus Ziegeln gebauten Kanäle leicht undicht werden und die Pflanzen durch austretende Gase vernichtet werden können.

Dampfheizung eignet sich wegen der hohen Temperaturen und der ungenügenden Regelbarkeit ebenfalls nicht für normale Gewächshäuser. Nach Erlöschen des Feuers im Kessel hört die Dampfbildung und damit die Wärmeabgabe schnell auf. Bei langen Heizrohrsträngen findet außerdem bei Absinken des normalen Kesseldrucks nur eine teilweise Erwärmung der Rohre in der Nähe der Kesselanlage statt, so daß eine sehr ungleiche Temperaturverteilung im Hause eintritt. Derartige Temperaturschwankungen beeinträchtigen die Entwicklung der Kulturen.

Von den *Luftheizungen,* die als Feuerluft-, Dampf- oder Warmwasserluftheizungen für große Gemüsegewächshäuser ebenfalls ausgeführt werden, kommt die Feuerluftheizung ohne Ventilator nur bei Frühgemüse und Kalthauskulturen in Frage, da hier der Nachteil der Beeinflussung der Wärmewirkung durch Wind nicht so ins Gewicht fällt. Umluftbetrieb ist nicht zu empfehlen, da die Umluft meist staubhaltig ist und somit den Luftzustand allmählich verschlechtert.

Die geeignetste Heizart für *kleine Einzelgewächshäuser* (Abb. 99, 100 u. 101) ist die Schwerkraft-Warmwasserheizung, für mehrere zusammenliegende Ge-

wächshäuser die Pumpen-Warmwasserheizung, wobei die in Durchschnitts-
wintern anzuwendende Höchstvorlauftemperatur 60° C nicht übersteigen sollte.
Die Heizfläche ist dementsprechend reichlich zu bemessen. Das Urteil erfahrener
Gärtner lautet: „Lieber ein Heizrohr mehr, auch wenn dadurch die Anlagekosten
etwas höher ausfallen." Bei Pumpen-
heizung muß Gewähr dafür bestehen.
daß die Pflanzen nicht durch Unter-
brechungen in der Heizwirkung, z. B.
infolge Aussetzen des elektrischen Stromes, gefährdet werden. Dies ist dadurch
zu erreichen, daß die Anlagen so berechnet werden, daß sie bis zu einem
gewissen Grade auch als Schwerkraftheizungen arbeiten können. Auch ist
darauf zu achten, daß stets zwei voneinander unabhängige Pumpen eingebaut werden, von denen eine zur Sicherheit des Betriebes als Reserve-
pumpe aufgestellt wird. Daß
außerdem eine ständige Wartung der Pumpenanlage ge-
währleistet sein muß, bevor
man sich zum Pumpenbetrieb
entschließt, ist wohl selbstverständlich. Die Vorteile der
Pumpenanlage bestehen in der
bereits genannten Beheizung
weitverzweigter Gewächshäuser, in den verringerten Anlagekosten durch Verwendung klei-

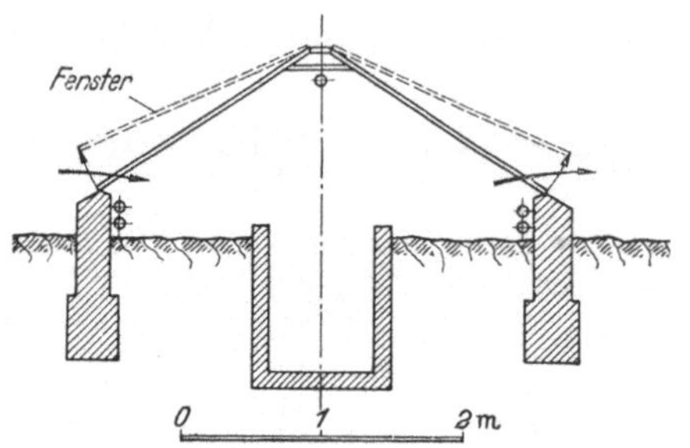

Abb. 99. Kulturhaus mit auflegbaren Fenstern; sog.
Fensterhaus.

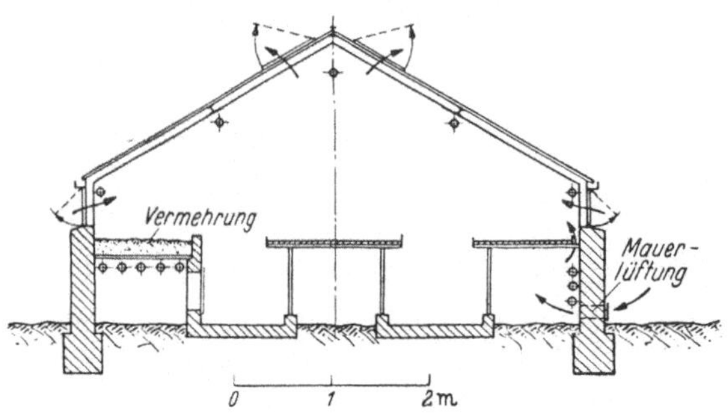

Abb. 100. Blumenhaus.

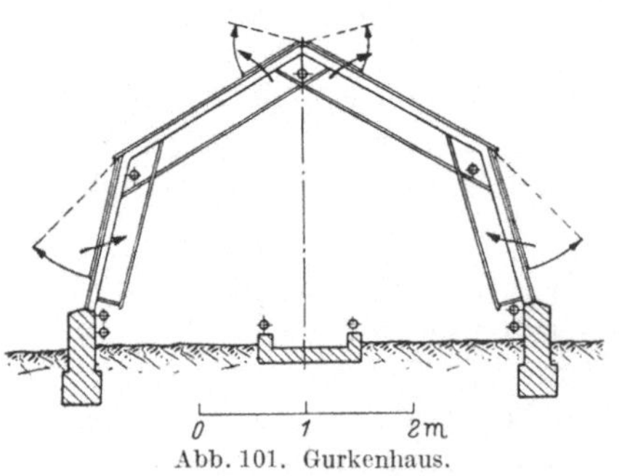

Abb. 101. Gurkenhaus.

nerer Rohrquerschnitte, in der unge-
zwungenen Leitungsführung, in *einer*
Heizzentrale, der vereinfachten Bedienung und Überwachung gegenüber
mehreren Einzelheizungen.

Ist elektrische Energie billig erhältlich, so kommt elektrische Bodenheizung, unter Umständen auch Elek-
tro-Warmwasserheizung in Frage.

Bei Warmwasserheizung sind als
Heizkörper ausschließlich glatte Rohre
zu verwenden, Rippenrohre, ihrer
schweren Reinigungsmöglichkeit wegen, dagegen zu vermeiden. Aus dem gleichen
Grunde ist auch davon abzuraten, Heizrohre in mit Gittern überdeckte Fuß-
bodenkanäle zu legen.

Da im allgemeinen der Auftrieb des Wassers bei diesen Anlagen gering ist,
muß auf besonders sorgfältigen Einbau der Rohre geachtet werden. Das erforderliche Gefälle bzw. die Steigung der Rohre von mindestens 5 mm/m ist deshalb
unbedingt einzuhalten. Zur guten Abführung der Luft wird am besten eine selbsttätige Zentralentlüftung zum Ausdehnungsgefäß verlegt.

Die früher übliche Verlegungsart der Heizrohre unter den Tischen der Gewächshäuser, die sog. Boden- oder Unterheizung, ist fast ganz verlassen worden.

Stattdessen verlegt man allgemein die Rohre unter den Hauptabkühlungsflächen, nämlich den Glasflächen. Bei dieser Art der Rohrverlegung spricht man von Oberheizung. Infolge des geringeren Auftriebes der Unterheizung ist ihre Heizwirkung auch nicht so gut wie die der Oberheizung.

Für auf 10 bis 15° C zu heizende, in den Boden hinabreichende, nicht sehr hohe Gewächshäuser von 3 m Breite genügt es in unserem Klima meist, wenn auf die ganze Länge nur ein Heizrohr mit 45 bzw. 60 mm Durchmesser unmittelbar über den Pflanzentischen und bei Stahlbauweise unter Umständen auch eins im Giebel angeordnet wird. Gewächshäuser mit Pultdach sind oft breiter und erfordern mehr Heizfläche. Die in den Boden hinabreichenden Teile der Gewächshäuser brauchen nicht mit Heizrohren versehen zu werden.

Die an den Fenstern entlang laufenden Rohre nennt man Taurohre, da sie, abgesehen vom Heizzweck, die Aufgabe haben, Schwitzwasserbildungen zu verhindern und dadurch die Pflanzen gegen Tropfenfall zu schützen. Sie sind so zu verteilen, daß sich die Pflanzen möglichst überall in der gleichen Temperatur befinden, nicht einzelne Teile zu starker Wärmeeinwirkung ausgesetzt sind. Einzelabstellbarkeit der Heizstränge ist empfehlenswert. Unter den Pflanzentischen sind Heizrohre nur erforderlich, wenn auch die unteren Raumteile über Boden liegen.

Die oben angeführte Oberheizung ist auch deshalb zweckmäßig, weil man das Abdecken der Gewächshäuser bei Kälte meist nicht mehr vornimmt. Man erspart dadurch zweifellos die Kosten des Deckmaterials, dessen Unterhaltung und laufenden Ersatz, ebenso den Ersatz der durch das Decken zerbrochenen Scheiben. Dazu fällt die Schneebeseitigung fort und damit wird an Arbeitszeit und -lohn gespart. Demgegenüber steht naturgemäß ein Mehraufwand an Brennmaterial, der aber in Kauf genommen werden kann, wenn man beachtet, daß das ungedeckte Haus früher in den Genuß der Sonneneinwirkung kommt als das von Schnee und Eis bedeckte. Auch will man festgestellt haben, daß gerade bei sehr strenger Kälte infolge der sich dann auf den Glasflächen bildenden Eisschicht, welche die Fugen dicht verschließt, keine erhöhte Gefahr für die ungedeckten Häuser besteht und sich diese sogar leichter heizen lassen.

Vielfach werden bei Kulturhäusern statt fester Verglasung aufgelegte Fenster (von z. B. etwa 1,8 auf rd. 1,0 m) bevorzugt, weil sich die Instandhaltungsarbeiten, der Einzelabnehm- und Auswechselbarkeit der Fenster wegen, dabei bedeutend einfacher gestalten und besonders gute Lüftungsmöglichkeit besteht, indem die Fenster beliebig gehoben, gewünschtenfalls zeitweise sogar ganz weggenommen werden können. Allerdings bedingen lose Fenster höhere Erstellungskosten, insbesondere wenn Doppelfenster vorgesehen werden müssen. Für krautartige Gewächse genügt einfaches Glas, für empfindlichere Pflanzen, die höhere Raumtemperaturen verlangen, sind Doppelfenster dagegen empfehlenswert. Auflegbare Fenster haben wegen der Fugen größere Luftdurchlässigkeit als feste Verglasung zur Folge und daher auch größeren Brennstoffverbrauch, was jedoch durch Doppelfenster mehr als ausgeglichen wird. Zudem lassen sich Doppelfenster zeitweise für andere Zwecke, beispielsweise wenn es im Freien bereits wärmer wird, zum Auflegen auf Frühbeetkästen verwenden.

Bisweilen findet man die Einteilung in ein Vor-, ein Warm-, ein Temperiert- und ein Kalthaus. In den beiden letzteren oder zum mindesten im letztgenannten soll die Heizung ganz abstellbar sein. Für mittlere und große Anlagen auf ebenem Gelände ist gleichlaufende Anordnung der verschiedenen Pflanzenhäuser mit einem Vorhaus auf der ganzen Länge der Giebelseite zweckmäßig. Das Vorhaus sollte die Giebel der Gewächshäuser um etwa 1 m überragen, damit das Ausdehnungsgefäß der Heizung und die selbsttätige Entlüftung gut untergebracht werden können. Der oder die Heizkessel lassen sich dann ebenfalls günstig, gewünschtenfalls in einem besonderen Heiz- oder Kohlenkeller, aufstellen. Der gemauerte Schornstein soll im Gebäudeinnern hochgeführt werden. Bei derart erstellten Anlagen hat man die Wärmeverteilung gut in der Hand.

Werden niedrige Erdbeerhäuser auf geneigtem Gelände beiderseits einer Treppe gleichlaufend übereinander erstellt, so legt man die Heizrohre meist ebenfalls an die Dachflächen. Die Heizungen der einzelnen Häuser sind hierbei für sich abstell- und entleerbar anzuordnen. Gewünschtenfalls können sie auch mit Rücklaufbeimischung versehen werden, sofern der Pflanzenbestand wechselt und die Temperatur der jeweiligen Pflanzenart angepaßt werden soll. Bei der Erstellung derartiger Anlagen ist rechtzeitige Zusammenarbeit zwischen Bauherrn und Heizungsfachmann ganz besonders am Platze. In jedem Fall muß der Wärmebedarf durch Berechnung festgestellt werden, nicht etwa, wie leider oft üblich, durch Schätzung. Zahl und Querschnitt der Rohre muß in einem richtigen Verhältnis zur Besonnungsfläche stehen. Zu dünne Rohre führen zu großen Rohrlängen und nehmen daher zu viel Licht weg.

Bei der elektrischen Beheizung von Gewächshäusern werden abgedämmte Heizwiderstände in nahtlosen Bleirohren oder Protolitheizrohr[1] in Abständen von etwa 40 cm und einer Tiefe von rd. 30 cm in den Erdboden gelegt. Auch elektrische Heizgitter sind gebräuchlich. In den Grenzbeeten wird die Verlegungsdichte der Heizkabel nach den Glaswänden zu vorteilhaft auf 2,5 bis 3,0 m je m² Bodenfläche erhöht zwecks Deckung der seitlichen Wärmeverluste. Wenn die Beheizung auf die ganze Nutzlänge der Gewächshäuser geschieht, so wird das Erdreich überall gleich warm und beheizt bis zu einem gewissen Grade auch den Luftraum. Werden auch im kältesten Winter hohe Lufttemperaturen verlangt, z. B. weil hochragende Pflanzen wie Gurken oder Tomaten gezogen werden sollen oder weil es sich um Frühgemüse usw. handelt, so ist allerdings noch eine weitere Heizmöglichkeit erforderlich. Bei der Bodenheizung kommt man gewöhnlich mit Nachtstrom allein aus, weil der Boden einen Wärmespeicher darstellt. Je Quadratmeter Bodenfläche ist mit einem Anschlußwert von mindestens 70 W, unter Umständen jedoch mit wesentlich mehr zu rechnen.

Wird zusätzliche Belichtung der Kulturen durch Metalldrahtlampen angewendet, so findet auch dadurch eine gewisse Beheizung des Luftraumes statt.

Zum Schutz der Kabel gegen Spatenstiche werden sie mit weitmaschigem Drahtgeflecht, bei Heizgittern mit Bambusstäben oder, zur Warnung für den Gärtner, mit einer etwa 2 cm dicken Lehmschicht überdeckt. Damit der Boden nicht zu stark austrocknet, kann es sich empfehlen, Bodenfeuchtigkeit in Form von Regenwasser durch unter den Kabeln liegende Tonröhren zuzuführen.

Elektrische Bodenheizung in Gewächshäusern hat namentlich in *Schweden* und *Norwegen* große Verbreitung erlangt.

Außer auf elektrischem Wege ist die Bodenerwärmung selbstverständlich auch durch Warmwasserheizung möglich. Daß ein Unterschied zwischen den beiden Heizarten in bezug auf das Wachstum der Pflanzen besteht, ist nicht nachgewiesen. Dagegen sind die in den Boden gelegten Heizrohre der Zerstörung durch Rosten ausgesetzt, was bei den Blei- oder Protolitkabeln der elektrischen Heizungen fortfällt. Bester Schutz der Heizrohre ist daher unbedingtes Erfordernis. Auch muß durch geeignete Verteilung der Rohre für möglichst gleichmäßige Erwärmung des Bodens gesorgt werden. Bisweilen wird außer Bodenheizung auch Strahlungsheizung zur Anwendung gebracht, indem die Kulturen

---

[1] KIND, W.: Vom Heizkabel zum Protolitheizrohr. Elektrowärme Bd. 11 (1941) S. 144/45. — W. ZIMMERMANN: Kulturbodenerwärmung im Gartenbau und Landwirtschaft mit elektrischem Bodenheizkabel. Gesundh.-Ing. Bd. 71 (1950) S. 208/12.

durch beheizte Flächen von oben her bestrahlt werden, was aber nach den bisherigen Erfahrungen wenig wirksam ist. Doch sind neuere Untersuchungen hierüber im Gange.

Zum Schutz gegen hohe Wärmeverluste deckt man die zum Überwintern von Orangen, Lorbeer, Granatäpfeln, Myrten usw. dienenden Kalthäuser bisweilen mit Brettern ab. Warmhäuser mit lichtbedürftigen Kulturen dürfen dagegen nicht beschattet werden. Über Nacht angebrachte Abdeckungen müssen daher am Morgen jeweils weggenommen werden. Einfacher, aber teurer ist das Anbringen von Doppelfenstern.

Die Gewächshäuser erfordern wegen der großen Wärmedurchlässigkeit der Glaswände und der dadurch notwendigen Berücksichtigung der *tiefstmöglichen* Außentemperaturen (im Gegensatz zu den *mittleren* Tiefsttemperaturen, wie sie den Wärmebedarfsberechnungen bei den vollwandig erstellten Gebäuden zugrunde

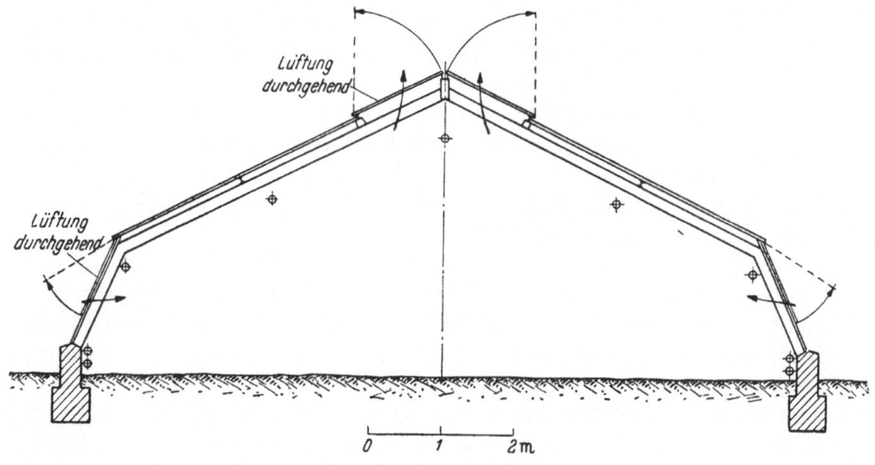

Abb. 102. Gemüseblock.

gelegt werden) reichliche Heizungen. Daß bei den gemauerten Gebäuden mit weniger tiefen Außentemperaturen gerechnet werden darf, ist im Hinblick auf das Wärmespeichervermögen der Umfassungswände und des Gebäudeinnern leicht verständlich. Bei den nichtspeichernden Glaswänden und -dächern der Gewächshäuser bleibt nichts übrig, als mit den *tiefstmöglichen* Temperaturen, also z. B. mit $-20°$ statt $-15°$ C zu rechnen, wenn man gegen Überraschungen geschützt sein will. Ferner ist zu beachten, daß die Innentemperatur längs den Fenstern unter derjenigen des Rauminnern liegt und bei in die Erde eingebetteten Gewächshäusern die unteren Raumteile der starken Abkühlung nicht ausgesetzt sind, sondern im Gegenteil innerhalb gewisser Grenzen temperaturausgleichend wirken. Bei loser Verglasung und einfachen Fenstern sind der Fugen wegen höhere Wärmedurchgangszahlen einzusetzen als bei fester Verglasung (siehe hierzu die angegebenen k-Werte).

Es wurde bereits darauf hingewiesen, daß als Heizwert für ausgedehnte *Gemüseblocks* (Abb. 102) neben Warmwasserheizung auch die Dampfheizung und die Luftheizung verwendet werden, z. B. bei der Tomatenzucht, weil mit ihnen eine schnelle Anpassung an den jeweiligen Wärmebedarf möglich ist. Die Dampfheizung erfordert geringere Rohrheizflächen und ist deshalb billiger in der Anschaffung. Für Warmwasserheizungen in großen Gemüseblocks besteht Einfriergefahr, wenn ein plötzlicher erheblicher Außentemperatursturz eintritt. Sie müßten deshalb dauernd geheizt oder entleert werden. Da aber große Gemüseblocks der Wirtschaftlichkeit wegen nur bei strengerer Kälte zu heizen sind, würde der Warmwasserheizbetrieb kostspielig bzw. das jedesmalige Heizwasserentleeren sehr umständlich sein.

Wichtig ist die Befestigung der unter den Glasflächen verlaufenden Rohre. Das Anschrauben an die Sprossen soll nicht geschehen, weil beim Verrosten der Sprossen im Laufe der Zeit die Rohre sich durchbiegen und demzufolge Umlaufstörungen bei der Warmwasserheizung auftreten können. Die Rohre sind nur an den Bindern und Stützen zu befestigen. Da deren Abstände, insbesondere bei größeren Häusern, verhältnismäßig groß sind, müssen Rohre mit stärkerem Durchmesser gewählt werden, um das Durchbiegen zu vermeiden.

Um jegliche zu befürchtende Einfriergefahr auszuschalten, wird auch die Luftheizung ausgeführt. Die Warmluft wird in einem außerhalb der eigentlichen Gemüseblocks gelegenen Vorhaus mittels eines feuer-, dampf- oder wasserbeheizten Lufterhitzers erzeugt und in einer verzinkten Blechrohrleitung, die in der Mitte des Hauses am First mit seitlichen Austrittsstutzen verlegt wird, dem Gemüseblock zugeführt. Der Ventilator ermöglicht aber auch an überheißen, windstillen Tagen eine Belüftung des ganzen Hauses, was Pflanzenschädlinge vertreibt. An Regentagen kann bei kurzzeitiger Inbetriebnahme der Warmluftanlage die Feuchtigkeit rasch beseitigt werden. Dadurch wird z. B. bei Tomatenzucht das Auftreten der Braunfleckenkrankheit vermieden. Der einzige Nachteil sind die durch den Stromverbrauch des Ventilators entstehenden evtl. hohen Stromkosten. Vorteilhaft sind die geringeren Anschaffungs- und baulichen Kosten gegenüber Warmwasser- oder Dampfheizungen.

Die *Vermehrungen* zum Ziehen von Stecklingen und zum Überwintern von Veredelungen bis zum ersten Austreiben, ferner zum Treiben von Maiblumen und anderen Blumenzwiebeln im Winter werden gewöhnlich in den Warmhäusern untergebracht, indem dazu je nach Bedarf einige Meter vom Pflanzentisch benutzt werden. Der Raum unter dem Tisch wird durch Mauerwerk abgeschlossen und mit Türen oder Schiebern, ferner mit nebeneinanderliegenden Heizrohren versehen, durch die eine Lufttemperatur von 30 bis 40° C erreicht werden kann. Die obere Abdeckung, auf welche der Vermehrungssand zu liegen kommt, wird verschieden ausgeführt. Bisweilen wird Moos auf verzinktem Drahtgeflecht verwendet, andere Gärtner ziehen Ton- oder Eternitplatten vor.

Diese sog. *Erdbeetvermehrung* bezweckt, den Stecklingen und Sämlingen einen warmen Boden zu bereiten, in welchem sie sich bei einer Temperatur von wenigstens 20° C schnell entwickeln bzw. Wurzeln ansetzen können. Dazu verlegt man die Heizrohre registerförmig unter dem Beet. Die Bestimmung der Heizflächengröße hat hier besonders sorgfältig durch die Wärmebedarfsberechnung vom Heizungsfachmann zu geschehen. Statt dieser Ausführungsart können die Vermehrungsbeete auch über beheizten Wasserbehältern angeordnet werden, deren Temperaturen durch selbsttätige Regler auf der gewünschten Höhe gehalten werden. Diese Art der Vermehrung, die als *Wasserbeetvermehrung* bezeichnet wird, wendet man an, wenn auf feuchte Wärme besonderer Wert gelegt wird, z. B. bei Maiblumen. Da die Unterhaltungskosten für Wassertreibbeete aber verhältnismäßig hoch sind, ist man von dieser Vermehrungsart vielfach wieder abgekommen. Ferner erstellt man über den Vermehrungsbeeten zur Innehaltung der erforderlichen Lufttemperatur bisweilen besondere Glaskästen.

Als eine besondere Vermehrung hat sich auch in Deutschland die Blumenzwiebeltreiberei eingeführt. Sie wird so gehandhabt, daß die Anlage von einem Warmhaus durch eine Mauer und Glaswand von dem übrigen Gewächshaus abgetrennt und in einzelne Stockwerke eingeteilt wird. Auf Drahtgeflechtunterlagen, an deren Unterstützungen die Heizrohre aufgehängt sind, werden die

Holzkästen mit den eingepflanzten Zwiebeln gestellt. Die Umpflanzung in Töpfe geschieht, sobald die Zwiebeln ausreichend Wurzeln gefaßt haben. Die erforderliche Wärme muß 20° C betragen. Diese Treiberei kommt nur im Winter bei geringer Besetzung mit anderen Pflanzen in Frage. Lohnend ist ein solcher Betrieb aber nur für Großgärtnereien.

Großgärtnereien verfügen oft über besondere Vermehrungshäuser, die in gleicher Weise wie gewöhnliche Gewächshäuser durch unter den Fenstern liegende Heizrohre bis auf 20 und 22° C beheizt werden.

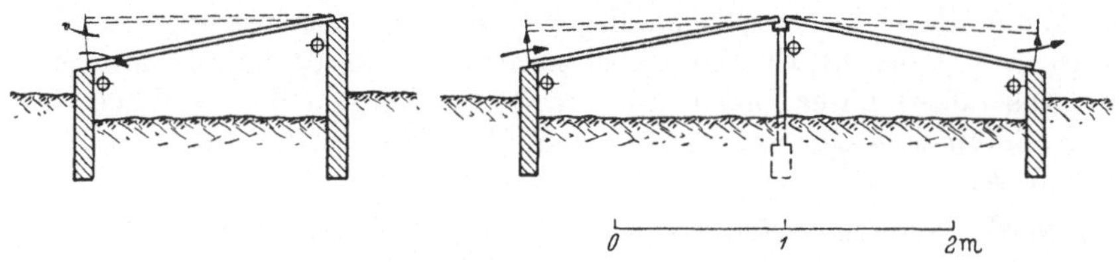

Abb. 103. Einfach- und Doppel-Frühbeetkasten.

Zur *Erwärmung des Wassers* in den mit Regen- und nötigenfalls Leitungswasser gespeisten Behältern der Gewächshäuser werden oft Heizrohre eingelegt, wobei auf gute Dehnungsmöglichkeit der Rohre beim Warmwerden und trotzdem Dichthalten der Rohrdurchführungen zu achten ist. Ferner sind die Rohre möglichst tief ins Wasser zu legen, weil sich nur die *über* ihnen liegende Wasserschicht richtig erwärmt. Ihre Anordnung hat so zu erfolgen, daß die Reinigung der Behälter nicht beeinträchtigt wird. Künstliche Erwärmung des Wassers ist jedoch nur erforderlich, wenn die Behälter an den Außenwänden liegen, während bei ihrer Anordnung im Innern der Häuser und genügender Größe auf den Einbau von Heizrohren in der Regel verzichtet

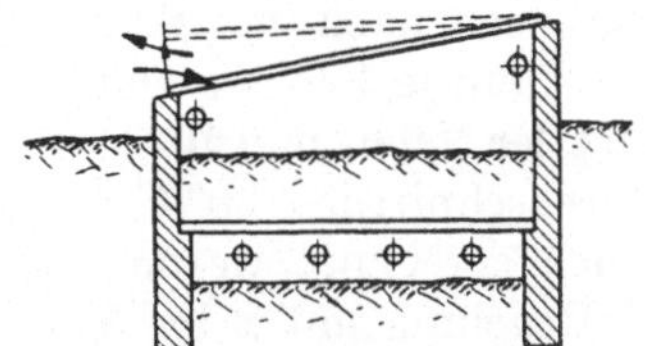

Abb. 104. Treibkasten mit Unterheizung.

wird, weil das zufließende Wasser Gelegenheit hat, bis zu seiner Verwendung lange genug zu verbleiben. Die Art der Lösung dieser Frage hängt auch mit dem Zweck, dem das Gewächshaus zu dienen hat, zusammen.

Eine einfache Art des Warmhaltens von *Treibbeeten* besteht darin, daß der Boden ausgehoben, die Grube zuunterst mit Laub, dann mit frischem Pferdemist versehen und schließlich mit Erde wieder aufgefüllt wird. Die dadurch erzielbaren Temperaturen sind allerdings nicht gleichmäßig; sie nehmen mit der fortschreitenden Verwesung des Pferdemistes erheblich ab. Seit der starken Verbreitung der Kraftwagen ist zudem die Beschaffung von Pferdemist nicht mehr überall leicht möglich, und überdies verursacht dieses Verfahren alljährlich viel Arbeit.

In neuerer Zeit versieht man daher die Treibbeete meist ebenfalls mit Warmwasser- oder Elektroheizung. Es empfiehlt sich dabei, zur Innehaltung der gewünschten Temperaturen Regler vorzusehen. Man hat zu unterscheiden zwischen eigentlichen *Treibbeeten*, die während des ganzen Winters benutzt werden, und *Frühbeeten*, die am Anfang des Winters nicht benötigt werden, weshalb man die Heizung während dieser Zeit abstellt. Zur Vermeidung des Einfrierens muß die Warmwasserheizung dann entleert werden, was umständlich und auch schädlich ist, weil die öfteren Füllungen vermehrten Kalkabsatz bedingen. Statt zu entleeren, kann man die Anlage auch mit einer frostsicheren Flüssigkeit füllen.

Bei den Früh- und Treibbeeten (Abb. 103) sind die Heizrohre der Warmwasserheizungen nicht in den Boden zu legen, sondern an die Außenseiten der

Kästen. Bei Doppelfrühbeetkästen wird meist auch ein Rohr an höchster Stelle im Innern verlegt. Kann der Heizkessel tief genug aufgestellt werden oder handelt es sich um Pumpenheizung, so werden die Treibkästen bisweilen auch von einem unter der Erde liegenden, mit Heizrohren versehenen Hohlraum aus beheizt (Abb. 104), wodurch sie auch als Vermehrungen dienen können.

Elektrische Heizung wird ebenso ausgeführt wie in den Gewächshäusern. Man legt die Heizkabel am besten unabhängig von den Beeteinfassungen gut verteilt in den Boden und deckt sie zum Schutz gegen Beschädigungen durch Spatenstiche auch hier mit grobmaschigem Drahtgeflecht ab. Darüber kommt eine mindestens 25 cm dicke Erdschicht zu liegen. Bei Bodenbearbeitung mit der Bodenfräse ist es angebracht, die Heizkabel zum Schutz in Tonkanäle zu legen. Werden die Anschlüsse unter Boden angeordnet, so können die Treibbeeteinfassungen im Sommer weggenommen werden. Die Heizwirkung soll in zwei Stufen regelbar sein.

Bisweilen werden auch in Speichermassen eingebettete Heizkörper aus blankem Widerstandsdraht verwendet und an die ungefährliche Spannung von nur 20 bis 40 V angeschlossen. Dabei werden zur Abdämmung nach unten zuerst etwa 20 cm Schlacke in das ausgehobene Wärmebeet eingefüllt. Hierauf folgt die 15 bis 20 cm hohe Speicherschicht, wozu sich Torfmull oder dürre Blätter eignen. In der Mitte dieser Schicht liegt der z. B. auf hölzerne Latten befestigte Widerstandsdraht. Über der Speicherschicht folgt die Erde. Besondere Aufmerksamkeit ist der Wärmeabdämmung der Kästen zur möglichsten Vermeidung von Wärmeabströmungen nach den Seiten zu schenken. Bei sorgfältiger Ausführung dieser Anlagen kann je Fenster und Tag bei einer mittleren Außentemperatur von $0°$ C während der Nacht und $10°$ C während des Tages $15°$ C Lufttemperatur im Kasten und durchschnittlich $20°$ C Erdtemperatur mit etwa 1,2 bis 1,4 kWh Energieverbrauch gerechnet werden. Die genannten Temperaturen werden bei selbsttätiger Regelung mit 2 bis $3°$ C Toleranz gehalten.

Der Wärmeverbrauch der Treibbeete beträgt in unseren Breiten je $1°$ C Temperaturerhöhung rd. 50 W/Tag m². Bei einer Temperaturerhöhung von 0 auf $20°$ C hat man also je Tag mit rd. 1 kW/m² Bodenfläche zu rechnen. Zufolge der Speicherfähigkeit des Bodens kann die Stromzufuhr meist auf die Nacht allein beschränkt bleiben. In nördlicheren Breiten sind, der kälteren Außentemperatur wegen, bedeutend größere Mengen erforderlich. Dort werden auch die Lufträume heizbar gemacht.

Nach STROBEL[1] bewegen sich zur Überwindung der üblichen Temperaturunterschiede die Anschlußwerte bei Treibbeeten mit durchschnittlich 8stündiger Nachtenergiespeicherung zwischen 110 und 160 W/m². Dazu kommen, wenn auch der Luftraum beheizt wird, noch 15 bis 50% hinzu. Bei der Verlegung der Heizkabel unmittelbar in die Erde kann die Belastung mit 30 W/m angesetzt werden. Befinden sich die Kabel in Rohren oder in ruhender Luft, so geht die Belastbarkeit jedoch auf 20 bis 25 W/m zurück.

Solche Warmbeetheizungen gestatten, Frühgemüse, wie Salate, Spinat, Suppengemüse, ferner Gurken, Melonen, Zierpflanzen und Blumen, besonders früh und mit wenig Umständen zu ziehen. Die Oberheizung darf dabei aber nicht fehlen, und der Boden sollte nicht über etwa $20°$ C erwärmt werden. Die anzuwendenden Luft- und Bodentemperaturen sind in jedem Fall der Pflanzenart entsprechend vom Gärtnereifachmann festzulegen, wobei nicht außer acht zu

---

[1] STROBEL, C.: Elektrische Bodenheizung in Gewächshaustreibanlagen. Bull. schweiz. elektrotechn. Ver. Bd. 26 (1935) S. 638/51. — Nach anderen Angaben zwischen 160 bis 180 W/m² für Frühbeete und zwischen 80 bis 100 W/m² für Gewächshäuser.

lassen ist, daß Unterschreitungen um wenige Grade Stillstand im Wachstum bedingen, während überhöhte Temperaturen zu Mißbildungen und Vermehrung der Schädlinge führen. Heizbare Treib- und Frühbeete leisten auch wertvolle Dienste zur Überwinterung von Pflanzen, die in der Zeit ihres Entwicklungsstillstands eine Temperatur von nur wenigen Graden über dem Nullpunkt beanspruchen. Ihre Unterbringung in den Treibbeeten statt in unnötig großen Gewächshäusern erfordert bedeutend weniger Heizwärme.

Beim Erstellen von Gewächshäusern, Treib- und Frühbeeten sollen selbstverständlich in erster Linie die von der Natur kostenlos gebotenen Wachstumsbedingungen ausgenutzt werden. Dazu gehört u. a., daß die Hauptachse der Gewächshäuser nahezu in die West-Ost-Richtung gelegt wird, weil dadurch der Einfluß der Sonne auf die Erwärmung des Rauminnern besonders groß ist.

Während Frühbeete in Hochtälern vielfach anzutreffen sind, haben sich Gewächshäuser an hochgelegenen Orten, z. B. in der Schweiz, trotz der daselbst wirkenden kräftigen Sonnenbestrahlung nicht als wirtschaftlich erwiesen, was begreiflich ist, wenn man an die tiefen Wintertemperaturen denkt, während Länder wie Belgien und Holland mit Meeresklima viel ausgeglichenere Temperaturen aufweisen. Dazu kommen die an hochgelegenen Orten in der Regel weit höheren Anlage- und Brennstoffkosten, so daß die Verzinsungs-, Abschreibungs- und Betriebsausgaben derart hoch ausfallen, daß z. B. mit Frühgemüsebau kein Gewinn mehr zu erzielen ist. Trotz zahlreicher Versuche ist es daher bis jetzt nicht gelungen, die im Tiefland mancherorts recht wirtschaftlichen und stellenweise sehr bedeutenden Gewächshauskulturen auch auf Hochtäler zu übertragen.

Sofern die Gewächshausheizungen nicht an Gebäude- oder Fernheizungen angeschlossen werden, stellt man in einem abschließbaren Vorraum oder einem Anbau Heizkessel auf, die in üblicher Weise gefeuert werden. In den Pflanzenräumen selber sollen die Heizkessel nicht untergebracht werden, insbesondere nicht bei Gasfeuerung, weil die Pflanzen darunter leiden würden. Wenn die Kamine niedrig und starker Abkühlung ausgesetzt sind, so kann die Anwendung eines mechanischen Saugzuges angebracht sein.

Für die Verbrennung von Gartenabfällen gibt es Sonderkessel, die aber nicht für Dauerbetrieb geeignet sind. Bis zu einem gewissen Grad lassen sich Gartenabfälle, übrigens auch in den gewöhnlichen Heizkesseln, verbrennen.

Neben den gebräuchlichen gußeisernen Kesseln sind auch Sonderkonstruktionen für den Gartenbaubetrieb geschaffen worden, insbesondere zur Verfeuerung aller nur denkbaren Brennstoffe. Für die Wirtschaftlichkeit des Gartenbaubetriebes sind die Heizkosten von ausschlaggebender Bedeutung, deshalb liegt hier immer das Bestreben vor, möglichst billige Brennstoffe verfeuern zu können.

Beim Anschluß an andere Heizungen ist darauf zu achten, daß die Gewächshäuser bei sinkenden Außentemperaturen, ihrer großen Glasflächen und manchmal auch Eisensprossen (die die Wärme weit besser leiten als Holzsprossen und zudem zu Tropfwasserbildung neigen) sowie der meist geringen Mauermassen wegen, besonders starker Abkühlung unterworfen sind und daher auch an kühlen Tagen (bzw. Nächten) der Übergangzeiten heizbar sein müssen. Es ist deshalb unter Umständen erforderlich, trotz der Fernheizmöglichkeit im Gewächshaus selbst noch einen Heizkessel oder sonst eine (z. B. elektrische) Aushilfsheizung vorzusehen. Wie weit hierin zu gehen ist, hängt von der Lage und Bauart des Gewächshauses sowie von der Art der darin zu ziehenden Pflanzen ab. Die eigentlichen Kulturhäuser für tropische Pflanzen (Palmenhäuser usw.) müssen nötigenfalls auch an kühleren Sommertagen geheizt werden.

Das geringe Wärmespeichervermögen und die große Wärmedurchlässigkeit der Umfassungswände der Gewächshäuser haben zur Folge, daß sich Temperaturschwankungen im Freien auch im Innern außerordentlich rasch und zudem weit stärker als bei dickwandigen Bauten bemerkbar machen. Auch die Einflüsse der Sonne und des Windes kommen, der großen Glasflächen wegen, in hohem Maße zur Auswirkung. Diese Umstände verlangen ganz besondere Beachtung, wenn es sich um Pflanzenarten handelt, die gleichbleibende Temperaturen benötigen. Daher ist auf rasche Anpassungsfähigkeit der Heizung an den Wärmebedarf größtes Gewicht zu legen. Voraussetzung hierfür ist der Einbau von

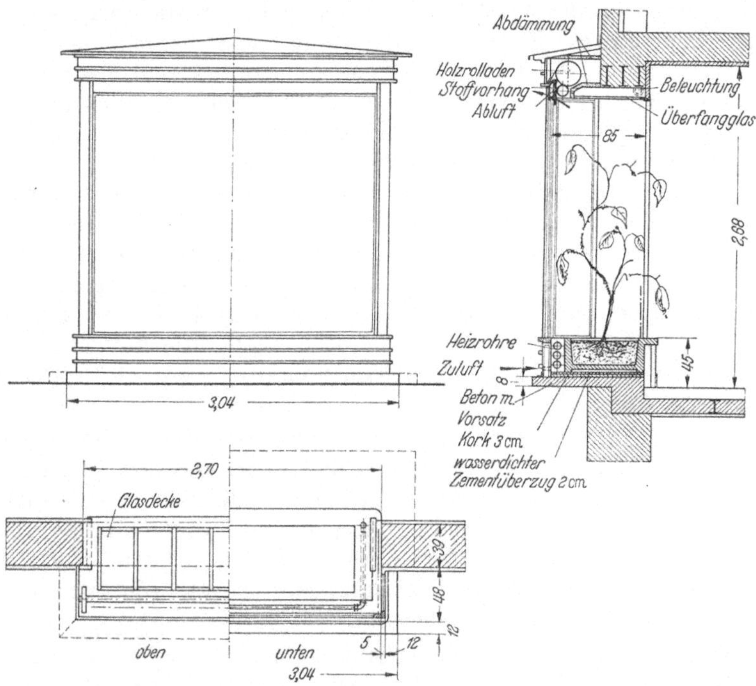

Abb. 105. Mit Heizrohren versehenes Blumenfenster in einem Wohnhaus.

elastischen, in weiten Grenzen regelbaren Feuerungsbauarten, wie Öl- und Gasfeuerungen bzw. automatischen Vorfeuerungen für feste Brennstoffe (z. B. Bokru-Feuerung) in Verbindung mit selbsttätiger Regelung. Auch die Anwendung von Wärmespeichern in Form großer Warmwasserbehälter kann gute Dienste leisten, weil sich dadurch erhöhte Betriebssicherheit, gefahrlose Überwindung von Temperaturstürzen, gleichmäßigere Kesselbelastungen und Brennstoffeinsparungen erzielen lassen. Diesen Vorzügen stehen jedoch erheblich größere Anlagekosten und die Raumbeanspruchung für den Wärmespeicher gegenüber.

Wichtig ist, daß die Gewächshausheizungen unbedingt zuverlässig arbeiten, damit die Pflanzenbestände nicht durch zu tiefes Sinken der Temperatur gefährdet werden.

Zwecks Erzielung eines möglichst wirtschaftlichen Betriebes hat man, wie bereits erwähnt, Pumpenheizungen erstellt, die bis zu einem gewissen Grad auch als Schwerkraftheizungen betrieben werden können. Bei großen Anlagen sollen zum gleichen Zweck selbstverständlich auch entsprechende Kesselunterteilungen vorgenommen werden.

Neuzeitliche Gebäude werden öfters mit *beheizten Blumenfenstern* versehen, sofern sie auch im Winter als Standort für die Gewächse dienen sollen. Ragen sie über die Außenmauern hinaus, so sind die Wärmeverluste des vorstehenden Bodens durch gute Abdämmung möglichst zu vermindern.

Bei den klimatischen Verhältnissen der gemäßigten Zone hat man zur Aufrechterhaltung von 15° C zwischen den Fenstern bei elektrischen Heizkabeln mit einem Anschlußwert von etwa 150 W/m² Fensterfläche zu rechnen, sofern die Temperatur des anstoßenden Zimmers ebenfalls mindestens 15° C beträgt. Die elektrischen Heizrohre werden möglichst nahe Außenfenster angebracht und oben

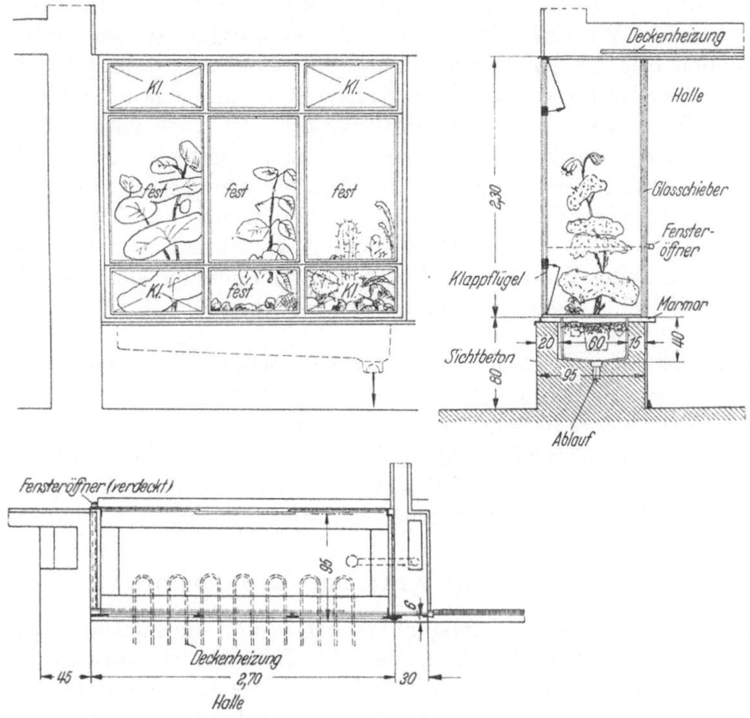

Abb. 106. Mit Deckenheizung versehenes Blumenfenster in der Halle eines Krankenhauses.

in einem Abstand von etwa 3 cm mit einer zur Aufnahme der Pflanzen dienenden Holzbank überdeckt. Die Regelung der Temperatur erfolgt entweder von Hand unter Beobachtung eines Thermometers oder, was einfacher und zuverlässiger ist, mit einem selbsttätigen Temperaturregler.

Die Abb. 105 zeigt die Ausführung eines Blumenfensters mit Warmwasserbeheizung durch 3 Heizrohre unter dem Fenster. Ein Glasabschluß zwischen Fenster und Raum besteht nicht. Nach unten ist eine 3 cm starke Korkabdämmung vorgesehen. Unter den Heizrohren kann Zuluft von außen her eintreten, während oben unter dem Rolladenkasten Abluft abströmt. Außer dem Holzrolladen ist auch ein Stoffvorhang zum Schutz der Pflanzen gegen starke Sonnenbestrahlung vorgesehen.

Die Abb. 106 veranschaulicht das Blumenfenster in der Halle eines mit Strahlungsheizung versehenen Krankenhauses. Die Deckenheizung dient auch zur Beheizung des Blumenfensters. Im Gegensatz zu der Ausführung nach der Abb. 105 bestehen hier gegen den Raum zu Glasschiebefenster, die nötigenfalls zur weiteren Beheizung des Blumenfensters geöffnet werden können. Ein Sonnenvorhang wurde hier nicht vorgesehen, weil das Fenster in diesem Fall der unmittelbaren Sonneneinstrahlung nicht ausgesetzt ist. Zur Lüftung sind die seitlichen Felder des dreiteiligen Fensters unten und oben mit leicht bedienbaren Klappflügeln versehen.

6,22 Lüftung.

Gute Lüftungsmöglichkeit ist bei Gewächshäusern von größter Wichtigkeit. Meist wird sowohl Boden- als auch Deckenlüftung vorgesehen.

Beim Fensterhaus sowie den Frühbeeten und Treibkästen werden zur Lüftung die Fenster gehoben bzw., wie schon erwähnt wurde, vorübergehend ganz weggenommen, wenn die Witterung dies erlaubt. Bei einseitigem Heben der Fenster strömt durch den offenen Spalt unten Luft ein, oben aus, während bei beidseitigem Heben und Luftbewegung im Freien Querlüftung zustande kommt.

Zur Bodenlüftung werden in den Mauersockeln der Gewächshäuser durch Klappen oder Schieber leicht verschließbare und zudem mit Gittern oder Drahtgeflecht versehene Öffnungen angebracht. Die Deckenlüftung erfolgt durch an den Giebeln angebrachte Klappfenster. Bei der Anordnung und Größenbestimmung der Öffnungen ist darauf zu achten, daß die durchströmende Luftmenge reichlich sein muß und allen Teilen des Gewächshauses zugute kommen soll und dabei die Pflanzen dem Zug nicht ausgesetzt werden, bzw. die zugeführte Luft sich zuvor an den Heizrohren erwärmen kann.

Die Klappflügel sollen so aufgehen, daß es nicht hereinregnen kann. Schieber in den oberen Teilen der Gewächshauswände und -decken anzubringen, ist aus diesem Grunde nicht zweckmäßig. Ferner soll die Bedienung der aufschließbaren Fenster, wie auch diejenige der Bodenluftschieber oder -klappen mühelos erfolgen können, womöglich derart, daß sich sämtliche Stellvorrichtungen einer Seite auf mechanischem Wege gleichzeitig betätigen lassen.

6,23 Befeuchtung der Erde und der Raumluft.

Außer für genügende Lüftungsmöglichkeit ist in den Gewächshäusern auch für ausreichende Feuchtigkeit der Erde und der Raumluft zu sorgen. Zu dem Zweck ist es ratsam, einen möglichst großen Teil des Bodens auszuheben und die Grube mit Koks oder einem anderen porigen und daher viel Wasser aufnehmenden Stoff zu füllen. Bisweilen werden auch künstliche Berieselungseinrichtungen vorgesehen. Auch aus den offenen Wasserbehältern gelangt Feuchtigkeit in die Luft, besonders wenn sie beheizt werden. Auf die zeitweilige Zuführung von Wasser in den Boden bei Bodenheizung wurde schon hingewiesen.

Bewetterungsanlagen mit Lüfterbetrieb und Luftaufbereitung sind bis jetzt für Gewächshäuser, wohl der Kosten wegen und weil die bisher angewendeten einfachen Mittel im allgemeinen genügen, nicht üblich geworden, obschon dadurch bei selbsttätiger Regelung der Temperatur und des Feuchtigkeitsgehaltes der Luft, vielleicht auch unter Beimengung von Gasen zur Förderung des Pflanzenwachstums zweifellos vollkommene Verhältnisse erzielbar wären.

6,24 Schutz gegen zu hohe Erwärmung und zu starke Belichtung.

Zum Schutz gegen zu hohe Erwärmung und Belichtung durch die Sonne dienen Schattenvorrichtungen (rollbare Decken aus Holzlättchen, Kokosgeflecht, Schilf- oder Strohmatten). In kalten Winternächten können diese Decken auch zum Schutz gegen zu starke Abkühlung verwendet werden. Bisweilen versieht man die Scheiben über die Sommermonate außerdem mit einem weißen oder farbigen (meist bläulichen) Anstrich. Dazu können Wasserglas und Kreidepulver, vermengt mit Wasser, oder ein fertiges Anstrichmittel, wie *Indurin* usw. dienen.

Pilzkulturen haben kein Lichtbedürfnis.

Schrifttum.

FEURICH, H.: Die Beheizung von Reifräumen für Südfrüchte. Gesundh.-Ing. Bd. 71 (1950) S. 239/41.
CIROTZKI, R.: Untersuchungen zum Wärmebedarf von Gewächshäusern. Heizg., Lüftg., Haustechn. Bd. 2 (1951) S. 47/49.
ZIMMERMANN, W.: Heizungsanlagen im Gartenbau und Landwirtschaft, 2. Aufl. Halle (Saale) 1953.
KIND, W.: Wärmebedarf und Brennstoffverbrauch für Gewächshäuser. Gesundh.-Ing. Bd. 74 (1953) S. 1/4.
HILLER, F.: Die Wärmeübertragung der Warmwasserheizrohre im Gewächshaus. Heizg., Lüftg., Haustechn. Bd. 4 (1953) S. 158/62.

6,3 Kläranlagen.

Größere städtische Kläranlagen weisen neben den eigentlichen klärtechnischen Anlagen, wie z. B. Faulräumen, Absetzbecken, Belebungsbecken usw., ein Verwaltungsgebäude mit Wohnungen und Umkleide- und Waschräume für die Arbeitenden, ein Pumpenhaus und Werkstätten auf. Für deren Beheizung gilt das unter den Abschn. 4,1 und 4,4 Gesagte.

Für die Schlammfaulräume kann gegebenenfalls die Beheizung zur Gasgewinnung ausgeführt werden. Der geheizte Faulraum wird im Sommer und Winter auf gleicher Temperatur gehalten, um den biologischen Zersetzungsprozeß zu beschleunigen. Durch die Beheizung entstehen Faulgase, die bis zu 70% hochwertiges Methangas enthalten. Dieses Methangas kann in Stahlflaschen als Treibstoff für Kraftfahrzeuge dienen und wird selbst wieder zur Beheizung des Schlammfaulraumes benutzt bzw. auch für die Gebäudeheizung. Man unterscheidet grundsätzlich zwei Heizverfahren, und zwar die direkte und indirekte Erwärmung. Bei der ersteren wird entweder heißes Wasser oder Hochdruckdampf durch Düsen[1] in den Faulraum gebracht. Die direkte Heißwasserzuführung weist zwar den Nachteil der gegebenenfalls zu starken Verdünnung des Beckeninhaltes auf. Günstiger ist die Dampfstrahlerwärmung, die gleichzeitig als Umwälzkraft ausgenutzt werden kann. Beim indirekten Erwärmungsverfahren werden in das Faulschlammbecken Rohrschlangen an den Behälterwandungen und im Faulraum hängend montiert. Durch die Rohrschlangen fließt dann das Heizwasser mit einer Temperatur von ca. 60° C mit Pumpenumtrieb. Der Klärschlamm wird dabei auf 25 bis 30° C erwärmt. Für die Heizschlangen hat sich bisher verzinktes Stahlrohr als widerstandsfähig gegenüber den Anfressungen und Verkrustungen durch die chemischen Beimengungen im Faulschlamm erwiesen.

Schrifttum.

IMHOFF, K.: Taschenbuch der Stadtentwässerung, 14. Aufl. München 1951.
SCHMITZ, K.: Heizungsarten für die Erwärmung von Schlammfaulräumen. Gesundh.-Ing. Bd. 74 (1953) S. 40/41.
JUNG, H.: Die Kläranlage als Treibgasquelle. Gesundh.-Ing. Bd. 69 (1948) S. 359/68.
BÜCKNER, W.: Die Wirtschaftlichkeit der Faulgasgewinnung. Gesundh.-Ing. Bd. 70 (1949) S. 252/59.
KIESS, F.: Die Klärgasgewinnung und -verwertung auf dem Klärwerk Wuppertal-Buchenhofen. Gesundh.-Ing. Bd. 72 (1951) S. 306/09 u. 404/09 mit 23 Schrifttumsangaben.

---

[1] SCHMITZ-LENDERS, F.: Die Installation der Faulräume auf der Gruppenkläranlage 1 des Niersverbandes. Gesundh.-Ing. Bd. 69 (1948) S. 187/90. — GUNSON C. P.: Erwärmung und Umwälzung des Abwasserschlammes durch Einblasen von Dampf. Scwage Works Journal Nd. 19 (1947) H. 4 S. 661 (s. Ref. Gesundh.-Ing. Bd. 69 (1948) S. 93 u. auch S. 105).

6,4 Tunnels, Bergwerksstollen.

Die Belüftung von Tunnels und Bergwerken, die letztere auch Bewetterung genannt, sind Spezialaufgaben, die nicht alltäglich anfallen und die auch Erfahrungen auf diesen Gebieten erfordern. Im Vergleich zu den üblichen Gebäudelüftungen handelt es sich um gewaltige Luftmengen, die bei größeren Tunnels über mehrere tausend Meter zu führen sind.

Die Aufgabe, Tunnels zu belüften, ergab sich mit dem Aufkommen des Eisenbahnverkehrs. In längeren Tunnels mit stärkerem Dampflokomotivenverkehr mußten die Rauchgase entfernt werden. Derartige Tunnels erfordern einen 2- bis 5fachen Luftwechsel in der Stunde. Die praktische Ausführung geschieht entweder durch die direkte oder indirekte Lüftung. Bei der ersteren wird auf einer Seite des Tunnels die Luft abgesaugt oder frische Luft hineingedrückt, wobei die danebenliegende Mündung des Tunnels verschließbar sein muß. Ist der Bergrücken nicht allzu hoch, dann wird in der Mitte des Tunnels ein Absaugeschacht gebohrt, an den der Sauglüfter angeschlossen wird. Beim indirekten Verfahren wird die SACCARDO-Düse angewandt, bei der hinter der Tunnelmündung ein Ringkanal mit einem Drucklüfter angeschlossen wird. Durch die Düsenwirkung mit einer Luftgeschwindigkeit von über 20 m/sek wird Frischluft angesaugt und in den Tunnel gedrückt.

Bei Straßentunnels mit lebhaftem Kraftwagenverkehr hängt die Benutzbarkeit wegen der lebensgefährlichen Vergasung von der einwandfreien Lüftung des Tunnels ab. Es darf innerhalb des Tunnels eine bestimmte CO-Konzentration nicht überschritten werden, die je nach der Länge des Tunnels und des stärksten Verkehrs einen Luftwechsel über das vierzigfache erfordern kann. Der Tunnel wird dabei kreisförmig ausgebildet, ein unterer Kreisabschnitt für die Frischluftzuführung und ein oberer für die Absaugung vorgesehen. Beide Querschnitte zusammen können gegebenenfalls bis zur Hälfte des verbleibenden Straßenquerschnittes ausmachen.

Bei der Bewetterung, die die Frischluftzuführung für die unter Tag Arbeitenden, die Verhinderung explosibler Kohlenstaubluftgemische und die Herabsetzung der durch die Erdwärme erhöhten Stollenlufttemperaturen zur Aufgabe hat, ist zwischen der Haupt- und Sonderbewetterung zu unterscheiden. Bei der ersteren handelt es sich um die Frischluftversorgung der zwischen senkrechten Hauptschächten horizontal verlaufenden Stollen, die in verschiedenen Höhenlagen (Sohlen) liegen. An einem Hauptschacht wird abgesaugt, wobei der Absaugekanal seitlich an dem ausziehenden Schacht angeschlossen ist. Die Schacht- bzw. Stollenquerschnitte sind gleichzeitig die Luftwege. Mit der Sonderbewetterung wird den seitlich vorgetriebenen Querschlägen, das sind die eigentlichen Kohlenabbaustrecken, frische Luft zugeführt. Dies geschieht durch sogenannte Luttenlüfter, die von der Hauptwetterführung ihre Luft durch Rohrleitungen an die Abbaustelle heranführen. Die Rückluft strömt im freien Querschnitt des Querschlags zu den direkt belüfteten Verkehrsstollen zurück.

Da, wie gesagt, diese Lüftungsanlagen Sonderausführungen für Erdbauwerke sind, also nicht zu den Gebäuden gehören, sollen sie über die allgemeine Erklärung hinaus hier nicht weiter gebracht werden. Es kann auf das diesbezügliche Schrifttum verwiesen werden.

Schrifttum.

NEUMANN, E.: Lüftung langer Kraftwagentunnel. Z. VDI Bd. 84 (1940) S. 239/40.
PROCTEL, H.: Die neuen Unterwassertunnel unter dem Mersey-Fluß bei Liverpool und unter der Maas bei Rotterdam. Gesundh.-Ing. Bd. 64 (1941) S. 226.

RICHTER, L.: Strömungs- und Wärmeaufgaben an langen Straßentunnels. Z. VDI Bd. 87 (1943) S. 357.
Zur Frage der Lüftung langer Autotunnel. Schweiz. Bauztg. Bd. 111 (1938) S. 84/86.
Die selbsttätige Lüftung eines New Yorker Fahrzeugtunnels. Gesundh.-Ing. Bd. 63 (1940) S. 223.
Lüftung von Verkehrstunnels. Gesundh.-Ing. Bd. 64 (1941) S. 615.
Lüftungsentwurf für den Wagenburgtunnel in Stuttgart. Heizg., Lüftg., Haustechn. Bd. 5 (1954) S. 132/33.

6,5 Bauaustrocknung.

Neubauten können bekanntlich nicht bezogen werden, bevor nicht die Baufeuchtigkeit aus den Räumen beseitigt ist, denn sonst sind Erkrankungen die Folge. Auch treten in feuchten Neubauten Schimmelbildung, Fäulnis und Schäden an den Anstrichen, Tapeten und Einrichtungsgegenständen auf.

Die *natürliche* Austrocknung ist u. U. je nach der herrschenden Witterung sehr langwierig. Sie wird bei Bauten geringeren Umfanges und bei gutem Wetter angewandt. Bei größeren Bauten und zur Beschleunigung des Trockenvorganges wird heute vielfach die *künstliche* Bauaustrocknung vorgenommen.

Die entstehenden Mehrkosten werden durch den Gewinn an Bauzeit und die dadurch erzielbare frühere Mieteinnahme sowie durch die Vermeidung von Frost- und Feuchtigkeitsschäden wieder aufgehoben.

Die üblichen Verfahren bewirken neben der Austrocknung eine künstliche Erhöhung des CO_2-Gehaltes der Trocknungsluft, denn nur durch eine Verkürzung des Abbindevorganges kann der gewünschte Erfolg erzielt werden. Bekanntlich handelt es sich beim Abbinden des Kalkmörtels um einen chemischen Vorgang, wobei der gelöschte Kalk $C(OH)_2$ beim Zutritt von CO_2 in Kalkmörtel $CaCO_3$ und H_2O umgewandelt wird. Dieser Vorgang läßt sich aber nur durch einen ausreichenden Wasserentzug beschleunigen. Frischer, feuchter Mörtel vermag CO_2 nicht genügend aufzunehmen.

Das einfachste Verfahren ist nach der Fertigstellung des eingedeckten Rohbaues das Aufstellen von Stahlkörben mit offener Koksfeuerung. Bei der Verwendung von derartigen Koksöfen besteht jedoch die Gefahr der Kohlenoxydgasvergiftung. Die Wirkung der Kokskorbtrocknung ist außerdem in der Regel sehr unvollkommen, so daß schon oft nach kurzer Zeit an den nur oberflächlich getrockneten Wänden erneut Feuchtigkeit nach außen dringt. Die strahlende Hitze hat auch bei zu naher Aufstellung an den Wänden u. U. Rißbildung am Wandputz zur Folge.

Diese Nachteile werden bei den nachstehend beschriebenen Verfahren vermieden:

Das *Trockenheizverfahren* TÜRK verwendet Heißluft zum Trocknen. Durch ein Frischluftrohr wird ständig Außenluft zu dem in Raummitte aufgestellten Gerät geführt, dessen Feuerung mit einer großen Zahl von Röhren umgeben ist. Die in diesen Röhren sich erwärmende und aufsteigende Luft entzieht den Umfassungswänden des betreffenden Raumes die Feuchtigkeit, gelangt durch die Abkühlung erneut zur Feuerung zurück und entweicht mit den Rauchgasen ins Freie.

Beim DEOB-*Verfahren* ist zur Zuführung reichlicher Frischluftmengen und zur Entfernung der Feuchtluft das mehrmalige Öffnen aller Fenster am Tage notwendig. Die am Ofen vorhandenen Klappen dienen zur Regelung der strahlenden Ofenhitze.

Der *Bautrockenofen*, System Schwartzkopf (Abb. 107), besitzt zwei Rückführungsrohre, durch welche das sich bildende Kohlenoxyd unter den Rost geleitet und von dort zusammen mit dem Sauerstoff der Verbrennungsluft zu Kohlendioxyd verbrannt wird, das dann, mit angewärmter Luft vermischt, dem Raum zugeführt wird. Durch die allseitige Ummantelung des Ofens wird die unmittelbare Hitzeabstrahlung an den Raum vermieden und außerdem um das Koksfeuer ein Luftkanal geschaffen. Darin erwärmt sich die vorbeistreichende Luft und saugt die Kohlensäure aus der Koksglut an. Messungen ergaben, daß in der Nähe des Koksbettes nur geringe Spuren von Kohlenoxyd auftreten.

Des weiteren ist das DEUBA-*Druckluft-Trockenverfahren* (Abb. 108) bekannt, bei dem vor die Neubauten fahrbare Feuerluftheizöfen für Koks- bzw. Ölfeuerung gestellt und die Heizgase, gemischt mit Frischluft, mittels auf den Wagen angebrachter, elektrisch angetriebener Lüfter durch etwa 50 cm weite, außen an den Häusern hochführende Rohrleitungen in die Neubauten gepreßt werden, nachdem vorher die Tür- und Fensteröffnungen möglichst gut verschlossen worden sind. Da auf diese Weise Überdruck in den Räumen entsteht, nimmt die Heißluft ihren Weg zum Teil durch das poröse Mauerwerk, was zur Folge hat, daß die Trocknung beschleunigt wird und der Mörtel infolge der mitgeführten reichlichen Kohlensäuremenge in kurzer Zeit erhärtet. Der freiwerdende Wasserdampf wird von der abströmenden Luft ins Freie mitgenommen. Die Temperatur der Heißluft kann durch Beigabe von mehr oder weniger Frischluft nach Belieben geregelt werden. Da die Koksverbrennung mit großem Luftüberschuß erfolgt, ist die Gefahr der Kohlenoxydbildung ausgeschlossen.

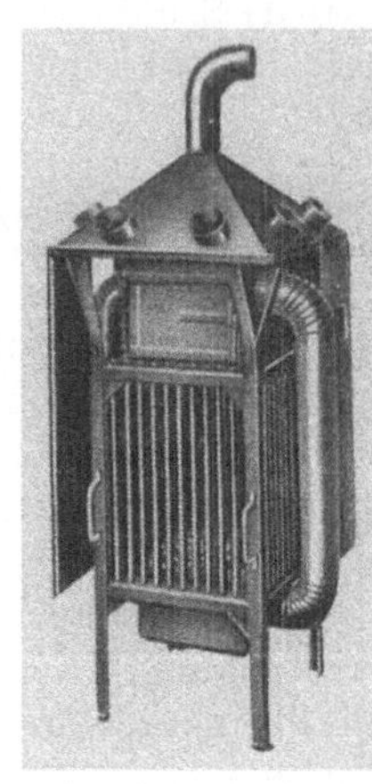

Abb. 107. Bautrockenöfen (System Schwartzkopf).

Abb. 108. Drucklufttrockenverfahren (Deutsche Bautentrocknungs-Ges. m. b. H., Hannover-Hainholz).

Mit solchen Heizmaschinen ist es möglich, die Gebäude in wenigen Tagen gut auszutrocknen, wobei der Mörtel so weit versteinert, daß die Innenarbeiten fertiggestellt werden können.

Neben den vorgenannten Verfahren läßt sich die *Bauaustrocknung* auch noch *mit hygroskopischen Stoffen* auf kaltem Wege bewerkstelligen, z. B. durch Chlorkalzium. Dieses Verfahren, das zur Trockenhaltung von Räumen durchaus brauchbar ist, bleibt bei der Neubauaustrocknung doch in seiner Wirkung stark hinter dem Warmluftverfahren zurück.

Eine Vereinigung beider Verfahren wird beim *Trockenofen* MÜLLER angewandt.

Zur Ermittlung des für die künstliche Trocknung erforderlichen *Brennstoffbedarfs* gilt nach der Erfahrung, daß 1 m³ Mauerwerk etwa 200 bis 220 l Wasser enthält.

Schrifttum.

DITTRICH, R., u. D. RÖSSLEIN: Zur Frage der künstlichen Bauaustrocknung. Mitt. Forsch.-Inst. für Maschinenwesen beim Baubetrieb Heft 2, Berlin 1932.
SCHULTZE, K.: Verunreinigung der Raumluft durch Feuerungsabgase. Heizg. u. Lüftg. Bd. 10 (1936) S. 129/31.
DITTRICH, R.: Die Austrocknung von Mauerwerk unter natürlichen und künstlichen Verhältnissen. Eberswalde 1937.
ROTHE, T. v., u. D. RÖSSLEIN: Die künstliche Bauaustrocknung. Heizg. u. Lüftg. Bd. 13 (1939) S. 25/28.

7 Die Heizungs- und Lüftungsanlagen in Verkehrs- und Transportmitteln.

Der Vollständigkeit halber seien im letzten Abschnitt die Heizungs- und Lüftungsanlagen in den Fahrzeugen zu Lande, zu Wasser und in der Luft noch kurz erwähnt. Die Fahrzeuge sind zwar keine Gebäude, aber immerhin fahrbare Aufenthaltsstätten des Menschen. Die Bewegungsfreiheit ist in den Fahrzeugen mehr oder weniger eingeschränkt. Der pro Kopf zur Verfügung stehende Luftraum ist gering und der Wärmebedarf ist nicht nur abhängig von der Außentemperatur, sondern auch von Stillstand oder Fahrt. Das Eigengewicht der Heizungs- und Lüftungsanlagen im Fahrzeug soll möglichst gering sein, um nicht zusätzliche Lasten unter größerem Energieverbrauch mitschleppen zu müssen. Ferner soll die Heizwärme aus der Energieart für die Fortbewegung möglichst als Abwärme hervorgehen. Um diese Aufgaben zu lösen, bedarf es nicht nur des wissenschaftlichen Heizungsfachmannes, sondern auch des guten Konstrukteurs. Gelungene Heizungs-, Lüftungs- und Klimaanlagen in Fahrzeugen sind also noch mehr als bei den Gebäudearten ein Erfolg der Zusammenarbeit.

7,1 Eisenbahnwagen, Straßenbahnwagen.

Die Beheizung der fahrenden Eisenbahnzüge ist keine leichte Aufgabe, weil nicht nur häufig während der Fahrt je nach der durchfahrenen Gegend die Außentemperatur erheblichen Schwankungen unterworfen sein kann, sondern weil auch der Wärmeverlust des Zuges bei hoher Fahrgeschwindigkeit erheblich höher ist als bei Stillstand des Zuges. An die Regelung der Heizwirkung werden unter diesen Umständen besonders hohe Anforderungen gestellt.

Als Heizart wird für Personenzüge mit Dampflokomotiven fast ausschließlich Dampfheizung verwendet, für Wagen, die nur auf elektrisch betriebenen Strecken eingesetzt werden, elektrische Heizung, und bei solchen, die sowohl auf Dampf- wie auf elektrisch betriebenen Strecken verkehren, Dampf- und Elektroheizung.

An Stelle der früher üblichen Hochdruck- und Niederdruckdampfheizung wird bei der Deutschen Bundesbahn durchweg die schon seit Jahren bewährte Niederdruckumlaufheizung als Einheitsheizung für die Wagenerwärmung mit einem auf etwa 0,1 atü reduzierten Dampfdruck verwendet[1]. Diese Heizart benutzt nicht reinen Dampf, sondern ein Dampfluftgemisch, das verschiedene wesentliche Vorteile gegenüber dem normalen Niederdruckdampf besitzt, u. a. den geringerer Oberflächentemperatur, wodurch die Staubversengung vermindert wird. Durch weitgehende Umstellung der früheren Handregelung der Abteilheizung auf vollselbsttätige Regelung[2] ist ein erheblicher Fortschritt erzielt worden. Diese Art der Regelung verhindert eine Über- und Unterbeheizung der Wagen, wie sie bei Handregelung infolge der ständig wechselnden Ansprüche trotz sorgfältiger Bedienung unvermeidbar ist. Die Genauigkeit der neuesten Abteilregler beträgt $\pm$ 1 bis 2° C im Beharrungszustand.

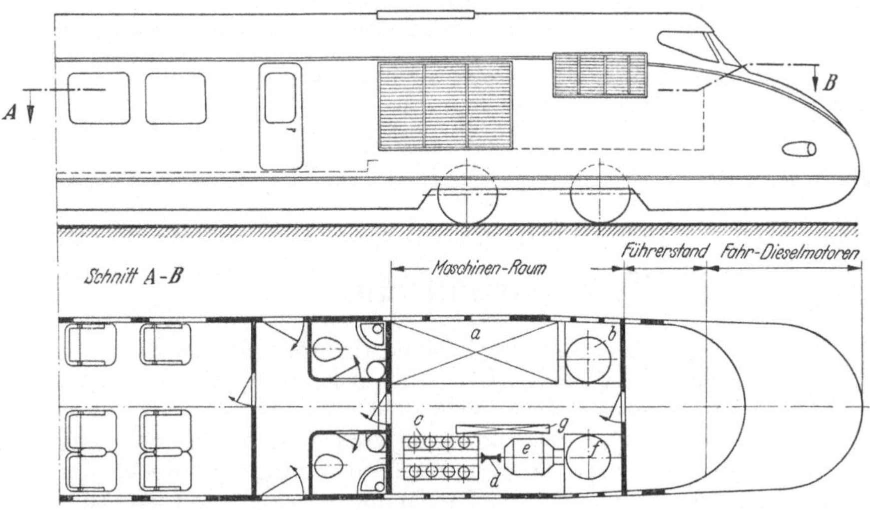

Abb. 109. Klimaanlage und Stromversorgungsanlage im Kopfglied eines Leichtmetall-Gliedertriebzuges.
a Kältemaschinen und Kältemittelverflüssiger der Klimaanlage; — *b* Kühler des Dieselmotors; — *c* Dieselmotor; — *d* Kardanwelle; — *e* Generator; — *f* Kühler des Dieselmotors; — *g* Schalttafel für Dieselgenerator.

Der Druckabfall in der Hauptdampfleitung des Zuges ist in hohem Maße abhängig von der Lichtweite dieser Leitung, der Länge des Zuges und der Außentemperatur. Die Hauptdampfleitung hat einen Durchmesser von 51 mm l. W. Die Verlegung dieser Leitung unter dem Wagen erfolgt zwecks guter Entwässerung von der Mitte aus mit Gefälle nach beiden Seiten zu den Entwässerungspunkten an den Heizkupplungen.

Die elektrische Beheizung von Eisen- und Straßenbahnwagen erfolgt in der Regel mittels elektrischer Widerstandsheizkörper. Der dem Fahrdraht entnommene Strom wird, meist auf eine niedere Spannung transformiert, den einzelnen Wagen zugeführt. Die Vorteile dieser Heizart bestehen hauptsächlich in der Sauberkeit und der Geräuschlosigkeit. Die Regelung der Raumtemperatur erfolgt ebenfalls thermostatisch.

Die auf teilweise elektrisch- und dampfbetriebenen Fernstrecken fahrenden Wagen erhalten in der Regel eine getrennte Elektro- und Dampfheizung.

Für einzelne Wagen, bei denen mit verhältnismäßig langen Abstellzeiten auf Bahnhöfen gerechnet werden muß, die keine besonderen Heizdampfanschlüsse

---

[1] BAUR, H.: Heizung und Lüftung neuer D-Zug- und Personenzugwagen der Deutschen Reichsbahn. Heizg. u. Lüftg. Bd. 12 (1938) S. 137/45.
[2] ERB, A.: Selbsttätige Regelung von Dampf- oder elektrischen Zugheizungen. Gesundh.Ing. Bd. 63 (1940) S. 386/87.

besitzen, werden auch Kleinwarmwasserheizungen mit besonderem Heizkessel verwendet, z. B. Schlafwagen, Speisewagen, Postwagen, Arztwagen in Hilfszügen u. a.

Auch Abwärme kann in Sonderfällen zur Beheizung der Wagen herangezogen werden. So wurden beispielsweise eine Réihe von dieselelektrischen Triebwagen mit dem Kühlwasser der Motoren geheizt[1].

Von dem Gesamtwärmeverbrauch der Dieselmotoren läßt sich dadurch ein erheblicher Betrag (30 bis 40%) zurückgewinnen. Für die Zeit, in denen diese Triebwagen stehen oder auf abfallendem Gelände ohne Strom oder mit stark gedrosselter Motorleistung fahren, tritt wegen des Mangels an verwertbarem Kühlwasser eine elektrische Zusatzheizung in Tätigkeit.

Die Lüftung der Eisenbahn- und Straßenbahnwagen geschieht meistens durch auf dem Wagendach angebrachte Luftsauger, deren Leistung natürlich ausschlaggebend von der Fahrgeschwindigkeit abhängt.

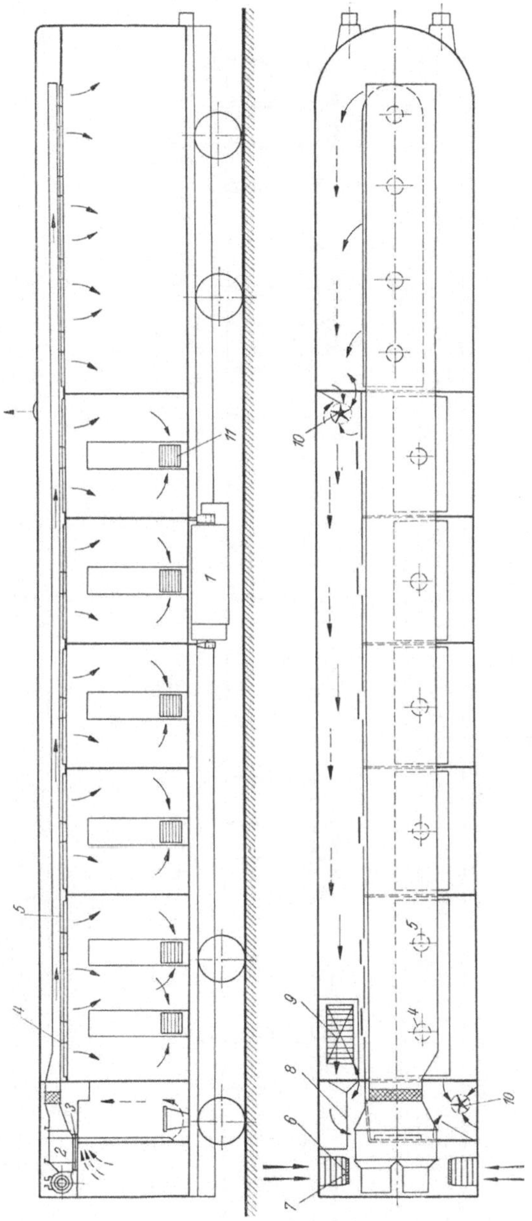

In weiträumigen Ländern, in denen die Temperaturverhältnisse während der Reise sich wesentlich verändern, so z. B. beim Reiseverkehr von der West- nach der Ost-küste in Nordamerika, sind gut klimatisierte Züge seit langem gebräuch-

Abb. 110. Luftkreislauf in einem Wagen des Henschel-Wegmann-Zuges mit Abteilen und Aussichtsraum.

1 Verdichter-Verflüssiger-Aggregat; — 2 Dach-Klimaaggregat; — 3 Tropfschale; — 4 Lufteinspeisung in Verteiler; — 5 Viellochverteiler; — 6 Außenluft-filter; — 7 Verstellklappen für Außenluft; — 8 Umluftfilter; — 9 Verstellklappen für Umluft; — 10 Kuckuck-Lüfter; — 11 Grill in Schiebetür; — 12 Grill in Flügeltür.

---

[1] BAUR, H.: Heizung und Lüftung der Triebwagen der Deutschen Reichsbahn. Heizg. u. Lüftg. Bd. 12 (1938) S. 185/92.

lich. Auch auf dem Kontinent wurden neuerdings auf Fernstrecken derartige Züge in den Dienst gestellt (Abb. 109, 110 und 111). Nähere technische Einzelheiten enthält das nachstehende Schrifttum.

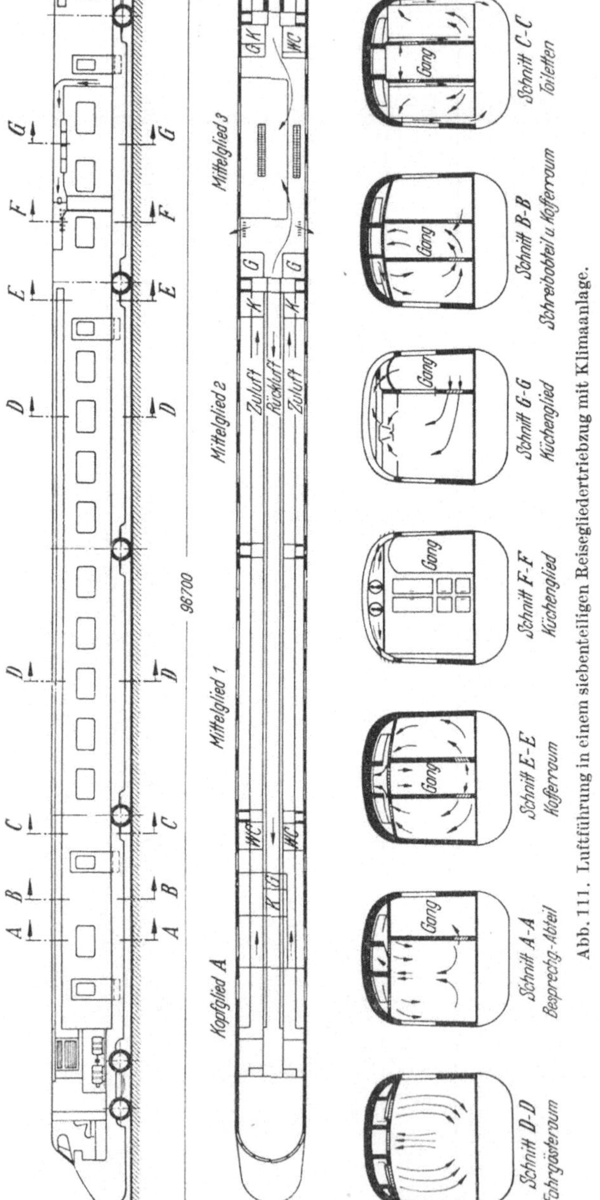

Abb. 111. Luftführung in einem siebenteiligen Reisegliedertriebzug mit Klimaanlage.

Schrifttum.

BAUR, H.: Heizung, Lüftung und Luftkühlung der amerikanischen Eisenbahnpersonenwagen. Gesundh.-Ing. Bd. 62 (1939) S. 57/61 u. 76/80.

BROUWER, J. CH. H.: Luftbehandlung in Eisenbahnwagen in den Tropen. Gesundh.-Ing. Bd. 62 (1939) S. 121/26.

BAUR, H.: Bewetterungsanlagen in amerikanischen Eisenbahnpersonenwagen. Heizg. u. Lüftg. Bd. 13 (1939) S. 58/60.

Klimaanlagen für amerikanische Eisenbahnwagen. Heizg. u. Lüftg. Bd. 13 (1939) S. 141.

BAUR, H.: Heizung und Lüftung der neuen Hamburger Stadtbahnwagen. Wärme- u. Kältetechn. Bd. 42 (1940) S. 145/48.

Heizung und Luftbewetterung von Eisenbahnwagen. Gesundh.-Ing. Bd. 64 (1941) S. 545.

BAUR, H.: Kälteanlagen neuer deutscher Eisenbahnreisezüge. Kältetechn. Bd. 5 (1953) S. 182/89.

BACH, K.: Planung von Klimaanlagen für Eisenbahnreisezugwagen. Kältetechn. Bd. 5 (1953) S. 189/94.

PASTOR, J.: Bemerkungen zur Klimatisierung von Eisenbahnwagen. Kältetechn. Bd. 5 (1953) S. 194/96.

BAUR, H.: Klimaanlagen in Reisezugwagen. Bundesbahn Bd. 27 (1953) S. 98/105.

SPERLING, E.: Wärmetechnische Berechnungsgrundlagen für die Heizung und Kühlung der Eisenbahnwagen. Archiv f. Eisenbahntechnik. Bd. 3 (1953) Nov.-H. S. 13/32.

7,2 Personen- und Lastkraftwagen, Omnibusse.

Für die Heizung eines Kraftwagens steht entweder Abgaswärme oder Kühlwasserwärme des Verbrennungsmotors zur Verfügung. Die erstere ist zumeist größer. Von der unmittelbaren Anwendung der Abgase als Wärmeträger ist man durch einige schwere Vergiftungsunfälle bei Undichtigkeiten abgegangen. Es wird daher vorwiegend Luft als Zwischenträger angewendet und die erwärmte Luft entweder durch den Staudruck oder durch ein Gebläse in das Wageninnere gefördert.

Neuerdings werden größere Personenkraftwagen in den Vereinigten Staaten von Nordamerika mit Klimaanlagen ausgerüstet. Eine derartige Anlage zeigt Abb. 112. Der gekühlte Lastkraftwagen zur Beförderung von Lebensmitteln kam schon frühzeitig auf[1]. Ferner wurden auch Spezialfahrzeuge wie Operations- und Fotolaborwagen mit selbsttätigen Klimaanlagen ausgestattet (Abb. 113). Hier ist die Klimatisierung im Gegensatz zum Personenkraftwagen oder Omnibus vor allem im Stillstand zur Durchführung der diesbezüglichen Arbeiten notwendig. Deshalb wurden diese Wagen mit eigenem Stromerzeuger ausgerüstet. Nähere Einzelheiten sind dem nachstehenden Schrifttum zu entnehmen:

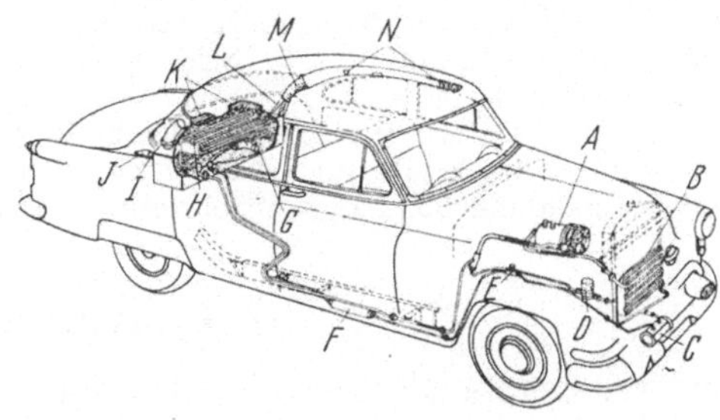

Abb. 112. Anordnung der Klimaanlage im Kraftwagen, Typ Oldsmobile 1953.

A Verdichter; — *B* Verflüssiger; — *C* Sammler; — *D* magnetisches Absperrventil; — *E* Schauglas; — *F* Trockner und Filter; — *G* automatisches Regelventil; — *H* Verdampfer; — *I* Lufteintrittsschlauch; — *J* Lufteintrittsstutzen; — *K* Luftfilter; — *L* Lufteintrittsstutzen; — *M* Schlauchverbindung zur Luftverteilungsleitung; — *N* Luftausblaseöffnung; — *O* Kaltluftverteilungsleitung.

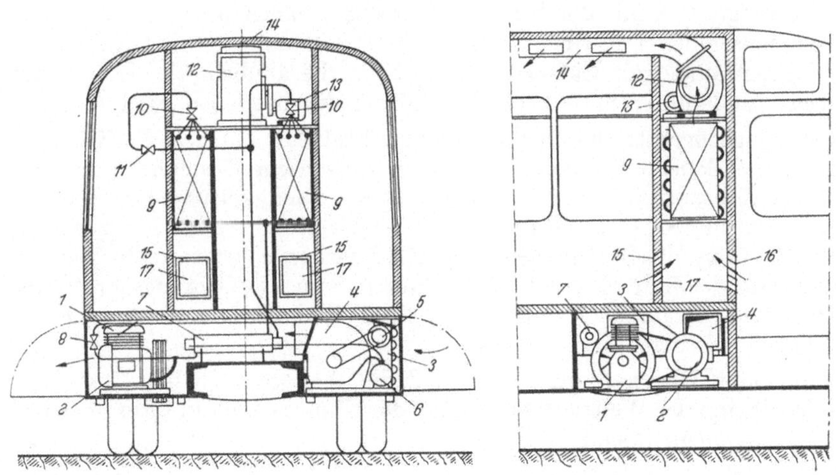

Abb. 113. Quer- und Längsschnitt durch die Klimaanlage eines Operationswagens.

1 Verdichter; — *2* Antriebsmotor; — *3* Kondensator; — *4* Kondensatorlüfter; — *5* Antriebsmotor dazu; — *6* Flüssigkeitssammler; — *7* Wärmeaustauscher; — *8* Leistungsregler; — *9* Verdampfer; — *10* Therm. Exp. Ventile; — *11* Handabsperrventil; — *12* Klimalüfter; — *13* Antriebsmotor dazu; — *14* Luftverteilkanal; — *15* Umluftansauggitter; — *16* Frischluftansauggitter; — *17* Luftfilter.

Schrifttum.

RIEDEL, W.: Heizung und Lüftung von Kraftfahrzeugen. Autom.-techn. Z. Bd. 41 (1938) S. 571/78.

PREUSS, M.: Heizung und Lüftung von Omnibussen und Omnibusanhängern. Heizg. u. Lüftg. Bd. 15 (1941) S. 103/06.

STOLL, K.: Klimaanlagen in Personenkraftwagen und Omnibussen. Gesundh.-Ing. Bd. 64 (1941) S. 239/41.

---

[1] PRANDNER, K.: Kühlung von Lastkraftwagen zur Beförderung von Lebensmitteln. Z. VDI Bd. 87 (1943) S. 183/85.

HUBER, L.: Klimatisierung im Kraftfahrzeug. Z. VDI Bd. 85 (1941) S. 545/46.
KOCH, B.: Klimatisierung von Panzerwagen. Heizg. u. Lüftg. Bd. 18 (1944) S. 28.
WOLF H.: Kraftwagenheizungen. Autom.-techn. Z. Bd. 51 (1949) S. 141/43.
FINK, H.: Heizung und Lüftung von Kraftfahrzeugen. Heizg., Lüftg., Haustechn. Bd. 2 (1951) S. 9/14.
— Beheizung von Kraftfahrzeugen. Z. VDI Bd. 93 (1951) S. 36.
TRENKOWITZ, G.: Klimaanlagen in Schienen- und Straßenfahrzeugen. Kältetechn. Bd. 5 (1953) S. 197/200.
LINGE, K.: Die Klimatisierung von Personenkraftwagen. Kältetechn. Bd. 5 (1953) S. 201/03.
RUDNIK, H. E.: Klimageräte für Lastkraftwagen. Kältetechn. Bd. 5 (1953) S. 204/05.
LEVY, F. L.: Kühlung bei Landtransportern. Kältetechn. Bd. 5 (1953) S. 218/21.

7,3 Flugzeuge.

Ein weiteres Sondergebiet stellen die Heizungs-, Lüftungs- und Klimaanlagen[1] in Flugzeugen dar. Während zu Anfang der Fliegerei dick vermummte Gestalten in das Flugzeug kletterten, besteigen heute die Fahrgäste und das Flugpersonal die Verkehrsmaschine in üblicher Straßenbekleidung. Heute ist die Flugzeugkanzel mit der Schaltwarte eines Kraftwerkes zu vergleichen, die mit all ihren Schaltern, Reglern, Instrumenten usw. auf engstem Raum untergebracht ist. Bei Kampfflugzeugen werden an die elektrische Stromversorgung mit Generatorantrieb und einer Bordnetzspannung von (42 V) die für die Beleuchtung, den Antrieb für den Fahrwerkseinzug, für die Navigationsanlage, Peilanlage, elektrische Durchladung der Bordwaffen u. dgl. mehr dient, neben der Gerätebeheizung auch die elektrisch beheizten Pilotenanzüge angeschlossen. Es ist dies also eine Individualheizung, etwa mit der bekannten Thermoflexheizung[2] zu vergleichen. Für Verkehrsmaschinen mit einer mehrköpfigen Besatzung werden die Kanzel und die Fluggasträume mit Luftheizung erwärmt, die ähnlich wie beim Kraftwagen beheizt und durch Staudruck des Fahrwindes betrieben wird.

Bei Höhenflugzeugen treten noch zusätzliche Probleme auf, wie die Kälte der Stratosphäre, die Sauerstoffversorgung, die barometrische Druckhöhe und die Abweisung der Erhitzungswärme bei Überschallgeschwindigkeit, die Oberflächenerwärmungen bis zu 100° C durch den Reibungswiderstand an der Flugzeughaut hervorruft. Bei den diesbezüglichen Versuchsflugzeugen geht auch hier die Entwicklung von der individuellen Lösung durch Sauerstoffatmungsgeräte und Schutzanzüge zur Raumanlage über, die die Vollklimatisierung und Druckkammerkabinen erfordert.

Man kann ohne Übertreibung sagen, daß die Weiterentwicklung der Luftfahrt und der Beginn der Weltraumfahrt ohne die Klimatechnik in ihrer höchsten Vollendung nicht möglich sind.

7,4 Schiffe.

Schiffe unterliegen noch mehr als Eisenbahnzüge den wechselnden klimatischen und Witterungsverhältnissen, da z. B. auf einer Reiseroute von der gemäßigten nach der tropischen Klimazone die Heizung und die Kühlung erforderlich werden. Die Schiffsart ist mitbestimmend für das Heizverfahren. So überwiegt bei Dampfschiffen die Hochdruckdampfheizung, während bei Motorschiffen die

---

[1] Neue Aufgaben für Klimatechnik im Flugzeugbau. Heizg. u. Lüftg. Bd. 15 (1941) S. 11 (Kurzbericht aus der Originalarbeit in Heat. & Vent. Aug. 1940 S. 16/18).
Ein neues Luftkühlaggregat zur Kühlung der Kabinenluft von Flugzeugen. Techn. Rundsch., Bern. Bd. 45 (1953) Nr. 38 S. 2.
[2] HOTTINGER, M.: Die Individualheizung Thermoflex. Gesundh.-Ing. Bd. 64 (1941) S. 118/21.

Heißwasserheizung Anwendung findet. Bei der Kabinenbeheizung sind die Heizflächen vor der Berührung zu sichern. Auch ist Wert auf möglichst geringen Platzbedarf zu legen. Für die größeren Räume sind Strahlungsheizflächen günstig.

Bei Passagierschiffen ist die Bewetterung der Speisesäle, Gesellschaftsräume, Kabinen, Gänge, Küchen usw. erforderlich, die bei Schiffen mit Tropenrouten durch Klimatisierung zu vervollständigen ist. Je nach den Raumabmessungen schwankt der Frischluftbedarf je Kopf von 35 bis 110 m³/h. Da wegen der Gewichts- und Raumersparnis in Schiffslüftungsanlagen hohe Geschwindigkeiten gewählt werden, ist der aerodynamischen Formgebung von Rohrleitungen und Luftauslässen besondere Beachtung zu schenken. Im übrigen muß auch hier auf das diesbezügliche Fachschrifttum verwiesen werden.

<h3 style="text-align:center">Schrifttum.</h3>

SCHÄFER, D.: Lüftung auf Seeschiffen. Heizg. u. Lüftg. Bd. 11 (1937) S. 182/88.
— Kühlung auf Seeschiffen. Z. ges. Kälteind. Bd. 45 (1938) S. 1/10.
— Heizung auf Seeschiffen. Heizg. u. Lüftg. Bd. 12 (1938) S. 17/23.
TER LINDEN, A. J.: Klimaregelung auf Schiffen. Gesundh.-Ing. Bd. 62 (1940) S. 377/81.
FRENCH, D. M.: Neuzeitliche Verfahren der Schiffsheizung und -lüftung. Gesundh.-Ing. Bd. 63 (1940) S. 70/71 (Kurzbericht aus der Originalarbeit in Heat & Vent. Bd. 12 (1939) Heft 144 S. 550/54.
FISCHMEISTER, V.: Elektrische Raumheizung auf Schiffen. Elektrowärme Bd. 11 (1941) S. 33/39.
BODEN, A.: Schiffsklimaanlagen. Gesundh.-Ing. Bd. 64 (1941) S. 227/30.
FREUDENTHAL, TH.: Wandlungen und Fortschritte in der Schiffslüftung. Heizg., Lüftg., Haustechn. Bd. 4 (1953) S. 155/58 u. Bd. 5 (1954) S. 11/14.

7,5 Krananlagen.

In Gießereien, Stahlwerken und ähnlichen Betrieben mit starker Wärme- und Gasentwicklung ist der Kranführer mehr oder weniger diesen hygienischen Nachteilen ausgesetzt. Zum Schutze seiner Gesundheit ist daher die Belüftung und Kühlung seiner Kabine erforderlich. In Kaltbetrieben, wie Lagerhallen oder in freien Krananlagen bei Kohlenhalden ist die erforderliche Beheizung der Kabine verhältnismäßig einfach mit der elektrischen Heizung möglich, sei es durch milde Strahlungsflächen, konvektiv wirkende Einzelöfen bzw. Rohrheizkörper oder Fußwärmeplatten.

Mit neuzeitlichen Einzelklimageräten ist heute die Ausführung einer Kabinenklimatisierung nicht allzu schwierig. Das Gerät hat die zuzuführende Raumluft zu reinigen und zu kühlen, das mit einer Kleinkältemaschine mit Elektromotorenantrieb geschieht. Das Gerät wird zweckmäßig auf dem Kabinendach angeordnet.

<h3 style="text-align:center">Schrifttum.</h3>

SCHÄFER, K.: Kühlung und Lüftung von Kranführerkörben. Gesundh.-Ing. Bd. 65 (1942) S. 329/33.
RIEGER, G.: Klimaanlagen für Krankabinen. Fördern und Heben. Bd. 3 (1953) S. 561/63.

8 Allgemeines Schrifttum.

8,1 Geschichte.

FABER, A.: Böcklers Steinofenheizung aus dem Jahre 1666. Heizg. u. Lüftg. Bd. 14 (1940) S. 68.
— Raumheizung im alten China. Gesundh.-Ing. Bd. 64 (1941) S. 512/14.
— Vom offenen Herdfeuer zur Takenheizung. Heizg. u. Lüftg. Bd. 16 (1942) S. 1/4.
SCHOCK, H.: Heizungs-Installationen für Wasser und Luft in den Bädern des alten Rom. Schweiz. Bl. Heizg. u. Lüftg. Bd. 15 (1948) S. 80/85.
SEELMEYER, G.: Wärme-, Warmwasser- und Dampfversorgung im Mittelalter. Gesundh.-Ing. Bd. 73 (1952) S. 364/67.

8,2 Wärmebedarfsberechnung, Bauphysik.

HOTTINGER, M.: Der Einfluß des Windanfalles auf den Wärmebedarf von Gebäuden und auf die Behaglichkeit. Heizg. u. Lüftg. Bd. 13 (1939) S. 49/53.
CAMMERER, J. S.: Die Wärmeleitfähigkeit von Ziegelmauerwerk. Heizg. u. Lüftg. Bd. 14 (1940) S. 115/16.
HOTTINGER, M.: Der Wärme- und Wasserdampfgehalt feuchter Luft in verschiedenen Höhenlagen ü. M. Gesundh.-Ing. Bd. 63 (1940) S. 389/92.
KRISCHER, O., u. H. ROHNALTER: Wärmeleitung und Dampfdiffusion in feuchten Gütern. VDI-Forsch.-Heft 402. Berlin 1940.
TER LINDEN, A. J.: Die Temperaturschwankungen in Räumen bei verschiedenen Heizarten. Gesundh.-Ing. Bd. 63 (1940) S. 13/19.
MATSCHINSKY, W. D.: Über die Wärmeverluste von unterirdischen Bauwerken. Westnik Ing. i. Techn. Bd. 16 (1940) S. 330/34 (s. a. Kurzbericht Gesundh.-Ing. Bd. 64 (1941) S. 181.
ZUILEN, D. van: Der Verlauf der Temperaturen in den Außenwänden von Gebäuden. Gesundh.-Ing. Bd. 63 (1940) S. 133/38.
KRISCHER, O.: Neue Wege bei der Wärmebedarfsrechnung für Gebäude. VDI-Forsch.-Heft 410. Berlin 1941.
SCHUBERT, H.: Wohnungsfeuchte und Gesundheit. Wärme- u. Kältetechn. Bd. 43 (1941) S. 121/25.
LASTOOKA, ZD.: Aufheizen und Abkühlen von Räumen bei zeitlich unterbrochenem Heizbetrieb. Forsch. Ing.-Wes. Bd. 13 (1942) S. 255/69.
SCHMIDT, E.: Wärmewirtschaftliche Betrachtungen über das Einfach- und Doppelfenster. Haustechn. Rdsch. Bd. 47 (1942) S. 335/41.
BRUCKMAYER, F.: Kühle Räume im Sommer. Gesundh.-Ing. Bd. 66 (1943) S. 207/12.
CAMMERER, J. S.: Die Berechnung des praktischen Wärmeschutzes der Baustoffe aus ihrer Wichte. Heizg. u. Lüftg. Bd. 17 (1943) S. 75/81.
HELD, E. F. M. VAN DER: Wärmewirtschaft von Wohnungen. Gesundh.-Ing. Bd. 66 (1943) S. 258/65.
LANGE, K.: Wirtschaftliches Heizen — Wärmewirtschaftliches Bauen. Haustechn. Rdsch. Bd. 48 (1943) S. 57/61, 71/76 u. 85/88.
RAISS, W.: Die Klimaangaben der neuen Wärmebedarfsrechnung. Heizg. u. Lüftg. Bd. 18 (1944) S. 53/59.
— Wärmebedarf und Wärmeverbrauch zentralbeheizter Räume. Heizg. u. Lüftg. Bd. 18 (1944) S. 65/72.
GRÖBER, H.: Die neue Fassung der Wärmebedarfsberechnung. Heizg. u. Lüftg. Bd. 18 (1944) S. 49/52.
HEID, H., u. A. KOLLMAR: Heizung und Lüftung unterirdischer Fabriken. Schweiz. Bl. Heizg. u. Lüftg. Bd. 14 (1947) S. 136/43.
RAISS, W.: Der Wärmebedarf bei unterbrochenem Heizbetrieb. Gesundh.-Ing. Bd. 68 (1947) S. 129/33.
CAEMMERER, W.: Die Wärmespeicherung — ein Faktor bei der wärmetechnischen Beurteilung von Baukonstruktionen. Gesundh.-Ing. Bd. 70 (1949) S. 324/28 u. 380/84 mit 23 Schrifttumsangaben.

CUBE, H. L. v.: Untersuchungen über das Auskühlverhalten von Wänden im Hinblick auf eine Erweiterung von DIN 4110. Gesundh.-Ing. Bd. 70 (1949) S. 328/33 mit 15 Schrifttumsangaben.

KOLLMAR, A., u. W. LIESE: Die Abhängigkeit des Zuschlagsverfahrens in der Wärmeverlustberechnung nach DIN 4701. Gesundh.-Ing. Bd. 70 (1949) S. 289/95.

SPRENGER, E.: Die amerikanische Wärmeverlustberechnung. Gesundh.-Ing. Bd. 70 (1949) S. 353/56.

THIESENHUSEN, H.: Rechnerisches und zeichnerisches Zuschlagsverfahren in der Berechnung des Wärmebedarfs von Gebäuden nach DIN 4701 unter ausschließlicher Berücksichtigung des Windangriffes auf Grund von praktischen Beispielen. Gesundh.-Ing. Bd. 70 (1949) S. 356/57.

CUBE, H. L. v.: Die Auskühlung von Häusern und deren Berücksichtigung in Vorschriften über den Wärmeschutz von Außenwänden. Gesundh.-Ing. Bd. 71 (1950) S. 81/86 mit 30 Schrifttumsangaben.

KAMM, H.: Regeln zur Berechnung des Wärmebedarfs von Gebäuden. Schweiz. Bl. Heizg. u. Lüftg. Bd. 17 (1950) S. 1/12.

KOLLMAR, A.: Der Tiefeneinfluß eines Raumes auf die Wärmeverlustberechnung. Gesundh.-Ing. Bd. 71 (1950) S. 241/46.

KRISCHER, O.: Über die deutschen Regeln zur Berechnung des Wärmebedarfs DIN 4701. Schweiz. Bl. Heizg. u. Lüftg. Bd. 17 (1950) S. 53/64.

KAMM, H.: Neue Regeln zur Berechnung des Wärmebedarfes. Schweiz. Bl. Heizg. u. Lüftg. Bd. 18 (1951) S. 1/16.

KRISCHER, O.: Die Druckverhältnisse in Häusern unter dem Einfluß des Windes und die Lüftungsempfindlichkeit von Räumen. Heizg., Lüftg., Haustechn. Bd. 2 (1951) S. 37/42.

SCHÄCKE, H., u. W. SCHÜLE: Untersuchungen über Feuchtigkeitsdurchgang und Wasserdampfkondensation bei Baustoffen und Bauteilen. Gesundh.-Ing. Bd. 72 (1951) S. 347/54 u. 393/95 mit 12 Schrifttumsangaben.

SCHÜLE, W.: Ein Beitrag zur Frage der Fußwärme bei Fußböden und Bodenbelägen. Gesundh.-Ing. Bd. 73 (1952) S. 181/85.

SPILLHAGEN, W.: Die Einflüsse der Raumgestaltung und Bauweise auf den Wärmebedarf und die Heizkosten in Wohnungsbauten. Heizg., Lüftg., Haustechn. Bd. 3 (1952) S. 74/79.

v. ZUILEN, D.: Bauhygienische und raumklimatische Forschung in Holland. Gesundh.Ing. Bd. 75 (1954) S. 116/121 u. 181/184.

KÜSTNER, W.: Baufeuchtigkeit und Wärmebedarf beheizter Wohnräume. Gesundh.-Ing. Bd. 75 (1954) S. 184/187.

8,3 Schornsteinberechnungen und -ausführungen.

HAPPEL, H.: Häusliche Schornsteine und Feuerstätten. Halle (Saale) 1940.

LUDWIG, K.: Schornsteinmündungen bei ebendachigen Häuserblöcken. Gesundh.-Ing. Bd. 63 (1940) S. 258/62.

— Über Vergleiche von Lüftern und Schornsteinaufsätzen. Gesundh.-Ing. Bd. 63 (1940) S. 289/91.

BRAUSE, G.: Schornsteinaufsätze. Gesundh.-Ing. Bd. 64 (1941) S. 591/94.

HASENBEIN, A.: Bau- und wärmewirtschaftliche Anforderungen an den Schornsteinquerschnitt. Wärmewirtsch. Bd. 14 (1941) S. 77/82 u. 85/90.

DE VOOGD, J. G., u. W. J. TADEMA: Angriff von Rauchgasen auf Schornsteine und Abzugsrohre. Brennstoff- u. Wärmew. Bd. 23 (1941) S. 189/96.

DE WAARD, S.: Berechnung der Schornsteine, insbesondere für Sammelheizungen. Brennstoff- u. Wärmew. Bd. 23 (1941) S. 22/25, 49/51 u. 62/66.

GRÖBER, H.: Die Berechnung von Schornsteinen. Heizg. u. Lüftg. Bd. 17 (1943) S. 31/35.

HASENBEIN, A.: Schornsteindurchfeuchtung, -verwässerung und -versottung. Heizg. u. Lüftg. Bd. 17 (1943) S. 88.

LIER, H.: Berechnung von Kaminanlagen und Einfluß der Abkühlung auf die Schwitzwasserbildung. Schweiz. Bl. Heizg. u. Lüftg. Bd. 10 (1943) S. 7/24.

BEHRENS, H.: Berechnung, Bau und Betrieb der Schornsteine für Heizungs- und Wirtschaftsbetriebe. Halle (Saale) 1947.

BÜRCHLER, E.: Graphische Bestimmung von Schornsteinquerschnitten für Zentralheizungen. Gesundh.-Ing. Bd. 70 (1949) S. 336/37.

SCHUMACHER, E.: Die Strömungsvorgänge in Feuerstätten und Schornsteinen, 2. Aufl. München 1952.

8,4 Unterricht und Ausbildung.

KÄMPER, H.: Nachwuchsausbildung im Heizungsfach. Heizg. u. Lüftg. Bd. 14 (1940) S. 133/42.
— Nachwuchslenkung im Heizungsfach. Heizg. u. Lüftg. Bd. 15 (1941) S. 133/38.
HELD, E. F. M. VAN DER: Verbrannte Finger und kalte Füße. Schweiz. Bl. Heizg. u. Lüftg. Bd. 9 (1942) S. 18/19.
SCHULTZE, K.: Viel Rechnerei um ein kleines Luftgefäß. Heizg. u. Lüftg. Bd. 16 (1942) S.59.
JUNGBLUTH, M.: Der erweiterte Anwendungsbereich der Arbeitsmappe des Heizungsingenieurs. Heizg. u. Lüftg. Bd. 18 (1944) S. 107/13.
— Ein wenig Rucksackwissenschaft für den Heizungsingenieur. Heizg. u. Lüftg. Bd. 18 (1944) S. 59/62.
— Vom Aberglauben im Heizungsfach. Heizg., Lüftg., Haustechn. Bd. 1 (1950) S. 147/51.
PANNIER, F.: Das Studium an der Ingenieurschule für Bauwesen in Berlin. Abteilung Heizung und Gesundheitstechnik. Haustechn. Rdsch. Bd. 50 (1951) S. 30/32.
LIESE, W.: Gesundheitsingenieure in Deutschland. Gesundh.-Ing. Bd. 73 (1952) S. 313/15.
Heizerkursus, 2. Aufl. Düsseldorf 1953.
LUFFT, O.: Praktische Anleitungen für Rohrinstallateure und Heizungsmonteure. Halle (Saale) 1953.
RAUPER, W., u. J. HAUEIS: Der Rohrleitungs- und Heizungsmonteur. Hannover 1954.

8,5 Brennstoffverbrauchs- und Betriebsfragen.

HOTTINGER, M.: Probeheizung und Außentemperaturen. Gesundh.-Ing. Bd. 63 (1940) S. 25/26.
— Der Mehrverbrauch an Brennstoff beim Überheizen der Räume. Schweiz. techn. Z. Bd. 37 (1940) S. 69/71.
KRAUS, ST., u. J. MEYSTRIK: Die betriebswirtschaftliche Überwachung von Zentralheizungsanlagen. Gesundh.-Ing. Bd. 63 (1940) S. 401/05.
LEPPIN, O.: Heizungs- und Lüftungsprobleme im Blickfeld des Betriebsingenieurs. Gesundh.-Ing. Bd. 63 (1940) S. 285/89.
MEHL, W.: Feuerungstechnik und Wirtschaftlichkeit der Zentralheizung. Halle (Saale) 1940.
MEYSTRIK, J.: Brennstoffverbrauchsermittlung und Betriebsüberwachung von Heizanlagen. Gesundh.-Ing. Bd. 63 (1940) S. 625/33.
— Nomographische Ermittlung des Brennstoffverbrauchs. Heizg. u. Lüftg. Bd. 14 (1940) S. 42/45.
MULDER, L. L.: Die Aufheizung von kalten Räumen. Gesundh.-Ing. Bd. 63 (1940) S. 665/68.
RAISS, W.: Die Belastungsdauerlinie der Heizung. Heizg. u. Lüftg. Bd. 14 (1940) S. 94/96.
SZOMBATHY, M.: Die Wirtschaftlichkeit der Koksfeuerung im Zentralheizungsbetriebe. Heizg. u. Lüftg. Bd. 14 (1940) S. 89/94.
WILLNER, M.: Der Betrieb von Fernheizwerken. München 1941.
HOTTINGER, M.: Einfluß der Betriebsart von Zentralheizungen auf den Brennstoffverbrauch. Schweiz. Bl. Heizg. u. Lüftg. Bd. 8 (1941) S. 12/19.
— Der angemessene jährliche Koksverbrauch für Raumheizung je m² Kesselheizfläche bzw. je 1000 kcal/h Kesselleistung. Gesundh.-Ing. Bd. 64 (1941) S. 283/85 u. 435/38.
LIER, H.: Zur Frage des unterbrochenen Heizbetriebes. Schweiz. Bl. Heizg. u. Lüftg. Bd. 8 (1941) S. 77/82.
HOTTINGER, M.: Die Beurteilung des Brennstoffverbrauches für Raumheizung an Hand der Gradtagtheorie. Gesundh.-Ing. Bd. 65 (1942) S. 49/53.
— Die monatlichen Temperaturhäufigkeiten und die Verteilung des durchschnittlichen Brennstoffbedarfes für Raumheizung auf die einzelnen Monate. Gesundh.-Ing. Bd. 65 (1942) S. 401/05.
SCHIMMEL, K.: Ergebnisse der Betriebsüberwachung von Heizanlagen in Siedlungsbauten. Heizg. u. Lüftg. Bd. 16 (1942) S. 109/15.
SCHÜLER, R.: Die Überwachung der zentralen Heizungs- und Warmwasserversorgungsanlagen. Haustechn. Rdsch. Bd. 47 (1942) S. 17/25.
WIRTH, E. P.: Der Begriff der Vollbetriebsstundenzahl in der Berechnung des Brennstoffbedarfes nach den Gradtagen. Gesundh.-Ing. Bd. 65 (1942) S. 372/74.
KALDENHOFF, R.: Einige Grundfragen sparsamer Kondensatwirtschaft. Arch. Wärmew. Bd. 24 (1943) S. 119/22.
KRASNITZKY, W.: Ein Schaubild für den Brennstoffbedarf von Zentralheizungen. Heizg. u. Lüftg. Bd. 17 (1943) S. 70/71.

KRAUS, M.: Wirksame Verbrauchskontrolle industrieller Heizungsanlagen. Wärme Bd. 66 (1943) S. 41/44.

RYBACEK, W.: Brennstoffverbrauch bei unterbrochener Raumheizung. Gesundh.-Ing. Bd. 66 (1943) S. 73/81.

SCHMITZ, J.: Kritische Betrachtungen zur Brennstoffbedarfsrechnung für Zentralheizungen. Gesundh.-Ing. Bd. 66 (1943) S. 232/36.

ZUILEN, D. VAN: Das Gradtagsverfahren als Überwachungsmittel für den Brennstoffverbrauch. Gesundh.-Ing. Bd. 66 (1943) S. 157/61.

SACKERMANN, W.: Die Planung und Ausführung von Zentralheizungen und die Grundlagen zur Überwachung ihres Betriebes. Wärmewirtsch. Bd. 17 (1944) S. 9/13.

HEFT, F.: Der Brennstoffverbrauch in Sammelheizungen, insbesondere bei der Gassammelheizung. Gesundh.-Ing. Bd. 69 (1948) S. 4/9.

RAISS, W.: Zur Berechnung des angemessenen Brennstoffverbrauchs von Heizanlagen. Gesundh.-Ing. Bd. 70 (1949) S. 28/36 mit 22 Schrifttumsangaben.

KRAUSE, H.: Betriebserfahrungen bei Heizungsanlagen für Industriegebäude. Gesundh.-Ing. Bd. 71 (1950) S. 1/8.

MASCHLANKA, G.: Betrachtungen zur Hebung der Wirtschaftlichkeit der Zentralheizung. Gesundh.-Ing. Bd. 71 (1950) S. 201/05.

KOPP, L.: Anheiz- und Abkühlungsverhältnisse der Wasserheizung. Heizg., Lüftg., Haustechn. Bd. 2 (1951) S. 197/203.

JACOBI, E.: Maßnahmen zur Hebung der Wirtschaftlichkeit von Zentralheizungen. Heizg., Lüftg., Haustechn. Bd. 3 (1952) S. 59/61.

BRINKWERTH, F.: Berechnung des angemessenen Brennstoffbedarfs von Heizanlagen. Gesundh.-Ing. Bd. 74 (1953) S. 356/62.

GINI, A.: Die Abnahme von Warmwasserheizungsanlagen bei veränderter Außentemperatur. Gesundh.-Ing. Bd. 74 (1953) S. 145/47.

TODT, H. U.: Gemessene Brennstoffverbräuche städtischer Schulen, Dienststellen und Heime. Gesundh.-Ing. Bd. 74 (1953) S. 350/53.

8,6 Kessel, Rohrleitungen und Armaturen.

KÖRTING, J.: Ratschläge zur Herstellung von Rohrleitungen mit Fittings. Haustechn. Rdsch. Bd. 44 (1939) S. 197/99.

BARTLING, G.: Die Rohrleitungsausbiegung als Dehnungsausgleicher. Heizg. u. Lüftg. Bd. 14 (1940) S. 79/80.

NEUSSEL, L.: Leistungsversuche an einem Strebel Stahlkessel mit Zonenwanderrost. Wärme Bd. Bd. 64 (1941) S. 107/09.

HEINRICH, A.: Erhöhung des Wirkungsgrades von Gliederkesseln. Wärmewirtsch. Bd. 15 (1942) S. 67/72.

SCHMITZ, J.: Frostschutz der Sicherheitseinrichtungen von Warmwasserheizungen. Gesundh.-Ing. Bd. 65 (1942) S. 177/80.

FRÖHLICH, O.: Dehnungen und Spannungen in elastisch verlegten Rohrleitungen und ihren Festpunkten. Gesundh.-Ing. Bd. 66 (1943) S. 312/18.

BÖSSOW, H.: Berechnung und Bau von Wärmeaustauschern für Dampf und Wasser. Heizg. u. Lüftg. Bd. 18 (1944) S. 1/6.

FRÖHLICH, O.: Über die Anwendung von Strahlapparaten in der Zentralheizung. Haustechn. Rdsch. Bd. 49 (1944) S. 81/87.

KUHRASCH, H.: Bemessung der Anschlußrohrleitungen für unterteilte Warmwasserheizkessel. Gesundh.-Ing. Bd. 70 (1949) S. 209/12.

KUHNERT, W.: Frostfreie Verlegung von Luftleitungen bei Schwerkraft-Warmwasserheizungen. Gesundh.-Ing. Bd. 70 (1949) S. 403.

STREMPEL, E.: Die Wirtschaftlichkeit von Zentralheizungen, insbesondere der Kesselanlagen. Gesundh.-Ing. Bd. 70 (1949) S. 400/02.

WOHLGEMUTH, H. G.: Berechnung von Heißwasserrohrleitungen. Gesundh.-Ing. Bd. 70 (1949) S. 222/25 u. 402.

ENGELBERG, E.: Niederdruckdampf-Kesselanlagen ohne Kesselraumvertiefungen und ohne automatische Rückspeiseanlagen. Gesundh.-Ing. Bd. 72 (1951) S. 140/42.

HENDRIKS, H.: Nicht Alltägliches aus der Entwurfsarbeit des Heizungsingenieurs. Heizg., Lüftg., Haustechn. Bd. 5 (1954) S. 43/51.

ZIMMERMANN, W.: Rücklaufbeimischer für Wasserheizungen aller Art. Heizg., Lüftg., Haustechn. Bd. 5 (1954) S. 77/82.

8,7 Rechts- und Patentfragen.

WERNEBURG, H.: Der Nachbesserungsanspruch des Bestellers bei Werkslieferung. Heizg. u. Lüftg. Bd. 13 (1939) S. 164/65.

ZEMLIN, H.: Widerspruchslose Annahme von Bestätigungsschreiben. Heizg. u. Lüftg. Bd. 13 (1939) S. 90.

SCHULTZE, K.: Gewährleistung für Sammelheizungen in Staatsbauten. Heizg. u. Lüftg. Bd. 15 (1941) S. 68.

— Schadenersatz bei Wasserrohrbruchschäden. Heizg. u. Lüftg. Bd. 16 (1942) S. 60.

ZEMLIN, H.: Die rechtliche Bedeutung eines Garantieversprechens. Arch. Wärmew. Bd. 23 (1942) S. 45/47.

NÄHRING, E.: Die Patentgesetzgebung in der Bundesrepublik Deutschland. Heizg., Lüftg., Haustechn. Bd. 5 (1954) S. 37/42.

Sachverzeichnis.

(Die Zahlen verweisen auf die Seiten.)

Abluft
Glasdach
Schmutzwasser
v. Überlaufrinne
Umwälzung u. Beckenfüllung
23
24
21
22
25
27

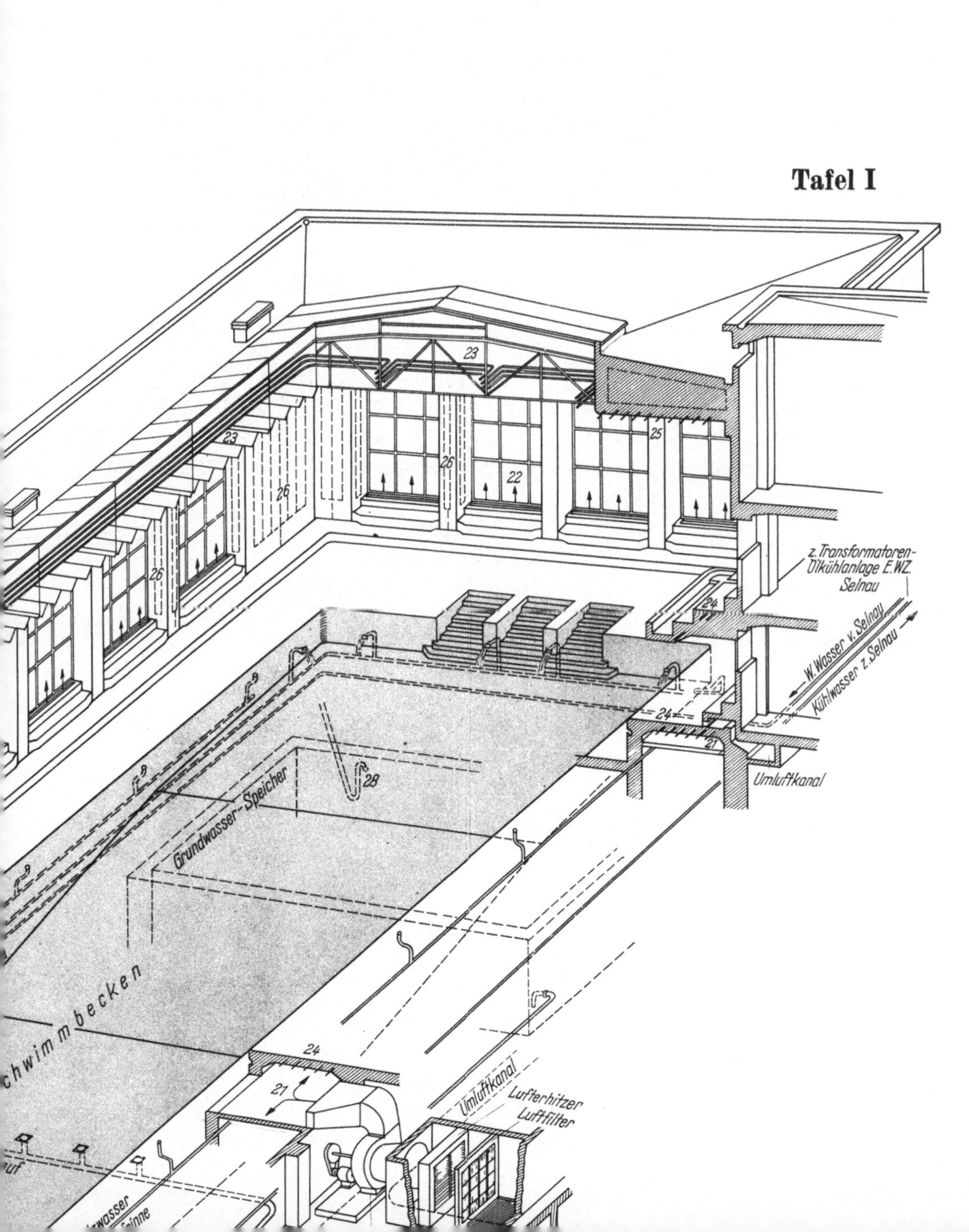

Tafel I
23
23
26
26
26
22
25
28
Grundwasser-Speicher
chwimmbecken
z.Transformatoren-
Ölkühlanlage E.WZ.
Selnau
W.Wasser v.Selnau
Kühlwasser z.Selnau
24
24
21
Umluftkanal
24
21
Umluftkanal
Lufterhitzer
Luftfilter
uf
wasser
inne

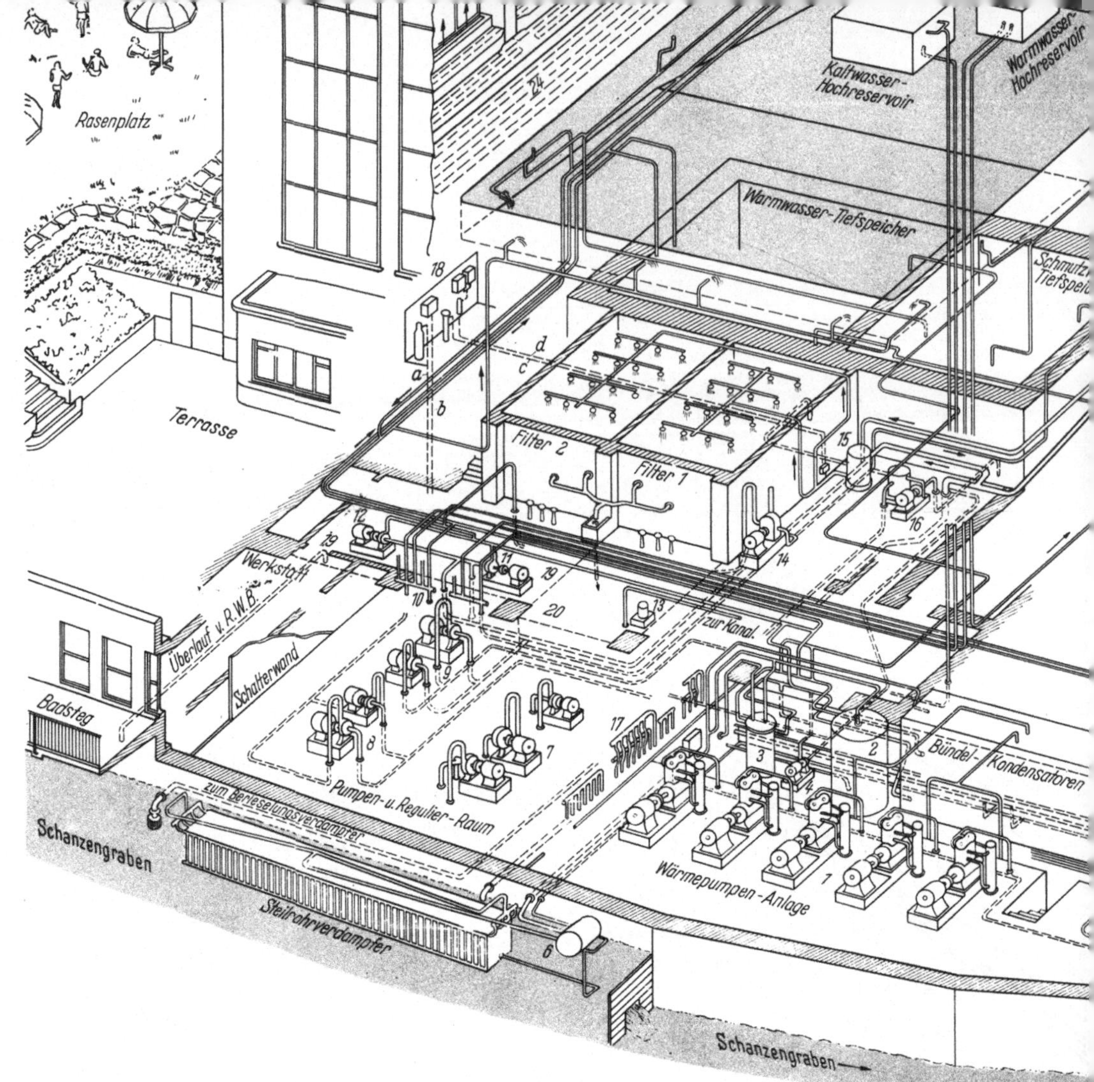

Kollmar, Heizanlagen, 3. Aufl.

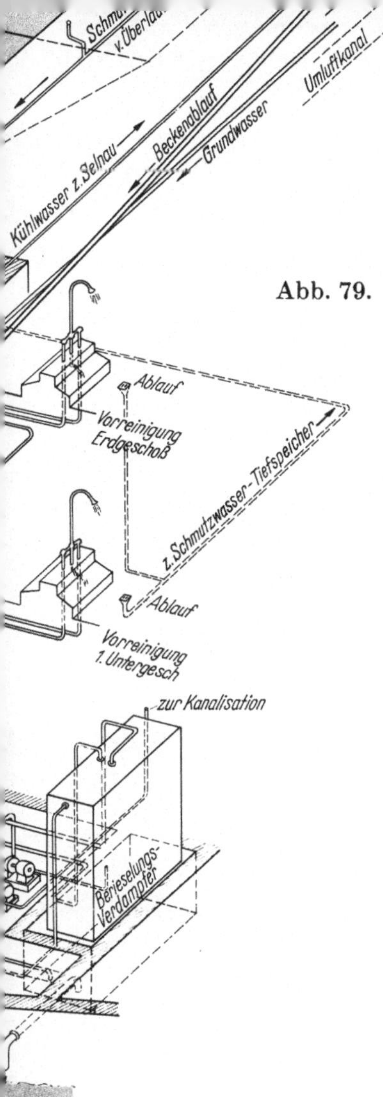

Abb. 79. Betriebstechnische Anlagen des Züricher Hallenbades
(nach Städt. Hochbauamt, Zürich).

1 Kompressoren; — *2* Elektrokessel; — *3* Gegenstrom-apparat; — *4* Umwälzpumpe zum Warmwassertief-speicher; — *5* Pumpen zum Berieselungsverdampfer; — *6* Flüssigkeitabscheider; — *7* Heizwasserumwälzpumpen; — *8* Warmwasserpumpen zum Hochreservoir; — *9* Kalt-wasserpumpen zum Hochreservoir; — *10* Kalt- und Warm-wasserverteiler; — *11* Schwimmbeckenumwälzpumpe; — *12* Schwimmbeckenneufüllungspumpe; — *13* Schlamm-wasserpumpe; — *14* Druckluftpumpe zum Filter; — *15* Haarfilter; — *16* Schmutzwasserpumpe zum Beriese-lungsverdampfer; — *17* Heizungsverteiler; — *18* Ent-keimungsanlage: *a* Chlor, *b* Kupfer, *c* Soda, *d* Aluminium-sulfat; — *19* Reinwasserbehälter; — *20* Schlammwasser-behälter; — *21* Zuluftkanal; — *22* Belüftungsschlitze; — *23* Oberlichtheizung; — *24* Bodenheizung; — *25* Decken-heizung; — *26* Wand- und Pfeilerheizung; — *27* Heizung der Sitz- und Liegestufen; — *28* Einlauf von der Grund-wasserpumpe.